# 卫星通信与 STK 仿真

（第 2 版）

高丽娟　代健美　李炯　陈龙 / 编著

北京理工大学出版社
BEIJING INSTITUTE OF TECHNOLOGY PRESS

## 内 容 简 介

本书主要介绍卫星通信的基础理论、系统组成、主要技术和典型系统等，并结合 STK 仿真软件开展相关内容的仿真与分析。全书共分 12 章，主要内容包括卫星通信绪论、电波传播、卫星轨道、地球站、通信卫星、卫星链路、卫星通信体制、卫星通信干扰分析、卫星激光通信、卫星移动通信、卫星互联网、深空通信。

本书内容精炼，深入浅出，条理清晰，结构严谨，叙述清楚，具有较高的实际应用和参考价值，可作为高等学校电子信息类专业本科生与研究生教材或参考书目，也可供从事卫星通信及相关专业的科研与技术人员阅读。

**版权专有　侵权必究**

### 图书在版编目（CIP）数据

卫星通信与 STK 仿真 / 高丽娟等编著．-- 2 版．

北京：北京理工大学出版社，2025.6.

ISBN 978 - 7 - 5763 - 5602 - 1

Ⅰ．TN927

中国国家版本馆 CIP 数据核字第 2025K5T403 号

---

| | |
|---|---|
| 责任编辑：王玲玲 | 文案编辑：王玲玲 |
| 责任校对：刘亚男 | 责任印制：李志强 |

出版发行 ／ 北京理工大学出版社有限责任公司

社　　址 ／ 北京市丰台区四合庄路 6 号

邮　　编 ／ 100070

电　　话 ／ （010）68944439（学术售后服务热线）

网　　址 ／ http://www.bitpress.com.cn

版 印 次 ／ 2025 年 6 月第 2 版第 1 次印刷

印　　刷 ／ 廊坊市印艺阁数字科技有限公司

开　　本 ／ 787 mm × 1092 mm　1/16

印　　张 ／ 22.25

彩　　插 ／ 2

字　　数 ／ 520 千字

定　　价 ／ 88.00 元

图书出现印装质量问题，请拨打售后服务热线，负责调换

## PREFACE 前言

卫星通信作为解决广域覆盖、远距离通信以及高速机动通信需求的有效途径，在应急通信、移动通信、军事通信等领域得到广泛应用。近年来，随着新型高低轨卫星通信系统的不断涌现，特别是卫星互联网的快速发展和手机直连卫星技术的日趋普及，卫星通信获得了更广泛的公众关注，并已成为支撑国民经济发展的重要信息基础设施。党的二十大报告指出，我国"载人航天、探月探火等取得重大成果"。卫星通信作为这些战略性新兴产业的重要组成部分，发挥着不可替代的重要作用。在此背景下，开展卫星通信基本理论、核心技术与系统应用的教学与研究，对于培养急需的专业人才、突破关键核心技术、推动卫星通信产业生态繁荣发展，进而服务国家战略需求与经济社会发展，具有极其重要的战略价值和现实意义。

本书第 1 版自出版以来，被多所院校选作教材或者辅助教材，受到广大师生和读者的好评。通过收集师生和读者的反馈意见，结合卫星通信的发展和变化，作者在保持原有特色的基础上，对部分章节内容进行了补充和修订，增加了电波传播、卫星通信干扰分析、卫星互联网和深空通信等章节内容，所有章节均新增仿真任务实例并录制仿真视频，内容体系更加完整、数字资源进一步丰富。

全书共 12 章。第 1 章绪论，介绍卫星通信的基本概念、发展历程、主要特点、主要参数，补充完善 STK 仿真软件的基本操作步骤，增加 STK 仿真实例，结合卫星通信的发展，对发展历程进行补充和完善；新增第 2 章电波传播，整合原有第 1 章的工作频率和第 5 章的电波传播等内容，涵盖无线电波基础、自由空间传播、大气层和空间环境对电波传播影响、电波传播的 STK 仿真和仿真任务实例；第 3 章卫星轨道，介绍卫星运动规律、轨道分类、轨道参数、卫星的星下点，完善卫星轨道的 STK 仿真操作步骤，新增卫星轨道仿真实例；第 4 章地球站，介绍地球站的分类、组网、组成、地球站站址的选择和布局，修改地球站的 STK 仿真操作步骤，新增地球站仿真实例；第 5 章通信卫星，介绍通信卫星的有效载荷、卫星平台、典型通信卫星，完善通信卫星的 STK 操作步骤，新增通信卫星仿真实例；第 6 章卫星链路，介绍卫星链路类型、星地链路分析、链路预算，完善卫星链路的 STK 仿真，新增卫星链路仿真实例；第 7 章卫星通信体制，介绍调制方式、差错控制、多址技术等，新增卫星通信体制的 STK 仿真操作和仿真实例；新增第 8 章卫星通信干扰分析，涵盖卫星通信面临的干扰威胁、干扰对卫星通信的影响、卫星通信干扰防护措施以及卫星通信干扰的 STK 仿真操作步骤和仿真实例；第 9 章卫星激光通信，介绍卫星激光通信的概念、特点、发展历程、光学组件以及捕获瞄准和跟踪技术等关键技术，新增卫星激光通信的 STK 仿真和仿真实例；第 10 章卫星移动通信，介绍卫星移动通信的特点、系统组成，修改完善典型卫星移动通信系统、卫星移动通信系统的 STK 仿真操作步骤，新增卫星移动通信系统仿真实例；新增第 11 章卫星互联网，涵盖卫星互联网的概念、系统组成、传输协议体系结构、关键技术、典型卫星互联网星座、卫星互联网星座的 STK 仿真操作步骤以及仿真实例；新增第 12 章深空通信，涵盖深空通信的概念、系统组成、特点、深空探测及通信、深空通信的措施与技术，以及深空通信的 STK 仿真操作步骤和仿真实例。

本书第 1 章、第 3 章、第 12 章由高丽娟编写和修订，第 2 章、第 5 章、第 6 章由代健美编写和修订，第 4 章、第 7 章、第 8 章由李炯编写和修订，第 9 章、第 10 章、第 11 章由陈龙编写和修订。

本书凝结了"卫星通信"课程团队多年的教学、科研经验，知识体系较为全面，既重视理论知识，又结合仿真实践，内容准确、科学严谨，主要有以下特点：

（1）体系架构完整。整本书遵循由浅入深的基本原则，设置卫星通信绪论、电波传播、卫星轨道等基础知识，地球站、通信卫星等系统组成，卫星链路、卫星通信体制、卫星通信干扰等关键技术，以及卫星激光通信、卫星移动通信、卫星互联网和深空通信等前沿内容，逻辑清晰、内容完整。

（2）理论实践紧密结合。教材不仅系统阐述卫星通信理论知识，更融入了深入的仿真分析。通过将抽象理论、复杂公式与直观、可视化的仿真研究相结合，使学生能够运用仿真工具分析卫星通信的实际问题，并借助理论指导优化系统性能，有效提升了学习深度和应用能力。

（3）学习资源丰富。教材配有思维导图、仿真图表等高质量插图，建设了配套的教学课件、仿真视频和仿真实例以及模拟演示软件等资源，为教学活动提供了有力支撑。

本书在编写过程中参阅了部分书籍和资料，在此对所参考文献的作者致以诚挚的谢意。同时，参考了部分网上资源，在此表示感谢。

由于编者水平有限，书中难免存在疏漏与不足之处，敬请批评指正。

# 知 识 结 构

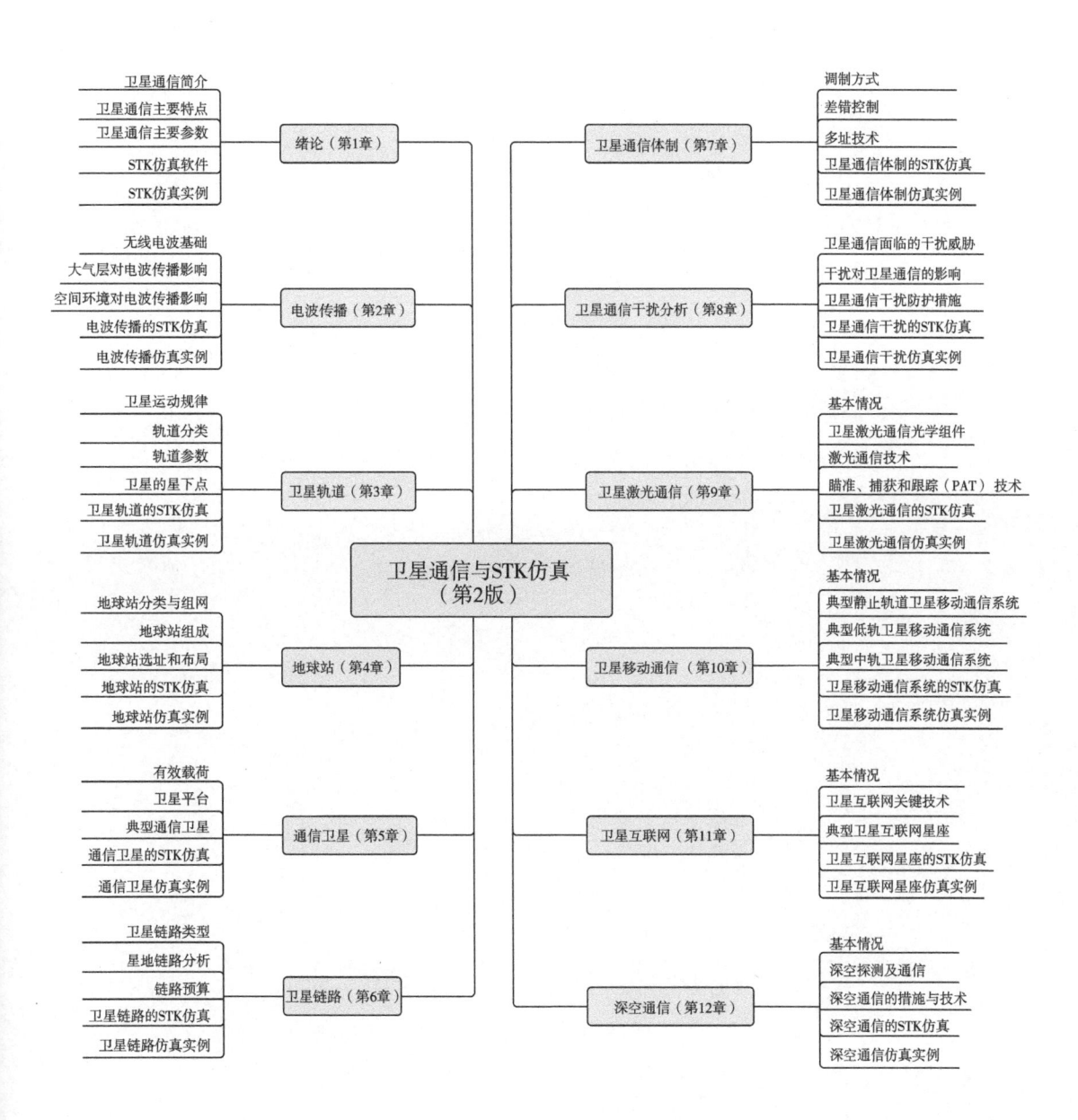

## 绪论（第1章）
- 卫星通信简介
- 卫星通信主要特点
- 卫星通信主要参数
- STK仿真软件
- STK仿真实例

## 电波传播（第2章）
- 无线电波基础
- 大气层对电波传播影响
- 空间环境对电波传播影响
- 电波传播的STK仿真
- 电波传播仿真实例

## 卫星轨道（第3章）
- 卫星运动规律
- 轨道分类
- 轨道参数
- 卫星的星下点
- 卫星轨道的STK仿真
- 卫星轨道仿真实例

## 地球站（第4章）
- 地球站分类与组网
- 地球站组成
- 地球站选址和布局
- 地球站的STK仿真
- 地球站仿真实例

## 通信卫星（第5章）
- 有效载荷
- 卫星平台
- 典型通信卫星
- 通信卫星的STK仿真
- 通信卫星仿真实例

## 卫星链路（第6章）
- 卫星链路类型
- 星地链路分析
- 链路预算
- 卫星链路的STK仿真
- 卫星链路仿真实例

## 卫星通信与STK仿真（第2版）

## 卫星通信体制（第7章）
- 调制方式
- 差错控制
- 多址技术
- 卫星通信体制的STK仿真
- 卫星通信体制仿真实例

## 卫星通信干扰分析（第8章）
- 卫星通信面临的干扰威胁
- 干扰对卫星通信的影响
- 卫星通信干扰防护措施
- 卫星通信干扰的STK仿真
- 卫星通信干扰仿真实例

## 卫星激光通信（第9章）
- 基本情况
- 卫星激光通信光学组件
- 激光通信技术
- 瞄准、捕获和跟踪（PAT）技术
- 卫星激光通信的STK仿真
- 卫星激光通信仿真实例

## 卫星移动通信（第10章）
- 基本情况
- 典型静止轨道卫星移动通信系统
- 典型低轨卫星移动通信系统
- 典型中轨卫星移动通信系统
- 卫星移动通信系统的STK仿真
- 卫星移动通信系统仿真实例

## 卫星互联网（第11章）
- 基本情况
- 卫星互联网关键技术
- 典型卫星互联网星座
- 卫星互联网星座的STK仿真
- 卫星互联网星座仿真实例

## 深空通信（第12章）
- 基本情况
- 深空探测及通信
- 深空通信的措施与技术
- 深空通信的STK仿真
- 深空通信仿真实例

附录四

# 目  录
## CONTENTS

**第1章　绪论** ········· 001

1.1　卫星通信简介 ········· 001
　1.1.1　基本概念 ········· 001
　1.1.2　系统组成 ········· 004
1.2　卫星通信主要特点 ········· 005
1.3　卫星通信主要参数 ········· 007
1.4　STK仿真软件 ········· 008
　1.4.1　软件简介 ········· 008
　1.4.2　基本操作 ········· 010
　1.4.3　菜单栏 ········· 014
　1.4.4　工具栏 ········· 027
1.5　STK仿真实例 ········· 031
　1.5.1　仿真任务实例 ········· 031
　1.5.2　仿真基本过程 ········· 031
1.6　本章资源 ········· 032
　1.6.1　本章思维导图 ········· 032
　1.6.2　本章数字资源 ········· 033
习题 ········· 033

**第2章　电波传播** ········· 034

2.1　无线电波基础 ········· 034
　2.1.1　电磁波基本特性 ········· 034
　2.1.2　无线电波传播方式 ········· 034
　2.1.3　自由空间传播 ········· 037
　2.1.4　工作频率 ········· 037

2.2　大气层对电波传播影响 ·········································································· 039
　　2.2.1　折射、闪烁 ················································································ 039
　　2.2.2　大气吸收损耗 ············································································· 041
　　2.2.3　降雨衰减 ··················································································· 042
　　2.2.4　云雾损耗 ··················································································· 044
　　2.2.5　沙暴损耗 ··················································································· 044
　　2.2.6　去极化效应 ················································································ 045
　　2.2.7　多径衰落 ··················································································· 050
2.3　空间环境对电波传播影响 ······································································ 051
　　2.3.1　日凌中断 ··················································································· 052
　　2.3.2　范·艾伦带 ················································································ 052
2.4　电波传播的STK仿真 ············································································ 052
2.5　电波传播仿真实例 ··············································································· 056
　　2.5.1　仿真任务实例 ············································································· 056
　　2.5.2　仿真基本过程 ············································································· 056
2.6　本章资源 ··························································································· 057
　　2.6.1　本章思维导图 ············································································· 057
　　2.6.2　本章数字资源 ············································································· 058
习题 ········································································································ 058

# 第3章　卫星轨道 ·················································································· 059

3.1　卫星运动规律 ···················································································· 059
　　3.1.1　开普勒第一定律 ·········································································· 059
　　3.1.2　开普勒第二定律 ·········································································· 060
　　3.1.3　开普勒第三定律 ·········································································· 061
3.2　轨道分类 ··························································································· 062
　　3.2.1　按轨道形状分类 ·········································································· 062
　　3.2.2　按轨道倾角分类 ·········································································· 062
　　3.2.3　按轨道高度分类 ·········································································· 064
　　3.2.4　按回归周期分类 ·········································································· 065
3.3　轨道参数 ··························································································· 066
3.4　卫星的星下点 ···················································································· 069
　　3.4.1　星下点经纬度计算 ······································································· 069
　　3.4.2　星下点轨迹的特点 ······································································· 071
3.5　卫星轨道的STK仿真 ············································································ 073
　　3.5.1　常见卫星轨道仿真 ······································································· 073
　　3.5.2　轨道参数仿真 ············································································· 076
　　3.5.3　星下点轨迹的仿真 ······································································· 083
3.6　卫星轨道仿真实例 ··············································································· 087

3.6.1 仿真任务实例 ……………………………………………………………… 087
3.6.2 仿真基本过程 ……………………………………………………………… 087
3.7 本章资源 …………………………………………………………………………… 088
3.7.1 本章思维导图 ……………………………………………………………… 088
3.7.2 本章数字资源 ……………………………………………………………… 089
习题 …………………………………………………………………………………… 089

## 第4章 地球站 …………………………………………………………………………… 090

4.1 地球站分类与组网 ………………………………………………………………… 090
4.1.1 地球站分类 ………………………………………………………………… 090
4.1.2 地球站组网 ………………………………………………………………… 091
4.2 地球站组成 ………………………………………………………………………… 092
4.2.1 天线分系统 ………………………………………………………………… 093
4.2.2 发射分系统 ………………………………………………………………… 098
4.2.3 接收分系统 ………………………………………………………………… 099
4.2.4 通信控制分系统 …………………………………………………………… 100
4.2.5 信道终端设备分系统 ……………………………………………………… 101
4.2.6 电源分系统 ………………………………………………………………… 101
4.3 地球站选址和布局 ………………………………………………………………… 101
4.3.1 地球站选址 ………………………………………………………………… 101
4.3.2 地球站的布局 ……………………………………………………………… 103
4.4 地球站的STK仿真 ………………………………………………………………… 104
4.4.1 固定地球站 ………………………………………………………………… 104
4.4.2 移动地球站 ………………………………………………………………… 107
4.4.3 天线仿真 …………………………………………………………………… 109
4.4 地球站仿真实例 …………………………………………………………………… 111
4.4.1 仿真任务实例 ……………………………………………………………… 111
4.4.2 仿真基本过程 ……………………………………………………………… 112
4.5 本章资源 …………………………………………………………………………… 113
4.5.1 本章思维导图 ……………………………………………………………… 113
4.5.2 本章数字资源 ……………………………………………………………… 114
习题 …………………………………………………………………………………… 114

## 第5章 通信卫星 ………………………………………………………………………… 115

5.1 有效载荷 …………………………………………………………………………… 115
5.1.1 卫星天线 …………………………………………………………………… 116
5.1.2 转发器 ……………………………………………………………………… 121
5.2 卫星平台 …………………………………………………………………………… 125

5.2.1 测控分系统 ... 126
 5.2.2 供配电分系统 ... 127
 5.2.3 控制分系统 ... 128
 5.2.4 推进分系统 ... 129
 5.2.5 热控分系统 ... 129
 5.2.6 结构分系统 ... 130
5.3 典型通信卫星 ... 130
5.4 通信卫星的STK仿真 ... 132
 5.4.1 通信卫星仿真 ... 132
 5.4.2 典型通信卫星仿真 ... 132
 5.4.3 通信卫星的覆盖仿真 ... 133
5.5 通信卫星仿真实例 ... 136
 5.5.1 仿真任务实例 ... 136
 5.5.2 仿真基本过程 ... 136
5.6 本章资源 ... 137
 5.6.1 本章思维导图 ... 137
 5.6.2 本章数字资源 ... 138
习题 ... 138

# 第6章 卫星链路 ... 139

6.1 卫星链路类型 ... 139
 6.1.1 星间链路 ... 139
 6.1.2 星地链路 ... 141
6.2 星地链路分析 ... 142
 6.2.1 星地链路建立条件 ... 142
 6.2.2 星地距离 ... 143
 6.2.3 仰角 ... 144
 6.2.4 方位角 ... 145
 6.2.5 多普勒频移 ... 145
6.3 链路预算 ... 147
 6.3.1 传输损耗 ... 147
 6.3.2 噪声和干扰 ... 149
 6.3.3 载噪比 ... 151
6.4 卫星链路的STK仿真 ... 155
 6.4.1 链路仿真 ... 155
 6.4.2 链路性能仿真分析 ... 158
6.5 卫星链路仿真实例 ... 167
 6.5.1 仿真任务实例 ... 167
 6.5.2 仿真基本过程 ... 167

6.6 本章资源 · 168
 6.6.1 本章思维导图 · 168
 6.6.2 本章数字资源 · 169
习题 · 169

# 第7章 卫星通信体制 · 170

7.1 调制方式 · 170
 7.1.1 相移键控调制方式 · 171
 7.1.2 频移键控调制方式 · 176
 7.1.3 QAM 调制方式 · 181
7.2 差错控制 · 181
 7.2.1 差错控制方式 · 182
 7.2.2 线性分组码 · 183
 7.2.3 循环码 · 186
 7.2.4 卷积码 · 187
 7.2.5 Turbo 码 · 189
 7.2.6 LDPC 码 · 191
7.3 多址技术 · 191
 7.3.1 频分多址 · 192
 7.3.2 时分多址 · 194
 7.3.3 码分多址 · 195
 7.3.4 空分多址 · 197
7.4 卫星通信体制的 STK 仿真 · 199
7.5 卫星通信体制仿真实例 · 201
 7.5.1 仿真任务实例 · 201
 7.5.2 仿真基本过程 · 201
7.6 本章资源 · 202
 7.6.1 本章思维导图 · 202
 7.6.2 本章数字资源 · 203
习题 · 203

# 第8章 卫星通信干扰分析 · 204

8.1 卫星通信面临的干扰威胁 · 204
 8.1.1 无意干扰 · 204
 8.1.2 恶意干扰 · 206
8.2 干扰对卫星通信的影响 · 209
 8.2.1 载波噪声干扰功率比 · 209
 8.2.2 临星干扰分析 · 211

8.2.3　恶意干扰对透明转发器的影响 …… 212
8.3　卫星通信干扰防护措施 …… 218
　8.3.1　减少无意干扰措施 …… 218
　8.3.2　透明转发器抗干扰技术 …… 219
　8.3.3　处理转发器抗干扰技术 …… 224
　8.3.4　采用 Ka、EHF 高通信频段 …… 226
8.4　卫星通信干扰的 STK 仿真 …… 226
　8.4.1　卫星通信干扰仿真 …… 226
　8.4.2　卫星通信抗干扰措施的仿真 …… 232
8.5　卫星通信干扰仿真实例 …… 234
　8.5.1　仿真任务实例 …… 234
　8.5.2　仿真基本过程 …… 235
8.6　本章资源 …… 236
　8.6.1　本章思维导图 …… 236
　8.6.2　本章数字资源 …… 237
习题 …… 237

# 第 9 章　卫星激光通信 …… 238

9.1　基本情况 …… 238
　9.1.1　卫星激光通信的概念与特点 …… 238
　9.1.2　卫星激光通信的发展 …… 239
　9.1.3　卫星激光通信终端的组成 …… 241
9.2　卫星激光通信光学组件 …… 242
　9.2.1　光源 …… 242
　9.2.2　调制器 …… 243
　9.2.3　光学天线 …… 244
　9.2.4　光检测器 …… 246
9.3　激光通信技术 …… 247
　9.3.1　光的调制 …… 247
　9.3.2　直接检测接收 …… 248
　9.3.3　相干检测接收 …… 249
9.4　瞄准、捕获和跟踪（PAT）技术 …… 250
　9.4.1　PAT 系统基本结构与工作过程 …… 250
　9.4.2　捕获扫描技术 …… 251
　9.4.3　跟踪技术 …… 252
9.5　卫星激光通信的 STK 仿真 …… 253
9.6　卫星激光通信仿真实例 …… 254
　9.6.1　仿真任务实例 …… 254
　9.6.2　仿真基本过程 …… 254

9.7 本章资源 ································································································ 255
   9.7.1 本章思维导图 ················································································ 255
   9.7.2 本章数字资源 ················································································ 256
习题 ············································································································· 256

# 第 10 章 卫星移动通信 ························································································ 257

10.1 基本情况 ······························································································ 257
   10.1.1 卫星移动通信简介 ········································································ 257
   10.1.2 卫星移动通信的特点 ····································································· 258
   10.1.3 卫星移动通信系统组成 ································································· 259
10.2 典型静止轨道卫星移动通信系统 ······························································· 260
   10.2.1 ACeS 系统 ···················································································· 261
   10.2.2 瑟拉亚系统 ·················································································· 262
   10.2.3 天通一号系统 ·············································································· 263
10.3 典型低轨卫星移动通信系统 ····································································· 264
   10.3.1 铱星系统 ······················································································ 265
   10.3.2 全球星系统 ·················································································· 266
10.4 典型中轨卫星移动通信系统 ····································································· 267
   10.4.1 Odyssey 系统 ················································································ 267
   10.4.2 ICO 系统 ······················································································ 267
10.5 卫星移动通信系统的 STK 仿真 ································································· 268
   10.5.1 典型移动通信卫星仿真 ································································· 268
   10.5.2 卫星移动通信系统仿真 ································································· 269
   10.5.3 卫星移动通信系统快速仿真 ·························································· 271
10.6 卫星移动通信系统仿真实例 ····································································· 274
   10.6.1 仿真任务实例 ·············································································· 274
   10.6.2 仿真基本过程 ·············································································· 274
10.7 本章资源 ······························································································ 275
   10.7.1 本章思维导图 ·············································································· 275
   10.7.2 本章数字资源 ·············································································· 276
习题 ············································································································· 276

# 第 11 章 卫星互联网 ······························································································ 277

11.1 基本情况 ······························································································ 277
   11.1.1 卫星互联网的概念 ········································································ 277
   11.1.2 卫星互联网系统组成 ····································································· 278
   11.1.3 卫星互联网分类 ··········································································· 278
   11.1.4 传输协议体系结构 ········································································ 279

11.1.5 典型接入体制标准 284

### 11.2 卫星互联网关键技术 287
11.2.1 无线传输波形技术 287
11.2.2 跳波束技术 288
11.2.3 随机接入技术 289
11.2.4 卫星星座路由技术 290
11.2.5 通信与计算资源融合调度技术 292

### 11.3 典型卫星互联网星座 294
11.3.1 美国SpaceX公司的"星链"系统 294
11.3.2 英国一网公司"一网"系统 296
11.3.3 美国亚马逊公司的"柯伊伯"系统 298
11.3.4 我国卫星互联网星座 299

### 11.4 卫星互联网星座的STK仿真 300

### 11.5 卫星互联网星座仿真实例 303
11.5.1 仿真任务实例 303
11.5.2 仿真基本过程 303

### 11.6 本章资源 305
11.6.1 本章思维导图 305
11.6.2 本章数字资源 306

习题 306

## 第12章 深空通信 307

### 12.1 基本情况 307
12.1.1 深空通信的基本概念 307
12.1.2 深空通信的系统组成 308
12.1.3 深空通信的主要特点 309

### 12.2 深空探测及通信 310
12.2.1 月球探测及地月通信 310
12.2.2 火星探测及地火通信 313
12.2.3 其他深空探测及通信 315

### 12.3 深空通信的措施与技术 315
12.3.1 深空通信的措施 315
12.3.2 深空通信技术 318

### 12.4 深空通信的STK仿真 321
12.4.1 月球探测仿真 321
12.4.2 完善仿真视图 324
12.4.3 月球探测器与地球站通信分析 326

### 12.5 深空通信仿真实例 330
12.5.1 仿真任务实例 330

| | 12.5.2 仿真基本过程 | 331 |
|---|---|---|
| 12.6 | 本章资源 | 332 |
| | 12.6.1 本章思维导图 | 332 |
| | 12.6.2 本章数字资源 | 333 |
| 习题 | | 333 |

**参考文献** ...... 334

# 第1章
# 绪　　论

1970年4月24日,我国在酒泉卫星发射中心利用"长征一号"火箭将第一颗人造地球卫星"东方红一号"(DFH-1)发射升空,开启中国人探索宇宙、利用太空、造福人类的序幕。1984年4月8日,我国利用"长征三号"火箭成功发射"东方红二号"(DFH-2)试验通信卫星,拥有第一颗通信卫星,开始了我国的卫星通信。

经过几十年的发展,我国卫星通信取得长足进步,在广播电视、移动通信、应急通信、军事通信等领域得到广泛应用。本章重点介绍卫星通信的基本概念、发展史、系统组成,讨论卫星通信的主要优点和缺点,描述卫星通信的主要参数,介绍STK仿真软件的基本情况和基本操作,开展初步仿真。

## 1.1 卫星通信简介

### 1.1.1 基本概念

卫星通信一般指利用人造地球卫星作为中继站转发无线电波,在两个或多个地球站之间进行的通信。它是在微波通信和航天技术基础上发展起来的一门新兴的无线通信技术,是在地面、水面和大气层中的无线电通信站之间,利用卫星作为中继站进行的通信。广义上讲,卫星通信是利用人造地球卫星作为中继站,实现地球站之间或者地球站与航天器之间的通信。狭义上讲,卫星通信是一种特殊的微波通信方式,地球站间利用卫星作为中继站转发无线电波。而未来卫星通信不仅是地球站之间的通信,还包括地球站与航天器之间的通信,并且既可以通过无线电波也可以通过激光实现信息传输。用于实现通信目的的人造地球卫星就是通信卫星(Communication Satellite)。地球站是指设在地球表面(包括地面、海洋和大气中)的无线电通信站。

利用卫星进行通信的过程如图1-1所示,如地球站A通过定向天线向通信卫星发射无线电信号,通信卫星的天线接收信号后,经过转发器放大和变换,由卫星天线转发到地球站B,当地球站B接收到信号后,完成了从地球站A到地球站B的通信过程。

1971年,国际电信联盟召开了关于宇宙通信的大会,规定以宇宙飞行体(航天器)为对象的无线电通信为宇宙通信,宇宙通信也称为空间通信。空间通信共有三种基本形式,如图1-2所示。第Ⅰ种空间通信方式为地球站与空间飞行器之间的通信,第Ⅱ种空间通信方式为空间飞行器之间的通信,第Ⅲ种空间通信方式为通过空间飞行器转发进行的地球站之间的通信。一般而言,卫星通信是空间通信的第三种方式。当通信卫星运行在较高轨道时,相距较远的两个地球站能够在同一颗卫星的覆盖范围内,只用一颗通信卫星就能实现转发通

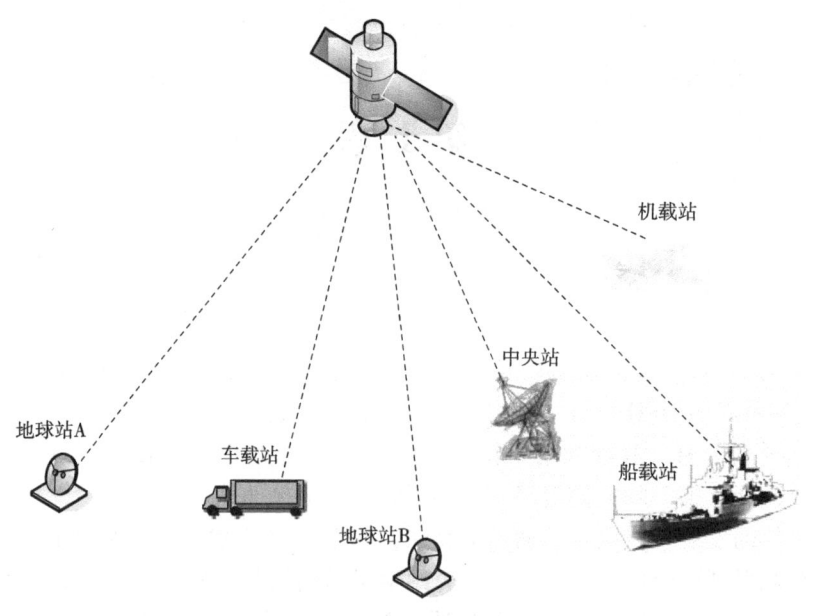

**图1-1 卫星通信示意图**

信。当通信卫星运行在较低轨道时,相距较远的两个地球站处于不同卫星的覆盖范围内,需要利用多颗卫星转发才能实现远距离通信。

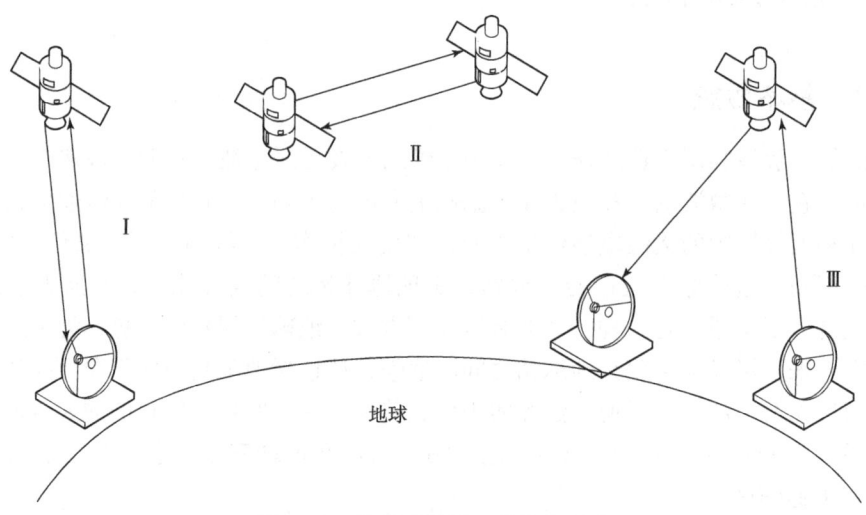

**图1-2 空间通信的三种基本形式**

卫星通信的主要业务类型包括固定卫星业务(Fixed Satellite Service,FSS)、移动卫星业务(Mobile Satellite Service,MSS)、广播卫星业务(Broadcast Satellite Service,BSS)等。固定卫星业务是固定地球站之间利用通信卫星进行的卫星通信业务,是卫星通信的主要业务类型。移动卫星业务是移动地球站或者移动用户使用手持终端、便携终端、车载站/船载站/机载站等终端,通过卫星移动通信系统实现用户在陆地、海上、空中的通信业务。广播卫星业务是利用卫星发送,为公众提供的广播业务。如常见的卫星电视广播可以将电视节目利用通信卫星送到千家万户。

卫星通信的发展要追溯到1945年10月英国人克拉克(Arthur C. Clarke)在 *Wireless World*

上发表的 *Extra-Terrestrial Relays—Can Rocket Stations Give World-wide Radio Coverage*? 论文，其中提出了利用静止轨道卫星进行通信的科学构想，文中指出三颗卫星可以实现全球覆盖。

1957 年 10 月 4 日，苏联成功发射了世界上第一颗人造地球卫星 Sputnik，它标志着卫星时代的到来，让人们看到卫星通信的希望。广义上讲，一个相对较小的物体围绕另一个较大的物体旋转，较小的物体即为较大物体的"卫星"（Satellite）。人造地球卫星则是人造的相对地球旋转的卫星，一般不特别指出时，卫星都是指人造地球卫星（Artificial Earth Satellite）。Sputnik 卫星只配备了一个反馈发射机，不具备通信能力，卫星上有一台无线电发报机，不停地向地球发出"滴—滴—滴"的信号。这颗卫星的成功发射揭开了人类向太空进军的序幕，激发了世界各国研制和发射卫星的热情。

1958 年 1 月，美国发射了"斯柯尔"（Score）卫星，通过它转播了艾森豪威尔总统的圣诞致辞录音，成为来自太空的第一个声音。Score 卫星上的录音机可以存储时长为 4 min 的信息，在运行 35 天后，卫星携带的电池耗尽。

1962 年 7 月，美国成功发射了第一颗真正实用性的通信卫星 Telstar，揭开了卫星通信发展的序幕。Telstar 卫星采用 C 波段转发器，收发信机是根据陆地微波设备改装而成的，上行链路的工作频率为 6.389 GHz，下行链路的工作频率为 4.169 GHz。

1964 年 8 月，美国发射了第一颗地球静止轨道通信卫星 Syncom-3，成功完成了电话、电视和传真的传输试验。同一年成立了国际电信卫星组织（International Telecommunication Satellite Organization，INTELSAT）。卫星通信从试验阶段转向实用阶段。

1965 年 4 月 6 日，美国成功发射"晨鸟"（Intelsat）Ⅰ号对地静止轨道卫星，卫星具有两个 C 波段转发器，带宽约为 25 MHz，在大西洋地区开始进行商用国际通信业务；很快，1965 年 4 月 23 日，苏联成功发射了第一颗非同步轨道卫星——"闪电"（Molniya）Ⅰ号，卫星采用高椭圆轨道（Highly Elliptical Orbit，HEO），对其北方、西伯利亚、中亚地区提供电视、广播、传真和其他一些电话业务。卫星通信进入实用阶段。

1998 年年底，铱星（Iridium）系统投入运营，利用低轨道卫星星座实现个人移动通信，非静止轨道卫星进入运行阶段。铱星系统真正完成了用卫星实现全球个人通信的目的，成为卫星通信发展历史上的又一个里程碑。

进入 21 世纪，宽带个人通信、卫星移动通信等得到蓬勃发展，多个低轨道和中轨道卫星系统投入运行。如 SpaceX 首席执行官马斯克 2015 年宣布"星链"计划，利用低轨道卫星在全球范围内提供低成本的互联网接入服务。2018 年 2 月 22 日，美国加州范登堡空军基地成功发射一枚"猎鹰 9 号"火箭，并将两颗小型试验通信卫星送入轨道，"星链"计划由此启动。截至 2025 年 1 月，SpaceX 在轨的星链卫星总数大约有 7 000 颗。

1984 年 4 月 8 日，我国首次发射地球静止轨道通信卫星"东方红二号"（DFH-2），用于国内远距离电视传输，逐步开始了我国的卫星通信。"东方红二号"卫星的成功发射开创了我国利用本国通信卫星进行卫星通信的历史，使我国成为世界上第五个独立研制和发射静止轨道卫星的国家。1985 年，中国广播通信卫星公司成立，标志着我国卫星通信领域正式进入商业运营阶段。1988 年，发射"东方红二号甲"（DFH-2A）卫星，主要为国内的通信、广播、交通、水利、教育等提供服务。1990 年 4 月 7 日，"长征三号甲"运载火箭成功发射"亚洲一号"通信卫星，这是中国航天第一次走出国门，承担国外商业卫星的发射任务。1997 年，发射了第三代通信卫星"东方红三号"（DFH-3）卫星，主要用于电视传输、电话、电报、传真、广播和数据传输业务；2008年4月25日，"天链一号01星"发射升空，这是我国第一颗跟踪与数据中继卫星，这意味中国航天器开始拥有天上的数据"中转站"。"天链一号01星"发射升空，填补了我国中继卫星领域的空白。2016年8月6日，"天通一号01星"发射升空，这是我国卫星移动通信系统的首发星。2018年12月22日，我国发射了"虹云"首发星，一周后，我国发射了"鸿雁"首发星，这意味着我国低轨宽带卫星通信系统开始建设。2023年2月，成功发射中星26号，能够覆盖我国国土及周边地区，容量达到100 Gb/s，提供高速宽带接入服务。2024年8月6日，我国在太原卫星发射中心将"千帆星座"首批组网卫星——千帆极轨01组18颗卫星发射升空。2025年1月23日，千帆极轨06组卫星发射升空，旨在打造中国的低轨卫星网络。

### 1.1.2 系统组成

卫星通信系统主要由通信卫星（空间段）、通信地球站分系统（地面段）、跟踪遥测及指令分系统和监控管理分系统等四部分组成，如图1-3所示。

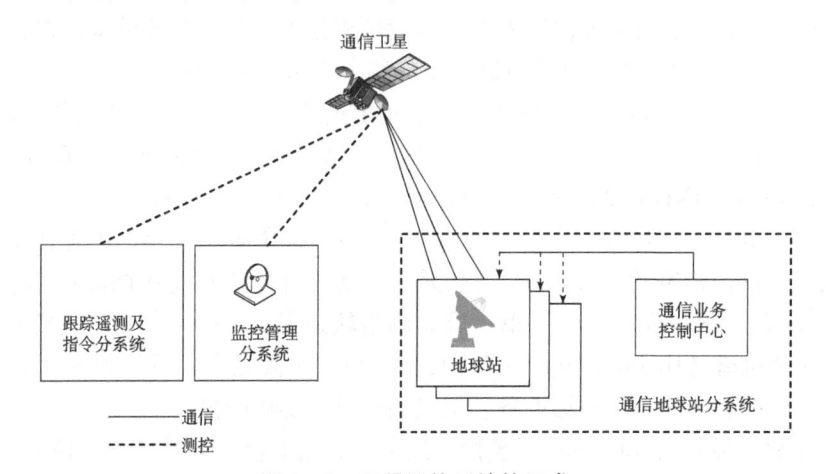

图1-3 卫星通信系统的组成

空间段可以由一颗或多颗通信卫星组成，在空中对发来的信号起中继放大和转发作用，部分卫星可实现星上信号交换与处理。通信卫星的主体是通信装置，包括天线和通信转发器，另外，还有卫星平台，包括测控、控制和结构等分系统。每颗通信可以包括一个或多个转发器，每个转发器能接收和转发多个地球站的信号。空间段有多颗卫星时，卫星和卫星之间可以建立星间链路实现卫星组网，扩大卫星的覆盖范围。

通信地球站分系统包括地球站和通信业务控制中心。地球站是微波无线电收发信台（站），用户通过它们接入卫星线路，主要完成用户与用户间经卫星转发的无线电通信。地球站包括中央站和普通地球站。中央站具有普通地球站的通信功能，此外，还负责通信系统的业务调度与管理、对普通地球站进行监测控制及业务转接等。

跟踪遥测及指令分系统也称为测控站，对卫星进行跟踪测量，控制卫星准确进入预定轨道的指定位置，卫星正常运行后，定期对在轨卫星进行轨道修正和位置姿态保持等。

监测管理分系统对在轨运行卫星的通信性能及参数进行业务开通前的监测，业务开通后对卫星及地球站参数进行监测、控制及管理，包括转发器功率、天线增益、地球站发射功率等，保证通信卫星正常运行和工作。

## 1.2　卫星通信主要特点

对于边远城市、海岛、沙漠、农村和交通、经济不发达地区，卫星通信可以提供便捷的通信保障，能够为用户的无线连接提供很大的自由度，并且支持用户的移动性，相比较而言，卫星通信具有以下特点。

**1. 卫星通信的主要优点**

（1）通信距离远，并且费用与通信距离无关

利用静止轨道通信卫星，一颗卫星的最大通信距离达 18 000 km 左右，如图 1-4 所示。建站费用和运行费用不因地球站之间的距离远近及两站之间地面上的地理条件恶劣程度而变化。相比较光纤通信、微波通信等通信手段而言，卫星通信没有线路投资。

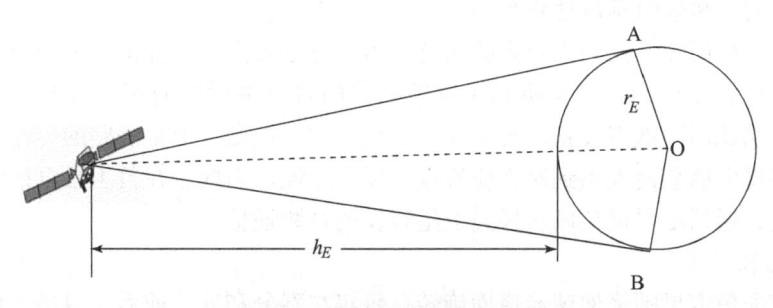

图 1-4　卫星通信距离示意图

（2）覆盖面积大，可进行多址通信

一颗静止轨道通信卫星可覆盖地球表面的 1/3 左右，三颗静止轨道通信卫星可以实现全球南北纬 70°以内的覆盖。多颗低轨道通信卫星组成卫星星座能够实现全球覆盖。在卫星天线波束覆盖的整个区域内的任何一点，都可设置地球站，这些地球站可共用一颗或多颗通信卫星来实现双边或多边通信，进行多址通信。

（3）通信频带宽，传输容量大，适于多种业务传输

由于卫星通信使用微波频段，频带宽，传输容量大。例如，C 频段可用带宽 500 MHz，Ku 频段可用带宽可达 1 400 MHz。一颗通信卫星的通信容量可达数千路甚至上万路电话，能够传输数多路彩色电视信号以及数据和其他信息等。

（4）通信线路稳定可靠，通信质量高

卫星通信的电波主要是在大气层以外的宇宙空间传输，而宇宙空间接近真空状态，可以看作是均匀介质，电波传播比较稳定。尤其是静止轨道通信卫星到地面站的距离约 35 786 km，大气层的厚度约 16 km，受大气、雨、雾等影响相对较小。而且卫星通信不受地形、地物等自然条件的影响，不易受通信距离变化的影响，所以通信稳定可靠，传输质量高。

（5）通信电路灵活，机动性好

卫星通信不仅能作为大型地球站之间的远距离通信干线，还可以为车载、船载、地面小型机动终端及个人终端提供通信，能够根据需要迅速建立不同方向、不同用户间的通信联

络，能在短时间内将通信网延伸至新的区域，或者使设施遭到破坏的地域迅速恢复通信。

**2. 卫星通信的主要缺点**

（1）保密性和抗干扰性较差

卫星通信具有广播特性，容易被窃听，而且通信卫星的部分参数是公开的，容易受到人为干扰。通信系统的保密主要从防窃听和信息加密两方面考虑。对于防窃听，采用先进的技术体制能起到防止窃听的作用。可以采用加密技术等提高卫星通信的保密性能。现代数字通信及计算机技术为信息加密提供了技术条件，卫星通信可选用数字通信体制及数字加密技术，可以采用跳频技术、扩频技术等提高卫星通信的抗干扰能力。

（2）时延较大

利用地球静止轨道通信卫星进行通信，如果地球站天线仰角为 $5°\sim 10°$，则信号经卫星一次转接行程约 $8\times10^4$ km。信号以 $3\times10^5$ km/s 的光速传播，则需要 270 ms 传播时延，当进行双向通信时，传输时延可达 0.54 s。

大时延会产生回波干扰和语音重叠问题。由于时延较大及收发语音的混合线圈不平衡等原因，使得发话者在 0.54 s 后又听到了反馈回来的自己讲话的回声，造成干扰。卫星电话采用了回波抑制或回波抵消设备来解决回波干扰问题。但是，卫星线路的传输时延并不能克服，往往打卫星电话会使人感到对方应答慢，反应迟钝。因此，在打卫星电话时，说话要稍慢一些；而且，通话尽量避免两次经过卫星转发的双跳通信。

（3）星蚀和日凌

静止轨道通信卫星围绕地球赤道面旋转，每年在春分和秋分前后，卫星、地球和太阳会共处在一条直线上，如图 1-5 所示。当卫星处于太阳和地球之间时，地球站天线对准卫星的同时也就对准太阳，强大的太阳噪声进入地球站将造成通信中断，这种现象称为日凌中断。对于静止轨道通信卫星，日凌影响难以避免，每年春分和秋分各发生一次，每次大约 6 天，每天发生在中午，最长持续时间约 10 min。日凌中断时间较短，累积时间为全年的 0.02%，并且可以预报，必要时可采用主、备卫星转换的办法来保证不间断通信。

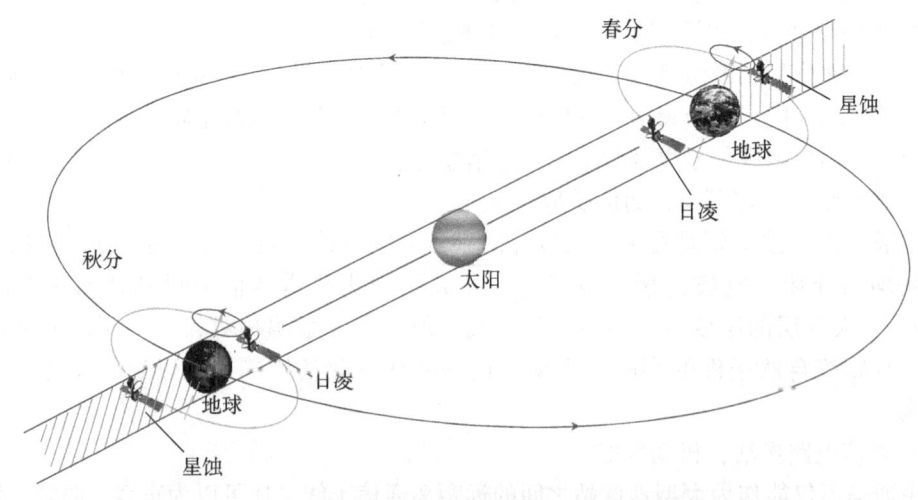

图 1-5 静止轨道通信卫星卫星的星蚀和日凌中断示意图

卫星、地球和太阳处于一条直线上时,卫星进入地球的阴影区,这种现象称为星蚀。在星蚀期间,太阳能电池不能正常工作,卫星需要采用星载蓄电池为各部分进行供电,以保证通信不间断。对于静止轨道通信卫星,星蚀发生在每年春分和秋分前后各 23 天的午夜,每天发生的星蚀持续时间不同,最长时间约为 72 min。

(4) 高纬度地区存在覆盖盲区

利用静止轨道通信卫星进行卫星通信时,卫星在地球赤道上空,由于地球曲率及无线电波直线传播的特性,使得卫星无法实现对高纬度地区的覆盖,只能覆盖南北纬约 70° 以内的范围。

## 1.3 卫星通信主要参数

卫星通信涉及很多参数,例如有效全向辐射功率、接收系统品质因数、转发器饱和通量密度、噪声功率、载噪比等。

**1. 有效全向辐射功率**

有效全向辐射功率(Effective Isotropic Radiated Power,EIRP)也称为等效全向辐射功率,是表征地球站或卫星转发器发射能力的一项重要技术指标,值越大,表明地球站或卫星转发器的发射能力越强。

把卫星和地球站发射天线在波束中心轴向上辐射的功率称为发送设备的有效全向辐射功率,也称为等效全向辐射功率。EIRP 的物理意义是:为了要保持同一接收点的收信电平不变,用全向同性天线代替原天线时所对应馈入的有效功率。

有效全向辐射功率是天线发射功率 $P_T$ 与天线增益 $G_T$ 的乘积。

$$\text{EIRP} = P_T \cdot G_T \tag{1.1}$$

在卫星通信中,一般使用定向天线把电磁波能量聚集在某个方向上辐射,天线增益与天线开口面积 $A$ 和工作波长为 $\lambda$ 有关。

$$G = \frac{4\pi A}{\lambda^2} \eta = \left(\frac{\pi D}{\lambda}\right)^2 \eta \tag{1.2}$$

**2. 接收系统品质因数**

地球站接收系统品质因数是卫星通信系统的一个重要参数,也是对地球站进行分类的主要依据之一。

品质因数指接收系统天线增益与等效噪声温度之比 $G/T$,$G$ 为天线增益,$T$ 为等效噪声温度。$G/T$ 表示地球站天线和低噪声放大器的性能,它与接收机的灵敏度密切相关。地球站的接收灵敏度越高,越能有效地利用通信卫星。所谓接收灵敏度,是指接收来自卫星微弱信号的能力。因此,地球站的接收天线增益 $G$ 越高,接收系统的等效噪声温度(包括外部和内部的)$T$ 越低,为了保证一定的通信质量(信噪比或误码率),则所需的卫星功率越小;或者,卫星功率一定时,$G/T$ 值越大,通信容量越大或通信质量越好。无论是提高 $G$,还是减少 $T$,其效果是相同的。前者需要增大天线口径或提高天线效率,后者需要采用低噪声接收机。

接收系统品质因数的计算可以用对数形式表示为:

$$\left[\frac{G}{T}\right] = [G_R] - 10\lg T \text{ (dB/K)} \tag{1.3}$$

#### 3. 转发器饱和通量密度

转发器饱和通量密度是指为使卫星转发器单载波饱和工作，在其接收天线的单位有效面积上应输入的功率，表示卫星转发器的灵敏度。

转发器饱和通量密度的计算式可以表示为：

$$[W_s] = [\text{EIRP}]_{ES} - [L]_u + 10\lg\left(\frac{4\pi}{\lambda^2}\right) \text{ (dBW/m}^2\text{)} \tag{1.4}$$

式中，$10\lg\left(\frac{4\pi}{\lambda^2}\right)$ 表示接收天线单位有效面积的增益；EIRP 的下标 $E$ 表示地球站发，$S$ 表示转发器饱和工作；$[L]_u$ 表示上行链路的自由空间传播损耗。

工作在 C 频段 6 GHz 时，接收天线单位有效面积的增益约为 37 dB。

#### 4. 噪声功率

卫星通信链路中，接收天线在接收地球站或卫星转发的信号时，还会接收到大量的噪声。噪声的大小可直接用噪声功率来度量。噪声功率与等效噪声温度及等效噪声带宽有关。

$$N = kTB \tag{1.5}$$

式中，$k = 1.38 \times 10^{-23}$ J/K，为玻尔兹曼常数；$T$ 为等效噪声温度；$B$ 为等效噪声带宽。

若噪声用单边功率谱密度 $n_0$ 来表示，则 $n_0 = kT$，因此，噪声的大小也可以用等效噪声温度 $T$ 间接来表示。

#### 5. 载噪比

卫星通信线路中的载波功率与噪声功率之比简称为载噪比，是决定卫星通信线路性能最基本的参数之一。

载噪比与有效全向辐射功率、接收天线增益、自由空间传播损耗、噪声功率等有关，可以用对数形式表示为：

$$\left[\frac{C}{N}\right] = [\text{EIRP}] - [L_f] + [G_R] - \sum[L_i] - [N] \tag{1.6}$$

式中，$C$ 是卫星或地球站接收机输入端的载波功率，一般称为载波接收功率；$N$ 为噪声功率；EIRP 为有效全向辐射功率；$L_f$ 为自由空间传播损耗；$G_R$ 为接收天线增益；$L_i$ 为其他损耗之和。

## 1.4 STK 仿真软件

### 1.4.1 软件简介

STK（Satellite Tool Kit，卫星工具箱）是航天领域优秀的设计软件，由美国分析图形有限公司（Analytical Graphics Incorporation，AGI）研制，在航天器仿真方面有着巨大的优势，可用于分析复杂的陆地、海洋、航空及航天任务，并可提供逼真的 2 维、3 维可视化动态场景及精确的图表、报告等。STK 具有强大的分析能力，能够生成轨道/弹道星历表，开展可见性分析、遥感器分析、姿态分析等，具备可视化的计算结果、全面的数据报告等功能。

随着 STK 功能的不断扩展，STK 的应用领域也逐步从卫星领域扩展到其他领域，名称由"卫星工具箱（Satellite Tool Kit）"更改为"系统工具箱（System Tool Kit）"，其英文缩写 STK 保持不变。

STK 能够仿真典型卫星轨道，模拟卫星、地球站、链路等，可进行卫星与地球站的可见性分析、卫星的覆盖性能分析、链路特性分析等，提供报告和图表分析功能，能够更好地促进对卫星通信理论知识的学习，调动学习积极性，进一步加深对理论知识的理解与掌握。本书所有章节结合理论知识开展相关的 STK 仿真操作，设置 STK 仿真实例。

**1. STK 主要功能**

（1）分析能力

STK 通过复杂的数学算法迅速、准确地计算出卫星在任意时刻的位置、姿态，如实时显示卫星的星下点经纬度，评估陆地、海洋、空中和空间对象间的复杂关系，仿真卫星或地面站遥感器的覆盖区域。

（2）轨道生成向导

STK 提供卫星轨道生成向导，引导用户快速仿真常见的轨道类型，如地球同步轨道、临界倾角轨道、太阳同步轨道、莫尼亚轨道、重复轨道、圆轨道等。

（3）可见性分析

STK 可以计算任意两个对象间的访问时间并在二维地图窗口动画显示，计算结果可以形成图表或文字报告。也可以在对象间增加几何约束条件，如遥感器的可视范围、地面站的最小仰角、方位角和地面站与卫星间的最大距离、卫星覆盖重数等。

（4）遥感器分析

遥感器可以附加在任何空基或地基对象上，用于可见性分析的精确计算。遥感器覆盖区域的变化能够动态地显示在二维地图窗口，包括复杂圆弧、半功率、矩形、扫摆等多种遥感器类型。

（5）姿态分析

STK 提供标准姿态定义，或者从外部输入姿态文件（标准四元数姿态文件），从而为计算姿态运动对其他参数的影响提供多种分析手段。

（6）可视化的计算结果

STK 在二维地图窗口可以显示所有以时间为单位的信息，多个窗口可以分别以不同的投影方式和坐标系显示。可以向前、向后或实时地显示任务场景的动态变化，如，空基或地基对象的位置、遥感器覆盖区域、可见情况、光照条件、恒星/行星位置，可将结果保存为 BMP 位图或 AVI 动画等。

**2. STK 模块**

STK 拥有多个不同模块，包括轨道机动模块、链路分析模块、通信模块、空间接近分析模块、覆盖模块、精确定轨模块、雷达模块、空间环境模块等。本书中简要介绍与卫星通信密切相关的链路分析模块、覆盖模块和通信模块等。

（1）STK/Chains 链路分析模块

STK/Chains 链路分析模块可以进行对象间的可见性分析，扩展 STK 确定对象间互访的能力。链路是 STK 中卫星、地面站、船舶、遥感器等对象的联合体，通过这些对象的有序组合来建立一种通信模型或数据传输途径，如北京→卫星→某船舶的链路。STK/Chains 可以建立星座，星座可以是多颗卫星组成的卫星星座、地面站网络、地面目标群和遥感器组，利用链路将这些对象组合起来。

（2）STK/Coverage 覆盖模块

STK/Coverage 覆盖模块用于对卫星、地面站、车辆、导弹、飞机、船舶进行全面的覆盖性能分析。Coverage 可以和 STK 的其他模块如 Chains、Comm 等相结合确定对象可见的时间间隔。用户可以自定义覆盖区、覆盖资源、时间周期、覆盖品质标准，还可以形成反映覆盖品质的动态或静态文字报告与图表。Coverage 可以分析各种覆盖问题，如一颗故障卫星对整个星座覆盖情况产生的影响，何时何地卫星会出现覆盖间隙，何时会出现多颗卫星，同时覆盖一个对象的情况。

（3）STK/Comm 通信模块

STK/Comm 通信模块是面对通信用户设计的附加模块。其对飞行器和地面站之间、飞行器和飞行器之间等提供通信链路的分析，考虑了详细的降雨模型、大气损耗等，能将分析的结果在二维地图上表达或利用 STK/VO 进行全球三维的显示。接收机和发射机模型可以附加在卫星、地面站等对象中。STK/Comm 通信模块在通信的链路分析中还模拟了通信干扰及环境对通信质量的影响。

### 1.4.2 基本操作

（1）软件启动

①在 Windows 任务栏中，单击"开始"→"所有程序"→"STK11"，单击图标 STK 11 x64 ，启动 STK 软件。

②双击桌面 STK 快捷方式 ，启动 STK 软件。

（2）新建场景

启动 STK 后，弹出如图 1-6 所示的对话框。单击"Create a Scenario"按钮可以创建一个新的场景。

图 1-6 创建/打开场景

"Open a Scenario"打开一个已有的场景;"Training and Tutorials"打开 STK 的帮助页面。

如果勾选"Do not show me this again",则下次启动时不会显示图 1-6 所示对话框,此时可以有两种方式新建场景。

①通过单击工具栏中的"Default"→"New Scenario"快捷图标,新建一个场景,如图 1-7 所示。

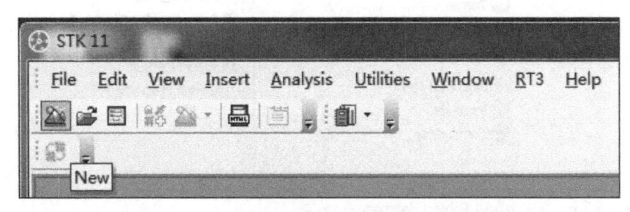

图 1-7 通过快捷方式新建仿真场景

②通过单击菜单栏中的"File"→"New",如图 1-8 所示。

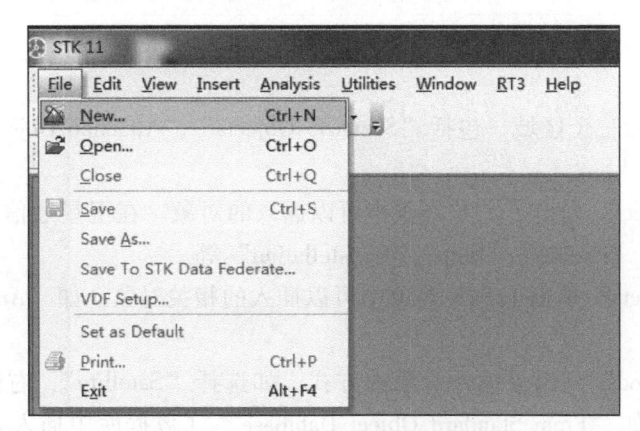

图 1-8 通过菜单栏新建仿真场景

新建场景后,会弹出如图 1-9 所示的对话框。"Name"可以修改场景名称,"Description"对场景进行简单描述,"Location"可以修改保存场景的路径,"Start"仿真开始时间,"Stop"仿真结束时间。单击"OK"按钮新建场景,弹出插入对象对话框,如图 1-10 所示。

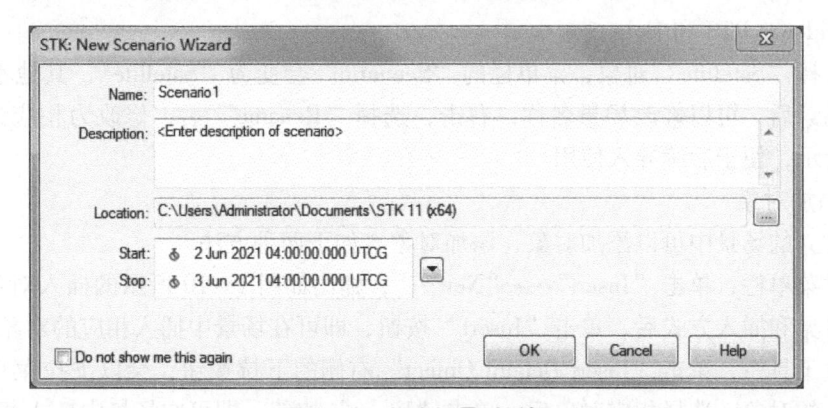

图 1-9 新建场景对话框

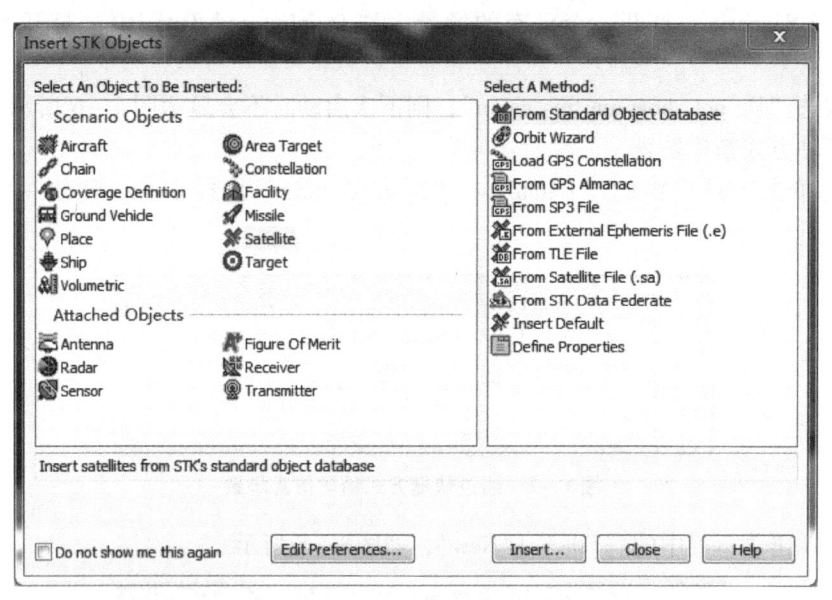

图 1-10 插入对象

图 1-10 中分为三个区域，包括"Scenario Objects""Attached Objects""Select A Method"。

"Scenario Objects"列出了 STK 场景中可以插入的对象。在卫星通信中，常用的对象有"Satellite""Chain""Facility""Ship""Constellation"等。

"Attached Objects"列出了 STK 对象中可以插入的相关对象，如"Antenna""Receiver""Transmitter"等。

"Select A Method"列出了插入对象的方式。如选择"Satellite"，右侧显示可以插入卫星的方式，常用的如"From Standard Object Database"（数据库中插入）、"Orbit Wizard"（轨道向导）等。选择相应的方式后，会在下方简要阐述该方式。

新建后的仿真场景如图 1-11 所示。该场景包括菜单栏、工具栏、对象浏览区、3D 窗口和 2D 窗口、时间线视图等。

当选择"Scenario"时，菜单栏分别为 File、Edit、View、Insert、Analysis、Scenario、Utilities、Window、RT3 和 Help。

如果选择"Satellite"对象，菜单栏的"Scenario"会变为"Satellite"，其他不变。

建立场景后，可以修改场景名称，右击，选择"Rename"后，修改为相应的名称，如图 1-12 所示，便于后续导入使用。

（3）添加对象

在已建立的场景中可以添加对象，添加对象有如下两种方法。

①通过菜单栏，单击"Insert"→"New…"，弹出如图 1-10 所示的插入对象窗口，选择合适的对象和插入方式后，单击"Insert"按钮，即可在场景中插入相应的对象。

②通过工具栏，单击"Insert Default Object"右侧的下拉按钮，会以下拉菜单的形式显示可以插入的对象。选择相应对象后，单击"Insert"按钮，即可在场景中插入相应的对象，如图 1-13 所示。

第1章 绪　论

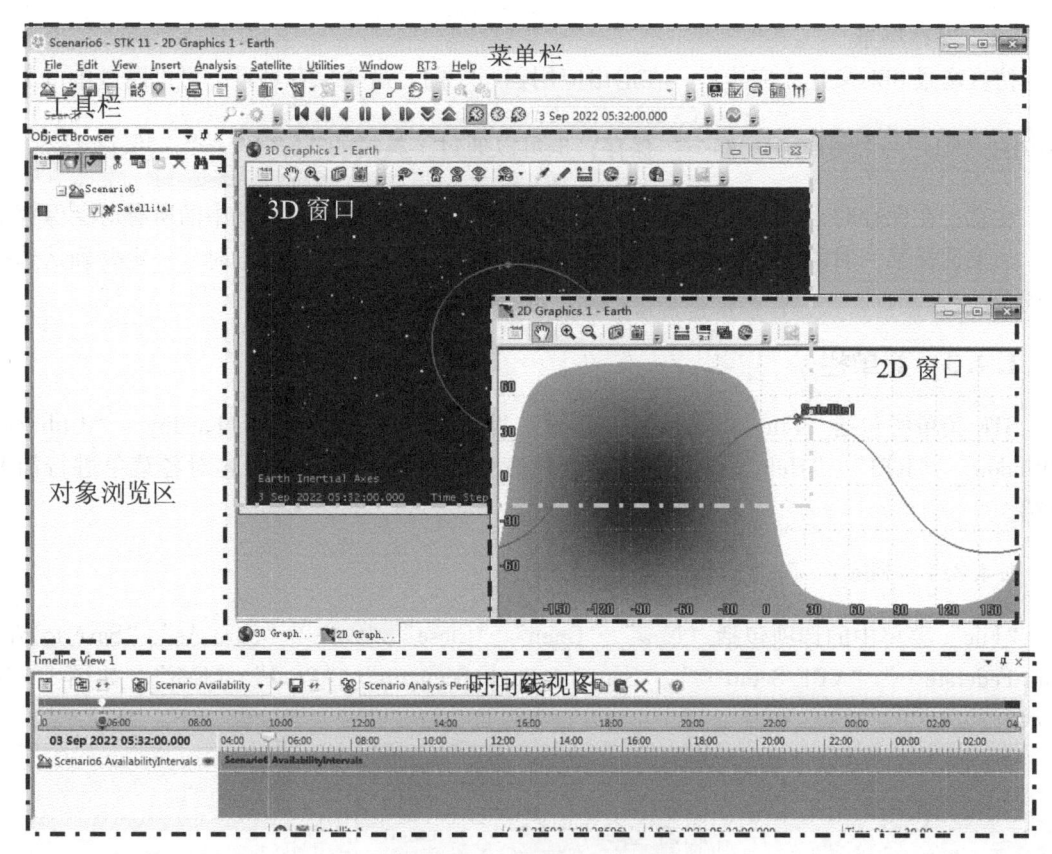

图1-11　新建的仿真场景

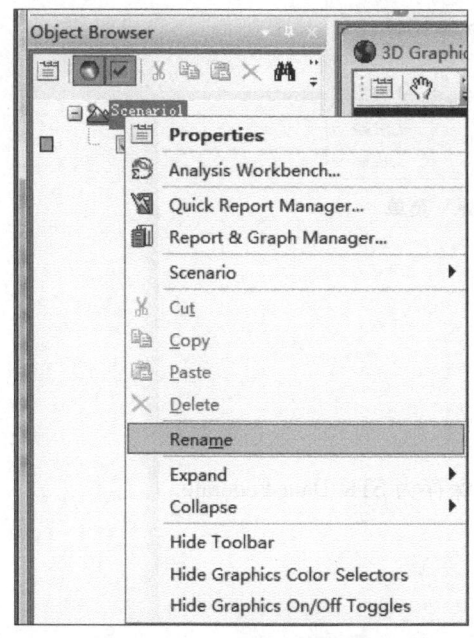

图1-12　仿真场景重命名

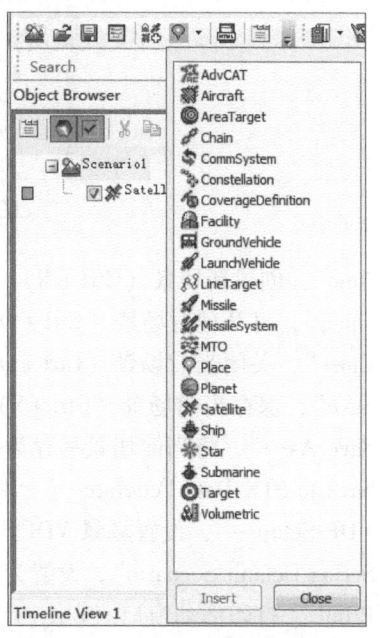

图1-13　通过工具栏插入对象

（4）保存场景

仿真场景和对象建立完毕后，在退出应用程序之前，需要保存场景。可以通过单击菜单栏中的"File"→"Save/Save As…"保存；也可以通过工具栏的 保存。

注意：在保存时，需要选中场景后保存，此时可以将场景以及场景中的所有对象保存下来。如果选择某一对象保存，此时只能保存该对象。因此，在保存场景时，一定要确认选择了场景。

### 1.4.3 菜单栏

STK 菜单栏包括"File""Edit""View""Insert""Analysis""Facility""Utilities""Window""RT3""Help"等。本节结合后续仿真中经常用到的内容对各菜单进行简要介绍。

#### 1.4.3.1 File

"File"菜单中的选项包括"New""Open""Close""Save""Save As""Save to STK Data Federate…""VDF Setup…""Set as Default Scenario""Print""Exit"，如图 1-14 所示。

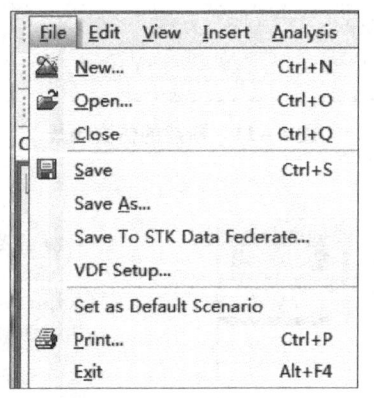

图 1-14 "File"菜单

"New"，创建新场景（Ctrl+N）。
"Open"，打开现有场景（Ctrl+O）。
"Close"，关闭当前场景（Ctrl+Q）。
"Save"，保存当前场景（Ctrl+S）。
"Save As…"，将当前场景另存为……。
"Save to STK Data Federate…"，将当前场景保存为 STK Data Federate。
"VDF Setup…"，设置场景 VDF。
"Set as Default Scenario"，设置为默认场景。
"Print"，打印活动窗口（Ctrl+P）。
"Exit"，退出应用程序（Alt+F4）。

### 1.4.3.2 Edit

"Edit"菜单中的选项包括"Cut""Copy""Paste""Delete""Find…""Preferences…",如图1-15所示。在新建一个场景或者导入一个已有场景时,"Edit"等下拉菜单中的部分菜单项才能可用。

"Cut",剪切对象(Ctrl + X)。

"Copy",复制对象(Ctrl + C)。

"Paste",粘贴对象(Ctrl + V)。

"Delete",删除对象(Del)。

图1-15 "Edit"菜单

"Find…",在对象浏览器中查找,如图1-16所示。

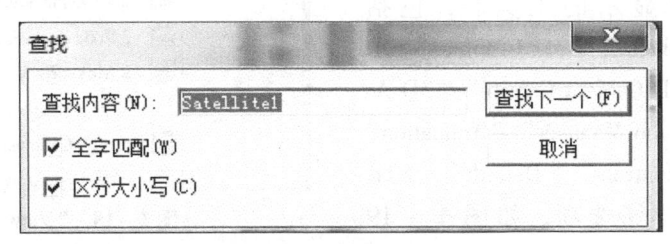

图1-16 "查找"对话框

"Preferences…",参数设置,如图1-17所示。一般情况下,可以采用默认值。

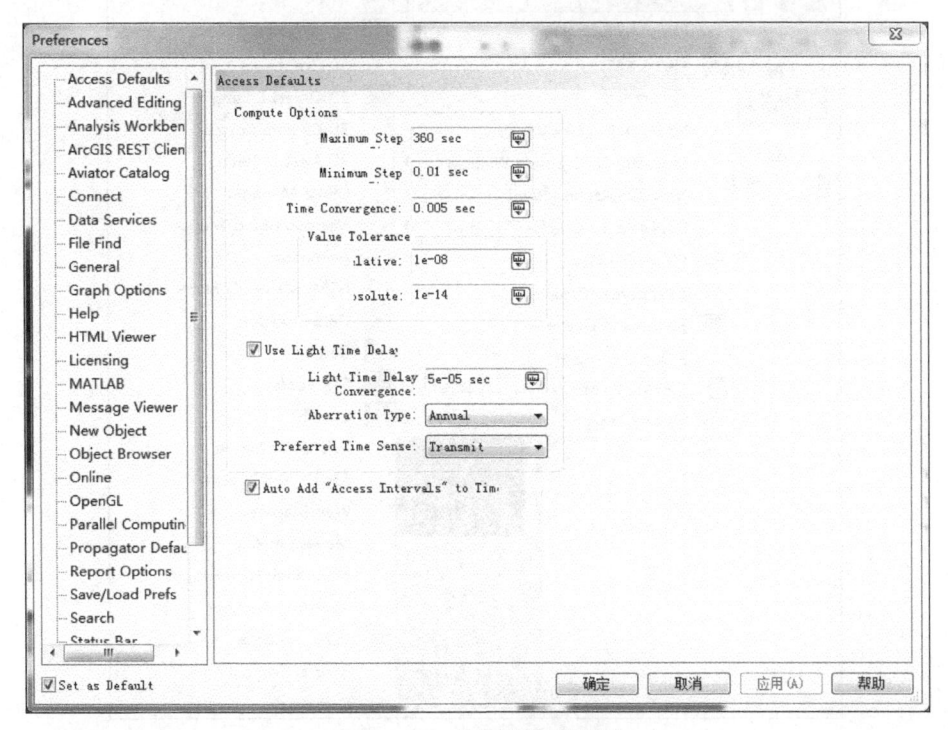

图1-17 参数设置对话框

### 1.4.3.3 View

"View"菜单中的选项包括"Toolbars""Planetary Options""Status Bars""Full Screen""New 2D Graphics Window""Duplicate 2D Graphics Window""New 3D Graphics Window""Duplicate 3D Graphics Window""1 Timeline View""2 Properties Browser""3 Message Viewer""4 Object Browser""5 HTML Viewer""Globe Manger",如图1-18所示。

"Toolbars",用于创建和定义工具栏的显示,选择需要显示的工具栏,包括"RT3""2D Graphics""3D Graphics""3D Object Editing""3D Camera Control""3D Aviator Editing""Globe Manager""Animation""HTML Viewer Controls""Default""STK Tool""Customize"等选项,如图1-19所示。

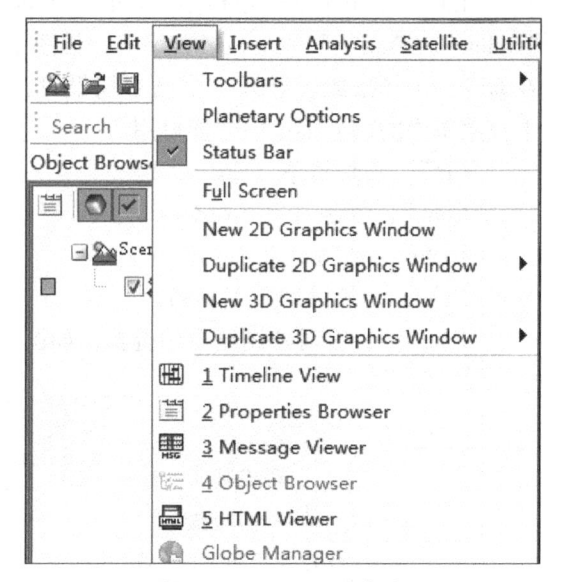

图1-18 "View"菜单

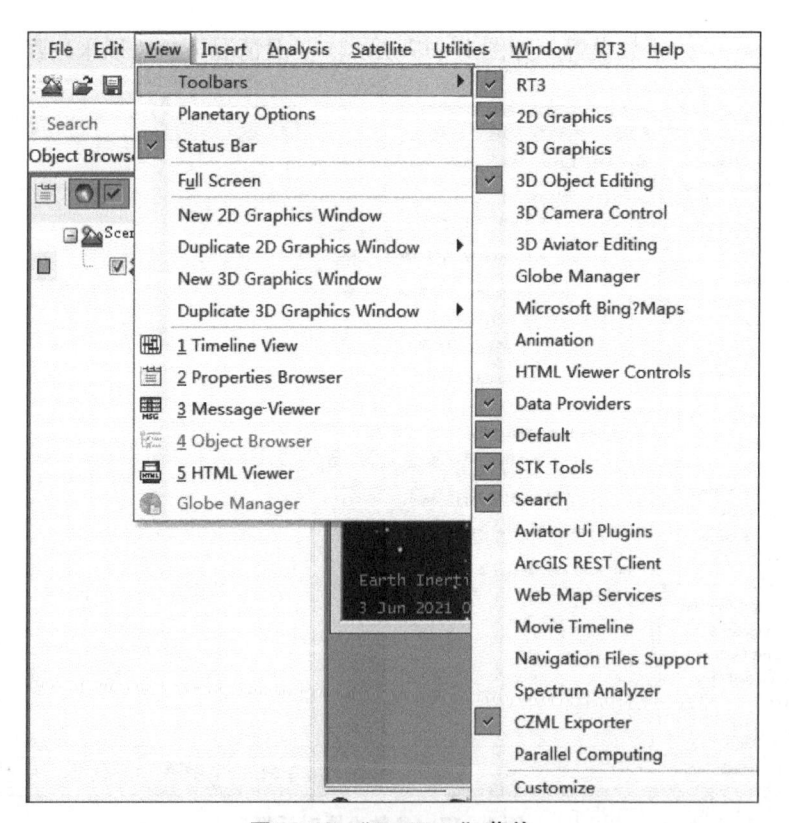

图1-19 "Toolbars"菜单

"Planetary Options",用于行星选择。选择"Planetary Options"后,在工具栏的新建场景图标右侧会出现一个倒三角按钮，单击倒三角按钮可以显示可供选择的对象,如图 1-20 所示。默认的行星是 Earth(地球),还有很多其他天体,如 Moon、Sun 等。

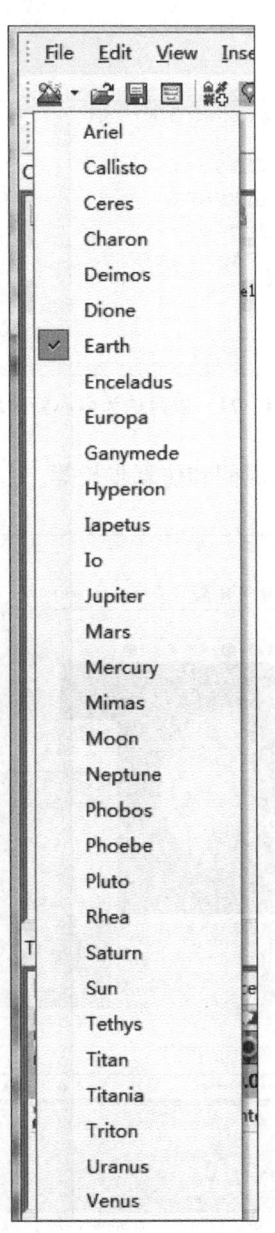

图 1-20 "Planetary Options"菜单

选择 Moon(月球)后,建立以月球为中心的新建场景,此时根据需要还可以改变 Central Body,单击"OK"按钮后,新建一个以月球为中心的场景,如图 1-21 所示。在现有场景下选择其他天体时,则会再次新建一个场景。

"Status Bars",用于指定状态栏的显示,如图 1-22 所示。可以显示场景名称-中心天

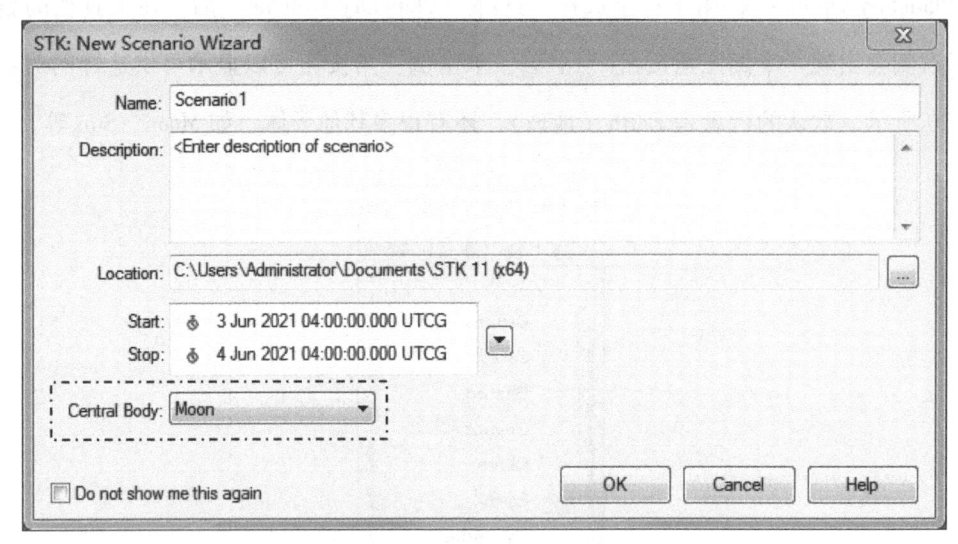

图 1-21 以月球为中心新建场景

体名称、鼠标所在的经纬度、仿真时间和仿真步长等。

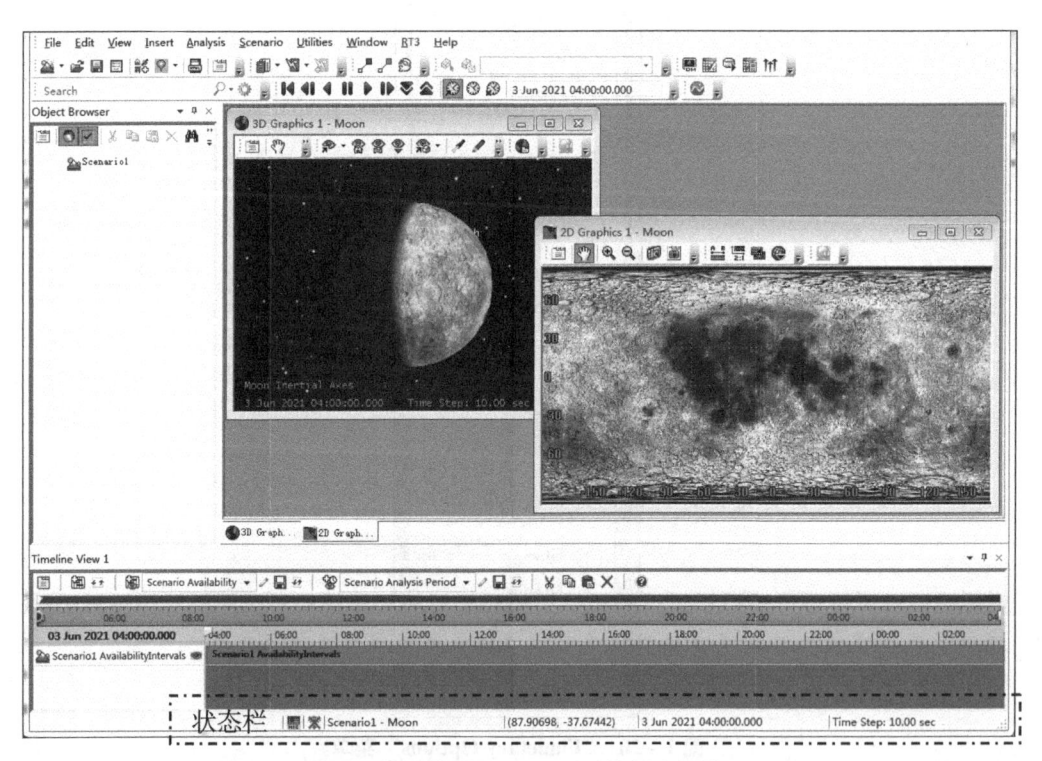

图 1-22 选择"Moon"后的新建场景

"Full Screen",切换为全屏模式。
"New 2D Graphics Window",新建二维图形窗口。
"Duplicate 2D Graphics Window",复制当前二维图形窗口。

"New 3D Graphics Window",新建三维图形窗口。

"Duplicate 3D Graphics Window",复制当前三维图形窗口。

"1 Timeline View",时间线视图。

"2 Properties Browser",显示或隐藏属性窗口。当选择 3D 窗口时,可以显示 3D 属性窗口,如图 1-23 所示,可以修改 3D 视图的相关属性,例如,是否显示经线和纬线、背景颜色等。当选择 2D 窗口时,可以显示 2D 属性窗口,如图 1-24 所示,可以改变二维视图的背景图片等。当选择场景时,可以显示场景属性窗口,如图 1-25 所示,可以修改仿真时间、环境等参数。当选择场景中的对象时,可以显示相应对象的属性窗口,如图 1-26 所示(选择卫星时的属性窗口),可以修改卫星的轨道参数、2D/3D 等参数。

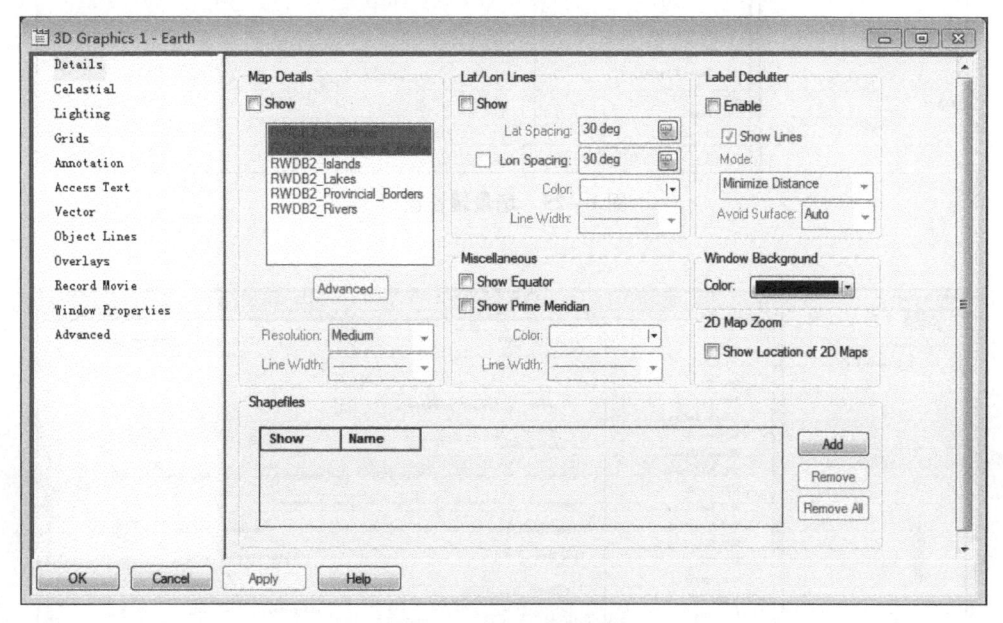

图 1-23  3D 属性窗口

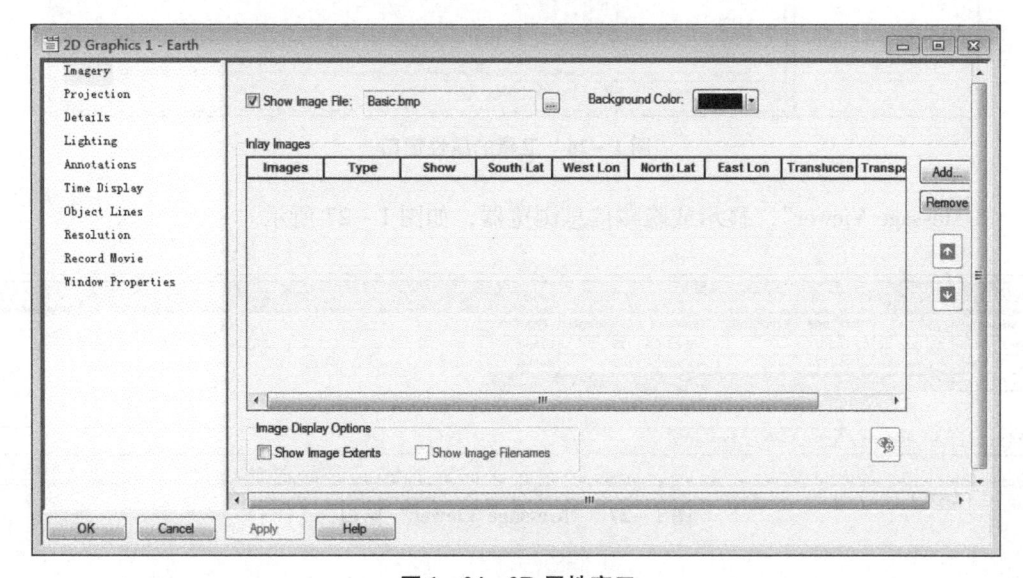

图 1-24  2D 属性窗口

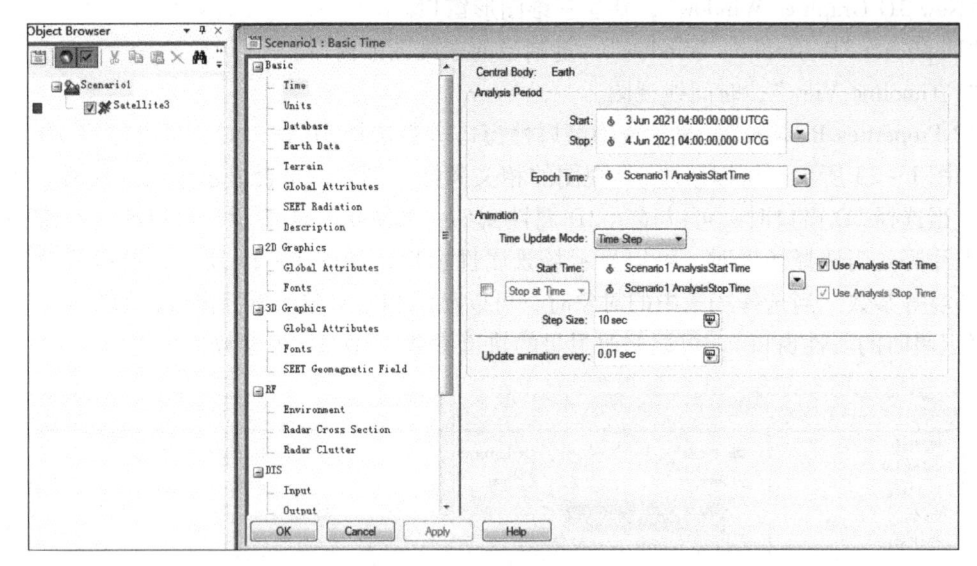

图 1-25 场景属性窗口

图 1-26 卫星的属性窗口

"3 Message Viewer",显示或隐藏信息浏览器,如图 1-27 所示。

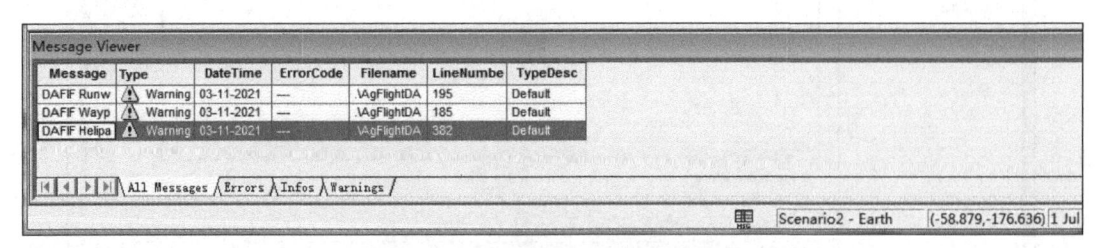

图 1-27 "Message Viewer"窗口

"4 Object Browser",显示或隐藏对象浏览器,如图 1-28 所示。

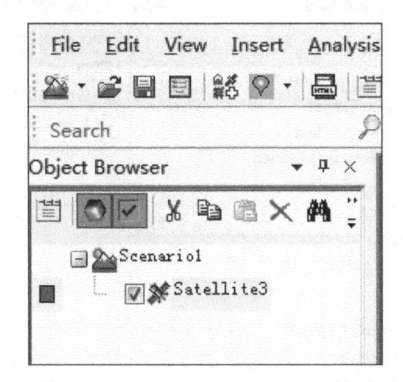

图 1-28 "Object Browser" 窗口

"5 HTML Viewer",显示或隐藏 HTML 浏览器。

#### 1.4.3.4 Insert

"Insert" 菜单中的选项包括 "New…" "From File…" "Default Object…" "From Standard Object Database…" "Place by Address…" "Area Target from Database…" "Star From Database…" "From GPS Almanac…" "From SP3 File…",如图 1-29 所示。

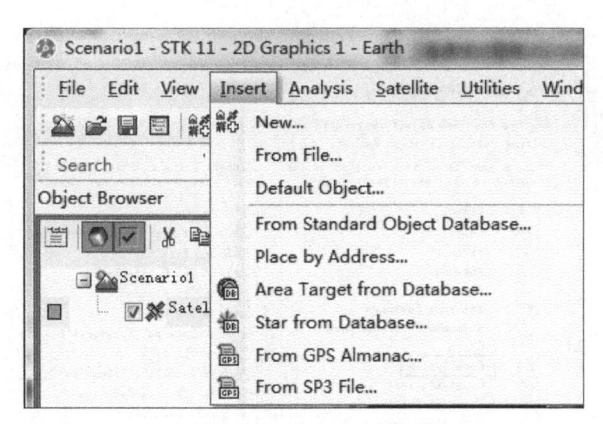

图 1-29 "Insert" 菜单

"New…",在当前场景中插入对象。可插入的对象有 20 余种,后续仿真中会用到的对象包括 "Chain" "Constellation" "Facility" "Receiver" "Satellite" "Sensor" "Ship" "Transmitter" 等,如图 1-30 所示。左侧 "Scenario Objects" 显示场景中可插入的对象,"Attached Objects" 显示对象可插入的关联对象。右侧 "Select A Method" 显示插入该对象的方式,每个对象都有多种插入方式,根据需要选择合适的方式即可。选中对象和相应的方式后,单击左下方 "Insert…" 按钮可以插入相应的对象。

图 1-30 中仅列出部分可插入的对象,单击 "Edit Preferences…" 按钮后,弹出如图 1-31 所示的对话框。通过勾选相应的对象,可以增加插入对象。如选择 "Comm System",则可以在图 1-30 所示的窗口中增加对象 "CommSystem",如图 1-30 中的 Comm System 所示。

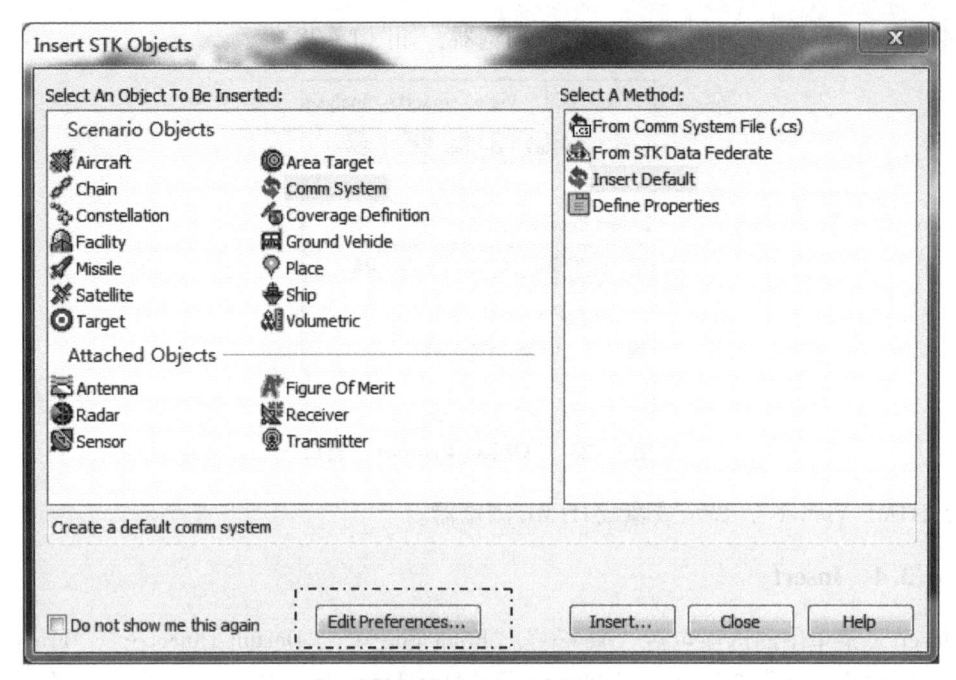

图 1-30 插入新对象

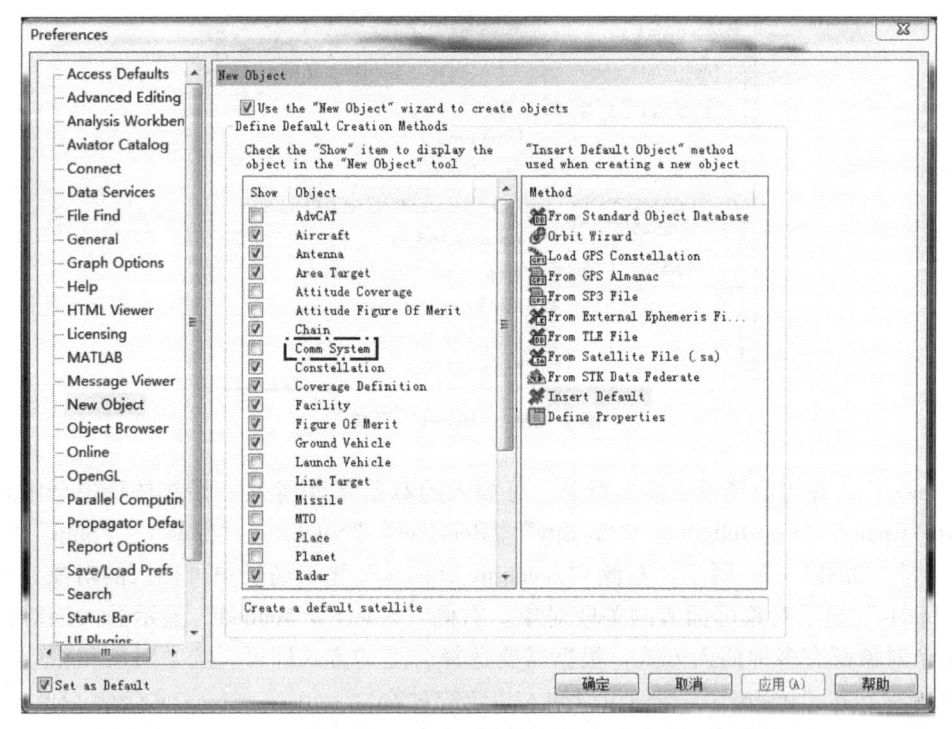

图 1-31 "Preferences"窗口

"From File…",从外部文件向当前场景中插入对象。

"Default Object…",插入默认对象,如图 1-32 所示。

图 1-32 默认对象

"From Standard Object Database…",从对象数据库中插入对象,如图 1-33 所示。

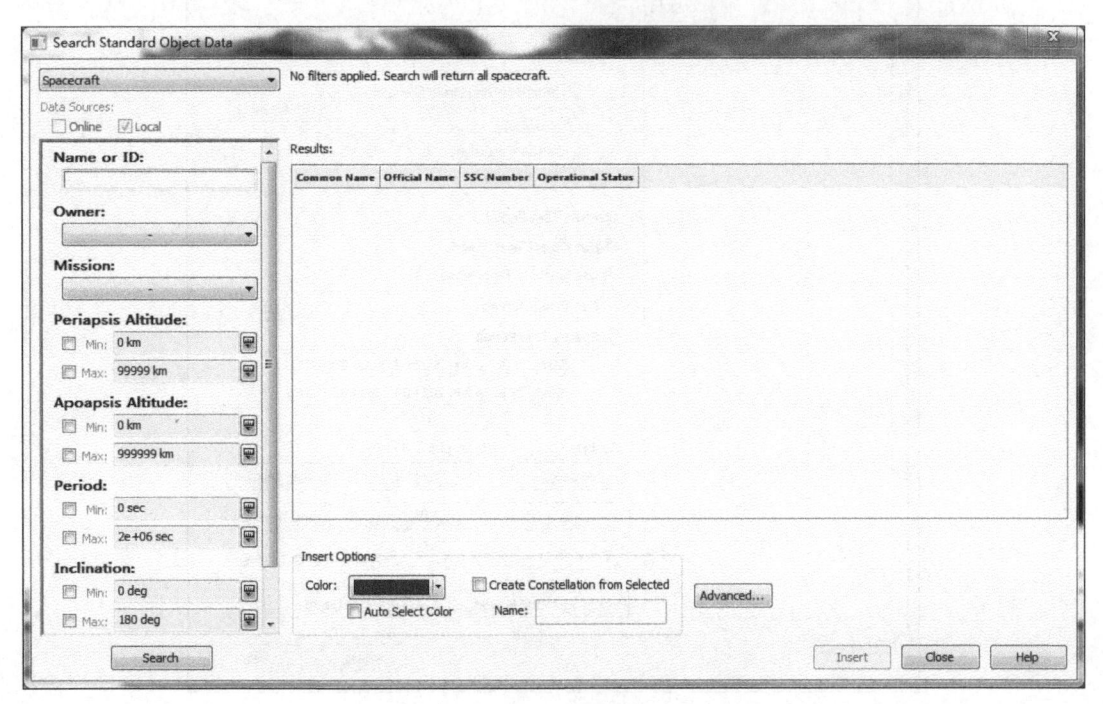

图 1-33 从对象数据库中插入对象

#### 1.4.3.5 Analysis

"Analysis"菜单中的选项包括"Analysis Workbench…""Access…""Deck Access…""Coverage…""Quick Report Manager…""Report & Graph Manager…""Remove All Accesses""Remove All Object Coverages",如图 1-34 所示。

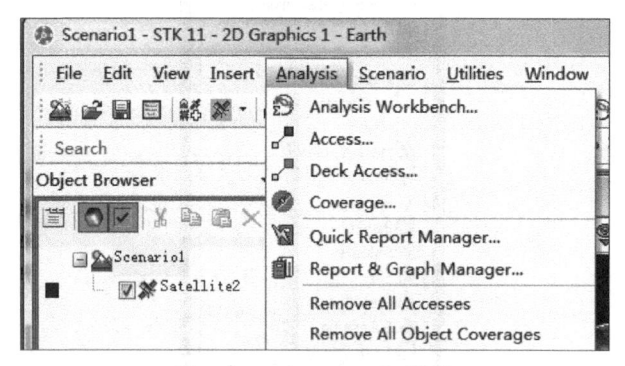

图 1-34 "Analysis"菜单

"Analysis Workbench…",打开分析工具窗口。

"Access…",选定对象的访问分析,如图 1-35 所示。具体将在后续章节进行详细介绍。

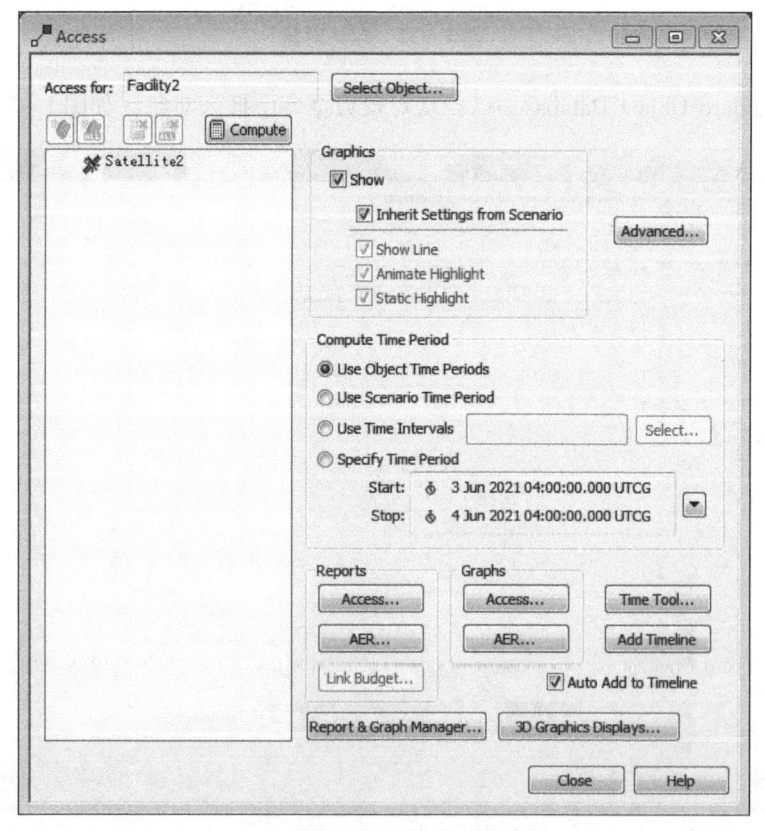

图 1-35 "Access"窗口

"Coverage…",选定对象的覆盖分析。
"Report & Graph Manager…",报告和图表管理。
"Remove All Accesses",取消所有访问。
"Remove All Object Coverages",取消所有对象覆盖。

### 1.4.3.6 Scenario/Satellite/Facility…

当选择"Object Browser"中的 Scenario 时,菜单栏中会有"Scenario"菜单,其主要选项包括"B – Plane Template…""Geo Mag Flux…""GIS Import…",如图 1 – 36 所示。

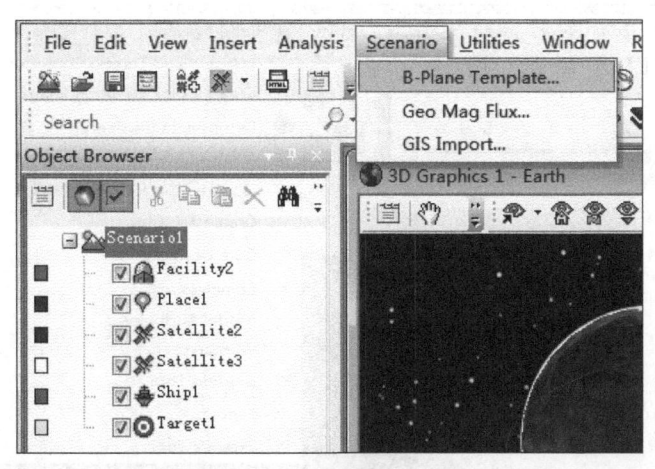

图 1 – 36 "Scenario"菜单

当选择"Object Browser"中的"Satellite"时,菜单栏中会有"Satellite"菜单,其主要选项包括"B – Plane Template…""Attitude Simulator…""Export Initial State…""Load Prop Def File…""Close Approach…""Lifetime…""Orbit Wizard…""Generate TLE…""Walker…""New 3D Attitude Graphics Window"等,如图 1 – 37 所示。比较常用的如"Orbit Wizard…"轨道向导,可以生成不同的卫星轨道。"Walker…"可以产生一个倾斜轨道星座。

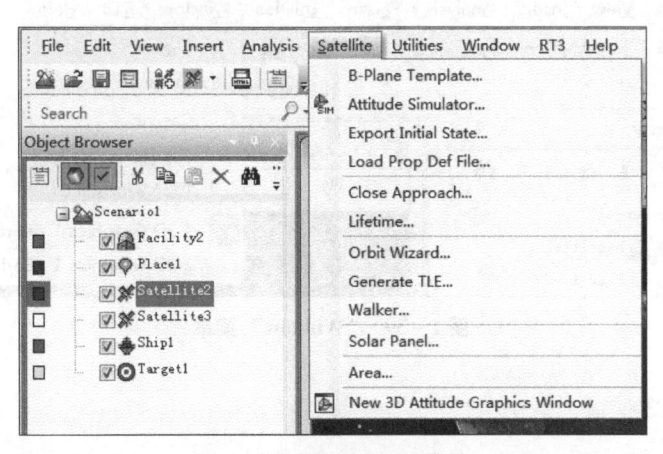

图 1 – 37 "Satellite"菜单

当选择"Object Browser"中的"Facility"时，菜单栏中会有"Facility"菜单。该选项根据所选对象不同而相应改变。

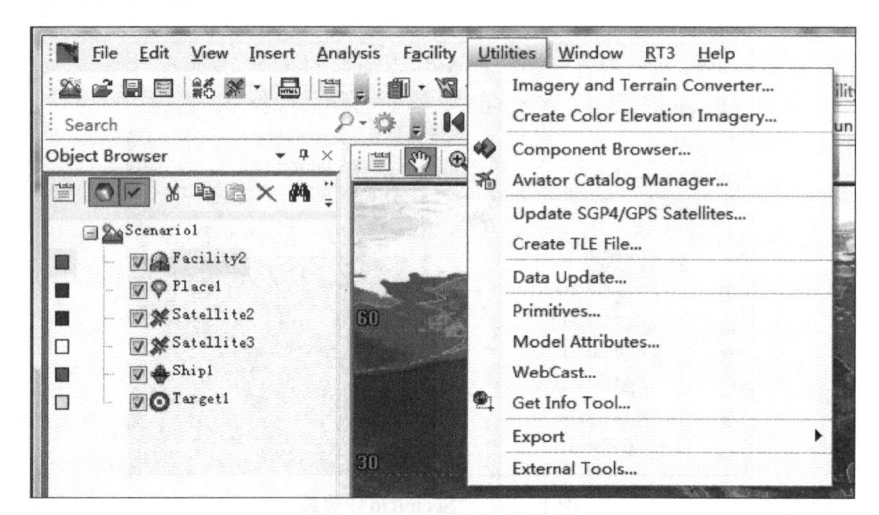

### 1.4.3.7 Utilities

"Utilities"菜单的选项包括"Imagery and Terrain Converter…""Create Color Elevation Imagery…""Component Browser…""Aviator Catalog Manager…""Update SGP4/GPS Satellites…""Create TLE File…""Data Update…""Primitives""Export"等，如图1-38所示，可以进行地形和图像转换等操作。

图1-38 "Utilities"菜单

### 1.4.3.8 Window

"Window"菜单中的选项包括"Close""Close All""Cascade""Tile Horizontally""Tile Vertically""1 3D Graphics1-Earth""2 2D Graphics1-Earth"等，如图1-39所示。

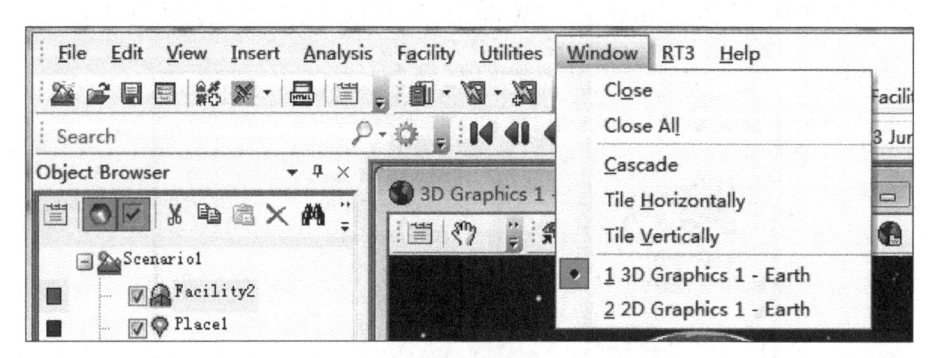

图1-39 "Window"菜单

### 1.4.3.9 RT3

"RT3"菜单中的选项包括"Display Manager""Event Manager""Event Log""Output""Display Settings"，如图1-40所示。

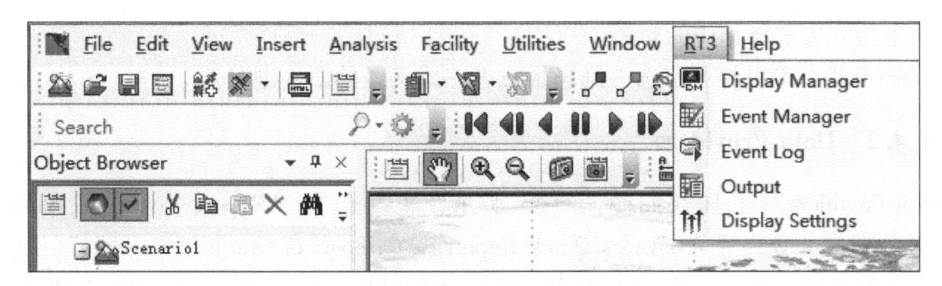

图 1-40 "RT3" 菜单

### 1.4.3.10 Help

"Help" 菜单中的选项包括 "STK Help" "Programming Interface Help" "Training and Tutorials" "User Resources" "License Viewer" "About STK…" 等,如图 1-41 所示。可以打开 STK 的帮助文件来获得相关方面的帮助。

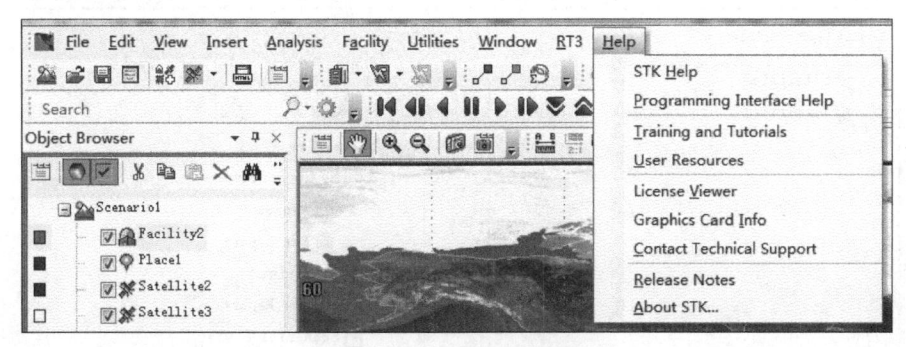

图 1-41 "Help" 菜单

## 1.4.4 工具栏

STK 工具栏包括 "Default" "Data Providers" "STK Tools" "Animation" "2D Graphics" "3D Graphics" 等,可以方便快捷地开展相关操作。

### 1.4.4.1 Default

"Default" 工具栏如图 1-42 所示,主要包括 "New" "Open" "Save" "Welcome Dialog" "Insert Object" "Insert Default Object" "New Integrated HTML Browser" "Properties"。接下来介绍几个常用的工具功能。

图 1-42 "Default" 工具栏

"New" "Open" "Save" ,可以新建、打开、保存场景。

"Insert Object" ,弹出 "Insert STK Objects" 窗口,如图 1-30 所示,可以采用不同方式插入 STK 的对象。

"Insert Default Object" ,可以在当前场景中插入一个默认对象,如卫星、地面站等。

通过右侧下拉列表选择相应的对象。

"Properties",可以打开所选二维场景或者三维场景的属性浏览器。

#### 1.4.4.2 Data Providers

"Data Providers"工具栏如图1-43所示,主要包括"Report & Graph Manager…""Quick Report Manager…""Save as Quick Report"。"Report & Graph Manager…"比较常用,在"Report & Graph Manager"对话框中,可以选定对象的报告和图表工具,如图1-44所示。后续在进行轨道、链路等章节的仿真时,需要借助图表或者报告进行分析。

图1-43 "Data Providers"工具栏

图1-44 "Report & Graph Manager"对话框

#### 1.4.4.3 STK Tools

"STK Tools"工具栏如图1-45所示,从左到右分别为"Access…""Deck Access…""Analysis Workbench…"。可以快速开展选定对象间的访问时间分析等。

图 1-45 "STK Tools" 工具栏

### 1.4.4.4 Animation

"Animation"工具栏主要用于控制 STK 仿真中场景动画的播放，包括"Reset""Step in Reverse""Reverse""Pause""Start""Step Forward""Decrease Time Step""Increase Time Step""Normal Animation Mode""Real – time Animation Mode""X Real – time Animation Mode""Current Scenario Time"，如图 1-46 所示。

图 1-46 "Animation"工具栏

"Reset"，停止动画并恢复至动画起始时间。
"Step in Reverse"，倒序步进。
"Reverse"，倒序播放动画。
"Pause"，暂停动画。
"Start"，顺序播放动画。
"Step Forward"，顺序步进。
"Decrease Time Step"，减小动画仿真步长。
"Increase Time Step"，增大动画仿真步长。
"Normal Animation Mode"，标准动画模式。使用指定的时间步长播放动画。
"Real – time Animation Mode"，实时动画模式。动画时间与计算机系统时钟实时同步。
"X Real – time Animation Mode"，X 倍速实时模式。
"Current Scenario Time"，编辑并显示场景日期和时间，移动动画时间到相应的时间点。

### 1.4.4.5 2D Graphics

"2D Graphics"工具栏如图 1-47 所示，从左到右分别为"Properties""Grab Globe""Zoom In""Zoom Out""Snap Frame""Snap Properties""Measure""2∶1 Aspect Ratio""Map Styles""2D Graphics Window's Central Body"等。

图 1-47 "2D Graphics"工具栏

"Properties"，修改 2D 窗口的属性，包括地图图片、背景颜色、是否显示海岸线、是否显示经纬度线、白日和黑夜显示等。如果地图选用纯白图片，则不显示海岸线，显示经纬度线、白日和黑夜等，2D 窗口如图 1-48 所示。

"2D Graphics Window's Central Body"，选择 2D 窗口的中心天体，单击后弹出下拉列表，如图 1-49 所示。中心天体为地球，如果选择月球，则会显示月球的二维图。

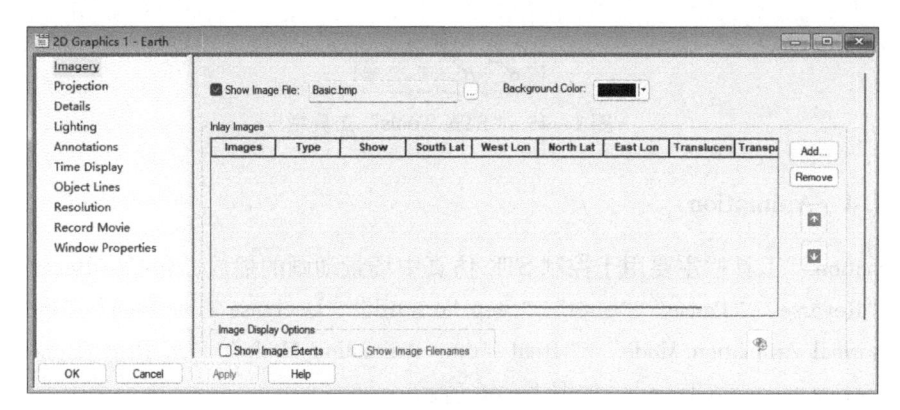

图 1-48　2D 窗口

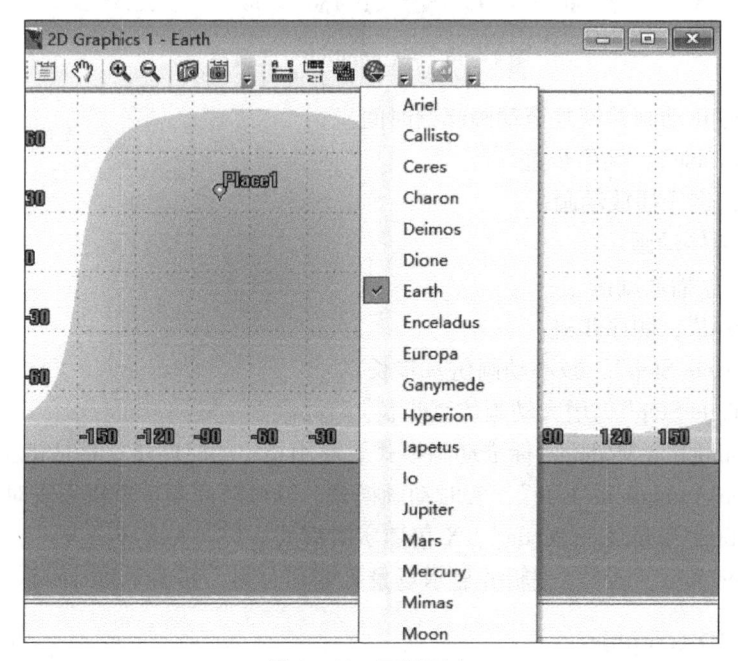

图 1-49　下拉列表

#### 1.4.4.6　3D Graphics

"3D Graphics"工具栏如图 1-50 所示，从左到右分别为"Properties""Grab Globe""Zoom In""Snap Frame""Snap Properties""View From/To""Home View""Orient North""Orient From Top""Stored View""Flashlight""Grease Pencil""3D Measure"、"3D Graphics Window's Central Body""Globe Manager"等。

图 1-50　"3D Graphics"工具栏

"View From/To"，修改 3D 窗口的显示天体。例如选择卫星，可以看到卫星的三维视图，调整视图能够看到地球以及大气层，如图 1-51 所示。如果在"Properties"窗口中不勾选"Show Atmosphere"，则不会显示大气层；如果不勾选"Show"，则不显示背景星星，如图 1-52 所示。

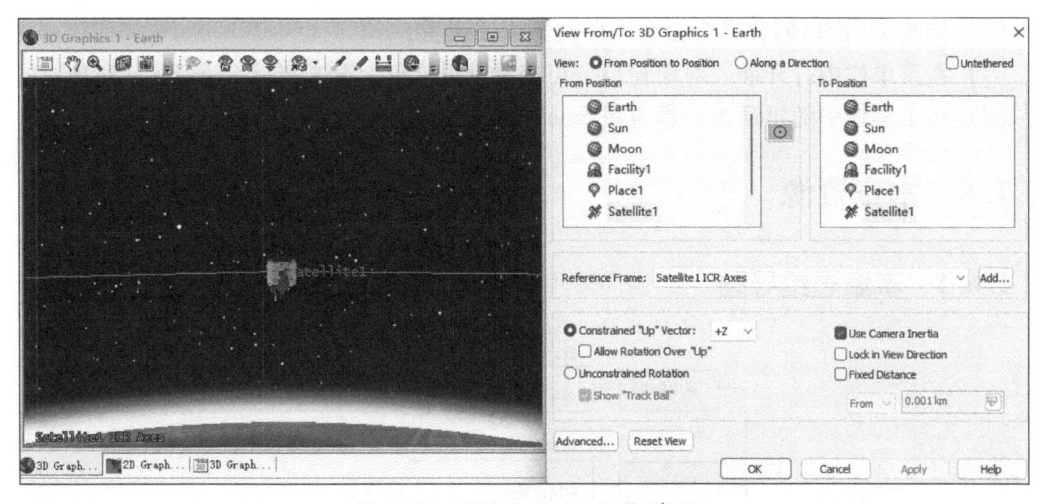

图 1-51 "View From/To" 窗口

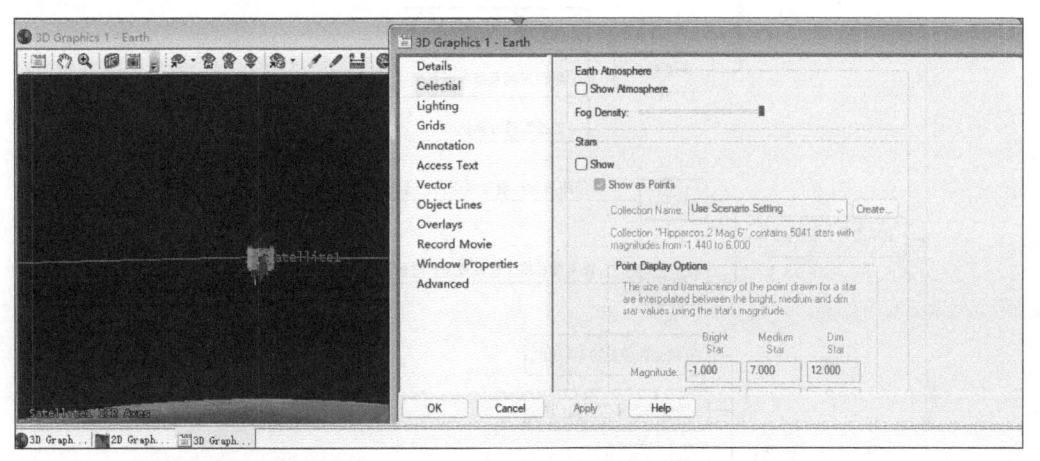

图 1-52 窗口设置

## 1.5 STK 仿真实例

### 1.5.1 仿真任务实例

打开 STK 仿真软件，建立一个新的仿真场景，进行命名；修改仿真时间和仿真步长；新增一个 3D 窗口；修改 2D 窗口的背景；打开插入对象窗口插入一个对象后关闭；在菜单栏插入一个对象后保存该场景。能够熟练开展 STK 的基本操作，熟悉菜单栏、工具栏的使用。

### 1.5.2 仿真基本过程

（1）打开 STK 仿真软件；
（2）建立一个新的仿真场景，并命名为"Chapter1"；
（3）修改仿真时间为 2 天；
（4）将仿真步长修改为 30 s；
（5）新增一个 3D 窗口，显示经纬度线；

(6) 修改 2D 窗口的背景为白色，取消海岸线设置；

(7) 在菜单栏中打开插入对象窗口，可查看帮助文件，随机插入一个 Place 对象；

(8) 在工具栏中随机插入一颗卫星 Satellite，保存该场景。

## 1.6 本章资源

### 1.6.1 本章思维导图

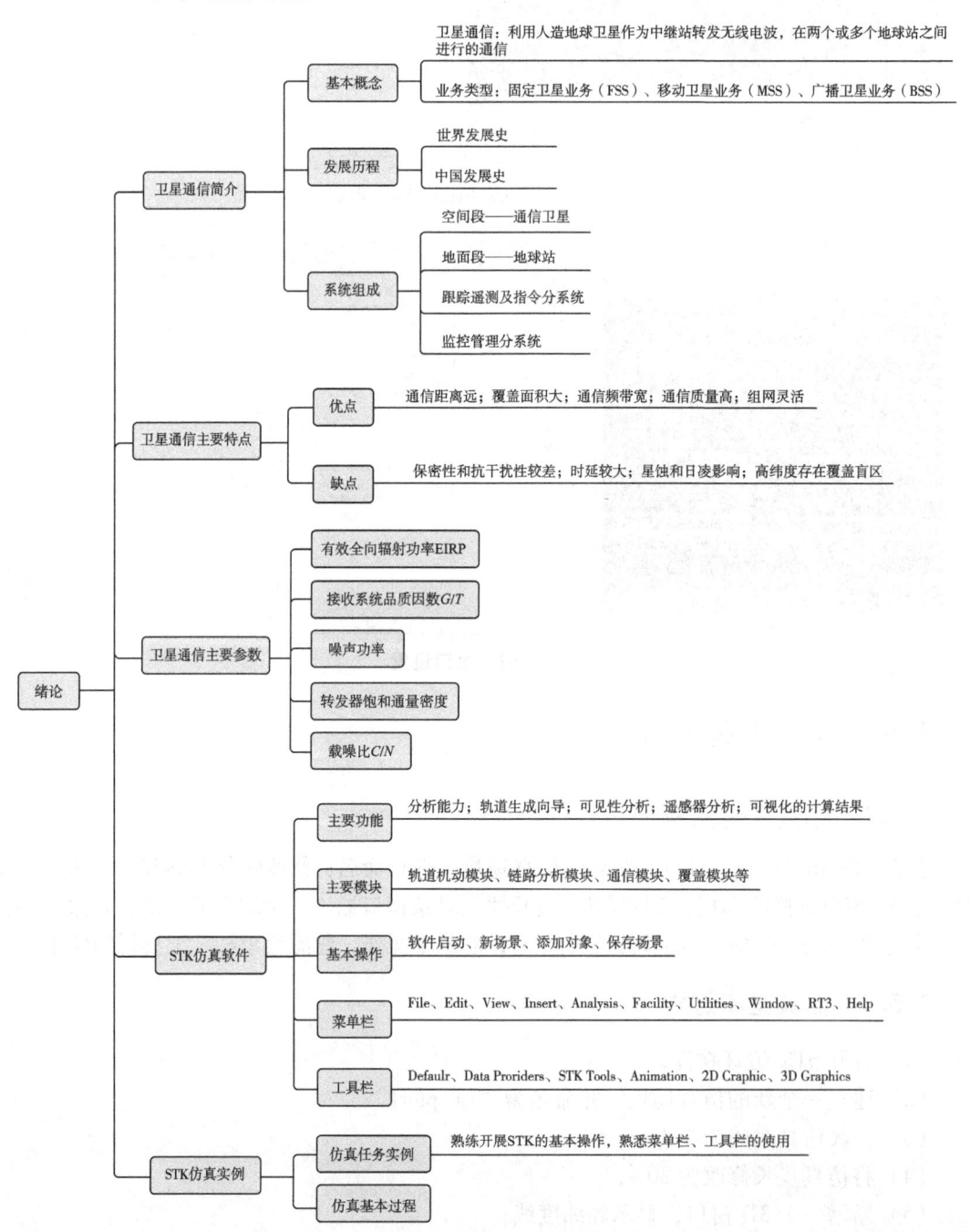

```
绪论
├─ 卫星通信简介
│   ├─ 基本概念
│   │   ├─ 卫星通信：利用人造地球卫星作为中继站转发无线电波，在两个或多个地球站之间进行的通信
│   │   └─ 业务类型：固定卫星业务（FSS）、移动卫星业务（MSS）、广播卫星业务（BSS）
│   ├─ 发展历程
│   │   ├─ 世界发展史
│   │   └─ 中国发展史
│   └─ 系统组成
│       ├─ 空间段——通信卫星
│       ├─ 地面段——地球站
│       ├─ 跟踪遥测及指令分系统
│       └─ 监控管理分系统
├─ 卫星通信主要特点
│   ├─ 优点：通信距离远；覆盖面积大；通信频带宽；通信质量高；组网灵活
│   └─ 缺点：保密性和抗干扰性较差；时延较大；星蚀和日凌影响；高纬度存在覆盖盲区
├─ 卫星通信主要参数
│   ├─ 有效全向辐射功率 EIRP
│   ├─ 接收系统品质因数 G/T
│   ├─ 噪声功率
│   ├─ 转发器饱和通量密度
│   └─ 载噪比 C/N
├─ STK 仿真软件
│   ├─ 主要功能：分析能力；轨道生成向导；可见性分析；遥感器分析；可视化的计算结果
│   ├─ 主要模块：轨道机动模块、链路分析模块、通信模块、覆盖模块等
│   ├─ 基本操作：软件启动、新场景、添加对象、保存场景
│   ├─ 菜单栏：File、Edit、View、Insert、Analysis、Facility、Utilities、Window、RT3、Help
│   └─ 工具栏：Defaulr、Data Proriders、STK Tools、Animation、2D Graphic、3D Graphics
└─ STK 仿真实例
    ├─ 仿真任务实例：熟练开展 STK 的基本操作，熟悉菜单栏、工具栏的使用
    └─ 仿真基本过程
```

### 1.6.2 本章数字资源

| 本章课件 | 练习题课件 | 仿真实例操作视频 | 仿真实例程序 |

## 习 题

1. 简要叙述什么是卫星通信。
2. 卫星通信的主要业务类型有哪些?
3. 卫星通信的系统组成有哪几部分? 其主要作用有哪些?
4. 卫星通信的主要优缺点有哪些?
5. 日凌中断对卫星通信会产生什么影响?
6. 什么是星蚀?
7. 卫星通信的主要参数有哪些? 主要衡量什么性能?
8. STK 软件的主要功能有哪些?

# 第 2 章

# 电波传播

卫星通信依赖电磁波在空间与大气层中进行高效、稳定传播。然而,无线电波在空间和大气环境中的传播路径会受到大气层结构、电离层扰动、空间天气等多方面的影响,从而引发信号衰减、多径、多极化变化等问题。这些因素不仅影响通信链路的稳定性和传输效率,也贯穿于整个卫星通信系统的设计与优化过程。因此,为了确保卫星通信系统的性能,深入理解无线电波的基本特性及其在空间环境中的传播规律极为关键。

本章从电磁波的基本特性出发,系统分析其在不同传播模式下的行为规律,重点探讨大气层(如折射、吸收、去极化)与空间环境(如日凌中断、辐射带效应)对电波传播的影响,并结合 STK 开展电波传播的仿真设置,设计电波传播仿真实例。

## 2.1 无线电波基础

### 2.1.1 电磁波基本特性

电磁波是由同相且互相垂直的电场与磁场在空间中衍生发射的震荡粒子波,是以波动的形式传播的电磁场,具有波粒二象性。电磁波可以用频率、波长、振幅、相位等表达。频率是指电磁波每秒通过某点的次数,用赫兹(Hz)表示;波长是指电磁波中相邻两个同相位的点之间的距离,用米(m)表示;振幅是指电磁波的最大磁场强度或电场强度,用伏特/米(V/m)或埃(Å)表示;相位是指电磁波的电场或磁场相对于某一参考点的相位差,用角度或弧度表示。

根据电磁波的频率范围不同,可以将其分为不同的类型,形成电磁波谱。电磁波谱包括无线电波、红外线、可见光、紫外线、X 射线和伽马射线等,频率从低到高依次递增,波长从长到短依次递减。其中,无线电波一般指频率在 3 kHz ~ 300 GHz 范围的电磁波,以"横波电磁波"的形式在空间中传播。

### 2.1.2 无线电波传播方式

#### 2.1.2.1 无线电波的传播途径

无线电波在各种媒介及其分界面上传播的过程中,会产生反射、折射、散射及绕射,导致其传播方向经历各种变化,再加上扩散和媒介的吸收,其场强不断减弱。无线电波的传播途径主要包括直射传播、反射传播、绕射传播和散射传播等,如图 2-1 所示。

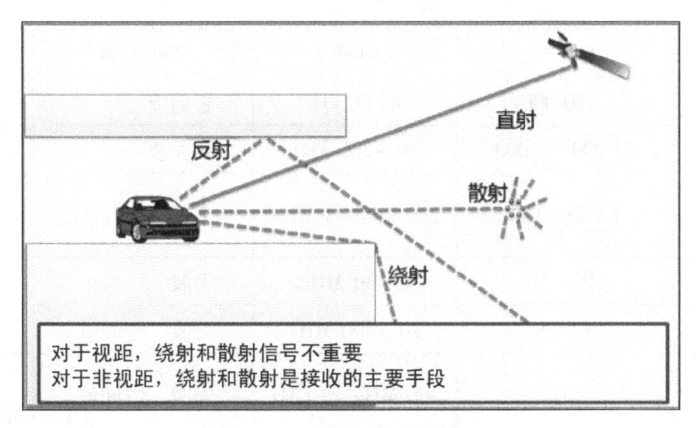

图 2-1 无线电波的传播途径

（1）直射传播

直射传播是指无线电波在自由空间中沿直线传播的现象。当发射天线与接收天线之间没有障碍物阻挡时，无线电波将直接从发射天线传播到接收天线。这种传播方式主要发生在视距通信中，如卫星通信、微波通信等。虽然直射传播不受地面障碍物的影响，但大气条件（如雨、雾、雪等）会对无线电波的传播产生衰减作用。

（2）反射传播

反射传播是指无线电波在遇到媒介分界面时，部分能量被反射回原空间的现象。当无线电波从一种媒介（如空气）入射到另一种媒介（如地面、水面、建筑物等）时，如果两种媒介的电参数（如介电常数、磁导率等）不同，就会发生反射。反射在无线电波传播中非常普遍，如地面反射、水面反射等。在移动通信中，反射波与直射波的叠加可能导致信号衰落（如快衰落、慢衰落），需要采取相应的抗衰落措施。此外，短波远距离通信也是利用了电离层对短波的反射作用。

（3）绕射传播

绕射传播是指无线电波在遇到障碍物时，能够绕过障碍物继续传播的现象。绕射能力与波长和障碍物尺寸有关，波长越长，绕射能力越强。绕射在无线电波传播中具有重要意义，尤其是在城市峡谷、山区等复杂地形中。通过研究绕射特性，可以优化基站选址和天线设计，提高通信覆盖范围和质量。

（4）散射传播

散射传播是指无线电波在遇到粗糙表面、小颗粒或不规则物体时，能量向各个方向散射的现象。散射通常发生在媒介分界面不规则或媒介内部存在不均匀性时。散射在无线电波传播中非常常见，如大气层中的散射（如对流层散射）、地面散射等。在移动通信中，散射可能导致信号的衰落和时延扩展，影响通信质量。

#### 2.1.2.2 无线电波传播的表现形式

通常根据波长（频率）的不同，把无线电波划分成若干波段，不同波段无线电波的传播特性和应用范围不同，其表现形式也不同。无线电波可表现为表面波、天波和空间波等形式，见表 2-1。

表 2-1　无线电波的波段划分及表现形式

| 波段 | | 波长/m | 频率 | 表现形式 | 应用范围 |
|---|---|---|---|---|---|
| 超长波 | | >10 000 | 3~30 kHz | 表面波 | 潜艇通信、远洋通信、地下通信、海上导航 |
| 长波 | | 10 000~1 000 | 30~300 kHz | 表面波 | |
| 中波 | | 1 000~100 | 300 kHz~3 MHz | 天波、表面波 | 航海、航空通信及导航 |
| 短波 | | 100~10 | 3~30 MHz | 天波 | 远距离通信 |
| 超短波（米波） | | 10~1 | 30~300 MHz | 天波、空间波 | 地面视距通信 |
| 微波 | 分米波 | 1~0.1 | 300 MHz~3 GHz | 天波、空间波 | 中小容量中继通信 |
| | 厘米波 | 0.1~0.01 | 3~30 GHz | 天波、空间波 | 大容量中继通信、卫星 |
| | 毫米波 | 0.01~0.001 | 30~300 GHz | 空间波 | 波导通信 |
| | 亚毫米波 | 0.001~0.000 1 | 300~3 000 GHz | 空间波 | |

(1) 表面波传播

表面波传播也称地波传播，指的是发射点和接收点都在地面上，且天线高度远小于工作波长时，无线电波沿着地球表面传播的一种方式，如图 2-2 中的线条 1 所示。在表面波传播过程中，电波紧贴地面传播，地面的电性能参数（例如电阻率）、地形地貌和地物都会吸收电波能量，导致信号衰减。同时，由于地球表面是球形的，电波还会发生绕射现象。波长越长，地面吸收越少，传播损耗也越少；反之，波长越短，损耗越大。因此，波长在 200 m 以上的中、长波沿地面传播的距离较远，短波、超短波沿地面传播时，距离较近，一般不超过 100 km。表面波传播的优点是受气候影响较小，信号稳定，通信可靠性高。

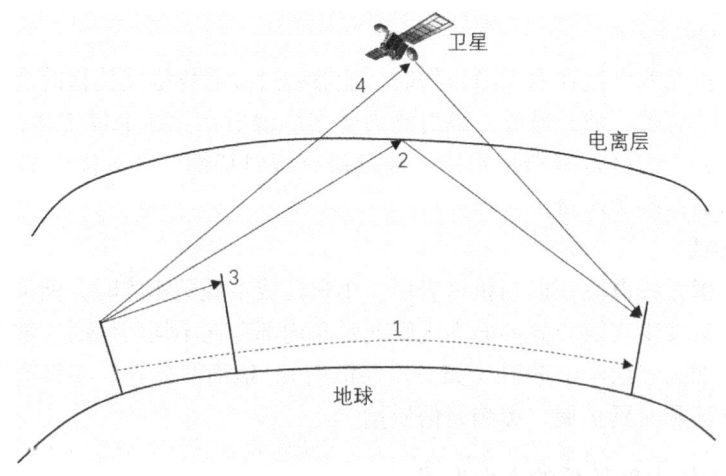

图 2-2　无线电波传播的表现形式

(2) 天波传播

天波传播是指无线电波以一定角度发射到大气层中，被电离层反射（或折射）后返回地面，从而实现远距离传播的一种方式，如图 2-2 中的线条 2 所示。这种以电离层作为媒介的传播方式，传播距离可达数百千米甚至上万千米，但传播信号很不稳定，其强度、时延和多径效应会随电离层电子密度的昼夜变化、季节更替、太阳活动（如耀斑和太阳黑子）以及地磁扰动等因素而剧烈波动，导致通信质量起伏不定，甚至出现通信完全中断的情况。对于频率太低的无线电波，电离层对其吸收很强，使无线电波无法反射回去；频率太高的无线电波则会直接穿出电离层。因此，天波传播通常要求频率在一定范围内，适用于波长为 10～200 m 的中波和短波。

（3）空间波传播

空间波传播是指无线电波从发射天线直接传播到接收天线的传播方式，如图 2-2 中的线条 3 所示。它主要适用于波长 ≤10 m 的电磁波，通常沿直线传播，传播距离受限于视距范围，约为几十千米。空间波的传播距离与发射天线的高度密切相关，天线越高，传播距离越远，因此，为了实现更远的通信距离，常常需要增加天线的高度。此外，为了扩大传播范围，常在中途设置中继站，以增强信号的传输能力。这种传播方式广泛应用于地面微波中继站、电视和调频广播、地面与空中飞机的通信、卫星通信以及雷达探测等领域。

卫星通信主要采用空间波传播方式，通过人造地球卫星转发无线电信号，在多个地球站之间进行远距离传播，如图 2-2 中的线条 4 所示。

### 2.1.3　自由空间传播

自由空间传播是指在天线周围为无限大、理想的真空环境中的电波传播方式，即无线电波在传播过程中没有障碍物的吸收或反射，只有信号强度随距离增加而衰减，遵循平方反比定律。然而，在实际应用中，要实现理想的自由空间条件非常困难。通常认为，如果地面上空的大气层具有各向同性、均匀的介电常数（$\varepsilon=1$）和导磁率（$\mu=1$），且传播路径上没有任何障碍物干扰，则电波传播时的反射和散射可以忽略，可以近似认为在自由空间中传播。

在卫星通信中，大多选择频率较高的微波频段，电波以直射方式传播。通信卫星位于距离地球表面数百千米甚至数万千米的太空中，为了确保良好的信号收发，卫星和地面站需要采用高增益定向天线，且地面站需设在视野开阔的区域，避免障碍物阻挡传输路径。因而，地球站与卫星之间的通信环境近似于自由空间。无线电波的传播主要受到自由空间传播特性的影响，但实际中还可能受到其他因素的影响，后续会详细阐述这些因素。

### 2.1.4　工作频率

在卫星通信中，其工作频段的选择将影响到系统的传输容量、地球站及转发器的发射功率、天线尺寸及设备的复杂程度等。为了满足卫星通信的要求，工作频段的选择要遵循以下原则。

①选择的电波频率应能穿过电离层，传播损耗和外部附加噪声应尽可能小。例如，在 0.3～10 GHz 频段，大气损耗最小，此频段称为"无线电窗口"；在 30 GHz 附近也有一个损耗低谷，通常称此频段为"半透明无线电窗口"，选择工作频段时，应该考虑选在这些"窗口"附近。

②应具有较宽的可用频带，以便尽量增大通信容量。例如，在 C 波段（6/4 GHz）附近，可以利用成熟的微波中继通信技术，且由于工作频率较高，天线尺寸相对较小。随着频

谱资源竞争日趋激烈、系统容量需求不断增加，比传统 C 波段更高的 Ku 波段和 Ka 波段也成为卫星通信的主要使用工作频段。

③较合理地使用无线电频谱，防止各种宇宙通信业务之间以及与其他通信业务之间产生相互干扰。

④能充分利用现有技术设备，便于与现有通信设备配合使用。

因而，大部分卫星通信使用的工作频段都处在微波频率范围内，即 0.3~300 GHz。卫星通信常用的工作频段有 L、C、Ku、Ka 等，见表 2-2。根据应用场合和频段特点不同，不同的通信卫星选用的频率也不同。卫星通信的工作频段中，前边是地球站向卫星传输的上行频率，后边是卫星向地球站传输的下行频率。例如，C 频段 6/4 GHz，表示上行频率在 6 GHz 左右，下行频率在 4 GHz 左右。

表 2-2 卫星通信常用的工作频段

| 频段名称 | 频段范围/GHz | 使用情况/GHz |
| --- | --- | --- |
| L | 1.0~2.0 | 1.6/1.5 |
| C | 4.0~8.0 | 6/4 |
| Ku | 12.5~18.0 | 14/11 (12) |
| Ka | 18.0~40.0 | 30/20 |

(1) L 波段

L 波段的频率范围为 1~2 GHz，主要应用于卫星移动通信及导航系统。主要特点有：不受天气影响；对天线的方向性要求较低；发射功率较低；传输速率较低等。

(2) C 波段

C 波段是较理想的工作频率，频率范围为 4~8 GHz，处于"无线电窗口"频段，多数商用卫星固定业务使用 C 波段。主要特点有：噪声温度低、大气损耗小、雨衰较小，一般为 1~2 dB 等。C 频段的传输比较稳定，设备技术成熟，但是频段资源十分拥挤，容易与地面微波中继通信互相干扰，在市区内选址比较困难。

该波段可以采用成熟的微波设备，可用带宽 500 MHz，目前 C 频段的卫星已呈现饱和状态。通过扩展一定的频段范围，形成扩展 C 和超级扩展 C 频段。C 频段大致范围见表 2-3。

表 2-3 C 频段大致范围

| 频段 | 上行/GHz | 下行/GHz |
| --- | --- | --- |
| 标准 C | 5.925~6.425 | 3.7~4.2 |
| 扩展 C | 5.85~6.425 | 3.625~4.2 |
| 超级扩展 C | 5.85~6.725 | 3.4~4.2 |

(3) Ku 波段

Ku 波段的频率范围为 12.5~18 GHz，可用带宽可达 1 400 MHz。国际通信卫星从第五代开始使用此频段，很多国家的民用卫星通信和广播卫星业务大多使用此频段。主要特点有：天线波束宽度窄，有利于实现点波束、多波束通信；天线增益较高，有利于地球站的小型化；Ku 频段频谱资源丰富，不存在与地面微波通信干扰问题，建站选址相对容易。Ku 频段正在大量使用，但是该频段传输容易受降雨影响，雨衰较大，不如 C 频段稳定，尤其是雨量大的地区影响更大。

(4) Ka 波段

Ka 波段的频率范围为 18~40 GHz，可用带宽可增大到 3.5 GHz，是 C 波段的 7 倍，主要用于宽带卫星通信系统。主要特点有：Ka 频段工作频率高，卫星天线增益较大，用户天线可以相对小一些，有利于灵活移动和便携应用；数据传输速率较高，如美国的跟踪与数据中继卫星系统（Tracking and Data Relay Satellite System，TDRSS），利用 Ka 频段时，传输速率可达 800 Mb/s；天线方向性强，能较好地对抗干扰；有利于实现点波束覆盖等。但是 Ka 频段受降雨影响很大，雨衰非常大，最大可达 30 dB。

由于低频段频率资源日益紧张，使用 Ku 和 Ka 频段的系统不断增加。随着通信业务的急剧增长，这些频段也将趋于饱和，需要探索应用更高的频率资源，直至光波频段的可用性。目前开始开发 Q 频段和 V 频段，Q 频段的频率范围为 33.0~50.0 GHz，V 频段的频率范围为 50.0~75.0 GHz。

## 2.2 大气层对电波传播影响

在卫星通信中，电波传播路径需穿透地球大气层（包括对流层、平流层和电离层），其物理特性差异导致多重传播效应。例如，信号折射、法拉第旋转及电离层闪烁，造成极化失配与相位扰动；对流层内水汽、氧气分子对特定频段（如 22 GHz、60 GHz）的选择性吸收，以及云、雨、雪等气象粒子对电磁波的散射与衰减，显著降低高频链路传输效率。此外，大气折射率梯度的时空变化导致信号传播路径弯曲，加剧定位误差与多普勒频移，而极端气象条件（如暴雨、沙暴）更会通过增强多径衰落和粒子散射效应，进一步恶化链路质量。

### 2.2.1 折射、闪烁

#### 2.2.1.1 大气折射

在卫星通信中，地球站与卫星间的电磁波传播受大气层折射效应影响显著。随着海拔上升，大气逐渐稀薄，这种密度梯度变化导致介质折射系数呈现递减特性，从而引发电磁波传播路径发生向上偏折现象。这种波束仰角偏移量并非恒定值，其具体数值会因电离层扰动、气象条件变化等因素在时域和空域上产生动态波动。实验数据表明，当接收端天线仰角超过 2° 时，此类折射误差通常可控制在 0.5° 范围内。

进一步研究发现，对流层折射率的垂直梯度分布不仅会引起波束指向偏移，更会因初始仰角差异而导致电磁波能量分布变化。这种现象在工程上被定义为波束发散效应，其本质是大气层不均匀介质对电磁波前相位分布的扰动作用，最终表现为信号功率的空间扩散损耗，即散焦损耗。值得注意的是，这种损耗机制在 1~100 GHz 的宽频范围内具有频率无关特性，其损耗量级主要取决于地面站的几何参数：对于低纬度区域（纬度低于 53°）工作仰角大于 3°时，或高纬度区域（纬度高于 53°）的仰角超过 6°时，该损耗分量可控制在工程允许的误差范围内。图 2-3 通过曲线形式展示了散焦损耗与初始仰角之间的定量关系，其中，$N_e$ 代表在地球表面的无线电波折射率。

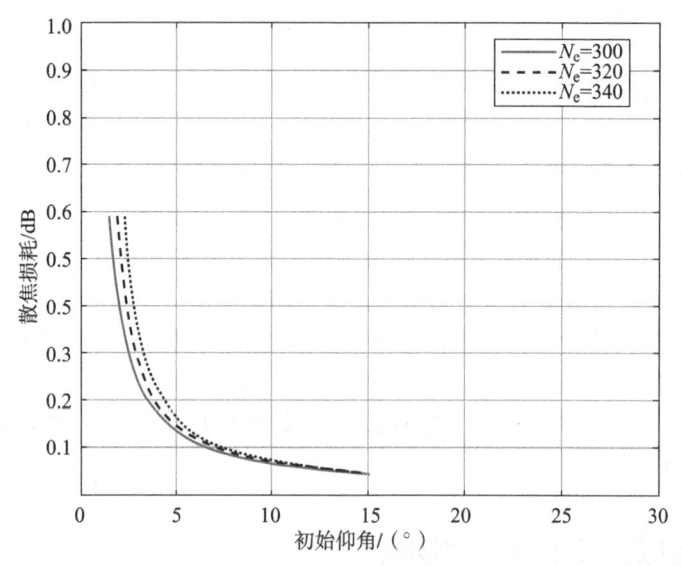

图 2-3　散焦损耗与初始仰角的关系图

### 2.2.1.2　大气闪烁

在空间通信链路中，大气介质折射特性的随机扰动会引发电磁波能量会聚与发散的双重效应，由此产生的多径传播现象会导致接收信号出现显著强度波动，这种现象称为大气闪烁。此类信号衰减具有典型的时间动态特性，其强度波动周期通常持续数十秒量级，且在 2~10 GHz 频谱范围内呈现频率非选择性特征。接收端信号强度变化会产生两种效应：一是入射电磁波自身能量密度的随机涨落，二是传播过程中波前相位失配导致的天线有效接收效率下降。这种相位失配会破坏波前的空间一致性，从而降低天线系统的方向性增益特性。测试表明，对于 30 m 天线、5°仰角，起伏的幅度约为 0.6 dB，仰角越小，起伏越大。因此，系统天线低仰角工作时，应考虑大气闪烁引起的强度起伏。在通信系统设计阶段，通常采用动态功率补偿机制来应对这种扰动效应，具体通过设置自适应衰落储备参数来维持链路的稳定传输性能。

### 2.2.1.3　电离层闪烁

电磁波在通过电离层时，由于受到电离层结构的不均匀性和随机的时变性的影响而发生散射，使得电磁能量在时空中重新分布，造成电磁波信号的幅度、相位、到达角、极化状态等发生短期不规则的变化，形成"电离层闪烁"现象。观测数据表明，电离层闪烁效应与工作频率、地理位置、电磁活动情况，以及当地季节、时间等有关，并且与地磁纬度及当地时间关系最大。此外，电离层闪烁还遵循严格的频率依赖性——闪烁强度与频率平方成反比。卫星移动通信系统的工作频率一般较低，电离层闪烁效应必须考虑。因此，UHF 频段（300 MHz~3 GHz）通信系统受其影响最为显著，具体表现为信号深度衰落（可达 20 dB）

和载波相位跳变；而 L 波段（1~2 GHz）及以上系统的电离层闪烁效应呈指数级衰减。但是，即使是工作在 C 频段的系统，在地磁低纬度的地区也会受电离层闪烁的影响，赤道区或低纬度区指的是地磁赤道及其南北 20°以内的区域，地磁 20°~50°为中纬度区，地磁 50°以上为高纬度区，在地磁赤道附近及高纬度区（尤其是地磁 65°以上的区域），电离层闪烁现象则更为严重和频繁，在特定的条件下，更高的频段也能记录到电离层闪烁。例如，日本冲绳记录到 12 GHz 卫星信号最大 3 dB 的电离层闪烁事件，我国处于世界上两个电离层赤道异常区域之一，电离层闪烁影响的频率和地域都较宽。

电离层闪烁效应具有典型的时空特性。在时域特性方面，电离层闪烁引发的信号幅度波动呈现显著缓变性，典型参数表现为：3 dB 电平衰落事件发生频率约 0.2 Hz。其功率谱特征显示，即使在受干扰最严重的 UHF 频段，3 dB 相关带宽仍超过 100 MHz 量级，这意味着要实现有效频率分集，需设置超过该值的频点间隔，在工程实践中，将导致频谱资源利用率显著下降，故不具备可行性。在空间相关性方面，电离层不规则体以约 280 m/s 的特征速度进行漂移，导致接收站点经历的电离层闪烁可能呈现时变的空间相关性，使得传统空间分集方案的增益具有不确定性。

因而，当前工程实践中主要采用时域处理技术实现抗闪烁优化。

①时域分集机制。利用电离层闪烁的慢时变特性（相干时间约 5 s），通过时隙交织与冗余传输相结合，构建时间维度上的统计独立样本。典型实施方案包括自适应重传协议配合最大似然序列检测。

②编码分集技术。例如，采用低密度奇偶校验码（LDPC）或极化码（Polar Code）等现代信道编码方案，结合深度交织器打破信道记忆效应，通过编码增益补偿幅度衰落。

### 2.2.2 大气吸收损耗

电磁波在大气中传输时，要受到电离层中自由电子和离子的吸收，受到对流层中氧分子、水蒸气分子及云、雾、雪等的吸收和散射，从而形成损耗，如图 2-4 所示。大气吸收损耗是指电磁波在地球大气层传播过程中，因与气体分子（如氧气、水蒸气等）发生量子能级共振吸收而导致的能量衰减现象。这种损耗与电磁波的频率、波束和仰角，以及气候的好坏有密切的关系，下面分两种情况来说明。

(1) 晴朗天气情况下的大气吸收损耗

晴朗天气时，在 0.1 GHz 以下，电离层的自由电子（离子）对信号的吸收在信号的大气损耗中起主要作用。频率越低，这种损耗就越严重，0.01 GHz 时，损耗大约为 100 dB；而工作频率高于 0.3 GHz 时，其影响小到可以忽略。卫星通信中的工作频率几乎都高于 0.3 GHz，故设计卫星通信系统时，可不考虑这部分损耗。

从图 2-4 中可以看出，在 0.3~10 GHz 处，大气吸收损耗最小，适合卫星通信电波穿出大气层。此时，可以把电波传播看作自由空间传播，通常称此频段为"无线电窗口"，在卫星通信中应用较多；另外，在 30 GHz 附近有一个损耗谷，损耗相对也较小，通常把此频段称为"半透明无线电窗口"。

此外，从图 2-4 中还可以看出，地球站天线仰角不同，其吸收损耗也不同。如果将地球站天线仰角为 90°时的吸收损耗量记为 $[AA]_{90}$，单位为 dB，则在仰角 $\theta$ 大于 10°的范围内，吸收损耗有下式近似关系：

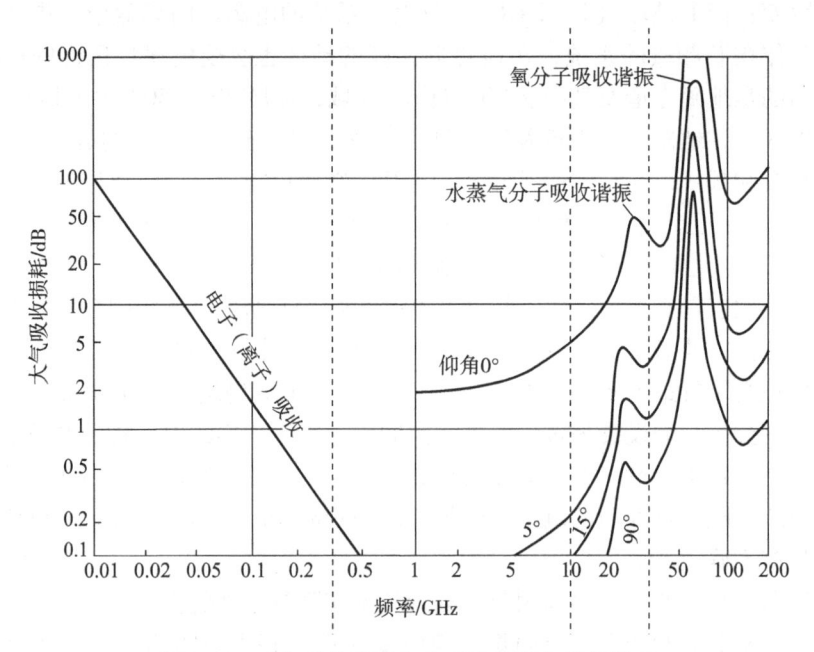

图 2-4  大气吸收损耗与电磁波频率之间的关系

$$[AA] = [AA]_{90} \cos\theta \tag{2.1}$$

表 2-3 给出了晴朗天气下不同天线仰角和工作频率下大气损耗值。

表 2-3  晴朗天气大气损耗值

| 工作频率/GHz | 仰角/(°) | 可用损耗值/dB |
| --- | --- | --- |
| 4 | 天顶角至 20 | 0.1 |
| 4 | 10 | 0.2 |
| 4 | 5 | 0.4 |
| 12 | 10 | 0.6 |
| 18 | 45 | 0.6 |
| 34 | 45 | 1.1 |

结合表 2-3 和图 2-4 可以得到，当地球站的天线仰角较大时，电磁波通过大气层的途径较短，损耗较小；在相同天线仰角下，工作频率越高，大气损耗越大。工作频率低于 10 GHz、仰角大于 5°时，其影响基本上可以忽略。

（2）恶劣天气情况下的大气损耗

电波穿过对流层的雨、雾、云、雪时，有一部分能量被吸收或散射，因而产生损耗，损耗的大小与工作频率、穿过的路径长短，以及雨、雪的大小和云、雾的浓度等因素有关。

### 2.2.3  降雨衰减

降雨衰减指的是电磁波在雨中传播时，由于雨滴吸收和散射信号的能量而产生的衰减，简称为雨衰。它随频率的增大而增大。当卫星信号的频率达到 10 GHz 以上时，降雨衰减成为主要的衰减方式。当电磁波的波长远大于雨流的直径时，衰减主要由雨滴的吸收引起；当电磁波的波长变小或雨滴的直径增大时，散射衰减的作用增大。

雨衰的大小与雨量及电磁波传播时穿过雨区的有效距离有关。对于特定的雨区（雨量与电磁波穿透的实际距离都确定的情况下），电磁波在传播路径上的不同地点可能经受不同的降雨衰减（即雨区不同地点的降雨衰减系数是不同的）。

雨衰是降雨率的函数，降雨率是指在地面感兴趣的区域（如地球站处）通过雨量测量器测得的雨水蓄积的速度，单位是 mm/h。通常用降雨率超过指定值的时间百分比表示降雨的影响，时间百分比通常以年为单位。例如，0.001% 的降雨率是指一年中有 0.001% 的时间（约 5.3 min）雨量超过该指定降雨率，此种情况的降雨率表示为 $R_{0.001}$。通常时间百分比用 $p$ 表示，降雨率用 $R_p$ 表示。降雨造成的单位衰减 $\alpha$ 定义为：

$$\alpha = aR_p^b (\text{dB/km}) \tag{2.2}$$

式中，单位衰减系数 $a$、$b$ 与频率及极化方式有关，表 2-4 给出了它们的值。其中，下标 $h$ 和 $v$ 分别代表水平和垂直极化。从表中分析可知，降雨的衰减量随着频率的升高而增加，水平极化的降雨衰减比垂直极化的降雨衰减大得多。

表 2-4 降雨造成的单位衰减系数

| 频率/GHz | $a_h$ | $a_v$ | $b_h$ | $b_v$ |
|---|---|---|---|---|
| 1 | 0.000 038 7 | 0.000 035 2 | 0.912 | 0.88 |
| 2 | 0.000 154 | 0.000 138 | 0.963 | 0.923 |
| 4 | 0.000 65 | 0.000 591 | 1.121 | 1.075 |
| 6 | 0.001 75 | 0.001 55 | 1.308 | 1.265 |
| 7 | 0.003 01 | 0.002 65 | 1.332 | 1.312 |
| 8 | 0.004 54 | 0.003 95 | 1.327 | 1.31 |
| 10 | 0.010 1 | 0.008 87 | 1.276 | 1.264 |
| 12 | 0.018 8 | 0.016 8 | 1.217 | 1.2 |
| 15 | 0.036 7 | 0.033 5 | 1.154 | 1.128 |
| 20 | 0.075 1 | 0.069 1 | 1.099 | 1.065 |
| 25 | 0.124 | 0.113 | 1.061 | 1.03 |
| 30 | 0.187 | 0.167 | 1.021 | 1 |

降雨造成的单位衰减确定后，总的降雨衰减则为：

$$A = \alpha L (\text{dB}) \tag{2.3}$$

式中，$L$ 是信号经过降雨区域的有效路径长度，因为降雨密度在整个实际路径中的分布是不均匀的，所以采用有效路径长度比实际（几何）长度更为合适。如图 2-5 所示，$L_s$ 表示几何路径（斜线）长度，其大小取决于天线仰角和降雨高度 $h_R$。根据几何路径长度 $L_s$，可得有效路径长度 $L$ 为：

$$L = L_s r_p \tag{2.4}$$

式中，$r_p$ 是衰减因子，是时间百分比 $p$ 和 $L_s$ 在水平方向上的投影 $L_G$ 的函数。

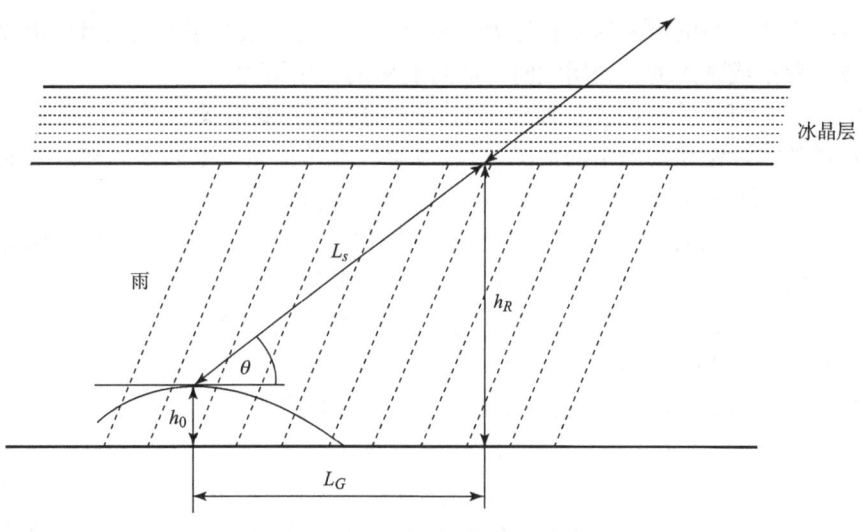

图 2-5 通过降雨区域的路径长度

$$r_p = \frac{1}{1 + L_G/[35\exp(-0.015R_p)]} \tag{2.5}$$

式中，$L_G = L_s\cos\theta$。

考虑所有因素，则降雨衰减的表达式为：

$$A_p = aR_p^b L_s r_p \tag{2.6}$$

### 2.2.4 云雾损耗

云或雾的粒子都很小，但它们对卫星通信链路的影响也不容忽视，云和雾通常都是由直径小于 0.1 mm 的小雨滴组成的，它们的损耗率可以表示为：

$$\gamma_c = K_1 M \text{(dB/km)} \tag{2.7}$$

式中，$K_1$ 为损耗率系数 [(dB/km)/(g/m³)]；$M$ 为液态水含量（g/m³）。对于中雾（可见度 300 m）和浓雾（可见度 50 m）来说，$M$ 的典型值分别为 0.05 g/m³ 和 0.5 g/m³。在粗略估计中，雨云的液态水含量可假设为 0.5 g/m³，厚度为 1 km。相对于雨云来说，冰云的损耗可以忽略不计。$K_1$ 的理论值如图 2-6 所示。

如果云层厚度或雾层高度为 $L_c$，那么，相应的斜路径损耗可近似表示为：

$$A_c = K_1 M L_c / \sin\theta \tag{2.8}$$

式中，$\theta$ 为路径仰角。

### 2.2.5 沙暴损耗

沙暴（Sandstorm）是强风将地面大量沙粒和尘土卷入大气中形成的恶劣天气现象，主要发生在干旱和半干旱地区。其核心特征如下。

①颗粒物浓度：沙粒直径通常为 0.05~2 mm，密度可达每立方米数千克。

②水平能见度：低于 1 km，严重时甚至低于 100 m。

③持续时间：通常持续数小时至数天。

④电磁环境：沙粒碰撞产生静电噪声，沙尘悬浮导致大气折射率波动。

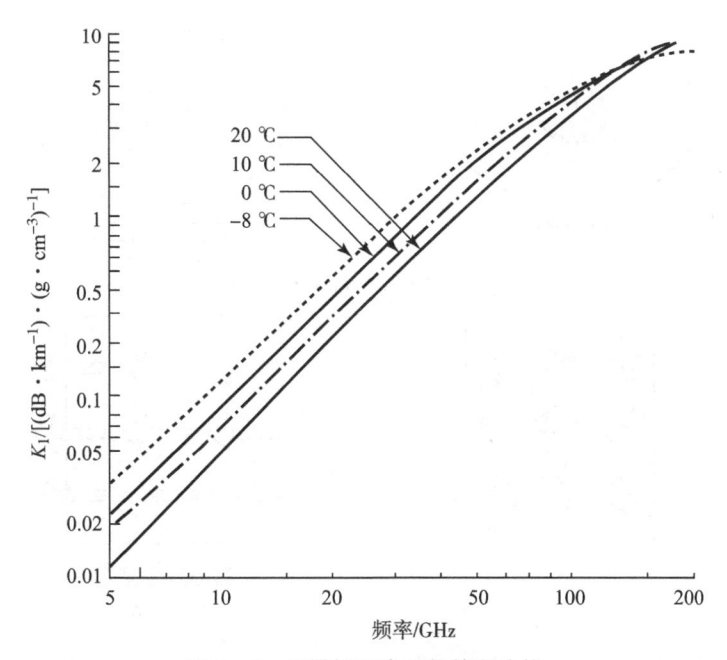

图 2-6 云雾损耗率系数的理论值

沙暴损耗是指电波在穿越沙尘暴区域时，因沙尘颗粒对电磁波的散射、吸收及去极化效应导致的信号衰减与波形失真现象。其损耗强度与沙尘浓度、粒径分布、介电常数及信号频率密切相关，尤其在微波（如 Ka、Ku 波段）和毫米波频段更为显著。

当沙尘颗粒直径与电磁波波长接近时（如 30 GHz 对应波长 10 mm，与典型沙尘粒径 0.1~1 mm 部分重叠），发生米氏散射，能量向各方向分散，导致前向传播能量衰减。这种能量损耗大小反比于可见度，主要取决于颗粒的湿度。在 14 GHz 时，对于干颗粒，信号损耗约为 0.03 dB/km；而对于湿度为 20% 的湿颗粒，信号损耗大约为 0.65 dB/km。如果路径长度为 3 km，损耗会达到 1~2 dB。

当沙尘颗粒直径较大时（>1 mm），会对高频信号（如毫米波）产生几何阻挡效应，形成阴影区。

此外，沙尘中的铁氧化物、硅酸盐等成分具有较高介电常数，引发分子共振吸收，尤其对 10~40 GHz 频段信号，会造成额外衰减（典型损耗达 1~5 dB/km）。

沙尘颗粒的非球形特性及带电性还会导致电磁波极化方向发生随机偏移（类似雨衰机制），破坏频率复用系统的正交性，交叉极化干扰可达 3~8 dB。

减少沙暴损耗影响的方法主要包括动态余量预留、降低工作频段、自适应调制编码、分集接收等。

### 2.2.6 去极化效应

介质中的分子和原子的正、负电荷，在外加电场力的作用下发生小的位移，形成定向排列的电偶极矩，或原子、分子固有电偶极矩原本为不规则分布，在外电场作用下形成规则排列，这样的现象称为极化，其示意图如图 2-7 所示。

电磁波电场矢量末端轨迹曲线的形状为电磁波的极化方式。按照电场矢量轨迹的特点，可以分为线极化、圆极化和椭圆极化三种极化方式。

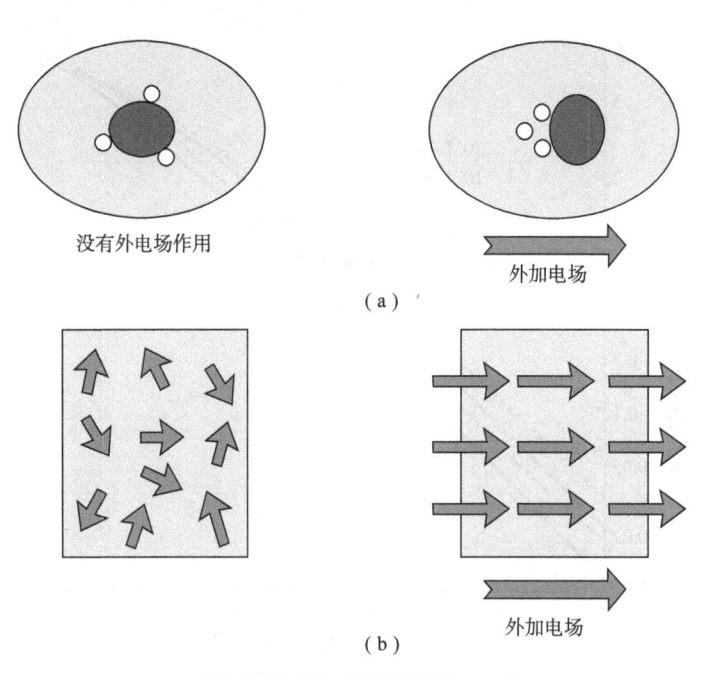

图 2-7 极化的定义

(a) 外电场使正、负电荷中心发生位移，形成定向排列的电偶极矩；
(b) 外电场使不规则分布的固有电偶极矩形成规则排列

发射天线的极化方式定义为它所发射的电磁波的极化方式，故水平偶极子将产生水平极化波，如果两个偶极子对称地成直角紧放在一起，馈送的电流幅度相同，相位相差 90°，则将产生圆极化波。由于圆极化本身的对称性，所以偶极子对并不需要沿着水平和垂直方向放置，而只需在空间上成直角放置即可。

接收天线的极化必须与电磁波的极化一致，以达到最大的接收功率。根据天线的互易原理，当设计的发射天线在接收与其发射具有相同极化形式的电磁波时，可以获得最大接收功率，而在接收与其发射极化相互正交的电磁波时，获得的能量为零。因此，垂直偶极子的期望接收信号是垂直极化，其正交信号是水平极化。

当入射波是圆极化时，采用两个相互正交的偶极子接收时，可获得最大的合成功率。对于单个偶极子，能够始终接收到圆极化波，但有 3 dB 的损耗。另外，由于圆极化波的对称性，偶极子只需放置在极化平面即可，其相对于 $x$、$y$ 轴的位置不影响接收。

当接收的电磁波是线极化波时，为减少极化失配损失，地球站天线馈源极化面必须对准接收电磁波的极化面。卫星发射信号的极化面由卫星天线波束轴向方向及某一个参考方向决定。对于垂直极化，该参考方向垂直于赤道平面；对于水平极化，该参考方向平行于赤道平面。地球站的极化角 $\psi$ 是指由地球站天线波束轴向方向和地球站所处位置的地垂线确定的平面与来波极化面之间的夹角。地球站的极化角可以由下式计算得到：

$$\cos\psi = \frac{\sin l \left(1 - \frac{r_E}{r}\cos\phi\right)}{\sqrt{1 - \cos^2\phi}\sqrt{1 - 2\frac{r_E}{r}\cos\phi + \left(\frac{r_E}{r}\right)^2\cos^2\theta}} \tag{2.9}$$

式中，$r$ 表示从卫星到地心的距离，$r = r_E + h$，$r_E$ 表示地球半径，为 6 378 km，$h$ 表示卫星的轨道高度，如地球静止轨道卫星的高度约为 35 786 km；$\cos\phi = \cos\theta\cos\lambda$，式中，$\theta$ 表示地球站纬度，$\lambda$ 表示卫星相对经度。

对于地球静止轨道卫星而言，由于卫星与地球的距离比较远，$\psi$ 可以近似由以下表达式求得（误差小于 0.3°）：

$$\cos\psi = \frac{\sin\theta}{\sqrt{(1-\cos^2\phi)}} \tag{2.10}$$

该式也等价于：

$$\tan\psi = \sin\lambda / \tan\theta \tag{2.11}$$

$\psi$ 的取值如图 2-8 所示。

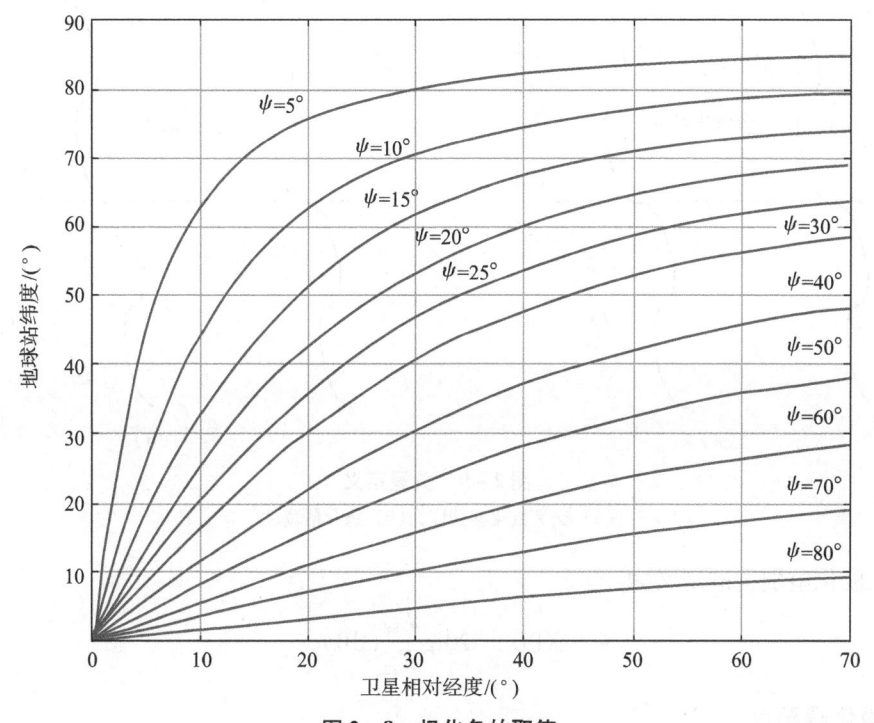

图 2-8 极化角的取值

从图 2-8 可以看出，当地球站纬度 $\theta$ 不变时，极化角 $\psi$ 随着卫星相对经度 $\lambda$ 的增加而增加，且地球站纬度越高，极化角增加幅度越小。例如，在地球站纬度为 10°时，当卫星相对经度从 0°增加到 70°时，极化角可以从 0°增加到 80°；在地球站纬度为 60°时，随着卫星相对经度增加，极化角从 0°只能增大至 25°左右。当卫星相对经度 $\lambda$ 不变时，极化角 $\psi$ 随着地球站纬度 $\theta$ 的增加而减小，且卫星相对经度越低，极化角下降幅度越大。例如，在卫星相对经度为 10°时，当地球站纬度从 0°增加到 70°时，极化角从 80°左右下降至 5°；而在卫星相对经度为 70°时，相同情况下，极化角只从 80°下降至 20°。

卫星与地球站之间的传播路径要穿过电离层，并且可能还要穿过上层大气层中的冰晶以及雨、云等，所有这些影响都可能改变电磁波的极化方式，可能会从传输的电磁波中产生一个正交极化分量，这种现象称为去极化。如果利用正交极化来区分信号（如频率复用），去极化现象将引起干扰。

#### 2.2.6.1 极化干扰度量

通常有两种方法用来度量极化干扰的影响,分别是交叉极化鉴别度(Cross Polarization Discrimination,XPD)和极化隔离度(Polarization Isolation)。

**1. 交叉极化鉴别度(XPD)**

参照图2-9(a)中给出的变量,假设传输电磁波的电场在进入引起去极化的媒质之前的幅度为 $E_1$,在接收天线处,其电场有两个分量,其中一个是同极化分量,幅度为 $E_{11}$,另一个是交叉极化分量,幅度为 $E_{12}$。

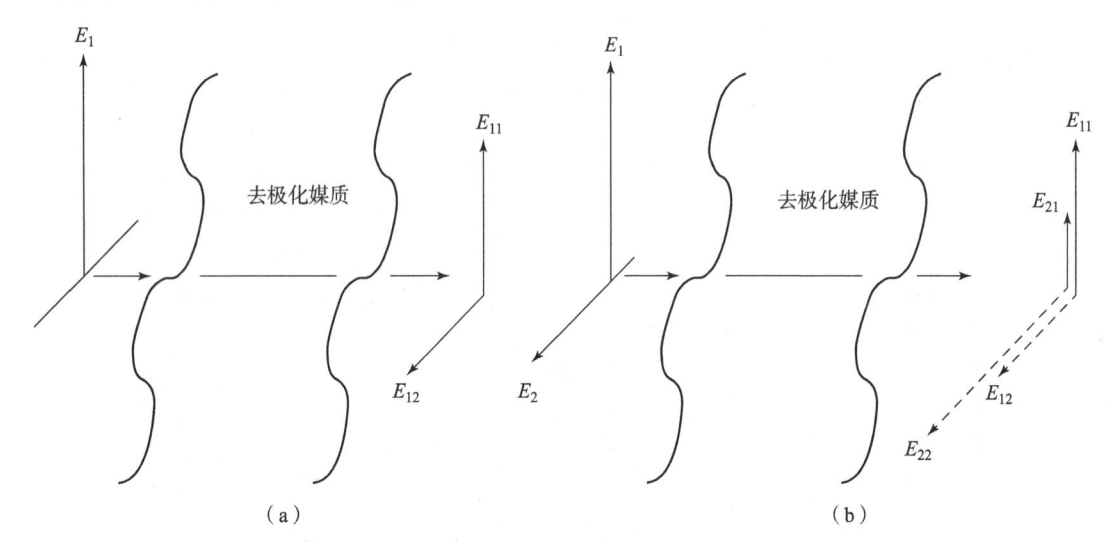

图2-9 矢量定义
(a) 交叉极化鉴别度;(b) 极化隔离度

交叉极化鉴别度的定义为:

$$\text{XPD} = 20\lg\frac{E_{11}}{E_{12}}(\text{dB}) \tag{2.12}$$

**2. 极化隔离度**

参照图2-9(b)给出的变量来定义第二种度量方法。假设有两个正交极化信号同时传输,幅度分别为 $E_1$ 和 $E_2$,在通过去极化媒质后,两个电磁波信号都含有同极化分量和交叉极化分量,极化隔离度定义为:接收到的同极化功率与交叉极化功率之比,这样同时也考虑了接收系统本身所引起的任何附加的去极化影响。由于接收功率与电场强度的平方成正比,所以极化隔离度 $I$ 的定义为:

$$I = 20\lg\frac{E_{11}}{E_{21}} \tag{2.13}$$

当传输信号具有相同的幅度($E_1 = E_2$),并且接收系统引起的去极化可忽略时,$I$ 和 XPD 的度量结果是一致的。

需要说明的是,图2-9给出的是线极化的情况,但关于 XPD 和 $I$ 的定义也适用于正交极化的任何其他系统。

#### 2.2.6.2 法拉第旋转效应

电离层的一个重要影响就是对信号的极化产生旋转，即法拉第旋转效应。当线极化的电磁波穿过电离层时，它使电离层中各层的自由电子发生运动。由于这些电子是在地球的磁场中运动，所以它们受到一种力（这种力与发电机中载流导体在磁场中受到的力一样），导致电子运动的方向不再平行于电磁波的电场方向；同时，这些电子又反作用于电磁波，最终的净效应是使极化发生方向偏移，这种现象称为法拉第旋转效应。极化偏移的角度与电磁波通过电离层路径的长度、电离区域的地球磁场强度，以及电离区域的电子密度等因素有关。

对于线极化波，法拉第旋转与电磁波频率的平方成反比，工作在 L 频段下的线极化的电磁波极化面会明显旋转而严重影响通信质量。C 频段的卫星通信转发器采用线极化时，极化旋转角依然比较大，在 4 GHz 时，法拉第旋转的最大值约为 9°，在 6 GHz 时约为 4°。在电离层活动高峰期，如果不能对极化进行跟踪调整，较小的误差都将会对极化隔离度造成较大影响，造成转发器或地球站受到交叉极化干扰，如果电离层处于扰动状态，将导致 C 频段信号的极化隔离度无法稳定下来，这时最好能使用极化跟踪装置或圆极化波对抗法拉第旋转的去极化影响。在频率 10 GHz 以上时（如 Ku 或 Ka 频段），法拉第旋转可以忽略。

对于圆极化波，法拉第旋转只是在总的旋转上简单地叠加一个法拉第偏移，而不对电场的同极化或交叉极化分量产生影响。如果使用圆极化波，不管天线方向如何改变，总能将信号电平保持为常数。因此，工作在 L 频段和 C 频段的卫星个人通信网络，经常采用圆极化天线；用于固定和便携式终端的 Ku 频段和 Ka 频段系统，则经常采用线极化天线。

#### 2.2.6.3 降雨去极化

由于最小能量（表面张力）的作用，使得雨滴的理想形状是一个球形。由于空气的阻力，小雨滴的形状接近球形，而大雨滴却更接近为下部有点平的扁球形。图 2-10（a）和（b）画出了这两种雨滴形状的概图。对于垂直下落的雨滴，其对称轴与本地铅垂线平行，如图 2-10（b）所示，但实际情况下，由于空气的流动，使得雨滴产生倾斜，而且这些倾斜角度是随机的，如图 2-10（c）所示。

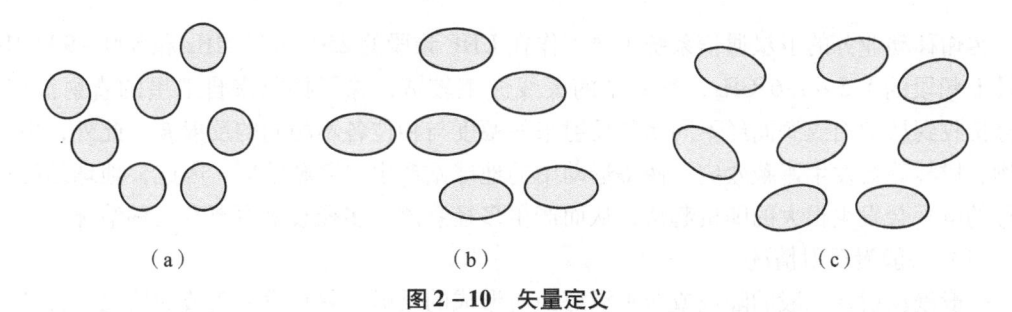

**图 2-10 矢量定义**

前面已经指出，线极化波可以分解为垂直极化和水平极化两个分量，如图 2-11 所示。假设一个电磁波的电场矢量与雨滴的长轴夹角为 $\tau$，由于电场的垂直分量与雨滴的短轴平行，它经过雨水的路径比水平分量短，所以两个电场分量受到的衰减和相位偏移都存在差别，从而引起电磁波的去极化，这两种差别分别称为差分衰减和差分相位偏移。对于图 2-

11 所示的情况，电磁波在穿过雨滴后的极化角相对于进入雨滴前的极化角发生了变化。实验表明，差分相位偏移所导致的这种去极化比差分衰减大得多。

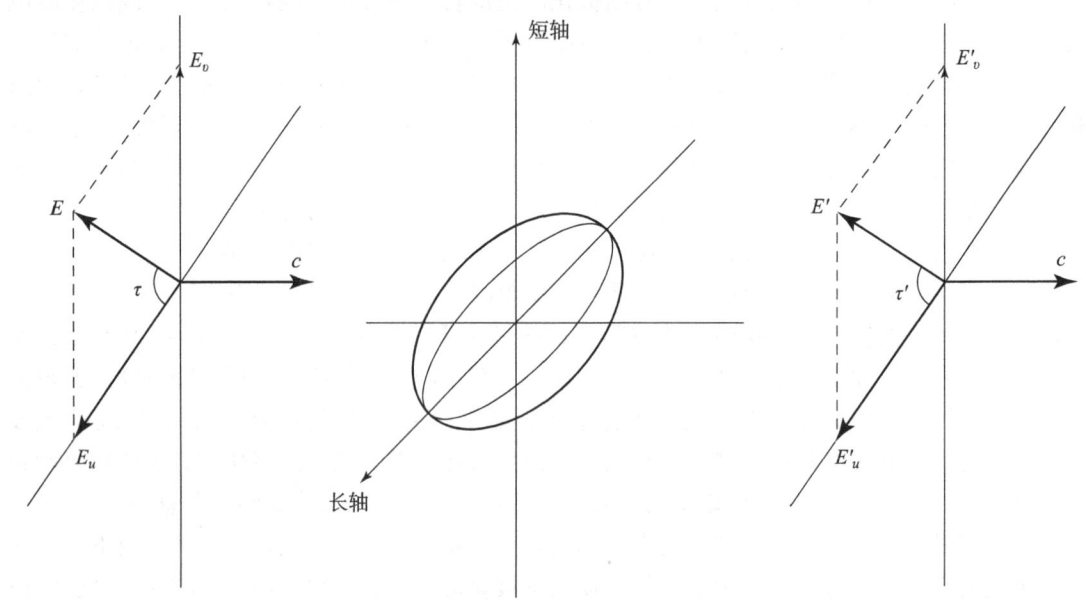

图 2-11　极化矢量与雨滴的长短轴关系

#### 2.2.6.4　冰晶去极化

如图 2-5 所示，冰晶层位于降雨区的顶部，冰晶的存在可导致去极化。实验表明，冰晶引起电磁波去极化的主要机制是差分相位偏移以及很小的差分衰减，这是因为与水相比，冰是一种很好的电介质，引起的损耗很小。冰晶的形状主要是针形或片状，如果这些冰晶是随机排放的，则影响较小，但是当它们整齐排列时，就会导致电磁波的去极化。

### 2.2.7　多径衰落

传输移动业务的卫星通信系统主要工作在 UHF 频段的 250~400 MHz 和 800~900 MHz，以及 L 频段的 1.5~1.6 GHz，移动站的天线波束较宽，除了接收来自卫星的直射波以外，还会接收到从地面或海面经不同途径反射来的幅度与相位各不相同的反射波。此外，由于建筑物、树林等会发生遮蔽效应，使得运动中的地球站产生多普勒效应，因此，地球站的接收信号的电平会发生很大的随机起伏，从而产生多径衰落。多径衰落主要有三种情况：

（1）一般漫反射情况

一般漫反射指一般的陆地或非平滑海面所形成的反射，并且没有遮蔽的情况。移动站接收到的信号，是幅度恒定的直射信号与漫反射的多径信号（概率密度函数服从瑞利分布）的合成。合成信号的概率密度服从莱斯分布。对于漫反射环境，以直射信号的载波功率与平均的多径干扰功率之比 $C/M$（或称之为 Rice 因子）来度量。一个卫星移动通信系统具体的多径衰落程度，与工作频率、天线增益、天线仰角、地形（或海面粗糙度）等因素有关，理论分析与实际测试表明，[$C/M$] 一般在 6~15 dB 范围。

(2) 镜面反射情况

对于平滑海面、大湖泊环境，用镜面反射理论来分析是合适的。当天线仰角大于10°时，平滑海面反射引起的衰落深度约在1.5 dB以下。

(3) 有遮蔽的情况

对于漫反射环境，若直射信号受到建筑物、树林等遮挡，那么移动站接收到的信号是受遮蔽的直射信号（概率密度函数服从对数正态分布）与多径干扰（概率密度函数服从瑞利分布）的合成。遮蔽对陆地卫星移动通信系统电波传播的影响很大。一些试验表明，在轻微遮蔽情况，如路旁有电线杆及偶见的树或在不茂密的小树林地区，衰落大致与 $[C/M]=6$ dB 的莱斯分布接近；而车载站行驶在树林较密的地区或小村庄、窄街道中，信号电平大大跌落，甚至可达 20~30 dB。表2-5是有遮蔽情况下多径衰落深度数据（800 MHz，天线增益5 dB，仰角20°左右）。多径衰落与天线形式、天线安装位置及安装方式等因素有关。飞机机翼、机尾、轮船舱面上其他装置都有可能引起反射，有时这种衰落可达 3~8 dB。

表2-5　有遮蔽情况下的多径衰落深度　　　　　　　　　　　　　　dB

| 情况 | 轻微遮蔽 | 轻微遮蔽 |
|---|---|---|
| 90% 时间不超过 | 4~5 | 12~20 |
| 95% 时间不超过 | 6~7 | 16~24 |
| 99% 时间不超过 | 8~12 | 20~30 |

多径衰落是随机过程，在设计卫星移动通信系统时，要留有适当的功率备余量，以保证在多径衰落环境下系统仍能正常工作。多径衰落备余量大约在 5~15 dB，不同系统考虑的因素不同，因而大小不同。对于无遮蔽情况，典型的衰落备余量为 6 dB；有遮蔽的情况，则会取 10 dB 或更多一些，这些备余量是指未采取抗多径衰落措施时的值。

对于直射信号受遮蔽的情况，增加发射功率是解决该问题的办法之一。而对于漫反射形成的多径干扰，通过增加发射功率并不能有效解决问题。可采用以下措施：

(1) 采用有效的编解码方案

将卷积编码和交织编码相结合，能显著减小多径衰落的影响。有文献指出，采用较完善的交织编码后，可减小 2.5 dB 的损耗，多径衰落的备余量只需零点几分贝。

(2) 采用合适的调制方式、均衡技术和分集技术

在衰落条件下，载波恢复的相位跟踪误差较大，且有"滑周"现象，接收端难以可靠地提取相干载波，故卫星移动通信系统中普遍采用差分调制（DBPSK 或 DQPSK）方式。合理地使用均衡和分集技术，可提供最大的信号强度，同时抑制多径衰落，空间分集对多径衰落约有 4 dB 改善。

## 2.3　空间环境对电波传播影响

空间环境是指地球大气层以外至太阳系边缘的物理、化学和电磁条件总和，涵盖地球磁层、电离层、太阳风、宇宙射线、微流星体及星际介质等。卫星通信系统长期暴露于这一复杂环境中，其电波传播特性不可避免地受到空间环境因素的制约。

### 2.3.1 日凌中断

日凌中断（Sun Outage）是卫星通信系统中因太阳辐射干扰导致信号暂时性中断的现象。当地球站、通信卫星与太阳处于近似直线排列时（即太阳位于地球站天线的主瓣方向），太阳发出的宽频带电磁辐射（覆盖微波至射电波段）会与卫星下行信号叠加，形成强干扰。日凌期间，卫星电视广播、应急通信、远程导航（如 DVB-S2、VSAT 系统）及气象数据传输等服务可能完全中断。例如，C 波段卫星链路的载噪比（$C/N$）可能骤降 10~20 dB，导致误码率（BER）超过系统容限。日凌发生的日期和时间与卫星地球站所处的地理位置及其接收天线的电气特性有关。

（1）日凌与纬度的关系

纬度影响每年日凌开始和结束的日期。春分时，地球站的纬度越高，则日凌开始和结束的日期越早；秋分时，纬度越高，则日凌开始和结束的日期越晚。如果两地经度一样，那么纬度每相差 3°左右，则这两地日凌开始和结束的日期就会相差 1 天。

（2）日凌与经度的关系

经度影响每天日凌开始和结束的时间。地球站的经度越往西，则每天日凌开始和结束的时间越早；经度越往东，则每天日凌开始和结束的时间越晚。如果两地纬度一样，那么经度每相差 2°，两地日凌开始及结束的时间会相差约 1 min。

### 2.3.2 范·艾伦带

在地球周围巨大的范围内，存在着强度非常大的带电粒子，由于地球磁场的作用，形成了不同强度和量的粒子辐射区域，称为地球辐射带。范·艾伦辐射带（Van Allen Radiation Belt）是美国的詹姆斯·范·艾伦博士发现的围绕地球的高能粒子辐射带，共有内外两层。根据带电粒子分布的空间位置不同，划分为内辐射带和外辐射带。高度较低的称为内范·艾伦带，在赤道上方 600~10 000 km 处，分布在南北纬度 40°左右的区域内，主要由质子和电子组成。高度较高的称为外范·艾伦带，在赤道上方 10 000~60 000 km 处，中心位置在 20 000~25 000 km 处，纬度 55°~70°，主要成分是电子。范·艾伦带的辐射强度与时间、地理位置、地磁及太阳的活动有关。

辐射带中的高能粒子不仅能够穿透卫星屏蔽层，引发电子器件位翻转、锁定或永久损伤，其电子沉降还会引发极区电离层扰动，导致通信中断与 GPS 信号闪烁（定位误差达 10~50 m）。实际上，高能粒子的辐射在任何高度均存在，只是强度不同，范·艾伦带是粒子浓度较高、较集中的区域。

## 2.4 电波传播的 STK 仿真

电波传播的 STK 仿真主要侧重于仿真大气层对电波传播的影响，相对而言，仿真内容比较简单，选中场景名称后，右击，选择"Properties"，进入场景的属性窗口，如图 2-12 所示。

在弹出的属性窗口中，选择"RF"→"Enviroment"，右侧显示相关选项。此时并未显示全部选项，单击右侧上方的"Tropo Scintillation"后显示全部选项，包括"Environmental Da-

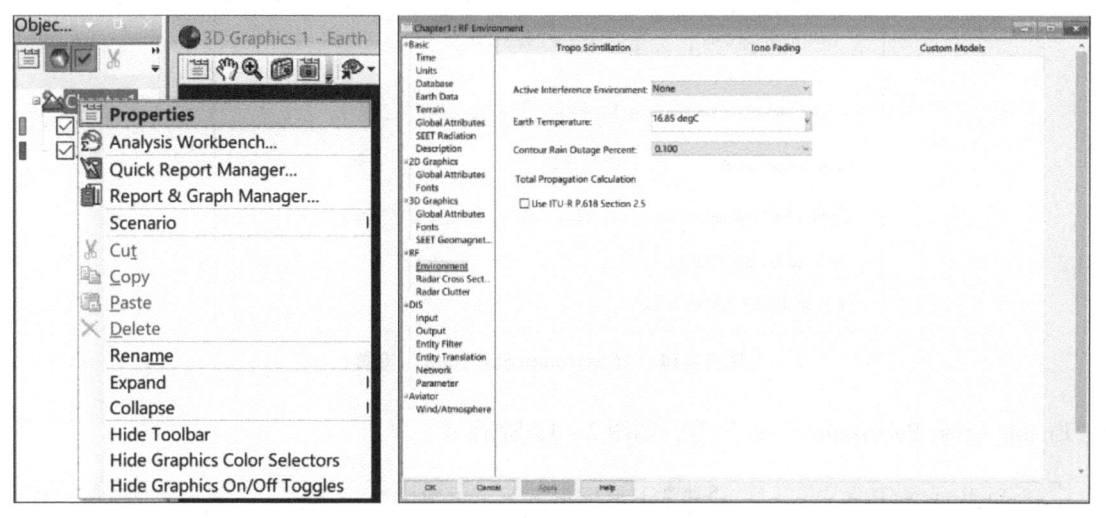

图 2-12  电波传播仿真界面

ta""Rain & Cloud & Fog""Atmospheric Absorption""Urban & Terrestrial""Tropo Scintillation""Iono Fading""Custom Models"等。

在"Tropo Scintillation"选项卡中，勾选"Use"后，可以选择不同模型，如"ITU-R P618-12"，能设置"Surface Temperature""Tropo Fade Outage"等，如图 2-13 所示。

图 2-13  "Tropo Scintillation"设置

在"Environmental Data"选项卡中，可以设置"Earth Temperature""Contour Rain Outages Percent"，能够选择是否采用"Use ITU-R P.618 Section 2.5"，如图 2-14 所示。

在"Rain & Cloud & Fog"选项卡中，分为"Rain Model"和"Clouds and Fog Model"两个部分。注意，这两个部分不能同时使用，在应用时只能选择一个。

在"Rain Model"选项卡中，勾选"Use"后，单击"…"按钮，弹出"Select Rain Model"窗口，可以选择典型降雨模型，包括"Crane 1985""ITU-R P618-12""ITU-R P618-10""ITU-R P618-5"等。还可以设置"Surface Temperature"，以及是否采用

图 2-14 "Environmental Data"设置

"Enable Cross Polarization Loss"等，如图 2-15 所示。

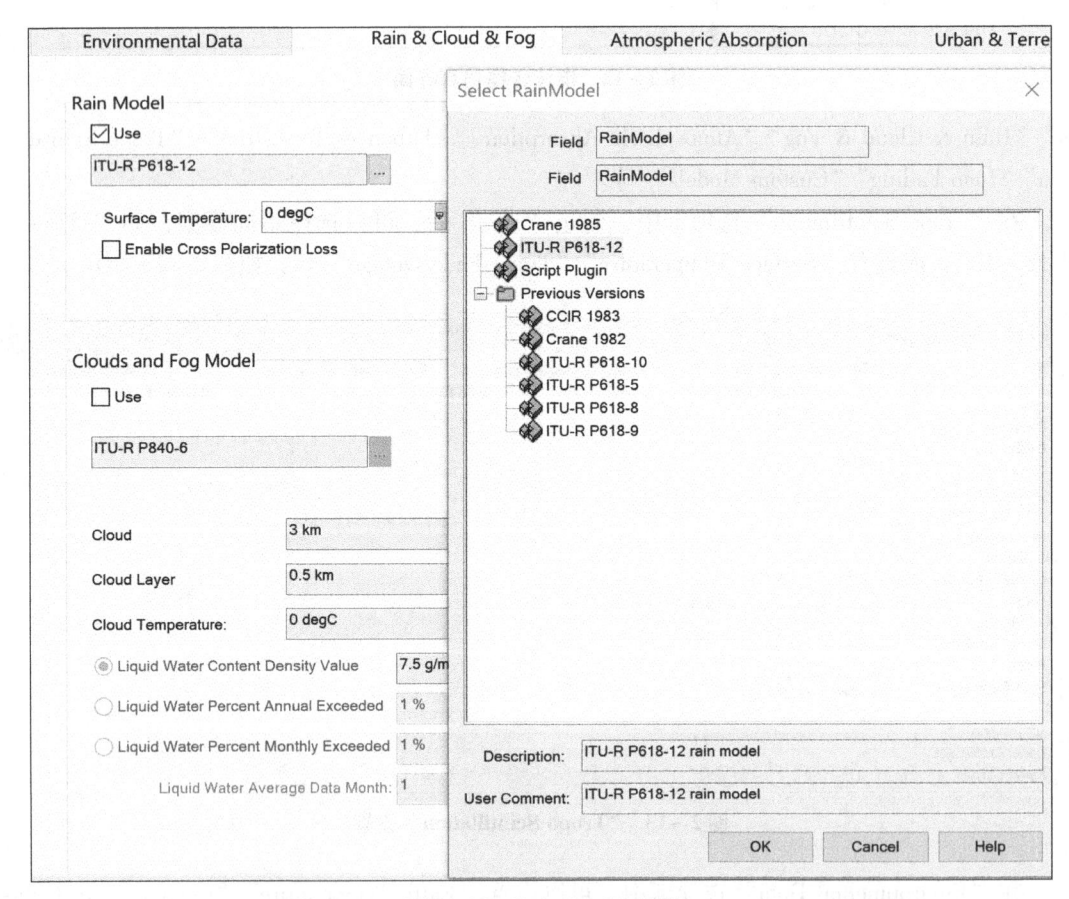

图 2-15 Rain Model 设置

在"Clouds and Fog Model"选项卡中，可以选择相应模型，包括"ITU - R P840 - 6""ITU - R P840 - 3"。可以设置"Cloud Ceiling""Cloud Layer Thickness""Cloud Temperature"，并在"Liquid Water Content Density Value""Liquid Water Percent Annual Exceeded""Liquid Water Percent Monthly Exceeded"中三选一进行设置，如图 2-16 所示。

在"Atmospheric Absorption"选项卡中，勾选"Use"，可以选择相应模型，包括"ITU -

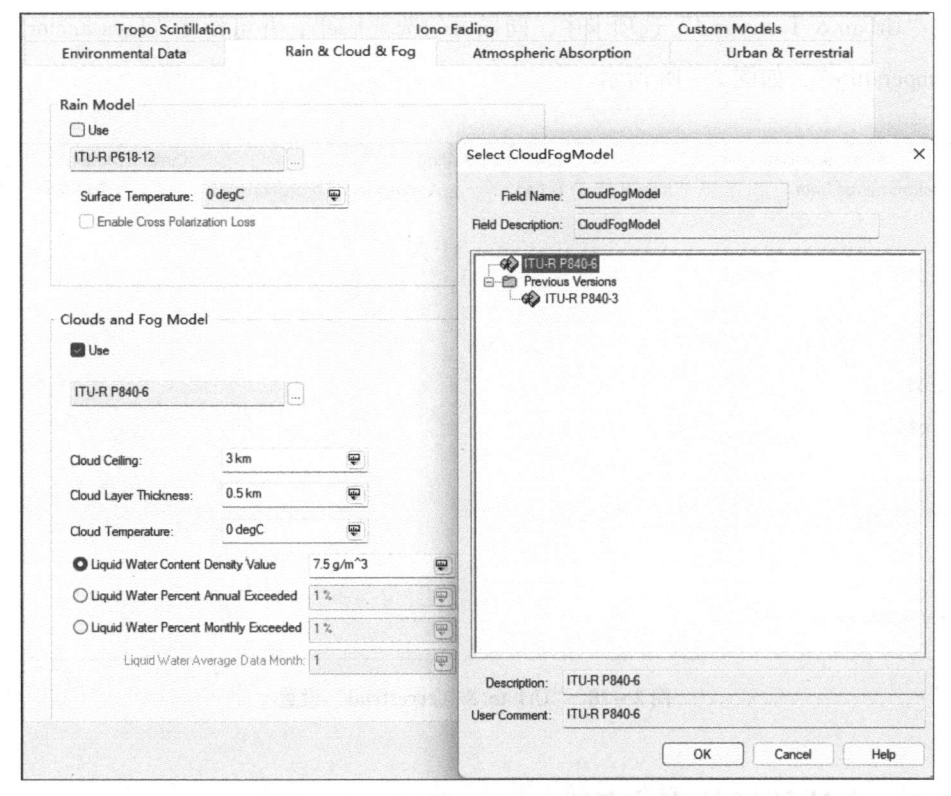

图 2-16 "Clouds and Fog Model" 设置

R P676 – 9""Simple Satcom""ITU – R P676 – 3""ITU – R P676 – 5"等，并确定是否勾选 "Use Fast Approx. Method 1 – 350 GHz""Use Seasonal/Regional Atmosphere Method"，如图 2-17 所示。

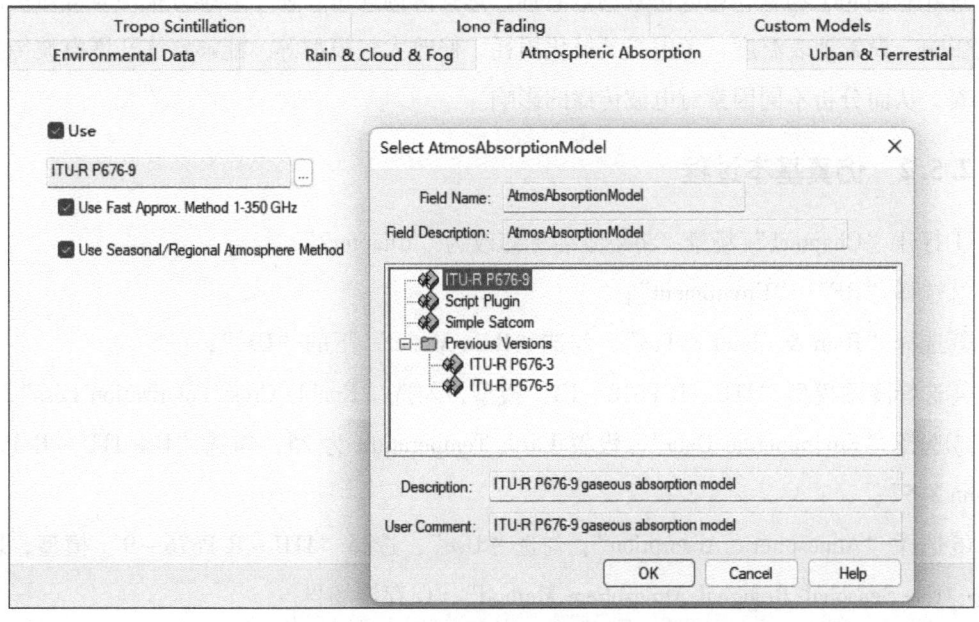

图 2-17 "Atmospheric Absorption" 设置

在"Urban & Terrestrial"选项卡中，同样可勾选"Use"，并可设置"Loss Factor""Surface Temperature"，如图 2 - 18 所示。

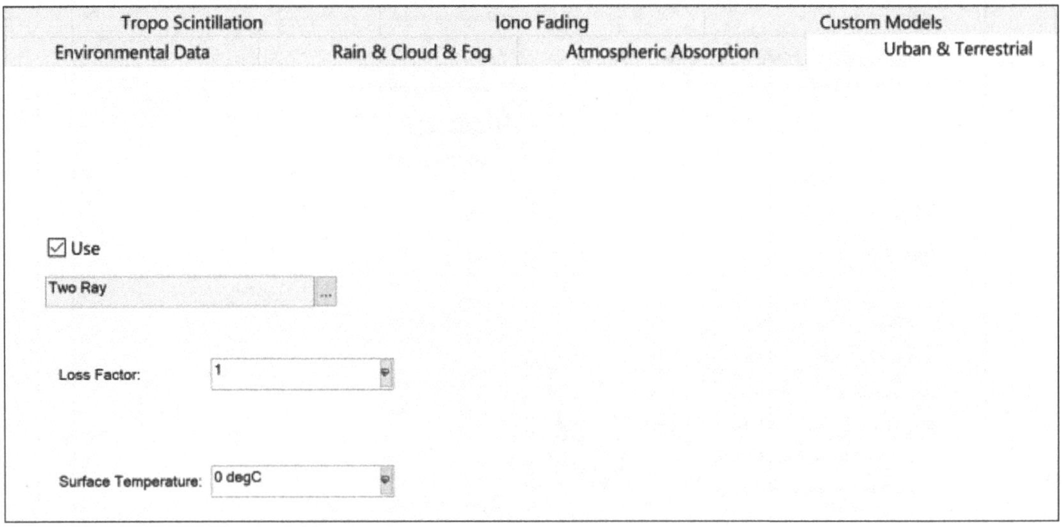

图 2 - 18 "Urban & Terrestrial"设置

## 2.5 电波传播仿真实例

### 2.5.1 仿真任务实例

打开 Chapter1 场景，修改仿真场景名称，选择降雨模型，便于后续分析雨衰等对链路性能的影响，设置地表温度，考虑交叉极化损耗，修改大气模型等。能够熟练开展电波传播相关仿真，从而分析不同因素对电波传播的影响。

### 2.5.2 仿真基本过程

①打开"Chapter1"场景，将场景名称修改为"Chapter2"；
②选择"RF"→"Enviroment"；
③选择"Rain & Cloud & Fog"，勾选"Rain Model"下的"Use"；
④选择降雨模型"ITU - R P618 - 12"模型，勾选"Enable Cross Polarization Loss"；
⑤选择"Enviromental Data"，设置 Earth Temperature 为 25，勾选"Use ITU - R P.618 Section 2.5"；
⑥选择"Atmospheric Absorption"，勾选"Use"，选择"ITU - R P676 - 9"模型，取消勾选"Use Seasonal/Regional Atmosphere Method"，保存该场景。

## 2.6 本章资源

### 2.6.1 本章思维导图

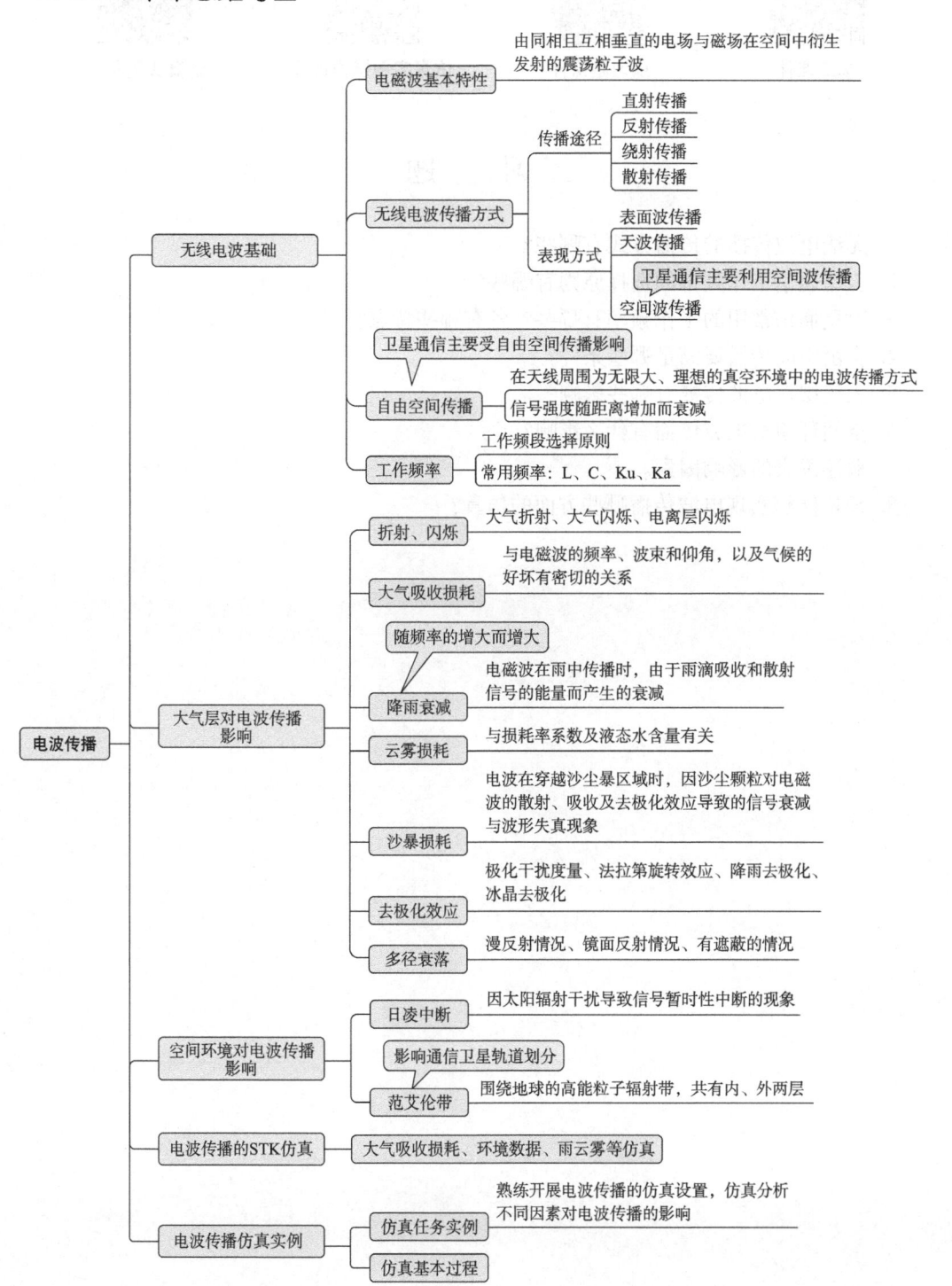

```
电波传播
├── 无线电波基础
│   ├── 电磁波基本特性 —— 由同相且互相垂直的电场与磁场在空间中衍生发射的震荡粒子波
│   ├── 无线电波传播方式
│   │   ├── 传播途径
│   │   │   ├── 直射传播
│   │   │   ├── 反射传播
│   │   │   ├── 绕射传播
│   │   │   └── 散射传播
│   │   └── 表现方式
│   │       ├── 表面波传播
│   │       ├── 天波传播
│   │       └── 空间波传播 —— 卫星通信主要利用空间波传播
│   ├── 自由空间传播
│   │   ├── 卫星通信主要受自由空间传播影响
│   │   ├── 在天线周围为无限大、理想的真空环境中的电波传播方式
│   │   └── 信号强度随距离增加而衰减
│   └── 工作频率
│       ├── 工作频段选择原则
│       └── 常用频率：L、C、Ku、Ka
├── 大气层对电波传播影响
│   ├── 折射、闪烁 —— 大气折射、大气闪烁、电离层闪烁
│   ├── 大气吸收损耗 —— 与电磁波的频率、波束和仰角，以及气候的好坏有密切的关系
│   ├── 降雨衰减 —— 随频率的增大而增大；电磁波在雨中传播时，由于雨滴吸收和散射信号的能量而产生的衰减
│   ├── 云雾损耗 —— 与损耗率系数及液态水含量有关
│   ├── 沙暴损耗 —— 电波在穿越沙尘暴区域时，因沙尘颗粒对电磁波的散射、吸收及去极化效应导致的信号衰减与波形失真现象
│   ├── 去极化效应 —— 极化干扰度量、法拉第旋转效应、降雨去极化、冰晶去极化
│   └── 多径衰落 —— 漫反射情况、镜面反射情况、有遮蔽的情况
├── 空间环境对电波传播影响
│   ├── 日凌中断 —— 因太阳辐射干扰导致信号暂时性中断的现象
│   ├── 影响通信卫星轨道划分
│   └── 范艾伦带 —— 围绕地球的高能粒子辐射带，共有内、外两层
├── 电波传播的STK仿真 —— 大气吸收损耗、环境数据、雨云雾等仿真
└── 电波传播仿真实例
    ├── 仿真任务实例 —— 熟练开展电波传播的仿真设置，仿真分析不同因素对电波传播的影响
    └── 仿真基本过程
```

## 2.6.2　本章数字资源

| 本章课件 | 练习题课件 | 仿真实例操作视频 | 仿真实例程序 |

## 习　题

1. 无线电波传播的传播方式有哪些？
2. 卫星通信工作频率的选择原则有哪些？
3. 卫星通信常用的工作频率有哪些？各有哪些特点？
4. 自由空间传播要满足哪些条件？
5. 大气层对电波传播有哪些影响？
6. 空间环境对电波传播有什么影响？
7. 概述雨衰的影响因素。
8. STK 能够实现电波传播哪些方面的仿真？

# 第3章
# 卫星轨道

卫星绕着地球沿着一定的轨迹运行，卫星运行的轨迹和趋势称为卫星运行轨道。卫星根据使用目的和发射条件不同，可能有不同高度和不同形状的轨道，但是卫星轨道位置都在通过地球中心的一个平面内。卫星运动所在的轨道面称为轨道平面。

本章主要介绍卫星运动规律，描述卫星轨道的分类，列举卫星轨道的主要参数，分析卫星的星下点及特点等，结合 STK 开展常见卫星轨道仿真、轨道参数仿真和星下点轨迹仿真等，设计卫星轨道 STK 仿真实例。

## 3.1 卫星运动规律

卫星围绕地球飞行的轨道与行星围绕太阳飞行的轨道满足相同的规律。德国天文学家约翰尼斯·开普勒（1571—1630 年）通过观察数据，提出了关于行星运动的三大定律。

卫星在轨道上运行满足开普勒三定律。根据万有引力定律可以推导出开普勒三定律。为了方便推导，需要进行三点假设：卫星相对于地球而言是点质量物体；地球是一个理想的球体，质量均匀；忽略太阳、月球和其他行星对卫星的引力作用，仅仅考虑地球引力场的作用。

### 3.1.1 开普勒第一定律

开普勒第一定律即椭圆定律：卫星以地心为一个焦点做椭圆运动，如图 3-1 所示。

图 3-1 开普勒第一定律

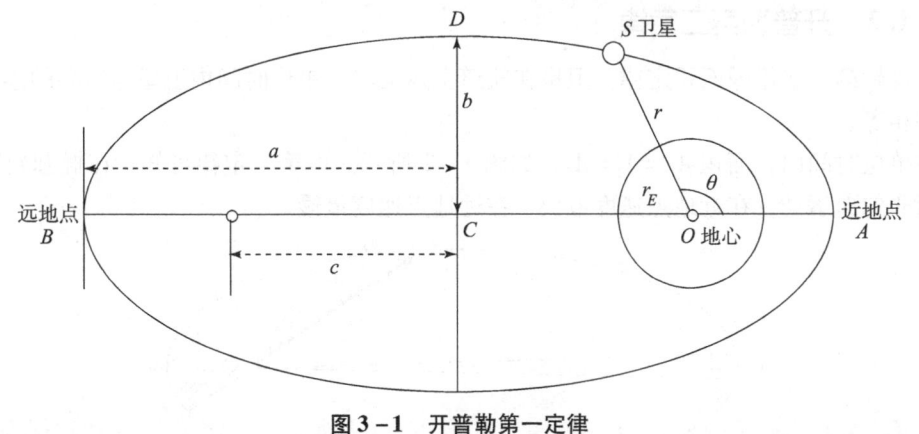

图 3-1 中，$S$ 是卫星，$C$ 是椭圆中心，$O$ 是地心，地心位于椭圆轨道的两个焦点之一；

$r_E$ 为地球平均半径,常用取值 6 378 km,$r$ 为卫星到地心的瞬时距离,$\theta$ 为卫星-地心连线与地心-近地点连线的夹角。

卫星轨道的极坐标表达式为:

$$r(\theta) = \frac{a(1-e^2)}{1+e\cos\theta} \tag{3.1}$$

式中,$a$ 为轨道半长轴;$e$ 为偏心率。

偏心率是椭圆焦点离开椭圆中心的比例,即椭圆焦距和长轴长度的比值,即

$$e = \frac{c}{a} = \frac{\sqrt{a^2-b^2}}{a} = \sqrt{1-(b/a)^2} \tag{3.2}$$

式中,$b$ 为半短轴;$c$ 为半焦距,是地心离椭圆中心的距离。

半焦距 $c$ 与半长轴 $a$ 和半短轴 $b$ 之间的关系可以表示为:

$$c = \sqrt{a^2-b^2} \tag{3.3}$$

偏心率 $e$ 决定了椭圆轨道的扁平程度,$0 \leq e < 1$。

当 $e=0$ 时,轨道为圆轨道,即半焦距 $c=0$,半长轴 $a$ 与半短轴 $b$ 相等。

当 $0<e<1$ 时,轨道为椭圆轨道,$e$ 越大,即半焦距 $c$ 越大,意味着地心离椭圆中心越远,轨道越扁。

卫星在轨道上运行,卫星到地心的距离 $r$ 取值最大的点称为远地点,即卫星距离地心最远的点,远地点长度为半长轴与半焦距之和,也称为远地点半径,可以表示为:

$$r_{\max} = a + c = a(1+e) \tag{3.4}$$

远地点高度即卫星在远地点时距离地面的高度,可以表示为:

$$h_{\max} = r_{\max} - r_E \tag{3.5}$$

$r$ 取值最小的点称为近地点,即卫星距离地心最近的点,近地点长度为半长轴与半焦距之差,也称为近地点半径,可以表示为:

$$r_{\min} = a - c = a(1-e) \tag{3.6}$$

近地点高度即卫星在近地点时距离地面的高度,可以表示为:

$$h_{\min} = r_{\min} - r_E \tag{3.7}$$

### 3.1.2 开普勒第二定律

开普勒第二定律即面积定律:卫星在轨道上运动时,单位时间内卫星与地心的连线扫过的面积相等。

在单位时间内,面积 $A_1 = A_2 = A_3$,如图 3-2 所示。由第二定律可知,在椭圆轨道上的卫星做非匀速运动,在近地点速度最快,在远地点速度最慢。

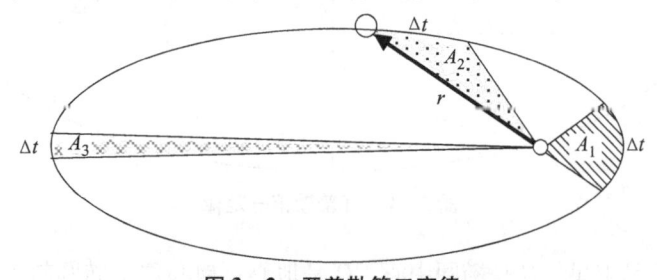

图 3-2 开普勒第二定律

根据能量守恒原理，可以推导出椭圆轨道上卫星的瞬时速度为：

$$v = \sqrt{\mu\left(\frac{2}{r} - \frac{1}{a}\right)} \text{ (km/s)} \tag{3.8}$$

式中，$a$ 为椭圆轨道的半长轴；$r$ 为卫星到地心的距离；$\mu$ 为开普勒常数，取值为 $3.986\,013 \times 10^5 \text{ km}^3/\text{s}^2$。

由式（3.8）可以看出：卫星在轨道上运行时，半长轴 $a$ 一定，卫星到地心的距离 $r$ 越大，则卫星在轨道上的运行速度就越小；反之，当卫星到地心的距离 $r$ 越小时，则卫星在轨道上的运行速度就越大。

卫星在远地点时，运动速度最慢，把式（3.4）代入式（3.8），可以得到卫星在远地点的瞬时速度为：

$$v_{\min} = \sqrt{\frac{\mu}{a}\left(\frac{1-e}{1+e}\right)} \text{ (km/s)} \tag{3.9}$$

卫星在近地点时运动速度最快，把式（3.6）代入式（3.8），可以得到卫星在近地点的瞬时速度为：

$$v_{\max} = \sqrt{\frac{\mu}{a}\left(\frac{1+e}{1-e}\right)} \text{ (km/s)} \tag{3.10}$$

对于圆轨道而言，偏心率 $e = 0$，分别代入式（3.4）和式（3.6），可以得到卫星在圆轨道上运行时，卫星到地心的距离 $r$ 与半长轴 $a$ 相等，等于轨道高度加上地球半径。

$$r = a = h + r_E$$

理论上，卫星在圆轨道上具有恒定的运行速度，可以表示为：

$$v = \sqrt{\frac{\mu}{r}} = \sqrt{\frac{\mu}{h + r_E}} \text{ (km/s)} \tag{3.11}$$

式中，$r$ 为卫星到地心的距离；$h$ 为卫星的轨道高度；$r_E$ 为地球半径；$\mu$ 为开普勒常数，取值为 $3.986\,013 \times 10^5 \text{ km}^3/\text{s}^2$。

由此得到，卫星在圆轨道上的运行速度与轨道高度有关，轨道高度越高，则运行速度越慢；反之，轨道高度越低，则运行速度越快。

### 3.1.3 开普勒第三定律

开普勒第三定律即调和定律：卫星环绕地球运转周期的平方与轨道半长轴的三次方成正比。

由第三定律得到，卫星绕地球飞行的周期为：

$$T = 2\pi\sqrt{\frac{a^3}{\mu}} \text{ (s)} \tag{3.12}$$

式中，$T$ 为轨道周期；$a$ 为轨道半长轴；$\mu$ 为开普勒常数。

卫星在轨道上的轨道周期只与半长轴有关，与椭圆轨道扁平程度即偏心率 $e$ 无关。

如果卫星轨道为圆轨道，则卫星的轨道周期为：

$$T = 2\pi\sqrt{\frac{(h + r_E)^3}{\mu}} \text{ (s)} \tag{3.13}$$

圆轨道卫星的运行周期与轨道高度有关，轨道越高，卫星的运行周期就越长；反之，卫星的运行周期就越短。

## 3.2 轨道分类

卫星轨道的形状和高度对卫星的覆盖性能具有很大的影响，对于通信卫星而言，要实现对特定区域的覆盖，需要考虑通信卫星所采用的轨道形状及轨道高度。此外，通信卫星所采用的轨道倾角对卫星覆盖的纬度范围也有很大的影响。卫星运行的轨道可以按照形状、倾角、高度、回归周期等不同方法进行分类。

### 3.2.1 按轨道形状分类

卫星轨道按照形状，可以分为圆轨道和椭圆轨道，如图3-3所示。

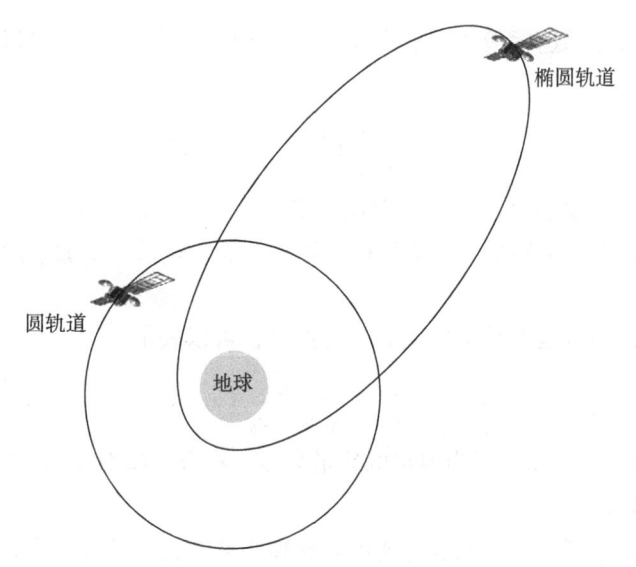

图3-3 圆轨道与椭圆轨道

圆轨道是指偏心率等于0的卫星轨道，卫星轨道呈圆形。卫星在圆轨道上具有相对恒定的运动速度。因此，通信卫星运行在圆轨道能够提供均匀覆盖，目前大部分通信卫星采用圆轨道，如中星6C、铱星等。

椭圆轨道是指偏心率不等于0的卫星轨道，卫星轨道呈椭圆形。卫星在椭圆轨道上做非匀速运动。椭圆轨道的卫星在远地点运动速度慢，此时卫星处于高纬度地区，在近地点运动速度快，卫星大部分时间在高纬度地区，比较适合对高纬度地区提供通信覆盖，被俄罗斯等国广泛使用，如 Molniya 轨道。

### 3.2.2 按轨道倾角分类

轨道倾角是指轨道平面与赤道平面间的夹角。卫星轨道按照倾角分类，可以分为赤道轨道、极轨道和倾斜轨道。

**1. 赤道轨道**

赤道轨道的轨道倾角为 0°，轨道上卫星的运行方向与地球自转方向相同，如图 3-4（a）所示。

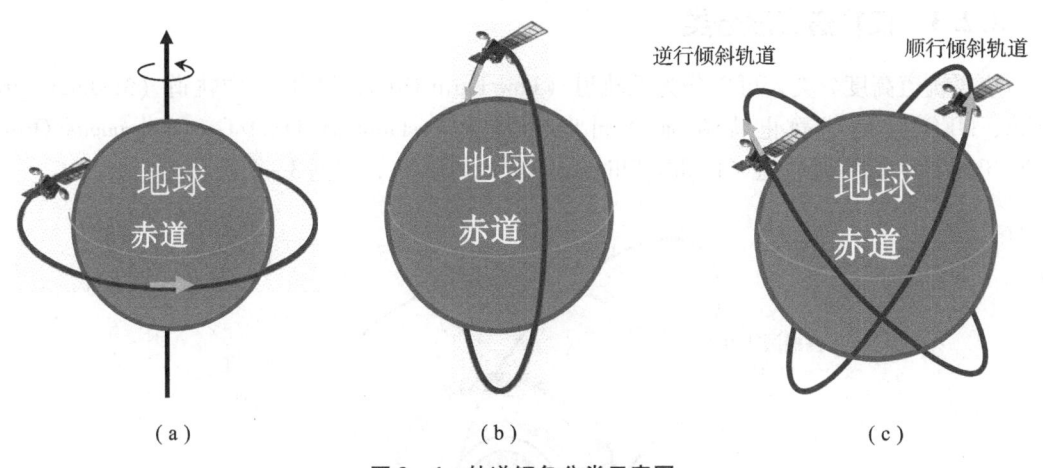

图 3-4 轨道倾角分类示意图
（a）赤道轨道；（b）极轨道；（c）倾斜轨道

2019 年 3 月 10 日，中星 6C 成功发射升空，主要用于广播和通信，可提供高质量的语音、数据、广播电视传输业务等。中星 6C 采用地球静止轨道，该轨道属于赤道轨道。

**2. 极轨道**

极轨道卫星的轨道平面垂直于赤道平面，轨道倾角为 90°，卫星在轨道上运行时，会穿过地球南、北两极，如图 3-4（b）所示。卫星在极轨道上运行时，不能对地球上的任一点保持相对位置不变，不能对某一特定区域实现连续通信服务，要想实现全球覆盖，必须多颗卫星才能为全球提供不间断的通信服务。如，铱星系统采用近极轨道，有 6 个轨道，每个轨道 11 颗卫星，能够实现全球覆盖。

**3. 倾斜轨道**

卫星的轨道平面与赤道平面成一个夹角，称为倾斜轨道。倾斜轨道按照倾角的大小，又可分为顺行倾斜轨道和逆行倾斜轨道，如图 3-4（c）所示。

顺行倾斜轨道的倾角大于 0°小于 90°，轨道上卫星在赤道平面上投影的运行方向与地球自转方向相同。采用顺行倾斜轨道将卫星送入轨道，运载火箭需要朝东方发射，利用地球自西向东自转的一部分速度，节省运载火箭的能量，通信卫星一般采用顺行倾斜轨道。全球星系统采用顺行倾斜轨道，由 48 颗卫星组成，均匀分布在 8 个倾角为 52°的圆形轨道平面上，每个轨道平面 6 颗卫星。

逆行倾斜轨道的倾角大于 90°小于 180°，轨道上卫星在赤道平面上投影的运行方向与地球自转方向相反。采用逆行倾斜轨道将卫星送入轨道，运载火箭需要朝西方发射，需要付出额外的能量来克服地球自转影响。当卫星轨道倾角大于 90°时，地球的非球形重力场使得卫星的轨道平面由西向东转动。适当调整卫星的高度、倾角和形状，可以使卫星轨道的转动角速度等于地球绕太阳公转的平均角速度，这种轨道称为太阳同步轨道。太阳同步轨道卫星可以在相同的时间和光照条件下，多次拍摄同一地区的云层和地面目标，因此，这种轨道比较适合气象卫星和资源卫星。

### 3.2.3 按轨道高度分类

按照轨道高度分类，可以分为低轨道（Low Earth Orbit，LEO）、中轨道（Medium Earth Orbit，MEO）、地球静止轨道/地球同步轨道（Geostationary Orbit/Geosynchronous Orbit，GEO/GSO）和高椭圆轨道（Highly Elliptical Orbit，HEO），如图3-5所示。

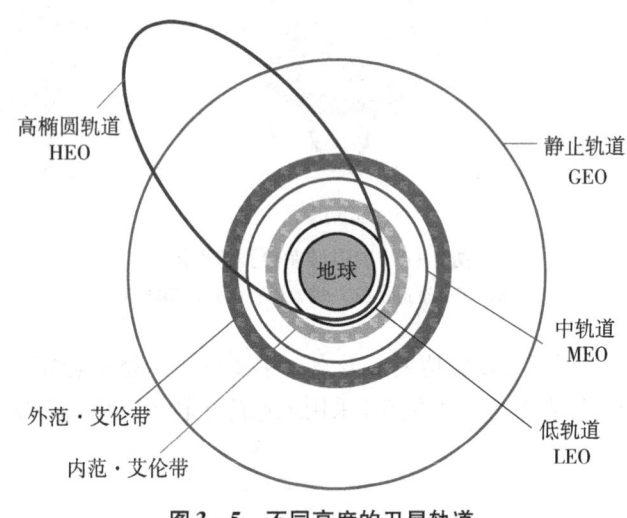

图3-5 不同高度的卫星轨道

不同高度轨道的划分主要依据地球外的内、外两个范·艾伦辐射带。辐射带内存在大量的高能粒子，对电子电路具有很强的破坏性，因此，选择卫星轨道时，应该避开这两个区域。通常认为内、外范·艾伦带中带电粒子的浓度分别在距离地面3 700 km和18 500 km附近达到最大值。

**1. 低轨道**

低轨道（LEO）在内范·艾伦带内，距离地球表面500~2 000 km，处于LEO轨道的卫星到地面距离近，具有对地面终端的损耗低、天线口径小等优势，对卫星移动通信应用极其重要，如铱星Iridium系统、全球星Globalstar系统等均采用LEO轨道。

**2. 中轨道**

中轨道（MEO）介于内外范·艾伦带中间，距离地球表面8 000~20 000 km，如Odyssey、ICO系统等。很多导航卫星采用中轨道，如我国的北斗、美国的GPS以及俄罗斯的GLONASS卫星导航系统等。

### 3. 地球静止轨道/地球同步轨道

卫星运行的方向和地球自转的方向相同，轨道高度大约是 35 786 km，运行周期与地球自转周期（23 h 56 min 4 s，即 1 个恒星日）相同的轨道称为地球同步卫星轨道。

在无数条同步轨道中，有一条轨道倾角为 0° 的圆形轨道，轨道平面与地球赤道平面重合，这条轨道称为地球静止轨道。在这个轨道上的所有卫星，相对于地球表面呈静止状态，如中星 6A、中星 6C 等。

北斗卫星导航系统中既有中轨道卫星、地球同步轨道卫星，也有地球静止轨道卫星。北斗三号由 24 颗中轨道卫星、3 颗倾斜地球同步轨道卫星和 3 颗地球静止轨道卫星组成。

### 4. 高椭圆轨道

高椭圆轨道（HEO）是轨道倾角不为零的椭圆轨道，近地点高度较低，远地点高度大于 GEO 卫星的高度。根据式（3.9）和式（3.10），卫星在近地点附近运行速度较快，在远地点附近运行速度较慢。因此，当地球站处在远地点区域时，卫星与地球站建立的通信链路可以保持较长的时间。HEO 卫星可以通过调整轨道倾角来实现区域通信，如俄罗斯的闪电通信卫星，采用轨道倾角为 63.4° 的 HEO 轨道，远地点高度约为 40 000 km，可以实现对高纬度地区的覆盖；美国的部分军用数据中继卫星采用高椭圆轨道。

HEO 卫星在一个运行周期内会 4 次穿过范·艾伦辐射带，对卫星电子元器件的损害比较大。

## 3.2.4 按回归周期分类

由于地球的自转特性，卫星在围绕地球旋转一圈后，不一定会重复前一周期的轨迹。有的卫星轨道具有一定的回归周期，而有的卫星轨道是非回归的。回归周期是天体环绕轨道运动过程中从某假定的点开始，运行一周后重新回到假设点上所用的时间。对于卫星轨道而言，卫星在轨道上运行，星下点（详见 2.4 节）轨迹重叠出现的周期称为回归周期。星下点轨迹周期性出现重叠现象的卫星轨道称为回归轨道。

卫星轨道按回归周期分类，可以分为回归/准回归轨道以及非回归轨道。

回归/准回归轨道：卫星的星下点轨迹在 $M$ 个恒星日，绕地球旋转 $L$ 圈后重复的轨道。即卫星的星下点轨迹会周期性重复的轨道。$M$ 和 $L$ 都是整数。如果 $M=1$，则称为回归轨道，卫星在轨道上运行的周期为 $1/L$ 个恒星日。图 3-6 所示的轨道表示一个恒星日卫星绕地球旋转 3 圈后星下点轨迹重复。如果 $M>1$，则称为准回归轨道，卫星在轨道上运行的周期为 $M/L$ 个恒星日。

卫星在回归/准回归轨道运行时，运行周期满足以下关系：

$$T_s = T_e \cdot \frac{M}{L} \text{(s)} \tag{3.14}$$

式中，$T_e$ 为地球自转周期，即 1 个恒星日；$M$ 为地球自转圈数；$L$ 为卫星运行圈数。

因此，当 $M$ 和 $L$ 确定后，1 个恒星日为 86 164 s，则卫星的运行周期就确定了。

由开普勒第三定律可以得到，如果是圆轨道卫星，当卫星运行周期确定后，由式（3.13）可以得知，卫星的轨道高度也就确定了。表 3-1 给出了部分回归/准回归轨道的轨

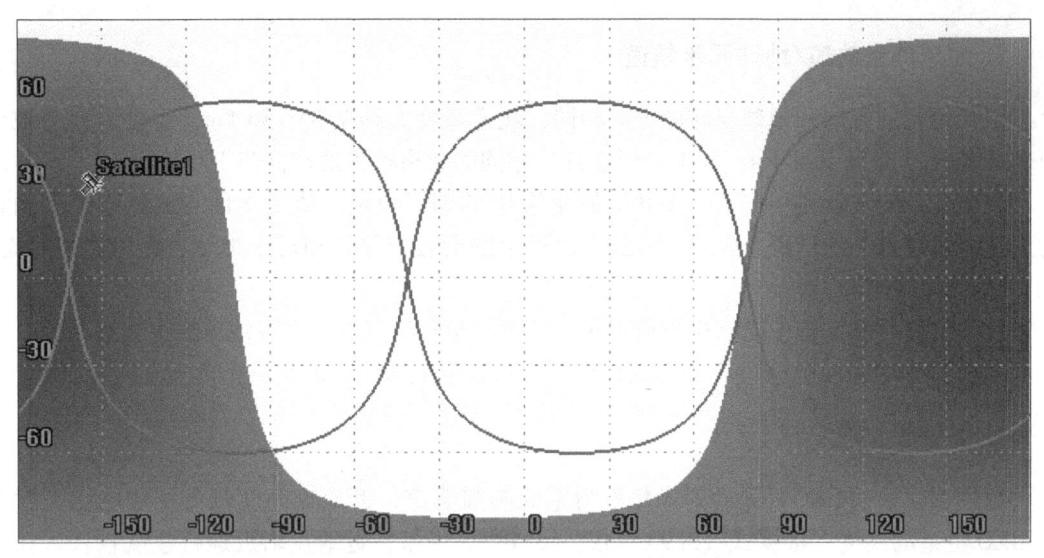

图 3-6　$M=1$，$L=3$ 的回归轨道示意图

道参数（表中的卫星轨道均为圆轨道）。

表 3-1　部分回归/准回归轨道的轨道参数

| 轨道类型 | $M$ | $L$ | 卫星运行周期/s | 轨道高度 $h$/km |
|---|---|---|---|---|
| 回归轨道 | 1 | 1 | 86 164 | 35 786 |
| | 1 | 2 | 43 082 | 20 183.6 |
| | 1 | 3 | 28 721.3 | 13 892.3 |
| | 1 | 4 | 21 541 | 10 354.7 |
| | 1 | 5 | 17 232.8 | 8 041.8 |
| 准回归轨道 | 2 | 3 | 57 442.7 | 25 799.1 |
| | 2 | 5 | 34 465.6 | 16 512.1 |
| | 2 | 9 | 19 147.6 | 9 091.1 |
| | 3 | 4 | 64 623 | 28 427.6 |
| | 3 | 5 | 51 698 | 23 616.4 |
| | 3 | 8 | 32 311.5 | 15 548.1 |
| | 3 | 10 | 25 849.2 | 12 517.3 |

非回归轨道：星下点轨迹不重复的轨道，卫星运行的每个周期都会产生不同的星下点轨迹。

## 3.3　轨道参数

轨道参数是在人造卫星轨道理论中用来表述卫星轨道的形状、大小及其在空间的指向，以及确定任一时刻卫星的空间位置的一组参数。卫星的轨道参数与坐标系相关，有很多天体坐标系可以用于描述卫星的运动轨道，如日心坐标系、地心坐标系和近焦点坐标系等，一般使用以地心为坐标原点的地心坐标系。

地心坐标系以地心 $O$ 为原点，$x$ 轴和 $y$ 轴确定的平面与赤道平面重合，$x$ 轴指向春分点方向，$z$ 轴与地球的自转轴重合，指向北极点，如图 3-7 所示。地心坐标系中的 $x$、$y$、$z$ 轴构成一个右手坐标系。春分点是赤道平面和黄道的两个相交点之一。太阳相对地球从南向北移动，在春分那一天穿越这一交点。黄道是黄道面与天球相交的大圆。黄道面是地球围绕太阳的公转轨道所在的平面。由于其他行星等天体的引力对地球的影响，黄道面的空间位置有持续的不规则变化，但总是通过太阳中心。

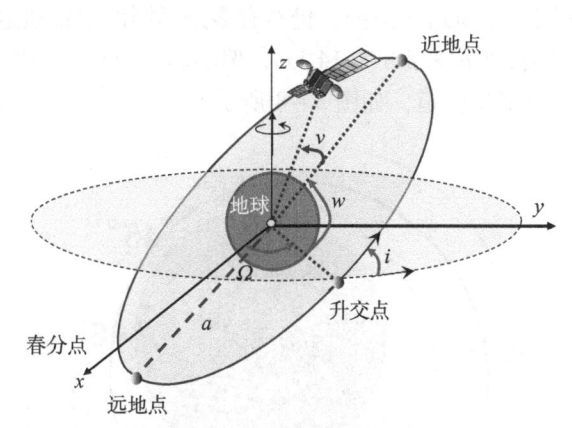

**图 3-7 轨道参数示意图**

在地心坐标系中，可以通过不同的轨道参数确定卫星轨道的不同特性，从而确定卫星在轨道中的空间位置。卫星的轨道参数主要有三类：轨道大小与形状、轨道空间位置、卫星空间位置。

**1. 轨道大小与形状**

卫星轨道的大小与形状由半长轴和偏心率这两个参数决定。

第一个参数是半长轴 $a$，半长轴是椭圆轨道中心到远地点的距离，$a$ 决定了卫星的轨道周期。

卫星轨道既可以是圆形，也可以是椭圆形。也就是说，轨道的扁平程度不同。

第二个参数是偏心率 $e$，偏心率是椭圆焦点离开椭圆中心的比例，即椭圆半焦距 $c$ 和半长轴 $a$ 的比值。

①$e$ 越大，轨道越扁，$0 \leq e < 1$，但是偏心率 $e$ 不能等于 1，等于 1 为抛物线。

②$e$ 可以等于 0，$e = 0$ 时，卫星轨道为圆轨道。

由半长轴 $a$ 和偏心率 $e$ 可以确定卫星轨道的大小和形状，但是卫星轨道平面可以是水平的，也可以是倾斜的，具有不同的轨道倾斜度，还需要其他参数才能确定轨道平面。

**2. 轨道空间位置**

轨道的倾斜度可以通过第三个参数——轨道倾角 $i$ 来确定。倾角不同，轨道的空间位置也各不相同。

轨道倾角 $i$ 在 $0°\sim180°$ 之间，即 $0°\leq i<180°$。

卫星轨道倾角确定后，轨道面仍然不能唯一确定。假设卫星轨道倾角为 $90°$，垂直于赤道平面，此时卫星轨道面还是有多条不同的卫星轨道。还需要第四个参数——升交点赤经来确定轨道平面。

升交点（the Ascending Node）是指卫星从南到北穿过赤道面的点，如图 3-7 所示。

升交点赤经（Right Ascension of the Ascending Node，RAAN）是春分点方向到轨道升交点方向的夹角。

升交点赤经 $\Omega$ 为 $0°\sim360°$ 之间，轨道倾角 $i$ 和升交点赤经 $\Omega$ 确定后，可以唯一确定卫星的轨道平面。但是在同一个轨道平面内，仍然有多条不同的卫星轨道。

比如某卫星轨道，半长轴 $a$ 为 8 878.14 km，偏心率 $e$ 为 0.1，倾角 $i$ 为 $45°$，升交点赤经 $\Omega$ 为 $0°$ 时，可以有多条卫星轨道，如图 3-8 所示。

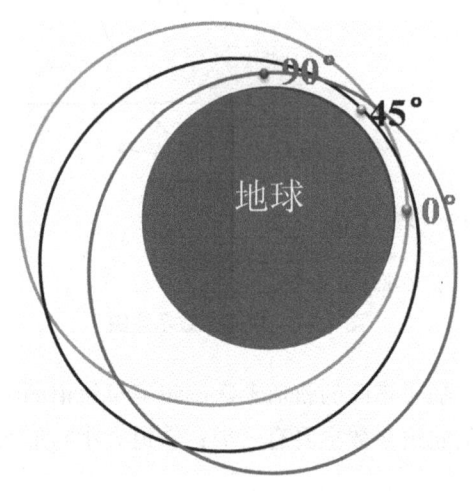

图 3-8　轨道平面确定后的不同卫星轨道

第五个参数是近地点幅角 $w$。图 3-8 中，在相同的半长轴、偏心率、倾角及升交点赤经条件下，近地点幅角 $w$ 分别为 $0°$、$45°$、$90°$ 时的卫星轨道各不相同。因此，轨道平面确定后，还需要近地点幅角 $w$ 确定轨道的方位。

近地点幅角是从升交点到地心的连线与卫星近地点和地心连线的夹角，如图 3-7 所示。

### 3. 卫星的空间位置

半长轴、偏心率、倾角、升交点赤经及近地点幅角五个参数确定后，卫星的轨道就可以确定了。但是，卫星在轨道上的位置没有确定，卫星可以在轨道的任何位置。这需要第六个参数——真近点角 $v$，来确定卫星的空间位置。

真近点角是地球中心测得的从近地点到卫星位置的角度。真近点角 $v$ 为 $0°\sim360°$ 之间。

通过这些参数，卫星在空间的位置也就唯一确定了，这六个参数通常称为轨道六要素。其中，半长轴 $a$ 和偏心率 $e$ 确定了轨道的大小和形状，倾角 $i$ 和升交点赤经 $\Omega$、近地点幅角 $w$ 确定了轨道的空间位置，真近点角 $v$ 确定了卫星在轨道的空间位置。

## 3.4 卫星的星下点

卫星沿着轨道运行，通过星下点轨迹实现卫星对地球的定位。星下点是指卫星与地心连线和地球表面的交点。

星下点随时间在地球表面上的变化路径称为星下点轨迹。星下点轨迹能够直接描述卫星相对地面的运动规律。卫星在轨道上绕着地球运行，与此同时，地球又在自西向东自转，因此，卫星运行一个周期后，星下点一般不会再重复前一个周期的运行轨迹，即星下点轨迹不重复，也就是2.2.4节中提到的非回归轨道。但是在满足一定的条件时，卫星的星下点轨迹可以周期性重复，即回归/准回归轨道。

### 3.4.1 星下点经纬度计算

在轨道上运行的卫星可以通过星下点的经度和纬度进行定位。卫星星下点的经度和纬度可以用 $(\lambda_s, \theta_s)$ 来表示，其中，$\lambda_s$ 表示星下点的经度；$\theta_s$ 表示星下点的纬度。

卫星在任意时刻 $t$ 时星下点的经度和纬度可以通过式（3.15）进行计算：

$$\lambda_s(t) = \lambda_0 + \arctan(\cos i \cdot \tan\theta) - w_e t \pm \begin{cases} -180°(-180° \leq \theta < -90°) \\ 0°(-90° \leq \theta \leq 90°) \\ 180°(90° < \theta \leq 180°) \end{cases} \quad (3.15)$$

$$\theta_s(t) = \arcsin(\sin i \cdot \sin\theta)$$

式中，$\lambda_0$ 表示卫星轨道的升交点经度；$i$ 表示卫星轨道倾角；$w_e$ 表示地球自转角速度；$t$ 表示卫星运行时刻；±表示卫星轨道为顺行轨道或逆行轨道；$\theta$ 表示 $t$ 时刻卫星在轨道平面内相对于升交点的角度，如图3-9所示。

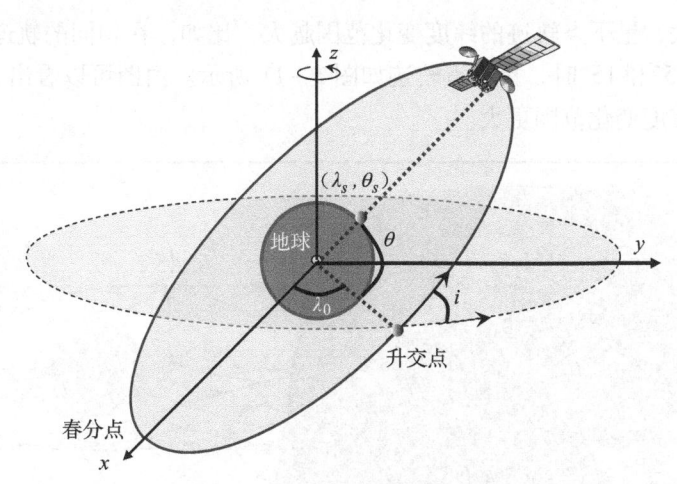

图3-9 星下点的经纬度示意图

随着卫星在轨道上的运行，$\theta$ 变化使得星下点的经纬度变化。

由式（3.15）可以得到，星下点的经度与升交点经度 $\lambda_0$、轨道倾角 $i$、地球自转角速度 $w_e$ 及 $\theta$ 有关。卫星在轨道上运行时，星下点的经度受地球自转的影响，一般情况下，卫星在轨道上同一位置，不同的运行周期会产生不同的星下点经度，如图3-10所示。卫星在轨道上相同的起始位置，但是由于地球的自转，卫星在第一个运行周期和第二个运行周期分别产生两个不同的星下点 $A_1$ 和 $A_2$。这两个星下点的经度分别为 $-134°$ 和 $-165°$。

由式（3.15）可以看出，星下点的纬度与轨道倾角 $i$ 及 $\theta$ 有关，而与地球自转角速度 $w_e$ 无关。因此，卫星在轨道上相同的位置，由于地球的自转，使得星下点的经度不同，但纬度相同，如图 3-10 所示。

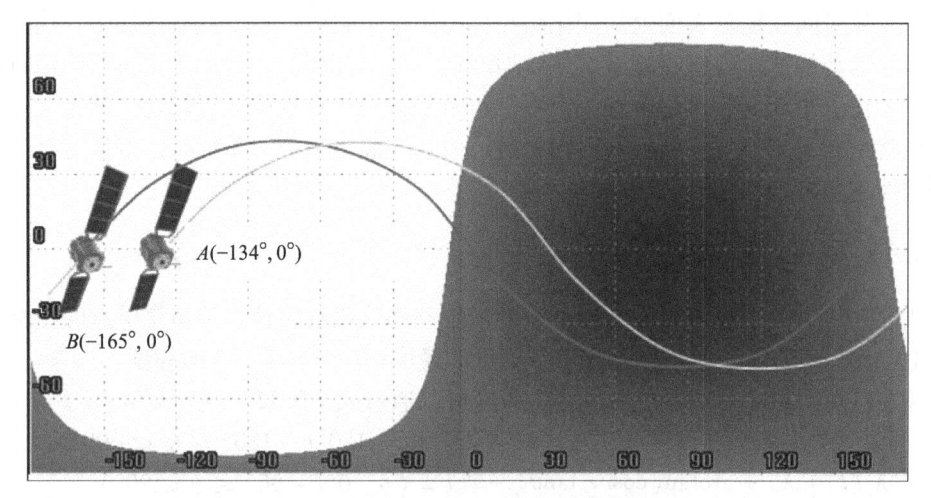

图 3-10　轨道上相同位置的卫星产生不同的星下点示意图

随着卫星在轨道上的运行，角度 $\theta$ 的变化范围为 $0° \sim 360°$，因此，$\sin\theta$ 取值最大为 1，$\sin\theta \leqslant 1$。

当轨道倾角 $i \leqslant 90°$ 时，$\theta_s(t) \leqslant i$。

当轨道倾角 $i > 90°$ 时，$\theta_s(t) \leqslant 180° - i$。

轨道倾角越大，星下点轨迹的纬度变化范围越大，比如，在相同的轨道高度、偏心率等条件下，倾角为 45° 和 15° 时，星下点轨迹如图 3-11 所示。由图可以看出，轨道倾角为 45° 的星下点轨迹的纬度变化范围更大。

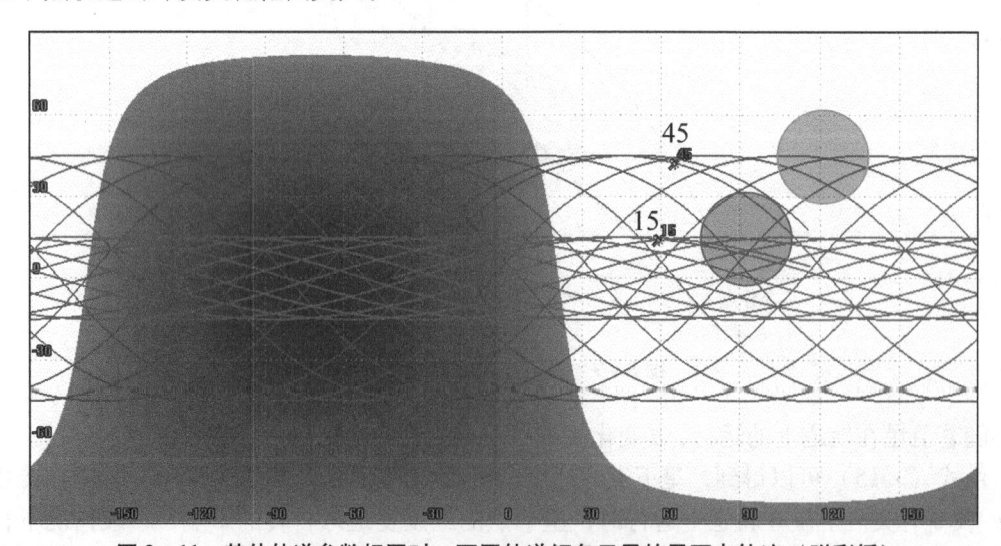

图 3-11　其他轨道参数相同时，不同轨道倾角卫星的星下点轨迹（附彩插）

对于两颗通信卫星覆盖范围相同,轨道倾角大的卫星,其星下点的纬度变化范围大,从而卫星能够覆盖更大的纬度范围,如图 3-11 所示。因此,通信卫星要实现对高纬度地区的覆盖,需要倾角较大的卫星轨道。比如铱星系统,采用近极轨道,轨道倾角大,从而能够实现包含南北两极在内的全球覆盖。

### 3.4.2 星下点轨迹的特点

**1. 星下点轨迹自东向西排列**

卫星沿轨道运行在地球表面产生的星下点轨迹随着地球自西向东的自转而向东转动,卫星运行一个周期后回到轨道上同一位置时,其星下点的经度一般情况下会在上一周期时星下点的西侧。地球自西向东的自转导致星下点轨迹会自东向西排列。也就是说,卫星运行一圈后,星下点一般不会再重复前一圈的运行轨迹(回归/准回归轨道除外)。

**2. 圆轨道卫星相邻星下点轨迹的间隔与轨道高度有关**

一般情况下,卫星在轨道上每运行一个周期,会产生一条星下点轨迹,卫星运行 $N$ 个周期后,会在地球表面自东向西产生 $N$ 条星下点轨迹。这 $N$ 条星下点轨迹均匀地排列在地球表面,相邻星下点轨迹的间隔与每日产生的星下点轨迹条数 $P$ 有关。

一个恒星日地球表面排列 $P$ 条星下点轨迹,因此,相邻星下点轨迹的间隔可以大概表示为 $2\pi r_E/P$。$P$ 表示每个恒星日卫星产生的星下点轨迹数目,也就是每个恒星日卫星绕地球运行 $P$ 圈;$r_E$ 为地球半径。

卫星每日绕地球的圈数 $P$ 与卫星的运行周期有关,可以表示为:

$$P = \frac{1 \text{恒星日}}{T_s} = \frac{86\,164}{T_s}$$

式中,$T_s$ 为卫星运行周期。

圆轨道卫星的运行周期为:

$$T = 2\pi\sqrt{\frac{(h+r_E)^3}{\mu}} \text{ (s)}$$

因此,圆轨道卫星相邻星下点轨迹的间隔大概可以表示为:

$$\frac{2\pi r_E \cdot T_s}{86\,164}$$

对于低轨道卫星而言,轨道高度在 500~2 000 km 之间,卫星的运行周期大约在 5 677~7 632 s 之间,卫星在轨道上每日运行圈数为 11.3~15.2,因此相邻星下点轨迹间隔约为 2 600~3 500 km,见表 3-2。

表 3-2 部分圆轨道卫星的相邻星下点轨迹间隔

| 轨道高度/km | 运行周期/s | 圈/日 | 相邻轨迹间隔/km |
|---|---|---|---|
| 500 | 5 677 | 15.2 | 2 600 |
| 2 000 | 7 632 | 11.3 | 3 500 |

### 3. 重复星下点轨迹

卫星在轨道上运行，在满足一定的条件时，卫星会产生重复的星下点轨迹，也就是 2.2.4 节讲到的回归/准回归轨道。回归/准回归轨道是卫星在 $M$ 个恒星日，绕地球旋转 $L$ 圈后重复的轨道。重复的星下点轨迹需要满足卫星在轨道上运行 $L$ 圈的时间与地球自转 $M$ 圈的时间相等。

1 恒星日为 23 h 56 min 4 s，即 86 164 s。

因此，卫星的运行周期满足条件 $T_s = 86\,164 \times \dfrac{M}{L}$（s），就可以产生重复的星下点轨迹。

对于圆轨道卫星而言，卫星的运行周期与轨道高度有关，因此，可以根据条件计算得到卫星的轨道高度。比如，某卫星在轨道上运行产生了 1 个恒星日绕地球 8 圈后重复的星下点轨迹，即 $M=1$，$L=8$，由此得到，卫星的运行周期约为 28 720.8 s。

根据卫星运行周期的计算式：

$$T = 2\pi \sqrt{\dfrac{(r_e + h)^3}{\mu}} \text{ (s)}$$

可以得到，轨道高度约为 4 182 km，只要满足这个条件，就可以产生 1 个恒星日绕地球 8 圈后重复的星下点轨迹。

### 4. 地球同步轨道卫星星下点轨迹

地球同步轨道是一种特殊的回归轨道，1 个恒星日卫星绕地球 1 圈，即卫星的运行周期与地球自转周期相同，与地球同步，也就是 1 个恒星日会产生一条星下点轨迹。

地球同步轨道卫星运行周期为 86 164 s，由式（3.13）可以得到，卫星的轨道高度约为 35 786 km。地球同步轨道卫星的星下点轨迹更为特殊，是一个封闭的"8"字形，如图 3-12 所示。图 3-12 中，左侧显示了两颗地球同步轨道卫星的星下点轨迹，卫星的轨道倾角分别为 40°和 20°。

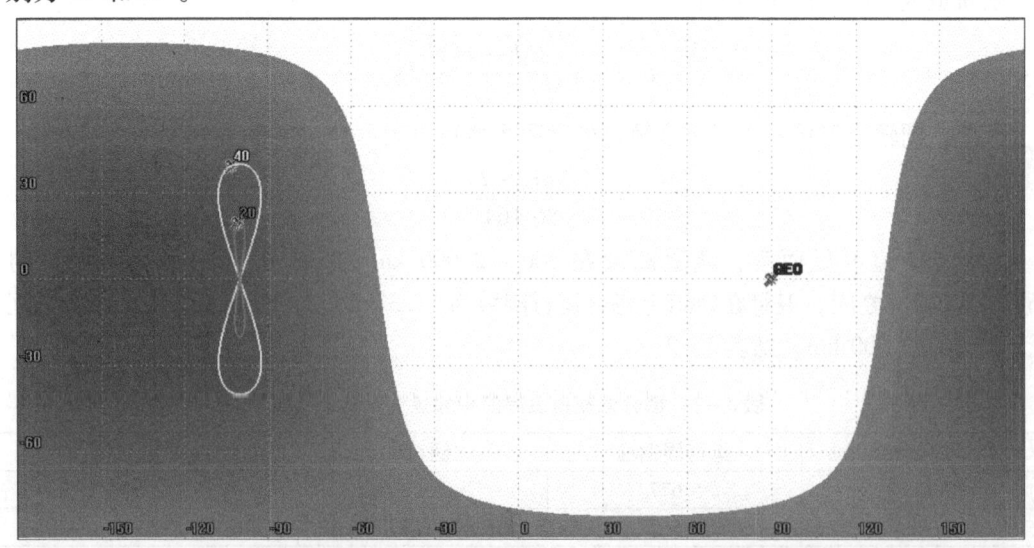

图 3-12 地球同步轨道卫星和地球静止轨道卫星的星下点轨迹

轨道倾角决定了星下点纬度的变化范围，因此，地球同步轨道的倾角越大，"8"字形越大；反之，轨道倾角越小，"8"字形越小。当轨道倾角为 0°时，星下点轨迹即为一个点，而轨道倾角为 0°的地球同步轨道就是地球静止轨道，因此，地球静止轨道卫星的星下点轨迹是一个点，如图 3-12 所示。地球静止轨道卫星可以通过星下点经度对卫星进行定位。图 3-12 中右侧显示了两颗地球静止轨道卫星的星下点轨迹，卫星的星下点经度分别为 92°E 和 134°E。

## 3.5 卫星轨道的 STK 仿真

### 3.5.1 常见卫星轨道仿真

卫星轨道按照不同的分类方法，有不同类型的轨道，常见的卫星轨道如地球静止轨道、圆轨道、椭圆轨道等。利用 STK 仿真软件可以直观地显示不同卫星轨道，STK 可以通过不同方法来插入不同轨道的卫星，可以通过菜单栏、工具栏利用轨道生成向导插入不同轨道的卫星，如图 3-13 所示。

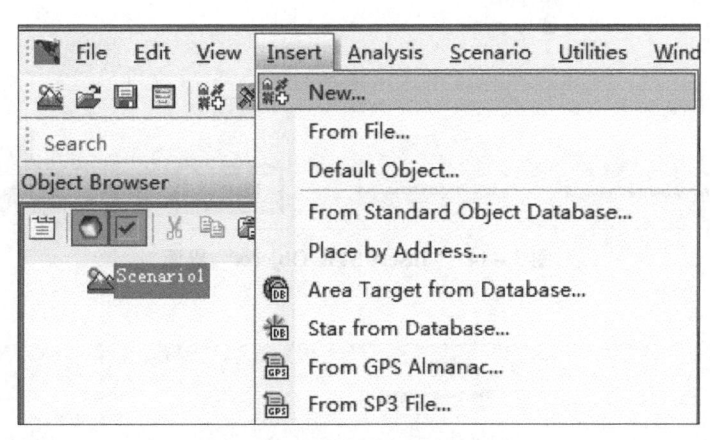

图 3-13 STK 插入新对象界面

仿真场景中涉及卫星轨道的主要参数见表 3-3，后续仿真中根据需要会对参数进行一定的调整，具体按照实际需要修改。

表 3-3 仿真场景中主要通信卫星参数

| 卫星类型 | 轨道生成向导类型选择 | 轨道高度/km | 轨道倾角/(°) |
|---|---|---|---|
| 地球静止轨道卫星 | Geosynchronous | 35 786 | 0 |
| 低轨道卫星 | Circular | 1 000 | 45 |
| 中轨道卫星 | Circular | 10 500 | 15/45/80 |

**1. 地球静止轨道卫星仿真**

地球静止轨道卫星的多个轨道参数都是确定的，偏心率为 0，轨道倾角为 0°，轨道高度约为 35 786 km，利用轨道生成向导可以生成一颗静止轨道卫星。

打开 STK 仿真软件后，新建场景，在场景中利用菜单栏的"Insert"→"New"，如图 3 - 13 所示，弹出"Insert STK Objects"对话框，如图 3 - 14 所示。在"Insert STK Objects"→"Select An Object To Be Inserted"中选择"Satellite"，在右侧的"Select A Method"中选择"Orbit Wizard"后单击下方的"Insert"按钮，如图 3 - 14 所示。弹出"Orbit Wizard"（轨道生成向导）框图，如图 3 - 15 所示。

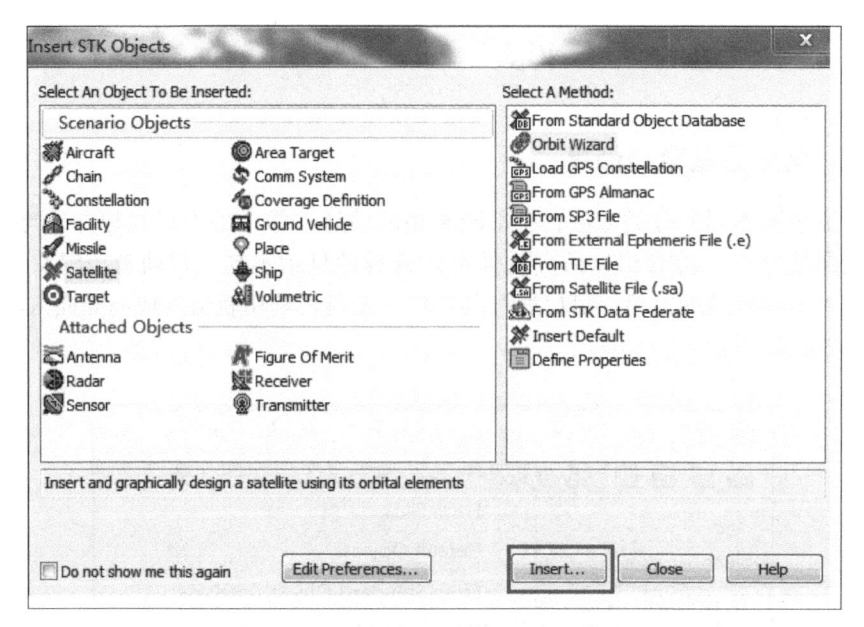

图 3 - 14  "Insert STK Objects"界面

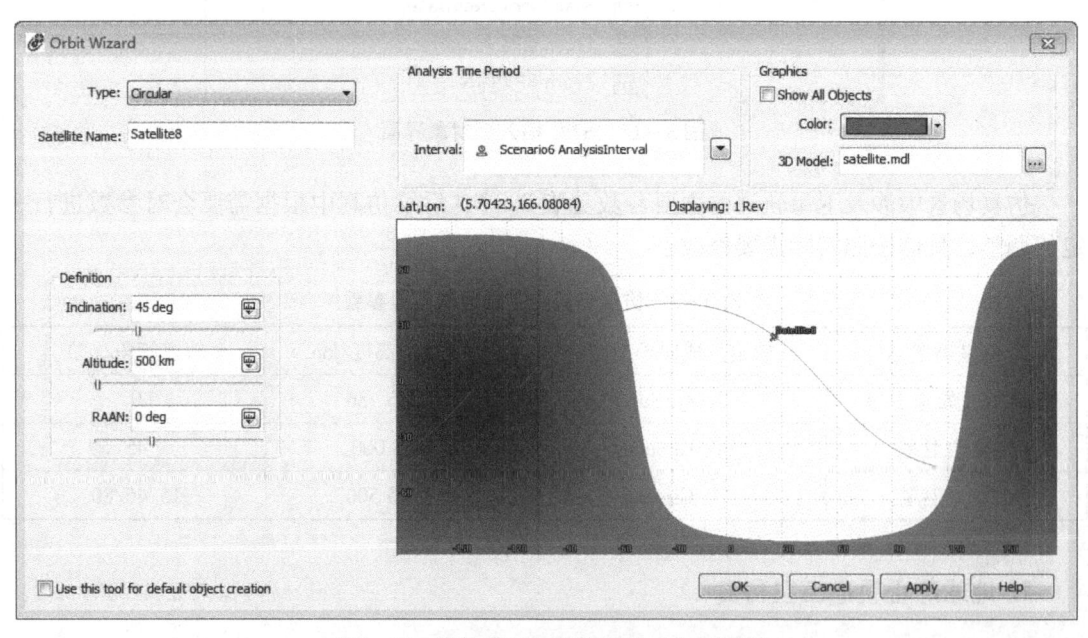

图 3 - 15  圆轨道卫星的轨道生成向导界面

在"Orbit Wizard"窗口中,"Type"可以选择典型的卫星轨道,主要包括"Circular""Critically Inclined""Sun Sync""Geosynchronous""Molniya""Orbit Designer""Repeating Ground Trace""Repeat Sun Sync""Sun Synchronous"。选择相应的卫星轨道后,会在窗口的左下方显示轨道参数,右下方显示所选择的卫星轨道的星下点轨迹。在右上方"Graphics"下可以修改星下点轨迹的"Color"和"3D Model"。

选择"Circular"(圆轨道),则会显示"Inclination"(倾角)、"Altitude"(高度)、"RAAN"(升交点赤经),可以通过修改参数来改变卫星轨道。由于选择了圆轨道,卫星轨道的偏心率为0。选择"Orbit Designer"时,则"Orbital Elements"中会显示轨道六要素,包括"Semimajor Axis""Eccentricity""Inclination""Argument of Perigee""RAAN""True Anomaly"。

选择"Geosynchronous"(地球同步轨道),则只显示"Subsatellite Point"(星下点)和"Inclination"(倾角)。轨道倾角为0°时,则卫星轨道为地球静止轨道,星下点轨迹为一个点。轨道倾角不为0°时,则卫星轨道为地球同步轨道,星下点轨迹为封闭的"8"字形。选择"Geosynchronous"后,修改"Satellite Name"为 GEO,"Subsatellite Point"为东经100°,"Inclination"为0°,单击"OK"按钮,即可插入一颗地球静止轨道通信卫星。

由于地球静止轨道卫星相对地球静止,因此可以通过星下点的经度对卫星定位,修改卫星星下点的经度,可以改变卫星在轨道上的位置。星下点经度正数表示是东经,负数表示是西经。

**2. 圆轨道卫星仿真**

圆轨道卫星的偏心率为0,轨道高度、轨道倾角等参数并不确定,因此,在生成卫星轨道时需要进行设置。

圆轨道卫星的仿真利用工具栏直接插入,如图3-16所示。在工具栏中单击虚线框中"Insert Default Object"右侧下拉倒三角▼,选择"卫星"后,单击"Insert"按钮后进入轨道生成向导界面,选择"Circular"(圆轨道),修改卫星的轨道倾角(Inclination)、轨道高度(Altitude)和升交点赤经(RAAN),如图3-15所示,默认值分别为45°、500 km、0°。表示卫星轨道倾角为45°,卫星到地球表面的距离为500 km,初始相位为0°。圆轨道卫星到地心的距离保持不变,理论上等于轨道高度加上地球半径;升交点赤经 RAAN 为0°,单击"OK"按钮后生成一颗圆轨道卫星。

参照表3-3仿真场景中卫星的主要参数,

**图3-16 工具栏插入卫星界面**

将轨道生成向导界面中的轨道高度（Altitude）改为 1 000 km，这是一颗低轨道卫星；轨道倾角为 45°，是顺行倾斜轨道卫星。利用相同的方法将卫星轨道高度设置为 10 500 km，则会产生一颗中轨道卫星。将轨道倾角设置为 90°，则可以产生一颗极轨道卫星。

### 3.5.2 轨道参数仿真

卫星轨道有不同的形状、大小和空间位置等，可以通过修改六个轨道参数来改变卫星轨道。在"Object Browser"中选择卫星名称后，双击打开"Properties"。

"Properties"窗口包括"Basic""2D Graphics""3D Graphics""Constraints"四个方面的内容，选择"Basic"→"Orbit"，会显示"Propagator""Interval""Step Size"等信息，以及轨道六要素，如图 3-17 所示。

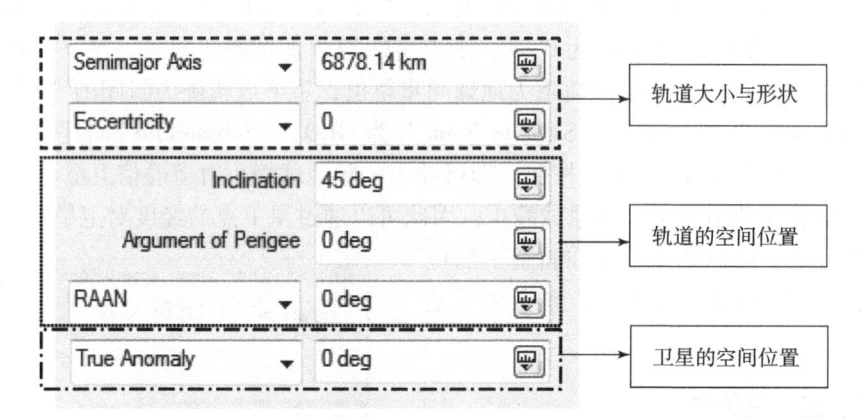

图 3-17 轨道六要素界面

#### 1. 轨道大小与形状参数的仿真

卫星轨道的大小与形状可以通过两个轨道参数来确定，这两个参数之间是相互关联的，前面讲过轨道大小与形状可以通过半长轴和偏心率来确定，这是确定轨道大小与形状的第一组参数：第一个参数是半长轴（Semimajor Axis），第二个参数一定是偏心率（Eccentricity），如图 3-18 所示。

轨道大小与形状可以通过五组参数来确定。单击"Semimajor Axis"右侧的▼按钮，

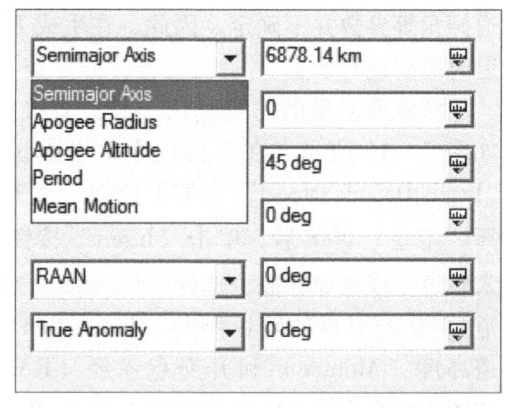

图 3-18 卫星轨道大小的第一个参数列表

可以列出其他几个参数，如图 3-18 所示。第一个参数可以是半长轴"Semimajor Axis"、远地点半径"Apogee Radius"、远地点高度"Apogee Altitude"、周期"Period"及每日轨道圈数"Mean Motion"。在这些参数中，第一个参数选定之后，第二个参数也会相应地被确定，如图 3-19 所示。第一个参数和第二个参数的对应关系见表 3-4。

（1）第一组参数

第一组参数：Semimajor Axis 与 Eccentricity，如图 3-19 所示。单击右侧的 按钮可以

更改参数的单位。

|  |  |
|---|---|
| Semimajor Axis  16878.1 km | Semimajor Axis  10878.1 km |
| Eccentricity  0 | Eccentricity  0 |
| (a) | (b) |

Semimajor Axis  16878.1 km
Eccentricity  0.6

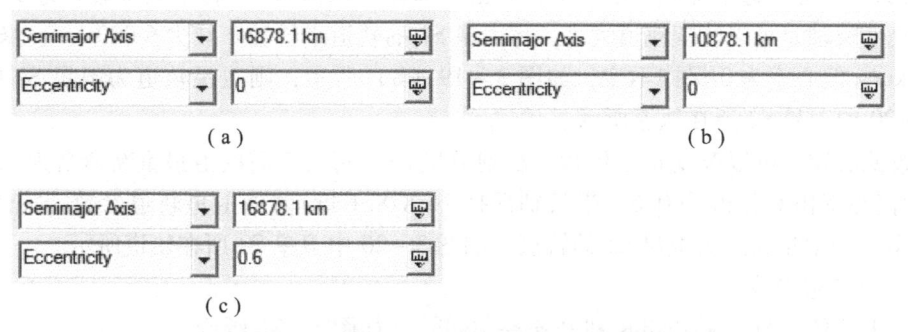

(c)

图 3-19　半长轴与偏心率参数设置

表 3-4　确定轨道大小与形状的两个参数

| 组号 | 第一组参数 | 第二组参数 |
|---|---|---|
| 1 | Semimajor Axis（半长轴） | Eccentricity（偏心率） |
| 2 | Apogee Radius（远地点半径） | Perigee Radius（近地点半径） |
| 3 | Apogee Altitude（远地点高度） | Perigee Altitude（近地点高度） |
| 4 | Period（周期） | Eccentricity（偏心率） |
| 5 | Mean Motion（每日轨道圈数） | Eccentricity（偏心率） |

图 3-19（a）中卫星 S1 的半长轴和偏心率两个参数分别为：

①半长轴 $a$ 为 16 878.1 km；

②偏心率 $e$ 为 0。

卫星 S1 运行在半长轴为 16 878.1 km，偏心率为 0 的轨道上，因此，卫星 S1 是一颗圆轨道卫星，如图 3-20 中的卫星 S1 所在的轨道，该卫星的轨道参数与表 3-3 中的中轨道卫星基本一致。半长轴为 16 878.1 km 时，对圆轨道卫星而言，轨道高度约为 10 500 km。

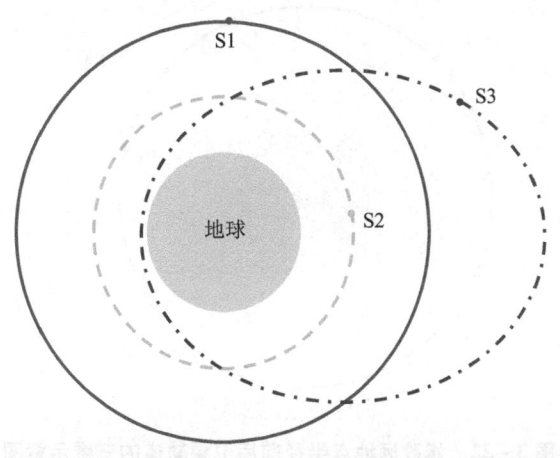

图 3-20　修改半长轴和偏心率前后卫星轨道的三维示意图

选中卫星 S1 后，右击，选择"Copy"。选择场景后，右击，选择"Paste"即可复制卫星 S1 及所在轨道。选中复制后的卫星，右击，选择"Rename"，将卫星重命名为 S2。

修改半长轴 $a$ 可以改变轨道大小，将卫星 S2 的轨道半长轴 $a$ 减少 6 000 km，修改为 10 878.14 km，偏心率为 0 保持不变，如图 3-19（b）所示，则卫星轨道为卫星 S2 的轨道，如图 3-20 中卫星 S2 所在轨道所示。

修改偏心率 $e$ 可以改变轨道形状，复制卫星 S1，将复制后的卫星重新命名为 S3，将卫星 S3 的偏心率由 0 修改为 0.6，半长轴保持 16 878.1 km 时的卫星轨道参数，如图 3-19（c）所示。则卫星轨道为卫星 S3 的轨道，如图 3-20 中卫星 S3 所在轨道所示。

(2) 第二组参数

第二组参数：Apogee Radius 和 Perigee Radius，如图 3-21 所示。

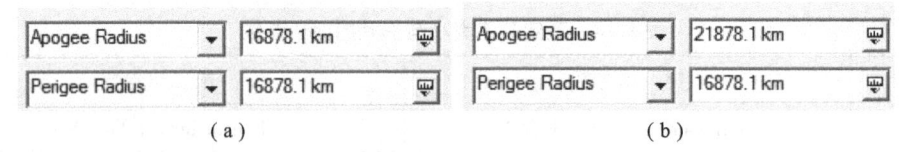

图 3-21　远地点半径与近地点半径参数设置

① 远地点半径 $r_{max} = a + c = a(1+e)$。卫星 S1 为圆轨道，偏心率 $e=0$，因此 $r_{max} = a$，远地点半径为 16 878.1 km。

② 近地点半径 $r_{min} = a - c = a(1-e)$，卫星 S1 的近地点半径为 16 878.1 km。

当卫星轨道的半长轴为 16 878.1 km，偏心率为 0 时，则远地点半径和近地点半径相等，均为 16 878.1 km，如图 3-21（a）所示。

当远地点半径与近地点半径相等时，则卫星轨道为圆轨道；当修改远地点半径和近地点半径不相等时，则卫星轨道为椭圆轨道。复制卫星 S1 后，将卫星重新命名为 S4，将卫星 S4 的远地点半径增加 5 000 km，近地点半径保持不变时的卫星轨道参数如图 3-21（b）所示。此时的卫星轨道为卫星 S4 的轨道，如图 3-22 中卫星 S4 所在轨道所示。

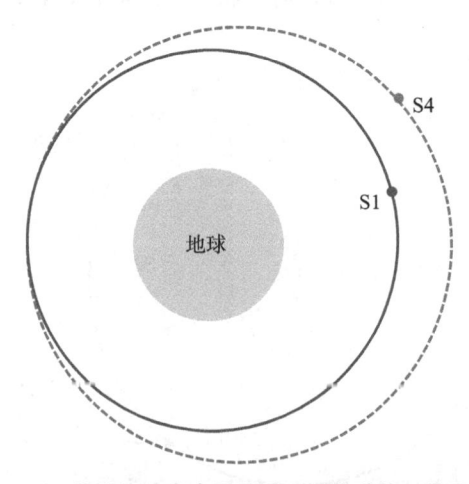

图 3-22　修改远地点半径前后卫星轨道的三维示意图

远地点半径从 16 878.1 km 修改为 21 878.1 km，即
$$r_{\max} = a + c = 21\ 878.1$$
近地点半径保持 16 878.1 km 不变，即
$$r_{\min} = a - c = 16\ 878.1$$

由此可以计算得到，改变远地点半径后的卫星轨道半长轴 $a = 19\ 378.1$ km，偏心率 $e \approx 0.129$，因此卫星轨道从 S1 的圆轨道变成 S4 的椭圆轨道。

由开普勒第二定律 $v = \sqrt{\mu\left(\dfrac{2}{r} - \dfrac{1}{a}\right)}$ (km/s)，可以得到卫星 S1 和 S4 在轨道上的运动速度。

远地点半径修改前，卫星 S1 在圆轨道上运行，卫星到地心的距离 $r$ 等于半长轴 $a$，因此卫星在轨道上匀速运动，卫星 S1 的运动速度可以通过下面的式计算：
$$v_1 = \sqrt{\dfrac{\mu}{r}}\ (\text{km/s})$$

由此可以得到，卫星 S1 在轨道上的运行速度约为 4.86 km/s。

远地点半径修改后，卫星 S4 在远地点时到地心的距离增加到 21 878.1 km，半长轴 $a$ 为 19 378.1 km。

卫星 S4 在远地点时的运行速度为 $v_4 = \sqrt{\mu\left(\dfrac{2}{r_{\max}} - \dfrac{1}{a}\right)}$ (km/s)，约为 3.58 km/s。

近地点半径保持不变，即卫星 S4 在近地点时到地心的距离没有变化，但是由于半长轴 $a$ 发生改变，因此卫星 S4 在近地点的运行速度也发生了变化，运行速度约为 5.16 km/s。

此外，由于远地点半径的改变，使得半长轴 $a$ 发生变化，由开普勒第三定律可以得到，卫星在轨道上的运行周期也会发生变化。因此，图 3-22 中所示的卫星 S1 和卫星 S4 在轨道上运行时，起始位置相同，但是二者在轨道上的运行周期不同。卫星 S4 的运行周期要大于卫星 S1 的运行周期。

(3) 第三组参数

第三组参数：Apogee Altitude 和 Perigee Altitude，如图 3-23 所示。

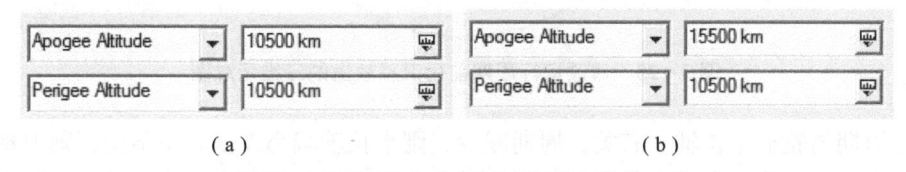

图 3-23 远地点高度与近地点高度参数设置

①远地点高度为远地点半径减去地球半径，$r_E$ 是地球半径，约为 6 378 km。卫星 S1 的远地点高度约为 10 500 km。

②近地点高度为近地点半径减去地球半径。卫星 S1 的近地点高度约为 10 500 km。

当卫星轨道的半长轴为 16 878.1 km，偏心率为 0 时，则远地点高度和近地点高度相等，均为 10 500 km，如图 3-23（a）所示。将远地点高度增加 5 000 km，近地点半径保持不变时的卫星轨道参数如图 3-23（b）所示。此时的卫星轨道与卫星 S4 的轨道完全一致，如图 3-22 中卫星 S4 所在轨道所示。

对于圆轨道卫星，远地点高度等于近地点高度，也等于卫星到地球表面的距离，即卫星的轨道高度，轨道高度约为 10 500 km，因此，这颗卫星是中轨道卫星。当修改远地点高度或者近地点高度使二者不相等时，则卫星轨道为椭圆形。

(4) 第四组参数

第四组参数：Period 和 Eccentricity，如图 3-24 所示。

| Period | 21822.2 sec | Period | 11822.2 sec |
| Eccentricity | 0 | Eccentricity | 0 |

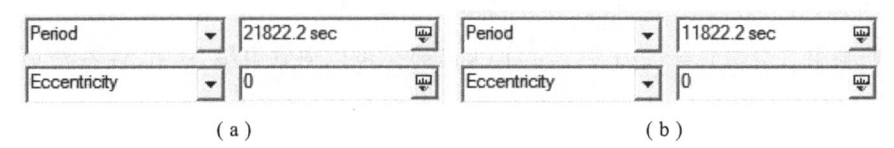

(a)　　　　　　　　　　　(b)

图 3-24　周期与偏心率参数设置

① 卫星 S1 的轨道半长轴为 16 878.1 km，$T \approx 21\,822.2$ s；

② 偏心率 $e$ 为 0。

当卫星轨道的半长轴为 16 878.1 km，偏心率为 0 时，则卫星在轨道上的运行周期约为 21 822.2 s，偏心率为 0，如图 3-24（a）所示。将卫星运行周期减少 10 000 s，偏心率保持不变时的卫星轨道参数如图 3-24（b）所示。此时的卫星轨道为卫星 S5 的轨道，如图 3-25 中卫星 S5 所在轨道。

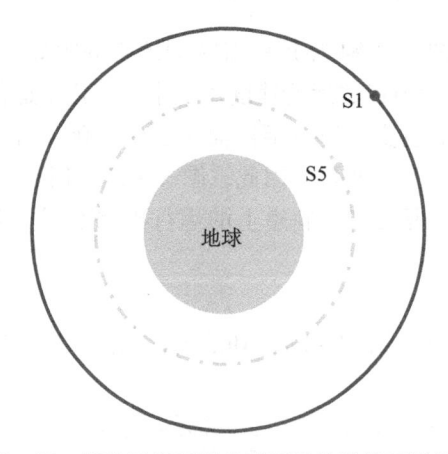

图 3-25　修改运行周期前后卫星轨道的三维示意图

运行周期与轨道半长轴 $a$ 有关，周期减少，则半长轴减小，偏心率不变，则卫星轨道仍然是圆轨道。修改偏心率后，会影响卫星轨道的扁平程度，但不会影响卫星的运行周期。

(5) 第五组参数

第五组参数：Mean Motion 和 Eccentricity，如图 3-26 所示。每日轨道圈数与运行周期 $T$ 有关，是每个恒星日卫星绕地球运行的圈数。

① 卫星 S1 的轨道半长轴为 16 878.1 km，每日轨道圈数约为 3.96 圈；

② 偏心率 $e$ 为 0。

当卫星轨道的半长轴为 16 878.1 km，偏心率为 0 时，则 1 个恒星日卫星在轨道上的运行圈数为 3.96，如图 3-26（a）所示。将卫星每日轨道圈数增加 5，偏心率保持不变时的

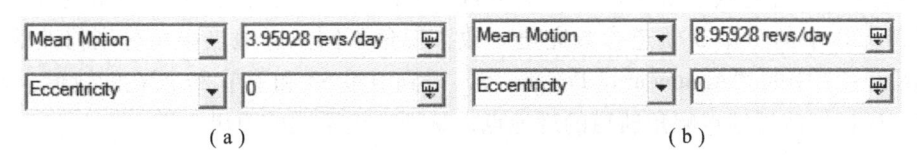

图3-26 每日轨道圈数与偏心率参数设置

卫星轨道参数如图3-26（b）所示。

每日轨道圈数增加意味着卫星的运行周期减小，进而半长轴 $a$ 也相应地减小。卫星在轨道上每运行一个周期，就会产生一条星下点轨迹，每日轨道圈数为3.96时，意味着每个恒星日会产生将近4条星下点轨迹；当增加每日轨道圈数时，则卫星星下点轨迹的数量会增加到将近9条。每日轨道圈数越多，则星下点轨迹越多，相应地，相邻轨迹间隔会越小。

**2. 轨道空间位置参数的仿真**

卫星的轨道大小与形状通过前面几组参数确定后，轨道的空间位置还不能确定。轨道空间位置可以通过三个轨道参数来确定，分别为轨道倾角（Inclination）、近地点幅角（Argument of Perigee）和升交点赤经（Right Ascension of the Ascending Node, RAAN），如图3-27所示。

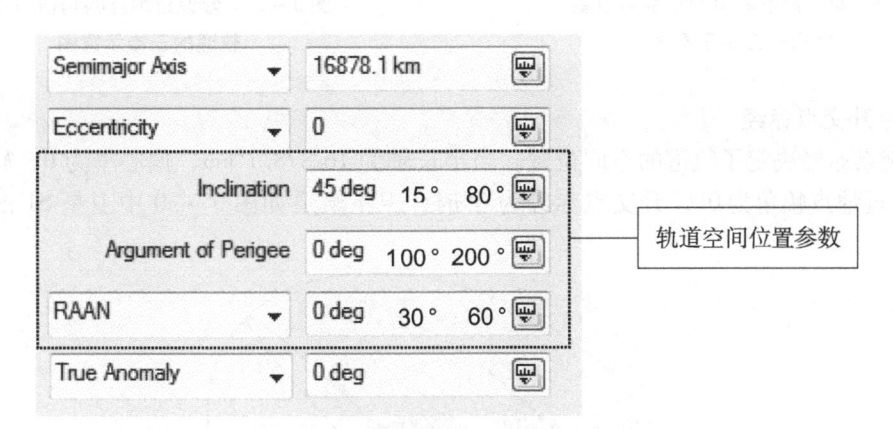

图3-27 轨道空间位置参数的示意图

（1）轨道倾角

轨道倾角 $i$ 是轨道平面与赤道平面间的夹角。当半长轴为16 878.1 km，偏心率为0，轨道倾角为45°时，卫星轨道如图3-28中卫星S1所在轨道所示。轨道倾角分别修改为15°和80°（图3-27中的"Inclination"），得到卫星S6和卫星S7所在的轨道，如图3-28所示。

图3-28中，卫星S1的轨道与图3-20中卫星S1的轨道所有轨道参数完全一致，只是视角不同。图3-20中的视角便于对比分析半长轴和偏心率等参数，而图3-28中的视角便于分析轨道倾角的不同。按住鼠标左键后，上下左右拖动鼠标可以改变轨道视角。

（2）近地点幅角

近地点幅角影响了椭圆轨道近地点的位置。当半长轴为16 878.1 km，偏心率为0.6，轨道倾角为45°，近地点幅角为0°时，卫星轨道如图3-29中卫星S3所在轨道所示。卫星S3与图3-20中的卫星3轨道参数完全一致，视角不同。近地点幅角分别修改为100°和200°（图3-27中的"Argument of Perigee"），得到卫星S8和卫星S9所在的轨道，如图3-29所示。通过修改近地点幅角轨道的近地点，从而产生不同的卫星轨道。

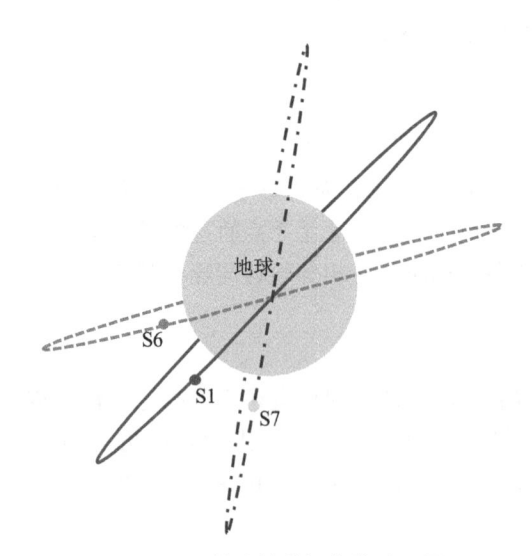

图3-28　修改轨道倾角前后卫星轨道的三维示意图

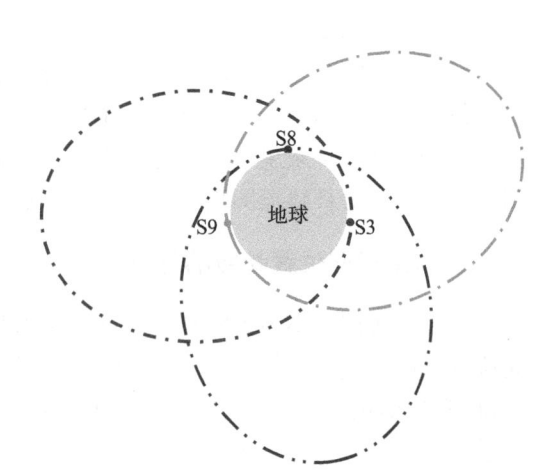

图3-29　修改近地点幅角前后卫星轨道的三维示意图

（3）升交点赤经

升交点赤经决定了轨道的空间位置。当半长轴为16 878.1 km，偏心率为0，轨道倾角为45°，近地点幅角为0°，升交点赤经为0°时，卫星轨道如图3-30中卫星S1所在轨道所示。

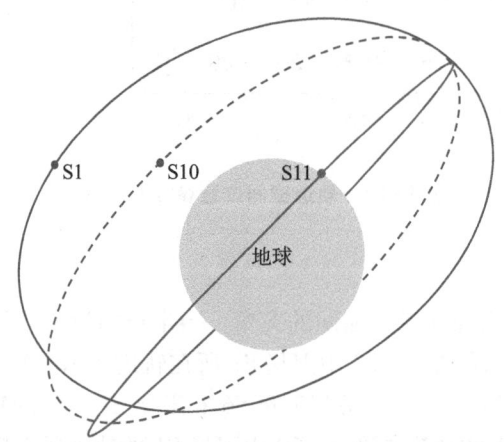

图3-30　修改升交点赤经前后卫星轨道的二维示意图

卫星S1所在的轨道与图3-20和图3-28中的卫星S1轨道参数完全一致，视角不同。升交点赤经分别修改为30°和60°（图3-27中的"RAAN"），得到卫星S10和S11所在的轨道，如图3-30所示。

### 3. 卫星空间位置参数的仿真

轨道大小与形状、轨道空间位置确定后，需要通过真近点角确定卫星在轨道的空间位置。以卫星 S1 所在的轨道为例，轨道参数见表 3-5。卫星 S12 与卫星 S1 在同一轨道上，但是真近点角不同，将卫星 S12 的真近点角修改为 100°（图 3-27 中的"True Anomaly"），得到卫星 S12，如图 3-31 所示。

表 3-5 卫星 S1 的轨道参数

| 参数 | 数值 |
| --- | --- |
| 半长轴/km | 16 878.1 |
| 偏心率 | 0 |
| 倾角/(°) | 45 |
| 近地点幅角/(°) | 0 |
| 升交点赤经/(°) | 0 |
| 真近点角/(°) | 0 |

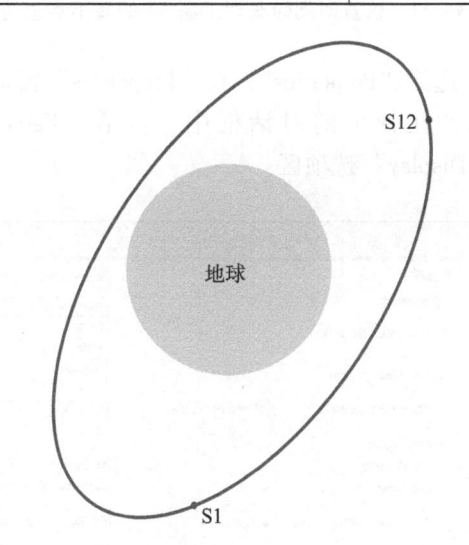

图 3-31 修改真近点角前后卫星轨道的三维示意图

## 3.5.3 星下点轨迹的仿真

### 1. 星下点轨迹的修改

卫星在不同轨道上运行时，会产生不同的星下点轨迹，在 STK 仿真软件中，可以对星下点轨迹进行修改。选中卫星 S1 后，右击，选择"Properties"，打开"Properties"窗口，选择"2D Graphics"。单击"Attributes"后，可以修改星下点轨迹的"Color" "Line Style" "Line Width" "Marker Style" 等。

当仿真时间较长时，会在二维场景中产生很多的星下点轨迹，星下点轨迹较为密集，如

图 3-32 所示,此时不便于开展相关性能的仿真分析。当仿真时间不长,但是场景中卫星数目较多时,也会产生多条星下点轨迹,此时星下点轨迹较为混乱,很难对各卫星的星下点轨迹开展分析。在 STK 中,通过修改星下点轨迹的"Pass",可以选择不同的显示方式。

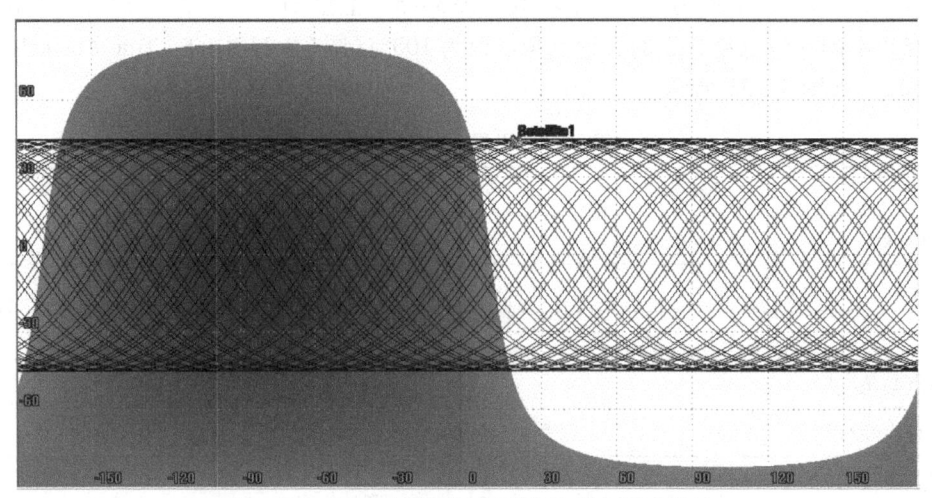

图 3-32 仿真时间较长时卫星 S1 的星下点轨迹

选择卫星 S1 后,右击,选择"Properties",在"Properties"窗口中选择"2D Graphics"→"Pass",如图 3-33 所示,在弹出的对话框中,包括"Passes""Leading/Trailing"和"Ground Track Central Body Display"选项区。

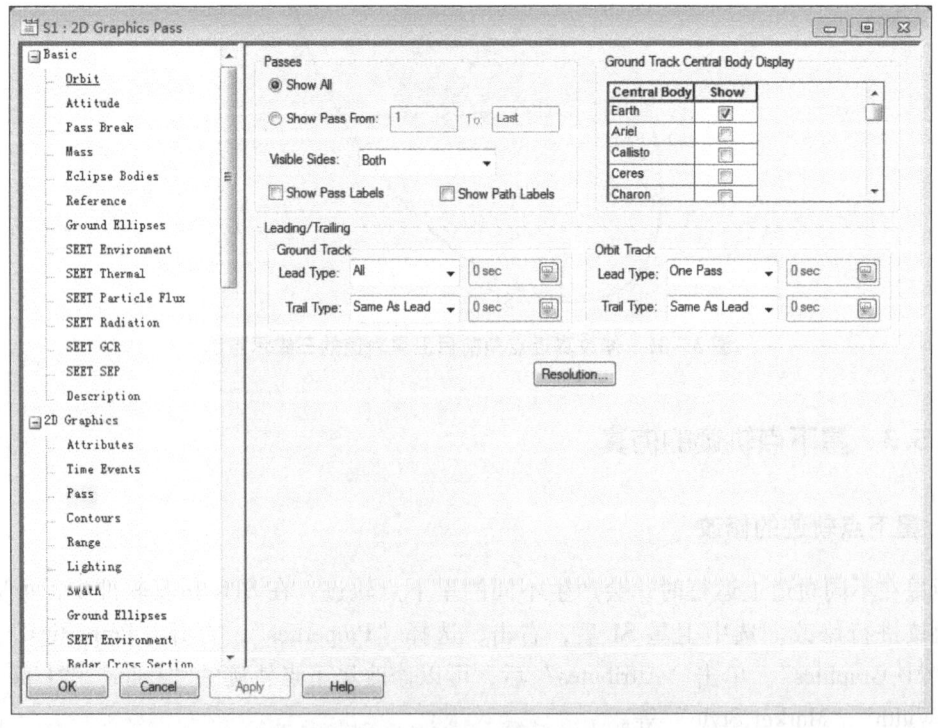

图 3-33 "2D Graphics Pass"对话框

在"Visible Sides"中,可以通过下拉列表选择显示不同阶段的星下点轨迹,包括"Ascending""Descending""Both""None"。当选择"Ascending"时,星下点轨迹仅显示上升段的轨迹。在"Ground Track"中,"Lead Type"下拉列表中包括"Time""Percent""Quarter""Half""All""None""One Pass""Current Interval"等选项,可以选择显示/不显示或者部分显示星下点轨迹。如选择"None",则取消在二维场景中显示星下点轨迹,如图 3-34 所示。

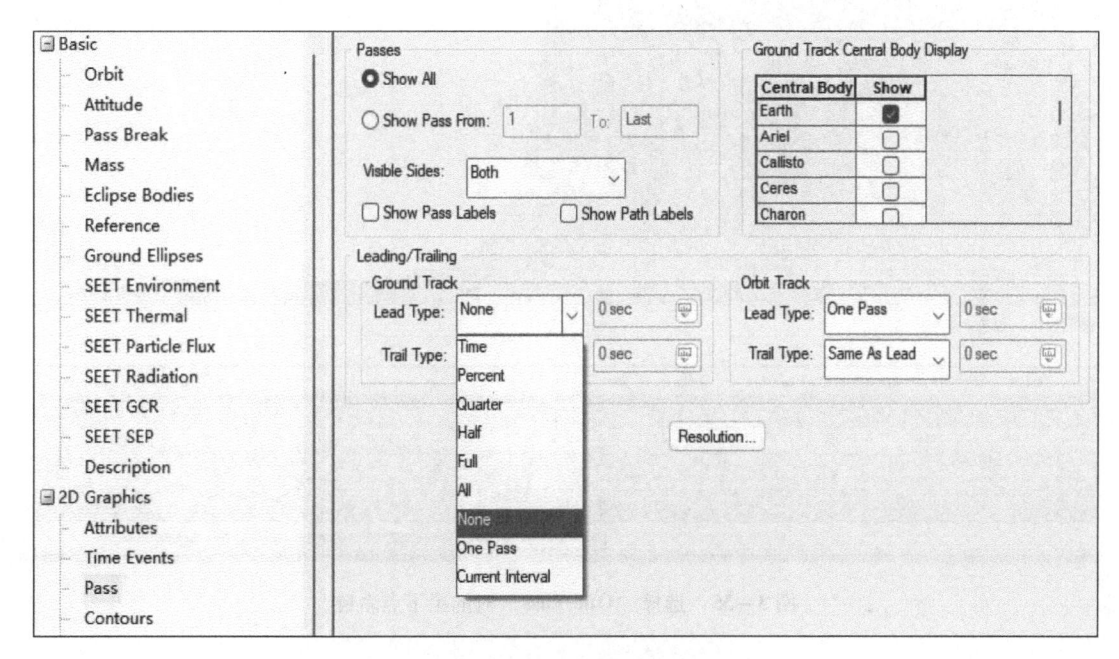

图 3-34 "Ground Track"

**2. 星下点轨迹的仿真分析**

(1) 星下点轨迹自东向西排列

由于地球自西向东的自转,使得星下点轨迹会自东向西排列,利用 STK 可以很好地展示星下点轨迹的这一特性。

选择卫星 S1 后,右击,选择"Properties"→"2D Graphics"→"Pass"→"Leading/Trailing"→"Ground Track"→"Lead Type",可以选择显示不同类型,如"None""One Pass""Half""All"等。

当选择"One Pass"时,星下点轨迹仅显示当前运行周期的轨迹,如图 3-35 所示。该周期结束后,会显示下一周期的星下点轨迹,此时可以观察星下点轨迹自东向西排列的情形。

(2) 卫星星下点的经纬度

由 2.4.1 节可知,卫星星下点的经纬度与升交点经度 $\lambda_0$、轨道倾角 $i$、地球自转角速度

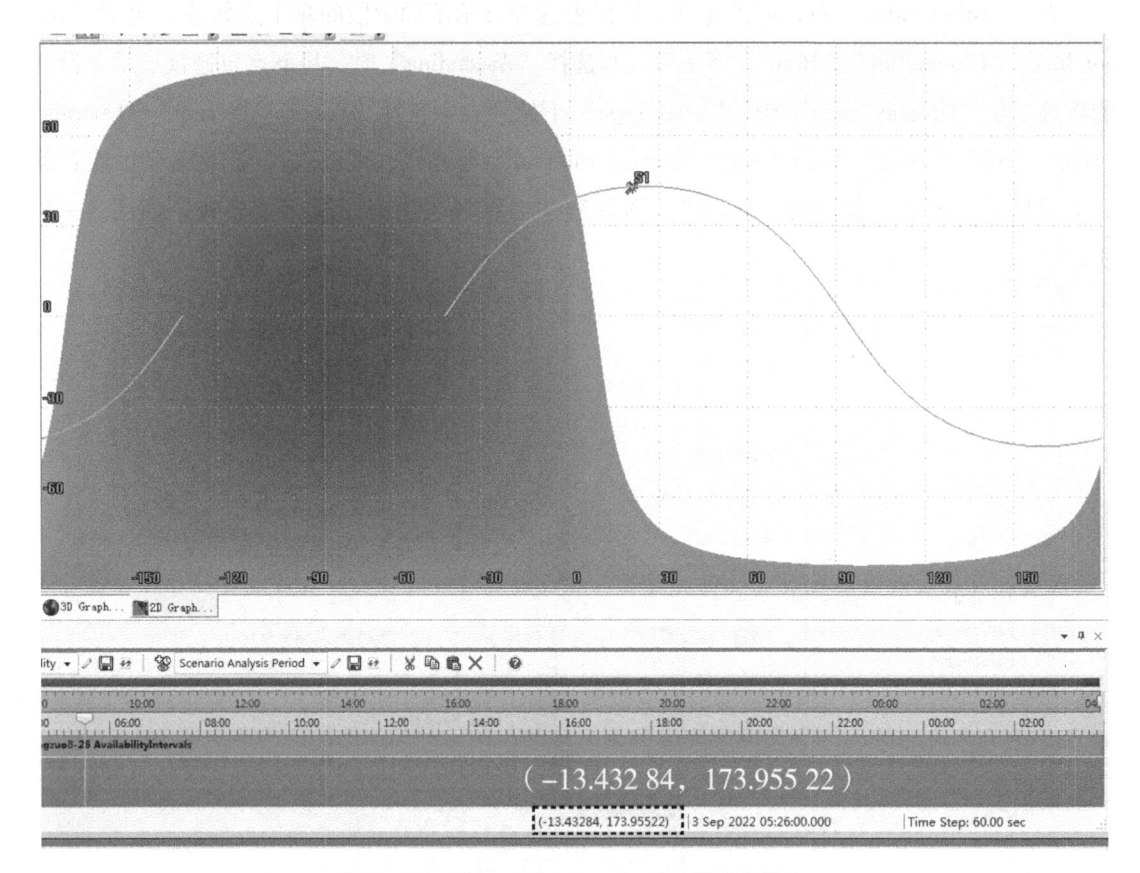

图 3-35　选择 "One Pass" 时的星下点轨迹

$w_e$ 等参数有关，星下点的经纬度计算较为复杂，但是利用 STK 可以直接得到卫星在任意时刻的星下点经纬度，选择二维场景，将鼠标置于卫星所在位置，即可在下方显示相应点的经度和纬度信息，如图 3-36 所示。卫星 S1 当前时刻的经纬度为（41.498 56，-89.436 07）。

（3）圆轨道卫星相邻星下点轨迹的间隔与轨道高度有关

为了在 STK 中清楚地显示相邻星下点轨迹的间隔，同时，显示所有的星下点轨迹，因此选择 "Properties"→"2D Graphics"→"Pass"→"Leading/Trailing"→"Ground Track"→"Lead Type"→"All"。此时会显示整个仿真时间内上升期的星下点轨迹。卫星 S1 的星下点轨迹如图 3-36 所示。

新建一颗圆轨道卫星 S13，轨道高度为 2 000 km，显示整个仿真时间内上升期的星下点轨迹，如图 3-36 所示。卫星 S1 的轨道高度为 10 500 km，高于卫星 S13 的轨道高度，相应地，卫星 S1 相邻的星下点轨迹间隔要大于卫星 S13 相邻的星下点轨迹间隔。图 3-36 中，卫星 S1 和卫星 S13 的仿真时间均为一天，轨道高度越高，卫星的运行周期越大，则一个恒星日产生的星下点轨迹数越少，因此卫星 S1 的星下点轨迹将近 4 条，而卫星 S13 的星下点轨迹约 11 条，这些星下点轨迹排列在赤道上，因此，卫星 S1 相邻星下点轨迹的间隔要大。

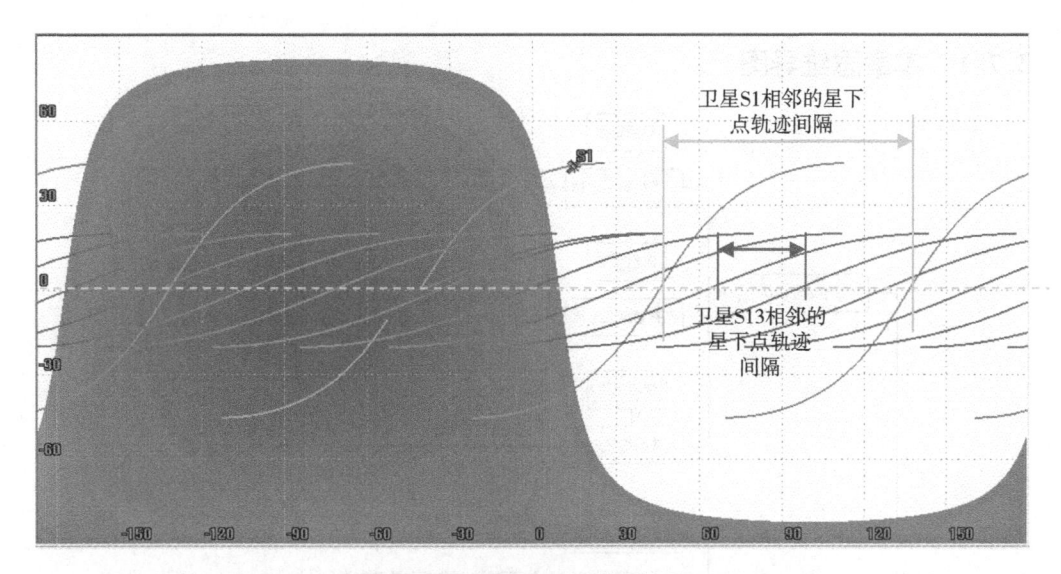

图 3-36　不同轨道高度卫星相邻的星下点轨迹间隔示意图

## 3.6　卫星轨道仿真实例

### 3.6.1　仿真任务实例

打开 Chapter2 场景，修改仿真场景名称，按照轨道生成向导插入典型卫星轨道，将第 1 章中插入的卫星重命名后，将轨道六要素按要求进行修改，熟练掌握不同卫星的插入方式，选择合适的卫星轨道类型，根据不同需求灵活修改卫星的星下点轨迹，熟悉轨道六要素的设置。

### 3.6.2　仿真基本过程

①打开"Chapter2"场景，将场景名称修改为"Chapter3"；
②按照轨道生成向导插入一颗 Molniya 卫星，卫星名称修改为 HEO；
③修改 HEO 卫星的星下点轨迹为全部显示，并加粗显示；
④查看 HEO 卫星的每日绕地球圈数；
⑤修改第 1 章中插入的卫星的名称为 LEO，更改轨道颜色为红色；
⑥修改 LEO 轨道参数，卫星轨道为圆轨道，高度约为 1 500 km，轨道倾角为 45°，其他参数采用默认值；
⑦修改 LEO 卫星的星下点轨迹为上升段 Acsending，并将颜色改为绿色；
⑧查看 LEO 卫星的运行周期；
⑨取消显示 LEO 卫星的星下点轨迹，保存该场景。

## 3.7 本章资源

### 3.7.1 本章思维导图

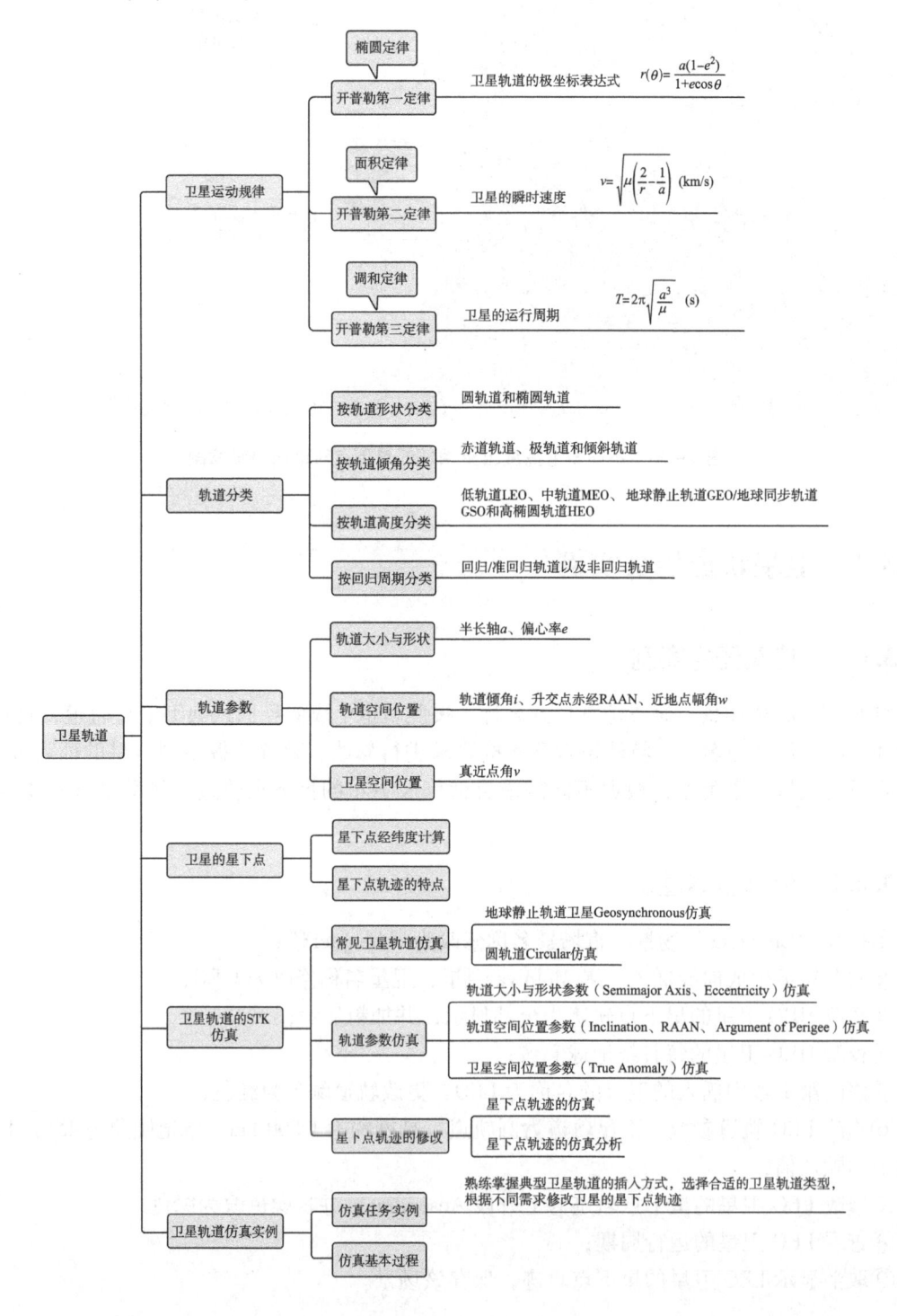

卫星轨道
- 卫星运动规律
  - 开普勒第一定律
    - 椭圆定律
    - 卫星轨道的极坐标表达式 $r(\theta)=\dfrac{a(1-e^2)}{1+e\cos\theta}$
  - 开普勒第二定律
    - 面积定律
    - 卫星的瞬时速度 $v=\sqrt{\mu\left(\dfrac{2}{r}-\dfrac{1}{a}\right)}$ (km/s)
  - 开普勒第三定律
    - 调和定律
    - 卫星的运行周期 $T=2\pi\sqrt{\dfrac{a^3}{\mu}}$ (s)
- 轨道分类
  - 按轨道形状分类：圆轨道和椭圆轨道
  - 按轨道倾角分类：赤道轨道、极轨道和倾斜轨道
  - 按轨道高度分类：低轨道LEO、中轨道MEO、地球静止轨道GEO/地球同步轨道GSO和高椭圆轨道HEO
  - 按回归周期分类：回归/准回归轨道以及非回归轨道
- 轨道参数
  - 轨道大小与形状：半长轴$a$、偏心率$e$
  - 轨道空间位置：轨道倾角$i$、升交点赤经RAAN、近地点幅角$w$
  - 卫星空间位置：真近点角$v$
- 卫星的星下点
  - 星下点经纬度计算
  - 星下点轨迹的特点
- 卫星轨道的STK仿真
  - 常见卫星轨道仿真
    - 地球静止轨道卫星Geosynchronous仿真
    - 圆轨道Circular仿真
  - 轨道参数仿真
    - 轨道大小与形状参数（Semimajor Axis、Eccentricity）仿真
    - 轨道空间位置参数（Inclination、RAAN、Argument of Perigee）仿真
    - 卫星空间位置参数（True Anomaly）仿真
  - 星下点轨迹的修改
    - 星下点轨迹的仿真
    - 星下点轨迹的仿真分析
- 卫星轨道仿真实例
  - 仿真任务实例：熟练掌握典型卫星轨道的插入方式，选择合适的卫星轨道类型，根据不同需求修改卫星的星下点轨迹
  - 仿真基本过程

### 3.7.2 本章数字资源

| 本章课件 | 练习题课件 | 仿真实例操作视频 | 仿真实例程序 |

# 习　题

1. 卫星在轨道上运行满足开普勒三定律，请对其进行简要阐述。
2. 铱星系统中，卫星的轨道高度约为 780 km，试计算卫星在轨道上的速度。
3. 某日，我国"天和"核心舱轨道高度约为 394.5 km，试计算其绕地球一圈需要多长时间。
4. 卫星轨道有哪些分类？简要举例说明。
5. 卫星轨道按照倾角分，有哪些类型？举例说明相应的典型卫星。
6. 地球同步轨道和地球静止轨道的异同点有哪些？
7. 卫星轨道的主要参数有哪些？对卫星轨道有何影响？
8. 什么是卫星的星下点？如何进行计算？和哪些参数有关？
9. 卫星的星下点轨迹有哪些特点？
10. 全球星系统的轨道高度约为 1 414 km，试计算全球星两条相邻星下点轨迹的间隔。
11. 假设某中轨道卫星轨道高度约为 10 355 km，试计算卫星每个恒星日绕地球多少圈。
12. 利用 STK 仿真椭圆轨道，并观察卫星在轨道上的运动规律。

# 第4章 地 球 站

卫星通信地球站是应用于卫星通信的微波无线电收发站,用户通过它们接入卫星线路,进行通信。卫星通信地球站主要实现用户业务的接入、调制解调及无线信号的发射与接收等功能,其主要业务包括电话、电报、传真、电视和数据传输等。本章主要介绍地球站的分类、组网及选址和布局,阐述了天线分系统、发射分系统、接收分系统、通信控制分系统、信道终端设备分系统和电源分系统等地球站的组成部分,结合 STK 仿真固定地球站、移动地球站及地球站天线,设计地球站 STK 仿真实例。

## 4.1 地球站分类与组网

### 4.1.1 地球站分类

地球站的分类方法有很多种,可以按照安装方式、传输信号的特征、天线口径尺寸和设备规模、地球站用途以及业务性质进行分类。

按地球站安装方式,可分为固定地球站、移动地球站和可搬运地球站。固定地球站是建成后站址不变的地球站;移动地球站是在移动中通过卫星完成通信的地球站,站址能移动,如车载站、船载站、机载站等;可搬运地球站是在短时间内能拆卸转移,强调地球站的便携性,能够快速启动卫星通信的地球站。

按传输信号的特征,可分为模拟站和数字站。

按天线口径尺寸和设备规模,可分为大型站、中型站、小型站和微型站。大型站天线的口径一般为 11~30 m,天线具有 $G/T$ 值高、通信容量大、价格高昂等特点。中型站天线的口径一般为 5~10 m,天线的 $G/T$ 值较大型站的低,相应的体积重量及成本均没有大型站的高。小型站天线的口径一般为 3.5~5.5 m,天线具有 $G/T$ 值小、容量较小、价格低廉等特点。微型站天线的口径一般为 1~3 m,天线的 $G/T$ 值较小,具有系统容量小、轻便灵活、便宜等特点。目前国际上通常根据地球站天线口径尺寸及 $G/T$ 值大小将地球站分为 A、B、C、D、E、F、G、Z 等各种类型,见表 4-1。

表 4-1 各类地球站的天线尺寸、性能指标及业务类型

| 类型 | 地球站标准 | 天线口径/m | 最小 $G/T$ 值 /(dB·K$^{-1}$) | 业务 |
|---|---|---|---|---|
| 大型站 | A | 15~18 | 35 | 电话、数据、TV、IDS、IBS |
|  | B | 12~14 | 37 |  |
|  | C | 11~13 | 31.7 |  |

续表

| 类型 | 地球站标准 | 天线口径/m | 最小 G/T 值 /(dB·K$^{-1}$) | 业务 |
|---|---|---|---|---|
| 中型站 | F-3 | 9~10 | 29 | 电话、数据、IBS、TV、IDR |
|  | E-3 | 8~10 | 34 |  |
|  | F-2 | 7~8 | 27 |  |
|  | E-2 | 5~7 | 29 |  |
| 小型站 | F-1 | 4.5~5 | 22.7 | IBS、TV |
|  | E-1 | 3.5 | 25 | IBS、TV |
|  | D-1 | 4.5~5.5 | 22.7 | VISAT |
| VSAT | G | 0.6~2.4 | 5.5 | INTERNET |
| 国内 | Z | 0.6~32 | 5.5~16 | 国内 |

按用途，可分为军用、民用、广播（包括电视接收站）、航空、航海、试验站等类型。

按业务性质，可分为遥测/遥控跟踪地球站、通信参数测量地球站和通信业务地球站。遥测/遥控跟踪地球站主要用于遥测通信卫星的工作参数，控制卫星的位置和姿态。通信参数测量地球站主要用于监视转发器及地球站通信系统的工作参数。通信业务地球站主要用于电话、电报、数据、电视及传真等通信业务。

### 4.1.2 地球站组网

每个卫星通信系统都有一定的网络结构，使各地球站通过卫星按一定形式进行联系。由多个地球站构成的通信网络，可以是星形、网状的，也可以是星形和网状两种网络的混合形式。网络的组成，根据用户的需要，在系统总体设计中加以考虑。

在星形网络中，各远端小站都直接与主站发生联系，小站之间不能通过卫星直接相互通信，如图 4-1（a）所示。在星形网中，由于小站间不可以直接通信，因此小站的设备比较简单。星形网络适用于星形广播网等需要进行点到多点间通信的应用环境，如单向的广播电视网。

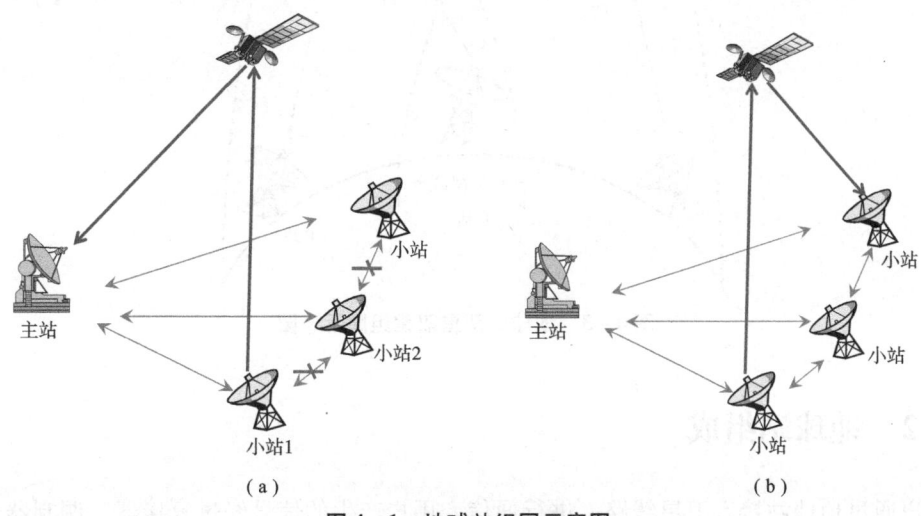

**图 4-1 地球站组网示意图**
(a) 星形组网；(b) 网状组网

星形网络中，小站之间需要通信时，需经主站转发，才能进行连接和通信，因此需要经过双跳才能实现通信。如小站1与小站2之间的通信过程为小站1→主站→小站2，如图4-2所示，因此信号会经历两跳的延迟。

在网状网络中，所有地球站彼此相互直接连接在一起。主站与小站之间、小站与小站之间，可经过卫星直接通信，如图4-1（b）所示。在网状网络中，小站之间可以直接通信，所以小站的设备比较复杂。网状网络比较适用于点到点之间进行实时性通信的应用环境。

在一个卫星通信系统中，地球站中各个已调载波的发射或接收通路，经过卫星转发器可以组成很多条单跳或双跳的双工或单工卫星通信线路。其中，单跳单工是最基本的线路形式。在静止轨道卫星通信系统中，大多是单跳工作，即只经一次卫星的转发被对方接收。星形网络中主站与小站间，网状网络中主站与小站间、小站与小站间，都是单跳。

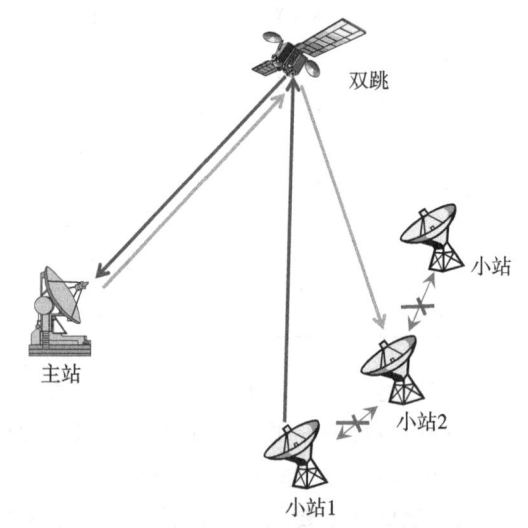

图4-2 地球站双跳组网示意图

星形网络中，小站与小站之间是单星双跳。卫星通信系统中，还有一种两星双跳工作方式，如图4-3所示。A站和B站不在同一颗卫星的覆盖范围内，需要通过双跳方式进行通信。尤其是低轨道卫星覆盖范围较小，卫星间无星间链路时，需要采用双跳方式。

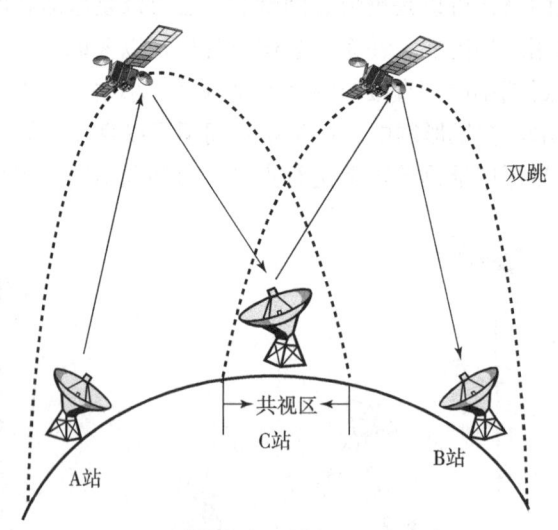

图4-3 地球站两星双跳组网示意图

## 4.2 地球站组成

用户通过地球站接入卫星线路，进行通信。用户产生的信号经过复接器、调制器，由上变频器将频率变换成适合卫星线路传输的射频信号后，经高功率放大器放大，由馈源将射频信号传送到天线，经天线向卫星发射。

卫星接收到地球站发射的信号后，经过放大、变频或处理后再转发，地球站接收到卫星转发的微弱信号，经过馈源到低噪声放大器。低噪声放大器输出的信号分为两路：一路经跟踪接收机、伺服控制系统，使天线自动地对准卫星；另一路信号经下变频器、解调器、分接器到达用户。

卫星通信地球站主要包含天线分系统、发射分系统、接收分系统、信道终端设备分系统、通信控制分系统和电源分系统六个分系统，如图4-4所示。

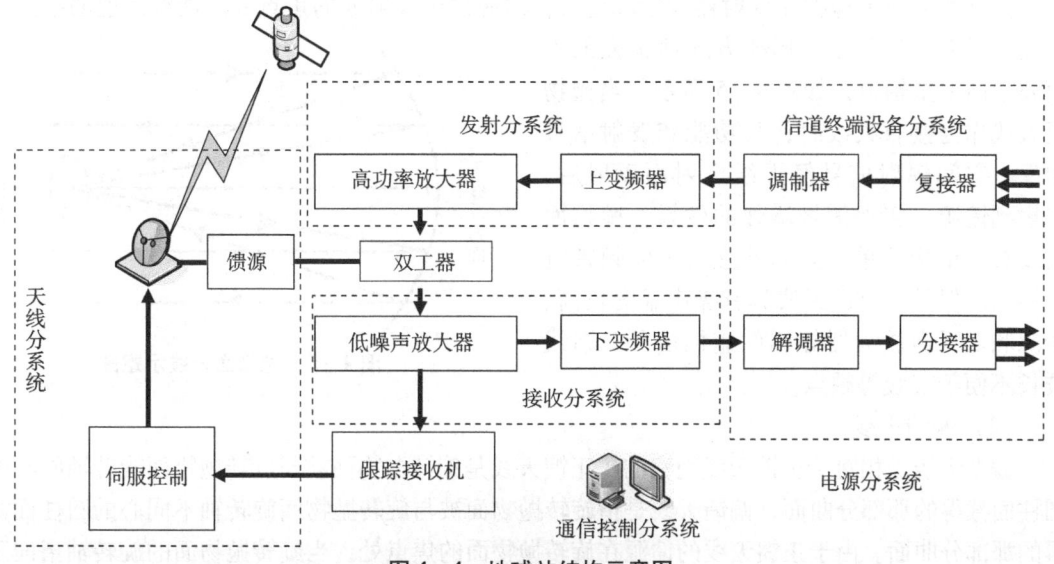

图4-4 地球站结构示意图

天线分系统的作用：将发射机送来的射频信号变成定向辐射的电磁波，经天线向卫星方向辐射，同时，将卫星发来的微弱电磁波能量有效地转换成高频功率信号，送往接收机。由于收、发信机共用一副天线，为使收、发信号隔开，通常还需要接入一只双工器。

发射分系统的作用：将调制后的中频信号经过变频、放大等处理后，将射频信号送往天线分系统。

接收分系统的作用：接收天线分系统送来的射频信号，经过放大、变频等处理之后，将中频信号传输到终端进行解调。

信道终端设备分系统的作用：完成基带信号到中频信号的调制与解调。

通信控制分系统的作用：监视、控制和测试，使地球站各部分正常工作。

电源分系统的作用：供应站内全部设备所需要的电能，它关系到通信的质量及设备的可靠性。

## 4.2.1 天线分系统

天线分系统主要包括天线、馈源及伺服跟踪系统等。根据天线类型和传输体制不同，可无须设置伺服跟踪系统。

**1. 地球站天线**

大多数地球站天线采用的是反射面天线，电波经过一次或多次反射向空间辐射出去。地球站常用的天线有抛物面天线、偏馈天线、卡塞格伦天线、格里高利天线、环焦天线等。随着天线技术的发展，新型天线也不断地出现，如多波束天线、平板天线、微带天线、有源天线等。本书介绍几种常用的天线。

（1）抛物面天线

抛物面天线由抛物面反射器和馈源组成，馈源位于反射面的焦点处。馈源发射的电磁波经天线反射面反射后，形成方向性很强的平面波束向卫星辐射，如图4-5所示。当抛物面天线作为接收天线时，其功能和发射信号相反。空间辐射信号经天线反射面反射后，聚集到馈源，实现信号增强的效果。抛物面天线具有结构简单、方向性强、工作频带宽等特点。但是抛物面天线具有噪声温度较高、馈源和低噪声放大器等器件遮挡信号、馈线较长不便于安装等缺点。

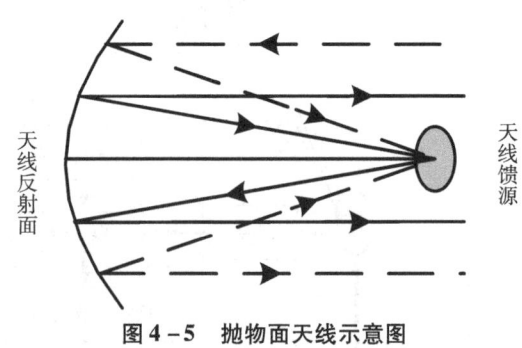

图4-5 抛物面天线示意图

（2）偏馈天线

偏馈天线是相对于正馈天线而言的。正馈天线是旋转抛物面被与旋转抛物面旋转轴同心的圆柱面截得的那部分曲面，偏馈天线是指旋转抛物面被与旋转抛物面旋转轴不同心的圆柱面截得的那部分曲面。由于正馈天线的馈源在旋转抛物面的焦点处，当旋转抛物面的旋转轴指向卫星时，馈源会遮挡一部分信号的接收，产生馈源阴影，造成天线增益下降。而偏馈天线的馈源也放置在旋转抛物面的焦点处，这时，偏馈天线的馈源和高频头的安装位置不再与天线中心切面垂直且过天线中心的直线上，因此也就没有馈源阴影的影响，从而提高天线效率，如图4-6所示。偏馈天线的特点是效率较高、旁瓣较低，但交叉极化较差，多用于小口径天线。

（3）卡塞格伦天线

卡塞格伦天线是一种双反射面天线，由三部分组成：主反射面、副反射面和馈源，如图4-7所示，通常主反射面为旋转抛物面；副反射面为双曲面，其虚焦点与抛物面焦点重合；馈源位于实焦点上，在主反射面顶点附近。

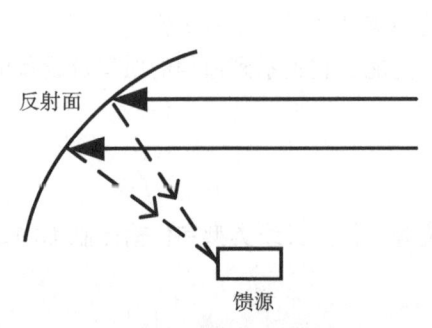

图4-6 偏馈天线示意图

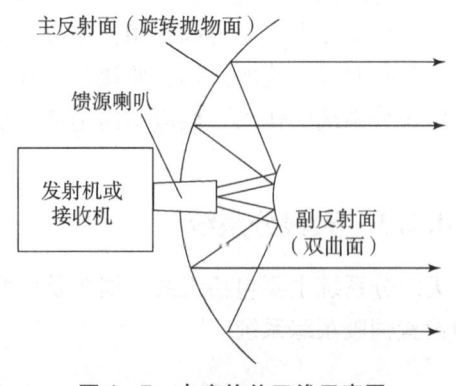

图4-7 卡塞格伦天线示意图

卡塞格伦天线的工作原理，除了具有抛物面的几何特性外，还具有双曲面的特点：双曲面上任意点至两焦点距离之差为常数；双曲面上任一点的切线平分由该点向两焦点连线所构成角的内角，即由焦点发出的射线经双曲面反射后，所有反射线的反向延长线会聚于双曲面虚焦点，其所有的反射线就像是从抛物面焦点发出的一样。也就是说，卡塞格伦天线从馈源辐射出来的电磁波被副反射面反射向主反射面，在主反射面上再次被反射。由于主、副反射面的焦点重合，经过主、副反射面两次反射后，电波平行于抛物面法向方向定向辐射。

经典的卡塞格伦天线中，副反射面遮挡了一部分能量，使得天线的效率降低，能量分布不均匀，必须进行修正。修正型卡塞格伦天线的天线效率可提高到70%~75%，而且能量分布均匀。

卡塞格伦天线的优点是天线的效率高，噪声温度低，馈源和低噪声放大器可以安装在天线后方，从而减小馈线损耗带来的不利影响。目前，很多地球站都采用修正型卡塞格伦天线。

（4）格里高利天线

格里高利天线也是一种双反射面天线，由三部分组成：主反射面、副反射面和馈源，如图4-8所示，通常主反射面为旋转抛物面，副反射面为椭球面，馈源置于椭球面的一个焦点上，椭球面的另一个焦点与主反射面焦点重合。

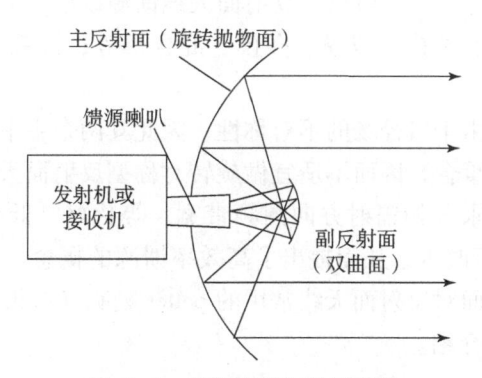

图4-8 格里高利天线示意图

格里高利天线的工作原理，除了具有抛物面的几何特性外，还具有椭球面的特点：椭圆面上任意点至两焦点距离之和为常数；椭球面上任一点的切线平分由该点向两焦点连线所构成的外角，法线平分内角，即由焦点发出的射线经椭球面反射后，所有反射线会聚于椭球面的另一个焦点，其所有的反射线就像从抛物面焦点发出的一样。

格里高利天线的许多特性都与卡塞格伦天线的相似，不同的是，椭球面的焦点是一个实焦点，所有波束都汇聚于这一点。

（5）环焦天线

环焦天线主要由主反射面、副反射面和馈源三部分组成，如图4-9所示。主反射面由部分抛物线$OA$绕轴线$OB'$旋转形成的旋转曲面组成。副反射面是由一段椭圆弧$BB'$围绕$OB'$旋转而得到的旋转曲面，并且椭圆凹面对主反射面，抛物线$OA$与椭圆弧$BB'$的焦点重合于$F'$，经旋转后，焦点为圆环状。这里的机械旋转轴与$OA$所在抛物线的对称轴不重合，因此焦点不在旋转轴上，所以环焦天线也称作偏焦轴天线。环焦天线具有低旁瓣、低驻波比、高纯极化和较高的口面效率等特点，能够较好地满足卫星通信对宽频段传输要求。

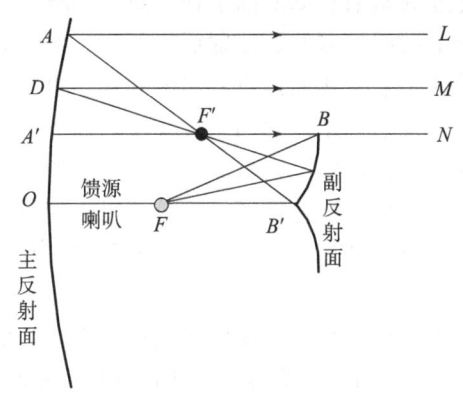

图 4-9 环焦天线示意图

## 2. 馈源

在收、发天线共用的系统中，馈源的作用是将发射机送来的射频信号传送到天线上去，同时，将天线接收到的信号送到接收机。反射面天线馈源以喇叭天线为主，喇叭天线种类比较多，按工作模式分类，有基模、双模、多模、混合模等；按截面形状分类，有矩形、圆形、椭圆和同轴形等。

对于普通喇叭天线，由于口径场的不对称性，因此其两个主平面的方向图也不对称，两个主平面的相位中心也不重合，因而不适宜做旋转对称型反射面天线的馈源，通常要针对反射面天线对馈源的特殊要求（如辐射方向图频带宽、等化好、低交叉极化、宽频带内低驻波比等），对喇叭天线进行改进，从而提出了高效率馈源的概念，其中常用的高效率馈源有多模喇叭及波纹喇叭。下面对反射面天线常用的 potter 喇叭（多模喇叭）和波纹喇叭（混合模喇叭）的一般特性进行介绍。

（1）多模喇叭

主模喇叭 E 面的主瓣宽度比 H 面的窄，E 面的副瓣高，E 面的相位特性和 H 面的相位特性又很不相同，因此用主模喇叭作为反射面天线的馈源，会使天线的效率提高受到限制。为了提高天线口径的面积利用系数，就必须设法给主反射器提供等幅同相且轴向对称的方向图，即所谓的等化方向图。多模喇叭就是应此要求而设计的，它利用不连续截面激励起的数个幅度及相位来配置适当的高次模，使喇叭口径面上合成的 E 面及 H 面的相位特性基本相同，从而获得等化和低瓣的方向图，使之成为反射面天线的高效率馈源。多模喇叭可以由圆锥喇叭和角锥喇叭演变而成，但一般都采用圆锥喇叭，利用锥角和半径的变化来产生所需要的高次模。

（2）波纹喇叭

波纹喇叭是常用的混合模喇叭。在频率复用时，利用波纹喇叭中 H11 和 E11 模的组合可得到十分理想的辐射特性，它还有以下两个附带的优点：

①激励并不需要采用模变换器，这种基模通常称为 HE11 模。

②构成 HE11 模的二分量 TE 和 TM 模有相同的截止频率和相同的相速度，因此沿波导

任何地方，二模都维持恰当的相位关系，与频率无关，所以克服了双模喇叭带宽限制的问题。

波纹喇叭是在喇叭的内壁上对称地开有一系列 $\lambda/4$ 左右深的沟槽，它们对纵向传播的表面电流呈现出很大的阻抗，与几何尺寸相同的光壁喇叭比较，这些纵向的表面传导电流将大大减弱，使得 E 面场分布也变为由口径中心向边缘下降，最终使 E 面方向图与 H 面方向图对称。

**3. 天线伺服跟踪系统**

伺服跟踪系统常用于体积较大的地面站，主要用于控制地球站天线的转角或位移，使其能自动、连续、精确地实现输入指令的变化规律，准确、稳定地跟踪通信卫星，保证通信正常进行。

伺服跟踪系统有许多种类型。按控制环路方式分类，可分为开环、半闭环和闭环伺服系统；按执行元件的类别分类，可分为步进伺服、直流伺服和交流伺服系统；按驱动方式分类，可分为液压、电气和气压伺服驱动系统；按控制信号分类，可分为数字、模拟和数字模拟混合伺服驱动系统等。

当前采用较多的伺服跟踪系统是具有负反馈的闭环控制系统，一般包括比较单元、控制单元、被控对象、执行单元、检测单元五个部分，其系统框图如图 4-10 所示。比较单元是将输入的指令信号与反馈信号进行比较，获得输入、输出之间的偏差信号送给控制单元进行处理。控制单元通过处理偏差信号得到控制信号，控制执行单元调整电动机或液压、气动装置，使控制对象满足要求。控制对象一般是天线机械位置或角度。检测单元将被控对象参数转换为比较单元所需的参数格式。扰动是外部环境对系统产生的各种干扰。

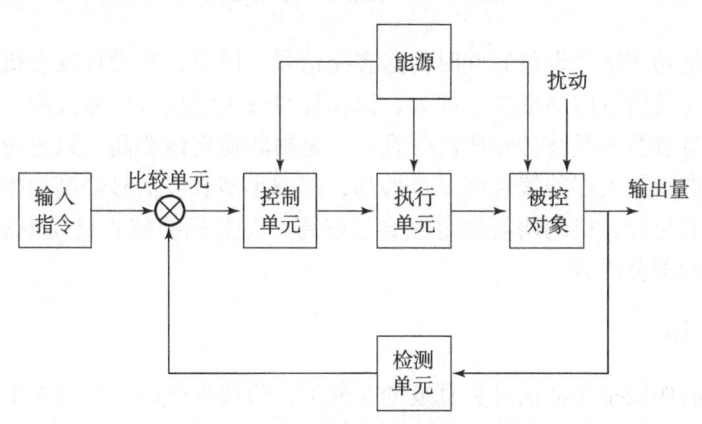

**图 4-10 伺服跟踪设备基本框图**

伺服跟踪设备的主要指标有系统精度、稳定性、响应特性、工作频率等。系统精度是指系统输出量与期望输出量之间的差异程度；稳定性是指系统输入参数变化时达到新稳定状态的能力，或当外界干扰出现（消失）时，系统仍保持稳定工作状态的能力；响应特性主要是指系统的响应速度，其决定了系统的工作效率；工作频率是指系统允许输入信号的频率范围。

### 4.2.2 发射分系统

**1. 组成和要求**

卫星通信具有通信距离远、信号衰减大、用户多、业务复杂等特点，同时，由于卫星发射条件，星载天线口径及增益不会太大，这就要求地球站应具备大功率、宽频带信号的发送能力，以保证星载天线信号接收质量满足通信要求。

发射分系统作为地球站射频信号的生成单元，其频率特性及信号功率放大能力决定了地球站射频信号质量。发射分系统由上变频器、自动功率控制电路、发射波合成装置、激励器和大功率放大器等组成，如图 4-11 所示。

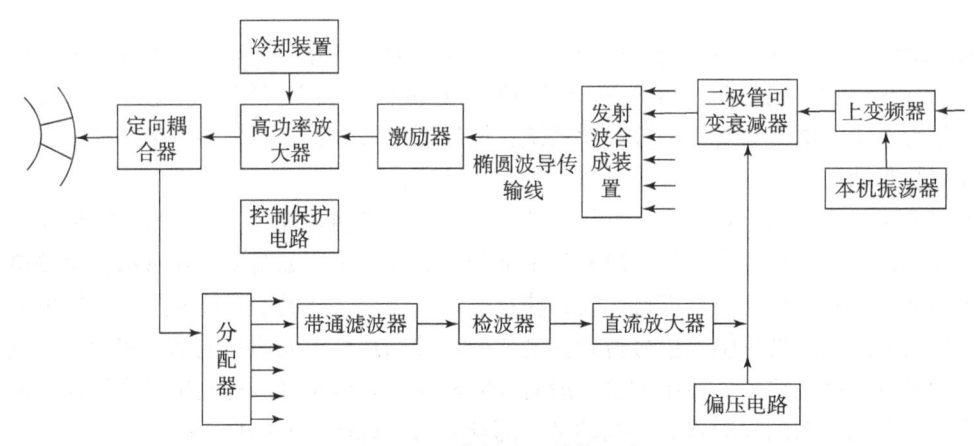

图 4-11 发射分系统的组成

由于发射机是功率敏感设备并同时传送多路信号，所以，在设计发射机时，需要从以下几方面考虑：一是发射机的功率要足够大，以保证星载天线接收信号强度；二是频带要足够宽，以保证通信容量及多载波传输所需带宽；三是射频稳定性要高，以避免解调的有效信号幅度大幅下降；四是放大器的线性度要足够高，以减小多载波信号经高功率放大器放大后产生的互调分量；五是发射机的增益稳定性要足够高。发射机的核心是功率放大器和变频器，下面简要介绍这两部分内容。

**2. 功率放大器**

功率放大器的作用是保证信号失真度的条件下，将待发送的一个或多个信号的功率放大到期望值。发射机中，功率放大器一般由行波管功率放大器或速调管功率放大器组成。采用这两种类型的放大器，当放大器工作在线性饱和点附近时，其功率放大特性具有非线性，即放大器输入、输出功率呈非线性关系。对线性调制信号会产生信号失真，对多载波信号会产生交调失真。为了降低非线性影响，可减小输入信号功率，使放大器工作在线性区。这种为降低功率放大器非线性影响而减小信号输入功率的方式称为功率回退或功率补偿。也可以采用线性化技术进行线性补偿，降低功率放大器非线性影响。

当地球站传输多个载波时，常见的功率放大器配置方式有两种：一种是对多个载波信号分别进行功率放大，然后用一个功率合成网络将高功率的多个载波合成为一个多载波系统。

采用这种方式可以避免因高功率放大器非线性特性而引起的多载波信号互调的问题，但这种方式电路复杂，需要多个高功率放大器，成本较高。另一种方式是先将多个单载波信号合成为一个多载波信号，然后多载波信号经功率放大器放大后输出。这种方式电路简单，仅用一个功率放大器完成信号功率放大，成本低，但由于功率放大器工作在多载波模式，易产生互调干扰。

**3. 变频器**

变频器是将信号频谱从一个频率搬移到另一个频率上。要完成频谱搬移，变频器必须具备三个组成部分：非线性元件、产生高频振荡的振荡器和带通滤波器。变频器由混频器和本机振荡器两部分组成。混频器是将两个输入信号频率进行加、减运算的电路。

混频器由非线性器件和带通滤波器组成。由于混频器是非线性器件，当输入两个频率（中频信号和本振频率）时，其输出除这两个基波信号外，还会产生新的频率分量：两个输入信号的各次谐波及各种组合频率。组合频率中最主要的是两个输入频率的和频与差频。其中，和频或差频是我们所期望的频率，如取和频，则称此变频器为上变频器；如取差频，则称此变频器为下变频器。发射机中采用的是上变频器，将频率较低的中频信号变换到频率较高的射频信号；而在接收机中相反，采用下变频器，将频率较高的射频信号变换到频率较低的中频信号。

变频器根据信号频率变换过程不同，可以分为一次变频、二次变频和三次变频三种形式。

一次变频是指只使用一次变频就能够将信号频率调整到期望的频率上。一次变频的变频器具有设备简单、经济耐用、使用维护方便等特点。但是这种方案由于中频频率较低，在大多数的工作频点上，镜像频率在射频工作频段内，在下变频器中会造成镜像干扰，所以要求前端的抑制镜像滤波器的带宽必须很窄，并且具有较高的带外抑制度。

二次变频是指使用两次变频将信号频率调整到期望的频率上。这种变频方式有两种实现方案：一种是高、低、中频都固定，另一种是只有低、中频固定。在高、低、中频都固定的二次变频的下变频器中，只需要改变高本振的频率，就可以选出所需的信号，适应性比较强，适合多频率点通信的大型地球站；缺点是对高、中频频率选择要求较高，如选择不合理，将会出现组合频率干扰、本振谐波干扰和发射机镜频干扰。在只有低、中频固定的二次变频方案中，先用一个频率固定的高本振将信号变换为动态范围较大的高、中频，然后再用一个频率可调的低本振将高、中频信号频率降到一个固定的频率，得到固定的低、中频信号。这种方案实现比较简单，但是存在本振频率落在高、中频工作频带之内的问题，上变频器中一般不用这种变频方案。

三次变频是指使用三次变频将信号频率调整到期望的频率上。如果把第一次变频后的信号看作一个新的信号，需要对这个新的信号做变频处理，那么可以采用上述二次变频方案对其进行处理，实现原始信号的三次变频。

### 4.2.3 接收分系统

**1. 组成与要求**

由于卫星通信距离远，信号衰减大，地球站接收到的通信信号非常微弱，同时信道中还存在噪声干扰，所以地球站作为接收终端，首先要做的工作就是对信号功率进行放大，并将接收到的射频信号下变频至中频信号送往信道终端设备分系统，这就是接收分系统的作用。由接收分系统的作用可以看出，其组成主要包括功率放大器和下变频器两部分。由于接收到的通信信号非常微弱且被噪声污染，所以要求功率放大器在具备高增益的同时，必须具有低噪声特性，即由功率放大器引入的噪声要足够低，不能淹没通信信号。这类放大器又称为低噪声放大器（Low Noise Amplifier，LNA）。此外，功率放大器还应具有宽频带、高稳定性及高可靠性的特点，以保证接收信号质量。

**2. 低噪声放大器**

在微波波段常用的低噪声放大器主要是微波双极晶体管放大器和微波场效应管放大器。微波双极晶体管放大器的特征频率相较于微波场效应管放大器的低，不适用于高频段信号放大。场效应管放大器具有结构简单、稳定可靠、工作频带宽、动态范围大和成本低等优点，在低噪声放大器领域中具有比较明显的优势，已经广泛地应用在 S、C、X、Ku 等频段。

场效应管放大器由微波电路、直流偏置电路组成。微波电路由场效应管和匹配网络组成，工作原理图如图 4-12 所示。

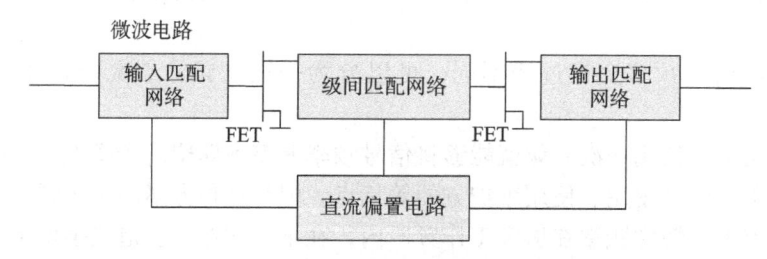

图 4-12　场效应管放大器的工作原理图

匹配网络可以分为低噪声匹配网络、高增益匹配网络和宽带匹配网络，低噪声匹配网络使场效应管放大器具有最小的噪声系数，高增益匹配网络使场效应管放大器具有最大的功率增益，而宽带匹配网络则使场效应管放大器具有很宽的带宽。

直流偏置电路的作用是提供场效应管放大器工作所需的电源。直流偏置分为两类：一类是自给偏压，另一类是外给偏压。自给偏压电路相较于外给偏压电路，实现简单，但是维护不便，更换器件时，需要重新调整偏置。外给偏压虽然电路复杂，但是便于维护，更换器件时，不需要重新调整偏置。

**3. 下变频器**

经低噪声放大器放大的微波信号，要送到下变频器变换成中频信号，再经过中频放大后送到信道终端设备分系统。下变频可以看作是上变频的逆过程，其变频方案与上变频器的类似，也可以采用一次变频、二次变频或三次变频，在此不多做赘述。

### 4.2.4　通信控制分系统

地球站相当复杂和庞大，为了保证各部分正常工作，必须在站内集中监视、控制和测试。为此，各地球站都有一个中央控制室，通信控制分系统就配置在中央控制室内。通信控制分系统作为地球站的监控中心，它的主要功能是监视地球站的总体工作状态、通信业务、各种设备的工作情况，显示系统设备配置、设备工作参数及运行状态，故障报警并控制地球站通信设备进行遥测、遥控，以及主用、备用设备的自动转换等。

### 4.2.5　信道终端设备分系统

信道终端设备分系统是地球站与地面传输信道的接口，由若干调制解调器组成，组成框图如图 4-13 所示。根据站型规模不同，地球站需要配置一个或多个业务信道调制解调器，用于业务数据传输。在组网应用的条件下，地球站一般还需要专门配置一个网关信号调制解调器，用于实现与中心站之间网管信息的交互。

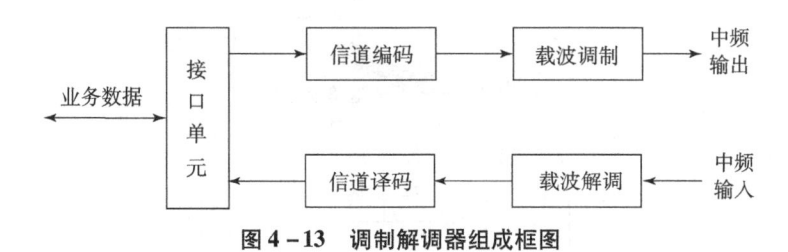

图 4-13　调制解调器组成框图

调制解调器主要实现以下功能：

①将接收输入的数据进行接口转换，经过信道编码和载波调制后，输出中频信号，送往发射分系统进行上变频。

②接收来自接收分系统的受噪声污染的中频信号，进行解调和译码，然后通过接口输出对端发送的业务数据。

### 4.2.6　电源分系统

地球站电源分系统要供应站内全部设备所需的电能，它关系到地球站的可靠性和使用操作的安全性。

根据站型特点及使用要求，可以适当选择，如固定地球站可以选择市电、车载站、船载站等移动地球站可以选择油机发电，可搬运地球站可以选择电池供电等。地球站的大功率发射机所需电源必须是定电压、定频率并且高可靠的不中断电源，大型站应支持多种供电方式备份工作，例如以市电为主、油机发电作为备份，从而避免停电、断电对地球站的影响。此外，由于市电稳定度低且通过电力传输线路传输会引入许多杂波，所以需要采用稳压和滤除杂波干扰的措施。为了确保电源设备的安全及减少噪声和交流声，所有电源设备都应良好接地。可搬运地球站在有条件的情况下也可以选择市电。电源需要根据站型特点、使用要求、供电条件等恰当地选择。

## 4.3　地球站选址和布局

### 4.3.1　地球站选址

卫星通信地球站站址的选择需要综合考虑多种因素，例如地球站类型、传输的业务类型、地理环境、电磁环境、气象环境、运行保障等。

**1. 地球站选址的考虑因素**

地球站站址的选择，特别是对于大型固定站来说，是至关重要的，主要考虑的因素包括以下几个方面。

电磁环境因素：包括与陆地微波通信系统的相互干扰、与雷达站之间的相互干扰、与地球站附近飞机的相互干扰及其他的电子干扰，要保证各电磁系统间不会产生相互影响。例如，卫星通信与地面微波通信均采用 C 频段，二者之间会产生相互干扰，如图 4-14 所示。地球站站址的选择要慎重考虑，要将地球站和微波线路之间的相互干扰抑制到足够小。

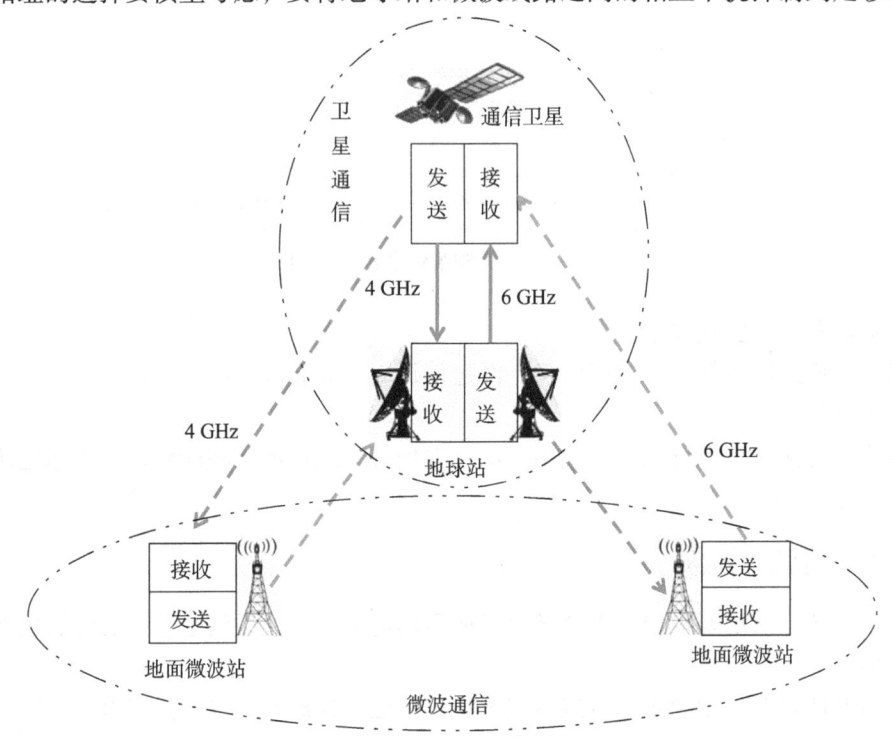

图 4-14 卫星通信与地面微波通信相互干扰示意图

地理环境因素：地球站的位置应处在交通运输、施工安装、水电供应及通信条件便利的地方。此外，站址地应开阔，以保证设备可扩展，并且地质条件要稳定，能承受天线重量。站址地的天际线仰角应足够小，保证地球站的可通视域范围。天际线指的是由地球站向四周远望所看到的地球表面与天空的交界线，如图 4-15 所示。地球站的等效辐射中心点和天际线上任意点连线同地平面的夹角就称为地球站在该方向上的天际线仰角。

气象和环境因素：大风、降雨等恶劣的天气将使卫星信道的传输损耗和噪声增大，从而降低线路的性能。对于大型地球站，主波束宽度约小于 0.1°，由于大风影响，致使天线波束偏移量超过主波束宽度的 1/10 时，就有可能影响通信的质量。降雨时，地球站接收系统噪声温度将增加，而且降雨引起的吸收损耗会增加，尤其是工作频率比较高时，雨衰影响较大。

安全因素：包括电磁辐射对人体的影响和地面易燃易爆物的安全隐患等。

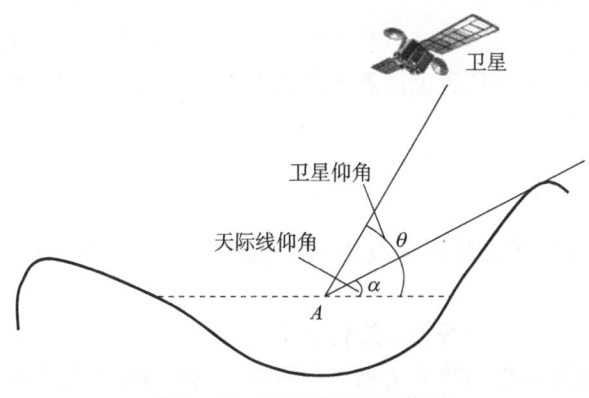

图 4-15 天际线仰角示意图

**2. 站址选择的一般程序**

站址选择一般经过系统设计、现场勘查、干扰测试和选址报告四个程序。

（1）系统设计

站址选择前，应根据建站的目的、业务、类型（如接收和发射）及规模等要求，首先完成系统的初步设计。

（2）现场勘查

在完成系统设计的基础上，应尽快与当地的无线电管委会有关部门联系，查清站址周围是否存在潜在干扰源（如微波中继站、电视广播台站、雷达站及无线电台等干扰源）。查看站址地附近是否有高山或高建筑会影响地球站工作，还要与当地政府联系咨询站址附近有无高建筑建设规划，是否会影响地球站工作。查看站址附近的气象资料，以便在设计时考虑天线的抗风、抗雨、抗雪能力。此外，还应收集有关地质结构和地震等方面的信息资料，以便为地基、防雷接地和工作接地的设计提供依据。

（3）干扰测试

在站址初选并认为基本符合使用要求的情况下，一般都应进行电磁干扰和微波干扰测试，以确定站址附近没有干扰或者干扰在可接受范围内。

（4）选址报告

经过站址的综合分析，并确认符合使用要求后，通常应编写站址选择报告，其内容通常包括地理位置（经度、纬度及海拔）、电磁干扰及其他有关报告（如遮蔽角图）等。

### 4.3.2 地球站的布局

地球站的布局与地球站站址的选择是同样重要的，地球站布局合理不仅有利于地球站的管理和维护，而且对于卫星通信系统本身也是一个帮助。一般来说，决定地球站布局的因素主要有地球站的规模、地球站的设备制式、相关管理和维护要求。

**1. 地球站的规模**

地球站的规模是决定地球站布局的重要因素。如果地球站只需同一颗地球静止轨道卫星通信，则仅需要一副天线和一套通信设备；如果地球站需同两颗或两颗以上卫星进行通信，就需要两副或多副天线，以及两套或多套通信设备。对近地轨道运行卫星的地球站，则需以站房为中心，在距离几百米的位置上设置多个天线，以避免天线之间在跟踪任意轨道的卫星时可能发生的相互干扰。

### 2. 地球站的设备制式

地球站的通信设备分别安装在天线塔和主机房内，它的布局由地球站的设备制式来决定。

基带传输制布局：需要在天线水平旋转部位设置较大的机房，需要接纳发射和接收分系统的大部分设备，并采用基带传输方法来与主机房的基带和基带以下的设备进行连接。

中频传输制布局：将调制、解调设备及中频以下设备安装在主机房内，并通过同轴电缆与天线塔上机房中频以上的设备相连接。

微波传输制布局：将接收分系统的低噪声放大器和发射分系统的功率放大器装在天线塔上的机房里，并采用微波传输方法与设置在主机房的其他设备连接。

直接耦合制布局：将天线放在楼顶上，低噪声放大器放在天线初级辐射器底部承受仰角旋转的位置上，下面是功率放大器，再下面是其他设备。

混合传输制布局：只把低噪声放大器放在天线辐射器底部承受仰角旋转位置上，而其余设备全部放在主机房内。

### 3. 管理和维护要求

地球站的布局除了要适应通信系统的要求，保证满足地球站的标准特性要求之外，还要便于维护和管理，有利于规划和发展，尽量使地球站的布局适合工作和生活的需要。

## 4.4 地球站的STK仿真

### 4.4.1 固定地球站

固定地球站是建成后站址不变的地球站。利用STK仿真固定地球站可以有三种不同的方式：Facility、Place、Target。这三种方式可以使用三种不同的方法插入：通过"Insert"菜单栏从数据库插入、通过"Insert"菜单栏插入默认对象、通过"Default"工具栏中的"Insert Default Object"插入默认对象。这三种方法对于不同的对象而言基本相同，因此，本节通过Facility、Place、Target对象各介绍一种插入方法。

#### 1. Facility对象

新建一个STK仿真场景后，单击菜单栏"Insert"→"New…"，弹出"Insert STK Objects"窗口，在窗口中选择"Facility"，如图4-16所示。

插入Facility对象可以有多种不同的方法，在右侧窗口"Select A Method"中显示了各种插入方法，这里选择"From Standard Object Database"，单击"Insert…"按钮，弹出"Search Standard Object Data"窗口，如图4-17所示。

图 4-16 "Insert STK Objects" 窗口

在"Search Standard Object Data"窗口的"Name"下输入要插入对象的名称，如"Xichang"，然后单击左下方的"Search"按钮即可在右侧的"Results"窗口中显示搜索结果，同时会显示各对象的经度、纬度和高度信息。选择相应的 Facility 后单击右下侧的"Insert"按钮，会在场景中插入一个 Facility 对象。单击图 4-17 中"Insert Options"下的"Color"下拉按钮，可以改变对象的颜色。

图 4-17 "Search Standard Object Data" 窗口

## 2. Place 对象

在 STK 场景中,在菜单栏单击"Insert"→"Default Object…",如图 4-18 所示,弹出"Insert Default Object"窗口。在窗口中选择"Place",单击"Insert"按钮,即可插入一个默认的 Place 对象。该对象默认的位置在美国,位于西经 75.596 6°、北纬 40.038 6°。

图 4-18 "Insert"→"Default Object…"

选择 Place 对象后右击,选择"Rename"。输入相应的对象名称,如"Beijing"。修改对象名称后,还需要修改对象的具体位置。选中对象后右击,选择"Properties"(或者选中对象后双击),弹出"Properties"窗口,如图 4-19 所示。

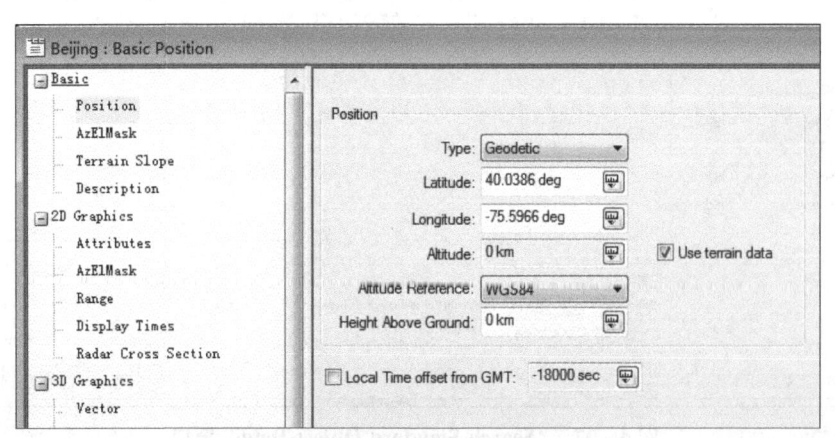

图 4-19 Place 对象的"Properties"

"Properties"包括"Basic""2D Graphics""3D Graphics"和"Constraints"。选择"Basic"→"Position",在右侧显示"Type""Latitude""Longitude"和"Altitude"等。可以通过改变"Latitude"(纬度)、"Longitude"(经度)、"Altitude"(高度)来改变对象的位置,如北京的经度和纬度约为116.3°和39.9°,输入相应的经度和纬度后,对象的位置发生变化,位于北京,在2D窗口和3D窗口相应显示出来。

"2D Graphics""3D Graphics"和"Constraints"分别修改2D窗口、3D窗口和约束条件等属性。

### 3. Target 对象

在STK场景中,单击"Default"工具栏的"Insert Default Object"右侧的下三角按钮▼,弹出如图4-20所示菜单项。选择"Target"对象后,单击"Insert"按钮,即可插入一个默认的Target对象。可以修改对象的名称和位置属性等。

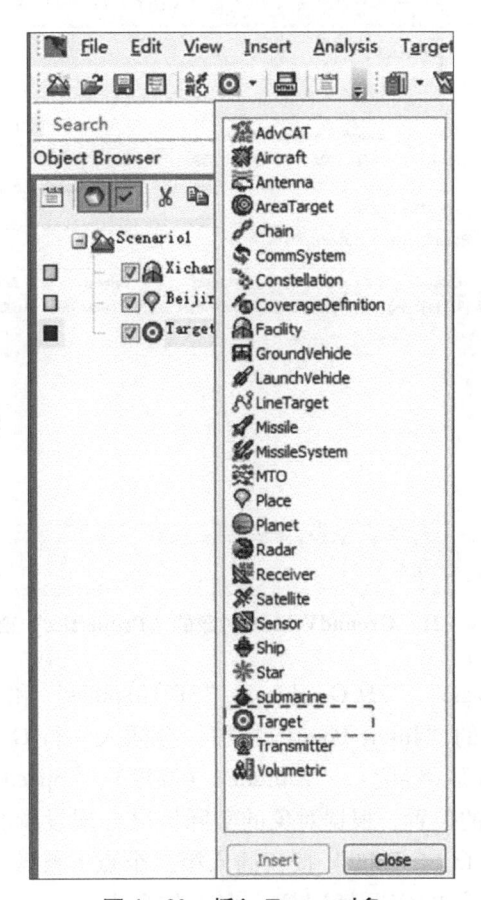

图 4-20 插入 Target 对象

## 4.4.2 移动地球站

移动地球站可分为车载站、船载站、机载站等,可以对应STK中的三类对象:GroundVehicle、Ship、Aircraft。这三类对象可以通过菜单栏或者工具栏的方式插入,但是这三类对象都是移动的，插入对象后，需要设置对象的路径。路径设置有两种不同的方法，这两种方法对于 GroundVehicle、Ship、Aircraft 三类对象而言基本相同，因此主要通过 GroundVehicle 对象和 Ship 对象各介绍一种方法。

**1. GroundVehicle 对象**

新建一个 STK 仿真场景后，单击菜单栏"Insert"→"New…"/"Default Object…"或者"Default"工具栏的"Insert Default Object"，插入 GroundVehicle 对象。GroundVehicle 等移动对象插入后，和固定对象不同，不能直接在 2D 和 3D 窗口中显示，需要设置对象的移动路径后才能显示。插入对象后，可以通过右键菜单选择"Rename"，修改对象名称。选中 GroundVehicle 对象后右击，选择"Properties"，打开"Properties"窗口，如图 4 – 21 所示。

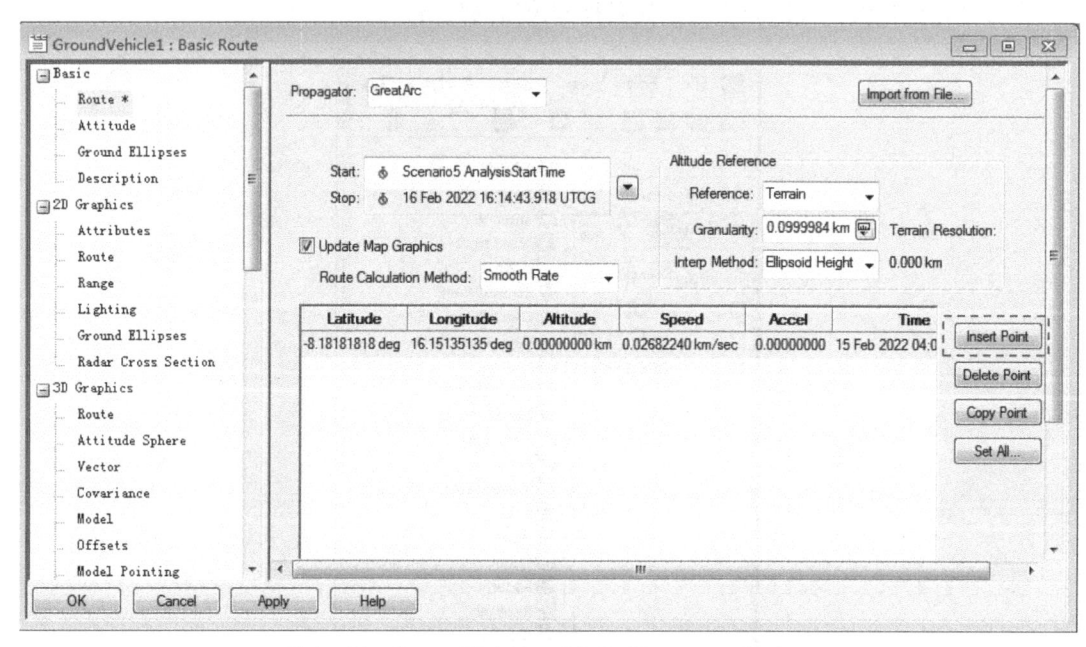

图 4 – 21 GroundVehicle 对象的"Properties"窗口

"Properties"包括"Basic""2D Graphics""3D Graphics"和"Constraints"。选择"Basic"→"Route"，单击右侧的"Insert Point"按钮，会插入一行 GroundVehicle 对象的"Latitude"（纬度）、"Longitude"（经度）、"Altitude"（高度）、"Speed"（速度）等。修改纬度、经度和高度可以改变对象的位置，根据对象的实际情况合理设置其速度。路径至少要设置两个以上的点，再单击"Insert Point"按钮插入第二个点，修改对应的参数后形成一条路径。可以根据对象移动路径的实际情况插入多个位置点。一旦形成移动路径，就会在二维和三维窗口中显示对象和相应的路径。运行场景时，对象会沿着设定的路径和设置的速度移动。

当对象的路径发生变化时，可以直接单击"Delete Point"按钮删除该位置后增加新位置，或者直接在相应的位置点上修改经纬度等信息，从而改变路径。

### 2. Ship 对象

STK 仿真场景中，Ship 对象的插入和 GroundVehicle 对象类似，通过菜单栏或者工具栏插入。插入对象后修改名称，打开“Properties”窗口，如图 4－22 所示。Ship 对象也需要设置路径后才能在二维和三维窗口中显示。可以参照前述方法，通过设置多个位置点的经纬度等信息确定路径；也可以在二维地图上点选设置多个位置点，从而产生一条舰船移动的路径。

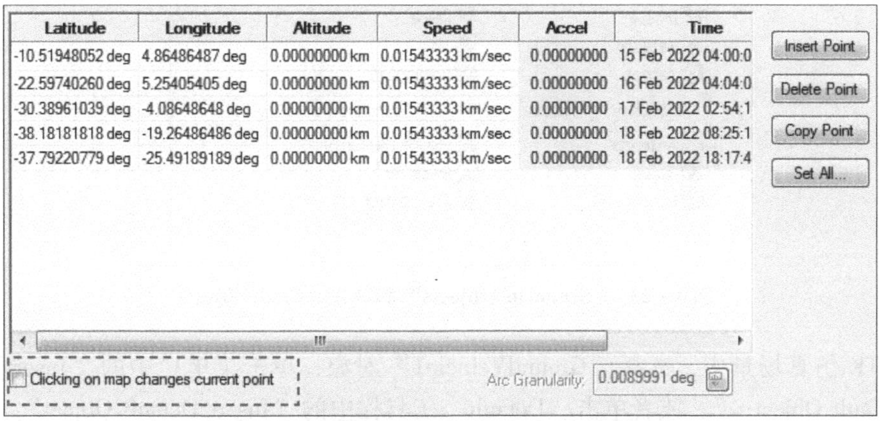
Latitude
Longitude
Altitude
Speed
Accel
Time
-10.51948052 deg 4.86486487 deg 0.00000000 km 0.01543333 km/sec 0.00000000 15 Feb 2022 04:00:0
-22.59740260 deg 5.25405405 deg 0.00000000 km 0.01543333 km/sec 0.00000000 16 Feb 2022 04:04:0
-30.38961039 deg -4.08648648 deg 0.00000000 km 0.01543333 km/sec 0.00000000 17 Feb 2022 02:54:1
-38.18181818 deg -19.26486486 deg 0.00000000 km 0.01543333 km/sec 0.00000000 18 Feb 2022 08:25:1
-37.79220779 deg -25.49189189 deg 0.00000000 km 0.01543333 km/sec 0.00000000 18 Feb 2022 18:17:4
Insert Point
Delete Point
Copy Point
Set All...
Clicking on map changes current point
Arc Granularity:
0.0089991 deg

**图 4－22　二维窗口设置路径后的“Route”信息**

选中“Ship”对象后，双击打开“Properties”窗口，选中二维窗口，在二维窗口中单击舰船移动要经过的位置后，就会产生舰船移动的路径。路径产生后，会在“Properties”窗口中显示相应位置点的信息，如图 4－22 所示。

在二维窗口设置路径信息后，要根据舰船的实际情况修改路径，可以修改图 4－22 中的经度和纬度等信息，也可以在二维窗口中直接修改。在“Properties”窗口下方勾选“Clicking on map changes current point”后，在“Properties”窗口选择相应的点后，可以在二维窗口改变相关点的位置。如图 4－22 所示，选择第三个位置点后，在二维窗口中，第三个位置点上会显示 Ship 对象的图标，此时在窗口的对应位置单击，就会将路径上的第三个位置点更改为新的位置点。

### 3. Aircraft 对象

STK 仿真场景中，Aircraft 对象的插入和 GroundVehicle 对象、Ship 对象类似，通过菜单栏“Insert”→“New…”/“Default Object…”或者“Default”工具栏的“Insert Default Object”插入。插入对象后，修改对象名称和设置对象路径。

对象名称和路径设置后，可以通过“Properties”→“2D Graphics”→“Attributes”修改二维窗口中的“Color”“Line Style”“Line Width”等属性。

## 4.4.3　天线仿真

天线 Antenna 是地球站的重要组成部分之一。在 STK 中可以开展简单的天线仿真。STK 软件中的对象包括“Scenario Objects”和“Attached Objects”，如图 4－23 所示。“Scenario

Objects"在场景中可以直接插入;"Attached Objects"在场景中不能直接插入,需要在 Aircraft、Facility、Satellite 等对象下插入,只有选择某一对象后,才能插入"Attached Objects",这类对象包括 Antenna、Transmitter、Receiver、Sensor 等,如图 4-23 所示。

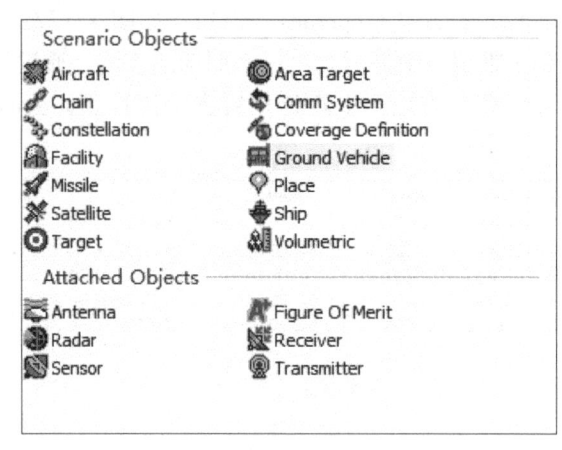

图 4-23 "Scenario Objects"和"Attached Objects"

在 STK 仿真场景中,选择"GroundVehicle1"对象,单击菜单栏中的"Insert"→"New…"/"Default Object…",或者单击"Default"工具栏中的"Insert Default Object",插入 Antenna 对象。

插入 Antenna 对象后,右击,选择"Properties",打开属性设置窗口,如图 4-24 所示。可以选择天线类型,设置"Design Frequency"(频率)、"Beamwidth"(波束宽度)、"Diameter"(直径)、"Efficiency"(效率)等参数,这些参数与天线增益密切相关。

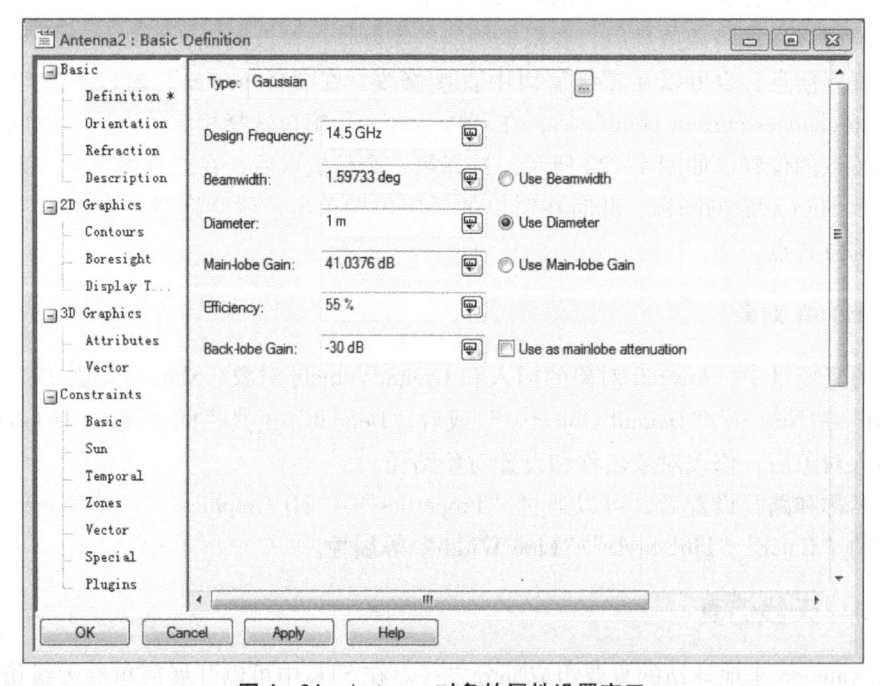

图 4-24 Antenna 对象的属性设置窗口

采用"Use Diameter"方式，设置天线的工作频率、天线口径、天线效率等参数，通过天线增益的计算公式：$G = \left(\dfrac{\pi Df}{c}\right)^2 \eta$，可以得到相应的天线增益。图 4-24 中的天线增益约为 41.037 6 dB。也可以采用"Use Beamwidth""Use Main-lobe Gain"等方式设置天线参数。单击"Properties"→"Type"右侧的"…"按钮，可以选择天线类型，包括 Gaussian、Isotropic、Parabolic、Phased Array 等，选择相控阵天线"Phased Array"，如图 4-25 所示。

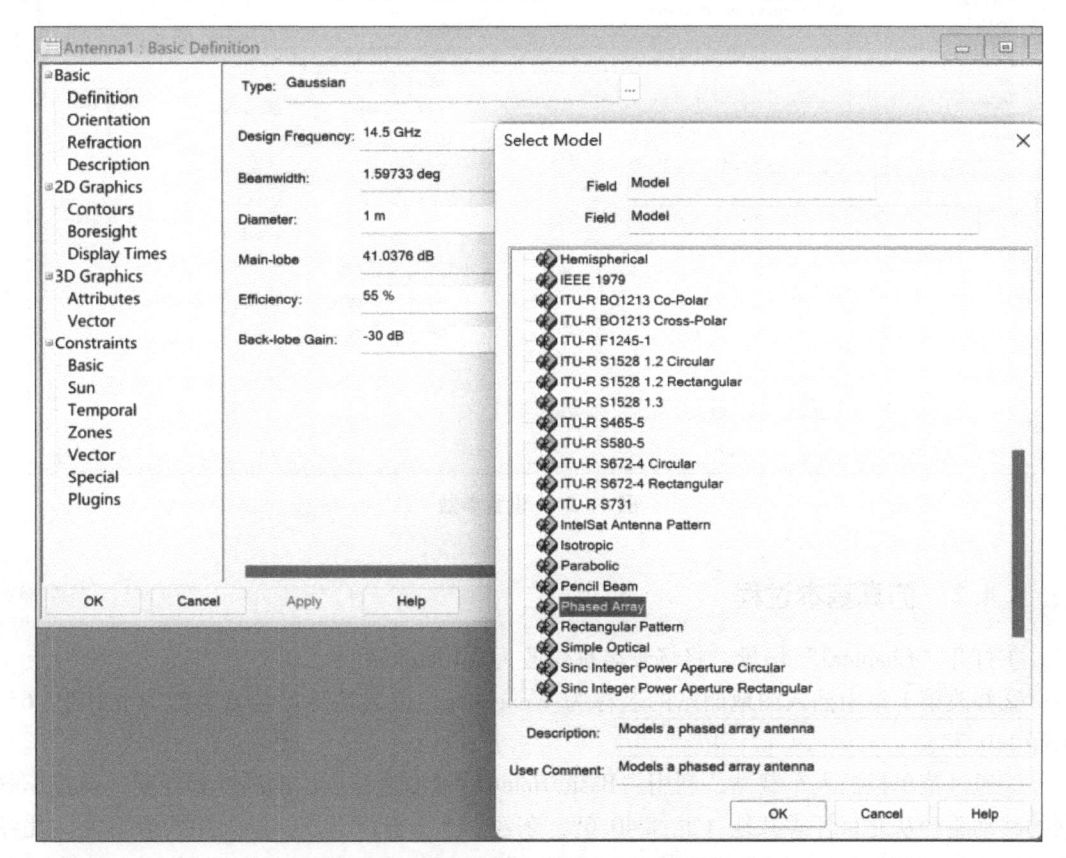

图 4-25　选择"Phased Array"

弹出如图 4-26 所示窗口，设置天线工作频率等参数及天线阵元，修改"Number of Elements"的 X 为 9、Y 为 9。

## 4.4　地球站仿真实例

### 4.4.1　仿真任务实例

打开 Chapter3 场景，修改仿真场景名称，对第 1 章中插入的地面站重命名后修改参数；通过菜单栏和工具栏分别插入两个移动地球站，包括车载站和飞行器，利用两种不同方式设置移动地球站的路径；通过数据库插入一个固定地球站，在固定地球站下添加天线，修改地球站天线参数。熟练掌握通过不同方式开展不同类型地球站的仿真和参数设置，能够开展天线的仿真。

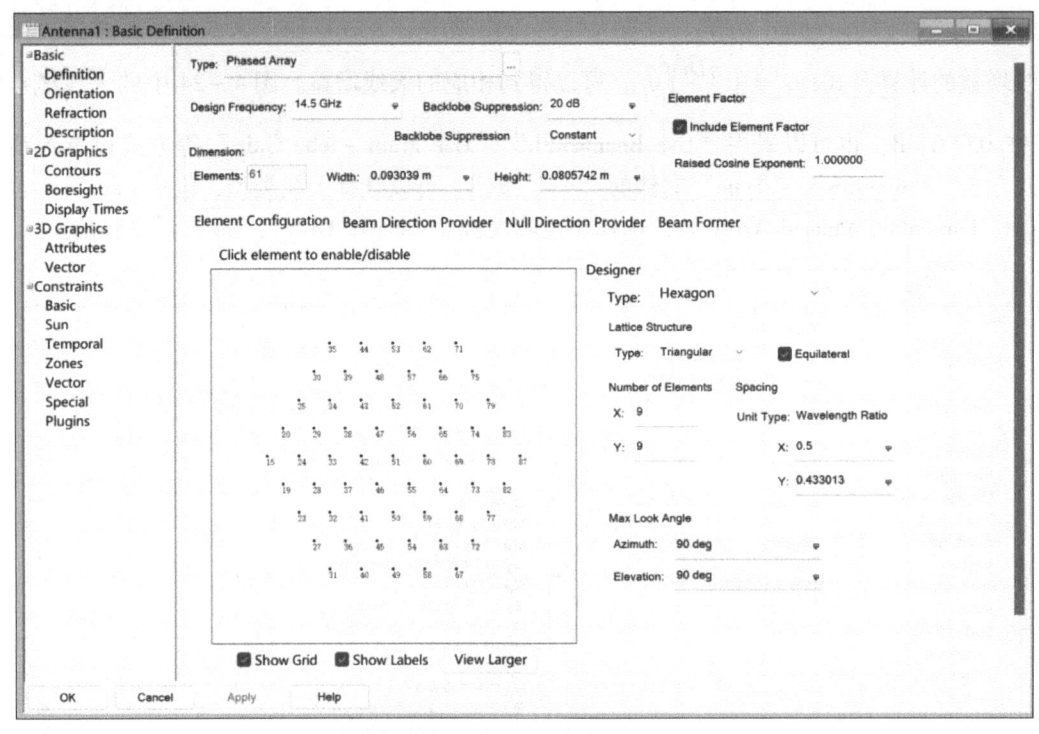

图 4-26 设置参数

### 4.4.2 仿真基本过程

①打开"Chapter3"场景,将场景名称修改为"Chapter4";

②修改第 1 章中插入的地面站的名称为 Wenchang,修改地球站位置参数为北纬 19.6°、东经 110.7°;

③通过菜单栏插入车载站,利用"Basic Route"增加途径点位的纬度和经度,设置车载站的移动路径从北京怀柔某地(北纬 40.6°、东经 116.2°E)出发,经天津武清某地(北纬 39.2°、东经 116.8°,)、河北保定某地(北纬 38.5°、东经 115.2°),到山东济南某地(北纬 36.3°、东经 117.6°),2D 窗口查看车载站路径,修改路径为蓝色;

④通过工具栏插入飞行器,打开"Basic Route"后,在 2D 窗口中标定路径,在"Basic Route"中修正位置点的经度和纬度信息;

⑤通过数据库,搜索北京,选择"Beijing_Station"插入该固定地球站;

⑥在 Beijing_Station 下添加发射机,选择"Attached Objects"下方的"Transmitter",修改类型为"Complex Transmitter Model",设置工作频率为 14.25 GHz;

⑦修改发射机的天线类型为抛物面天线"Parabolic",天线口径为 0.5 m,天线效率为 0.65;

⑧选择地球站,右击,选择"Zoom to 3D Graphics 1",查看创建完毕的地球站发射天线;

⑨在 3D Graphics 2 下查看场景运行情况,保存该场景。

## 4.5 本章资源

### 4.5.1 本章思维导图

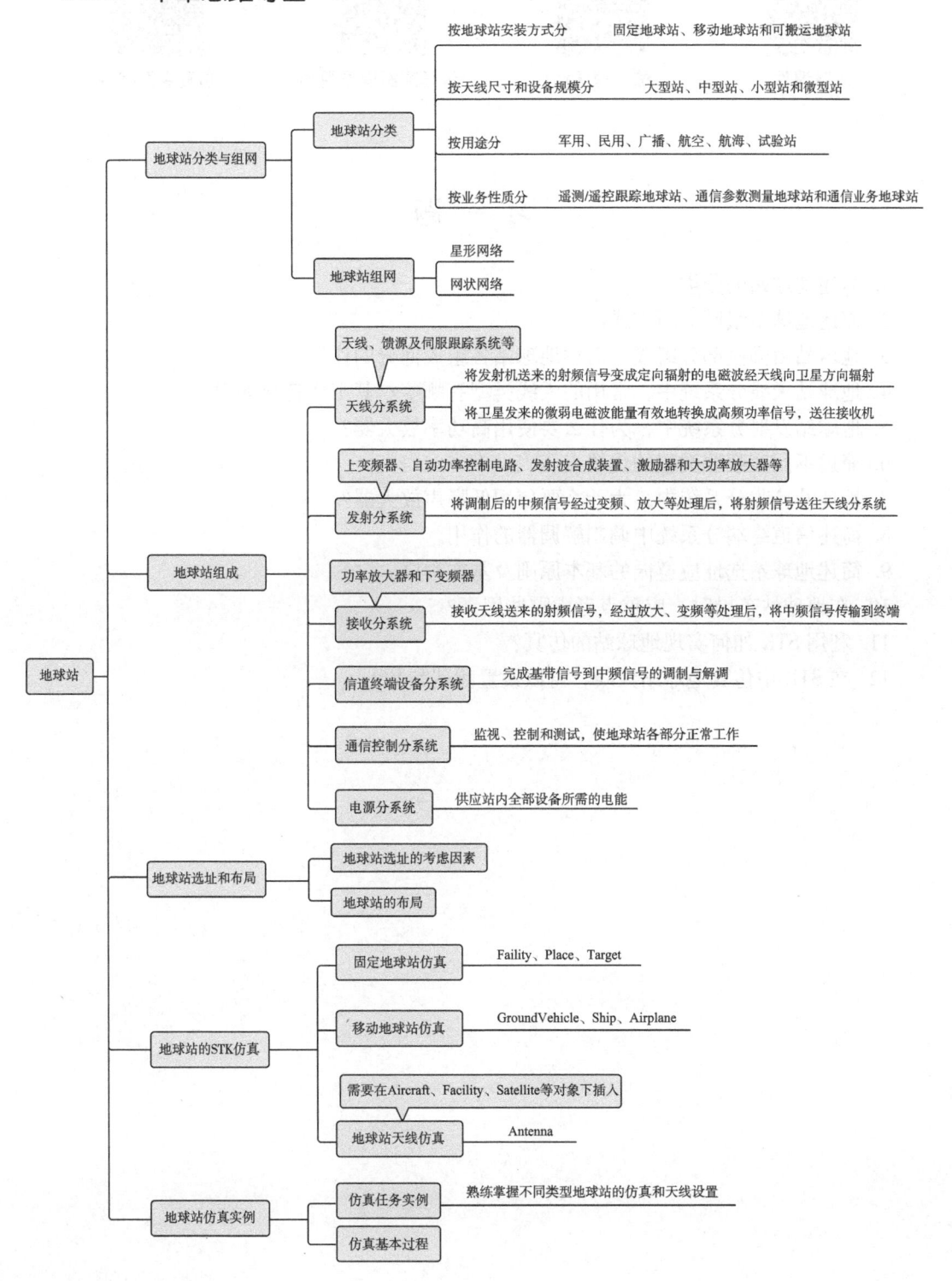

```
地球站
├─ 地球站分类与组网
│   ├─ 地球站分类
│   │   ├─ 按地球站安装方式分 —— 固定地球站、移动地球站和可搬运地球站
│   │   ├─ 按天线尺寸和设备规模分 —— 大型站、中型站、小型站和微型站
│   │   ├─ 按用途分 —— 军用、民用、广播、航空、航海、试验站
│   │   └─ 按业务性质分 —— 遥测/遥控跟踪地球站、通信参数测量地球站和通信业务地球站
│   └─ 地球站组网
│       ├─ 星形网络
│       └─ 网状网络
├─ 地球站组成
│   ├─ 天线分系统
│   │   ├─ 天线、馈源及伺服跟踪系统等
│   │   ├─ 将发射机送来的射频信号变成定向辐射的电磁波经天线向卫星方向辐射
│   │   └─ 将卫星发来的微弱电磁波能量有效地转换成高频功率信号，送往接收机
│   ├─ 发射分系统
│   │   ├─ 上变频器、自动功率控制电路、发射波合成装置、激励器和大功率放大器等
│   │   └─ 将调制后的中频信号经过变频、放大等处理后，将射频信号送往天线分系统
│   ├─ 接收分系统
│   │   ├─ 功率放大器和下变频器
│   │   └─ 接收天线送来的射频信号，经过放大、变频等处理后，将中频信号传输到终端
│   ├─ 信道终端设备分系统 —— 完成基带信号到中频信号的调制与解调
│   ├─ 通信控制分系统 —— 监视、控制和测试，使地球站各部分正常工作
│   └─ 电源分系统 —— 供应站内全部设备所需的电能
├─ 地球站选址和布局
│   ├─ 地球站选址的考虑因素
│   └─ 地球站的布局
├─ 地球站的STK仿真
│   ├─ 固定地球站仿真 —— Faility、Place、Target
│   ├─ 移动地球站仿真 —— GroundVehicle、Ship、Airplane
│   └─ 地球站天线仿真 —— 需要在Aircraft、Facility、Satellite等对象下插入 Antenna
└─ 地球站仿真实例
    ├─ 仿真任务实例 —— 熟练掌握不同类型地球站的仿真和天线设置
    └─ 仿真基本过程
```

## 4.5.2　本章数字资源

本章课件　　　练习题课件　　　仿真实例操作视频　　　仿真实例程序

# 习　　题

1. 简述地球站的分类。
2. 简述地球站组网应用方式。
3. 地球站由哪些部分组成？简述地球站各组成部分的作用。
4. 地球站天线分系统中，常用的天线类型有哪些？其工作特点如何？
5. 地球站发射分系统中，为什么要使用高功率放大器？
6. 简述不同变频器类型的优缺点。
7. 地球站接收分系统中，为什么要使用低噪声放大器？
8. 简述信道终端分系统中调制解调器的作用。
9. 简述地球站选址应遵循的基本原则及基本程序。
10. 在地球站布局时，应重点考虑哪些因素？
11. 利用 STK 如何实现地球站的仿真？
12. 在 STK 中仿真地球站天线，可以设置哪些参数？

# 第 5 章
# 通信卫星

通信卫星指用于无线电通信中继站的人造地球卫星，是卫星通信系统的空间段。通过转发无线电信号，通信卫星可实现卫星通信地球站（含手持终端）之间、地球站与航天器之间的通信。按照轨道的不同，可分为地球静止轨道通信卫星、大椭圆轨道通信卫星、中轨道通信卫星和低轨道通信卫星。按照服务区域的不同，可分为国际通信卫星、区域通信卫星和国内通信卫星。按照用途的不同，可分为军用通信卫星、民用通信卫星和商业通信卫星。按照通信业务种类的不同，可分为固定通信卫星、移动通信卫星、广播电视通信卫星、海事通信卫星、跟踪与数据中继卫星等。按照用途多少的不同，可分为专用通信卫星和多用途通信卫星等。

通信卫星主要包括有效载荷和卫星平台两部分。其中，有效载荷主要负责接收地球站的信号、信号变换和向地球站发送信号；卫星平台主要负责支持和保障有效载荷的正常工作。本章详细阐述了通信卫星的天线和转发器等有效载荷，介绍了测控分系统、供配电分系统、控制分系统、推进分系统、热控分系统、结构分系统等卫星平台，介绍了几种典型通信卫星，并利用 STK 开展通信卫星仿真及通信卫星覆盖性能的仿真，设计通信卫星 STK 仿真实例。

## 5.1 有效载荷

通信卫星的有效载荷一般由卫星天线和转发器两部分组成。

卫星天线用于发射和接收射频信号，是增强发射和接收信号强度的基本单元。从功能上，可分为接收天线和发射天线。其中，接收天线负责接收地球站发送的上行信号，将接收的空间电磁波信号转换为电信号送至转发器的接收机；发射天线是将来自转发器的电信号转换为空间电磁波信号发送至地球站。星载的接收和发射天线一般具有一定的方向性，在进行电磁波信号与电信号转换的同时，对传输信号的能量进行汇聚，提升系统整体性能。

转发器包括小信号放大、信号变换和末级功率放大三个模块，小信号放大模块用于将接收天线收到的来自地面或其他卫星的信号进行放大，为满足系统信噪比要求，主要采用低噪声系数放大器降低所引入的噪声；信号变换模块用于信号分路、变频和信号处理等，仅有简单变频处理的转发器称为"透明"转发器或"弯管"转发器，有信号解调再生等处理功能的转发器一般称为"处理转发器"；末级功率放大模块用于将变换处理后的信号进行大功率放大，馈送至发射天线发送到地面或其他卫星。

### 5.1.1 卫星天线

卫星天线是通信卫星有效载荷的重要组成部分，承担了接收上行链路信号和发射下行链路信号的任务。相比地面无线通信系统天线，卫星天线具有以下特点：

（1）类型多

为适应通信卫星通信容量的快速增长及多目标区域通信的发展需求，卫星天线主要包括反射面天线、标准圆或椭圆波束天线、赋形天线、多波束形成天线、大型可展开天线等多种类型。按照波束进行分类，卫星天线还可分为全向天线、全球波束天线、区域波束天线、点波束天线、多波束天线、可重构波束天线等多种类型。

（2）增益高、定向性强

由于卫星通信传输链路长，衰减严重，为保证通信的稳定性，卫星通信天线一般采用定向的微波天线，卫星天线的增益较高。例如，在静止轨道通信卫星上的全球波束天线常用喇叭形，其波束宽度约为17°~18°，恰好覆盖卫星对地球的整个视区，天线增益为15~18 dBi；点波束天线一般采用抛物面天线，其波束宽度只有几度或者更小，集中指向某一小区域，增益更高。区域波束天线也称赋形波束天线，主要用于需要天线波束覆盖区域的形状与某地域图形相吻合的场景，赋形波束天线大多利用多个馈电喇叭从不同方向经反射器产生多波束的合成来实现，对于一些较为简单的赋形天线，也有采用单馈电喇叭、修改反射面形状来实现的。

（3）适应性强

卫星天线需要具有良好的空间环境适用性，包括空间热交变、无源互调、静电放电、振动、冲击、共振等。高性能的星载天线不仅可以提高通信容量和通信卫星系统的 $G/T$ 值，还可以提升卫星通信的抗干扰能力，对于提升通信卫星整体性能和功能具有重要作用。

（4）数量多

由于卫星通常使用多种频率进行星地、星间通信，卫星上往往包含多副天线。以某高轨通信卫星为例，其卫星天线由 3 副功能独立的天线组成：1 副 S 频段收发共用大型可展开环形网状天线、1 副 S 频段收发共用可展开固面通信天线、1 副 C 频段收发共用双栅馈电天线。

下面简要介绍几种常用的通信卫星天线。

**1. 反射面天线**

反射面天线是在通信卫星中应用最广泛的天线形式，根据馈源安装的位置，可分为前馈式天线和后馈式天线。前馈式天线馈源安装在抛物面的焦点处，后馈式天线中，抛物面焦点安装的是副反射面，而馈源安装在副反射面的焦点处。卡塞格伦天线和格里高利天线是通信卫星常用的后馈式天线。第 3 章中已经介绍了这两种天线的基本情况，这里不再赘述。

**2. 多波束天线**

在卫星通信系统中，由于高的 EIRP 值和 $G/T$ 值、频率复用、大功率合成、抑制干扰等要求，多波束天线已成为国内外新一代大容量通信卫星普遍采用的技术，自 1975 年发射的国际通信卫星使用多波束天线以来，通信卫星多波束天线技术不断发展，从只有两个波束发展到亚洲蜂窝卫星系统（ACeS）的 100 多个点波束和瑟拉亚卫星的 200 多个点波束，从只有固定的多波束发展到 Inmarsat 系列的可重新赋形的多个可变点波束和先进通信技术卫星的跳跃波束。

从天线专业的角度来讲，多波束天线是指能够同时形成多个独立的点波束的天线，具有以下明显的优点：

（1）增加卫星通信系统容量

由于多波束天线可以同时形成多个独立的点波束，因此可以使用空间隔离和极化隔离，实现多次频率复用，从而大大增加使用带宽，提高系统的通信容量。

（2）简化地面接收设备，为个人移动通信提供技术保证

由于多波束天线采用多个窄波束来覆盖服务区，因此与赋形波束相比，极大地提高了天线的增益，使得卫星发射的 EIRP 值得到了很大幅度的提高，这样使得用户采用小口径天线就可以接收卫星信号，简化了地面接收设备，为可以全球漫游的个人移动通信提供了技术支持和保证。

（3）系统灵活性高

多波束天线还可根据需要进行波束扫描、波束重构，这使得系统在多用途、抗干扰、增强卫星在轨生存能力等方面都具有极大的优越性。

多波束天线可以分为多波束反射面天线、多波束透镜天线和多波束阵列天线三种类型，下面分别对三种多波束天线进行介绍。

（1）多波束反射面天线

相较于多波束透镜天线和多波束阵列天线，多波束反射面天线具有主瓣窄、增益高、质量小、性能优良和生产成本低等优势，在采用大型桁架天线的 GEO 卫星中得到了广泛的应用。

多波束反射面天线对多波束的形成方式主要有两种：基本型馈源形成法和增强型馈源形成法，国际上也称为每束单馈源（Single Feed per Beam，SFB）和每束多馈源（Multiple Feed per Beam，MFB）。

SFB 成束方式如图 5-1 所示。该方式中一个馈源激励形成一个点波束，7 个点波束由 7 个馈源激励形成。采用 SFB 成束方式形成的多个波束，馈源口径与形成多波束的性能不能同时兼顾，要提高天线增益，需要增大馈源口径，要改善波束交叠实现无缝覆盖，需要减小馈源口径，所以，采用 SFB 成束方式时，天线波束增益与单馈源增益之间会产生 $2\sim3$ dB 的误差；同时，SFB 成束方式对于波束间的频率复用的实现，需要反射面的数量较多，并且形成的波束指向性较差。

随着人们对高性能天线需求的不断增加，研究人员将相控阵原理引入多波束反射面天线中，提出了 MFB 成束方式，利用一个馈源组代替传统方法的一个馈源形成一个波束，如图 5-2 所示。MFB 成束方式对于波束间的频率复用实现只需一个反射面，并且形成的波束的指向性较好，为安装空间有限、有极化复用需求的卫星系统提供了一种波束形成方案。

（2）多波束透镜天线

随着卫星通信技术的发展，出现了基于准光学原理的多波束透镜天线技术。多波束透镜天线主要包括馈源和透镜天线两部分，其中，馈源位于透镜天线的焦平面上，利用透镜把馈源所辐射的能量聚集起来形成一个波束，当透镜天线的焦平面上放置多个馈源时，便相应地形成具有不同指向的多个波束。多波束透镜天线具有测量精度高、动态范围大、灵敏度高且可以动态重构天线方向图的特点，非常适合在体积、重量要求较高的卫星系统中应用，但是多波束透镜天线在低频段应用中损耗过大，所以主要应用于地面设备。多波束透镜天线主要

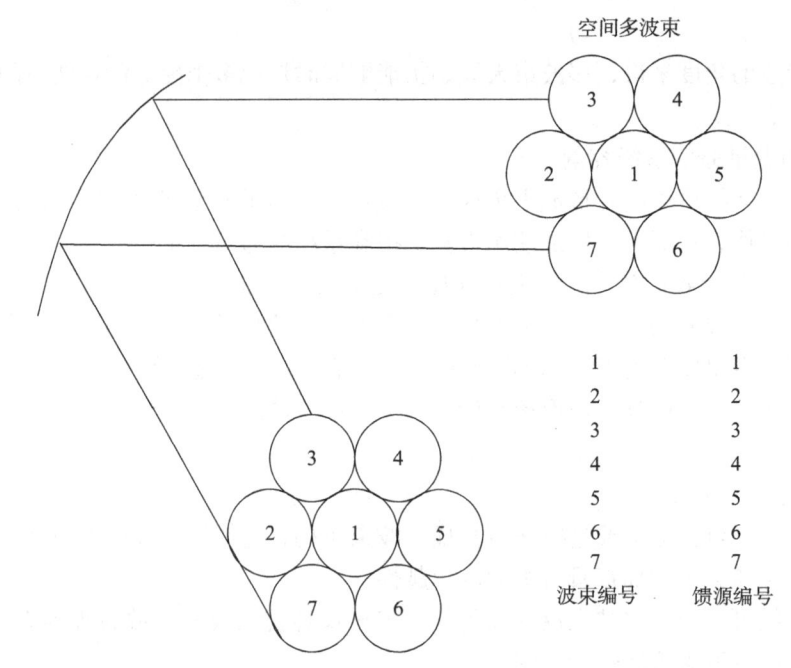

图 5-1 SFB 成束方式示意图

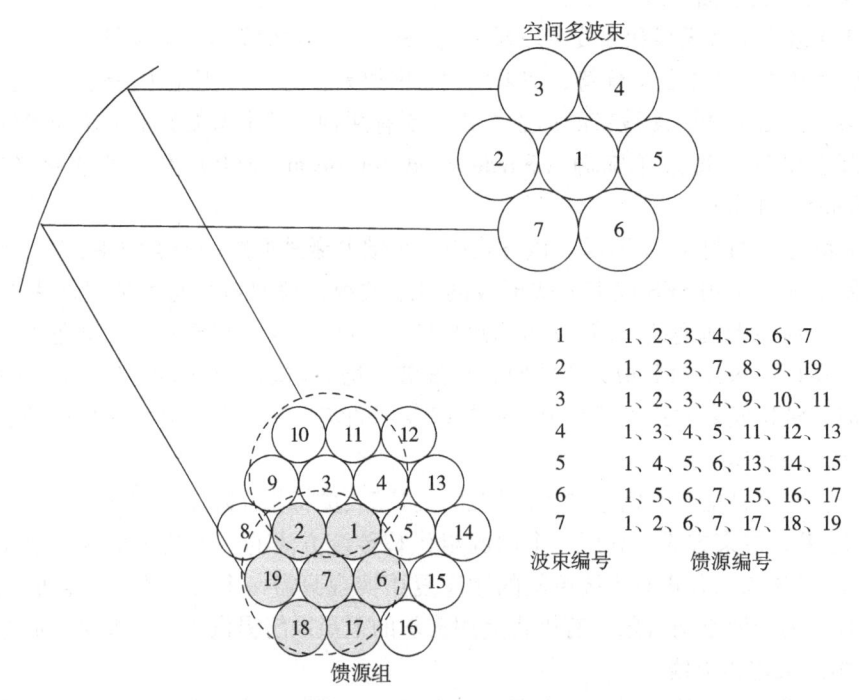

| 波束编号 | 馈源编号 |
|---|---|
| 1 | 1 |
| 2 | 2 |
| 3 | 3 |
| 4 | 4 |
| 5 | 5 |
| 6 | 6 |
| 7 | 7 |

图 5-2 MFB 成束方式示意图

| 波束编号 | 馈源编号 |
|---|---|
| 1 | 1、2、3、4、5、6、7 |
| 2 | 1、2、3、7、8、9、19 |
| 3 | 1、2、3、4、9、10、11 |
| 4 | 1、3、4、5、11、12、13 |
| 5 | 1、4、5、6、13、14、15 |
| 6 | 1、5、6、7、15、16、17 |
| 7 | 1、2、6、7、17、18、19 |

分为罗特曼透镜天线、龙勃透镜天线和恒介电常数透镜天线三种。

罗特曼透镜天线是由罗特曼在 1962 年提出的，其结构如图 5-3 所示。该天线由波束端口、平行板透镜或微带透镜、辐射天线阵列等组成。多个波束端口发出的信号经过平行板透镜、相位调整线到达辐射天线阵列时拥有不同的相位，以此形成多个不同指向的波束。

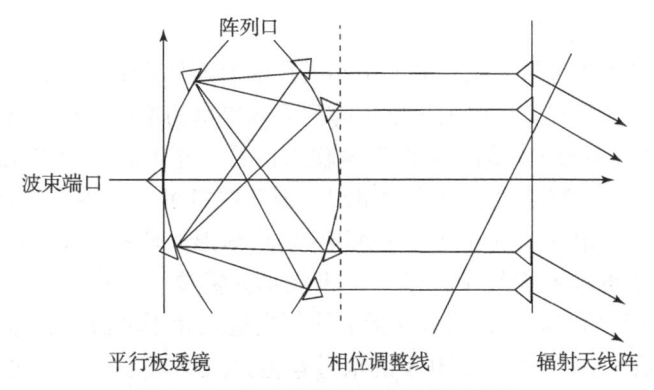

图 5-3 罗特曼透镜天线结构示意图

龙勃透镜天线是由龙勃在 1944 年提出的，其结构如图 5-4 所示。该天线结构主要包括阵列口和龙勃透镜两部分，其中的龙勃透镜是一种具有球对称性和延迟性的介质透镜。对于波束指向的调整，只需适当地移动调整相应的馈源，操作简单，降低了系统设计的复杂性。但是龙勃透镜制造困难，实用性较差。

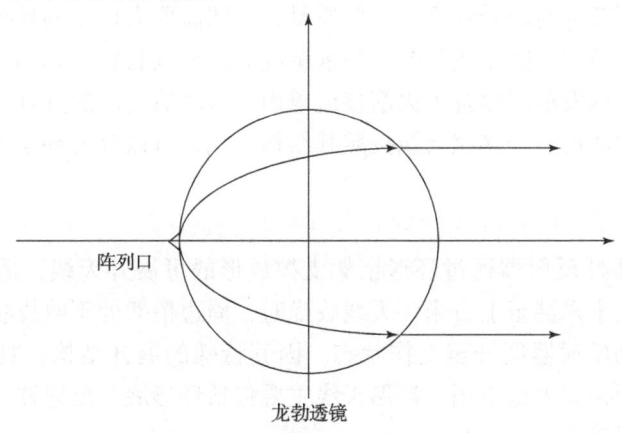

图 5-4 龙勃透镜天线结构示意图

恒介电常数球透镜天线结构如图 5-5 所示。该天线具有设计简单、生产成本低、便于大规模生产应用等优势，虽然损耗较大，但相对于龙勃透镜来说，恒介电常数球透镜天线却是一种很好的折中替代方案。

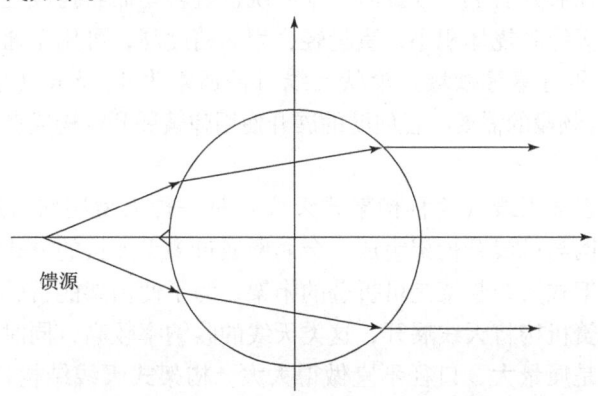

图 5-5 恒介电常数球透镜天线结构示意图

(3) 多波束阵列天线

多波束阵列天线主要包括波束形成网络和天线辐射阵列两部分。由于 Butler 矩阵类型的波束形成网络形成的多个波束可以利用整个阵列天线提供的增益，所以成为多波束天线研究的热点。Butler 矩阵波束形成网络向天线馈送输入信号，并生成阵列单元所需的激励幅值和相位，用于波束形成。多路信号通过不同 Butler 矩阵端口可以产生多个指向性不同的波束。通过调节激励的幅值和相位，便可以实现对指定波束赋形的调整，操作简单，降低了系统设计的复杂度。在多波束阵列天线中，每一个天线单元需要一个高功率放大器（High Power Amplifier，HPA）进行功率放大，当波束形成网络内输入相干的激励信号时，在输出端口就会造成相干信号的叠加，导致进入 HPA 的信号幅值过大，功率放大器过饱和工作在非线性区，降低了整个天线系统的效率。

**3. 大型可展开天线**

在通信领域，信息空间向多维拓展是未来的发展趋势，空天地一体化信息网络的实现在很大程度上依赖于卫星通信系统的能力，为实现更快速、更优质的通信连接及网络服务，未来的通信卫星需要不断提高信号强度及通信质量，迫切需要大口径的星载天线。由于现有火箭整流罩尺寸与发射费用等因素的限制，要求星载天线轻且收拢体积小，故大口径星载天线必须做成可展开式，即发射时收拢于火箭整流罩内，入轨后自动展开到位。

目前国际上主要的可展开网状天线按照其结构形式，可以分为环形天线、径向肋天线和构架式天线。

(1) 环形天线

环形天线是指柔性反射器通过环形桁架支撑成形的可展开天线，适用于 5 m 以上的天线，口径可以达到几十米甚至上百米。天线收拢时，周边桁架处于收拢状态；入轨后，周边桁架开始展开，带动反射器展开至工作状态。因其特殊的展开结构，具有高可靠、高收纳比、重量轻等特点而得到大量应用。环形天线主要包括环形展开反射器、展开臂、馈源阵和环形天线展开控制器等部分。

(2) 径向肋天线

径向肋天线也称伞状天线，最早由美国 Harris 公司研制，其展开原理与折叠伞展开原理接近，主要由展开肋和金属反射网组成，展开肋通过铰链连接在天线底部中心的圆柱结构上，金属反射网铺设在展开肋上，收拢时，伞肋绕铰链转动而收拢成柱状，展开后类似于一把撑开的雨伞，伞状天线收拢体积小，重量轻，型面精度高，可用于通信卫星、跟踪与数据中继卫星、深空探测和遥感等领域。伞状天线口径通常为 4～6 m（也有天线口径可超过 20 m），可满足 L～Ka 频段的需要。径向肋的展开使用弹簧展开机构或者使用电动展开机构。

(3) 构架式天线

构架式可展开反射面天线（简称构架式天线）是一种大型网状可展开反射面天线。构架式天线主体由金属网与可展开桁架组成。金属网通过多点连接的方式铺设在桁架上，实现电磁波反射功能；构架式天线骨架是可折叠的桁架，为了使桁架能折叠起来，桁架的杆件中间设有铰链，利用弹簧机构将天线展开，这类天线的收纳率较高，同时具有较高的展开刚度和结构稳定性；缺点是质量大，口径不宜做得太大。构架式天线结构口径为 4～8 m，是一种重要的空间大型可展开天线结构形式，在国内外已经获得广泛应用。

## 5.1.2 转发器

转发器的功能是接收来自地面的微小信号,并将信号变换到下行信号和合适的功率电平上。由于需要补偿空间段长距离的空间衰减,转发器必须具备高灵敏度的接收能力,拥有高增益的变频能力,以及大功率的发射能力。根据处理信号的方式,转发器可以分为透明转发器和处理转发器,透明转发器仅对上行信号进行滤波、变频和放大,不对信号解调和处理,常见的有一次变频,也有多次变频,主要依据任务的特点和任务要求进行选择。处理转发器是伴随大规模数字处理技术发展的产物,与透明转发器的最大区别在于对信号的解调和再生处理,改变了基带的信号形式。

### 1. 工作原理

卫星转发器的结构如图 5-6 所示。首先将接收天线收到的地面站发送的上行信号进行频率选择(即输入滤波);再经过接收机中的低噪声放大器进行放大,利用接收机中的混频器将信号频率转变为下行信号频率;然后经过输出滤波及分路器实现通道控制,使用一级或多级功率放大器对信号进行功率放大,最后利用输出滤波及合路器进行功率合成,重新合成后的下行信号通过发射天线发回地面,完成信号的中继转发任务。

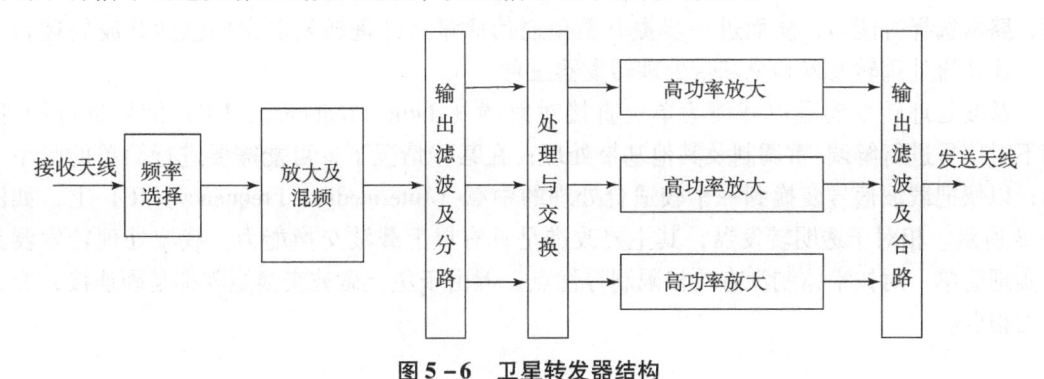

图 5-6 卫星转发器结构

### 2. 透明转发器

透明转发器结构简单,成本低,可靠性高,能够满足大多数业务的需要,所以透明转发器在实际应用中占有重要地位,基本结构如图 5-7 所示。

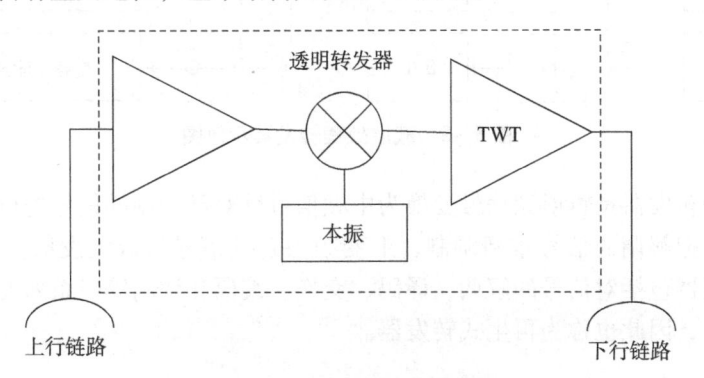

图 5-7 透明转发器示意图

透明转发器的信号交换过程是在模拟滤波器和中频交换矩阵中实现的，如果信号的载波频率不发生大的改变，那么信号调制和解调的类型及编码/译码的准则变化对透明转发器影响甚微，这些特性造就了透明转发器适应性较强，能够方便地适应各类通信体制。因此，透明转发器是目前大多数卫星通信系统的首要选择方式。

但是，透明转发器存在不可忽略的缺陷，比如星上信号交换矩阵全部属于硬连接范畴，并且网络路由是固定选择模式，使得系统不能随着业务量的变化而变化，信号交换带宽一般情况下都需要占用转发器的全部带宽，甚至以波束为单位进行信号的交联，无法进行较为细致的交换行为。高功放器件具有非线性效应，当输入功率超过饱和电平时，功放就进入饱和区或过饱和区，造成大信号压缩小信号，会产生较大的非线性失真和干扰；在多载波的情况下，通常需要采取一定的功率回退措施，导致系统容量、频率资源利用率降低。此外，当任意两个以上的频率激励信号同时通过非线性器件时，除了原有的频率成分外，还会产生大量新的频率分量，被称为互调干扰。实际工程中，三阶互调分量对信号的影响最大。

### 3. 处理转发器

随着卫星通信技术的不断发展，对卫星通信的通信质量、动态重组、抗干扰性能等提出了更高的要求。具有星上交换与处理能力的转发器能够实现存储转发、信号交换、基带处理、路由选择等能力，从而进一步提升卫星通信质量。处理转发器主要包括载波处理转发器、比特流处理转发器和全基带处理转发器三种。

载波处理转发器是以载波为单位直接对射频（Radio Frequency，RF）信号进行处理，而不对信号进行解调/重调制及其他基带处理；在某些情况下，可能需要进行简单的频率变换，以便把载波信号变换到一个较适合处理的中频（Intermediate Frequency，IF）上，如图 5-8 所示。相对于透明转发器，其主要改进是具有星上载波交换能力。载波处理转发器具有实现简单、对技术体制没有严格限制等优点；但由于星上微波交换矩阵都是硬连接，交换能力很弱。

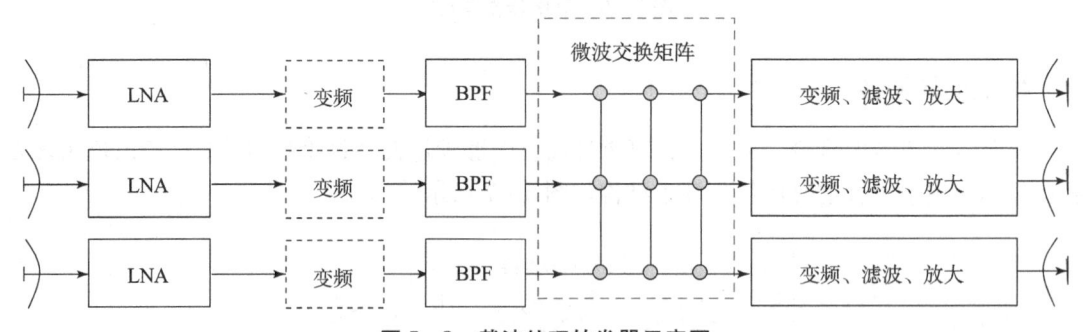

图 5-8 载波处理转发器示意图

比特流处理转发器是将射频信号变换为中频信号后对已调制的信号进行解调，得到数字比特流，然后再把解调的信号重新调制，上变频为射频信号后放大发射，如图 5-9 所示。比特流处理转发器包括对信号的解调、译码、交换、编码和调制等一系列处理单元，能够实现星上信号再生，因此也称为再生式转发器。

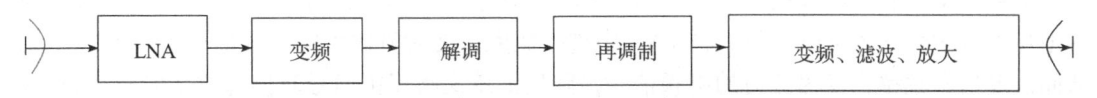

```
┤├─→ LNA → 变频 → 解调 → 再调制 → 变频、滤波、放大 →┤├
```

图 5–9  比特流处理转发器示意图

比特流处理转发器可以有效地去除各类上行链路的噪声和干扰的影响，能够有效地提高通信系统的容量和频率资源利用率，尤其是利用自适应编码技术使得系统的性能进一步提升。这种比特流处理转发器没有星上交换，信号在卫星上进行解调后，通过星上译码、再编码等过程后，卫星下行功率被有用信号占用，不存在上行链路的噪声和干扰，能够改善误码性能。

全基带处理转发器具有星上基带信号处理和交换能力，能够完成解调、译码、存储、交换、重组帧、重编码和重调制等功能，有些还具有星上信令处理能力，如图 5–10 所示。全基带处理转发器具有载波处理转发器和比特流处理转发器的优点，还可以使用译码后信号中的信息来进行动态选路或指定处理方式，能够有效地利用卫星的资源。但是全基带处理转发器具有实现复杂、技术适应性差等问题。由于需要在卫星上对信号进行处理，一旦卫星上天，在整个寿命期内都很难改变技术体制，因此，其适应性较差。

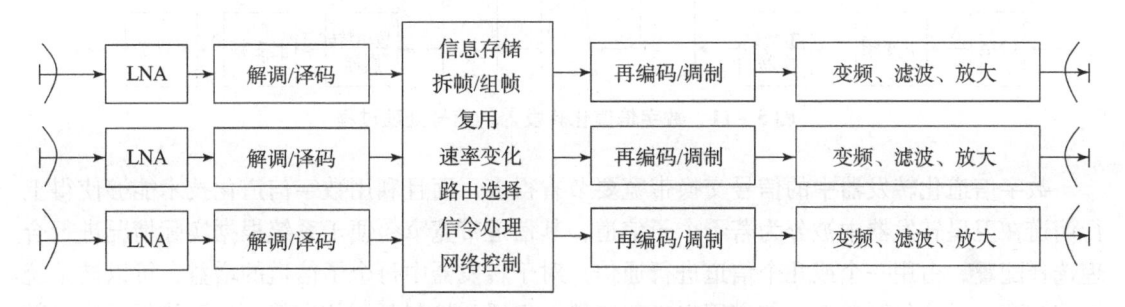

图 5–10  全基带处理转发器示意图

综合来看，透明转发器成熟可靠，调制、解调、编译码均在地面进行，卫星不依赖于地面信号的形式，组网灵活，卫星转发效率较高。处理转发器可以有效阻断上行链路中信号噪声累积，改善转发信号的通信质量，提高抗干扰性能，对下行地面站的小型化非常有利，并且可以利用基带处理实现多种功能模式的转换，但是增加了转发器的复杂程度，降低了可靠性，增加了体积、功耗和转发时延等。

**4. 数字信道化转发器**

由于透明转发器和处理转发器既有突出的优点，又有不可忽略的缺陷，研究人员提出了软件定义有效载荷（Software Defined Payload，SDP）方式，其主要思想是将透明转发器灵活性强但无法适应业务量变化的特点和处理转发器纯依赖物理层提升系统容量的特点结合在一起，做到扬长避短，互相兼容，从理论上提升转发器处理信号的效率。但由于在设备的体积、重量、功耗等难题上无法跨越，基于 SDP 思想的理想转发器难以完全实用。研究人员将 SDP 和数字信号处理技术进行结合，设计了数字信道化转发器，并且实现了部分 SDP 的功能。

数字信道化转发器如图 5-11 所示，信号处理过程具体内容为：卫星接收天线将接收到的卫星上行信号送入低噪声放大器 LNA 中进行放大，之后将放大的信号传送给下变频单元，从而改变信号频率，变为合适的中频信号，随后系统又将模拟信号转换为数字信号并送入数字域中进行处理，送进来的数字信号经过信道解复用处理之后，进入数字信道交换单元。交换后的信号经过信道复用、数/模转换之后，变成了模拟中频信号，此中频信号经上变频、高功放放大，被馈入卫星发射天线，从而完成了整个星载信号交换过程。数字信道化转换器共分三步骤完成信道解复用（子信道分离）、信道交换（子信道交换）及信道复用（子信道综合）。

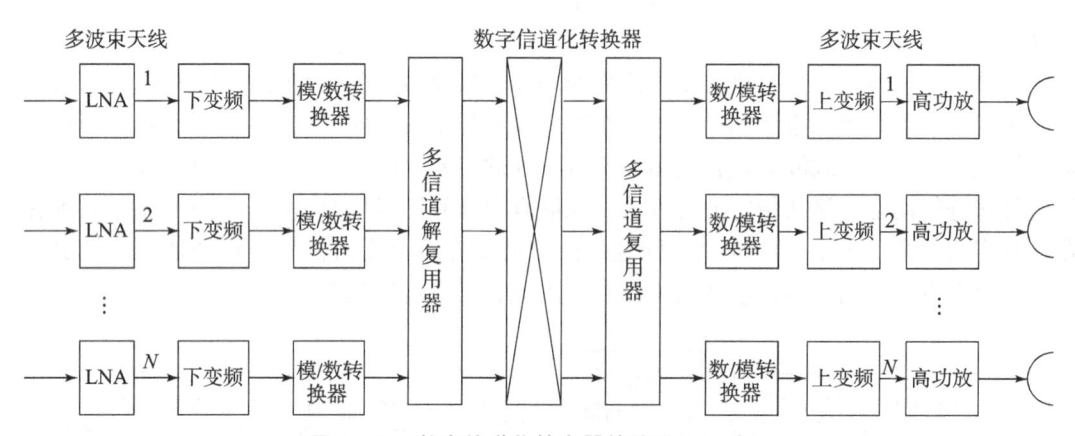

图 5-11 数字信道化转发器的信号处理过程

数字信道化转发器中的信号交换带宽要节省得多，而且利用数字信道化技术能够使得上行信道在卫星转发器中被分为若干个子信道，其信道带宽窄，便于系统根据实际情况进行合理选择配置，占用一个或几个信道进行通信，对于转发器中每个子信道的增益，可以被系统按需分配，系统复制单个子信道用来进行广播、组播和抑制备用信道等，从而使得系统在数字域中对链路损耗进行一定的补偿，降低高功率放大器的非线性效应，提高通信灵活性和可靠性，达到卫星信号与频率资源之间的灵活互换。

**5. 转发器性能**

一般来说，有效载荷的最主要性能指标是接收系统品质因数、有效全向辐射功率和饱和通量密度。相应的转发器的主要性能指标是噪声系数、转发器增益与增益平坦度、输入/输出特性、转发器灵敏度、转发器非线性指标等。

（1）噪声系数

噪声系数是评价接收机或低噪声放大器最主要的指标，定义为输入信噪比与输出信噪比的比值，噪声系数越小，表明接收系统性能越好。噪声系数的计算式为：

$$\text{NF} = \frac{S_i/N_i}{S_o/N_o} \tag{5.1}$$

式中，NF 为噪声系数；$S_i/N_i$ 为输入信噪比；$S_o/N_o$ 为输出信噪比。

为便于计算，通常也会使用接收机等效噪声温度 $T_e$，等效噪声温度计算式为：

$$T_e = (\text{NF} - 1)T_0 \tag{5.2}$$

式中，NF 为噪声系数；$T_0$ 为环境噪声温度，取值为 290～300 K。

用 dB 表示的噪声系数计算式为：

$$\mathrm{NF} = 10\lg\left(1 + \frac{T_e}{290}\right) \tag{5.3}$$

接收机的噪声温度随设计的工作频率和设计结构不同而会有很多差异，典型噪声温度在 50～100 K。

由于卫星转发器是多级级联系统，系统噪声的推算依据噪声系数级联式：

$$\mathrm{NF} = \mathrm{NF}_1 + \frac{(\mathrm{NF}_2 - 1)}{G_1} + \frac{(\mathrm{NF}_3 - 1)}{G_1 G_2} + \cdots \tag{5.4}$$

式中，$\mathrm{NF}_x$、$G_x$ 分别为第 $x$ 级的噪声系数和放大增益。

系统的等效噪声温度计算式为：

$$T_e = T_{e_1} + \frac{T_{e_1}}{G_1} + \frac{T_{e_2}}{G_1 G_2} + \cdots \tag{5.5}$$

通过级联式可知，前级放大倍数越大，后级对噪声系数的影响越小，因此接收机前端损耗越小，接收机增益越高，对提高噪声系数指标越有利。

（2）转发器增益与增益平坦度

转发器增益是输出功率与输入功率之比，单位为 dB，通常转发器增益有几十 dB 的可调范围，依据上行饱和通量密度和输出功率设置通道衰减器。增益平坦度指转发器工作带宽内的增益最大变化。

（3）输入/输出特性

输入/输出特性是描述转发器通道特性的重要指标，它是由一组函数或曲线描述转发器输出功率（$P_o$）随输入功率（$P_i$）的变化关系，输入/输出计算函数为：

$$P_o = f(P_i) \tag{5.6}$$

（4）转发器灵敏度

转发器灵敏度反映了转发器满足最小信噪比所输入的最小工作电平，转发器灵敏度计算式为：

$$S = -174 + \mathrm{NF} + \mathrm{SNR} + 10\lg B \tag{5.7}$$

式中，$S$ 的单位为 dBm；NF 是转发器接收机噪声系数，单位为 dB；SNR 是满足最小误码率所需要的最小信噪比，单位为 dB；$B$ 是转发器工作带宽，单位为 Hz。

（5）转发器非线性指标

转发器非线性指标也是转发器最重要的指标之一，它和灵敏度共同构成了转发器的动态范围。由于转发器的末级功率放大器输出在大功率状态，往往转发器的线性指标取决于后端或末端功率放大器的特性。常用的描述幅度非线性指标有三阶互调和噪声功率比，测量多采用双音测试和噪声功率比测试。

## 5.2 卫星平台

卫星平台是由支持和保障有效载荷正常工作的所有服务系统构成的组合体，按卫星系统物理组成和服务功能不同，卫星平台可分为测控、供配电、控制、推进、热控、结构等分系统。

## 5.2.1 测控分系统

**1. 功能**

测控分系统是卫星与地面之间的遥控指令与状态遥测信息的联络通道，主要负责遥测、遥控信号在卫星与地面站之间的传输，以及地面测控网对卫星的跟踪、测轨和定轨。对于通信卫星，一般要求具备全向和定向两种工作模式，在发射主动段、转移轨道、定点后紧急情况下，测控分系统工作在全向工作模式；在卫星定点后的正常情况下，卫星工作在定向工作模式。

测控分系统的主要功能包括：

①接收地面站发射的上行遥控信号并进行解调，生成直接指令并执行，或生成间接指令发送到中心计算机。

②将中心计算机送来的工程遥测参数经调制后下传。

③采集测控分系统自身的工程参数，发送至中心计算机。

④提供信标信号及测距转发功能。

⑤提供甚长基线干涉测量（Very Long Baseline Interferometry，VLBI）信标功能。

**2. 分系统的组成**

通信卫星的典型测控分系统主要由测控天线、收发分配网络、接收机、发射机、遥测单元、遥控单元以及功率放大器等组成，如图 5-12 所示。

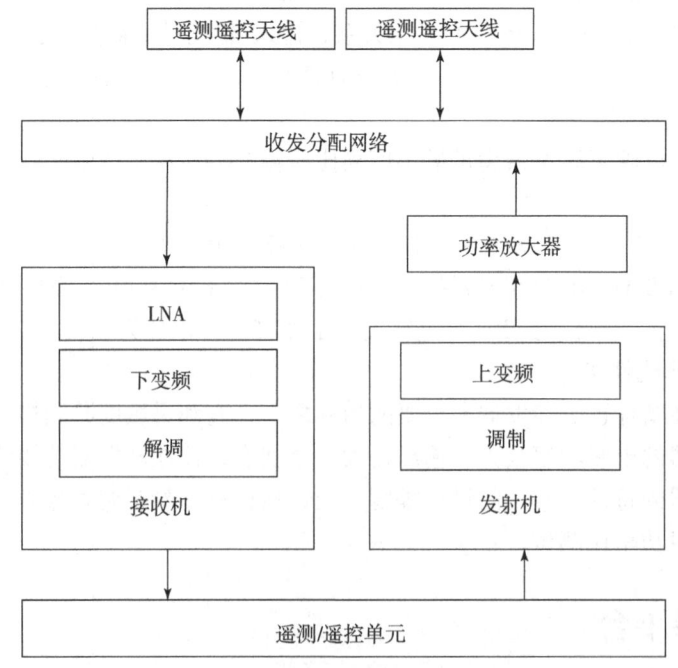

图 5-12　卫星测控分系统组成示意图

(1) 测控天线

测控天线基本安装在卫星的 +Z 和 -Z 面，天线采用线极化或圆极化天线，实现天线波束的近全向覆盖。遥测天线和遥控天线一般收发分开。

(2) 收发分配网络

收发分配网络介于测控天线与接收机、发射机之间。接收分配网络的作用是对来自 +Z 和 -Z 遥控天线的信号进行合成，完成带外信号抑制后向接收机进行信号传输；发射分配网络的作用是对放大器输出的信号进行滤波、功率分配，然后向天线进行信号传输。

(3) 接收机

接收机由低噪声放大器、变频器、鉴频器、本振倍频电路、中频放大器、终端滤波器等组成，接收机主要实现对上行信号的鉴频解调，向发射机和遥控单元输出测距音信号或遥控 PSK 信号。

(4) 发射机

发射机由晶振电路、调制器以及倍频器等组成，实现遥测信号和测距音信号的相位调制后向放大器输出。

(5) 功率放大器

功率放大器主要用于实现对发射机输出信号的微波放大。

**3. 测控频段与测控体制**

(1) S 频段统一载波测控体制（USB 测控体制）

该体制工作在 S 频段，上行和下行载波均使用调相方式，即已调信号的瞬时相位偏移随着调制信号幅度成比例变化。测距采用 ESA – LIKE 测距标准。测距音组频率在几十到几百 kHz。

(2) C 频段统一载波测控体制（UCB 测控体制）

该体制工作在 C 频段，上行载波使用调频方式，即已调信号的国家时间频率偏移随着调制信号幅度成比例变化，下行载波均使用调相方式，测距可采用 Inmarsat 标准，测距音组频率分别是 27.778 kHz、19 kHz、3 968 Hz、283.4 Hz、35.4 Hz。

(3) 扩频测控体制

该体制可以工作在 S、C、Ka 频段，载波调制方式采用 BPSK（Binary Phase Shift Keying，二进制相移键控），扩频采用直接序列扩频。测距采用非相干扩频测距体制。

## 5.2.2 供配电分系统

**1. 功能**

供配电分系统的主要功能是：将太阳电池阵和蓄电池组作为能源产生、储存的设备，通过电源控制器的调节和管理，向整星输出稳定的一次电源；实现各电池组的均衡控制和一次电源自主管理；用电设备配电、加热器配电及通断控制；火工品的通断控制和瞬态电流测量；通过电缆网提供整星低频功率、信号连接；提供卫星和地面测试设备之间的电气接口。

**2. 分系统的组成**

通信卫星普遍采用太阳电池阵 - 蓄电池组系统的供配电分系统，利用可展开式太阳电池阵作为主电源，选用铬镍蓄电池组、氢镍蓄电池组、锂离子蓄电池组等作为储能装置，由电源控制设备对供电母线和功率实行调节和控制，提供单一电源母线或双母线，直流/直流变换器将一次电源变换为供各设备使用的二次电源，最后由配电器完成对一次/二次用电设备、加热器的配电。

### 5.2.3 控制分系统

**1. 功能**

控制分系统的主要功能是：主要完成卫星从星箭分离开始到在轨运行直至寿命末期各任务阶段的姿态控制和轨道控制。GEO 通信卫星一般工作寿命长，姿态控制精度高，并且要求具备同步转移轨道多次变轨能力，卫星与运载火箭分离后，控制分系统自主进行速率阻尼，消除由运载火箭产生的分离角速度；自主完成太阳捕获和对日定向，建立巡航姿态，卫星在每次变轨发动机点火前建立点火姿态，并在变轨发动机点火期间保持变轨姿态；末次变轨后，卫星进入准同步轨道，进行定点捕获，建立卫星正常工作模式；在卫星寿命期间，保持卫星正常工作姿态，并按照轨道控制要求定期对卫星进行定点保持。

**2. 分系统的组成**

控制分系统一般由敏感器、控制器和执行机构组成。通信卫星控制分系统以往一般采用地球敏感器作为卫星正常工作期间的主要姿态敏感器，采用数字太阳敏感器作为偏航基准和捕获太阳保证能源的主要姿态敏感器。目前更多采用星敏感器作为卫星全寿命期间的主要姿态敏感器，地球敏感器和太阳敏感器作为备份。由于通信卫星工作轨道一般不需要进行姿态快速机动，通常采用偏置动量控制，由动量轮（组）作为卫星长期工作的主要姿态执行机构。

典型通信卫星控制分系统通常采用如下系统配置方案：

（1）敏感器

地球敏感器，互为冷备份；数字式太阳敏感器，分别安装在卫星东板（用于测量卫星偏航角）、西板（用于测量卫星偏航角）、背地板（用于测量卫星滚动角和俯仰角）；星敏感器，分别安装在卫星南、北侧（用于三轴姿态控制）；液浮陀螺，用于在转移轨道段和同步轨道段必要时测量卫星三轴角速度。此外，作为执行机构的动量轮提供转速脉冲信号，为卫星正常模式轮控提供必要的转速信息。

（2）控制执行机构

偏置动量轮组件或反作用轮组件，组成 V+L 形成金字塔形动量轮构型，用于正常模式克服太阳光压干扰，控制卫星滚动、俯仰和偏航姿态；南、北帆板驱动机构，分别驱动南、北太阳翼转动；帆板驱动机构线路盒，冷备份；推进分系统的多台双组元 10 N 推力器，产生姿态控制力矩和轨道控制力，承担除正常模式外的其他模式姿态控制力矩输出，以及轨道控制力的输出任务；推进分系统的 490 N 发动机组件，用于提供卫星转移轨道段的变轨推力。

（3）控制器

由控制计算机作为卫星主要控制器，控制系统软件和应用软件完成控制、计算功能。

## 5.2.4 推进分系统

**1. 功能**

推进分系统的任务是为卫星控制分系统提供控制力矩，为整星的轨道控制提供推力。推进分系统要满足卫星轨道机动、同步轨道定点捕获、位置保持，完成卫星各阶段姿态控制和调整的任务要求。

**2. 分系统的组成**

推进分系统一般由发动机、推力器、储箱、气瓶、各类阀门、管路、驱动控制电子设备、充压气体和推进剂组成。在系统功能实现上，推进分系统通常需具备以下功能：

①推进剂存储功能，一般由储箱实现。

②推进剂管理分配功能，一般由各类阀体（如减压器、单向阀、自锁阀等）通过功能组合实现。

③提供推力功能，一般由变轨发动机产生大推力，姿控推力器产生小推力。

④驱动控制功能，一般由一台专有电子设备（或模块）实现系统中所有电动阀体、发动机和推力器的开关驱动控制。

⑤系统接口功能，一般需具备遥测遥控接口、结构接口、测试试验接口等。

⑥故障诊断功能，用于关键部件故障诊断。

⑦推进剂剩余量测量功能，系统设计中通过合理配置各类传感器，如压力传感器、温度传感器等，实现推进剂剩余量的精确测量。

⑧推进剂地面加注和排放功能，用于卫星地面测试和发射场加注。

⑨安全防护功能，单机部件设计需执行卫星安全性设计规范和相关专业设计规范，确保推进系统安全性。

## 5.2.5 热控分系统

**1. 功能**

热控分系统的任务是确保卫星在发射主动段、转移轨道阶段及同步轨道飞行等阶段，星上所有仪器、设备以及星体本身构件的温度都处在要求的范围之内。

热控分系统应通过卫星轨道外热流计算，合理选择卫星散热面和星体外表面热控涂层，实现星体与空间环境的热交换控制，从而控制卫星外表面的温度水平；通过星内结构件与仪器、设备表面热控涂层的设计、导热和隔热材料的设计及电加热器的设计，实现星体内部的热交换控制，从而控制星上仪器、设备的温度水平。

**2. 分系统的组成**

热控分系统由硬件和软件组成，其中硬件又分为被动和主动热控产品。被动热控产品主要包括热控涂层、多层隔热组件、热管、导热填料、隔热垫片、扩热板等；主动热控产品主要包括电加热器、百叶窗、制冷器、单相流体回路、两相流体回路等。热控软件完成主动热控产品的自动控制。

### 5.2.6 结构分系统

结构分系统的任务是在满足总体规定的质量、强度、刚度、精度等要求下,提供一个满足需求的整星结构装配件,具有以下主要功能:

①保持卫星的完整性,支撑星体及星上设备。
②满足星体的刚度、强度和热防护要求。
③满足仪器设备的安装位置、安装精度的要求。
④保证在各种载荷、地面操作、运输、发射及空间环境条件下,仪器和设备的安全。
⑤保证星上展开部件的解锁、展开和锁定所需结构环境。

根据卫星任务要求,结构分系统一般由主承力结构、次级结构、结构连接件、大部件接口、运载火箭接口、运输接口、起装接口等组成。

## 5.3 典型通信卫星

2020 年,国外共计进行 41 次通信卫星发射(其中一次发射失败),成功将 999 颗通信卫星送入太空,其中美国 874 颗、欧洲 106 颗、俄罗斯 9 颗、日本 3 颗、印度 2 颗、其他国家 5 颗。自 1958 年第一颗通信卫星成功发射以来,全球已经成功发射 3 367 颗通信卫星。截至 2020 年年底,国外共有 1 785 颗通信卫星在轨运行,通信卫星仍是全球在轨数量最多的一类航天器。近年来,随着卫星"轨道革命"的全面深化,以及小卫星系统、技术的快速演进,低轨道(LEO)卫星部署数量呈现爆发式增长,通信卫星领域呈现出越来越明显的"低轨化"分布特征,"星链"(Starlink)星座已经成为迄今为止人类发展的规模最大的卫星系统,传统高轨卫星部署和在轨占比不断下滑,新态势、新格局已对卫星的研制和利用方式形成巨大冲击,并将持续对人类进入和认知太空的能力产生深远影响。

从军事角度分析,美军军事通信卫星建设起步较早,在卫星体系规划及关键技术研究等方面均处于世界领先地位。经过多年发展,目前美军已建成"宽带、窄带、受保护、中继"四位一体的军事通信卫星体系。基于此,本书简要介绍几种典型的美军军事通信卫星。

**1. 宽带通信卫星**

宽带通信卫星主要用于战略战术通信,能够提供高速大容量干线通信、节点通信和高速用户接入等通信服务。其中,2007 年由美空军部署的宽带全球卫星通信系统(Wideband Global Satcom,WGS)是美军有史以来功率最高、传输能力最强的宽带卫星通信系统,主要为美国防部和政府机关的大容量用户提供宽带服务,同时也为关键性战术部队提供移动通信支援。目前 WGS 统由 11 颗卫星组成,已基本实现全球通信覆盖,并对重点地区形成多重覆盖。WGS 宽带通信卫星采用波音公司的卫星平台,设计寿命 14 年,可提供 X 频段、Ka 频段双向通信服务和全球广播系统(Global Broadcast System,GBS)服务,此外,还支持频段交叉联通,X 频段与 Ka 频段可以相互交叉链接。该卫星最显著的特点是采用数字信道化技术,X 频段频谱资源被分割成 18 个 125 MHz 带宽的主信道,Ka 频段频谱资源被分割成 27 个 125 MHz 带宽的主信道,每个主信道又被分割成 48 个 2.6 MHz 的子信道。由于采用先进技术，卫星通信吞吐量最低可达 2.1 Gb/s，是国防卫星通信系统的 10 倍。

**2. 窄带通信卫星**

窄带通信卫星主要解决相对低速率的军事通信需求，提供语音、传真、低速数据及短消息等业务，主要为战术级单位或重要方向作战单位提供移动通信服务。自 20 世纪 70 年代起，美军先后发展了 UHF（Ultra High Frequency）军用卫星通信网、特高频后继星（UHF Follow On，UFO）卫星通信系统和移动用户目标系统（Mobile User Objective System，MUOS）。

其中，MUOS 系统主要为美军及其盟友的陆上、空中和海上各移动平台提供 UHF 频段的"动中通"通信服务。2012 年发射首颗移动用户目标系统卫星，2016 年完成星座部署，整个移动用户目标系统卫星星座包括 5 颗卫星，均运行在地球静止轨道。除高纬度极地地区外，整个移动用户目标系统已基本实现全球通信覆盖，并对重点区域形成双重覆盖。该系统卫星采用洛·马公司卫星平台，设计寿命 15 年。卫星的最大特点是采用第三代商业移动蜂窝网技术——宽带码分多址（WCDMA）技术。卫星类似于信号塔，负责用户信号的收发，而卫星地面站则对应于基站，负责用户接入和整个网络的管理。在 MUOS 中，信号塔的高度为 35 786 km，蜂窝小区的直径超过 900 km。该系统能够提供能力更强的 UHF 频段军事卫星通信服务，特别是"动中通"通信能力，极大地改变了美军使用 UHF 频段的方式。

MUOS 系统的通信容量超过 UFO 系统的 10 倍，可支持 2.4～384 kb/s 的数据信息率。MUOS 系统卫星除采用新型载荷外，还同时搭载传统 UHF 频段载荷，兼容上一代的 UFO 系统卫星用户终端。卫星上携带 4 副天线，其中 1 副为多波束天线，可产生 16 个点波束，用于 WCDMA 信号的收发和 UHF 传统信号的接收，多波束天线给卫星通信带来了极大的活动性，这也是移动用户目标系统强大"动中通"能力的重要支撑；1 副为 UHF 传统天线，用于 UHF 传统信号的发送；2 副为 Ka 频段发送和接收天线，用于卫星与地面站链路。

**3. 抗干扰通信卫星**

抗干扰通信卫星主要用于满足干扰条件下的通信需求，保障战略战术核心任务指令的顺利下达，具有良好的抗干扰性、隐蔽性与抗核生存性，对于保证核战争环境下的指挥控制与通信至关重要。

先进极高频卫星系统（Advanced Extremely High Frequency，AEHF）是美军整个卫星通信体系的"硬核心"，是最关键、最重要的卫星通信系统。AEHF 系统卫星星座包含 6 颗卫星，整个系统由美国空军负责研发采办。2010 年，该系统部署了首颗卫星，至今已成功发射 6 颗，完成星座部署，卫星均运行在地球静止轨道。除极地地区外，目前 AEHF 系统已基本实现全球通信覆盖。AEHF 系统卫星由洛·马公司研发，设计寿命 15 年。卫星星地链路工作在 EHF、SHF 频段，星间链路工作在 V 频段。卫星上搭载了扩展速率载荷，同时兼容军事星卫星的低数据速率和中数据速率载荷，其信息速率达 8.192 Mb/s，星间链路数据率达 60 Mb/s，单星总容量达 430 Mb/s，可服务 4 000 个网络，能同时支持 6 000 余个用户终端，通信容量比二代军事星卫星提高了 10 倍。AEHF 系统卫星采用数字化处理机，具备星上处理能力。此外，该卫星采用调零天线、基于点波束电扫的相控阵天线和灵活的信道——波束映射技术，通信信号功率低、波形隐蔽，而且还采用了安全控制网络和分布式抗毁任务控制体系结构，具有较强的反侦察、反干扰、反摧毁和网络空间安全能力。

**4. 跟踪与数据中继卫星**

跟踪与数据中继卫星是特殊用途的通信卫星，被称为"卫星的卫星"，主要用于为中低轨航天器提供数据中继和跟踪测控等服务。美军目前使用的典型军用中继卫星通信系统为卫星数据系统（Satellite Data System，SDS）。卫星数据系统由美国国家侦查局负责运行管理，属于高度保密项目。该系统主要为"锁眼"和"长曲棍球"等侦察卫星提供数据中继服务，同时部分卫星数据系统卫星还携带了通信载荷和红外预警载荷，可为战略核部队提供指控通信支持，进行导弹发射红外预警。

自 1976 年发射首颗卫星以来，目前卫星数据系统已发展了四代。第一代卫星从 1976 年至 1987 年共发射 7 颗，均运行在大椭圆轨道（HEO）；第二代卫星从 1989 年至 1996 年共发射 4 颗，均运行在大椭圆轨道；第三代卫星从 1998 年至 2014 年共发射 8 颗，运行在大椭圆轨道和地球静止轨道（GEO）；第四代卫星从 2016 年开始发射，已发射 2 颗，均运行在地球静止轨道。目前，在轨的现役卫星数据系统卫星主要有 5 颗第三代卫星和 2 颗第四代卫星。卫星数据系统已基本实现了包含极地地区在内的全球覆盖，弥补了地球静止轨道覆盖范围的不足。现役的卫星数据系统卫星由波音公司研制，被称为"类星体"（Quasar）。第三代卫星除搭载数据中继载荷外，还携带了"眼镜蛇黄铜"（Cobra Brass）红外预警载荷，可承担部分导弹红外预警任务。

## 5.4 通信卫星的 STK 仿真

### 5.4.1 通信卫星仿真

新建 STK 场景后，会自动弹出"Insert STK Objects"窗口，在窗口中选择 Satellite 对象后，右侧会显示"Select A Method"，可以选择插入卫星的方式。选择"Orbit Wizard"单击"Insert"按钮，会弹出"Orbit Wizard"窗口，可以仿真静止轨道通信卫星、低轨道通信卫星等通信卫星。通过"Orbit Wizard"窗口可以选择"Circular""Critically Inclined""Geosynchronous""Molniya""Repeating Ground Trace"等不同轨道的通信卫星。

通信卫星最常见的轨道类型分别为地球静止轨道（GEO）卫星、低轨道（LEO）卫星和中轨道（MEO）卫星，在新建的仿真场景中，按照表 3-3 所示的卫星参数进行设置，可以得到三颗不同轨道高度的通信卫星。

### 5.4.2 典型通信卫星仿真

典型通信卫星可以通过卫星数据库直接插入，STK 数据库中包含很多常见卫星，如"铱"星、天链等。不同版本软件中，数据库中的卫星不同，版本越高，相应的卫星越丰富。

新建 STK 场景后，自动弹出"Insert STK Objects"窗口，在窗口中选择 Satellite 对象后，右侧显示"Select A Method"，选择"From Standard Object Database"，单击"Insert"按钮后，会弹出"Search Standard Object Data"窗口，如图 5-13 所示。可以通过"Name or ID"

"Owner""Mission""Periapsis Altitude""Apoapsis Altitude""Period""Inclination""Operational Status"等方式快捷地插入一颗卫星。

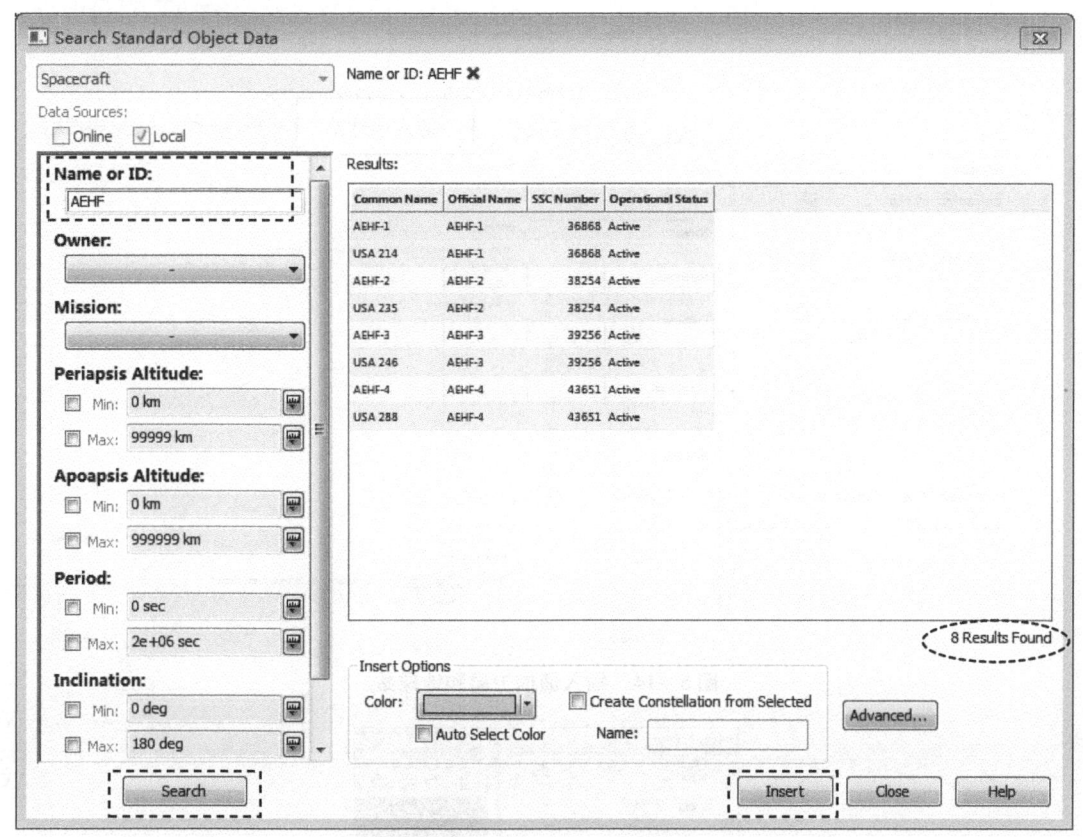

图 5-13 典型通信卫星仿真

AEHF 是美国的抗干扰通信卫星，可以通过数据库直接插入。在图 5-13 左侧"Name or ID"中输入"AEHF"，单击左下方的"Search"按钮，右侧"Results"以列表的形式显示搜索到的 AEHF 通信卫星，并列出卫星的相关参数，包括"Common Name""Official Name""SSC Number""Operational Status"等。在列表的右下方会显示所有搜索到的卫星数目。选择相应的卫星，单击右下方"Insert"按钮，即可插入 AEHF 卫星。

### 5.4.3 通信卫星的覆盖仿真

卫星通信中，通信卫星与地面站之间要进行通信，地面站必须在卫星覆盖范围内，利用 STK 可分析卫星对于地面站的覆盖情况。

在 STK 场景中插入一颗低轨道卫星和一个地球站。卫星轨道高度为 1 000 km、倾角为 60°，地球站设在北京。利用前述方法插入一颗低轨道卫星，重命名为 LEO；利用前述方法插入北京站，如图 5-14 所示。

选择 LEO 卫星后右击，选择"Coverage…"（图 5-15），弹出"Coverage"窗口，如图 5-16 所示。

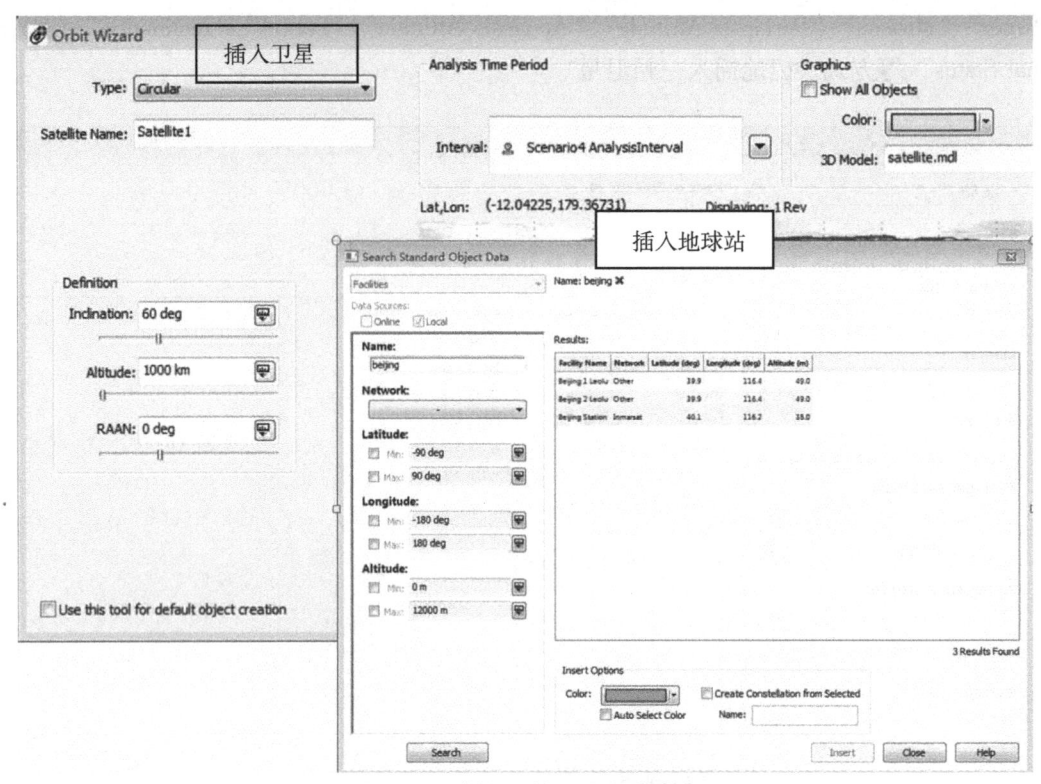

图 5-14 插入通信卫星和地球站

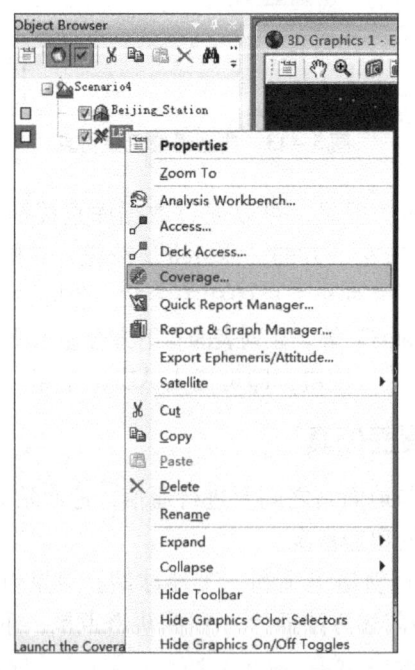

图 5-15 分析卫星对北京站的覆盖特性

在"Coverage"窗口中选择要分析的北京站,单击左下方的"Assign"按钮,即可分析 LEO 卫星对于北京站的覆盖情况。覆盖情况可以通过报告 Reports 和图表 Graphs 两种方式显

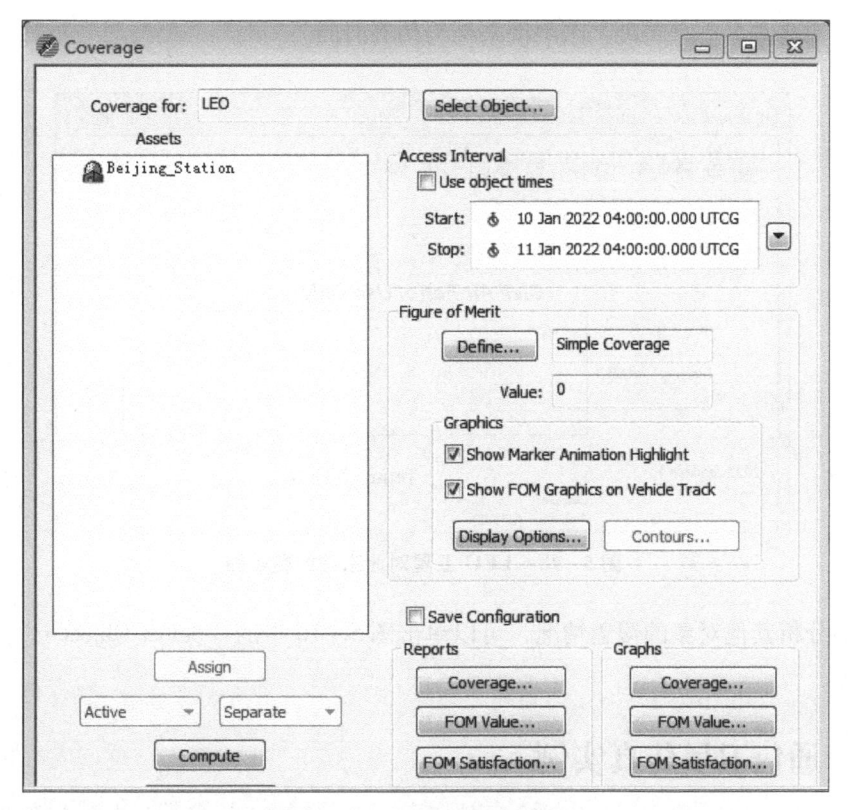

图 5-16 "Coverage" 窗口

示。单击右下方"Reports"下的"Coverage…",可以得到 LEO 卫星对北京站覆盖的报告,如图 5-16 所示。LEO 卫星对北京站的覆盖报告如图 5-17 所示,图中显示了 LEO 卫星与北京站之间的 Access Start(开始时间)、Access End(结束时间)、Duration(持续时间)及 Min Duration、Max Duration 等。

图 5-17  LEO 卫星对北京站的覆盖报告

单击图 5-16 右下方"Graphs"下的"Coverage…"按钮,可以得到 LEO 卫星对北京站的覆盖图,如图 5-18 所示。图 5-18 中显示了 LEO 卫星覆盖到北京站的多个时间段,在仿真时间内，共有 7 个时间段，图中横坐标为仿真时间。

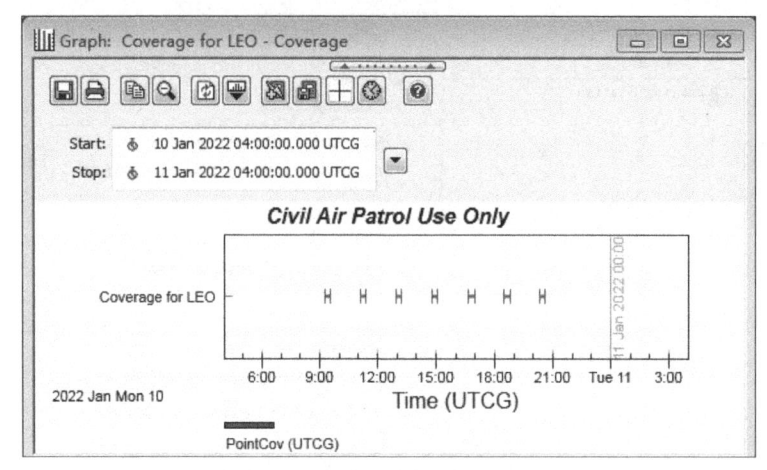

图 5 – 18　LEO 卫星对北京站的覆盖图

如果要分析其他对象的覆盖情况，可以单击图 5 – 16 中的"Select Object…"，选择相应的对象即可。

## 5.5　通信卫星仿真实例

### 5.5.1　仿真任务实例

打开 Chapter4 场景，修改仿真场景名称，插入地球静止轨道通信卫星，分析卫星对地球站的覆盖情况；修改地球站约束条件，分析覆盖情况变化；分析大椭圆轨道卫星对不同纬度地球站的覆盖情况；插入传感器，分析约束条件对覆盖的影响。熟练开展不同的通信卫星仿真，仿真分析不同约束条件对覆盖性能的影响。

### 5.5.2　仿真基本过程

①打开"Chapter4"场景，将名称修改为"Chapter5"；

②插入一颗地球静止轨道卫星，命名为 GEO，定点在东经 60°；

③分析 GEO 卫星对 Beijing_Station 的覆盖情况；

④设置 Beijing_Station 发射天线的约束条件，最小仰角设为 20°，分析设置约束条件后覆盖情况报告；

⑤分析 HEO 卫星对不同纬度的 Wenchang 和车载站的覆盖情况，通过覆盖图对比覆盖时间；

⑥在车载站下插入新的 Sensor 对象；

⑦设置 Sensor 的约束条件，最远距离设置为 2 500 km，在 3D 窗口观察车载站的覆盖范围；

⑧分析 LEO 卫星对车载站传感器的覆盖情况；

⑨分析 GEO 卫星对 LEO 卫星的覆盖情况，保存场景。

## 5.6 本章资源

### 5.6.1 本章思维导图

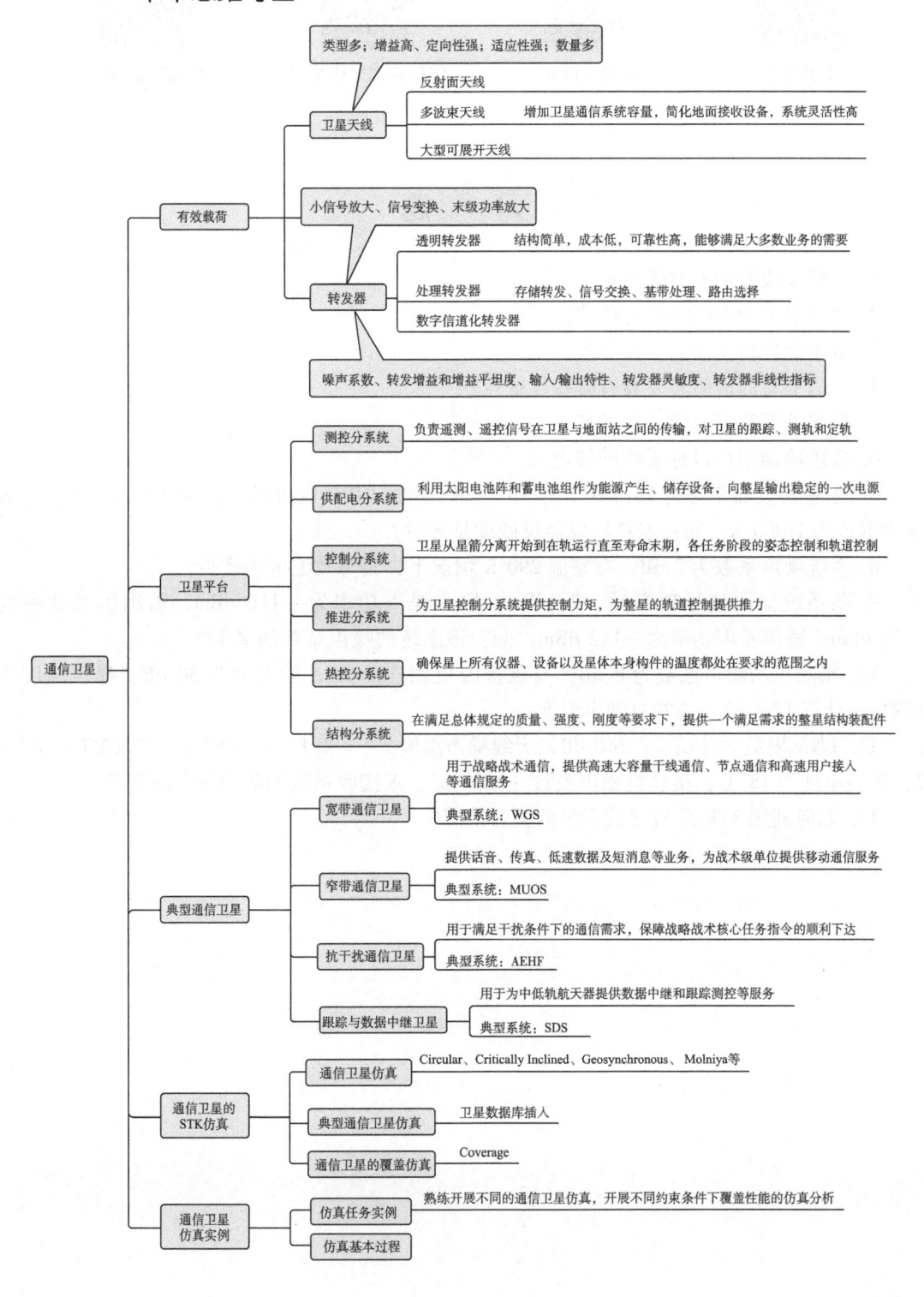

```
通信卫星
├─ 有效载荷
│  ├─ 卫星天线 —— 类型多；增益高、定向性强；适应性强；数量多
│  │   ├─ 反射面天线
│  │   ├─ 多波束天线 —— 增加卫星通信系统容量，简化地面接收设备，系统灵活性高
│  │   └─ 大型可展开天线
│  └─ 转发器 —— 小信号放大、信号变换、末级功率放大
│     ├─ 透明转发器 —— 结构简单，成本低，可靠性高，能够满足大多数业务的需要
│     ├─ 处理转发器 —— 存储转发、信号交换、基带处理、路由选择
│     └─ 数字信道化转发器
│     噪声系数、转发增益和增益平坦度、输入/输出特性、转发器灵敏度、转发器非线性指标
├─ 卫星平台
│  ├─ 测控分系统 —— 负责遥测、遥控信号在卫星与地面站之间的传输，对卫星的跟踪、测轨和定轨
│  ├─ 供配电分系统 —— 利用太阳电池阵和蓄电池组作为能源产生、储存设备，向整星输出稳定的一次电源
│  ├─ 控制分系统 —— 卫星从星箭分离开始到在轨运行直至寿命末期，各任务阶段的姿态控制和轨道控制
│  ├─ 推进分系统 —— 为卫星控制分系统提供控制力矩，为整星的轨道控制提供推力
│  ├─ 热控分系统 —— 确保星上所有仪器、设备以及星体本身构件的温度都处在要求的范围之内
│  └─ 结构分系统 —— 在满足总体规定的质量、强度、刚度等要求下，提供一个满足需求的整星结构装配件
├─ 典型通信卫星
│  ├─ 宽带通信卫星 —— 用于战略战术通信，提供高速大容量干线通信、节点通信和高速用户接入等通信服务
│  │                典型系统：WGS
│  ├─ 窄带通信卫星 —— 提供话音、传真、低速数据及短消息等业务，为战术级单位提供移动通信服务
│  │                典型系统：MUOS
│  ├─ 抗干扰通信卫星 —— 用于满足干扰条件下的通信需求，保障战略战术核心任务指令的顺利下达
│  │                  典型系统：AEHF
│  └─ 跟踪与数据中继卫星 —— 用于为中低轨航天器提供数据中继和跟踪测控等服务
│                          典型系统：SDS
├─ 通信卫星的 STK 仿真
│  ├─ 通信卫星仿真 —— Circular、Critically Inclined、Geosynchronous、Molniya 等
│  ├─ 典型通信卫星仿真 —— 卫星数据库插入
│  └─ 通信卫星的覆盖仿真 —— Coverage
└─ 通信卫星仿真实例
   ├─ 仿真任务实例 —— 熟练开展不同的通信卫星仿真，开展不同约束条件下覆盖性能的仿真分析
   └─ 仿真基本过程
```

### 5.6.2 本章数字资源

| 本章课件 | 练习题课件 | 仿真实例操作视频 | 仿真实例程序 |

## 习 题

1. 卫星天线的特点有哪些?
2. 通信卫星的天线类型有哪些?
3. 概述处理转发器的工作原理。
4. 通信卫星的透明转发器有哪些优缺点?
5. 概述美军宽带通信卫星的特点。
6. 概述移动用户目标系统的特点。
7. 卫星转发器带宽为 25 MHz,在 $10^{-5}$ 误码率时,其接收机最小信噪比为 10 dB,等效噪声温度为 1 000 K,问:卫星转发器灵敏度是多少?
8. 系统噪声系数为 2 dB,在室温 290 K 情况下,其等效温度为多少?
9. 某系统输入信号功率为 -70 dBm,输入噪声功率为 -116 dBm,输出信号功率为 -75 dBm,输出噪声功率为 -112 dBm,问:该系统的噪声系数是多少?
10. 接收机的噪声系数为 8 dB,与该接收机相连的 LNA 的增益为 30 dB,噪声温度为 120 K。计算 LNA 输入端的总噪声温度。
11. LNA 增益为 $[G_{LNA}]$ =40 dB,天线噪声温度 $T_{ant}$ =30 K,$T_{e1}$ =50 K,馈线损耗 $[L]$ =2,地表温度为 18 ℃,接收机噪声系数 $[NF]$ =2,求接收系统的等效噪声温度 $T_s$。
12. 如何利用 STK 分析通信卫星的覆盖情况?

# 第 6 章

# 卫星链路

卫星通信实际上由两条传输方向相反的单向信道构成的双工通信链路组成。卫星通信链路由发送地球站、上行链路、通信卫星（多颗通信卫星时，通信卫星间有星间链路）、下行链路和接收地球站组成。

本章首先介绍两种卫星通信链路——星间链路和星地链路，描述链路的基本特点；接着对星地链路进行重点分析，主要包括星地距离、仰角、方位角、传输时延和多普勒频移等；接下来对链路预算进行分析，包括传输损耗、噪声和干扰及载噪比等；最后，利用 STK 对卫星链路进行仿真和性能分析，设计卫星链路 STK 仿真实例。

## 6.1 卫星链路类型

卫星通信的传输链路分为星间链路和星地链路。星间链路是指卫星与卫星之间的信息传输链路，即卫星波束并不指向地球而是指向其他卫星，在自由空间内进行传播。其分为微波链路和激光链路，目前主要研究的是微波链路。星地链路是指卫星到地面节点之间的信息传输链路。星间链路模型建立的前提是卫星在对方的能见范围内，并且功率能够克服链路所带来的损耗。而对星地链路来说，链路模型建立的前提是满足最低仰角要求下的通信畅通条件。

### 6.1.1 星间链路

星间链路一般被认为是多波束卫星的一种不指向地球而指向其他卫星的特殊波束。对于卫星之间的双向通信，一般需要两个天线波束，一个用于发送信息，另一个用于接收信息。如图 6-1 所示，卫星网络互连本身就含有卫星之间的互连和卫星与地面站之间的互连。卫星之间的星间链路可以有多种不同情况，常见的有以下三种：①地球静止轨道卫星之间的星间链路（GEO-GEO）；②地球静止轨道卫星同低轨道卫星之间的星间链路（GEO-LEO），又称为轨道间链路（Inter-Orbit Link, IOL）；③低轨道卫星之间的星间链路（LEO-LEO）。

**1. GEO-GEO 星间链路**

当 GEO 卫星之间存在星间链路时，在相同的覆盖情况下，可以极大地提高系统的通信容量；在覆盖不同的区域时，可以大大增加通信覆盖的面积，同时，可以提高地面站的最小仰角，提高通信质量，还可以减少对卫星轨道位置的限制并建立全球卫星通信网络。

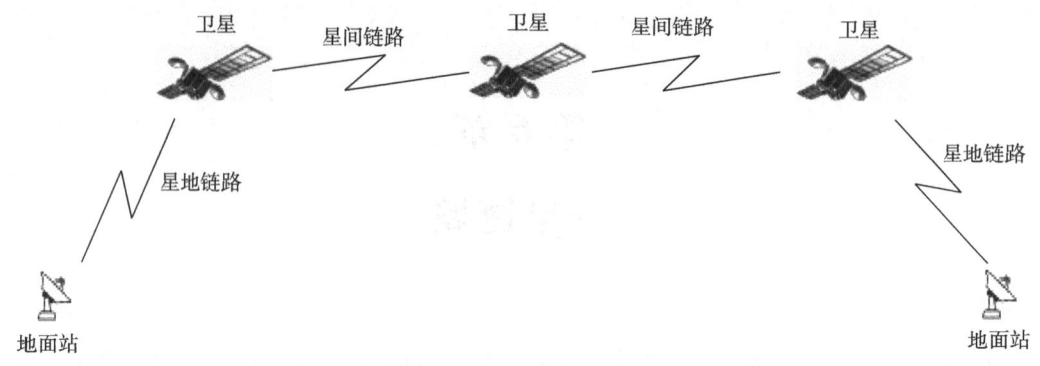

图 6-1 卫星通信链路示意图

### 2. GEO – LEO 星间链路

由于各种经济和政治原因,不可能为每一个卫星通信系统建立一个地面站网络,使得每一颗迅速通过的 LEO 卫星都能够同一个地面站相通信,而且往往不能在海洋和其他国家建立地面站。因此,需要利用一颗或多颗 GEO 卫星联系地面站和 LEO 卫星,起到中继的作用。GEO – LEO 星间链路示意图如图 6-2 所示。

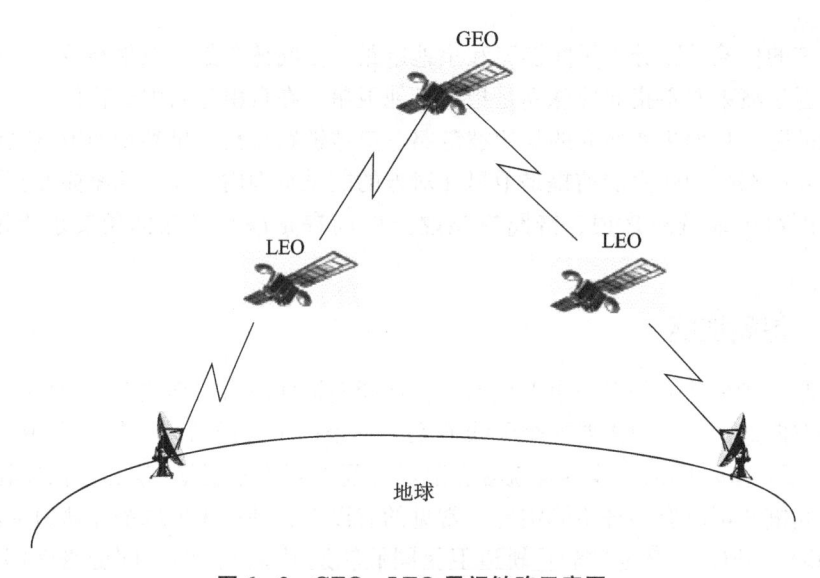

图 6-2 GEO – LEO 星间链路示意图

同时,利用 GEO – LEO 星间链路还可以构成航天器的跟踪与测控通信支持网络,具备同时为多个航天器提供服务的能力,为航天器提供全天候、全轨道的连续跟踪、测轨和测姿。以往的航天器跟踪与测控通信系统多是以陆基为基础的。以美国为代表,其科研人员花了 20 多年的时间建立了以陆地为基础的各种跟踪与测控通信系统,虽然起到了一定的作用,但实践证明,陆基支持系统的覆盖率最大只能达到 15%,而且需要极为复杂的地面通信网来支持航天技术的飞速发展。而在建立了星间链路的情况下,GEO 卫星相当于把地面测控站搬移到空间地球静止轨道上,一颗卫星就可以观察到大部分近地空域飞行的航天器。双星适当配置组网，可基本覆盖整个中、低轨道的空域，从而大大节省系统投资并降低其复杂程度。

**3. LEO – LEO 星间链路**

LEO 卫星的优点和地球静止轨道的拥挤使得 LEO 卫星通信系统成为未来卫星通信的一个重要发展趋势，但是 LEO 有两个相互联系的缺点：单颗卫星的覆盖范围很小；单颗卫星的通信时间很短。利用 LEO 卫星之间的星间链路可以弥补这两个缺点，例如铱星系统，通过星间链路实现与前、后、左、右四颗卫星的连接，组成卫星网络，如图 6-3 所示。利用星间链路实现卫星组网是未来卫星通信的发展趋势之一。

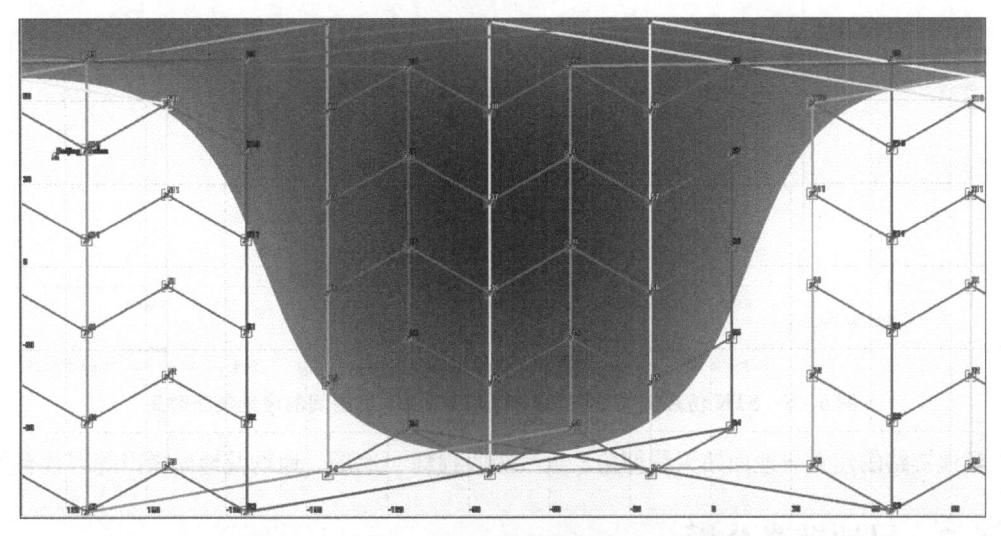

图 6-3 LEO – LEO 星间链路示意图（附彩插）

## 6.1.2 星地链路

星地链路是指卫星与地面站之间的通信链路。其中地面站到卫星之间的链路称为上行链路，而卫星到地面站之间的链路称为下行链路，如图 6-4 所示。星地之间的电波传播特性由自由空间传播特性和近地大气层的各种影响所决定，主要采用微波链路。

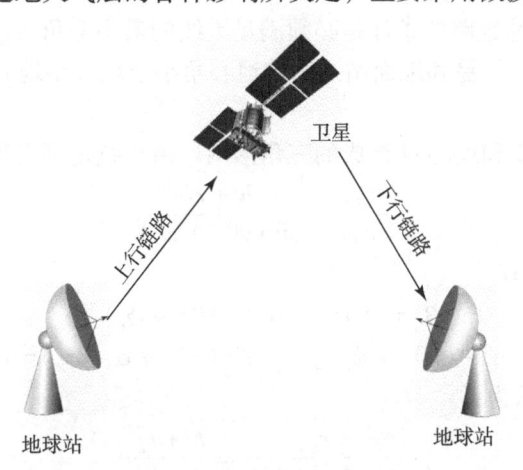

图 6-4 星地链路的示意图

不同轨道高度卫星与地面站之间链路的持续时间各不相同。地面站与地球静止轨道卫星之间的链路始终保持，与低轨道卫星之间的链路持续时间较短，而与中轨道卫星之间的链路持续时间在二者之间。通过 STK 仿真得到北京站与 LEO（轨道高度 1 000 km）和 MEO（轨道高度 10 500 km）的链路持续时间，如图 6-5 所示。MEO 卫星与地面站的链路持续时间为 1～2 h，而 LEO 与地面站的链路持续时间在十几分钟到 20 min 左右。

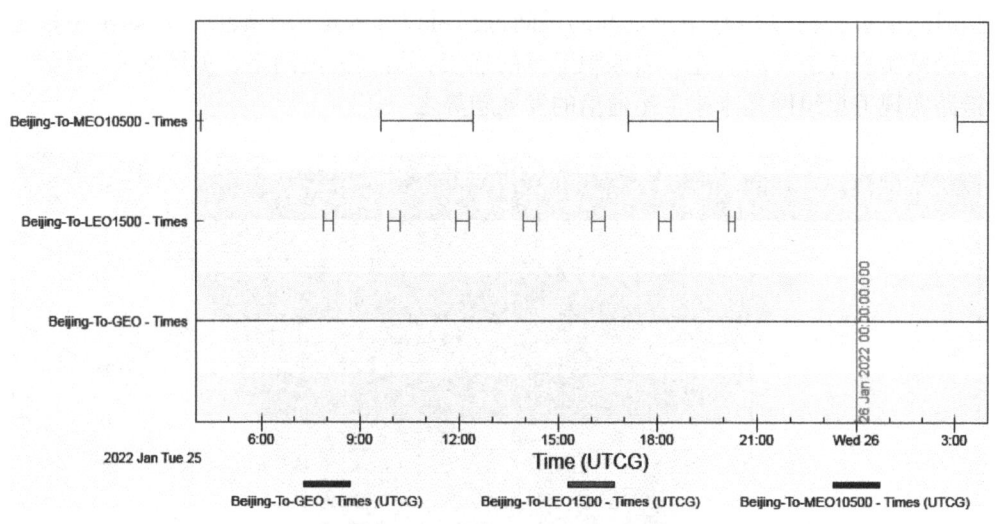

图 6-5 STK 仿真地面站与 GEO/LEO/MEO 卫星间的星地链路时间

星地链路的建立与地面站天线仰角、大气吸收损耗、地形、地物及地面噪声等因素有关。

## 6.2 星地链路分析

### 6.2.1 星地链路建立条件

地面站天线仰角是决定卫星与地面站能否建立星地链路的主要因素。地面站天线仰角过低，大气吸收损耗大，容易受地形、地物及地面噪声的影响，不能进行有效的通信，因此，地面站天线一般要满足一定的仰角条件。

地面站可以建立星地链路的条件是必须满足天线的最小仰角 $\phi_{emin}$，最小仰角对应的地心角为最大半地心角 $\alpha_{max}$。卫星和地面站之间的地心角小于最大半地心角，就可以建立星地链路，如图 6-6 所示。

在卫星 $S$、地面站 $A$ 和地心 $O$ 组成的三角形内，由正弦定理可得：

$$\frac{r_E}{\sin\beta} = \frac{h + r_E}{\sin(90° + \phi_e)} \tag{6.1}$$

在三角形 $OAS$ 中，有：

$$\beta = 180° - [\alpha + (90° + \phi_e)]$$

$$\sin\{180° - [\alpha + (90° + \phi_e)]\} = \sin(90° + \alpha + \phi_e) = \cos(\alpha + \phi_e) \tag{6.2}$$

式 (6.1) 可以表示为：

$$\frac{r_E}{\cos(\alpha + \phi_e)} = \frac{h + r_E}{\cos\phi_e} \tag{6.3}$$

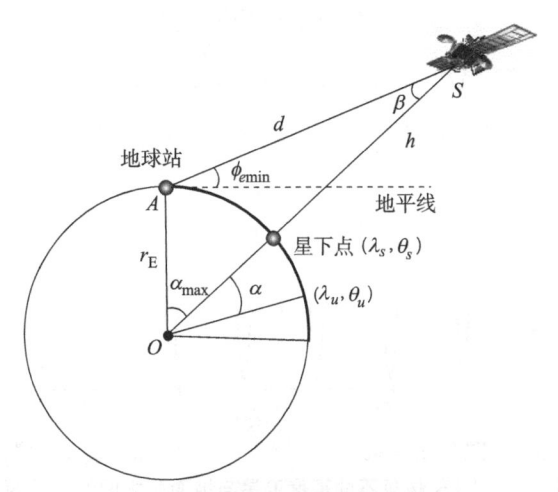

图 6-6 星地链路判断的示意图

天线仰角为最小仰角 $\phi_{e\min}$ 时，得到的半地心角即为最大半地心角 $\alpha_{\max}$。

$$\alpha_{\max} = \arccos\left(\frac{r_E}{h+r_E} \cdot \cos\phi_{e\min}\right) - \phi_{e\min} \tag{6.4}$$

最大半地心角与地球半径、卫星轨道高度及最小仰角有关。最小仰角一定的条件下，轨道高度越高，半地心角越大，星地链路的持续时间就越长，可通信时间也就越长。

已知卫星瞬时位置的星下点经纬度和地面站的经纬度，卫星与地面站之间的实际地心角 $\alpha$ 可以通过式（6.5）计算：

$$\alpha = \arccos\left[\sin\theta_s\sin\theta_u + \cos\theta_s\cos\theta_u\cos(\lambda_s - \lambda_u)\right] \tag{6.5}$$

式中，$(\lambda_s, \theta_s)$ 为卫星的星下点经纬度；$(\lambda_u, \theta_u)$ 为地球站经纬度。

如果地心角小于最大半地心角，则卫星可以与地面站建立星地链路，即

$\alpha \leq \alpha_{\max}$，则卫星可以与地面站建立星地链路。

$\alpha > \alpha_{\max}$，则卫星不能与地面站建立星地链路。

即使是同一颗卫星，与地面站之间的通信时间也不同。LEO 卫星与地面站通信时，当地面站从覆盖区域的边缘经过时，通信时间短；当地面站从覆盖区域的中心经过时，通信时间长。

### 6.2.2 星地距离

假设地面站和卫星满足条件可以建立星地链路。在地心 $O$、卫星 $S$ 和地面站 $A$ 组成的三角形 $OAS$ 内，边 $OA$ 是地球半径 $r_E$，边 $OS$ 是轨道高度 $h$ 加地球半径 $r_E$，地心角 $\alpha$ 可以由式（6.5）计算得到，利用余弦定理可以得到星地距离 $d$ 与轨道高度 $h$ 和地心角 $\alpha$ 的关系：

$$d = \sqrt{r_E^2 + (h+r_E)^2 - 2r_E(h+r_E)\cos\alpha} \tag{6.6}$$

利用 STK 仿真得到某 LEO 和 MEO 卫星与地面站之间的星地链路的距离，如图 6-7 所示。轨道高度越高，星地距离就越大。后续会介绍利用 STK 仿真分析链路距离。由于卫星在轨道上运行，同一颗卫星与地面站之间的星地距离也是变化的。星地距离直接影响了传输时延和自由空间传播损耗。

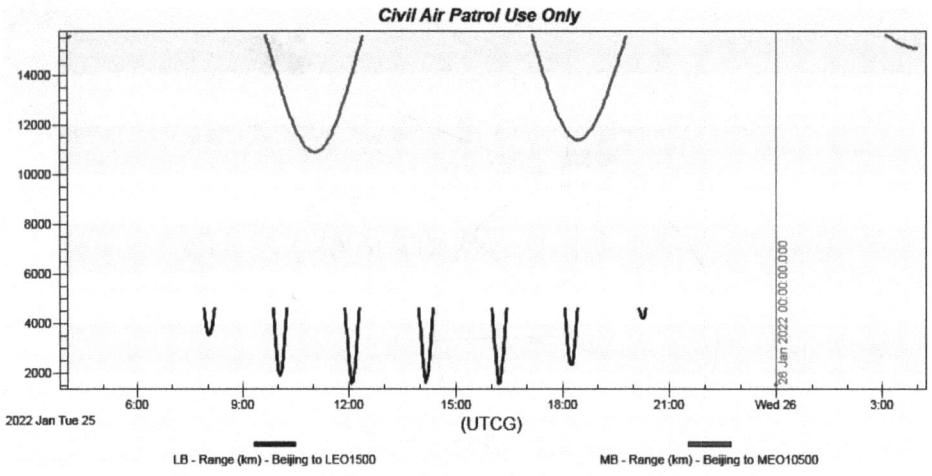

图 6-7  STK 仿真不同高度卫星与地面站之间的星地距离

## 6.2.3 仰角

仰角是指地面站天线轴线与地平线之间的夹角，如图 6-8 所示。

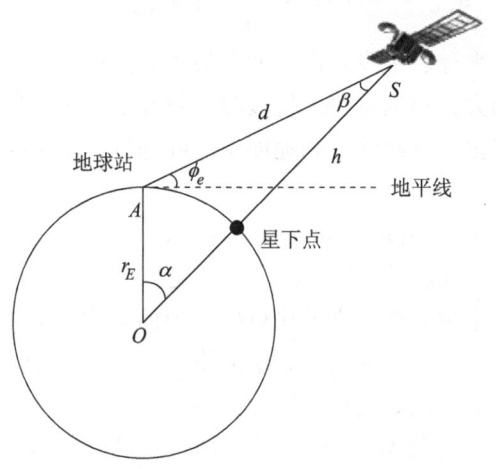

图 6-8  仰角计算的示意图

在卫星 $S$、地面站 $A$ 和地心 $O$ 组成的三角形内，利用正弦定理，可以得到仰角与卫星轨道高度和地心角之间的关系。

式 (6.3) 可进一步表示为：

$$\frac{r_E}{\cos\alpha\cos\phi_e - \sin\alpha\sin\phi_e} = \frac{h + r_E}{\cos\phi_e} \tag{6.7}$$

将式 (6.7) 整理后可得：

$$(h + r_E)\cos\alpha\cos\phi_e - r_E\cos\phi_e = (h + r_E)\sin\alpha\sin\phi_e \tag{6.8}$$

$$\tan\phi_e = \frac{(h + r_E)\cos\alpha - r_E}{(h + r_E)\sin\alpha} \tag{6.9}$$

地球站天线仰角可以表示为：

$$\phi_e = \arctan\left[\frac{(h + r_E)\cos\alpha - r_E}{(h + r_E)\sin\alpha}\right] \tag{6.10}$$

式中，$h$ 为卫星轨道高度；$r_E$ 为地球半径；$\alpha$ 为卫星与地球站之间的地心角，由式（6.5）计算得到。

### 6.2.4 方位角

方位角是从正北方起在地平面上依顺时针方向至目标方向线的水平夹角，如图 6-9 所示。

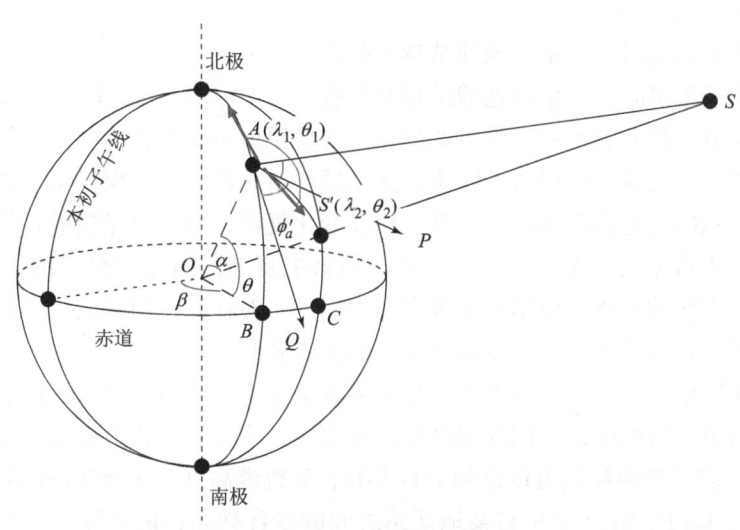

**图 6-9 方位角计算的示意图**

由卫星星下点的经纬度和地球站的经纬度可以计算得到卫星星下点和地球站的连线与地球站所在经线的夹角。

$$\phi_a' = \arcsin\left[\frac{\sin(\lambda_2 - \lambda_1)\cos\theta_2}{\sin\alpha}\right] \tag{6.11}$$

实际方位角的计算需要区分地球站是位于北半球还是南半球、卫星与地球站之间的相对位置。

如果地面站在北半球，则利用式（6.12）对方位角进行确定，同时要考虑卫星和地面站之间的相对位置。

$$方位角 = \begin{cases} 180° - \phi_a' & （卫星位于地面站东侧） \\ 180° + \phi_a' & （卫星位于地面站西侧） \end{cases} \tag{6.12}$$

如果地面站在南半球，则利用式（6.13）对方位角进行确定，也要考虑卫星和地面站之间的相对位置。

$$方位角 = \begin{cases} \phi_a' & （卫星位于地面站东侧） \\ 360° - \phi_a' & （卫星位于地面站西侧） \end{cases} \tag{6.13}$$

仰角和方位角用于地面站天线的跟踪和瞄准。在其他轨道参数不变的情况下，增加轨道高度将降低方位角和仰角的变化速度，可以改善星载天线的捕获、锁定和跟踪性能；但同时会导致星间距离增大，自由空间传播损耗增加，将会提高对发射功率的要求。

### 6.2.5 多普勒频移

卫星与地球站之间的相对运动会产生多普勒效应，通信时，多普勒效应引起的附加频移,称为多普勒频移(Doppler Shift)。

多普勒频移与工作频率及卫星与地球站的相对运动速度有关,可以表示为:

$$\Delta f = \frac{f v_T}{c} \tag{6.14}$$

式中,$\Delta f$ 表示多普勒频移;$f$ 为工作频率;$v_T$ 为二者的相对运动速度;$c$ 为光速。

由式(6.14)可以得到:

当收、发两端靠近时,卫星和地球站越来越近,$v_T > 0$,多普勒频移为正值;

当收、发两端远离时,卫星和地球站越来越远,$v_T < 0$,多普勒频移为负值。

因此,波在波源移向观察者时频率变高,而在波源远离观察者时频率变低。

多普勒频移会对终端的解调造成困难,降低通信系统性能。为保证可靠的通信,必须获取卫星在可视范围内对地面终端的多普勒频移和变化规律,并给出相应的补偿。

对于地球静止轨道卫星通信,产生多普勒频移主要是因为用户终端的运动。GEO 卫星与地面站之间的多普勒频移,根据工作频率的不同,一般在几百赫兹到几千赫兹之间,相对较小,通过采用一定的调制方式可以忽略较小的多普勒频移。

对于非静止轨道卫星通信,多普勒频移主要取决于卫星相对于地面目标的快速移动。尤其是低轨道通信卫星与地球站之间的相对运动速度大,多普勒频移值较大。卫星与地球站工作在 C 频段时,多普勒频移值可以达到上百 kHz。某轨道高度为 1 000 km 的 LEO 卫星和轨道高度为 15 000 km 的 MEO 卫星与某地球站之间的多普勒频移值如图 6-10 所示。随着卫星在轨道上的运行,卫星与地球站之间的相对运动速度不断变化,导致多普勒频移值变化,尤其是低轨道卫星多普勒频移值较大。因此,多普勒频移对低轨卫星通信系统影响较大。

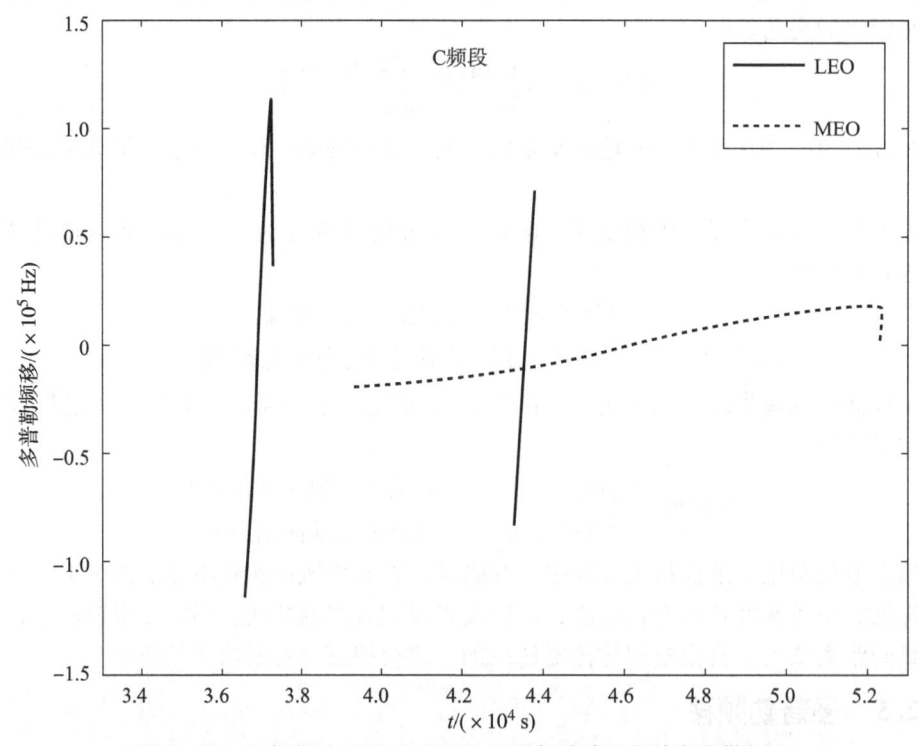

图 6-10 C 频段时 LEO 和 MEO 卫星与地球站间的多普勒频移

多普勒频移也可以加以利用，比如利用多普勒频移实现对卫星的定位。多普勒定位技术在不需要很高精度的定位场合是一种成本低而易于实现的技术。

## 6.3 链路预算

### 6.3.1 传输损耗

**1. 自由空间传播损耗**

磁波在传播过程中，能量将随传输距离的增加而扩散，由此引起的传播损耗为自由空间传播损耗。由电磁场理论可知，若各向同性天线（亦称全向天线或无方向性天线）的辐射功率为 $P_T$，则发射信号的能量向周围均匀扩散。

在半径为 $d$ 的球面上，辐射面积为 $4\pi d^2 (\text{m}^2)$，在单位面积上的功率为：

$$W_E = \frac{P_T}{4\pi d^2} \; (\text{W}/\text{m}^2) \tag{6.15}$$

假设接收天线的有效面积为 $A_\text{eff}$，则全向天线接收功率为：

$$P_R = \frac{P_T}{4\pi d^2} \cdot A_\text{eff} \; (\text{W}) \tag{6.16}$$

卫星通信中，一般使用定向天线，把电磁波能量聚集在某个方向上辐射，从而产生一定的天线增益。天线增益可以表示为：

$$G_R = \frac{4\pi A_\text{eff}}{\lambda^2} \tag{6.17}$$

因此，天线有效面积 $A_\text{eff}$ 可以等效为：

$$A_\text{eff} = \frac{G_R \lambda^2}{4\pi} \tag{6.18}$$

式中，$G_R$ 是接收天线的增益；$\lambda$ 为信号波长。

将式（6.18）代入式（6.16）得到，采用定向天线接收信号时的接收功率为：

$$P_R = \frac{P_T}{4\pi d^2} \cdot \frac{G_R \lambda^2}{4\pi} = \frac{P_T G_R}{\left(\frac{4\pi d}{\lambda}\right)^2} \tag{6.19}$$

采用定向天线发射信号，则接收功率为：

$$P_R = \frac{P_T G_R G_T}{\left(\frac{4\pi d}{\lambda}\right)^2} \tag{6.20}$$

式中，$G_T$ 是发射天线的增益；$\left(\frac{4\pi d}{\lambda}\right)^2$ 称为自由空间传播损耗 $L_f$，它表示由于电磁波在自由空间以球面波形式传播，电磁波能量扩散在球面上，而接收点只能接收到其中一小部分所形成的损耗。

由于工作波长 $\lambda$ 与频率 $f$ 的关系为 $\lambda = \frac{c}{f}$，其中，$c = 3 \times 10^8 \text{m/s}$，则 $L_f$ 可改写为：

$$L_f = \left(\frac{4\pi df}{c}\right)^2 \tag{6.21}$$

若用分贝形式来表示,则有:

$$[L_f] = 10\lg\left(\frac{4\pi d}{\lambda}\right)^2 = 20\lg\left(\frac{4\pi df}{c}\right) \tag{6.22}$$

若用 $d(\text{km})$、$f(\text{GHz})$ 表示,则:

$$L_f(\text{dB}) \approx 92.44 + 20\lg d(\text{km}) + 20\lg f(\text{GHz}) \tag{6.23}$$

自由空间传播损耗与传输距离 $d$ 和工作频率 $f$ 有关,星地链路长度越长,传输距离越远,则传播损耗越大;工作频率越高,传播损耗也就越大,如图6-11所示。后续会介绍利用STK仿真分析自由空间传播损耗。

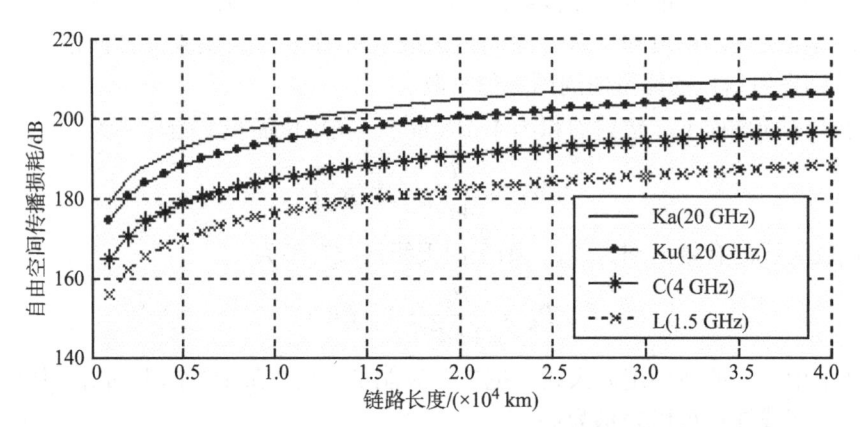

图6-11 MATLAB仿真不同频率,自由空间传播损耗与链路长度的关系

### 2. 大气吸收损耗

地球站与卫星之间利用电磁波进行信息传播时,必须穿过大气层,不可避免地会受到大气层的影响。在卫星通信中,除了自由空间传播损耗外,大气层吸收会造成信号能量在传输过程中的损耗。例如,电磁波在大气中传输时,会被电离层中的自由电子和离子吸收,并受到对流层中的氧分子、水蒸气分子和云、雾、雪等的吸收和散射,从而形成损耗。大气吸收损耗与卫星链路的工作频率、天线仰角等密切相关,详细内容在前面章节已阐述,在此不做赘述。

### 3. 馈线损耗

接收天线与接收机之间的连接部分本身也存在着一定的损耗,这类损耗是由连接波导、滤波器和耦合器产生的,用馈线损耗来表示。馈线损耗也存在于连接发射机HPA输出端和发射天线的波导、滤波器及耦合器中。如果给出的有效全向辐射功率EIRP中已经考虑了馈线损耗,则可不再重复考虑。

### 4. 天线指向损耗

卫星通信链路建立后,理想情况下,地球站天线和卫星天线都指向对准的最大增益方向,但实际上可能存在两种偏轴损耗的情况:一种在卫星天线,而另一种则在地球站天线。

有跟踪装置的天线指向误差损耗很小，一般在零点几至一点几分贝之间，而没有跟踪装置的大型天线指向损耗则可能很大。除了天线指向损耗外，天线极化方向的指向误差也会产生损耗，但极化误差损耗数值通常很小，常用统计数据来估计，当然，天线的指向误差损耗应该对上行链路和下行链路分别考虑。

### 6.3.2 噪声和干扰

卫星通信链路中，地球站接收到的信号极其微弱，而且接收天线在接收卫星转发来的信号的同时，还会接收到大量的噪声，如图 6-12 所示。地球站接收系统接收到的噪声有些是由天线从其周围辐射源的辐射中接收到的，如宇宙噪声、大气噪声、降雨噪声、太阳噪声、天电噪声、地面噪声等，若天线盖有罩子，则还有天线罩的介质损耗引起的噪声，这些噪声与天线本身的热噪声合在一起统称为天线噪声；有些噪声则是伴随信号一起从卫星发出的，包括发射地球站、上行链路、卫星接收系统的热噪声，以及多载波工作时卫星及发射地球站的非线性器件产生的互调噪声等；有些是干扰噪声（如人为噪声、工业噪声）。

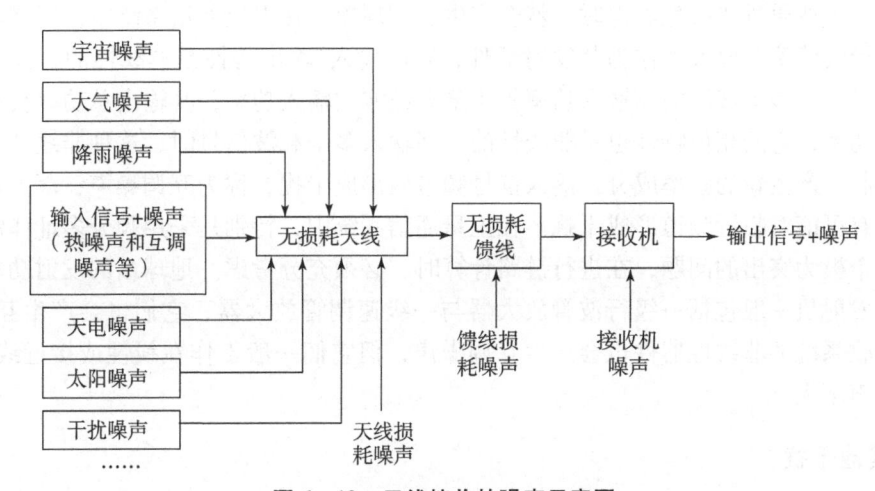

图 6-12 天线接收的噪声示意图

天线与接收机之间的馈线通常是波导或同轴电缆，由于它们是有损耗的，因此会附加上一些热噪声；而接收机中，线性或准线性部件放大器、变频器等会产生热噪声和散弹噪声；线路的电阻损耗会引起热噪声。以上这些都是接收系统内部噪声。至于解调器，是一种非线性变换部件，虽然它本身也会产生噪声，但由于对整个接收系统的噪声贡献不大，故系统分析时一般认为其是理想的（或把其噪声归算到接收机中去，而认为其是理想的）。

**1. 天线噪声**

天线噪声通过馈线进入接收机，当馈线损耗足够小时，由于接收机采用了低噪声放大器，所以天线噪声限制了接收系统噪声的进一步降低。天线噪声主要包括以下几个部分：

（1）天线固有的电阻性损耗引起的噪声

天线本身就有损耗，其损耗主要由天线的电阻特性引起。

（2）宇宙噪声

宇宙噪声指的是外空间星体的热气体及分布在星际空间的物质辐射所形成的噪声，它在银河系中心的指向上达到最大值，通常称为指向热空；而在天空其他某些部分的指向则是很低的，称为冷空。宇宙噪声是频率的函数，在 1 GHz 以下时，它是天线噪声的主要部分。

(3) 太阳噪声

太阳噪声是指太阳系中的太阳、各行星及月亮辐射的电磁干扰被天线接收而形成的噪声，其中太阳是最大热辐射源。在太阳黑子活动强烈时，即使天线不对准太阳，其旁瓣接收到的噪声也是很可观的。

(4) 大气噪声和降雨噪声

电离层、对流层对穿过它们的电波，在吸收能量的同时，也产生电磁辐射而形成噪声，其中主要是水蒸气和氧分子构成的大气噪声，大气噪声是频率的函数，在 10 GHz 以上时显著增加；此外，它又是仰角的函数，仰角越低，穿过大气层的路径越长，大气噪声对天线噪声温度贡献越大。

**2. 互调噪声**

当多个载波通过非线性器件时，就会产生互调现象。在卫星通信系统中，卫星转发器几乎都采用行波管功率放大器作为其发射部件，它的输入/输出特性是非线性的，并且在多个载波工作时，若多个载波的总输入功率等于某单载波的输入功率，其输出总功率会小于单载波的输出功率，它的相位特性也是非线性的。当输入多个载波信号时，这种非线性就会使它们相互调制，产生新的频率成分，落入信号频带内形成干扰，称为互调噪声；落入信号频带外的，则有可能对临近频道形成干扰。在卫星通信系统中，特别是采用频分多址体制时，互调噪声是个极为突出的问题，在进行链路计算时，必须充分考虑。地球站的发射功率通常较大，大型发射机一般包括一级行波管放大器与一级速调管放大器，它们也会产生互调噪声。地球站接收系统的非线性器件也会产生互调噪声，但它们一般工作在线性或接近线性状态，故互调噪声不大。

**3. 其他干扰**

(1) 系统间干扰

使用相同频段的卫星通信系统与地面微波中继系统之间，以及两个卫星通信系统之间都有可能发生相互干扰。为了避免严重的相互干扰，国际电信联盟对发射功率、天线方向、工作条件等做了限制性的规定。并且应采取一系列措施，如协调地球站与中继站之间的距离，选择适当的站址（最好地球站周围有小山屏蔽），抑制天线的旁瓣等。

(2) 共信道（Co-Channel）干扰

为了充分利用卫星的频率资源，现代卫星通信系统很多采用频率重复使用技术，即把已有频段再使用一次，这相当于把频带扩展了一倍。其方法之一是波束隔离，即分别指向地球不同区域的两个波束传递各自的消息，但使用相同的频带；另一种是极化隔离的方法，即两个波束的指向区域可能是重叠的，并且用相同的频带，它们靠正交极化方法隔离，即一个信号波用水平线极化，一个信号波用垂直线极化；或一个信号波用右旋圆极化，另一个信号波用左旋圆极化，各自传递各自的消息。有的系统这两种方法都采用，这样频带的利用率相当于原来的 4 倍甚至 6 倍。采用波束隔离方法进行频率重复使用时，两个波束相互间可能干扰，这种干扰称为共信道干扰。此时，一个波束在其最大辐射方向上的功率与干扰波束旁瓣在此方向上的功率分量之比称为隔离度，通常要求上行与下行的隔离度都在 27 dB 以上，隔离度实际也就是有用信号功率与共信道干扰噪声功率之比。

（3）正交极化干扰

采用正交线极化（垂直和水平线极化）或正交圆极化（左旋或右旋圆极化）波的频率复用卫星通信系统中，还存在另一个重要的干扰源，即能量从一种极化状态耦合到另一种极化状态引起的干扰。它是由于地球站和卫星天线的有限正交极化鉴别度（或隔离度）或降雨引起的去极化效应等造成的。在 C 频段，降雨的影响近似可以忽略。因此，正交极化干扰几乎完全取决于地球站天线和卫星天线的正交极化鉴别度。正交极化鉴别度定义为对同一入射信号，天线收到的同极化功率对正交极化功率的比值。因此，当两个正交极化信号发送功率相等时，正交极化鉴别度就表示同极化信号功率对正交极化干扰功率的比值。高质量天线沿着天线轴可以获得 30~40 dB 的正交极化鉴别度，是地球站天线和卫星天线在上行线和下行线组合的结果。

（4）码间干扰

当数字序列经过具有理想低通特性的信道时，如果其传输速率和所占用信道带宽满足奈奎斯特准则，那么其输出信号序列中各个比特之间就不存在码间干扰。然而，理想的低通信道是不存在的，通常信道具有滚降特性，即它在截止频率处不具有垂直截止特性，而是有一定的渐变过程，频带宽度增加。这样，当数字信号序列通过具有滚降特性的低通信道时，其输出的各比特波形就会出现相互重叠的现象，从而造成码元之间的相互干扰，即"码间干扰"。

在卫星通信系统中，由于存在多径传播，这样就使得所传输的数字码元出现时间展宽的现象，码元和码元之间相互重叠，从而造成码间干扰。另外，由于卫星通信系统中的传播路径很长，导致其传输延时很长，因此所产生的码间干扰相对而言比较严重。

**4. 噪声功率**

在卫星通信链路中，地面站接收到的信号是极其微弱的。特别是在地面站中，由于使用了高增益天线和低噪声放大器，使接收机内部的噪声影响相对减弱。因此外部噪声的影响已不可忽略，即其他各种外部噪声也应同时予以考虑。噪声的大小可直接用噪声功率来度量。对于具有热噪声性质的噪声，噪声功率可表示为：

$$N = kTB \tag{6.24}$$

式中，玻尔兹曼常数 $k = 1.38 \times 10^{-23}$ J/K；$T$ 为接收系统的等效噪声温度，包括天线等效噪声温度和接收机内部噪声的等效噪声温度；$B$ 为等效噪声带宽，单位为 Hz。

### 6.3.3 载噪比

载噪比是接收系统输入端的信号载波功率与噪声功率之比，它是决定一条卫星通信链路传输质量的最主要指标。本节采用卫星通信系统常用的符号 $C$、$G$ 和 $N$ 来表示接收信号载波功率、天线增益和接收端的噪声功率。接收信号功率 $C$ 为：

$$C = \frac{P_T G_T G_R}{L_f L_i} \tag{6.25}$$

式中，$P_T$ 为发射功率；$G_T$ 为发射天线增益；$G_R$ 为接收天线增益；$L_f$ 为自由空间传播损耗；$L_i$ 为其他损耗之和。其他损耗包括发射机到发射天线的馈线（波导）损耗、接收机到接收天线的馈线（波导）损耗、大气吸收损耗、天线指向损耗等。

接收信号的载噪比（载波功率与噪声功率之比）$C/N$ 为：

$$\frac{C}{N} = \frac{P_T G_T G_R}{L_f L_i kTB} \tag{6.26}$$

式中，$T$ 为等效噪声温度；$B$ 为等效噪声带宽；$k$ 为玻尔兹曼常数，$k = 1.38 \times 10^{-23}$ J/K。

在进行链路预算分析时，为了避免涉及接收机的带宽，还有两种表示方式——载波功率与噪声功率谱密度之比 $C/n_0$ 和载波功率与噪声温度之比 $C/T$。

$$\frac{C}{n_0} = \frac{P_T G_T G_R}{L_f L_i kT} \tag{6.27}$$

$$\frac{C}{T} = \frac{P_T G_T G_R}{L_f L_i} \tag{6.28}$$

式（6.26）~式（6.28）中，$G_R/T$ 称为接收系统的品质因数，它是评价接收系统性能好坏的重要参数。对于不同类型的卫星通信系统，对 $G_R/T$ 的要求有所不同。例如：国际卫星七号（IS-Ⅶ）工作于全球波束的卫星星载接收系统 $G_R/T$ 值为 $-11.5$ dB/K，而天线仰角大于 5°的 A 型标准地面站，在晴天的 $G_R/T$ 值应满足：

$$G/T \geq 40.7 + 20\lg \frac{f}{4}$$

式中，$f$ 为工作频率，单位为 GHz。

欧洲通信卫星（EUTELSAT）是区域性波束覆盖，卫星星载接收系统 $G_R/T$ 值为 $-5.3$ dB/K，而对地面站 $G_R/T$ 的要求为 $37.7$ dB/K $+ 20\lg\left(\frac{f}{4}\right)$。

卫星移动通信的地面移动终端天线增益通常只有 1~2 dB，$G_R/T$ 值为 $-22$ ~ $-23$ dB/K。

**1. 上行链路载噪比与卫星品质因数**

在计算上行链路载噪比时，地球站为发射系统，卫星为接收系统，如图 6-13 所示。

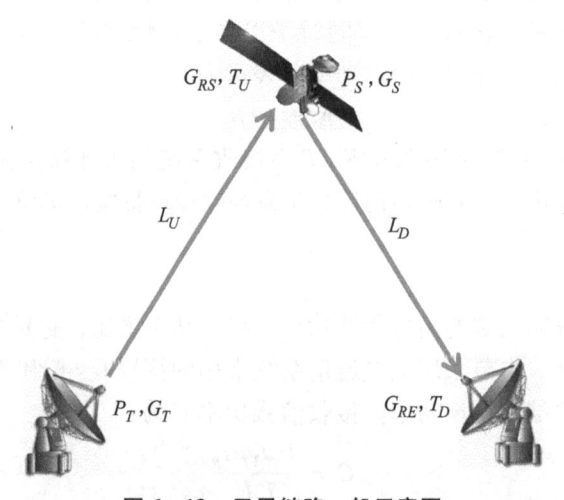

图 6-13　卫星链路一般示意图

设地球站有效全向辐射功率为 $[\mathrm{EIRP}]_E$，上行链路传播损耗为 $[L_U]$，卫星转发器接收天线增益为 $[G_{RS}]$，卫星转发器接收系统馈线损耗为 $[L_{FRS}]$，大气损耗为 $[L_a]$，则可求得卫星转发器接收机输入端的载噪比，用对数形式可以表示为：

$$\left[\frac{C}{N}\right]_U = [\mathrm{EIRP}]_E - [L_U] + [G_{RS}] - [L_{FRS}] - [L_a] - 10\lg(kT_S B_S) \quad (6.29)$$

式中，$T_S$ 为卫星转发器输入端等效噪声温度；$B_S$ 为卫星转发器接收机带宽。

式（6.29）也可以表示为：

$$\left[\frac{C}{N}\right]_U = [\mathrm{EIRP}]_E - [L_U] - [L_{FRS}] - [L_a] - 10\lg(kB_S) + \left[\frac{G_{RS}}{T_S}\right] \quad (6.30)$$

式（6.30）中，$\left[\dfrac{G_{RS}}{T_S}\right]$ 值的大小直接关系到卫星接收性能的好坏。因此，$\dfrac{G_{RS}}{T_S}$ 称为卫星接收机的品质因数。G/T 值越大，C/N 越大，卫星接收机的接收性能越好。

**2. 下行链路载噪比与地球站品质因数**

下行链路中，卫星转发器为发射系统，地球站为接收系统。与上行链路类似，下行链路的载噪比可以表示为：

$$\left[\frac{C}{N}\right]_D = [\mathrm{EIRP}]_S - [L_D] + [G_{RE}] - 10\lg(kT_E B_E) \quad (6.31)$$

式中，$[\mathrm{EIRP}]_S$ 是卫星转发器的有效全向辐射功率；$[L_D]$ 为下行链路传播损耗；$[G_{RE}]$ 为地球站接收天线增益；$T_E$ 为地球站接收机输入端等效噪声温度；$B_E$ 为地球站接收机的频带宽度。同样，可以表示为：

$$\left[\frac{C}{N}\right]_D = [\mathrm{EIRP}]_S - [L_D] - 10\lg(kB_E) + \left[\frac{G_{RE}}{T_E}\right] \quad (6.32)$$

式（6.32）中，$\left[\dfrac{G_{RE}}{T_E}\right]$ 值的大小关系到地球站接收性能的好坏。$\dfrac{G_{RE}}{T_E}$ 称为地球站品质因数。因此，在国际卫星通信系统中，为了保证一定的通信质量并能有效地利用卫星功率，对标准地球站的性能指数有明确规定。

**3. 卫星转发器载波功率与互调噪声功率**

当卫星转发器同时放大多个信号载波时，由于行波管的幅度非线性和相位非线性的作用，会产生一系列互调产物。其中，落入信号频带内的那部分就成为互调噪声。

如果近似认为互调噪声是均匀分布的话，可采用和热噪声类似的处理办法，求得载波互调噪声比，也可用 $\left[\dfrac{C}{N}\right]_I$ 或 $\left[\dfrac{C}{T}\right]_I$ 来表示，且

$$\left[\frac{C}{T}\right]_I \approx \left[\frac{C}{N}\right]_I - 228.6 + 10\lg B \quad (6.33)$$

一般情况下，越远离行波管饱和点，输入补偿越大，$\left[\dfrac{C}{T}\right]_I$ 越大；越接近饱和点，输入补偿越小，$\left[\dfrac{C}{T}\right]_I$ 越小。而 $\left[\dfrac{C}{T}\right]_U$ 和 $\left[\dfrac{C}{T}\right]_D$ 则正好相反。当输入补偿越小时，$[\mathrm{EIRP}]_S$ 要增

大，这时可使 $\left[\dfrac{C}{T}\right]_D$ 得到相应的改善。然而，$\left[\dfrac{C}{T}\right]_I$ 会因为行波管非线性而降低。因此，为了使卫星链路得到最佳的传输特性，必须适当选择补偿值。

**4. 卫星通信链路的总载噪比**

前面研究的上行和下行链路载噪比都是单程线路的载噪比。所谓单程，是指地球站到卫星或卫星到地球站。实际上，卫星通信是双程的，即由地球站→卫星→地球站。因此，接收地球站收到的总载噪比 $\left[\dfrac{C}{N}\right]_t$ 与下行链路的载噪比 $\left[\dfrac{C}{N}\right]_D$ 是有区别的。

整个卫星线路噪声由上行链路噪声、下行链路噪声和互调噪声三部分组成。虽然这三部分噪声到达接收站接收机输入端时，已混合在一起，但因各部分噪声之间彼此独立，所以，计算噪声功率时，可以将三部分相加。

$$N_t = N_U + N_I + N_D \tag{6.34}$$

式中，$N_U$ 表示上行链路的噪声功率；$N_I$ 表示转发器的噪声功率；$N_D$ 表示下行链路的噪声功率。

将式 (6.24) 代入式 (6.34) 可得：

$$\begin{aligned} N_t &= k(T_U + T_I + T_D)B \\ &= kT_t B \end{aligned} \tag{6.35}$$

$$T_t = T_U + T_I + T_D \tag{6.36}$$

式中，$T_U$ 表示上行链路的噪声温度；$T_I$ 表示转发器的噪声温度；$T_D$ 表示下行链路的噪声温度。

令 $r = \dfrac{T_U + T_I}{T_D}$，则式 (6.36) 可表示为：

$$T_t = (1 + r)T_D \tag{6.37}$$

整个卫星线路的总载噪比为：

$$\begin{aligned} \left[\dfrac{C}{N}\right]_t &= [\mathrm{EIRP}]_E - [L_D] + [G_R] - 10\lg(kT_t B) \\ &= [\mathrm{EIRP}]_E - [L_D] - [k] - [B] + \left[\dfrac{G_R}{(1+r)T_D}\right] \end{aligned} \tag{6.38}$$

也可以用 $\left[\dfrac{C}{T}\right]_t$ 来表示，即

$$\left[\dfrac{C}{T}\right]_t = [\mathrm{EIRP}]_S - [L_D] + \left[\dfrac{G_R}{(1+r)T_D}\right] \tag{6.39}$$

将式 (6.36) 代入 $\left(\dfrac{C}{T}\right)_t$ 可以得到：

$$\left(\dfrac{C}{T}\right)_t = \dfrac{C}{T_U + T_I + T_D} \tag{6.40}$$

$$\left(\dfrac{C}{T}\right)_t = \dfrac{1}{\dfrac{T_U + T_I + T_D}{C}} = \dfrac{1}{\left(\dfrac{C}{T_U}\right)^{-1} + \left(\dfrac{C}{T_I}\right)^{-1} + \left(\dfrac{C}{T_D}\right)^{-1}} \tag{6.41}$$

式 (6.41) 可以表示为：

$$\left(\frac{C}{T}\right)_t^{-1} = \left(\frac{C}{T}\right)_U^{-1} + \left(\frac{C}{T}\right)_I^{-1} + \left(\frac{C}{T}\right)_D^{-1} \tag{6.42}$$

也可以表示为:

$$\left(\frac{C}{N}\right)_t^{-1} = \left(\frac{C}{N}\right)_U^{-1} + \left(\frac{C}{N}\right)_I^{-1} + \left(\frac{C}{N}\right)_D^{-1} \tag{6.43}$$

由式（6.43）可以得到，卫星通信链路总载噪比的倒数是上行链路载噪比的倒数、下行链路载噪比的倒数和互调载噪比的倒数之和。总载噪比的计算是卫星链路预算中最重要的一环，卫星地球站之间能否成功通信，取决于总载噪比是否满足要求。

## 6.4 卫星链路的 STK 仿真

### 6.4.1 链路仿真

**1. 星地链路仿真**

星地链路是卫星与地球站之间的通信链路，要建立星地链路，需要建立一颗通信卫星和一个地球站。打开 STK 仿真软件，新建一个 STK 仿真场景，按照 2.5 节介绍的方法通过轨道生成向导插入一颗静止轨道通信卫星和一颗低轨道通信卫星，卫星的主要参数见表 2-3。静止轨道通信卫星定点于东经 10°，将卫星名称修改为 GEO；低轨道卫星名称修改为 LEO；插入北京站。

新建链路对象与其他对象类似，有几种方法：

①单击菜单栏的"Insert"→"New"，弹出"Insert STK Objects"窗口，选择 Chain，然后单击"Insert"按钮插入链路对象。

②单击"Insert"→"Default Object"，弹出"Insert Default Objects"窗口，选择 Chain，然后单击"Insert"按钮插入链路对象。

③在工具栏中单击"Insert Object"，如图 6-14 所示，弹出窗口，插入链路对象。

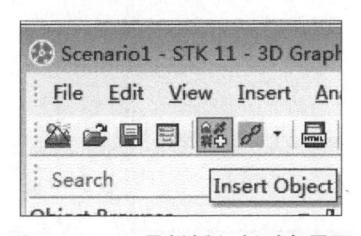

图 6-14 工具栏插入新对象界面

④通过工具栏，单击"Insert Default Object"右侧下拉倒三角按钮▼，选择 Chain，然后单击"Insert"按钮插入链路对象。

插入链路对象后，需要设置对象属性，选择对象后右击，选择"Properties"，如图 6-15 所示。弹出链路属性窗口，如图 6-16 所示，包括"Basic""2D Graphics""3D Graphics""Constraints"。选择"Basic"→"Definition",显示 Objects,左侧为"Available Objects",如图 6-16 中虚线框所示,可以从中选择作为链路两端的对象,包括场景中的所有地球站和卫星。右侧为"Assigned Objects",表示为链路分配的对象,默认情况下无对象。

在"Available Objects"中选择相应的对象,如选择"Beijing_Station",单击中间的"→"按钮,在右侧的"Assigned Objects"中显示"Beijing_Station",即为链路分配一个对象。再次选择"LEO",单击"→"按钮后,会出现在"Assigned Objects"中,这样就建立了一条从北京地面站到 LEO 卫星的星地链路。若要取消分配的链路对象,则在"Assigned Objects"中选择该对象后,单击中间的"←"按钮即可。选择链路"Chian1"后,修改名称为"Beijing-LEO"。

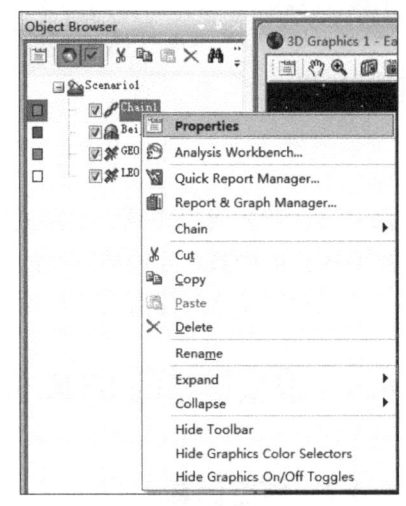

图 6-15 选择链路对象"Properties"

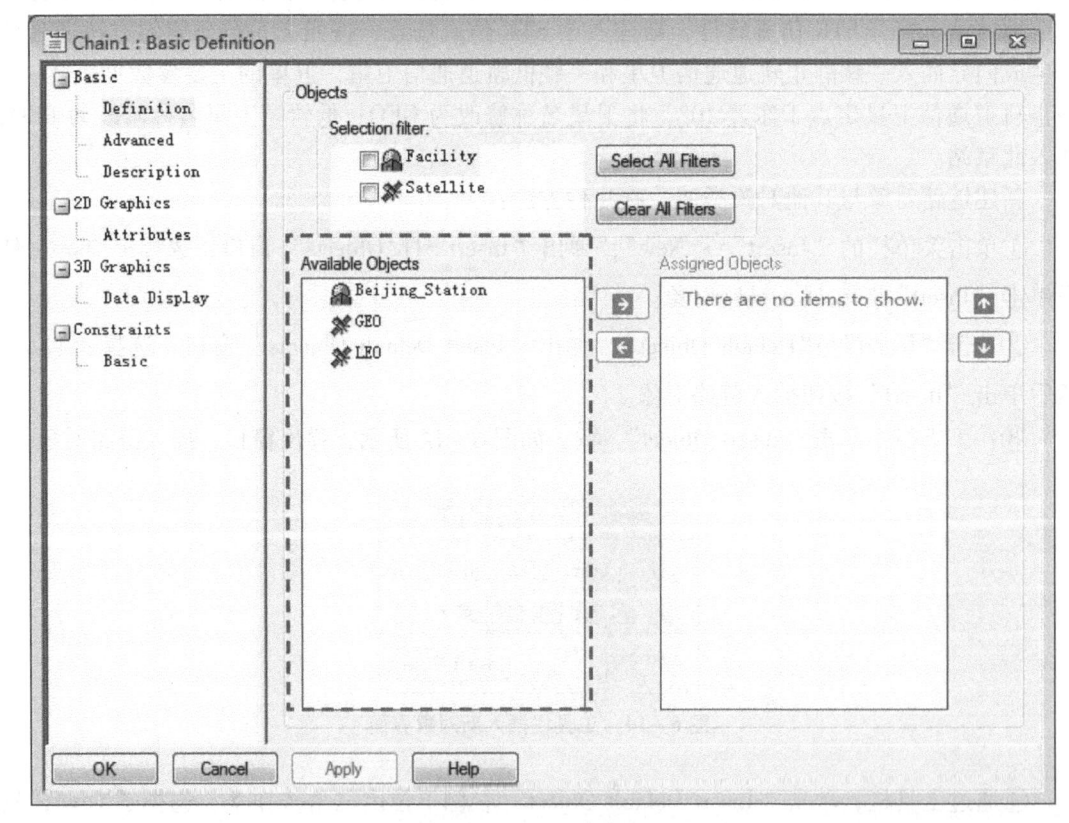

图 6-16 链路属性界面

## 2. 星间链路仿真

星间链路是卫星与卫星之间的链路，链路两端的对象是卫星。在仿真场景中新插入一个 Chain 对象，选择对象"Chian1"，修改名称为"GEO - LEO"，双击该对象打开属性窗口后，选择"GEO"后，按住 Ctrl 键，再选择"LEO"后，单击"→"按钮，这两颗卫星会出现在"Assigned Objects"中，如图 6 - 17 所示，在静止轨道卫星 GEO 和低轨道卫星 LEO 之间建立了一条星间链路。

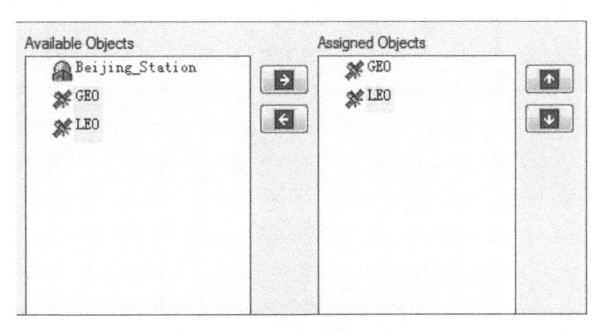

图 6 - 17　星间链路的建立

星间链路建立后，会显示在二维和三维场景中，如图 6 - 18 所示。单击场景中链路对象左侧的颜色框，即可弹出修改链路颜色的窗口。

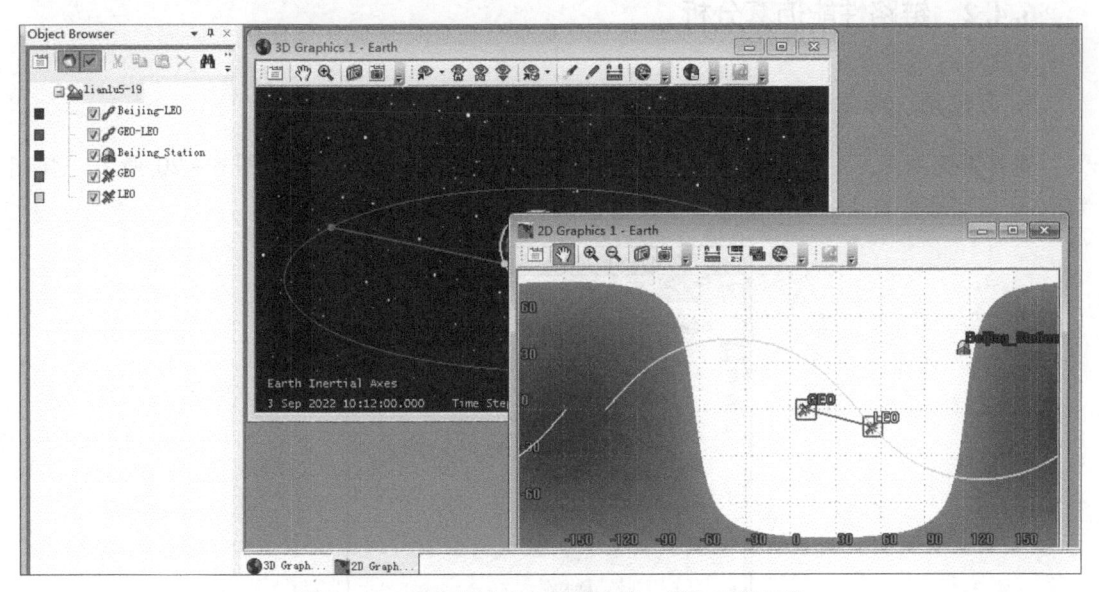

图 6 - 18　星间链路和星地链路的二维和三维示意

打开链路对象的属性窗口，选择"Constraints"→"Basic"，可以修改链路的约束条件，如图 6 - 19 所示。链路约束条件包括"Angle Between""Filtering Intervals"和"Link Duration"。在"Angle Between"中设置最小角度为 10°，此时只有满足这个约束条件才会建立链路。

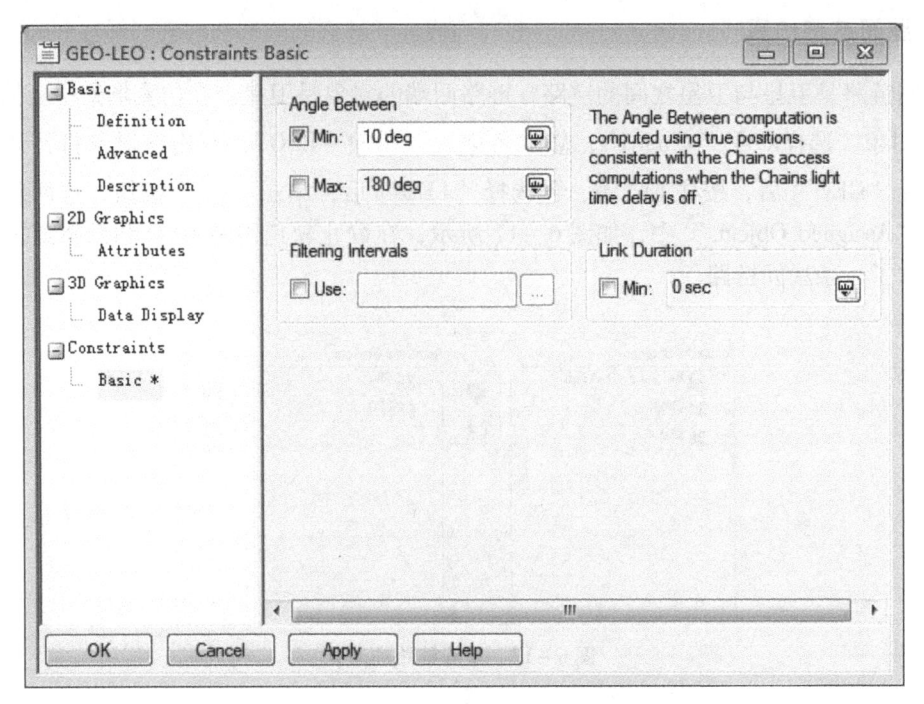

图 6-19 修改链路约束条件

## 6.4.2 链路性能仿真分析

**1. 方位角、仰角、距离仿真**

选择链路对象后，右击，选择"Report & Graph Manager…"，如图 6-20 所示，弹出"Report & Graph Manager…"窗口，如图 6-21 所示。

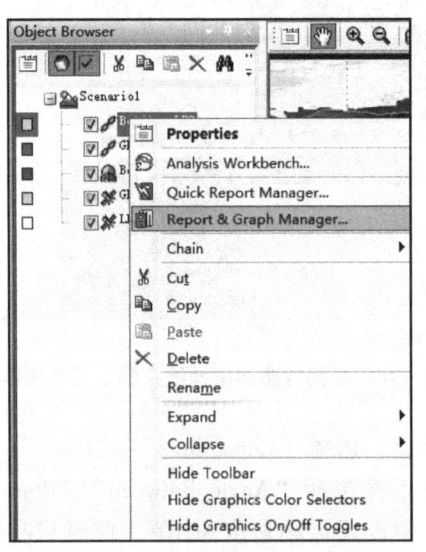

图 6-20 选择"Report & Graph Manager…"

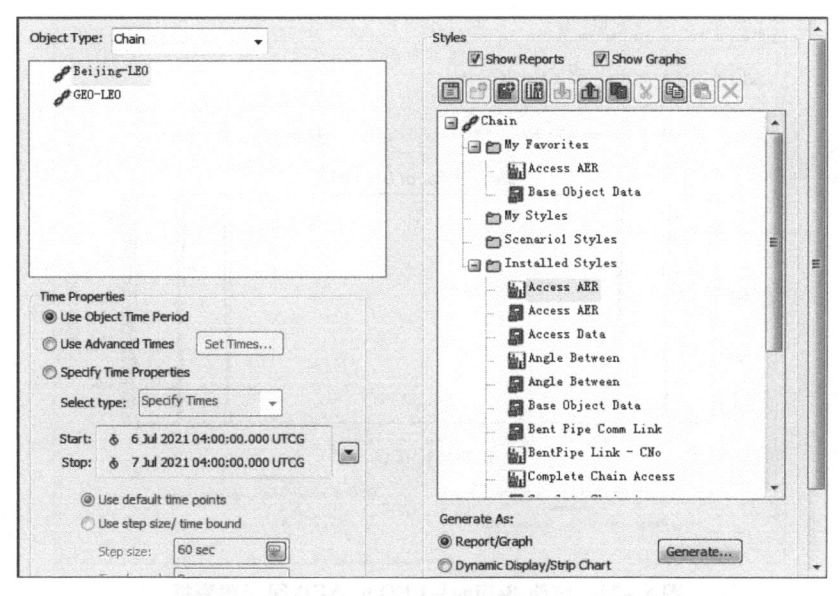

图 6-21 "Report & Graph Manager…"窗口

"Report & Graph Manager…"窗口包含"Object Type""Time Properties""Styles"等部分。"Object Type"选择"Chain"时，下方会显示场景中的链路对象，如图 6-21 所示。选择链路对象，如"Beijing-LEO"后，可以分析链路的特性。"Styles"下方包括"Show Reports"和"Show Graphs"，如果同时选择左侧的框后，会在下方以列表的形式显示链路的不同特性，如图 6-21 所示。

如果只勾选"Show Graphs"，则仅显示相应的图表项，如图 6-22 所示。选择图中的"Access AER"，单击右下方的"Generate…"按钮，即可产生"Beijing-LEO"链路的 AER 性能图表，如图 6-23 所示。图 6-23 中，横坐标为仿真时间，纵坐标左侧是角度、右侧是距离。

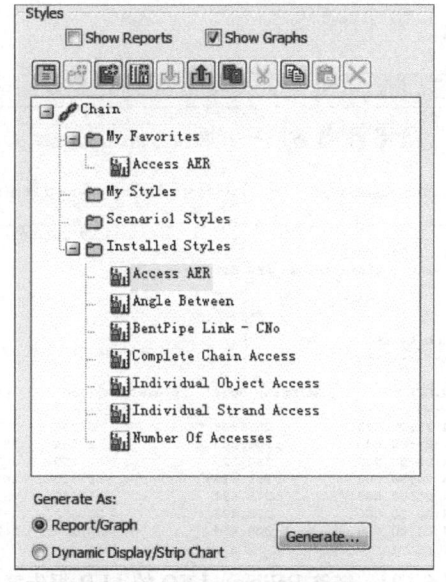

图 6-22 勾选"Show Graphs"

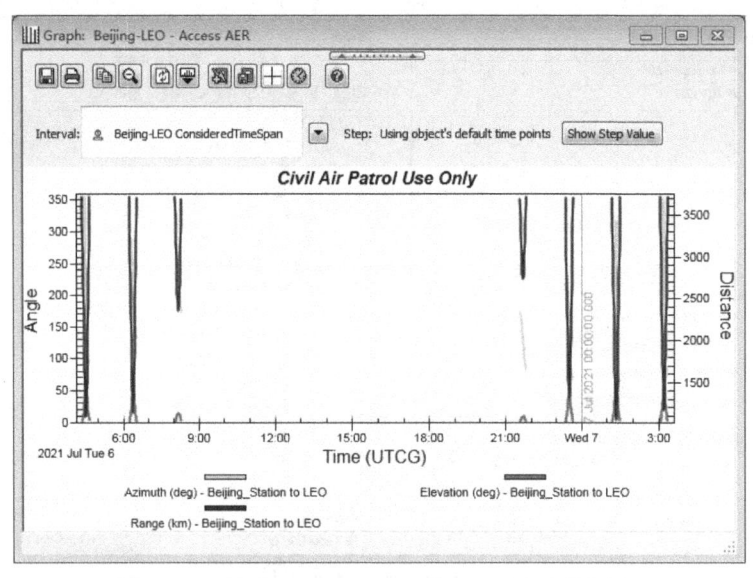

图 6-23 链路 Beijing-LEO 的 AER 图（附彩插）

链路的 AER 性能包含三个内容："A"是"Azimuth"，指方位角；"E"是"Elevation"，指仰角；"R"是"Range"，指距离。方位角、仰角和距离通过不同颜色的线条显示，在图的下方是图例。由图 6-23 可以看出，从北京地面站到 LEO 卫星的链路方位角、仰角和距离，随着卫星在轨道上的运行和地球站的相对位置发生变化，方位角、仰角和距离相应地发生变化。卫星相对于地球站从远及近，链路距离最大超过 3 500 km，最小不到 1 500 km。通过图表可以清楚地了解方位角、仰角和距离的变化规律，为了了解其准确值，可以通过报告的形式给出。

在图 6-21 中，"Styles"只勾选"Show Reports"，则仅显示相应的报告项。选择"Access AER"后，单击右下方的"Generate…"按钮，即可产生"Beijing-LEO"链路的 AER 性能报告，如图 6-24 所示。

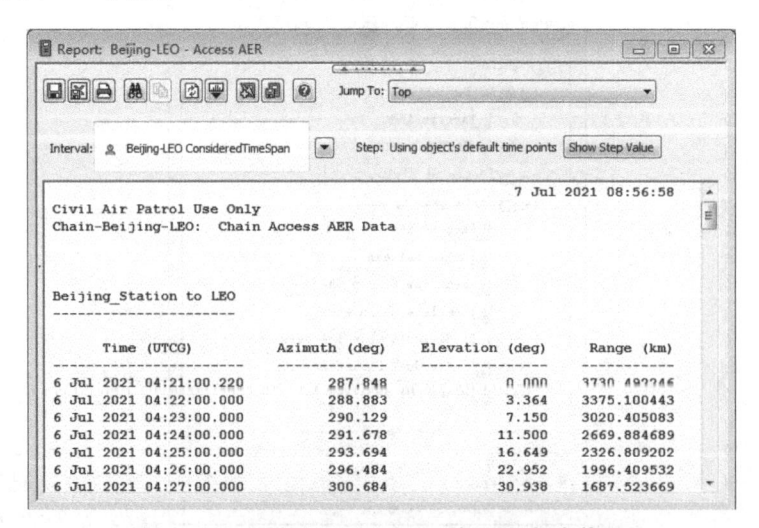

图 6-24 链路 Beijing-LEO 的 AER 报告截图

图 6-24 显示了北京站到 LEO 卫星链路在不同仿真时刻的"Azimuth""Elevation" "Range"。由于 LEO 卫星轨道高度低与地面站的可见时间较短，因此链路不是持续存在的，有时链路存在，有时不能建立链路。在仿真时间内，链路第一个时间段最长距离约为 3 730.5 km，最短距离约为 1 099.6 km。

方位角、仰角和距离一起显示，尤其是在图中显示时，三个参数同时给出比较乱，可以建立新的报告项或图表项，如图 6-25 所示。鼠标放在"Style"下的第三个图标 上，会显示"Create new report style"，单击后会在列表框的"My Styles"下方新增加"New Report"项。选中"New Report"后右击，选择"Rename"，重新命名为"Range"。单击第四个图标 ，会显示"Create new graph style"，单击后会在列表框的"My Styles"下方新增加"New Graph"项，如图 6-25 所示，将其重新命名为"Range"。

**图 6-25　新建报告项**

新建"Range"项后，需要对其属性进行修改，选择"Range"项，鼠标单击"Style"下的第一个图标 ，会显示"Properties"窗口，如图 6-26 所示。单击 Access AER Data 左侧的"+"，将列出"Access AER Data"涉及的 6 个项目，包含"Azimuth""Elevation" "Range""RangeRate""AzimuthRate""ElevationRate"。

选择"Range"后，单击右侧的"→"按钮，则图表中的"Y Axis"会显示"Access AER Data-Range"，如图 6-26 所示。单击"Apply"按钮后，该"Range"项会显示链路的距离。选择"My Style"下的 Range，单击"Generate…"按钮后，产生北京站与 LEO 卫星链路的距离，如图 6-27 所示。

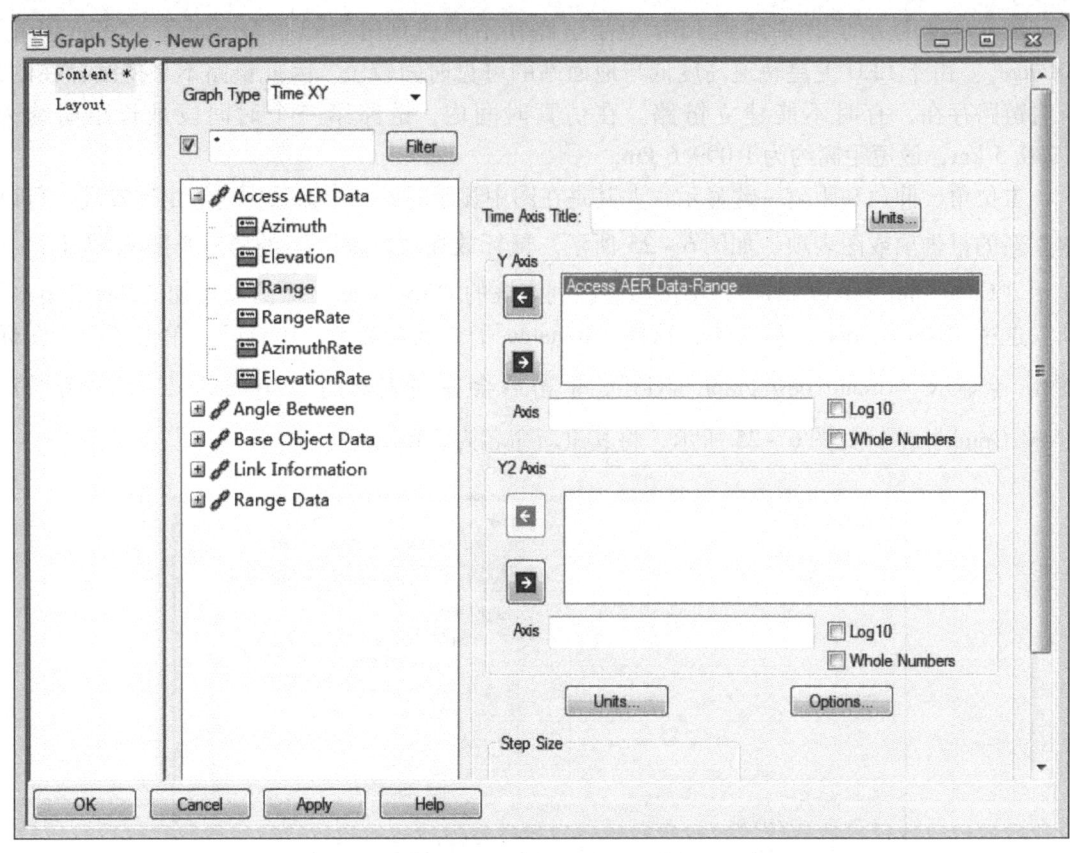

图 6-26 新建项属性修改

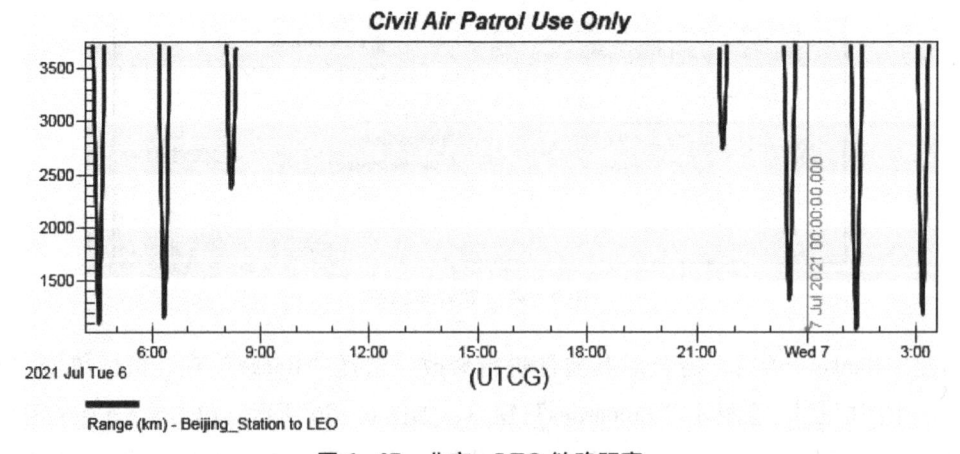

图 6-27 北京-LEO 链路距离

## 2. 自由空间传播损耗的仿真

打开 STK 仿真软件，新建一个 STK 仿真场景，按照前面介绍的方法建立一个北京站和一颗低轨道卫星（1 000 km，45°倾角）。北京站下插入一个 Transmitter，LEO 卫星插入一个 Receiver。选择北京站，从"Insert Default Object"中选择"Transmitter"插入，如图 6-28

所示。选择 LEO 卫星，从"Insert Default Object"中选择"Receiver"插入。

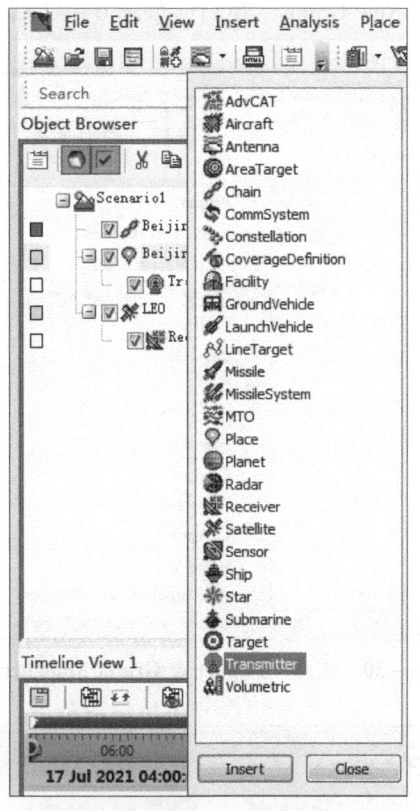

图 6-28 插入"Transmitter"

建立一个"Chain"对象，重命名为"Beijing – LEO"，将"Transmitter"和"Receiver"添加进链路对象，建立一条从北京站的发射天线到 LEO 卫星的接收天线的星地链路，如图 6-29 所示。发射机和接收机采用默认的设置，工作频率均为 14.5 GHz。

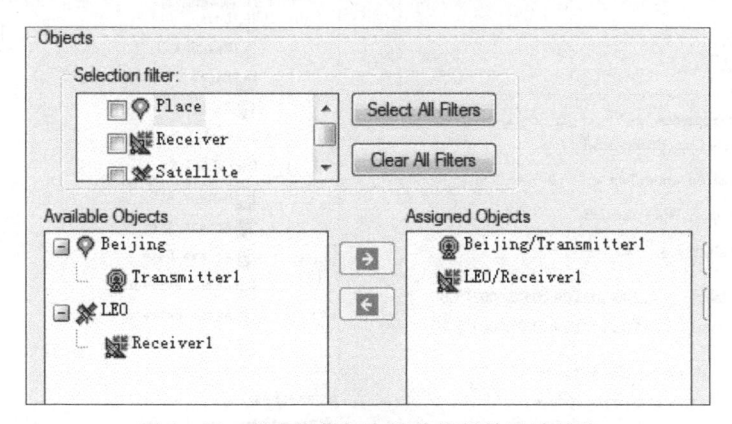

图 6-29 建立发射机和接收机间的星地链路

选择"Beijing – LEO"链路后，右击，选择"Report & Graph Manager…"，如图 6-30 所示。弹出如图 6-31 所示的窗口。选择右侧的"My Styles"后，鼠标放在上方的第四个图

标 ![icon] 上，会显示"Create new graph style"，单击后会产生一个新的图表项"New Graph"。单击后会弹出"Graph Style – New Graph"窗口，如图 6 – 32 所示。

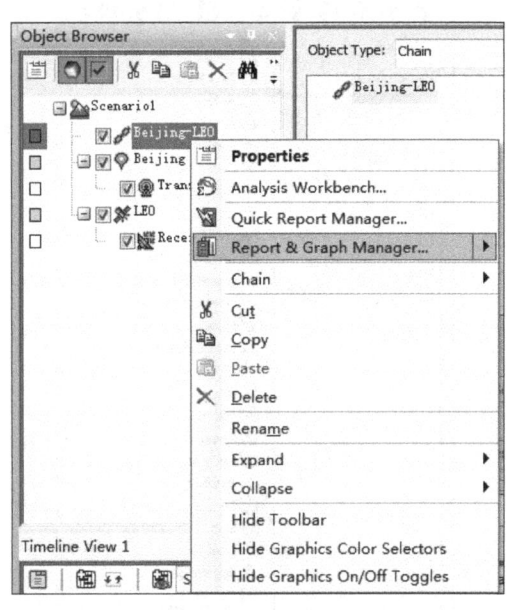

图 6 – 30  选择"Report & Graph Manager…"

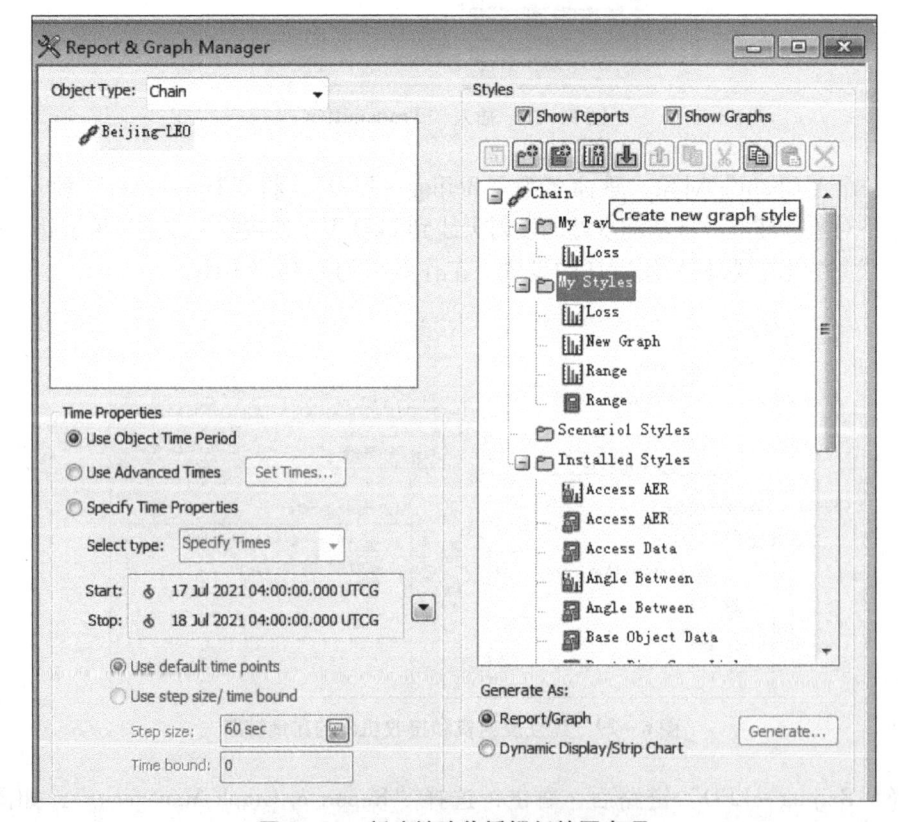

图 6 – 31  新建链路传播损耗的图表项

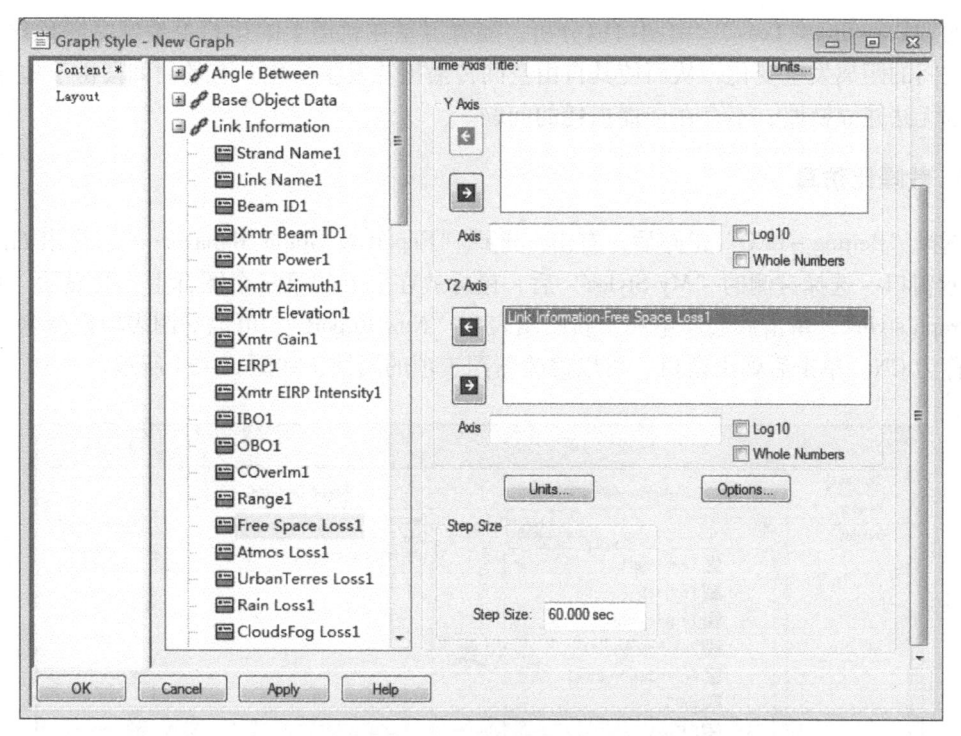

图 6-32 设置图表类型

在图 6-32 中单击"Link Information"左侧的"+"⊞，会以下拉列表的形式显示所有的选择，如"Link Name""EIRP""Range""Free Space Loss"等。选择"Free Space Loss"，单击中间的 ▶ 按钮后，右侧的"Y Axis"会显示添加了"Link Information - Free Space Loss1"。单击左下方的"Apply"按钮，则该图表项将会产生链路的自由空间传播损耗图。可以重命名该图表项的名称为"Loss"。单击"OK"按钮关闭该窗口。

在图 6-31 中，选择新建立的"Loss"选项后，单击图中右下方的"Generate…"按钮，则会产生该链路的自由空间传播损耗，如图 6-33 所示。横坐标为仿真时间，纵坐标为刚才

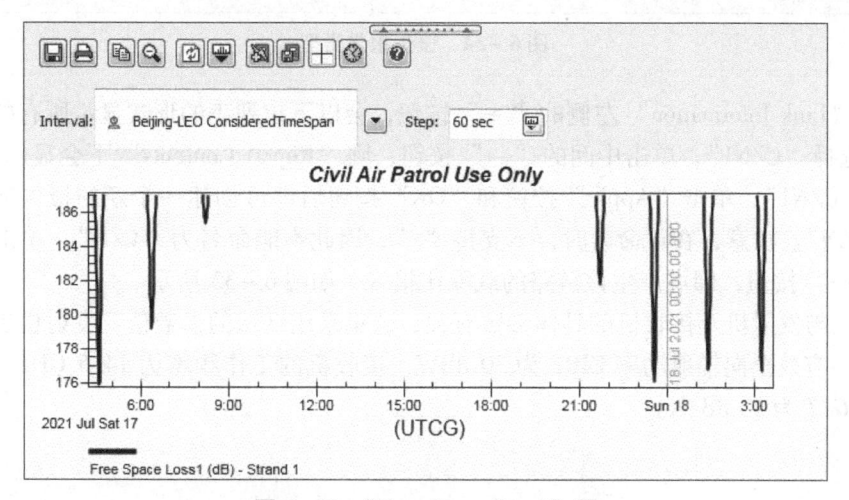

图 6-33 "Free Space Loss1"图

设置的"Free Space Loss"。由图可以分析，随着卫星在轨道上的运行及地球站随地球自转，二者之间的距离发生变化，从而使其自由空间传播损耗发生变化。有的时间段由于地球遮挡等原因无法建立链路，不存在传播损耗的问题。

### 3. 载噪比仿真

选择"Beijing – LEO"链路后，右击，选择"Report & Graph Manager…"，弹出如图6 – 31所示窗口。选择右侧的"My Styles"后，鼠标放在上方的第三个图标上，会显示"Create new graph style"，单击后会产生一个新的图表项"New Report"，可以对图表项重命名，如修改名称为CN。单击后弹出窗口，可以修改新图表项的属性，如图6 – 34所示。

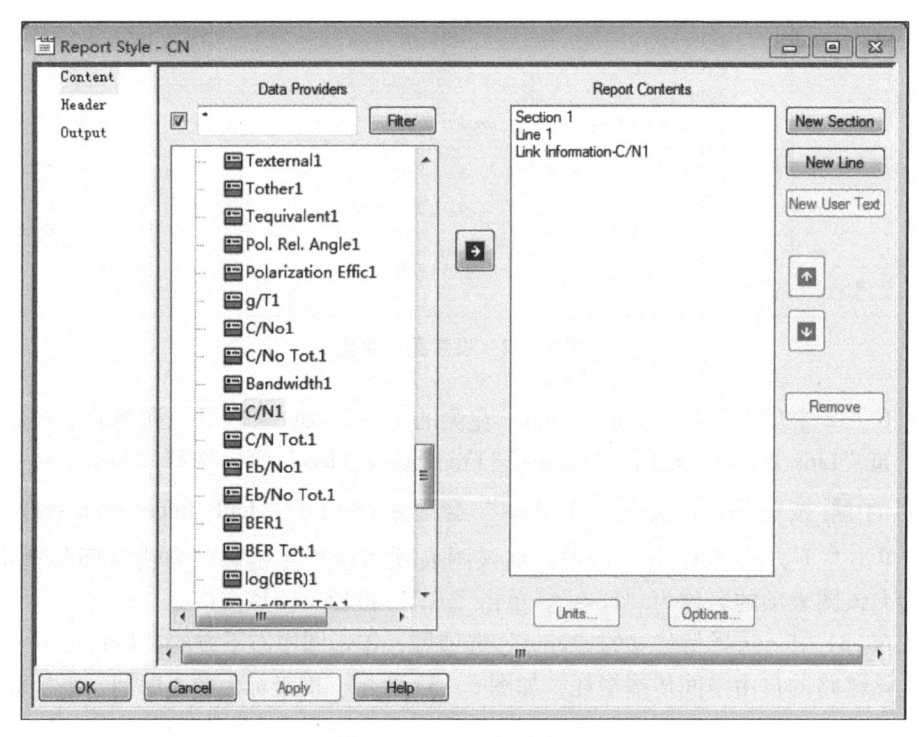

图6 – 34 设置报告类型

单击"Link Information"左侧的" + "按钮，会以下拉列表的形式显示所有的选择，图6 – 34中选择"C/N1"，单击中间的"→"按钮，则"Report Contents"下会显示"Link Information – C/N1"，单击"Apply"按钮和"OK"按钮后即可创建一个新的报告项，可以重命名为"CN"。注意，在重命名时，不支持"/"，因此不能命名为"C/N"。单击右下角的"Generate…"按钮，即可产生该链路的载噪比报告，如图6 – 35所示。

载噪比与发射机及接收机的具体参数有关，这里采用默认的参数值，发射机工作频率为14.5 GHz，有效全向辐射功率EIRP为30 dBW；接收机的工作频率为14.5 GHz，接收系统品质因数$G/T$为20 dB/K。

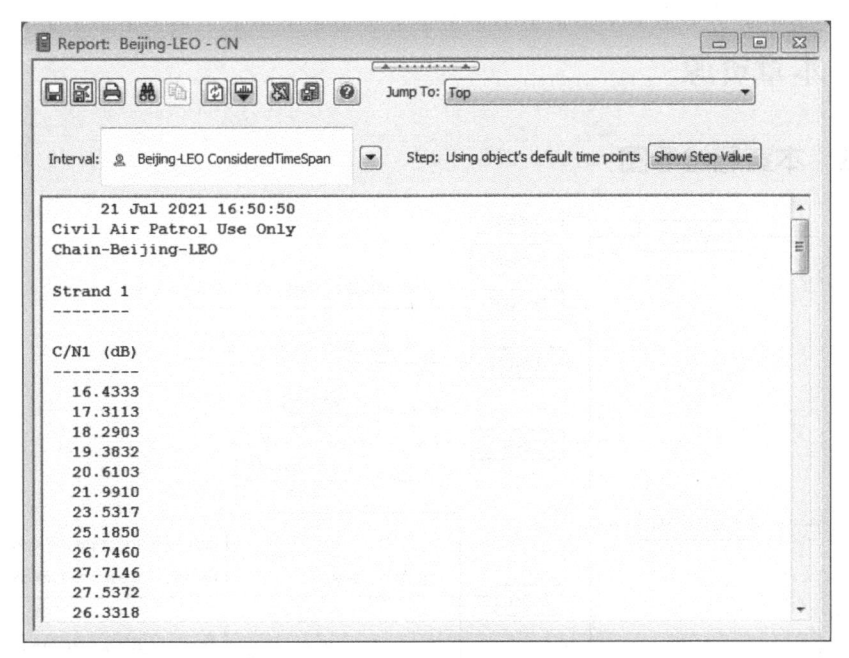

图 6-35　载噪比报告

## 6.5　卫星链路仿真实例

### 6.5.1　仿真任务实例

打开 Chapter5 场景，修改仿真场景名称，建立星地链路，分析星地链路仰角、方位角和距离；插入发射机和接收机，设置工作频率，新建报告和图表项，分析链路的自由空间传播损耗、多普勒频移；建立星间链路，分析星间链路的距离和多普勒频移，分析星地链路的载噪比。熟练掌握卫星链路的仿真以及链路距离、多普勒频移、载噪比等链路性能的仿真分析。

### 6.5.2　仿真基本过程

①打开"Chapter5"场景，将场景名称修改为"Chapter6"；
②插入链路对象，命名为 TB1，建立 LEO 卫星到 Wenchang 间的星地链路；
③分析星地链路 TB1 的仰角、方位角和距离；
④在 LEO 卫星下插入接收机 Receiver，建立新链路 TB2，添加 Beijing_Station 发射机和 LEO 卫星接收机；
⑤新建报告项，命名为"Free Space Loss"，分析链路 TB2 的自由空间传播损耗；
⑥新建图表项，命名为"Doppler Shift"，分析链路 TB2 的多普勒频移；
⑦在 GEO 卫星下插入发射机 Transmitter，新建星间链路 TT，从 GEO 卫星发射机到 LEO 卫星接收机；
⑧新建图表项，命名为"Range"，分析星间链路的距离和多普勒频移；
⑨新建报告项，命名为"C-N"，分析星间链路 TT 的载噪比；
⑩在 3D Graphics 2 下查看星地/星间链路，保存场景。

## 6.6 本章资源

### 6.6.1 本章思维导图

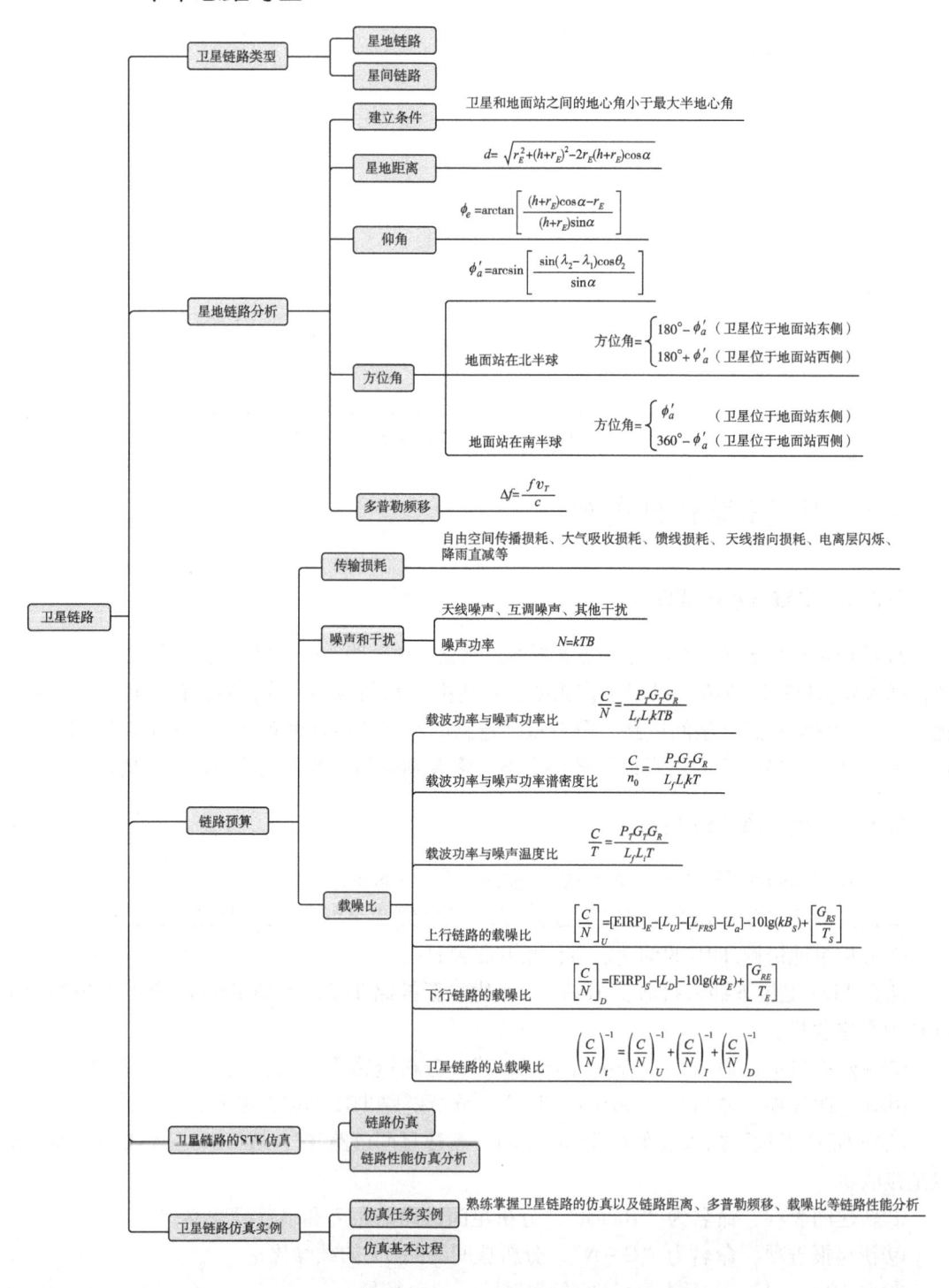

```
卫星链路
├── 卫星链路类型
│   ├── 星地链路
│   └── 星间链路
├── 星地链路分析
│   ├── 建立条件 —— 卫星和地面站之间的地心角小于最大半地心角
│   ├── 星地距离 —— $d=\sqrt{r_E^2+(h+r_E)^2-2r_E(h+r_E)\cos\alpha}$
│   ├── 仰角 —— $\phi_e=\arctan\left[\dfrac{(h+r_E)\cos\alpha-r_E}{(h+r_E)\sin\alpha}\right]$
│   ├── 方位角
│   │   ├── $\phi_a'=\arcsin\left[\dfrac{\sin(\lambda_2-\lambda_1)\cos\theta_2}{\sin\alpha}\right]$
│   │   ├── 地面站在北半球 方位角 = $\begin{cases}180°-\phi_a' & (卫星位于地面站东侧)\\ 180°+\phi_a' & (卫星位于地面站西侧)\end{cases}$
│   │   └── 地面站在南半球 方位角 = $\begin{cases}\phi_a' & (卫星位于地面站东侧)\\ 360°-\phi_a' & (卫星位于地面站西侧)\end{cases}$
│   └── 多普勒频移 —— $\Delta f=\dfrac{fv_T}{c}$
├── 链路预算
│   ├── 传输损耗 —— 自由空间传播损耗、大气吸收损耗、馈线损耗、天线指向损耗、电离层闪烁、降雨直减等
│   ├── 噪声和干扰
│   │   ├── 天线噪声、互调噪声、其他干扰
│   │   └── 噪声功率 $N=kTB$
│   └── 载噪比
│       ├── 载波功率与噪声功率比 $\dfrac{C}{N}=\dfrac{P_TG_TG_R}{L_fL_ikTB}$
│       ├── 载波功率与噪声功率谱密度比 $\dfrac{C}{n_0}=\dfrac{P_TG_TG_R}{L_fL_ikT}$
│       ├── 载波功率与噪声温度比 $\dfrac{C}{T}=\dfrac{P_TG_TG_R}{L_fL_iT}$
│       ├── 上行链路的载噪比 $\left[\dfrac{C}{N}\right]_U=[EIRP]_E-[L_U]-[L_{FRS}]-[L_a]-10\lg(kB_S)+\left[\dfrac{G_{RS}}{T_S}\right]$
│       ├── 下行链路的载噪比 $\left[\dfrac{C}{N}\right]_D=[EIRP]_S-[L_D]-10\lg(kB_E)+\left[\dfrac{G_{RE}}{T_E}\right]$
│       └── 卫星链路的总载噪比 $\left(\dfrac{C}{N}\right)_t^{-1}=\left(\dfrac{C}{N}\right)_U^{-1}+\left(\dfrac{C}{N}\right)_I^{-1}+\left(\dfrac{C}{N}\right)_D^{-1}$
├── 卫星链路的STK仿真
│   ├── 链路仿真
│   └── 链路性能仿真分析
└── 卫星链路仿真实例
    ├── 仿真任务实例 —— 熟练掌握卫星链路的仿真以及链路距离、多普勒频移、载噪比等链路性能分析
    └── 仿真基本过程
```

### 6.6.2 本章数字资源

| 本章课件 | 练习题课件 | 仿真实例操作视频 | 仿真实例程序 |

## 习 题

1. 简述接收系统品质因数的概念和意义。
2. 简述自由空间传输损耗公式并分析其意义。
3. 天线噪声主要类型有哪些?
4. 若地球站和卫星之间的距离是 600 km,一题静止轨道卫星通信链路的上行频率为 18 GHz,计算:
 (1) 上行链路的自由空间传输损耗。
 (2) 假设 [EIRP] 是 50 dBW,接收天线增益是 40 dB,则接收信号功率是多少?
5. 卫星转发器带宽为 200 kHz,在室温情况下,其热噪声功率为多少?
6. 卫星系统收发天线的增益均为 10 dB,发射功率为 200 W,工作频率为 8 GHz,轨道高度 600 km,线路损耗为 53 dB,室温条件,求卫星接收机的载波功率与噪声温度之比。
7. 卫星转发器带宽为 36 MHz,要求在地球站接收端提供的 $C/N$ 值为 15 dB。给定总的传输损耗为 200 dB,接收地球站的 $G/T$ 值为 30 dB/K,计算所需的卫星 EIRP。
8. 工作频率为 8 GHz 的卫星链路,其接收机馈线损耗为 2 dB,自由空间损耗为 200 dB,大气吸收损耗为 0.2 dB,天线指向损耗为 0.3 dB,去极化损耗可以忽略。计算链路损耗。
9. 在 STK 中如何建立星地链路?能够开展哪些性能分析?
10. 利用 STK 仿真静止轨道通信卫星(定点 10°E)和低轨道卫星(1 000 km,45°倾角)的星间链路,并分析链路间的自由空间传播损耗。

# 第 7 章

# 卫星通信体制

通信系统的任务是传输有用信息的信号。通信体制指的就是通信系统所采用的信号传输方式，也就是根据信道条件及通信要求，在系统中采用的是什么信号形式，以及怎样进行传输。由于卫星通信具有广播和宽覆盖的特点，卫星通信体制除了具有一般通信系统中涉及的调制方式、差错控制方式外，还需考虑多个地球站之间的通信（即多址连接）。

本章首先介绍相移键控 PSK、频移键控 FSK 和 QAM 调制方式，接着阐述了主要的差错控制方式，以及线性分组码、循环码、卷积码、Turbo 码和 LDPC 码等差错控制编码，分析了频分多址、时分多址、码分多址以及空分多址等多址技术，结合 STK 仿真开展调制方式、编码方式等卫星通信体制的简单仿真，设计卫星通信体制仿真实例。

## 7.1 调制方式

一个通信系统的质量很大程度上要依赖于所采用的调制方式，调制的目的是使信号特征与信道特征相匹配，将基带信号通过调制转变为适合信道有效传输的信号形式，在接收端通过解调恢复为基带信号。调制方式的选择由系统的信道特性决定，不同类型的信道特性要采用不同类型的调制方式。卫星通信中，调制是将卫星通信终端待传输的模拟或数字信号变换为适合在信道传输的信号的过程。对调制信号的接收，在接收端要根据传输系统采用的调制方式对信号进行解调。解调是调制的逆过程，即从接收机接收到的射频信号中还原发送端发出的原始信号。调制方式主要有数字调制和模拟调制两种。目前，卫星通信中普遍采用数字调制。数字调制方式主要有振幅键控（Amplitude Shift Keying, ASK）、相移键控（Phase Shift Keying, PSK）、频移键控（Frequency Shift Keying, FSK）三种方式。一般来说，信号功率越大、调制阶数越低，抗噪声性能越好，但是相应的功率效率和频谱效率就会降低。所以，在选择通信系统的调制方式时，要考虑通信系统的传输业务和传输信道条件，从抗噪声性能、频带利用率、实现复杂度等方面综合考量。

考虑到卫星系统具有功率受限和频率受限特点，一般来说，在选择调制方式时，遵循以下原则：

①尽量不选择幅度调制，幅度调制相较于相位调制和频率调制，抗干扰性能较差，而卫星通信信道存在非线性和幅/相转换效应。

②选择频率效率高并且具有抗衰落和抗干扰性能好的调制方式。

③采用旁瓣功率低的调制方式，以减少临近信道干扰。

基于上述考虑，在卫星通信系统中所采用的调制方式是 PSK、FSK 及以它们为基础的其他调制方式。功率效率较高的常用调制方式有 BPSK（Binary Phase Shift Keying）、QPSK

(Quadrature Phase Shift Keying)、OQPSK（Offset QPSK）、π/4-DQPSK（Differential Quadrature Phase Shift Keying）、BFSK（Binary Frequency Shift Keying）、MSK（Minimum Shift Keying）、GMSK（Gaussian Filtered MSK）等；频谱效率较高的常用调制方式有 8PSK、16QAM（Quadrature Amplitude Modulation）、16APSK（Absolute Phase Shift Keying）等。

### 7.1.1 相移键控调制方式

相移键控调制 PSK 是用数字基带信号对载波相位进行调制传递信息，载波的振幅和频率参数不承载信息。相移键控调制的阶数决定了载波相位有多少种可能的取值。通常将调制阶数为 $M$ 的相移键控调制方式记为 MPSK（Multiple Phase Shift Keying），此时载波相位有 $M$ 种可能的取值，这 $M$ 个可能的取值构成一个符号集。每一个符号周期内，根据输入信息序列与符号集的映射关系，载波相位取对应的符号值。由于相移键控调制的对象是载波相位，所以调制不会对载波包络产生影响，它是一种恒包络调制方式。恒包络信号在非线性信道中传输具有较好的性能，在卫星通信中常选择 PSK 调制方式。

MPSK 调制信号的数学模型如下：

$$s(t) = \text{Re}\{u(t)\exp j(2\pi f_c t + \varphi_k + \lambda)\}, \quad (k-1)T_s \leq t \leq kT_s \tag{7.1}$$

式中，$u(t)$ 是基带脉冲成型信号（如矩形脉冲、高斯脉冲、根升余弦脉冲等）；$f_c$ 是载波频率；$\varphi_k = 2\pi(k-1)/M(k=1,2,3,\cdots,M)$ 是调制符号；$\lambda$ 是载波的初始相位；$T_s$ 是符号间隔。在信号分析时，为简化分析过程，通常取 $\lambda = 0$。如果调制的比特流用 $\{a_k\}$ 表示，则 $M$ 不同时，$\varphi_k$ 与 $\{a_k\}$ 有不同的对应关系，这种对应关系称为相位逻辑。随着 $M$ 数的增加，调制信号的频谱效率增加，抗噪声性能下降。下面介绍几种卫星通信中常用的 PSK 调制方式。

**1. BPSK 与 QPSK**

当 $M=2$ 时，就是 BPSK 信号；当 $M=4$ 时，是 QPSK 信号。BPSK 和 QPSK 是最常见的相位调制方式。对于 BPSK 信号，相位符号只有两种取值：$\varphi_k \in \{0, \pi\}$，它与调制器输入的"0""1"序列之间对应关系是：当调制器输入"0"时，对应的载波相位值取 0；当调制器输入"1"时，对应的载波相位值取 π。为便于分析，$u(t)$ 采用幅度为 $A$、宽度为 $T_s$ 的单极性非归零矩形脉冲。由式（7.1）可得 BPSK 调制信号的数学表达式如下：

$$s(t) = u(t)\cos(2\pi f_c t + \varphi_k) \tag{7.2}$$

信息比特为"0""1"时的调制信号为：

$$s_1(t) = A\cos(2\pi f_c t), \quad \varphi_k = 0 \tag{7.3}$$

$$s_2(t) = -A\cos(2\pi f_c t), \quad \varphi_k = \pi \tag{7.4}$$

BPSK 调制器的方框图如图 7-1 所示。

先对调制器输入的"0""1"数据流 $\{a_k\}$ 做双极性变换，得到双极性的矩形脉冲信号。从信号的频域特性角度分析，矩形脉冲的能量在频域是无限展宽的，而实际的通信信道一般都是带限信道，若直接使用矩形脉冲信号传输信息，会带来两方面问题：一是信号带宽大，频谱利用率不高，还会带来临近信道干扰；二是信号带宽过大，硬件较难实现。因此，在双极性变换后，要加入一个带限成型滤波器 $H_T(f)$，将信号能量集中在主瓣内，限制基带信号带宽，提高频谱效率，降低临近信道干扰。成型滤波后的信号对载波 $\cos(2\pi f_c t)$ 进行调制，得到调制输出信号 $s(t)$。成型滤波器的选择应满足无码间串扰的发送滤波器特性。

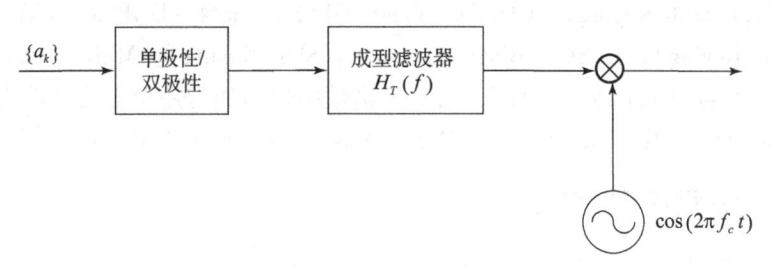

图 7-1  BPSK 调制器方框图

QPSK 调制的符号集包含四个相位值 $\varphi_k \in \left\{0+\theta, \dfrac{\pi}{2}+\theta, \pi+\theta, \dfrac{3\pi}{2}+\theta\right\}$，通常取 $\theta=0$ 或 $\theta=\dfrac{\pi}{4}$。如取 $\theta=\dfrac{\pi}{4}$，则 QPSK 信号的相位取值为 $\varphi_k \in \left\{\dfrac{\pi}{4}, \dfrac{3\pi}{4}, -\dfrac{3\pi}{4}, -\dfrac{\pi}{4}\right\}$。将调制器输入的"0""1"序列每两位分成一组与相位符号集中的元素一一对应，完成载波相位的选取。BPSK 和 QPSK 的相位映射关系见表 7-1。

表 7-1  BPSK 和 QPSK 的相位映射关系

| BPSK | | QPSK | |
|---|---|---|---|
| $a_k$ | $\varphi_k$ | $a_{2k}a_{2k-1}$ | $\varphi_k$ |
| 0 | 0 | 00 | $-3\pi/4$ |
| 1 | $\pi$ | 01 | $-\pi/4$ |
|  |  | 10 | $3\pi/4$ |
|  |  | 11 | $\pi/4$ |

从信号相位分布的角度看，BPSK 和 QPSK 调制信号的相位转移状态可由图 7-2 和图 7-3 表示，此图也称为调制信号的星座图。

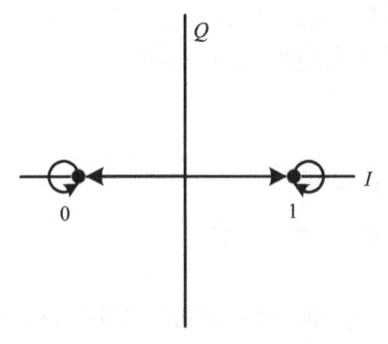

图 7-2  BPSK 信号星座图

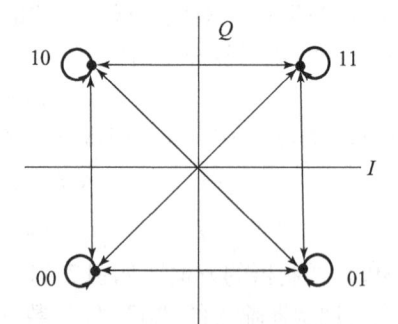

图 7-3  QPSK 信号星座图

比较 QPSK 和 BPSK 星座图可以看出，QPSK 信号可以看作是两路正交的 BPSK 信号的合成，可以表示为

$$s(t) = u_{2k}(t)\cos(2\pi f_c t) + u_{2k-1}(t)\sin(2\pi f_c t) \tag{7.5}$$

参考图 7-1 的 BPSK 调制器结构，QPSK 调制器结构框图如图 7-4 所示。

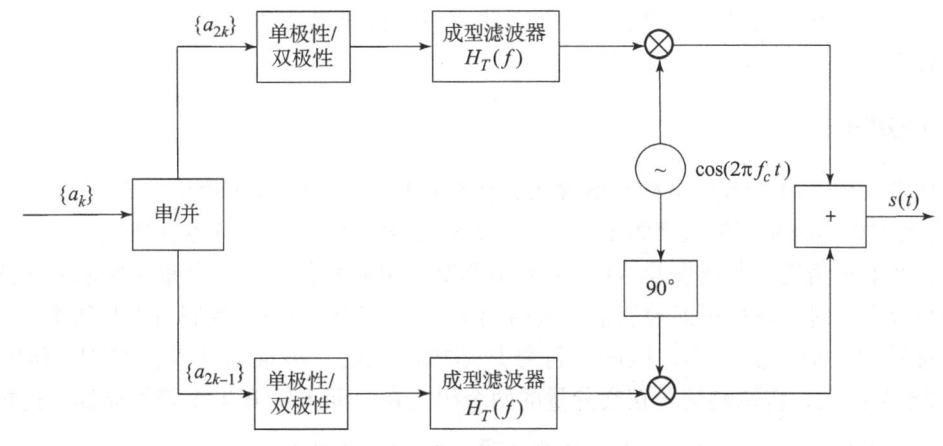

**图 7-4　QPSK 调制器方框图**

对应地，接收端 BPSK 和 QPSK 的解调器框图如图 7-5 所示。

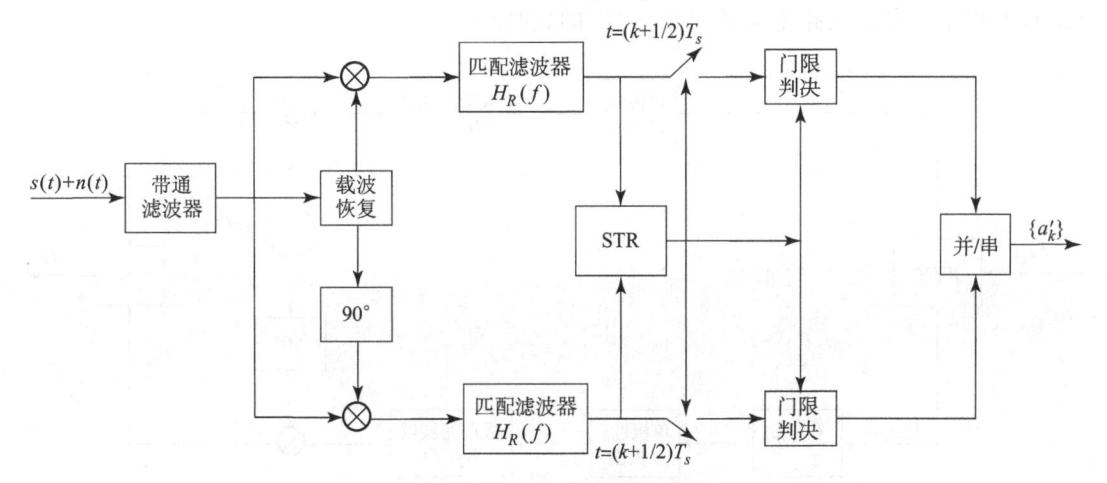

**图 7-5　QPSK 解调器方框图**

接收信号先经过带通滤波器滤除带外噪声，然后利用载波恢复模块产生与接收载波同频同相的载波信号，并利用恢复的载波对接收信号做下变频处理，再经过匹配滤波器滤除高频分量，就得到基带信号。接着通过位定时抽样判决，得到两路"0""1"序列，最后经并串变换输出解调出的数据序列。这里的接收成型滤波器应具有与发送成型滤波器匹配的无码间串扰滤波特性，使接收的基带信号具有最大信噪比。

从上述分析中可知，BPSK 每个符号带有 1 位信息，QPSK 每符号带有 2 位信息，所以 QPSK 的频谱效率是 BPSK 的 2 倍。同时，QPSK 可看作是两路正交的 BPSK 信号的合成，所以 QPSK 与 BPSK 调制信号在相同的比特信噪比下，具有相同的误码性能，因此 QPSK 在实际系统中应用较多。在实际应用中，QPSK 载波恢复提取出的相干载波初始相位有 4 种可能，使得解调器存在相位模糊现象。解决相位模糊的方法有两种：一种是对数据分组，每组数据加同步序列，专用于载波相位同步；另一种是采用差分相位调制方式。此外，QPSK 调制还存在相位跳变较大的问题。由图 7-3 可以看出，QPSK 的相位转移有四种可能：$\left\{0, \dfrac{\pi}{2}, \pi, -\dfrac{\pi}{2}\right\}$，最大相位跃变可达 $\pi$。相位跳变会使频谱成分复杂，高频分量增加，经成型滤波后，基带信号包络起伏较大。而非恒包络信号经过非线性信道，会产生幅度/相位转换效应，引入相位噪声。

## 2. OQPSK

OQPSK（Offset QPSK）全称是偏置正交相移键控，它是基于 QPSK 形成的。如前所述，QPSK 的最大相邻码元相位跳变为 $\pi$。这意味着调制信号包络存在过零点现象，信号包络起伏较大，经卫星信道的非线性及 AM/PM 效应影响，引入相位噪声，严重时影响系统通信质量。在系统设计时，应尽可能控制信号包络起伏。对于相位调制，控制包络起伏主要是控制相邻码符号相位的跃变大小，但码元符号是随机出现的，很难对其直接控制。OQPSK 在 QPSK 调制基础上，将调制信号正交分量的两个码元在时间上错开半个符号周期，这样相邻调制符号最多仅有 1 位不同，最大相位差为 $\dfrac{\pi}{2}$，从而达到降低包络起伏的目标。OQPSK 调制器的原理方框图如图 7-6 所示，OQPSK 解调器的原理方框图如图 7-7 所示。与 QPSK 调制解调器相比，在 Q 支路增加了 $T_s/2 = T_b$ 的延时器。

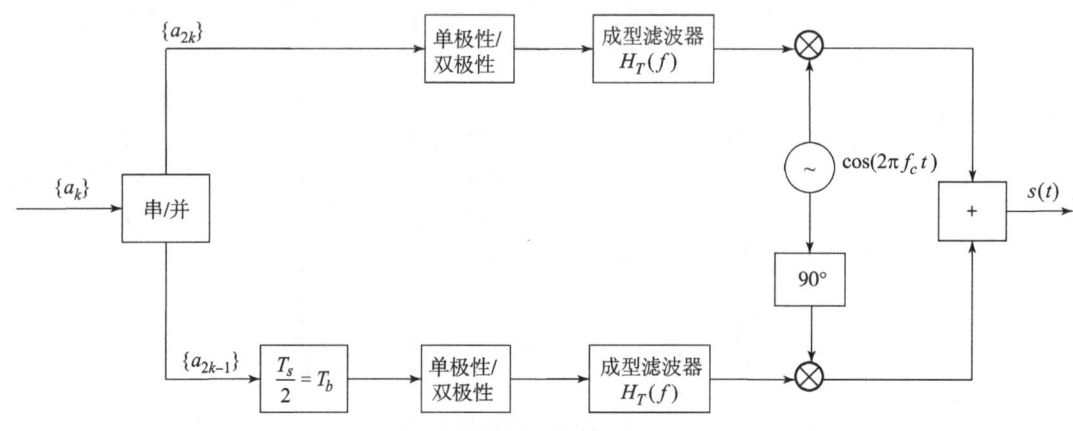

图 7-6 OQPSK 调制方框图

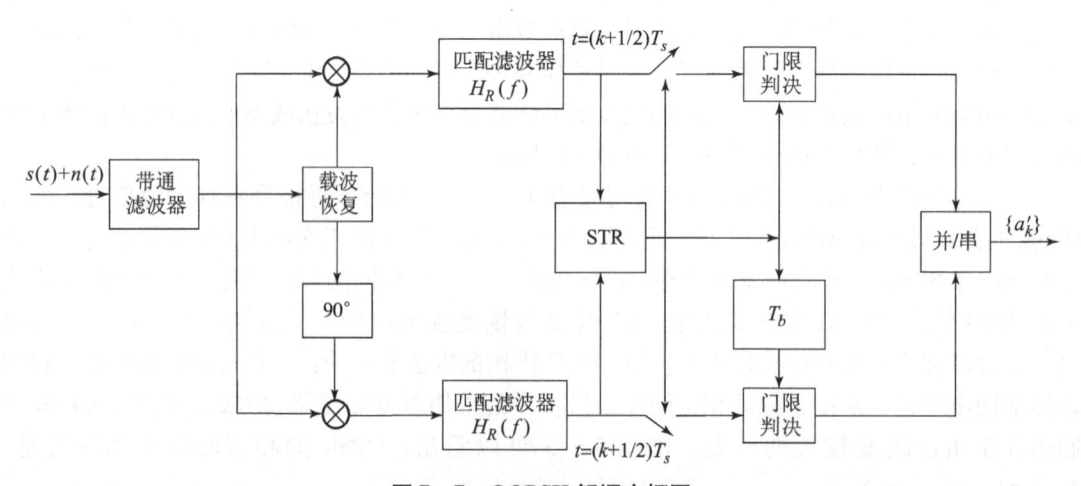

图 7-7 OQPSK 解调方框图

图 7-8 所示是 OQPSK 信号相位转移图。从相位转移图可以推断 OQPSK 相较于 QPSK 信号，包络起伏最大值可降低 70% 左右。

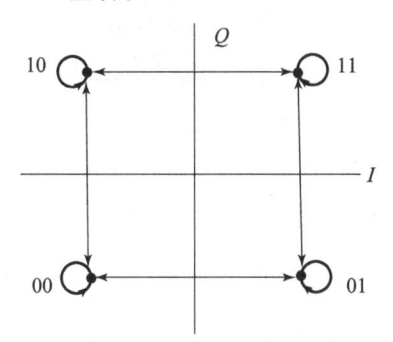

**图 7-8　OQPSK 信号相位转移图**

OQPSK 虽然解决了 QPSK 信号相邻符号相位跃变大引起的包络起伏较大的问题，但 OQPSK 相干解调与 QPSK 相干解调一样，仍存在相位模糊的问题。

### 3. π/4 - DQPSK

如前所述，QPSK 在解调中，由于载波提取的初始相位不确定，会产生相位模糊现象，通常采用差分编码方式解决相位模糊问题。

π/4 - DQPSK 是 QPSK 的改进型，它在 QPSK 的基础上增加了两项操作：一是已调信号从相互偏移 π/4 的两个 QPSK 信号星座图中选取；二是星座图中信号点的选取满足差分相位编码规则。π/4 - DQPSK 信号的星座图及相位逻辑如图 7-9 和表 7-2 所示。π/4 - DQPSK 信号包络起伏的最大值约为 QPSK 信号包络起伏最大值的 60%。

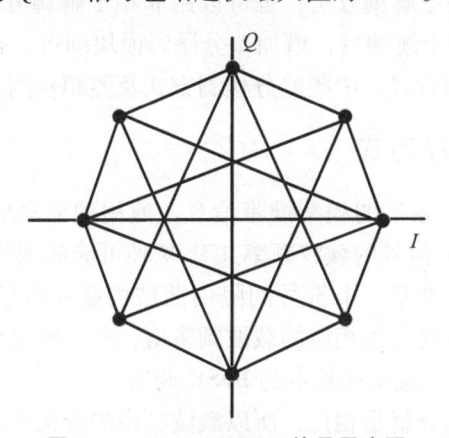

**图 7-9　π/4 - DQPSK 信号星座图**

**表 7-2　π/4 - DQPSK 信号的相位逻辑**

| $a_{2k}a_{2k-1}$ | $\Delta\varphi_k = \varphi_k - \varphi_{k-1}$ |
|---|---|
| 00 | $-3\pi/4$ |
| 1 | $3\pi/4$ |
| 11 | $\pi/4$ |
| 10 | $-\pi/4$ |

π/4 – DQPSK 的调制解调器方框图如图 7 – 10 所示。

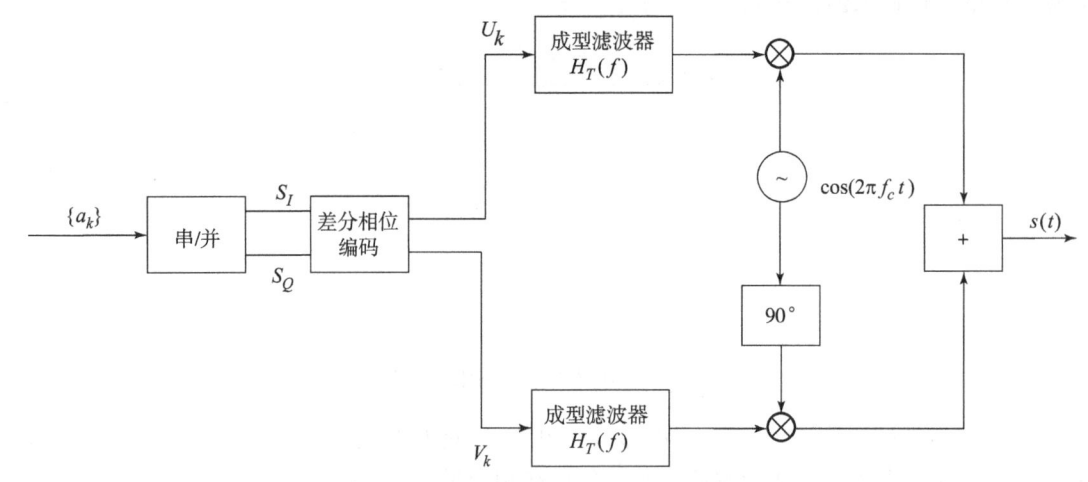

**图 7 – 10   π/4 – DQPSK 的调制解调器方框图**

图 7 – 10 中，$U_k$、$V_k$ 具有单极性不归零波形，其数学表达式如下：

$$U_k = U_{k-1}\cos\Delta\varphi_k - V_{k-1}\cos\Delta\varphi_k \\ V_k = U_{k-1}\sin\Delta\varphi_k + V_{k-1}\sin\Delta\varphi_k \tag{7.6}$$

式（7.6）为 π/4 – DQPSK 的一个基本关系式。它表明前一码元两正交信号 $U_{k-1}$、$V_{k-1}$ 与当前码元两正交信号 $U_k$、$V_k$ 之间的关系。它取决于当前码元的相位跳变量 $\Delta\varphi_k$，当前码元相位的跳变量取决于相位编码器的输入，它们的关系见表 7 – 2。

π/4 – DQPSK 可以用相干解调方法，也可以用非相干解调方法。相干解调方式与 QPSK 相干解调类似，在 QPSK 相干解调后，增加差分译码模块即可。π/4 – DQPSK 的非相干解调模式有三种：基带差分检测方式、中频差分检测方式及鉴频检测方式。

## 7.1.2　频移键控调制方式

频移键控方式 FSK 是用载波的频率携带信息，通用的缩写形式为 MFSK（Multiple Frequency Shift Keying）。MFSK 信号的载波频率共有 $M$ 种可能的取值，每一个载波频率对应着 $M$ 个符号集中的一个符号，在某一个符号间隔内载波的频率取该符号对应的频率值。调制的过程就是将待传输的符号映射为相应的载波频率值，解调的过程是将载波频率值反变换为所传输的符号。当 $M = 2$ 时，就是最基本的 BFSK 调制。

由于频率在时间上的积分就是相位，所以载波频率的变化也对应着载波相位的变化。当载波频率发生跳变时，可以通过某种方式控制载波的相位，使其具有连续或者非连续特性。对已调信号来说，其载波相位跳变量越小越好，最好是连续的。因此，载波相位连续的频率调制方式的性能优于载波相位不连续的频率调制方式，只是实现的复杂度略高。目前使用较多的频移键控调制方式是最小频移键控 MSK 和高斯滤波最小频移键控 GMSK，它们都是相位连续的频移键控方式。

## 1. MSK

FSK 调制方式中,将调制频率间隔 $\Delta f$ 与符号速率 $f_s$ 的比值称作调制指数 $h$,$h = \dfrac{\Delta f}{f_s} = \Delta f T_s$,$T_s$ 是符号周期。调制指数反映了调制信号的频带利用效率。调制指数越高,调制频率间隔相较于符号速率越大,频带利用效率越低;调制指数越低,调制频率间隔相较于符号速率越小,频带利用效率越高。为保证各已调符号满足正交性,$\Delta f = \dfrac{n}{2T_s}$($n$ 为正整数)。在满足正交性的条件下,当 $n = 1$ 时,调制频率间隔最小,频谱利用率最高,此时调制指数 $h = 0.5$。当调制阶数 $M = 2$,调制指数 $h = 0.5$ 时,称这种连续相位 FSK 调制为最小频移键控调制(MSK)。

在一个符号间隔 $T_s$ 内,MSK 信号可表示为

$$s(t) = A\cos\left(2\pi f_c t + \dfrac{\pi}{2T_s} u_k t + \theta_k\right), \quad (k-1)T_s \leq t \leq kT_s \tag{7.7}$$

式中,$A$ 是载波信号幅度;$f_c$ 是未调载波频率;$u_k = \pm 1$,是当前时刻传输的调制符号;$T_s$ 为符号宽度;$\theta_k$ 为当前码符号的初相角,它的取值决定了调制信号相位是否连续。$\theta_k$ 的取值与已传输的信息符号相关。

$$\theta_k = \theta_{k-1} + (u_{k-1} - u_k) \cdot \dfrac{(k-1)\pi}{2}, \quad k = 1, 2, \cdots \tag{7.8}$$

令初始相位 $\theta_0 = 0$,符号映射关系为 "0"→"-1" 及 "1"→"1",那么在一个符号间隔 $T_s$ 内,若传输的符号为 "1",则信号的相位线性增加 $\dfrac{\pi}{2}$;若传输的符号为 "-1",则信号的相位线性减少 $\dfrac{\pi}{2}$。相邻符号不存在相位跃变现象。一个已知输入序列为 11010010,那么该序列 MSK 调制信号的相位轨迹如图 7-11 所示。

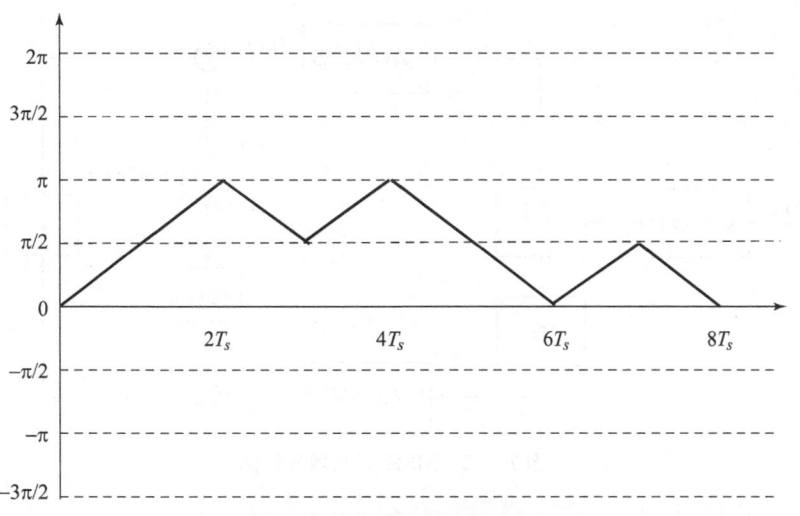

图 7-11 MSK 信号相位轨迹

为不失一般性，令信号幅度 $A = 1$，并对式（7.7）做三角等式变换，得：

$$s(t) = I(t)\cos(2\pi f_c t) - Q(t)\sin(2\pi f_c t)$$

$$I(t) = \cos\theta_k \cos\frac{\pi}{2T_s}t \quad (7.9)$$

$$Q(t) = u_k\cos\theta_k \sin\frac{\pi}{2T_s}t$$

对比式（7.9）和 QPSK 调制信号表达式（7.5），两者具有相同的信号表达形式，MSK 也可采用正交调制方式实现。待传输信息承载于 $u_k$ 和 $\theta_k$ 中，将 $\cos\theta_k$、$u_k\cos\theta_k$ 视为同相支路和正交支路的数据，$\cos\frac{\pi}{2T_s}t$、$\sin\frac{\pi}{2T_s}t$ 为两路数据的脉冲加权波形。

由式（7.8）可得出：

$$\cos\theta_{2k+1} = \cos\theta_{2k} \quad (7.10)$$

$$u_{2k}\cos\theta_{2k} = u_{2k-1}\cos\theta_{2k-1} \quad (7.11)$$

上式可进一步转化为

$$u_{2k+1}\cos\theta_{2k+1} = \begin{cases} u_{2k}\cos\theta_{2k}, & u_{2k+1} = u_{2k} \\ -u_{2k}\cos\theta_{2k}, & u_{2k+1} \neq u_{2k} \end{cases} \quad (7.12)$$

$$\cos\theta_{2k-1} = \begin{cases} \cos\theta_{2k}, & u_{2k-1} = u_{2k} \\ -\cos\theta_{2k}, & u_{2k-1} \neq u_{2k} \end{cases} \quad (7.13)$$

式（7.10）和式（7.13）表示同相支路的数据，式（7.11）和式（7.12）表示正交支路的数据。由式（7.9）~式（7.13）可知，同相支路和正交支路数据的周期均为 $2T_s$，同相支路的数据转换发生在 $t = (2k+1)T_s$ 处，正交支路的数据转换发生在 $t = 2kT_s$ 处。所以两个支路上的数据互相偏移了 $T_s$。

MSK 调制器的方框图如图 7-12 所示。

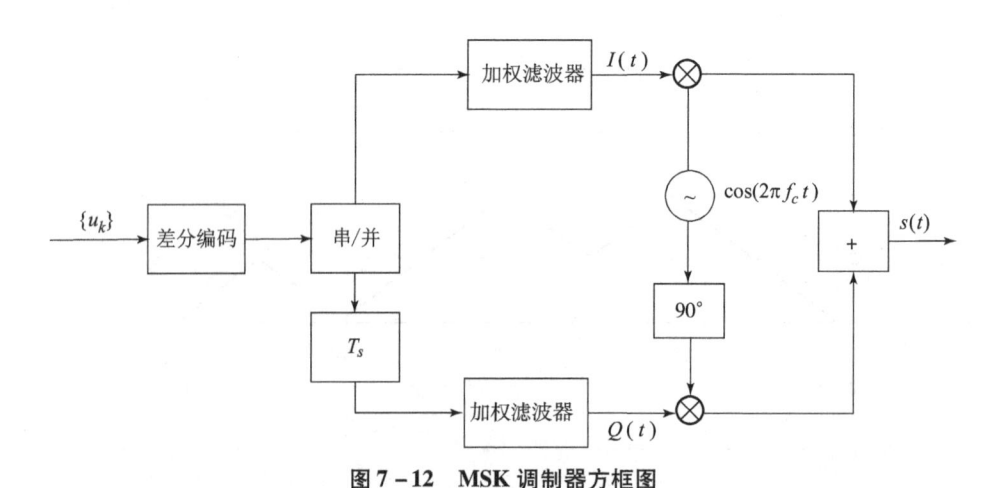

图 7-12 MSK 调制器方框图

MSK 信号属于数字频率调制信号，因此，可以采用一般鉴频器方式进行解调，其原理图如图 7-13 所示。鉴频器解调方式结构简单，容易实现。

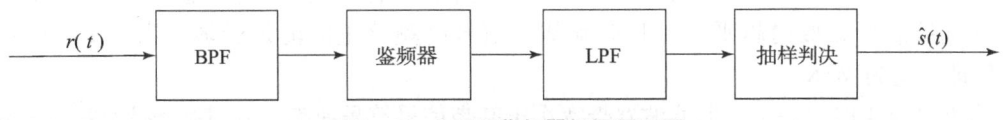

图 7-13 MSK 鉴频器解调原理图

由于 MSK 信号调制指数较小，采用一般鉴频器方式进行解调误码率性能较差，一般采用相干解调方式。图 7-14 是 MSK 信号相干解调器原理图。

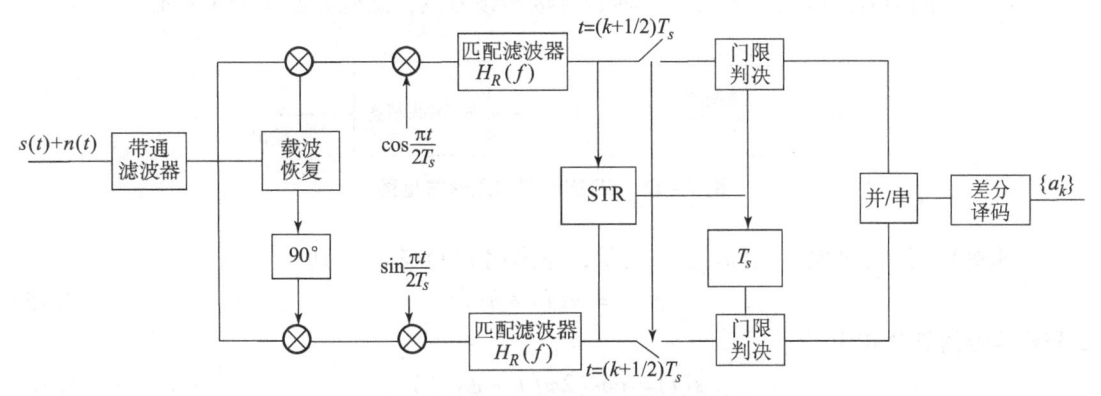

图 7-14 MSK 信号相干解调器原理图

## 2. GMSK

MSK 调制信号虽然具有连续相位特性，但在一个符号周期内，信号相位是线性增加或线性减少的，信号相位的一阶导数是不连续的，带外功率衰减非常有限。为进一步提升信号功率谱特性，需要使调制信号的相位路径更加平滑。比较有效的方法是在调制前对基带信号进行预滤波，使得滤波后的信号是高阶可导的。常用的预滤波器是高斯滤波器。这种采用高斯滤波器对基带信号进行预滤波的 MSK 调制方式称为 GMSK。为降低调制信号的带外辐射，使功率谱更加紧凑，在选择高斯滤波器时，应考虑以下因素：

① 为抑制高频分量，高斯滤波器应具有窄带陡降属性。
② 为防止过大的瞬时频偏，滤波器冲激响应过冲要小。
③ 为保证调制指数为 0.5，滤波器输出脉冲相应曲线下的面积对应于一个比特内的载波相移 $\frac{\pi}{2}$。

高斯滤波器的时域脉冲响应和频域传输函数为

$$\begin{cases} h(t) = \sqrt{\dfrac{\pi}{\alpha}} \exp\left(\dfrac{\pi^2}{\alpha^2} t^2\right) \\ H(f) = \exp(-\alpha^2 f^2) \end{cases} \quad (7.14)$$

式中，$\alpha B_b = \sqrt{\dfrac{2}{\ln 2}}$，其中，$B_b$ 是滤波器的 3 dB 带宽。

GMSK 调制中，高斯滤波器的 3 dB 带宽 $B_b$ 与基带信号速率 $R_s$ 的比值是非常重要的一个参数，$B_b/R_s = B_b T_s$。这个参数的大小决定了高斯滤波器对基带信号高频成分的抑制能力。

当 $B_bT_s \geqslant 1$ 时，表示高斯滤波器带宽大于基带信号符号速率。$B_bT_s$ 越大，则表示高斯滤波器在基带信号频域内越平坦，其抑制基带信号高频分量的能量越弱。当 $B_bT_s \to \infty$ 时，GMSK 即退化为 MSK。

当 $B_bT_s < 1$ 时，表示高斯滤波器带宽小于基带信号符号速率，其对基带信号高频分量具有抑制能力。$B_bT_s$ 越小，这种抑制能力越强，输出信号能量越集中。

基带信号经高斯滤波后，虽然频谱效率提升了，但同时会引入码间串扰，影响信号传输性能，其大小与 $B_bT_s$ 成反比。

GMSK 调制器有两种实现方案。一种是直接调频方案，结构如图 7-15 所示。

图 7-15 GMSK 调制原理方框图

如果高斯滤波器的输入用 $u(t)$ 来表示，输出用 $g(t)$ 表示，则

$$g(t) = u(t) * h(t) \tag{7.15}$$

GMSK 信号的表达式为

$$s(t) = \cos(2\pi f_c t + \phi(t)) \tag{7.16}$$

式中，

$$\phi(t) = \frac{\pi}{2T_s} \int_{-\infty}^{t} \sum_k a_k g(\tau - kT_s) \mathrm{d}\tau \tag{7.17}$$

式中，$a_k$ 为输入数据；$g(t)$ 是无限长的，为了物理可实现，需对其进行截短。

高斯滤波器的输出脉冲经 MSK 调制得到 GMSK 信号，其相位路径由脉冲的形状决定，或者说在一个码元内，已调波相位的变化取决于其间脉冲的面积。由于高斯滤波后的脉冲无陡峭沿，也无拐点，因此，其相位路径得到进一步平滑，如图 7-16 所示。

由于相邻脉冲间有重叠，因此，在决定一个码元内的脉冲面积时，要考虑相邻码元的影响。这样，在不同的码流图案下，会使一个码元内脉冲面积不同，因而对应的相位路径也不同。

另外一种调制方案是正交调制。由式（7.16），GMSK 信号可以表示为正交形式，即

$$s(t) = \cos\phi(t)\cos 2\pi f_c t - \sin\phi(t)\sin 2\pi f_c t \tag{7.18}$$

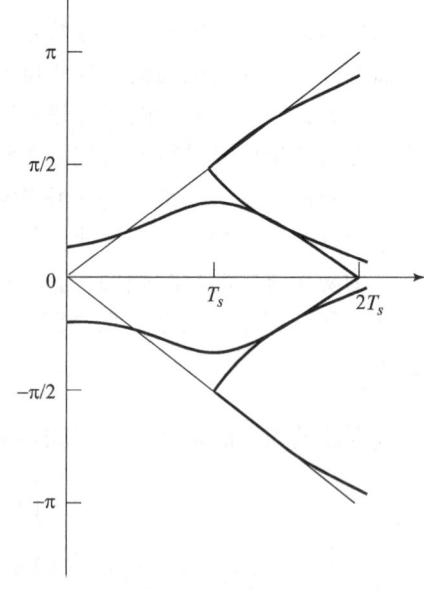

图 7-16 GMSK 信号的相位路径

式中，$\phi(t)$ 的表达式见式（7.17）。由此可以构成一种波形存储正交调制器，波形存储正交调制器的优点是避免了复杂的滤波器设计和实现，可以产生具有任何特性的基带脉冲波形和已调信号。

GMSK 信号解调方式常用的有 1 bit 延迟差分检测和 2 bit 延迟差分检测方法，它们的原理框图如图 7-17 和图 7-18 所示。

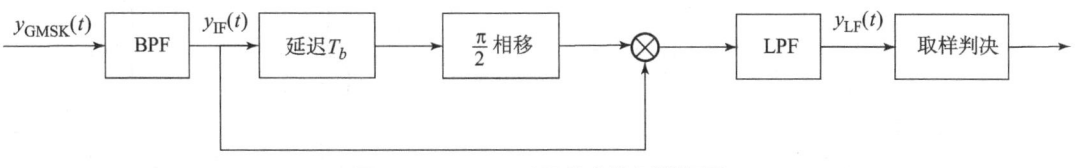

**图 7-17　1 bit 延迟差分检测器框图**

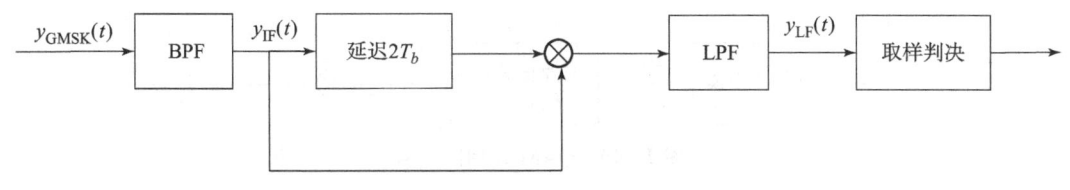

**图 7-18　2 bit 延迟差分检测器框图**

### 7.1.3　QAM 调制方式

正交幅度调制（QAM）是一种将幅度调制和相位调制相结合的调制方式，在幅度和相位两个维度上对信号进行调制，多进制的 QAM 表示为 MQAM（Multiple Quadrature Amplitude Modulation）。QAM 调制方式具有很高的频谱利用率，而且随着进制数的增加，频带效率随之增高。相同调制阶数条件下，QAM 调制信号的抗噪声能力一般优于 PSK 调制信号。由于 QAM 是幅度调制和相位调制的结合，所以其兼有幅度调制和相位调制的特性。从幅度调制的角度分析，MQAM 调制信号包络不稳定，不适用于衰落信道传输。卫星信道中，信号直射分量起主导作用，衰落效应较弱。QAM 以其高频谱效率和高抗噪性能，在高速率传输业务应用中受到人们青睐。

MQAM 调制信号的一般表达式为

$$s(t) = A_m \cos\omega_c t + B_m \sin\omega_c t, \quad 0 \leqslant t \leqslant T_s \tag{7.19}$$

式中，$T_s$ 为码元宽度；$A_m$ 和 $B_m$ 是离散振幅值，$m = 1,2,\cdots,M$。

由上式可以看出，已调信号是由两路相互正交的载波叠加而成的，两路载波分别被两路离散的振幅 $A_m$ 和 $B_m$ 所调制，因而称为正交幅度调制。QAM 调制和相干解调的原理框图如图 7-19 和图 7-20 所示。其调制解调原理与 QPSK 调制方式的类似。

## 7.2　差错控制

差错控制是指当信道差错率达到一定程度时，必须采取的用于减少差错的措施。卫星通信环境的特点决定了其信道传输特性不理想，而且信道中存在各种干扰噪声，因此，在卫星通信系统传输数据时，不可避免地会在接收数据时产生差错，在卫星通信系统设计时，需要考虑差错控制，以保证系统传输质量。

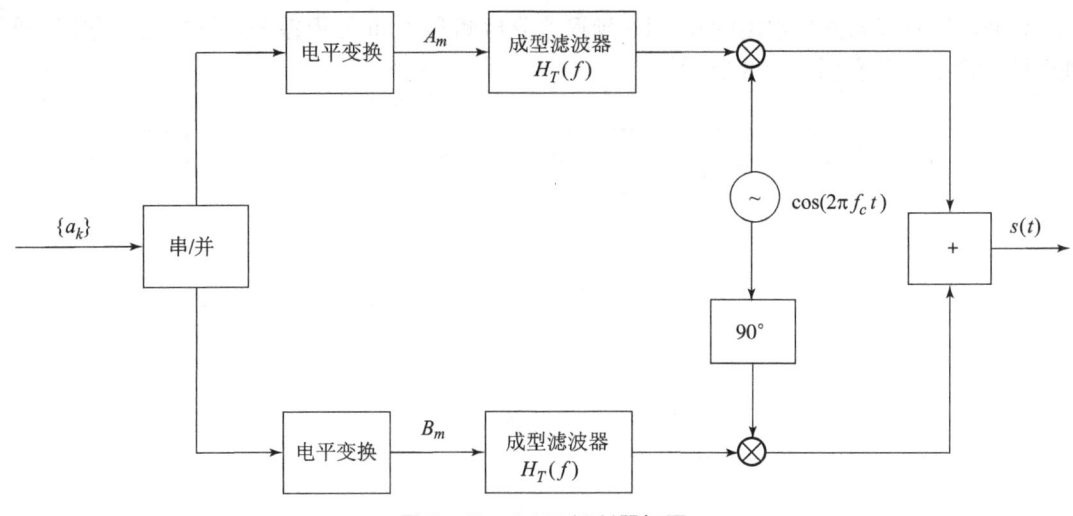

图 7-19　QAM 调制器框图

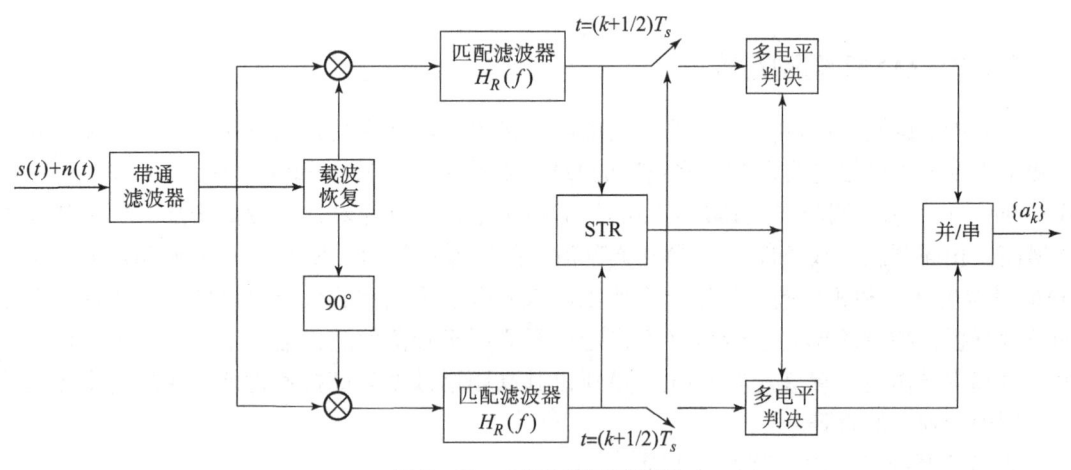

图 7-20　QAM 解调器框图

## 7.2.1　差错控制方式

差错控制可以分为三大类：自动请求重发（Automatic Repeat Request，ARQ）、前向差错控制（Forward Error Correction，FEC）、混合纠错（Hybrid Error Correction，HEC）。

自动请求重发方式的基本原理是在发送码元序列中加入差错控制码元，接收端利用这些码元检测到有错码时，利用反向信道通知发送端，要求发送端重发，直到正确接收为止，如图 7-21 所示。所谓检测到有错码，是指在一组接收码元中知道有一个或一些错码，但是不知道该错码应该怎么纠正。

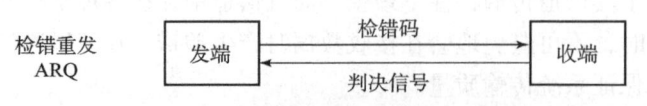

图 7-21　自动请求重发方式示意图

自动请求重发方式具有很强的纠错能力，它采用的差错控制码的检错能力与信道干扰变化无关，所以它的适应性比较强，而且它只需要检测错误，因此编译码器比较简单。它的不足之处在于：必须有反向信道，收发两端必须相互配合，实时性比较差。

前向差错控制方式的基本原理是接收端利用发送端在发送码元序列中加入的差错控制码元，不但能够发现错码，还能纠正发生错误的码元，使得接收机能够直接纠正信道中发生的错误，如图7-22所示。

图7-22 前向差错控制示意图

采用前向差错控制方式时，不需要反向信道传送重发指令，接收端可自动发现错误、纠正错误，所以实时性比较好。它的缺点是译码算法比较复杂，所选用的差错控制编码要和信道的干扰情况相匹配，并且通常是以加入冗余信息为代价换取编码增益的。

鉴于自动请求重发方式和前向差错控制方式的不足，将两者进行结合，就形成了混合纠错方式，如图7-23所示。在这种差错控制方式下，接收端接收到码字后，首先检测错误情况。当差错在码的纠错能力范围之内时，就自动纠错；当差错很多已超出纠错能力，但还能检测出来时，接收端就通过反馈信道，请求重发。混合纠错系统的性能及优劣介于前两种方式中间，误码率低，实时性和连续性好，设备不太复杂，在无线通信系统中应用比较广泛。

图7-23 混合差错控制示意图

实现差错控制的关键是选取具有纠错或检错能力的差错控制编码。差错控制编码也称信道编码。基于信道编码能使通信系统在资源、可靠性和信息传输速率之间选择一个好的工作点，资源指提供信息传输所付出的代价，包括频率、时间、空间、功率等。一个好的编码就是要充分利用资源，在单位时间内传递尽可能多的信息。其实质是利用冗余降低差错概率，提高系统传输可靠性。信道编码的作用包括：给定资源和可靠性要求，通过信道编码尽量提高传输速率；给定对信息传输的速率和可靠性要求，通过信道编码尽量减少资源开销；给定资源和传输速率，通过编码提高可靠性。

下面介绍几种常用的差错控制编码。

### 7.2.2 线性分组码

**1. 线性分组码定义**

分组码是将信息序列每 $k$ 位分为一组，作为信息组码元，再增加 $n-k$ 个多余的码元，又称之为校验元，校验元只由每组 $k$ 个信息元按一定规律产生，而与其他组的信息元无关。把这个分组码标记为 $(n,k)$，$n$ 是每组码的长度，$k$ 是信息组码元的长度。

线性分组码是指校验元与信息组码元具有线性约束关系的分组码，即可以用一组线性方程组来描述编码码字与信息码组之间的关系。

**2. 基本概念**

码字：编码器将每组 $k$ 个信息元按一定规律编码，形成长度为 $n$ 的序列，称这个编码输出序列为码字。

编码效率（码率）：信息位长度与编码输出长度的比值，$R = k/n$。它表示信息位数据在编码码字中所占的比例，也表示编码输出码字中每位码元所携带的信息量。

许用码字：任意输入信息码元分组，经编码器编码后输出的码字，称为许用码字。对 $(n,k)$ 线性分组码，许用码字个数为 $2^k$。

禁用码字：长度为 $n$ 的码空间中，除去许用码字，剩余码字即为禁用码字。

码重：在信道编码中，非零码元的数目称为汉明重量（Hamming Weight），也称为码重，记为 $w_c$。

码距：两个等长码组之间相应位取值不同的数目称为这两个码组的汉明距离（Hamming Distance），简称码距。记为 $d(c_1,c_2)$，可得 $d(c_1,c_2) = w(c_1 - c_2)$。

最小距离：码组集中任意两个码字之间距离的最小值称为最小码距（$d_{\min}$），它关系着这种编码的检错和纠错能力。

① 检测 $e$ 个随机错误，则要求码的最小距离 $d_0 \geq e + 1$。
② 纠正 $t$ 个随机错误，则要求码的最小距离 $d_0 \geq 2t + 1$。
③ 纠正 $t$ 个同时检测 $e$ 个随机错误，则要求码的最小距离 $d_0 \geq e + t + 1$。

**3. 线性分组码的生成矩阵与校验矩阵**

（1）生成矩阵

以 $(7, 3)$ 分组码为例，设其信息元 $A = (a_2 a_1 a_0)$，码字为 $c = (c_6 c_5 c_4 c_3 c_2 c_1 c_0)$，其编码规则以下列线性方程组来描述：

$$\begin{cases} c_6 = a_2 \\ c_5 = a_1 \\ c_4 = a_0 \\ c_3 = a_2 + a_0 \\ c_2 = a_2 + a_1 + a_0 \\ c_1 = a_2 + a_1 \\ c_0 = a_1 + a_0 \end{cases} \quad (7.20)$$

进一步变化如下：

$$(c_6 c_5 c_4 c_3 c_2 c_1 c_0) = (a_2 a_1 a_0) \begin{bmatrix} 1 & 0 & 0 & 1 & 1 & 1 & 0 \\ 0 & 1 & 0 & 0 & 1 & 1 & 1 \\ 0 & 0 & 1 & 1 & 1 & 0 & 1 \end{bmatrix} \quad (7.21)$$

令上式中的矩阵为：

$$G_1 = \begin{bmatrix} 1 & 0 & 0 & 1 & 1 & 1 & 0 \\ 0 & 1 & 0 & 0 & 1 & 1 & 1 \\ 0 & 0 & 1 & 1 & 1 & 0 & 1 \end{bmatrix} \quad (7.22)$$

称 $G_1$ 是上述 (7, 3) 线性分组码的生成矩阵。

一般情况下，有

$$c = (c_{n-1}c_{n-2}c_{n-3}\cdots c_0) = (a_{k-1}a_{k-2}a_{k-3}\cdots a_0)\begin{pmatrix} g_{1,n-1} & g_{1,n-2} & \cdots & g_{1,0} \\ g_{2,n-1} & g_{2,n-2} & \cdots & g_{2,0} \\ \vdots & \vdots & & \vdots \\ g_{k,n-1} & g_{k,n2} & \cdots & g_{k,0} \end{pmatrix} \quad (7.23)$$

$$c = AG \quad (7.24)$$

式中，$G$ 为生成矩阵，是 $k \times n$ 的矩阵。

生成矩阵用来生成码字，它的 $k$ 个行矢量必须是线性无关的，并且每个行矢量都是一个码字，可以通过初等变换简化成系统形式：

$$G = [I_k \vdots P]$$

(2) 校验矩阵

将式 (7.20) 改写为：

$$\begin{aligned} c_6 \quad\quad + c_4 + c_3 \quad\quad\quad\quad &= 0 \\ c_6 + c_5 + c_4 \quad\quad + c_2 \quad\quad &= 0 \\ c_6 + c_5 \quad\quad\quad\quad + c_1 \quad &= 0 \\ c_5 + c_4 \quad\quad\quad\quad\quad + c_0 &= 0 \end{aligned} \quad (7.25)$$

用矩阵可表示成：

$$\begin{bmatrix} 1 & 0 & 1 & 1 & 0 & 0 & 0 \\ 1 & 1 & 1 & 0 & 1 & 0 & 0 \\ 1 & 1 & 0 & 0 & 0 & 1 & 0 \\ 0 & 1 & 1 & 0 & 0 & 0 & 1 \end{bmatrix} \begin{bmatrix} c_6 \\ c_5 \\ c_4 \\ c_3 \\ c_2 \\ c_1 \\ c_0 \end{bmatrix} = \begin{bmatrix} 0 \\ 0 \\ 0 \\ 0 \end{bmatrix} = O^T \quad (7.26)$$

式 (7.25)、式 (7.26) 称为一致校验方程。令上式中的矩阵为：

$$H_1 = \begin{bmatrix} 1 & 0 & 1 & 1 & 0 & 0 & 0 \\ 1 & 1 & 1 & 0 & 1 & 0 & 0 \\ 1 & 1 & 0 & 0 & 0 & 1 & 0 \\ 0 & 1 & 1 & 0 & 0 & 0 & 1 \end{bmatrix} \quad (7.27)$$

称矩阵 $H_1$ 为上述 (7, 3) 线性分组码的一致校验矩阵。由式 (7.26) 可见，线性分组码的校验矩阵大小为 $r \times n$，且有：

$$\begin{aligned} H \cdot c^T &= O^T \\ c \cdot H^T &= O \end{aligned} \quad (7.28)$$

对于系统码形式的线性分组码，其生成矩阵和校验矩阵具有如下形式：

$$\begin{aligned} G &= [I_k \vdots P] \\ H &= [Q \vdots I_r] \end{aligned} \quad (7.29)$$

式中：
$$P = Q^T \tag{7.30}$$

当得知一个矩阵时，可以快速求取另一个矩阵。校验矩阵反映校验元和信息元之间的校验关系，它不能生成码字，在接收端可以用它来检测或纠正接收码字中的错误。

码组在传输中可能由于干扰而出错，例如发送码组为 $A$，接收到的码组却是 $B$，它们都是 $n$ 位码的行矢量，我们就定义 $E = B - A$ 为错误图样。

$$E = (e_{n-1} e_{n-2} e_{n-3} \cdots e_0) \tag{7.31}$$

式中，$e_i = \begin{cases} 0, b_i = a_i \\ 1, b_i \neq a_i \end{cases}$。

定义 $S = BH^T$ 为伴随式，有：

$$S = (A + E)H^T = EH^T \tag{7.32}$$

因此，如果传输无错，$S$ 为零矢量；如果有错误，$S$ 就是一个非零矢量，就能从伴随式确定错误图样，然后从接收到的码字中减去错误图样，即 $A = B - E$，注意这里的加减都是模 2 加运算，就可得到正确的码组了。

应该注意的是，式（7.32）的解答不是唯一的。由于 $B$ 是一个 $1 \times n$ 的矩阵，$H^T$ 是一个 $n \times r$ 的矩阵，所以 $S$ 是一个 $1 \times r$ 的矩阵，因此它有 $2^r$ 种可能。而错误图样 $E$ 的个数远大于 $2^r$，因此，必然有多个错误图样对应同一个伴随式 $S$。而错误图样等于 $B - A$，即与接收到的码组是一一对应的，为了选择正确的结果，要使用最大似然比准则，选择与 $B$ 最相似的 $A$。从几何意义上来说，就是选择与 $B$ 距离最小的码组，也就是错误图样 $E$ 中 "1" 码最少的矢量。

### 7.2.3 循环码

一个 $(n,k)$ 线性分组码，若它的每个码字经过循环移位后也是该码的码字，则称该码为循环码。

码字 $c = (c_{n-1} c_{n-2} c_{n-3} \cdots c_0)$ 的各个分量可以看作是多项式 $c(x)$ 的系数，即

$$c(x) = c_{n-1} x^{n-1} + c_{n-2} x^{n-2} + \cdots + c_1 x + c_0 \tag{7.33}$$

每一项的存在或不存在对应了 $n$ 元码字中相应的位置为 1 或 0，如果 $c_{n-1}$ 非 0，那么多项式的阶数为 $n - 1$。

循环码的所有码字都可以用多项式表示，存在一个且仅有一个 $n - k$ 次码多项式，称为生成多项式，记为 $g(x)$，有：

$$g(x) = g_r x^r + c_{r-1} x^{r-1} + \cdots + g_1 x + g_0 \tag{7.34}$$

式中，$g_r = g_0 = 1, r = n - k$。

(7, 4) 循环码 $c$ 的生成多项式是 $g(x) = x^3 + x + 1$，对应码字（0001011）。(7, 3) 循环码的生成多项式 $g(x) = x^4 + x^2 + x + 1$，对应码字（0010111）。

循环码的生成多项式具有以下性质：

① $g(x)$ 是 $(n,k)$ 循环码 $c$ 中最低次数的非零码多项式，一个次数小于或等于 $n - 1$ 次的二元多项式，当且仅当它是 $g(x)$ 的倍数时，才是码多项式。

② 所有的码字多项式是生成多项式的倍数。

③ $(n,k)$ 循环码的生成多项式 $g(x)$ 是 $x^n + 1$ 的因式（$x^n + 1$ 的同次数因式不唯一）。

由循环码的生成多项式可构造循环码。若 $g(x)$ 是一个 $n-k$ 次多项式且是 $x^n+1$ 的因式，则 $g(x)$ 生成一个 $(n,k)$ 循环码。循环码构造步骤为：

① 对 $x^n+1$ 做因式分解，找出其 $n-k$ 次因式。

② 以该 $n-k$ 次因式为生成多项式，与信息位多项式 $m(x)$ 相乘，即得码多项式 $c(x)$。

循环码的生成矩阵可由生成多项式表示：

$$G(x) = \begin{bmatrix} x^{k-1}g(x) \\ \vdots \\ x^2 g(x) \\ xg(x) \\ g(x) \end{bmatrix} \tag{7.35}$$

如上所述，发送码字多项式 $A(x)$ 是多项式 $g(x)$ 的倍式，如果经过信道传输后发生错误，接收码字多项式 $B(x)$ 不再是 $g(x)$ 的倍式，可表示为：

$$\frac{B(x)}{g(x)} = T(x) + \frac{S(x)}{g(x)} \tag{7.36}$$

或写成 $S(x) = \mathrm{rem}[B(x)/g(x)]$，其中，$S(x)$ 是 $B(x)$ 除以 $g(x)$ 后的余式。$S(x)$ 是不大于 $r-1$ 次的码组多项式，称为伴随多项式或校正子多项式。接收码组多项式 $B(x)$ 可表示为发送码组多项式与差错多项式之和，即 $B(x) = A(x) + E(x)$。则

$$S(x) = \mathrm{rem}\left[\frac{A(x)+E(x)}{g(x)}\right] = \mathrm{rem}\left[\frac{E(x)}{g(x)}\right] \tag{7.37}$$

由 $S(x)$ 就可进一步确定 $E(x)$。对于一个 $S(x)$，$E(x)$ 可能有多种形式。由 $S(x)$ 确定 $E(x)$ 时，同样使用最大似然比准则。对最小码重的差错多项式 $E(x)$，由式（7.37）求出对应的伴随多项式 $S(x)$，将 $E(x)$ 与 $S(x)$ 的对应关系列成译码表。当收到任一码组 $B(x)$ 后，利用 $S(x) = \mathrm{rem}[B(x)/g(x)]$ 求出 $S(x)$，对照译码表找到 $E(x)$，再用 $B(x) = A(x) + E(x)$ 求 $A(x)$，即 $A(x) = B(x) + E(x)$。

循环码在卫星通信中应用较多的是 BCH 码和 RS 码。BCH 码具有纠正多个随机错误的能力，具有非常严谨的数学结构，是目前发现的最好的线性分组码之一。RS 码是一种非二进制的 BCH 码，它有很强的纠错能力，可以很好地纠正突发错误。

### 7.2.4 卷积码

卷积码一般表示为 $(n,k,m)$ 的形式，即将 $k$ 个信息比特编码为 $n$ 个比特的码组，$m$ 为编码约束长度，说明编码过程中相互约束的码段个数。卷积码编码后的 $n$ 个码元不仅与当前组的 $k$ 个信息比特有关，还与前 $m-1$ 个输入组的信息比特有关。编码过程中相互关联的码元有 $mn$ 个。编码效率 $R$ 和约束长度 $m$ 是衡量卷积码的两个重要参数，编码效率 $R=k/n$。典型的卷积码一般选 $n$、$k$ 较小，但 $m$ 值可取较大，以获得简单而高性能的卷积码。卷积码的编码描述方式有很多种：冲激响应描述法、生成矩阵描述法、多项式乘积描述法、状态图描述法、树图描述法、篱笆图描述法等。

篱笆图可以描述卷积码的状态随时间推移而转移的情况。该图纵坐标表示所有状态，横坐标表示时间。篱笆图在卷积码的概率译码，特别是 Viterbi 译码中非常重要，它综合了状态图法直观简单和树图法时序关系清晰的特点。

某（2，1，2）卷积码的逻辑电路图如图 7-24 所示，其对应的编码器篱笆图如图 7-25 所示。

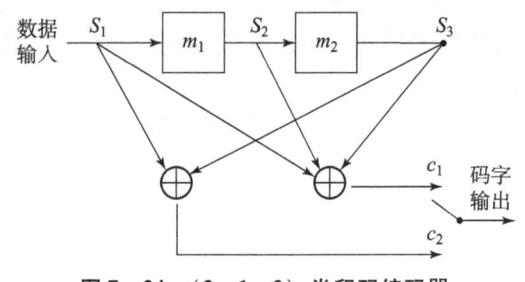

图 7-24 （2，1，2）卷积码编码器

图 7-25 编码器篱笆图

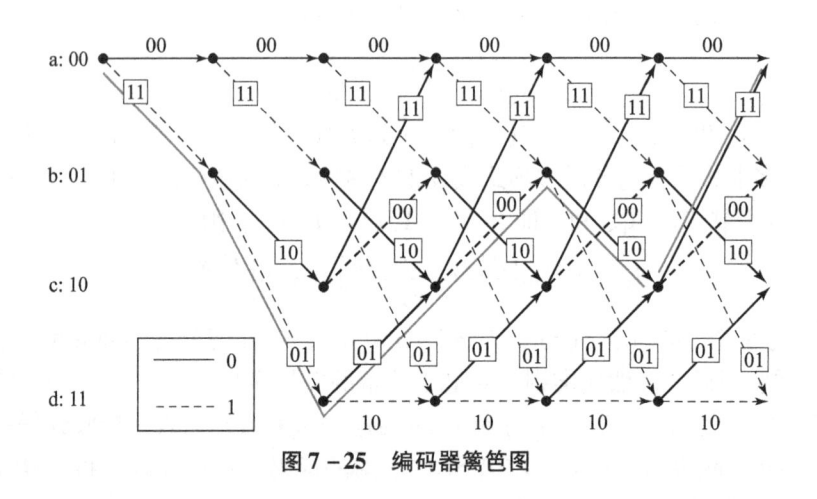

图中实线表示输入 0 时所走分支，虚线表示输入 1 时所走分支，编码时只需从起始状态开始，依次选择路线并读出输出即可。假设从状态 a 开始，输入为 [110100]，则可由图中读出输出为 [11 01 01 00 10 11]。

卷积码编码过程的实质是在输入信息序列的控制下，编码器沿码树通过某一特定路径的过程。显然，译码过程就是根据接收序列和信道干扰的统计特性，译码器在原码树上力图恢复原来编码器所走的路径，即寻找正确路径的过程。卷积码有代数译码、序贯译码、Viterbi 译码等多种译码方法，其中，Viterbi 译码是应用较为广泛的译码方法。

Viterbi 译码是根据接收序列在码的篱笆图上找出一条与接收序列距离（或其他量度）为最小的一种算法。若接收序列为 $R$ = (010111001001)，译码器从某个状态，例如从状态 a 出发，每次向右延伸一个分支，并与接收数字相应分支进行比较，计算它们之间的距离，然后将计算所得距离加到被延伸路径的累积距离值中。对到达每个状态的各条路径（有 2 条）的距离累积值进行比较，保留距离值最小的一条路径，称为幸存路径（当有两条以上取最小值时，可任取其中之一），译码过程如图 7-26 所示。图中标出到达各级节点的幸存路径的距离累积值。对给定 $R$ 的译码序列为 (11010X)。这种算法所保留的路径与接收序列之间的似然概率为最大，所以又称为最大似然译码。

图 7-26 译码器篱笆图

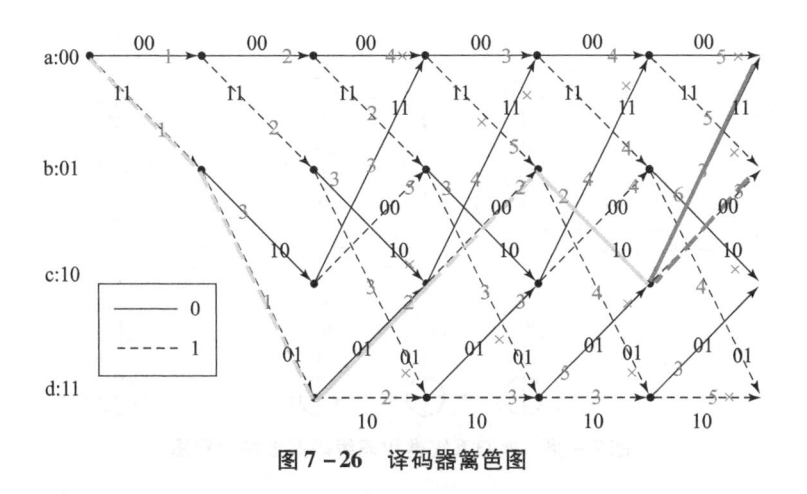

Viterbi 译码器的复杂性随 $m$ 呈指数增大。实用中，$m$ 不大于 10。卷积码在卫星通信和深空通信中有广泛的应用。

### 7.2.5 Turbo 码

Turbo 码又称为并行级联卷积码（Parallel Concatenated Convolutional Code，PCCC）。它是一种特殊的级联卷积码，性能接近香农限，在二进制调制时，采用 1/2 码率的 Turbo 码计算机仿真性能距香农信道容量仅差 0.7 dB。它是编码理论中具有里程碑意义的码。

典型的 Turbo 码的编码器为两级级联的卷积码，如图 7-27 所示。它由两个分量卷积码通过一个随机交织器并行级联而成。分量卷积码为递归系统卷积码（Recursive Systematic Conventional Code，RSC）。输入的信息序列 $d$ 直接进入信道和分量编码器 1（RSC1），分别得到信息位 $x_k$ 和第一个校验位 $y_{1k}$。同时，将信息序列经交织器处理后送入分量编码器 2（RSC2），得到第二个校验位 $y_{2k}$。两路校验位经删除截短矩阵处理，得到编码输出的校验位 $y_k$。$y_k$ 与 $x_k$ 复用得到最终的 Turbo 编码输出。

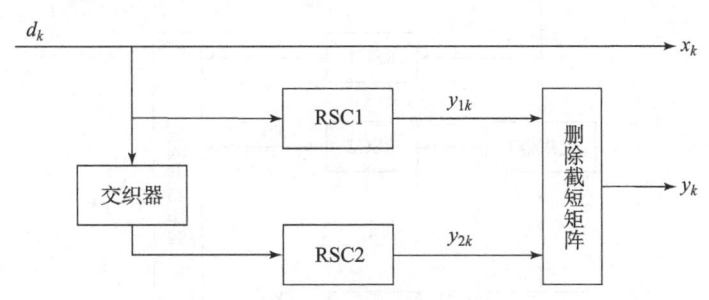

图 7-27 Turbo 码编码器结构示意图

递归系统卷积码编码器和 6.2.4 节中介绍的卷积码编码器的区别在于移位寄存器的输出端是否存在到信息位输入端的反馈路径。卷积码编码器没有此路径，递归系统卷积码存在此路径。递归系统卷积码编码器的结构如图 7-28 所示。

交织器在 Turbo 码中具有非常重要的作用，对 Turbo 码性能有很大程度的影响。在通信系统中，交织器的作用一般是与信道编码结合来对抗信道突发错误。在 Turbo 码中，交织器

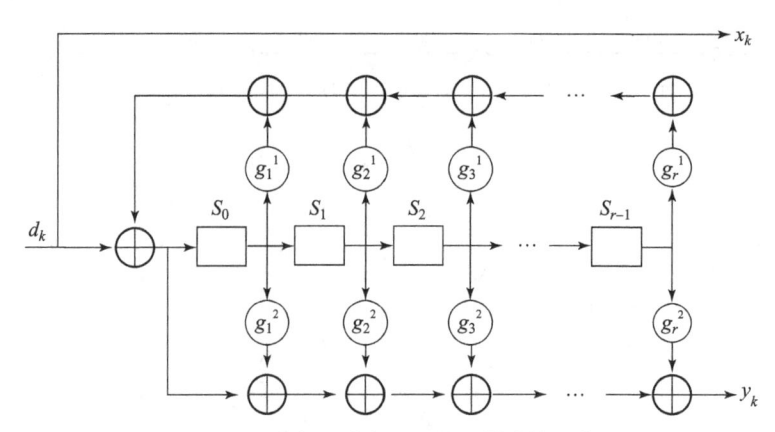

图 7-28 递归系统卷积码编码器结构示意图

除了具备上述功能外，还具有随机化输入信息序列的作用，使得编码输出的码字尽可能随机，以满足香农信道编码定理中对信道码随机性的要求，进而提升 Turbo 码的性能。由于 Turbo 码译码器采用迭代译码方法，在译码过程中要不断地解交织和交织，这将导致较大的译码时延，在选择交织器时要考虑这一因素。常见的交织器有矩阵交织器、卷积交织器。

删除截短矩阵的作用是周期性地删除一些校验元来提高编码效率。删除截短矩阵功能不同，得到的 Turbo 码码率不同，可以通过调整删除截短矩阵来获得期望码率的 Turbo 码。例如，当两个分量码为 1/2 码率的递归系统卷积码时，要想获得 1/2 码率的 Turbo 码，可以交替删除两个分量码输出的校验元，相应的删除截短矩阵为 [10, 01]。若要获得 1/3 码率的 Turbo 码，则不对两个分量码输出的校验元做处理，直接输出，相应的删除截短矩阵为 [1, 1]。

通常，Turbo 码的分量码可以选择多个，通过多个交织器并行级联构成高位 Turbo 码。Turbo 码编码器的一般结构如图 7-29 所示。

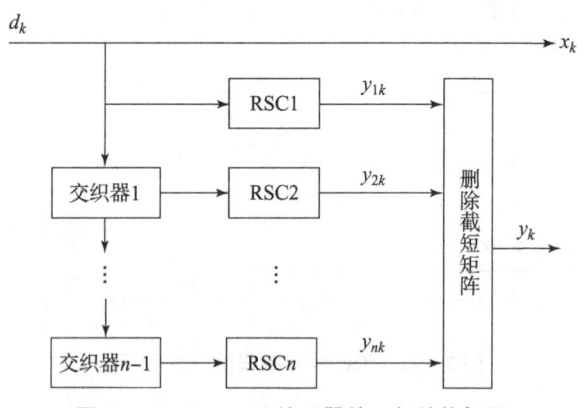

图 7-29 Turbo 码编码器的一般结构框图

Turbo 码的迭代译码方案，与其并行级联编码方案相配合，无论是从编码结构还是译码思路上，都将 Turbo 码看作一个整体的长随机码，因此明显提高了译码性能。迭代译码通过将子译码器 2 的输出信息反馈回子译码器 1，从而使得两个相互独立的译码器充分利用彼此的信息。Turbo 码译码器的结构示意图如图 7-30 所示。

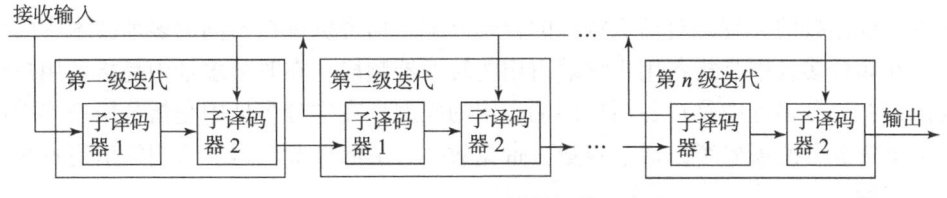

图 7-30 Turbo 码译码器结构示意图

### 7.2.6 LDPC 码

LDPC（Low-Density Parity-Check）码全称是低密度奇偶校验码，是一种线性分组码。它与 Turbo 码的性能相近，但 LDPC 比 Turbo 码具有更简单的译码结构，也更容易实现。LDPC 码和普通的线性分组码一样，可以用生成矩阵或校验矩阵表示。但 LDPC 与一般的线性分组码又有所不同，主要体现在校验矩阵的属性上。

LDPC 码的校验矩阵是稀疏矩阵，即矩阵中"1"的个数很少，密度很低，任两行（列）之间位置相同的 1 的个数不大于 1。若校验矩阵中，每一行含有 $q$ 个 1，每一列含有 $p$ 个 1，称为规则 LDPC 码；如果各行（列）重量不同，则叫非规则 LDPC 码。一般来说，非规则码性能优于规则码，其抗噪性能甚至优于 Turbo 码。根据校验矩阵中元素值域的不同，还可以将其分为二元域 LDPC 码和多元域 LDPC 码，并且后者性能要优于前者。

LDPC 码通常用 $(n,p,q)$ 表示。在编码时，设计好校验矩阵后，由校验矩阵可以导出生成矩阵。这样，对于给定的信息分组，即可求得编码码组。构造 LDPC 码的方法主要有两大类：伪随机构造法和准循环构造法。伪随机构造法主要考虑的是码的性能，但由于生成矩阵和校验矩阵的规律性较差，因此编译码复杂度较高，在工程中难以应用。准循环构造法通常考虑的是降低编译码的复杂度，在码长比较短的时候更有优势。

LDPC 码的译码方法种类很多，大部分属于消息传递算法，其中置信传播（Belief Propagation，BP）算法具有良好的性能和严格的数学结构，使得译码性能的定量分析成为可能，因此特别受到关注。理论上，非规则 LDPC 码的极限性能比香农限高出 0.004 5 dB，是目前性能最优的一种信道编码方式。它可以在不太高的译码复杂度下达到与 Turbo 码接近的性能，同时也不会存在 Turbo 码所具有的误码率底线。其译码方法本质上是一种并行译码算法，在硬件实现时只有很短的译码时延。因此，LDPC 码非常适合高速信息传输系统，现已成为卫星通信系统信道编码的首选方案。

## 7.3 多址技术

由于通信卫星距地面很高，覆盖区域广，在其覆盖区内可以有大量的用户终端。在卫星覆盖区内，通过同一颗卫星实现多个用户终端之间互相通信的技术称为多址技术。在多址技术中，将信道资源按照时间、频率、码型、空间等参数分成不同的信道，这些信道间无干扰或干扰可控，并按照一定的规则将这些信道分配给各通信终端。常用的多址连接方式有频分多址（Frequency Division Multiple Access，FDMA）、时分多址（Time Division Multiple Access，TDMA)、码分多址（Code Division Multiple Access，CDMA）和空分多址（Space Division Multiple Access，SDMA）及它们的组合形式。

实现多址连接的关键是对信道资源的合理分配，信道资源在不同的多址技术中的含义有所不同。在频分多址中是指各用户终端占用的转发器频段；在时分多址中是指各用户终端占用的时隙；在码分多址中是指各用户终端占用的码型；在空分多址中是指各用户终端占用的波束。信道资源分配需要考虑通信容量、带宽效率、灵活性等因素。常用的信道资源分配方式有以下三种。

第一种是预分配方式。采用预分配方式，信道资源事先分配给各用户终端，分配原则是业务量大的终端，分配的信道资源多；业务量小的终端，分配的信道资源少，各用户终端只能使用分配给它们的这些特定信道与有关地球站通信，其他地球站不能占用这些信道。采用这种预分配方式的优点：信道是专用的，实施连接比较简单，建立通信快，基本上不需要控制设备。它的缺点也比较明显：使用不灵活，信道不能相互调剂，在业务量较少时信道利用率低。所以它比较适合大容量系统。

第二种是按需分配方式。按需分配方式是一种分配可变的制度，用户根据传输信息的需要申请信道资源，在通信结束后，释放信道资源。这种信道资源分配方式比较灵活，信道资源可以在不同用户之间调剂使用，因此可以支持较多的用户，系统容量大。它比较适合业务量小，但终端用户量比较多的卫星通信网。由于信道资源在不同的终端间调剂切换，所以控制设备比较复杂，并且需要单独的控制信道为各终端申请信道资源服务。

第三种是随机分配方式。它是指通信中各种终端随机地占用卫星信道的一种多址分配制度。这种分配方式常用于数据交换业务。数据通信具有不连续性，通信过程是随机的，如果仍然采用预分配或者按需分配的方式，信道利用率较低。用户终端采用随机占用信道的方式会大大提高信道利用率。但这里会存在不同终端争用信道的问题，因此需要采用措施避免不同终端争用信道而引起的"碰撞"。

多址通信是卫星通信的基本特点，所以卫星通信的技术体制往往以多址方式为代表，下面着重介绍几种最常用的多址方式。

### 7.3.1 频分多址

当多个地球站共用卫星转发器时，如果根据配置的频率范围的不同来区分地球站的地址，这种多址连接方式就为频分多址（FDMA）（图7-31）。频分多址方式是卫星通信多址技术中一种比较简单的多址方式。它是将通信卫星使用的每一个转发器频带分成若干信道，以一定方式分配给各地球站使用。各个地球站按所分配的频带发送信号，接收端的地球站根据频带识别发信站，并从接收到的信号中提取发给本站的信号。在FDMA方式中，各载波的射频频率不同，发送的时间虽然可以重合，但各载波占用的频带是彼此严格分开的。

根据是否使用基带信号复用，可分为每载波单路和每载波多路频分多址方式。每载波单路频分多址（Single-Channel Per Carrier，SCPC/FDMA）（图7-32）通常采用按需分配的方式分配信道资源；每载波多路频分多址（Multiple-Channel Per Carrier，MCPC/FDMA）通常采用固定预分配的方式分配信道资源。SCPC/FDMA方式是在每个载波上只传送一个语音（数据），一个转发器通道可承载数百路语音（数据）信道，一个地球站可以同时发送一个

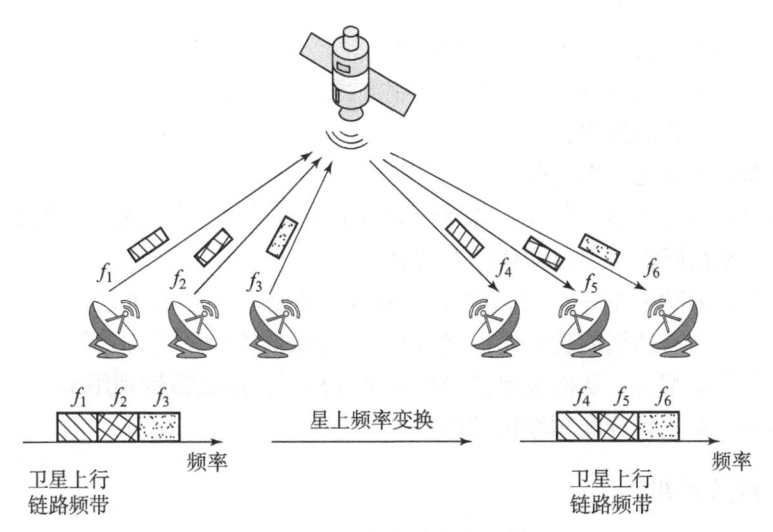

图 7-31 频分多址方式示意图

或多个 SCPC 载波。按照信道分配方式，可分为预分配方式和按需分配方式。预分配方式的 SCPC 是将信道固定分配给各个地球站，两地球站通话时各占一条卫星信道。SCPC 一般用于容量较小、站址数较多，总通信业务又不太繁忙的系统。预分配方式的 SCPC 不能充分体现其优越性，一般采用按需分配方式。

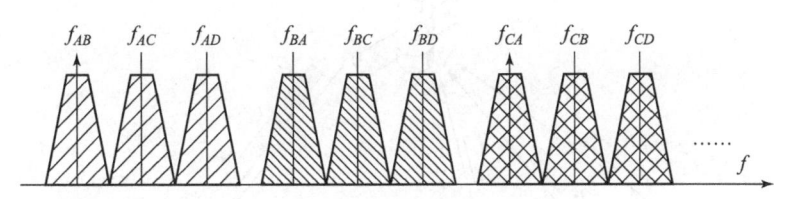

图 7-32 SCPC/FDMA 方式示意图

对于 SCPC 这种方式，由于一个载波仅用一路话来调制，而对通话过程所进行的大量统计表明：双方通话时，一方需要听取另一方的讲述；讲话者每句话之间总有一定的间歇，结果，单向话路上仅有 40% 的时间是有语音传递的。利用这个特点，可采用语音激活技术，即不讲话时关闭所用载波，有语音时才发射载波。这样就会节省功率，可以增加通信容量。

此外，由于采用 SCPC 方式时卫星转发器上的一个通道只通一路话，因此，只要在地球站每个 SCPC 设备中接上按申请分配控制器及有关信令设备，就能实现按申请分配，从而提高信道利用率。由于这种系统设备简单、经济灵活、线路易于改动，特别适用于站址多、业务量小的场合应用。但同时也存在一些问题，比如载波数目众多，需要较大的保护频带。对于按需分配方式，还需要额外的网管通路。

在 FDMA 卫星通信系统中，两地球站之间同时进行多个用户电话或数据通信，常常是通过基带信号多路复用来解决的，这种通信方式称为 MCPC/FDMA。比起一个站发多个载波区分地址的方式，通过转发器的载波数要少，因此，这种方式便于进行最佳排列，有利于减少互调。

FDMA 具有以下优点：

① 实现简单，技术成熟，成本较低。
② 系统工作时不需要网络定时，性能可靠。
③ 对每个载波采用的基带信号类型、调制方式、编码方式等没有限制。
④ 大容量线路工作时效率较高。

但是，FDMA 也存在一些缺点：

① 转发器要同时放大多个载波，容易形成多个交调干扰，为了减少交调干扰，转发器要降低输出功率，从而降低了卫星通信的有效容量。
② 当各站的发射功率不一致时，会发生强信号抑制弱信号的现象，为使大、小载波兼容，转发器功放需要有适当的功率回退（补偿），对载波需做适当排列等。
③ 需要设置保护带宽，从而确保信号被完全分离开，造成频带利用率下降。
④ 灵活性小，要重新分配频率比较困难。

### 7.3.2 时分多址

时分多址（TDMA）是一种数字多址技术，这种多址方式给每一个地面终端分配了互不重叠的时隙，终端必须在规定的时隙内通信，否则可能会对其他终端产生干扰。由于各地面终端是按照时隙划分信道资源的，所以各终端可以使用相同的工作频段，在每个时隙内，转发器工作在单载波状态，所以采用 TDMA 技术可以避免在 FDMA 中因转发器的非线性而引起的互调产物。TDMA 系统模型如图 7-33 所示。

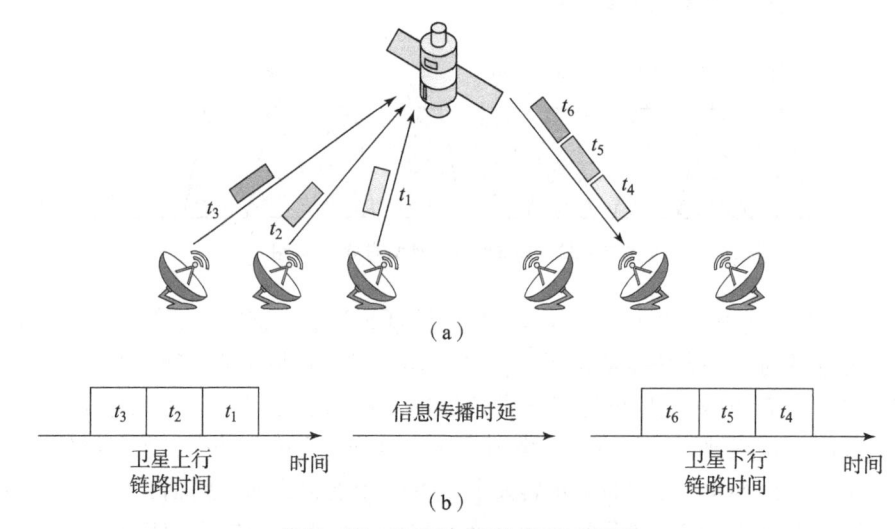

图 7-33　TDMA 系统模型示意图

该系统中的各地球站只在规定的时隙内以突发的形式发射它的已调信号，这些信号在通过转发器时在时间上是严格依次排列互不重叠的。整个系统的所有地球站时隙在卫星内占据的整个时间段称为卫星的一个时帧，每帧又分成若干时间段，称为分帧。

一个 TDMA 帧是由一个同步分帧和若干个业务分帧组成的，如图 7-34 所示。同步分帧（基准分帧）是 TDMA 帧内的第一个时隙，不含任何业务信息，仅用作同步和网络控制。发送该分帧的地球站又称为基准站，实际中，基准站通常由某一通信站兼任。一般还会指定另一个站作为备份基准站，一旦基准站出现故障，它自动承担发送基准分帧的任务，确保通信不中断。数据分帧是除基准分帧外的其他分帧。由于系统定时不精确,地球站与卫星之间距离变化等原因,会使各站的突发通过转发器的时间上产生一定漂移,前后的突发就可能在时间上发生重叠。为了避免这个现象,突发之间要留有一定的时间空隙作为保护时间。

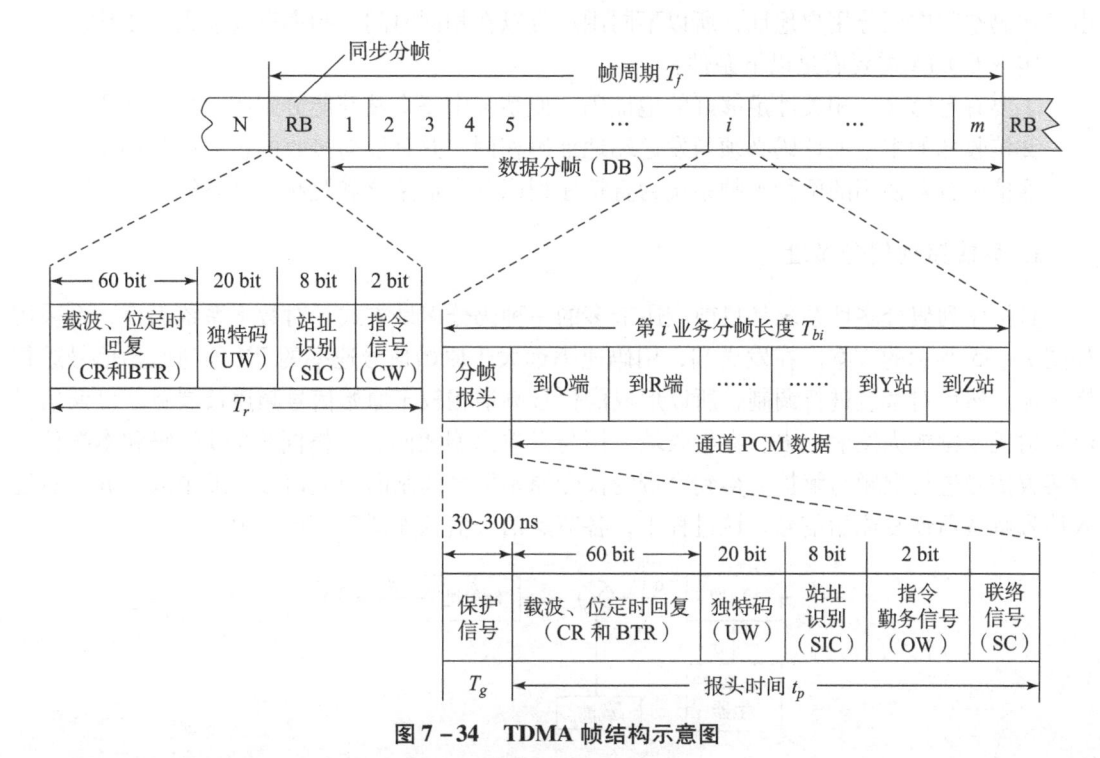

图 7-34 TDMA 帧结构示意图

与 FDMA 系统相比,TDMA 具有以下优点:
① 卫星转发器工作在单载波,转发器无交调干扰问题。
② 能充分利用转发器的输出功率,不需要较多地输出补偿。
③ 由于频带可以重叠,频带利用率比较高。
④ 对地球站 EIRP 变化的限制没有 FDMA 方式那样严格。
⑤ 根据各站业务量的大小来调整各站时隙的大小,大小站可以兼容,易于实现按需分配。
⑥ 在 TDMA 中,容量不会随入网站数目的增加而急剧减少。用了数字语音插空技术后,传输容量可增加一倍。

虽然存在以上优点,但 TDMA 也存在以下不足:
① 各终端按时隙传输数据,需全网同步。
② 终端信号传输为突发通信,接收终端需具备突发解调功能。
③ TDMA 一般采用数字调制方式,模拟信号需数字化后方能传输。
④ TDMA 初期的投资较大,系统实现复杂。

### 7.3.3 码分多址

码分多址(CDMA)方式中区分不同地址信号的方法是利用自相关性非常强而互相关性

很弱的伪随机码序列作为地址信息（称为地址码），对被用户信息调制过的载波进行再次调制，使用户信号带宽大大展宽。在接收端，用与发送端完全一致并且同步的伪随机码对接收到的扩频信号进行解扩，得到期望信号，而其他用户的信号则被滤除。在 CDMA 系统中，由于在码空间中区分用户地址，所以不同用户可以在相同时间、频率以及波束上工作。

实现 CDMA 需要满足以下条件：

① 要有足够多、相关性足够好的地址码，使系统中每个站都能分到所需的地址码。

② 接收端的本地地址码必须与发送端地址码相同，并且要与接收的扩频序列同步。

通信中较常使用的两种扩频系统为直接序列码分多址系统和跳频多址系统。

### 1. 直接序列码分多址

直接序列码分多址系统是目前应用最多的一种码分多址方式。对数字系统而言，可采用如图 7-35 所示的方案。在发送端，用码速率远大于原始信号速率的 PN 码与原始信号进行模 2 加，然后对载波进行调制，所以形成的信号频谱相较于原始信号频谱被展宽。已调信号经发射机变频放大发射出去。在接收端，用与发端码型相同、严格同步的 PN 码和本振信号对接收信号进行混频与解扩，得到窄带的仅受原始信号调制的中频信号。经中放、滤波后进入信号解调器恢复原始信号。该过程中，各节点信号信息如图 7-36 所示。

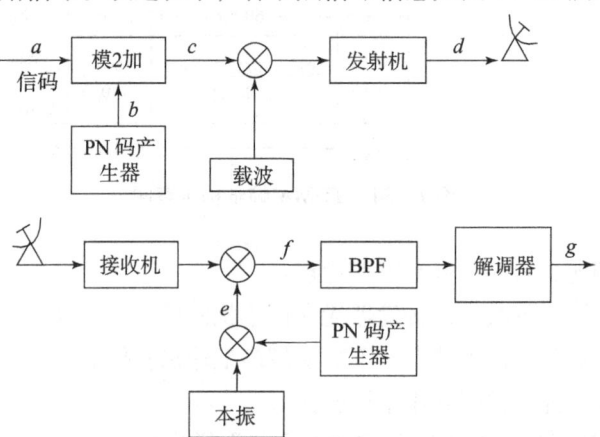

图 7-35　直接序列码分多址组成框图

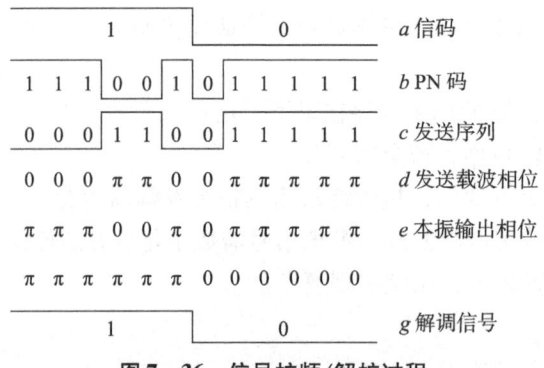

图 7-36　信号扩频/解扩过程

在收发两端扩频码序列相同且同步条件下，能够正确恢复原信号。而干扰信号频谱则被展宽为低功率谱密度信号，同时，其他地址码信号仍然保持低功率谱密度特性。在接收端，这些低功率谱密度信号大部分功率都将被窄带滤波器滤除。

由于这种系统具有很强的抗干扰能力和保密性，而且比其他多址方式简单、灵活，用户可随机参与通信，因此在军用系统中得到广泛应用。在卫星通信系统的小站中，这是一种重要的通信体制。

**2. 跳频多址**

与直接序列扩频相比，跳频扩频的主要差别在于发射频谱的产生方式不同。在发送端，利用 PN 码控制频率合成器，使频率在一个宽范围内伪随机地跳变，然后再与原始信号调制过的中频混频，从而达到扩展频谱的目的，如图 7-37 所示。跳频图案和跳频速率分别由 PN 序列及其速率决定。在接收端，本地 PN 码产生器提供一个和发端相同的 PN 码，驱动本地频率合成器产生同样规律的频率跳变，和接收信号混频后，获得固定中频的已调信号，通过解调器还原出原始信号。

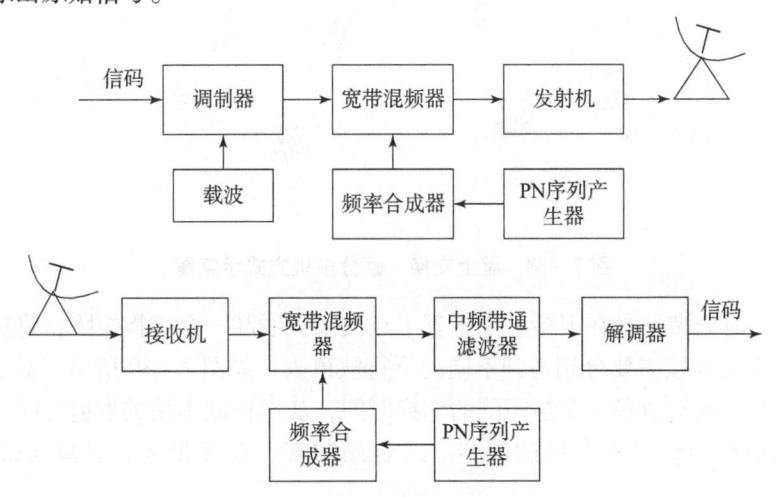

图 7-37 跳频多址系统组成框图

与 FDMA、TDMA 相比，CDMA 方式的主要特点是所传送的射频已调载波的频谱很宽、功率谱密度低，并且各载波可共占同一时域和频域，只是不能共用同一地址码。CDMA 具有以下优点：

①频谱扩展，解扩后带内干扰较少，抗干扰能力强。
②频谱被大大扩展，功率谱密度低，较难被侦察，有较好的隐蔽性。
③各站采用数字码作为地址，改变地址灵活方便。
④各站的区分方式为确定的数字序列，不需要同步。

CDMA 的缺点是占用的频带较宽，频带利用率较低，选择数量足够的可用地址码较为困难，接收时需要一定的时间对地址码进行捕获与同步。

### 7.3.4 空分多址

如果通信卫星采用多波束天线，各波束指向不同区域的地球站，那么同一时间、频率、码型资源可以被所有波束同时使用,这就是空分多址(SDMA)。由于在同一波束内,用户数量众多,所以,在实际应用中,一般不单独使用 SDMA 方式,而是与其他多址方式结合使用,包括星上交换-频分多址和星上交换-时分多址。

星上交换-频分多址的系统模型如图 7-38 所示,卫星上的每个滤波器都与每个上行链路中的载波相对应。这样能够将指定上行链路中对应载波的带通信号提取出来,并在星上进行选路操作,然后将其送往覆盖接收地球站的下行链路波束中。由于这个方案中的路由选择是预先确定的,所以它的频率分配方案也是事先设计的。

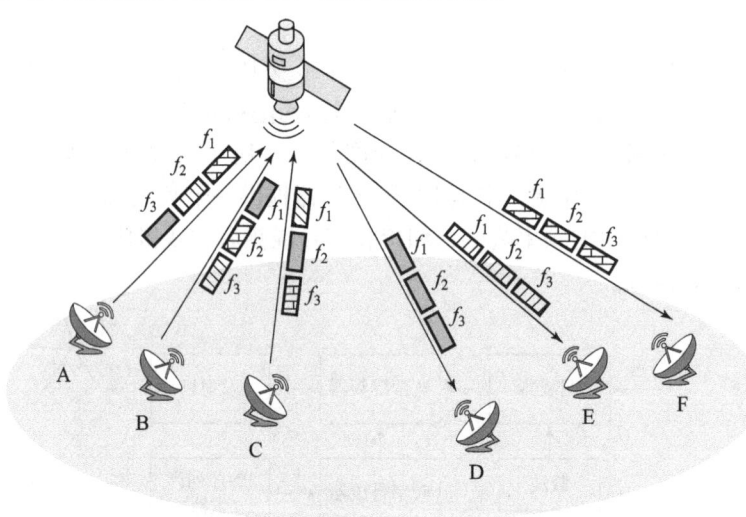

图 7-38 星上交换-频分多址方式示意图

星上交换-时分多址是在卫星上设置若干点波束天线和一个交换矩阵,将从不同上行波束到达的 TDMA 突发按需要分别送到不同的下行波束去,如图 7-39 所示。对于这种多址方式,地球站需要准确知道星上交换矩阵的切换时间,从而控制本站的发射时间,以保证在准确的时间里通过交换,建立严格的同步。适合站数多、业务量大、卫星频带严重不足的场合。

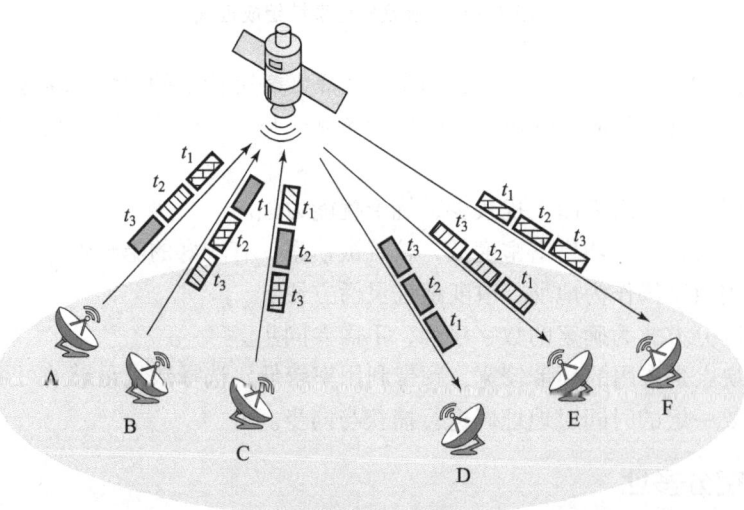

图 7-39 星上交换-时分多址方式示意图

SDMA 具有以下优点：

①卫星天线增益高。

②卫星功率可以得到合理、有效的利用。

③不同区域地球站所发信号在空间互不重叠，即使在同一时间使用相同频率，也不会相互干扰，可以实现频率重复使用。

SDMA 也存在一些缺点：

①对卫星的稳定及姿态控制提出很高的要求，卫星的天线及馈线装置也比较庞大和复杂。

②转换开关不仅使设备复杂，而且由于空间故障难以修复，增加了通信失效的风险。

## 7.4　卫星通信体制的 STK 仿真

STK 仿真软件能够提供的卫星通信体制方面仿真较为有限，主要包括调制方式、信道编码方式、滤波器选择等。

新建 STK 场景后，通过弹出的"Insert STK Objects"窗口插入卫星或者地球站，然后插入"Attached Object"中的"Transmitter"。选择"Transmitter"，右击，选择"Properties"，在弹出的属性窗口中选择"Basic"→"Definition"，单击"Type"后的"…"按钮，弹出"Select Model"窗口，如图 7-40 所示。STK 中的发射机有多种类型可供选择，如"Simple Transmitter Model""Medium Transmitter Model""Complex Transmitter Model""GPS Satellite Transmitter Model"。

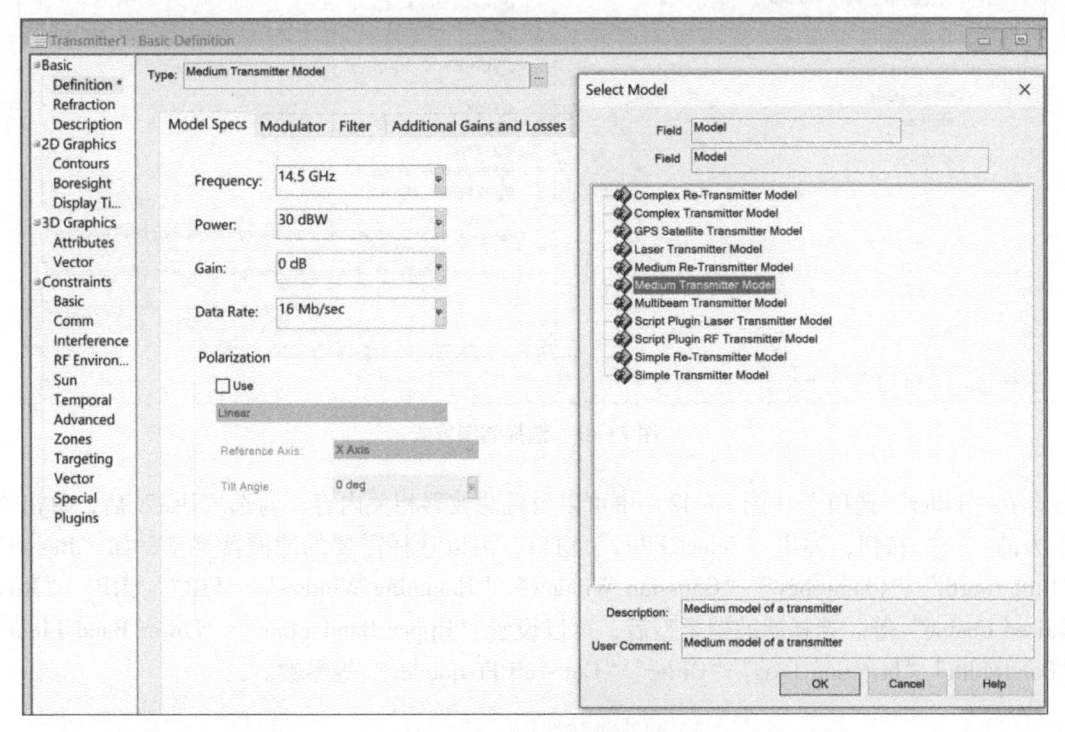

图 7-40　选择发射机类型

选择相应的类型后，首先设置"Model Specs"，包括"Frequency""Power""Gain""Data Rate"以及"Polarization"等内容。

选择"Modulator"选项卡（图7-41），单击"Name"后的"…"按钮，弹出"Select Modulator"窗口。其中包含多种调制方式，如16PSK、8PSK、BOC、BPSK、DPSK、FSK、MSK、QPSK、QAM等。还包括特定调制方式与一定信道编码方式的组合，如BPSK-BCH、BPSK-Conv、NFSK-BCH等。选择一定的调制方式和信道编码方式后，单击"OK"按钮。可以选择是否勾选"Use Signal PSD"。勾选后，可以设置"Number of Spectrum Nulls"。在"Signal Bandwidth"中可以设置"Upper Band Limit""Lower Band Limit"以及"Bandwidth"等相关参数。在"CDMA Spreading"中可以选择是否采用CDMA方式，勾选"Use"后可以设置"Chips/Bit"。

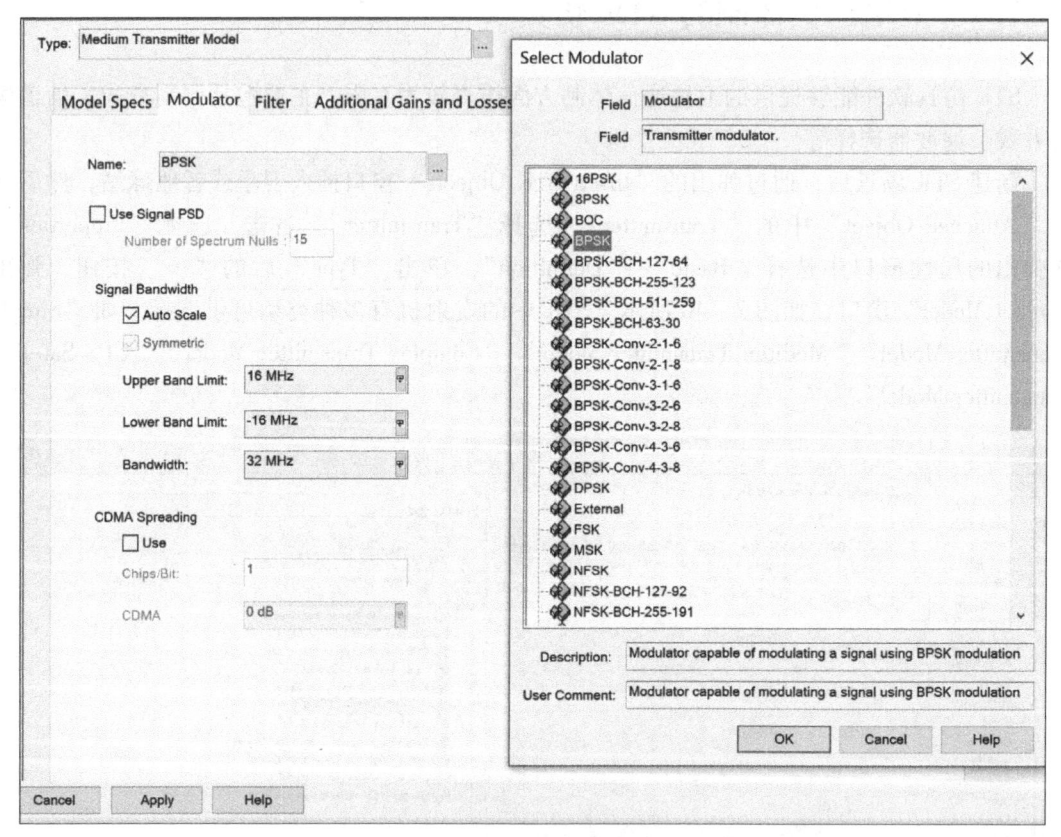

图7-41 选择调制方式

在"Filter"选项卡（图7-42）中可以设置滤波器相关内容。勾选"Use"后，单击右下方的"…"按钮，弹出"Select Filter"窗口，可以选择需要的滤波器类型，如"Bessel""Butterworth""Chebyshev""Gaussian Window""Hamming Window""FIR""IIR""Root Raised Cosine"等。选择滤波器类型后，可以设置"Upper Band Limit""Lower Band Limit""Bandwidth""Insertion Loss""Order""Cut-off Frequency"等参数。

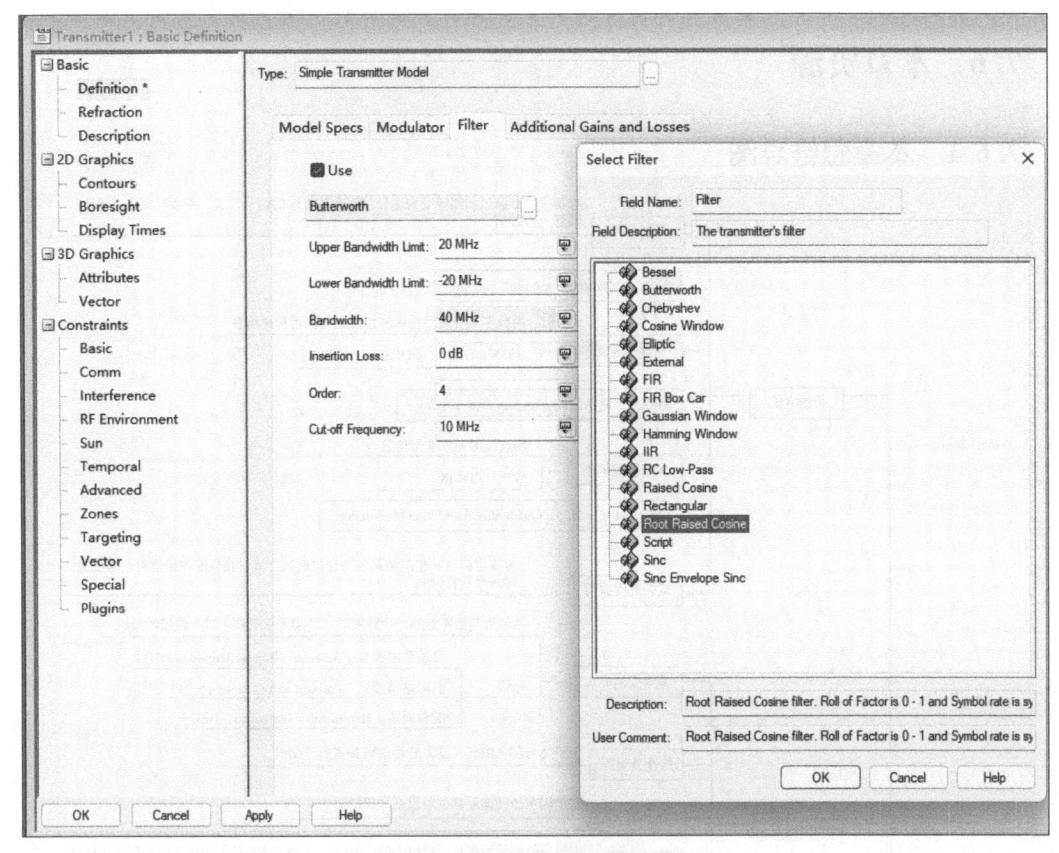

图 7-42 选择滤波器类型

## 7.5 卫星通信体制仿真实例

### 7.5.1 仿真任务实例

打开 Chapter6 场景，修改仿真场景名称，修改发射功率和天线增益，选择极化方式；设置调制方式和信道编码方式，使用信号功率谱密度。能够根据不同通信需求合理设置发射机卫星通信体制相关参数。

### 7.5.2 仿真基本过程

①打开"Chapter6"场景，将场景名称修改为"Chapter7"；
②选择 Beijing_Station 下的发射机"Transmitter"，右击，选择"Properties"；
③设置"Model Specs"相关参数，"Power"为 10 dBW；
④设置"Antenna"相关参数，"Main – lobe Gain"为 40 dB；
⑤勾选"Polarization"，选择"Left – hand Circular"；
⑥设置"Modulator"相关参数，调制方式选择 BPSK，信道编码方式选择 Conv – 2 – 1 – 6；
⑦可以选择是否勾选"Use Signal PSD"，勾选后，设置"Number of Spectrum Nulls"为 3，保存场景。

## 7.6 本章资源

### 7.6.1 本章思维导图

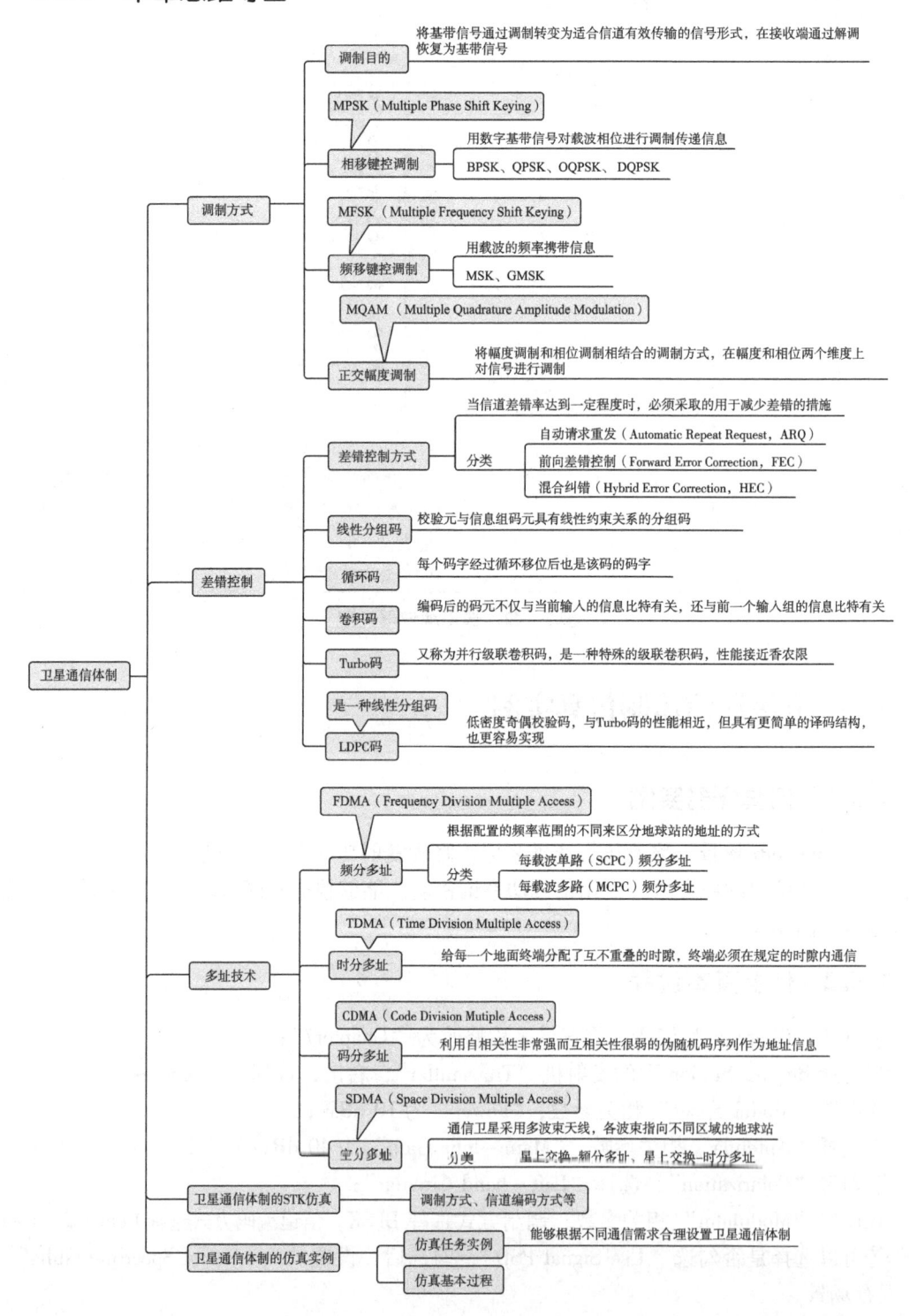

- 卫星通信体制
  - 调制方式
    - 调制目的：将基带信号通过调制转变为适合信道有效传输的信号形式，在接收端通过解调恢复为基带信号
    - 相移键控调制
      - MPSK（Multiple Phase Shift Keying）
      - 用数字基带信号对载波相位进行调制传递信息
      - BPSK、QPSK、OQPSK、DQPSK
    - 频移键控调制
      - MFSK（Multiple Frequency Shift Keying）
      - 用载波的频率携带信息
      - MSK、GMSK
    - 正交幅度调制
      - MQAM（Multiple Quadrature Amplitude Modulation）
      - 将幅度调制和相位调制相结合的调制方式，在幅度和相位两个维度上对信号进行调制
  - 差错控制
    - 差错控制方式
      - 当信道差错率达到一定程度时，必须采取的用于减少差错的措施
      - 分类
        - 自动请求重发（Automatic Repeat Request，ARQ）
        - 前向差错控制（Forward Error Correction，FEC）
        - 混合纠错（Hybrid Error Correction，HEC）
    - 线性分组码：校验元与信息组码元具有线性约束关系的分组码
    - 循环码：每个码字经过循环移位后也是该码的码字
    - 卷积码：编码后的码元不仅与当前输入的信息比特有关，还与前一个输入组的信息比特有关
    - Turbo码：又称为并行级联卷积码，是一种特殊的级联卷积码，性能接近香农限
    - LDPC码
      - 是一种线性分组码
      - 低密度奇偶校验码，与Turbo码的性能相近，但具有更简单的译码结构，也更容易实现
  - 多址技术
    - 频分多址
      - FDMA（Frequency Division Multiple Access）
      - 根据配置的频率范围的不同来区分地球站的地址的方式
      - 分类
        - 每载波单路（SCPC）频分多址
        - 每载波多路（MCPC）频分多址
    - 时分多址
      - TDMA（Time Division Multiple Access）
      - 给每一个地面终端分配了互不重叠的时隙，终端必须在规定的时隙内通信
    - 码分多址
      - CDMA（Code Division Mutiple Access）
      - 利用自相关性非常强而互相关性很弱的伪随机码序列作为地址信息
    - 空分多址
      - SDMA（Space Division Multiple Access）
      - 通信卫星采用多波束天线，各波束指向不同区域的地球站
      - 分类：星上交换—频分多址、星上交换—时分多址
  - 卫星通信体制的STK仿真：调制方式、信道编码方式等
  - 卫星通信体制的仿真实例
    - 仿真任务实例
    - 仿真基本过程
    - 能够根据不同通信需求合理设置卫星通信体制

## 7.6.2 本章数字资源

| 本章课件 | 练习题课件 | 仿真实例操作视频 | 仿真实例程序 |

# 习 题

1. 卫星通信体制的基本内容包括哪些?
2. 卫星通信中常采用哪些调制方式?其理由如何?
3. 卫星通信中的差错控制有哪几种方式?简述其工作原理。
4. 什么是多址技术?常用的多址技术有哪些?简述其工作原理。
5. 简述频分多址技术与频分复用技术的区别。
6. 在 TDMA 系统中,为何要加入参考突发分帧?如何评价 TDMA 帧的工作效率?
7. 实现 CDMA 系统的主要要求有哪些?
8. 简述信道分配方式类型及其适用场景。
9. 简述空分多址的特点及其应用方式。
10. 对比分析 FDMA、TDMA、CDMA 技术的优缺点,各适用于什么通信业务类型?

# 第 8 章
# 卫星通信干扰分析

卫星通信负责不同地球站之间的信号转发，是一个开放式的中继通信系统。卫星通信系统的开放性导致卫星通信易受干扰。这里的开放性包含两个方面：一是卫星通信信道的开放性，卫星通信信道为无线信道，并且星地传输距离远，空间电磁环境的变化会对其产生直接影响，导致卫星通信信道不稳定；二是卫星空间位置的开放性，通信卫星处于广袤的太空之中，并且通信卫星以广播的方式传输信息，致使其位置易暴露，而且卫星运行轨迹是确定的，这使得干扰设备可以轻易地瞄准星体，尤其是 GEO 卫星。此外，卫星通信的显著特点之一是实现多址通信，其服务对象分散在较为广阔的区域，为了接收不同地域、时间、频率的用户信号，卫星天线需要在宽泛的接收区域内进行扫描，这也导致干扰更容易进入卫星天线。为确保卫星通信的可靠性，对卫星通信受到的干扰进行分析是卫星通信系统设计的基础，也是开展卫星通信系统组织应用需关注的重点。

本章首先介绍卫星通信面临的干扰威胁；然后分析干扰对卫星通信的影响，进一步给出几种提高卫星通信抗干扰能力的措施；最后，基于 STK 软件对卫星通信干扰和提高抗干扰能力的措施进行仿真，设计卫星通信干扰仿真实例。

## 8.1 卫星通信面临的干扰威胁

卫星通信系统中涉及的干扰，根据不同标准，可以有多种划分方式。通常，根据干扰有无目的性或有无恶意性，将干扰分为无意干扰和恶意干扰两大类。

### 8.1.1 无意干扰

无意干扰是指由于通信系统设计结构的不完善引发的，或自然界中大量存在且随机出现的由自然现象引发的无恶意干扰。根据无意干扰来源不同，可将其分为卫星通信系统内部干扰和系统外部干扰。

**1. 系统内部干扰**

系统内部的干扰主要分为系统内部的热噪声和串扰。内部噪声也称为热噪声，是由导体中电子热振动产生的噪声，它存在于所有电子器件和传输介质中，包括天线噪声、馈线噪声、收发开关噪声、前端低噪声、放大器噪声等。内部噪声几乎在整个频谱上具有相同的功率谱密度，类似于白光的特性，因此又称为白噪声。对于任何通信系统，内部噪声都是存在的。

内部串扰主要是由于参数设置不合理、器件不理想或设备故障产生的干扰。如功率放器的非线性会引起交调失真,同时产生码间串扰,既对工作频点上的信号产生干扰,又干扰其他频点的信号。此外,某些卫星通信技术本身就具有自干扰特性,如 CDMA、PCMA 等通信体制,由于不同用户在信道分配时不满足正交性,不同用户在生成信号时就存在互相干扰。

**2. 系统外部干扰**

(1) 自然干扰

自然干扰主要是自然现场产生的电磁环境变化而导致的干扰,又称自然噪声,主要包括近地噪声、太阳噪声、宇宙噪声等。

近地噪声是电磁波在穿过地球大气层时,由于大气层(对流层、平流层、中间层、电离层、散逸层)中的氧气、水蒸气、雨等相互作用,从而产生的噪声。

太阳噪声是太阳系中太阳、各行星以及月亮辐射的电磁干扰而形成的噪声。其中,太阳是最大的辐射源。只要天线不对准太阳,在静寂期太阳噪声对天线噪声贡献不大;其他行星和月亮,除了使用高增益天线直接指向时,对噪声贡献也不大;当地面站接收机与卫星之间的延长线正好指向太阳时,地面站接收信号受太阳噪声干扰较为严重,称为日凌干扰;当太阳黑子活动强烈时,对卫星通信的干扰更大,甚至造成全球范围内的卫星通信中断。

宇宙噪声是外空间星体及分布在星际空间的物质所形成的噪声。宇宙噪声在指向银河系中心时达到最大值,在指向其他方向时则很低。宇宙噪声与频率的三次方成反比,能量主要集中在 1 GHz 以下频段。

(2) 其他系统干扰

随着空间基础设施不断完善,空间电磁频谱资源愈发紧张,导致分配给不同无线通信系统的频谱较为密集,容易产生频谱泄漏,造成信号干扰。根据干扰来源,可以分为地面微波通信系统干扰和其他卫星通信系统干扰。

- 地面微波系统干扰

为了有效利用无线电频谱资源,并且避免不同业务之间的相互干扰,国际电联在《无线电规则》中对无线电频谱作了细致的分段应用划分。因为有限的资源难以满足众多的应用需求,卫星通信常用的 C 和 Ku 等频段也被分配给地面微波等其他业务使用。比如,6 GHz 频段部署的有卫星上行业务、微波业务,4 GHz 频段部署的有卫星下行业务、微波业务,如图 8-1 所示。这将导致陆地微波系统的信号对卫星通信下行链路地球站接收信号产生干扰。地面微波通信网络多年来已经发展成为一个巨大的、复杂的网络。在某些人口稠密地区,地面无线线路已经十分拥挤,以至于在此区域建立一个卫星通信地面站十分困难。除了同频段不同业务之间互扰外,其他频段业务的高次谐波也可能干扰卫星通信业务。潜在的干扰源包括常见的地面微波以及电台、雷达、高频电气设备和供电线路等。

- 其他卫星系统干扰

工作频段相同的两颗临近卫星多半有共同的地面服务区,由于天线波束具有一定的宽度,地面发送天线会在指向临星的方向上产生干扰辐射(上行临星干扰),地面接收天线也会在临星方向上接收到干扰信号(下行临星干扰),对轨道高度不同或具有星间链路的系统还会产生星间链路干扰。其他卫星系统干扰示意图如图 8-2 所示。

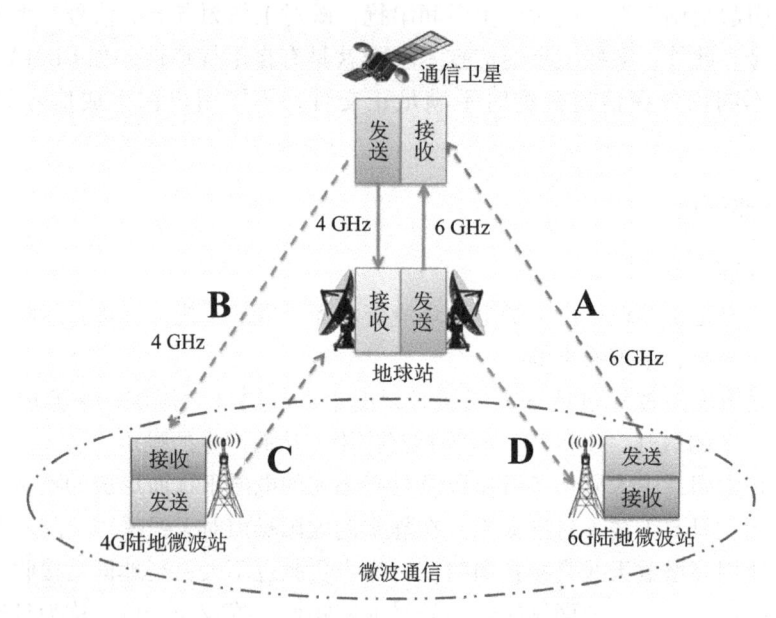

图 8-1 地面微波通信系统干扰示意图

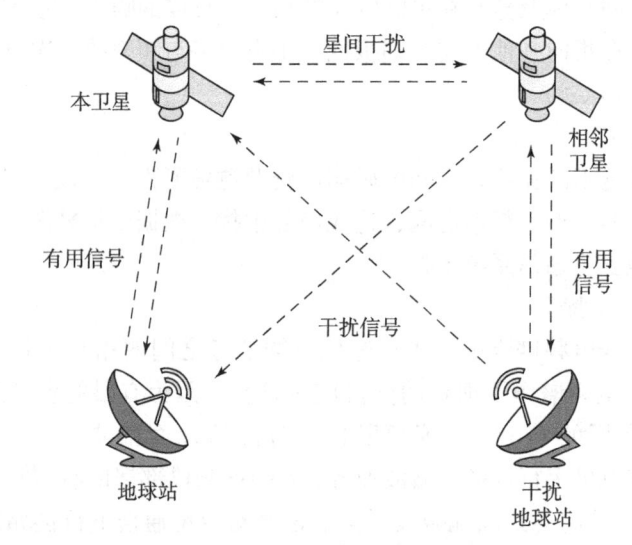

图 8-2 其他卫星系统干扰示意图

## 8.1.2 恶意干扰

恶意干扰一般是指有目的性和计划性地发射功率压制性或功能欺骗性的恶意攻击信号，其目的是通过对卫星通信接收端造成压制或恶意攻击，使得卫星通信系统通信中断或传输错误信息，从而削弱、破坏敌方通信设备的使用效能。在恶意干扰条件下，卫星通信系统存在天然劣势：

①卫星处在敌我共视区域，且运行轨迹相对固定，给实施恶意干扰提供了空间条件；
②卫星通信服务对象分散，天线覆盖范围广，为截获和干扰提供了有利条件；

③卫星通信工作频率公开，这也为侦收和干扰提供了条件；
④星地通信距离远，信号衰减大，接收信号较为微弱，通信线路容易被干扰。

#### 8.1.2.1 干扰卫星通信的几种形式

按干扰站所处的地理位置，干扰卫星通信主要有3种形式，即地基干扰、天基干扰和空基干扰，如图8-3所示。

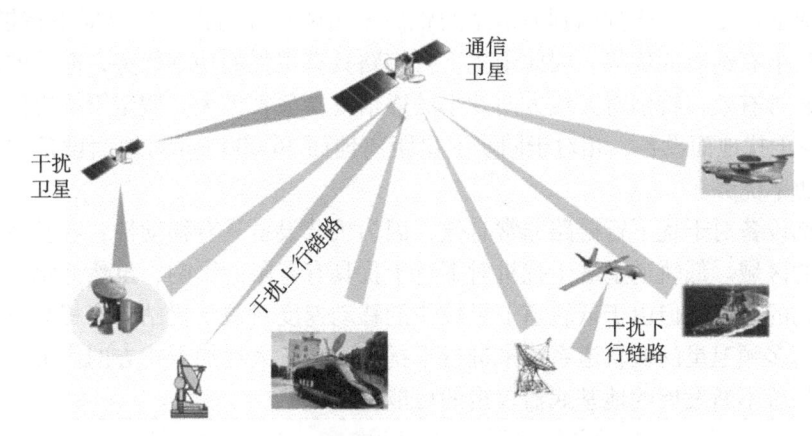

**图8-3 卫星通信系统的干扰威胁示意图**

地基干扰以地面固定、车载和舰载等大型的干扰站为主，这类干扰站一般比较隐蔽，干扰功率大，常用来干扰卫星转发器，造成阻塞干扰。但同时也有不利的一面，它必须远离通信方所处区域，因此可通过卫星天线的空间处理能力来降低这类干扰站的影响。

空基干扰以电子战飞机和升空平台为主，机动灵活，易于实施突发性干扰，干扰功率较大，主要干扰下行链路或干扰上行链路。

天基干扰以航天器和低轨卫星为主，干扰时间受限，干扰功率较小，但有距离优势，可以干扰上行链路或下行链路，干扰下行链路时，作用范围较大。

卫星通信信道模型如图8-4所示，由上行链路、卫星和下行链路组成。从图中可以看到，从发送地球站到接收地球站的一个通信链路，可以从3个方面实施干扰，第一是上行链路，第二是卫星，第三是下行链路。通常所说的上行链路干扰是对上行通信信号的瞄准式和转发式干扰；对卫星的干扰，主要指通过上行链路对卫星转发器的干扰，干扰信号不一定在信号频带内，只需在转发器频带内就可以影响整个转发器信号的性能，尤其是当干扰功率过大，将转发器推向饱和时，将使整个转发器的通信链路瘫痪；下行链路干扰是指下行转发式干扰，只有当干扰在信号频带内时才有效。

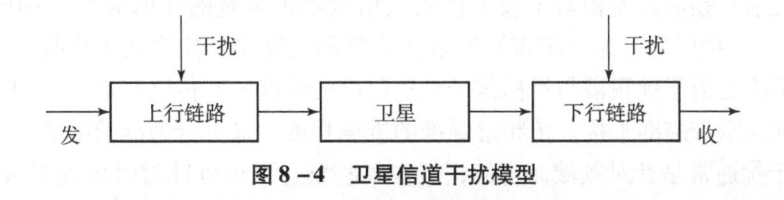

**图8-4 卫星信道干扰模型**

由于卫星暴露于覆盖区上空，所以通过上行链路对转发器的干扰一直是干扰方最优选用的干扰手段，因此，卫星通信可能遭受到的最大干扰威胁来自地面（固定的或可移动的）大功率干扰站对卫星转发器的干扰。特别是透明转发器系统，干扰方的上行干扰信号不仅可以直接用于干扰通信信号，还可以利用阻塞干扰"吃掉"星上的功率资源，使通信方无法进行正常通信，通常称这一现象为星上功率"掠夺"现象。

低轨道干扰卫星和机载干扰机则主要威胁下行链路，对下行链路的干扰远不如干扰上行链路有效，这是因为对下行链路的干扰设备覆盖面积小，同时只能干扰一个或几个地球站。又由于地球曲面的影响，干扰站到通信站的距离要足够近才可以。但是对下行链路的干扰，干扰方在距离上有绝对的优势，因此干扰下行链路具有很强的功率优势，简单的设备和较小的功率就会非常有效，特别对天线方向性小的通信终端危害极大。假定干扰机位于距离地面 50 km 的上空干扰地面设备，相对于同步卫星距离地面 36 000 km 对地面设备的干扰，具有近 57 dB 的功率优势。

机载干扰设备对干扰下行链路非常有效，因为机载设备具有移动性，容易展开，并且能够覆盖较大的区域。低轨道星载干扰机对下行干扰具有有限的影响，虽然低轨道卫星能够有效地干扰更大的区域，但由于低轨道卫星较快的移动速度对被干扰站具有相对较短的可视时间。如果采用多颗卫星的低轨道系统来进行干扰，则会大大增加干扰方的代价。另外，低轨道卫星又面临着不断发展的地基武器攻击的可能。

### 8.1.2.2　干扰方式和干扰样式

#### 1. 干扰方式

针对卫星通信系统的干扰方式主要有三种：压制式干扰、欺骗式干扰以及压制式/欺骗式干扰的组合干扰。压制式干扰是通过发射大功率干扰信号来压制卫星通信信号的功率，使接收机收到的信干比急剧变化，卫星通信信号被淹没在干扰信号中，进而导致接收机无法正常工作，达到干扰正常卫星通信的目的。欺骗性干扰具备与真实通信信号高度相似的信号结构，使通信方难以察觉干扰的存在。欺骗式干扰隐蔽性好，相对于压制式干扰，欺骗式干扰往往更让人措手不及，潜在的威胁性更大。但欺骗式干扰往往需要侦测通信信号的通信体制和协议信息，对干扰方的要求较高。压制式/欺骗式干扰的组合干扰兼具两种干扰方式的优缺点。

在卫星通信中，压制性干扰是对抗双方研究的主要对象，本书重点介绍压制式干扰。压制式干扰通常采用噪声或类噪声的强干扰信号来遮盖或淹没通信信号，致使通信接收机降低或丧失正常接收信息的能力。可按照干扰信号频域和时域工作方式进行分类。

（1）按干扰信号频谱作用范围分类

根据干扰信号频谱宽度相对于被干扰的通信接收机带宽的比值关系（即同时干扰的信道数），压制性干扰可划分为（窄带）瞄准式干扰和（宽带）阻塞式干扰两类。

瞄准式干扰是指干扰频谱与目标信号频谱瞄准的干扰。对传统窄带通信的干扰自然是窄带的，所以称为窄带瞄准干扰。按频谱瞄准的准确程度，又可分为准确瞄准干扰和半瞄准式干扰（瞄准干扰通常是针对频域而言的，但在某些场合下也可针对时域或空域而言）。瞄准式干扰按干扰引导方式的不同，可分为定频守候式干扰、扫频搜索式干扰、跟踪式干扰等。扫频搜索方式又可分为连续扫频搜索和威胁频率重点搜索。

瞄准式干扰的特点是干扰功率利用率高，干扰效果好，且不会对己方通信造成干扰。但为了达到有效瞄准干扰，需要通过侦察手段搜索、截获、分析和识别敌方的目标信号，特别是要实现在密集信号环境下对目标信号的快速分选，这是实现瞄准干扰的前提，且干扰时需要实现频率瞄准，对实时性要求高，故瞄准式干扰需要与功能先进的侦察系统配合使用，设备复杂，实施过程复杂，技术难度大，一般只用于对敌方重点目标进行干扰。

宽带阻塞式干扰又称宽带拦阻式干扰，干扰信号带宽大，可以干扰辐射带宽范围内的多个窄带通信信号，其频谱形状可以是均匀分布的，也可以是梳形分布的，因而可分为均匀频谱的宽带阻塞干扰和梳形频谱的阻塞干扰。阻塞式干扰根据产生方法不同，又可分为扫频式、脉冲式和多干扰源线性叠加式。

阻塞式干扰的特点与瞄准式干扰相反，可以同时干扰该频带范围内的多个常规窄带或宽带扩频目标信号，且无须严格的侦察和频率瞄准，设备比较简单，实施干扰方便。但这种干扰方式的干扰功率利用率低，为了有效压制干扰频带内的所有目标电台的通信，需要的干扰功率很大。

对扩频通信而言，其本身为宽带信号，对其的干扰，从频域上看，有单频干扰、窄带干扰、部分频带干扰和全频带干扰方式；对跳频通信，还有跟踪干扰方式。

（2）按干扰作用时间分类

干扰方式按作用时间的不同，可分为连续干扰和脉冲干扰。与干扰无须在频域上完全覆盖信号一样，干扰在时间上也无须完全覆盖信号，只要干扰在时域分布上达到一定密度，脉冲干扰也能完全压制通信。

**2. 干扰样式**

干扰样式是对某种干扰的时域、频域的统计特性（包括形式和参数）的总概括。对不同的干扰方式，干扰样式显然是不同的，同一种干扰方式可采用不同的干扰样式。干扰样式按干扰是否具有随机性，可分为确定干扰和随机干扰，按干扰的幅度分布特性（峰值因数）的不同，可分为平滑干扰、脉冲干扰。常见的干扰样式有单音干扰、多音干扰、宽带噪声干扰、部分频带噪声干扰、窄带噪声干扰、脉冲干扰、转发式干扰、跟踪式干扰等，每种干扰样式可以有不同的参数。

对于一般无抗干扰能力的通信信号，窄带瞄准式干扰效果最好；对于直接序列扩频通信信号，对于载波的窄带干扰和脉冲干扰效果最好；对于跳频扩频通信信号，部分频带和多音干扰效果最好；对于低跳速的跳频信号，转发式干扰能取得非常好的干扰效果；对于直接序列扩频或跳频扩频，干扰方通过俘获扩频码序列而实施的瞄准式干扰可以使扩频信号的抗干扰能力彻底丧失。

## 8.2　干扰对卫星通信的影响

### 8.2.1　载波噪声干扰功率比

卫星通信系统与其他通信系统一样，其首要任务是保证链路传输信息的有效性和可靠性，而影响通信系统有效性和可靠性的关键参数是接收信号的载噪比。当系统中存在干扰时，接收机的载波噪声干扰比就成为限制系统性能的重要参数。设 $i_{1,u}(t)$、$i_{2,u}(t)$、$\cdots$、$i_{p,u}(t)$ 是上行链路中的干扰信号，对应载波带宽内的功率分别为 $I_{1,u}(t)$、$I_{2,u}(t)$、$\cdots$、$I_{p,u}(t)$，则总的上行干扰和噪声功率为

$$N_u = E\left\{\left[n_u(t) + \sum_{k=1}^{p}[i_{ku}(t)]^2\right]\right\} = N_u + \sum_{k=1}^{p} I_{ku} \tag{8.1}$$

因此，上行载波噪声干扰比为

$$\left(\frac{C}{N_I}\right)_u = \frac{C_u}{N_u} = \left[\left(\frac{C_u}{N_u}\right)^{-1} + \sum_{k=1}^{p}\left(\frac{C}{I_{ku}}\right)^{-1}\right]^{-1} = \left[\left(\frac{C}{N}\right)_u^{-1} + \sum_{k=1}^{p}\left(\frac{C}{I}\right)_{ku}^{-1}\right]^{-1} = \left[\left(\frac{C}{N}\right)_u^{-1} + \left(\frac{C}{I}\right)_u^{-1}\right]^{-1} \tag{8.2}$$

式中，$\left(\frac{C}{N}\right)_u$ 是上行载噪比；$\left(\frac{C}{I}\right)_{ku} = \frac{C}{I_{ku}}$ 是上行载波对第 $k$ 个干扰的功率比值；$\left(\frac{C}{I}\right)_u = \left[\sum_{k=1}^{p}\left(\frac{C}{I}\right)_{ku}^{-1}\right]^{-1}$ 是上行载波对干扰的功率比值。若卫星采用透明转发载荷，上行链路的噪声和干扰将全部累积到下行链路。同样假设下行链路也遭受多个干扰，干扰信号分别为 $i_{1,d}(t)$、$i_{2,d}(t)$、$\cdots$、$i_{p',d}(t)$，对应载波带宽内的干扰功率分别为 $I_{1,d}(t)$、$I_{2,d}(t)$、$\cdots$、$I_{p',d}(t)$，则总的下行链路载波噪声干扰比为

$$\left(\frac{C}{N_I}\right)_d = \frac{C_d}{N_d} = \left[\left(\frac{C_d}{N_d}\right)^{-1} + \sum_{k=1}^{p'}\left(\frac{C}{I_{kd}}\right)^{-1}\right]^{-1} = \left[\left(\frac{C}{N}\right)_d^{-1} + \sum_{k=1}^{p'}\left(\frac{C}{I}\right)_{kd}^{-1}\right]^{-1} = \left[\left(\frac{C}{N}\right)_d^{-1} + \left(\frac{C}{I}\right)_d^{-1}\right]^{-1} \tag{8.3}$$

式中，$\left(\frac{C}{N}\right)_d$ 是下行载噪比；$\left(\frac{C}{I}\right)_{kd} = \frac{C}{I_{kd}}$ 是下行载波对第 $k$ 个干扰的功率比值；$\left(\frac{C}{I}\right)_d = \left[\sum_{k=1}^{p'}\left(\frac{C}{I}\right)_{kd}^{-1}\right]^{-1}$ 是下行载波对干扰的功率比值。由此，可以计算出卫星链路上、下行总的载波噪声干扰比为

$$\left(\frac{C}{N_I}\right)_{\text{total}} = \left[\left(\frac{C}{N}\right)_u^{-1} + \left(\frac{C}{I}\right)_u^{-1} + \left(\frac{C}{N}\right)_d^{-1} + \left(\frac{C}{I}\right)_d^{-1}\right]^{-1} = \left[\left(\frac{C}{N}\right)^{-1} + \left(\frac{C}{I}\right)^{-1}\right]^{-1}$$

$$= \left[\left(\frac{C}{N_I}\right)_u^{-1} + \left(\frac{C}{N_I}\right)_d^{-1}\right]^{-1} \tag{8.4}$$

式中，$\frac{C}{N} = \left[\left(\frac{C}{N}\right)_u^{-1} + \left(\frac{C}{N}\right)_d^{-1}\right]^{-1}$ 是上、下行链路总的载噪比；$\frac{C}{I} = \left[\left(\frac{C}{I}\right)_u^{-1} + \left(\frac{C}{I}\right)_d^{-1}\right]^{-1}$ 是上、下行链路总的载波干扰比。

若采用处理转发载荷，上行链路的噪声和干扰将被抑制，假设残留的上行链路载波噪声干扰比为 $\left(\frac{C}{N_I}\right)_{ur}$。此时，上、下行总链路载波噪声干扰比为 $\left(\frac{C}{N_I}\right)_{\text{total}} = \left[\left(\frac{C}{N_I}\right)_{ur}^{-1} + \left(\frac{C}{N_I}\right)_d^{-1}\right]^{-1}$。

式（8.4）是卫星系统工程中使用最广泛的方程。对于确定的调制方式，其误码性能是链路载噪比的函数，一旦调制方式确定后，就可以利用总的载波噪声干扰比预测链路性能。这一结论的基础是噪声符合高斯分布。当信道中存在非高斯干扰时，上述结论在特定条件下适用。当信道中存在多个非高斯分布干扰，且各干扰功率相当，即没有一个干扰起主导作用时，由中心极限定理，这些干扰的联合概率密度函数接近具有零均值的高斯密度函数，方差等于各干扰的方差之和。因此，这些干扰可近似等效于一个高斯分布干扰，此时即可用式

(8.4)预测链路性能。此外,当载波干扰比较大时,非高斯干扰可以近似为高斯噪声处理。如果非高斯干扰不满足上述条件,仍将干扰视作高斯分布噪声处理,将会导致较高的误码率,影响系统设计性能。

### 8.2.2 临星干扰分析

在设计卫星通信系统时,可通过上节介绍的方法来估算系统性能,分析卫星通信系统容扰抗噪能力。但是,在卫星通信系统设计和组织应用中,有两种特殊的情形需特别关注。一是为解决卫星通信频率资源紧张问题,采用多星频率共享方式工作,但频率共享会产生不同卫星系统间的干扰。二是在卫星通信系统组织应用中,当临星的某个上行站大幅增加上行功率或者上行天线偏向该星时,将会产生突发的上行临星干扰;同样,当地面站接收天线偏向临星或星上天线波束调整覆盖临星地面站时,也会产生下行临星干扰。需对临星干扰进行单独分析,以帮助设计通信系统和进行临星干扰排查。

地面站天线方向图如图8-5所示,虽然天线非主瓣方向增益相较于主瓣方向减弱,但其仍然会对临近卫星产生干扰。卫星系统间干扰场景如图8-2所示。为简化分析,仅考虑星地链路干扰,不考虑星间干扰。上行干扰功率可表示为

$$I_u = \text{EIRP}' \left( \frac{c}{4\pi f'_u d'_u} \right)^2 G'_u \tag{8.5}$$

式中,$\text{EIRP}'$为干扰信号在被干扰卫星方向的EIRP值;$f'_u$为上行干扰工作频率;$d'_u$为被干扰卫星和干扰地球站之间的上行距离;$G'_u$为被干扰卫星的天线在干扰地球站方向的增益。

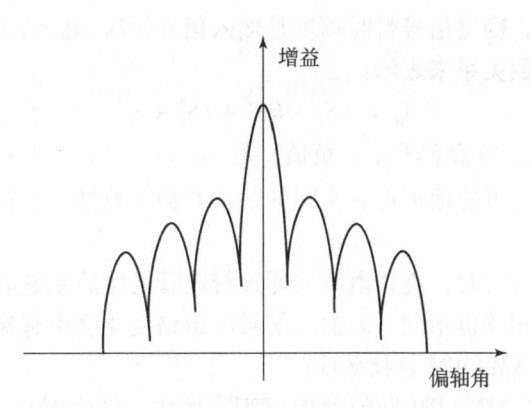

**图8-5 具有旁瓣要求的天线辐射方向图**

假定干扰频率近似等于通信频率,即$f'_u = f_u$,被干扰卫星和干扰地球站之间的上行距离与被干扰卫星和通信地球站之间的上行距离近似相等,即$d'_u = d_u$,此时,上行载波干扰比为

$$\left( \frac{C}{I} \right)_u = \frac{C_u}{I_u} = \left( \frac{\text{EIRP}}{\text{EIRP}'} \right) \left( \frac{f'_u d'_u}{f_u d_u} \right) \left( \frac{G_u}{G'_u} \right) \approx \left( \frac{\text{EIRP}}{\text{EIRP}'} \right) \left( \frac{G_u}{G'_u} \right) \tag{8.6}$$

用分贝表示为

$$\left( \frac{C}{I} \right)_u (\text{dB}) \approx \text{EIRP}(\text{dBW}) - \text{EIRP}'(\text{dBW}) + G_u(\text{dB}) - G'_u(\text{dB}) \tag{8.7}$$

根据FCC报告FCC/OSTR83.2,相对峰值归一化的天线旁瓣增益为

$$G(\theta) = \begin{cases} 29 - 25\lg\theta(\text{dBi}), & 1° \leq \theta \leq 7°(\text{不允许超过}) \\ 8(\text{dBi}), & 7° \leq \theta \leq 9.2° \\ 29 - 25\lg\theta(\text{dBi}), & 9.2° \leq \theta \leq 48°(\text{允许超过}10\%) \\ -10(\text{dBi}), & 48° \leq \theta \leq 180° \end{cases} \quad (8.8)$$

根据式（8.7）和式（8.8），可以得到不同旁瓣指向产生的载波干扰比。使用同样方法可以计算出下行链路的载波干扰比。

### 8.2.3 恶意干扰对透明转发器的影响

透明转发器最主要的特点是具有非线性特性。当输入功率小于某一电平（饱和点）时，转发器的功放可以认为近似地工作在线性区。当输入功率增大到超过该电平时，功放就进入饱和区或过饱和区。在饱和区，大信号压缩小信号，并出现大量互调分量。在商用的透明转发器卫星通信系统中，为避免将星上功率放大器推入饱和区，要实行严格的上行功率控制。但是，在军事卫星通信中，敌方则恰恰利用星上功放的这一弱点来施放干扰。当敌方的干扰信号和通信信号一起通过透明转发器时，会同时被高功放放大。由于干扰信号一般远大于通信信号，总的输入信号则将转发器推向饱和区或过饱和区，使得有用输出功率大大降低，形成严重的功率"掠夺"现象。

#### 8.2.3.1 透明转发器的 AM–AM、AM–PM 效应和互调分量

转发器所用的功率放大器一般为行波管放大器或固态功放，都具有非线性效应。当放大器工作在接近饱和点时，输出信号瞬时幅度是输入信号瞬时幅度的非线性函数，该特性可以用一种简化的多项式函数关系来表示：

$$S_0 = aS_i + bS_i^3 + cS_i^5 + \cdots \quad (8.9)$$

式中，$a$、$b$、$c$ 等是常数，并交替取正、负值，且 $|a| > |b| > |c| > \cdots$。具体的放大器对应着不同的常数和阶数来尽可能地逼近它实际的输出与输入特性。这种非线性幅度转移特性称为 AM–AM 转换效应。

当功率放大器为行波管时，高频电磁波通过行波管的慢波系统时，要产生相移，输入的信号包络不同，产生的相移也不同，即输入信号的包络变化会引起输出信号相位变化，这种调幅调相变换作用称为 AM–PM 转换效应。

图 8–6 是 TWTA 的 AM–PM 转换效应模型。图中，$A(t)$ 是输入信号包络，$\theta(A)$ 是由 AM–PM 转换效应引起的相移。

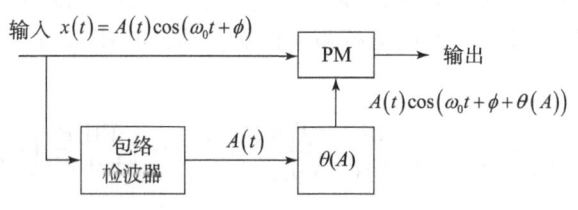

图 8–6 AM–PM 转换效应模型

经测试表明，$\theta(A)$ 与 $A(t)$ 的关系可以表示成：

$$\theta(A) = \alpha A^2(t)/[1+\beta A^2(t)] \tag{8.10}$$

一种典型的参数为 $\alpha = 4.0, \beta = 9.1$。当激励电平 $A(t)$ 很小时,由包络起伏所引起的相位调制近似与包络平方成正比,也即当 $A$ 足够小时,它与输入功率电平成正比。

**1. 单载波的情况**

考虑只有一个单载波的情况。采用 $S_0 = aS_i + bS_i^3$ 非线性函数,当输入信号 $X(t) = A\sin\omega_0 t$ 时,若忽略 $3\omega_0 t$ 项以上的高次项(高次项被滤波器滤除),则输出为

$$Y(t) = aX(t) + b[X(t)]^3 = (aA + 3bA^3/4)\sin\omega_0 t + \cdots$$
$$\approx (aA + 3bA^3/4)\sin\omega_0 t \tag{8.11}$$

输出信号的平均功率为

$$P_o = \frac{1}{2}(aA + 3bA^3/4)^2 = P_i[a + (3b/2)P_i]^2 \tag{8.12}$$

这里 $P_i = A^2/2$,为输入信号的平均功率。

输出信号的平均功率 $P_o$ 是输入信号的平均功率 $P_i$ 的函数,当 $P_i$ 从小变大时,$P_o$ 也逐渐变大,当接近功率放大器的饱和区时,$P_o$ 接近最大值,并不再随 $P_i$ 的增加而变化,这个最大输出功率值称为饱和输出功率,用 $(P_o)_{\text{SAT}}$ 来表示,对应的饱和输入功率用 $(P_i)_{\text{SAT}}$ 来表示。$(P_o)_{\text{SAT}}$ 与 $(P_i)_{\text{SAT}}$ 的比值称为转发器的饱和功率增益 $G_{\text{SAT}}$。

$$(P_o)_{\text{SAT}} = G_{\text{SAT}}(P_i)_{\text{SAT}} \tag{8.13}$$

对式(8.12)求导数,可以得到当 $P_i = -2a/(9b)$ 时,输出功率 $P_o$ 达到最大值。

$$(P_i)_{\text{SAT}} = -\frac{2a}{9a} \tag{8.14}$$

$$(P_o)_{\text{SAT}} = \left(\frac{2}{3}a\right)^2\left(-\frac{2a}{9a}\right) \tag{8.15}$$

$$G_{\text{SAT}} = \left(\frac{2}{3}a\right)^2 \tag{8.16}$$

定义归一化功率比值 $X = P_i/(P_i)_{\text{SAT}}$ 和 $Y = P_o/(P_o)_{\text{SAT}}$,可以得到

$$Y = \frac{P_o}{(P_o)_{\text{SAT}}} = \frac{P_i[a + (3b/2)P_i]^2}{\left(-\frac{2a}{9b}\right)\left(\frac{2}{3}a\right)^2} = \frac{P_i}{(P_i)_{\text{SAT}}}\left(\frac{2}{3} - \frac{P_i}{2(P_i)_{\text{SAT}}}\right)^2 \tag{8.17}$$

**2. 多载波的情况**

在输入信号为多个载波的情况下,输入信号可以表示为

$$X(t) = A\sin\omega_1 t + B\sin\omega_2 t + C\sin\omega_3 t + \cdots \tag{8.18}$$

根据式(8.9)的非线性函数,输出信号为

$$Y(t) = aX(t) + bX(t)^3 + cX(t)^5 + \cdots \tag{8.19}$$

从式(8.19)中可以看出,由于转发器的非线性作用,在输出中除了有原输入的频率分量外,还包含有新的频率分量,这些新频率为输入各个载波频率的组合,称这些新的频率分量为互调干扰。当转发器的中心频率远大于其带宽时,只有奇次项互调分量才会落入转发器频带内,其中,三次方项产生的互调分量对系统的影响最大,其落入转发器频带内的组合频率为 $2f_i - f_j$ 和 $f_i + f_j - f_k$。这些带内新的频率分量会对有用信号产生干扰,特别是当载波

等间隔排列时，干扰会落在各载频上，形成严重干扰。图 8-7 给出了两个等幅载波情况下的三阶和五阶互调分量的频率和幅度。

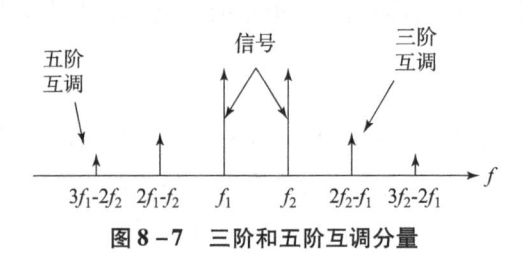

图 8-7 三阶和五阶互调分量

在多载波的情况下，除了由于幅度非线性产生新的互调频率分量外，根据 TWTA 的相位特性，由于多载波信号的合成包络是波动的，因此，通过透明转发器时，各个载波都会引入变化的相移，也会产生新的频率分量。

当输入信号为两个等幅载波时，$X(t) = A\sin\omega_1 t + B\sin\omega_2 t (A = B)$，采用 $S_0 = aS_i + bS_i^3$ 非线性函数，经过转发器的输出信号，频率为 $\omega_1$ 和 $\omega_2$ 的信号幅度为

$$A_{w1,w2} = aA_i[1 + [9b/(4a)]A_i^2] \tag{8.20}$$

其每一个输出载波信号的平均功率为

$$P_o = P_i[a + (9b/2)P_i]^2 \tag{8.21}$$

这里 $P_i = A^2/2$，为单个输入载波信号的平均功率。对式（8.21）求导，可以得到当 $P_i = -2a/(27b)$ 时，每一个载波的输出功率达到最大值。

$$(P_i)_{SAT} = -\frac{2a}{27b}$$

$$(P_o)_{SAT} = \left(\frac{2}{3}a\right)^2\left(-\frac{2a}{27b}\right) = (P_i)_{SAT}G_{SAT} \tag{8.22}$$

与单载波情况相比，两个等幅载波的饱和输入功率是单载波饱和输入功率的 1/3（-5 dB），总饱和输入功率为单载波饱和输入功率的 2/3（-2 dB），总输出饱和功率也是单载波饱和输出功率的 2/3（-2 dB）。显然，在多载波工作时，输出功率受到压缩，载波数越多，则输出压缩越大。理论分析表明，当载波数多到一定的程度（在等幅情况下大于15）时，压缩不再随载波数的增加而增加，达到基本不变。

为减少透明转发器的 AM-AM、AM-PM 效应和互调分量对通信性能的影响，可以采用以下措施。

①采用功率补偿技术。控制进入转发器的信号总功率，使其离开饱和工作点，减少非线性的影响。在多载波工作时，输入总功率和输出总功率总是比单载波的饱和输入、输出功率低一个数值，用分贝表示，分别称为输入功率补偿和输出功率补偿，一般取输入功率补偿为 -5 ~ -10 dB。

②利用预失真技术修正行波管特性。在行波管放大器之前，接入具有与之相反幅度和相位特性的器件和网络，对行波管放大器的非线性特性进行校正。

③载波优化排列。采用优化的载波不等间隔排列方法，使互调分量落在有用信号的带外。

#### 8.2.3.2 透明转发器的功率掠夺效应

由于透明转发器的幅度非线性，使得当输入的多个信号功率不等时，经过转发器放大后，不同信号的输出功率差值相对于不同输入信号的功率差值增大，这对于输出功率恒定的卫星透明转发器来说，大信号将使小信号变得更小，这种现象称为功率"掠夺"效应。

设输入到透明转发器的信号为：$X(t) = A\sin\omega_1 t + B\sin\omega_2 t$，根据式（8.9），采用 $S_o = aS_i + bS_i^3$ 非线性函数，则输出信号 $Y(t)$ 为

$$\begin{aligned}Y(t) &= aX(t) + b[X(t)]^3 \\ &= A[a + (3b/4)A^2 + (3b/2)B^2]\sin\omega_1 t + \cdots + \\ &\quad B[(a + (3b/4)B^2 + (3b/2)A^2]\sin\omega_2 t + \cdots\end{aligned} \quad (8.23)$$

输出信号中，角频率分别为 $\omega_1$ 和 $\omega_2$ 的信号的平均功率 $(P_o)_{\omega_1}$ 和 $(P_o)_{\omega_2}$ 分别为

$$\begin{aligned}(P_o)_{\omega_1} &= \frac{1}{2}A^2[a + (3b/4)A^2 + (3b/2)B^2]^2 \\ &= (P_i)_{\omega_1}[a + (3b/2)(P_i)_{\omega_1} + 3b(P_i)_{\omega_2}]^2\end{aligned} \quad (8.24)$$

$$\begin{aligned}(P_o)_{\omega_2} &= \frac{1}{2}B^2[a + (3b/4)B^2 + (3b/2)A^2]^2 \\ &= (P_i)_{\omega_2}[a + (3b/2)(P_i)_{\omega_2} + 3b(P_i)_{\omega_1}]^2\end{aligned} \quad (8.25)$$

定义功率比值 $(X)_{\omega_1} = (P_i)_{\omega_1}/(P_i)_{\text{SAT}}$ 和 $(Y)_{\omega_1} = (P_o)_{\omega_1}/(P_o)_{\text{SAT}}$ 为输入、输出功率相对于单载波情况下的饱和功率比值，并利用式（8.15）可得

$$\begin{aligned}(Y)_{\omega_1} &= \frac{(P_o)_{\omega_1}}{(P_o)_{\text{SAT}}} = \frac{(P_i)_{\omega_1}[a + (3b/2)(P_i)_{\omega_1} + 3b(P_i)_{\omega_2}]^2}{(P_i)_{\text{SAT}}G_{\text{SAT}}} \\ &= \frac{9}{4}(X)_{\omega_1}\{1 - 1/3[(X)_{\omega_1} + 2(X)_{\omega_2}]\}^2\end{aligned} \quad (8.26)$$

同理可得

$$(Y)_{\omega_2} = \frac{(P_o)_{\omega_2}}{(P_o)_{\text{SAT}}} = \frac{9}{4}(X)_{\omega_2}\{1 - 1/3[(X)_{\omega_2} + 2(X)_{\omega_1}]\}^2 \quad (8.27)$$

定义 $\Delta P_i$ 为角频率 $\omega_1$ 的输入信号功率与角频率 $\omega_2$ 的输入信号功率的比值：

$$\Delta P_i = (P_i)_{\omega_1}/(P_i)_{\omega_2} = (X)_{\omega_1}/(X)_{\omega_2} = (A/B)^2$$

定义 $\Delta P_o$ 为相应的输出信号功率比值：

$$\Delta P_o = (P_o)_{\omega_1}/(P_o)_{\omega_2} = (Y)_{\omega_1}/(Y)_{\omega_2} = \Delta P_i \left\{ \frac{1 - 1/3[(X)_{\omega_1} + 2(X)_{\omega_2}]}{1 - 1/3[(X)_{\omega_2} + 2(X)_{\omega_1}]} \right\}^2 \quad (8.28)$$

由于 $(X)_{\omega_1}$、$(X)_{\omega_2}$ 均小于1，当 $(X)_{\omega_1} > (X)_{\omega_2}$ 时，有 $\Delta P_o > \Delta P_i$。这个现象称为"功率掠夺"。

因此，功率掠夺效应可表示为

$$\Delta = \Delta P_o/\Delta P_i \text{ 或 } (\Delta)_{\text{dB}} = (\Delta P_o)_{\text{dB}} - (\Delta P_i)_{\text{dB}} \quad (8.29)$$

由式（8.28）、式（8.29）可以看出，当输入信号补偿远小于1（功放近似工作在线性区）时，"掠夺"效应消失（$(\Delta)_{\text{dB}} = 0\text{ dB}$）；当输入信号差值较大，且输入信号补偿接近1

时,"掠夺"效应最明显。表 8-1 给出了几种典型情况下的功率掠夺效应计算结果。

表 8-1 功率掠夺效应计算结果

| $(\Delta P_i)_{dB}$ | 总输入信号补偿/dB | $(X)_{\omega_1}$ | $(X)_{\omega_2}$ | $(\Delta P_o)_{dB}$ | $(\Delta)_{dB}$ | 说明 |
| --- | --- | --- | --- | --- | --- | --- |
| 10 | -15 | 0.028 75 | 0.002 87 | 10.04 | 0.04 | 线性区 |
| 10 | 0 | 0.909 00 | 0.091 00 | 14.86 | 4.86 | 饱和区 |
| 3 | -15 | 0.021 08 | 0.010 54 | 3.03 | 0.03 | 线性区 |
| 3 | 0 | 0.666 67 | 0.333 33 | 4.94 | 1.94 | 饱和区 |

从表 8-1 中可以看出,当两个输入信号功率差值 $(P_i)_{dB}$ = 10 dB,总输入信号补偿为 -15 dB 时,$(\Delta)_{dB}$ = 0.04 dB,而在总输入信号补偿接近饱和点时,$(\Delta)_{dB}$ = 4.86 dB,当输入信号补偿差值 $(P_i)_{dB}$ = 3 dB 时,饱和点的功率掠夺 $(\Delta)_{dB}$ = 1.94 dB。可见,当输入信号差值较大且转发器工作在饱和点附近时,功率"掠夺"效应最严重。这正是透明转发器卫星通信系统面临的干扰环境。

#### 8.2.3.3 干扰条件下非线性的影响

对于透明转发器卫星通信系统,如果转发器在设计时没有考虑干扰,输出功率仅由上行信号功率加噪声产生,则转发器通常工作于饱和点以下,处于线性状态,$\left(\dfrac{C}{N}\right)_t$ 可以用上行载噪比 $\left(\dfrac{C}{N}\right)_U$ 和下行载噪比 $\left(\dfrac{C}{N}\right)_D$ 来计算。

$$\left(\frac{C}{N}\right)_t^{-1} = \left(\frac{C}{N}\right)_U^{-1} + \left(\frac{C}{N}\right)_D^{-1}$$
$$\left(\frac{C}{N}\right)_U = \frac{(\text{EIRP})_E}{kL_U B_s}\left(\frac{G}{T}\right)_s \quad (8.30)$$
$$\left(\frac{C}{N}\right)_D = \frac{(\text{EIRP})_S}{kL_D B_E}\left(\frac{G}{T}\right)_E$$

式中,$(\text{EIRP})_E$ 为地球站有效全向辐射功率,等于发射载波功率和天线增益的乘积;$L_U$ 与 $L_D$ 分别为上、下行链路自由空间传播损耗;$(G/T)_S$ 为卫星接收机的品质因数,等于天线增益与总等效噪声温度的比值;$(G/T)_E$ 为地球站接收机的品质因数;$(\text{EIRP})_S$ 为卫星有效全向辐射功率,等于发射载波功率和天线增益的乘积。

根据式(8.30),可以得出以下结论:对于透明转发器,通信链路的性能由上行载噪比和下行载噪比共同决定,在设计系统时,必须上、下行链路综合考虑。当上行载噪比很低时,即使下行载噪比很高,链路总的载噪比依旧很低,反之亦然。当上行载噪比较低,而下行载噪比较高时,称这种情况为上行功率受限;当上行载噪比较高,而下行载噪比较低时,称这种情况为下行功率受限。上行功率受限一般发生在卫星 $(G/T)_S$ 较小和小口径地面终端情况下,在这种情况下,必须整体提高地球站的 $(\text{EIRP})_E$,并适当调高转发器的通量饱和密度(减小转发器增益)。下行功率受限一般发生在可获得的卫星 $(\text{EIRP})_S$ 较小和小口径地面终端情况下,在这种情况下,必须整体提高地球站的 $(G/T)_E$,并调整系统容量,减少通信信道数，使载波信号获得较大的$(C/N)_t$。

当干扰通过透明转发器时，其影响可分为两大类：一是干扰信号频谱与通信信号频谱不重叠，干扰在信号频带之外，此时带外干扰不仅压缩信号，产生功率"掠夺"现象，使信噪比减小，还会产生大量的互调分量；二是干扰信号频谱与通信信号频谱重叠，此时干扰信号在"掠夺"星上功率的同时，还会对通信信号造成直接干扰，在这种情况下，通信信号必须采用扩频等抗干扰信号形式。干扰与信号的两种关系如图8-8所示。

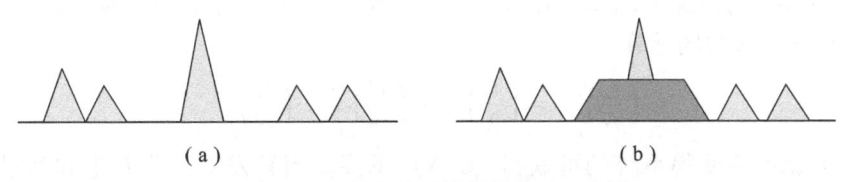

图8-8 干扰与信号的频谱关系示意图
(a) 无重叠；(b) 有重叠

当转发器受到强干扰时，转发器进入饱和状态，一是产生功率掠夺现象，有用信号的星上输出功率被压缩；二是产生大量的互调分量。这两种情况都会使$(C/N)_t$下降，造成通信中断或通信性能恶化。

### 1. 功率掠夺造成的影响

假设进入转发器的干扰和信号总功率分别为$J_i$和$S_i$（忽略噪声的影响），卫星的输出功率为$P_{SAT}$，转发器输出的信号总功率为$J_o$和$S_o$，根据8.2.3.2节的分析结论，当干扰使转发器工作在饱和区时，输出干信比$J_o/S_o$要大于输入干信比$J_i/S_i$，其比例因子为$\Delta$，设$P_{SAT}=10\text{W}$，$(J_i/S_i)_{dB}=10\text{dB}$，当转发器工作在线性区时，$(\Delta)_{dB}=0\text{dB}$，$(J_o/S_o)_{dB}=10\text{dB}$，信号功率为0.91 W，干扰功率为9.09 W。当转发器工作在饱和区时，若$(\Delta)_{dB}=5\text{dB}$，则$(J_o/S_o)_{dB}=15\text{dB}$，这时信号功率只有0.3 W，干扰功率为9.7 W。有用信号功率的下降，使得下行载噪比$(C/N)_D$下降，从而导致可获得$(C/N)_t$下降。由于系统在设计时，通信链路没有留有很大余量，特别是对于小口径终端，因此，$(C/N)_t$的下降将使得通信无法进行，接收终端的天线口径越小，所受的影响就越严重。功率掠夺造成的影响如图8-9所示。

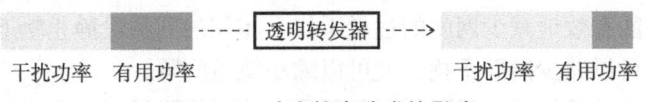

图8-9 功率掠夺造成的影响

### 2. 互调分量造成的影响

当转发器工作在多载波工作方式，在干扰的作用下进入非线性区域时，会产生大量的互调分量。由于调制的作用，每个载波占据一定的频带宽度，因此，互调分量也占据一定的带宽，当载波数量很多时，互调分量可以近似地等效为占据整个转发器带宽的噪声信号，其功率谱密度近似恒定。这时互调分量称为互调噪声，其功率谱密度用$(n_0)_I$来表示。互调噪声如图8-10所示。

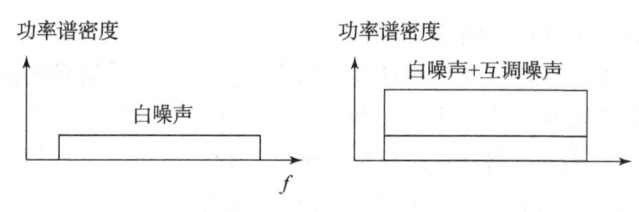

图 8-10　互调噪声功率谱密度

在有互调噪声的情况下，$(C/N)_t$ 可以用上行载噪比 $(C/N)_U$、下行载噪比 $(C/N)_D$ 和互调载噪比 $(C/N)_I$ 来共同计算。

$$\left(\frac{C}{N}\right)_t^{-1} = \left(\frac{C}{N}\right)_U^{-1} + \left(\frac{C}{N}\right)_D^{-1} + \left(\frac{C}{N}\right)_I^{-1} \tag{8.31}$$

显然，互调噪声使得系统的可获得 $(C/N)_t$ 下降。当转发器工作在饱和和过饱和区域时，互调噪声谱密度值接近有用信号谱密度值，严重影响了系统的传输性能。

## 8.3　卫星通信干扰防护措施

### 8.3.1　减少无意干扰措施

根据无意干扰的来源不同，应对干扰的措施也不尽相同。太阳磁暴、电离层闪烁等自然现象引发的干扰不可避免且不可控，往往通过设置系统余量来对抗该类干扰。而对于转发器非线性等系统内部产生的干扰，可通过采用信号预失真等先进的信号处理技术来实现高可靠接收。对于每一种内部干扰，都有针对性的干扰抑制措施，感兴趣的读者可以翻阅相关文献资料学习，本章主要考虑减少其他系统干扰的措施。

如图 8-1、图 8-2 所示，其他通信系统对卫星通信产生的干扰主要分两种情况：一是地面微波通信系统对卫星上、下行链路产生的干扰；二是其他卫星通信系统产生的干扰。由于这些干扰往往是超越国界的，因此，国际电信联盟在其制定的无线电规则中，为限制上述干扰的产生，分别作出了约束规则，主要是通过协调干扰频率和功率、干扰距离等参数来减少干扰。对于不同卫星通信系统间的干扰，可通过链路预算计算不同系统造成的干扰值，然后经过协商，对其中某些可能改变的参数，如载波频率和功率、卫星的轨道位置等进行必要的修改，这样往往能有效地减少网间的过量干扰。相邻的同频段静止轨道卫星，如果使用正交极化隔离，则既可以减少网间干扰，又可以缩小轨道间隔。

为了控制地面微波系统对卫星通信上行干扰，使干扰降低到卫星通信系统可以接受的程度，无线电规则中对地面微波系统发送的最大 EIRP 及馈入发射天线的功率的允许值做出了规定，同时要考虑大气对电磁波的折射影响并控制地面微波系统天线指向。地面微波系统对卫星通信地球站的干扰协调主要是确定不同系统工作站间的安全距离，即实现空间上的隔离。当地球站与某一地面微波站之间超过一定距离，使它们之间的干扰可以忽略不计时，就称这一距离为干扰协调距离。地球站在各方向按照协调距离确定的点之间的连线所围成的区域称为该站的干扰协调区域，该地球站与该区域之外的其他站点之间的干扰可以忽略不计。

要确定某地球站的干扰协调区域，就必须计算：受扰站在时间百分数 $(1-p)$ 内能允许的最大干扰功率 $P_r(p)$、最小基本传输损耗 $L_b(p)$ 和相应的协调距离。通常，干扰站发出

的干扰信号通过对流层传播到受扰站，因此，有

$$L_b = P'_t + G'_t + G'_r - P_r(p) \tag{8.32}$$

式中，$P'_t$ 为输入到干扰站天线的最大发射功率；$G'_t$ 为干扰站在受扰站方向的发射增益；$G'_r$ 为受扰站在干扰站方向的接收增益。当受扰站设置在有山丘可提供良好遮挡屏蔽的站址时，这些山丘可能阻止干扰波的直达传播，但不能阻止经雨滴引起的散射传播。这时，协调距离对应的传输路径损耗为式（8.33）。根据信号传输距离和路径损耗的关系，即可由式（8.33）得到协调距离。

$$L_b = P'_t + \Delta G - P_r(p) - F(p, f) \tag{8.33}$$

式中，$\Delta G$ 为干扰站综合雨衰影响的等效天线增益；$F(p, f)$ 为实际时间百分数 $p$ 与工作频率的函数关系。

实际上，要利用上述式子的计算来确定地球站和其附近地面微波站之间的干扰协调距离及协调区域是一项很困难的工作，因为它涉及许多不确定因素。例如干扰信号传输方向上的 $G'_t$ 和 $G'_r$ 的计算，干扰站和受扰站所处的无线电气象区、降雨气候区对干扰波传输损耗的估计等都是相当复杂的。

### 8.3.2 透明转发器抗干扰技术

由于透明转发器的非线性特点，当强干扰将转发器推向饱和时，存在 AM - AM 和 AM - PM 转换效应、产生互调分量和"功率掠夺"效应。当透明转发器工作在非线性状态时，由于星上功率"掠夺"现象客观存在，而且无法根除，所以，透明转发器的抗干扰措施应该尽量减轻星上功率"掠夺"现象，使得进入转发器的干扰功率尽可能地小；并且，应该选择较好的抗干扰波形，如采用频谱扩展技术，以提高干扰容限；另外，在干扰条件下，能够根据受干扰情况，实时调整系统参数，以获得最佳的抗干扰能力。

**1. 采用自适应天线调零技术**

自适应天线调零技术就是使天线系统能够利用方向图波束的变化，自适应地调整天线方向图指向及波束零点位置，使波束零点位置对准干扰源方向并降低副瓣波束电平来抑制干扰，同时，保证天线主波束输出始终处于最佳状态，从而实现抗干扰。军用和民用通信卫星正越来越多地采用自适应天线调零技术来提高其抗干扰能力。

多波束天线是实现自适应调零技术的基础。多波束天线可以是由一组馈源喇叭馈电的透镜天线或反射面天线，也可以是由一个波束形成网络激励的平面阵列（称为直接辐射阵列）。不同的多波束天线实现方案的复杂程度和性能是有所差别的。其技术指标包括调零个数、调零深度、调零分辨率和对干扰样式的适应能力。

自适应天线调零技术是军用通信卫星抗干扰的重要方面，自适应天线调零的抗干扰特点可以概括如下。

（1）具有良好的空间鉴别能力

实际应用中，干扰信号和有用信号一般具有不同的来波方向，这种空间特征的差异，在其他抗干扰技术中难以充分利用。传统天线依靠降低旁瓣来抑制主瓣以外的干扰，旁瓣电平越低，天线的抗干扰性能越好，但是对落入主瓣内的干扰则无能为力。自适应天线调零技术尤其是基于来波方向估计的高分辨率调零技术，则可以突破这种传统天线的波束概念，无论

干扰源是否处于主瓣内，自适应地将方向图零点调至干扰信号的来波方向。

(2) 同时抑制多个干扰

自适应天线能够对多个干扰信号进行调零处理，其数目由天线阵的自由度决定。一般地，如果自适应天线具有 M 个阵元（或馈源），则至多有 M-1 个自由度，因而可形成多个方向图零陷，有效抑制从不同方向入射的干扰信号。

(3) 对多种不同类型干扰的抑制

自适应天线实际上是一空间滤波器，这种空间滤波作用也称为"波束形成"。从带宽考虑，自适应波束形成器既可以设计成抑制窄带干扰，也能设计成抑制宽带干扰。由于波束形成器的最佳权矢量依赖有用信号的空间特征或它们的统计特征，独立于干扰信号的波形结构，因此能在多种类型的干扰环境下形成方向图零陷，实现对多种干扰信号的抑制。这在其他抗干扰技术中是难以做到的。

(4) 对付强干扰的杀手锏

自适应天线能够提供深度零陷，因而可以极大地消除干扰信号的不利影响，而不影响有用信号的接收。根据已有的一些实验和实际系统的测试结果，自适应天线调零技术至少能够提供 20~30 dB 的零陷深度。自适应天线调零技术较之其他抗干扰技术的另一显著特点是干扰越强，零陷越深。

(5) 与其他抗干扰技术兼容

从实际性能和工程实现上考虑，各种抗干扰技术都有其优点和不足。通信抗干扰技术朝综合抗干扰方向发展是一种必然的趋势。自适应天线调零是基于空域处理的抗干扰技术，与各种通信体制和其他抗干扰技术有着很好的兼容性，并且能够相互弥补各自的缺陷。特别是自适应天线与频谱扩展技术的结合应用，是军用通信系统综合抗干扰的一种优化方案。

正是由于具有上述诸多优点，自适应天线作为一种强有力的抗干扰手段在军用通信中受到广泛的重视。但是也应该指出，与其他抗干扰技术相比，自适应天线调零技术实现的复杂性大大增加了。因此，在卫星自适应调零天线的具体应用中，需要选择合理的天线型式和波束形成网络实现方案、适当的自适应调零算法和信号处理器结构，以使自适应调零处理系统既能满足不同的性能指标要求，又尽可能简单、易于实现。

目前，美军直接序列扩频 CS-Ⅲ 卫星的自适应调零天线采用的是波导透镜型式的多波束天线（共有 61 个子波束），而 MILSTAR-Ⅱ 卫星的自适应调零天线采用了偏置反射面天线（有源相控阵）加馈源阵列的多波束天线型式（共有 13 个子波束）。

自适应调零天线的波束形成网络及幅相控制电路通常可以在射频或基带实现，即模拟波束形成和数字波束形成。星上实现模拟波束形成的工程限制是可以独立控制的多波束数目。数字波束形成技术的突出优点是可编程、高精度，星上实现的主要限制是处理带宽。需要深入研究模拟和数字波束形成技术相结合的宽带自适应调零处理系统。

自适应算法是决定自适应调零天线性能的核心问题。实现自适应天线调零的基本方法有两大类型：基于导向矢量约束方法，如 Howell-Applebaum 的信干噪比最大化算法等；基于参考信号方法，如 Widrow 的最小均方误差算法等。由于干扰环境是事先未知的，除了对不同应用条件下（可移动区域波束或全国波束）各种自适应天线调零算法的干扰抑制性能（针对不同类型的干扰信号）进行理论分析和计算机仿真外，还要重点分析算法的鲁棒性以及星上（或地面）实现的复杂程度。

## 2. 采用时域和变换域的星上干扰消除技术

星上干扰消除技术包括星上信道化干扰陷波技术、时域干扰抑制技术和基于变换域的干扰抑制技术。

(1) 星上信道化干扰陷波技术

星上信道化干扰陷波技术主要针对窄带 FDMA 信号。通过一些数字带阻滤波器实时关闭受干扰的信道，从而避免干扰信号进入转发器末端功放，以免造成星上功率掠夺。针对 FDMA 信号干扰抑制技术主要采用两种办法，一种干扰抑制算法是应用滑动的数字带阻滤波器，当检测到干扰位置和个数后，就可以实时设计或者利用查表法给出对应的数字带阻滤波器参数，从而实现干扰位置的陷波。另外一种干扰方法是首先进行 DFT 变换，将接收信号变到频域，然后在频域检测干扰位置，并在频域进行带陷滤波，然后经 IDFT 变换，变换回时域。前者需要地面检测干扰的位置，通过测控信道设置滤波器的定位。DFT 方法的优点是能够自适应识别干扰信道，带陷滤波位置可以由地面控制，也可以星上自主控制。

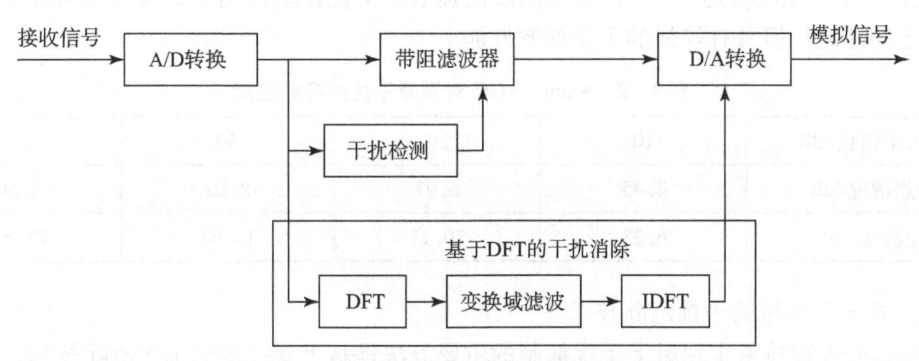

图 8-11 给出了一种星上信道化干扰陷波实现结构。接收信号经 A/D 模块后，应用滑动的数字带阻滤波器或 DFT，通过地面或星上检测到干扰位置和个数，就可以实现干扰位置的陷波。最后，由 D/A 模块将数字信号变为模拟信号。

图 8-11 星上信道化干扰陷波实现结构

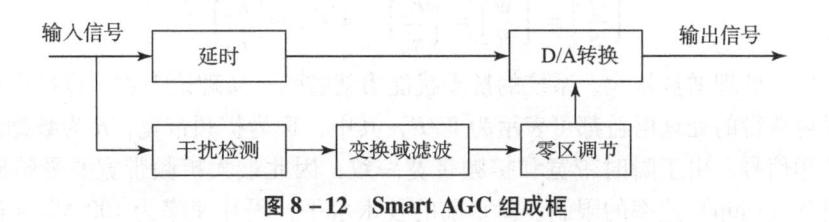

(2) Smart AGC 技术

Smart AGC 技术是 D. S. Arnstein 于 1991 年首先提出的一种基于时域处理的新型抗干扰技术，它和直接序列扩频通信系统配合使用，可以极大地提高系统的干扰容限。Smart AGC 能够以较小的代价提供较强的抗干扰能力，主要思想是根据强干扰与直接序列扩频通信信号包络特性的不同特点，通过自适应包络变换实现强干扰的抑制，其电路组成如图 8-12 所示。自适应包络变换是一种零区可变的非线性部件，其输入/输出特性如图 8-13 所示，包括 3 个区段，即零区、线性区和限幅区。

图 8-12 Smart AGC 组成框

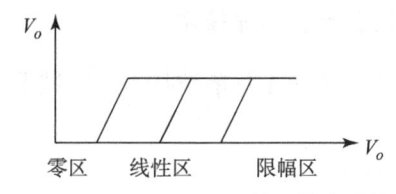

图 8-13 Smart AGC 输入输出特性

零区根据干扰信号包络的大小自适应调节,当无上行干扰时,该装置不进行包络处理,相当于线性放大器;当检测到上行强干扰时,将包络线性放大区右移,从而产生零区,使尽量多的干扰落入零区而被消除,而叠加在强干扰上的小信号部分被放大,因而改善输出信干比。

可见,该技术应用的关键是对干扰包络大小的准确、实时检测,以调节零区的大小,使最多的干扰落入零区而被消除。一种简单的干扰包络大小检测方法是用低通滤波器或带通滤波器从接收宽带包络检测输出中提取干扰包络。表 8-2 给出了在基于滤波法和零区精确设定(理想情况)两种情况下对双音干扰的抑制性能。从表中可以看出,如果零区大小设置精确,则当输入干信比为 40 dB 时,该装置的输出干信比(包括残余干扰和互调干扰)在 9 dB 左右,干信比改善达 31 dB,在用滤波法提取的干扰包络控制下,其性能与理想情况相比有一定的差距,但具有较强的干扰抑制性能。

表 8-2 Smart AGC 对双音干扰的抑制性能

| 输入干信比/dB | 10 | 20 | 30 | 40 |
|---|---|---|---|---|
| 理想情况/dB | 4.45 | 6.97 | 8.03 | 8.58 |
| 滤波法/dB | 6.23 | 10.11 | 14.64 | 17.51 |

(3) 基于变换域的干扰消除技术

利用信号处理技术实现星上干扰抑制的主要方法是基于变换域的干扰消除技术。它将有用信号和干扰的混合信号变换或映射到另外的空间去处理,这种变换能将干扰信号映射成冲击谱特性,而把有用信号映射成与干扰正交的平坦谱特性,再通过对变换域谱分量的处理,消除干扰分量,之后进行反变换,恢复出有用信号。变换或映射必须是唯一的或非歧义的,这样才能保证反变换或逆映射的存在。常用的变换有 DFT、DCT、短时傅里叶变换和小波变换等。基于变换域的干扰消除技术一般和直接序列扩频技术结合使用。

**3. 采用直接序列扩频、跳频扩频等扩频信号传输体制**

扩频技术的抗干扰能力由其扩频增益决定,扩频信号的抗干扰容限可由下式表示:

$$\left[\frac{J}{S}\right] = \left[\frac{W}{R}\right] = \left[\frac{E_b}{n_0}\right]_{th} = G_P - \left[\frac{E_b}{n_0}\right] \tag{8.34}$$

可以看出,处理增益越大,系统的抗干扰能力就越强。从理论上讲,直接序列扩频和跳频扩频信号可获得的处理增益都可表示为 $W/R$,其中,$W$ 为扩频带宽,$R$ 为数据速率。对于直接序列扩频信号,由于瞬时带宽和扩频带宽一致,因此最大扩频带宽要受瞬时带宽的限制,即受码片(Chip)速率的限制。就目前的技术水平,码片速率为 100 Mb/s 已是最高限制，实际应用中，直接序列扩频信号的最高带宽一般为几十兆赫兹，要想进一步提高，是非常困难的。对于跳频扩频信号，由于瞬时带宽远小于扩频带宽，其处理时间只受跳频速率的限制，和扩频带宽无关。因此，其处理增益几乎只受最大可用扩频带宽的限制。跳频扩频信号在可获得处理增益上还有另外一个好处，即，跳频扩频信号带宽可以利用不连续的频段来构成，这样一方面可以大大展宽扩频带宽，利用多个转发器进行跳频，另一方面可以避开已分配的频段或干扰严重的频段，实现自适应跳频。因此，在卫星通信中，采用跳频扩频可以比直接序列扩频信号获得更高的处理增益，从而具有更强的抗干扰能力。

**4. 采用先进的编码和调制技术**

信道编码技术通过增加冗余校验位来获得很好的纠检错能力，获得编码增益；调制技术可以灵活调节频谱效率，但解调门限会随着频谱效率增加而增加。编码和调制技术相结合能够灵活调整系统的频带效率和误码性能。采用先进的编码调制技术，可以降低满足一定误码率性能所需的门限信噪比，以此增加整个系统的干扰容限，如 TCM 调制、分集和交织以及具有逼近香浓限的 Turbo 编码、LDPC 编码等技术。如图 8-14 所示，采用 BPSK 调制与 1/3 码率的 Turbo 码相结合，可以将误比特率为 $10^{-4}$ 条件下的门限信噪比控制在 $-2$ dB 以下。

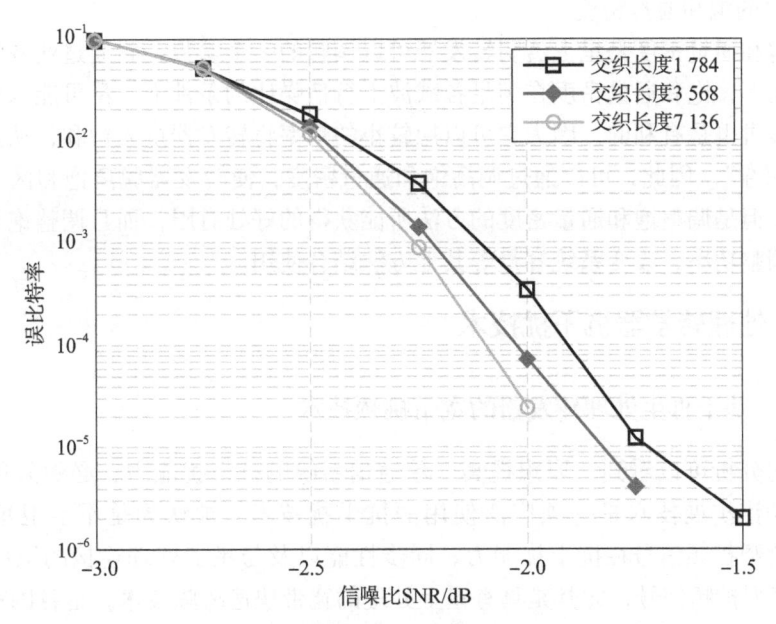

图 8-14　不同交织长度下的 BPSK 调制 Turbo 码性能

**5. 系统参数调整**

除了技术上的策略，在干扰条件下，要根据受干扰情况实时调整系统参数，以获得最佳的抗干扰能力或者强干扰紧急条件下的最低限度通信，还需要管理上的策略。通过对卫星转发器、地面终端和整个网络的业务参数做出调整，使得在现有系统硬件/软件条件允许的情况下，能够保证整个系统具有一定的通信能力，并根据干扰情况的变化来调整、优化系统参数。

（1）系统容量

卫星通信系统一般都是典型的功率受限系统，系统的容量主要由卫星的 EIRP 和终端的口径确定，终端口径越小，功率受限现象就越严重。这种功率受限现象在军用卫星通信系统中尤其严重，因为军用卫星通信系统主要使用小口径终端。在功率受限条件下设计的系统不可能有很高的链路余量，当透明转发器受到较大的干扰时，由于干扰信号将占用星上的功率资源，因此所有的通信链路将发生中断。这时通信方必须减少系统的通信容量，即减少通信的载波数量或降低每载波的信息速率。通过减少系统容量，提升每比特信噪比，从而保证接收端所需的门限信噪比。

（2）发射地球站的发送功率

正常情况下，考虑到放大器的非线性以及由于非线性产生的频谱再生对相邻信道的干扰，地球站发送功率都不是最大值，其工作在回退状态下，其回退量通常为几分贝。当有干扰时，通信地球站可以利用发射机的功率余量同干扰信号争夺星上功率资源，由于星上功率放大器已工作在严重的非线性状态，这时就不必考虑发射机的非线性因素。如果仅仅增大发射功率还不足以抵抗干扰的影响，同样还需减小系统容量，进一步增强信号的每比特信噪比。

（3）卫星的饱和通量密度

卫星的饱和通量密度是星上透明转发器可以调整的一个参数，它通过业务测控信道来完成。正常情况下，饱和通量密度在满足各载波上行信噪比的条件下，尽可能取较低的值。但这样对干扰来讲也是有利的，因为它可以用较小的功率将转发器推入饱和，从而实现对小信号的"功率掠夺"。因此，可以通过调高饱和通量密度，使转发器脱离饱和区，减少信号被抑制的程度。但是调整饱和通量密度的方法所能获得的好处有限，而且调整饱和通量密度的方法必须同调整功率、改变系统容量等其他方法结合使用。

### 8.3.3 处理转发器抗干扰技术

#### 8.3.3.1 基于再生处理转发器的宽带跳频技术

从上面的分析可以看到，要想提高卫星通信系统的抗干扰能力，必然采用星上再生处理转发器。频谱扩展技术是一项广泛使用的抗干扰技术，被认为是军事卫星通信系统的标准特征。跳频扩频信号在抗干扰能力、同步性能以及与星上处理连接的适配性方面明显要优于直接序列扩频信号，尤其是具有星上处理的宽带快速跳频技术，是各国军事卫星通信抗干扰技术发展的重点。

对跳频信号的星上处理主要有 3 种方式：解跳转发、解调转发和解码转发。

**1. 解跳转发**

在这种工作方式中，首先将接收机接收的信号解跳，得到中频信号，然后由中频信号进行再跳频，如图 8-15 所示。星上接收机利用一个带宽（$W_s$）比跳频带宽（$W$）窄得多的滤波器，同步地滤取各个频点上的跳频信号，窄带滤波器可在任何时刻将其带宽（$W_s$）外的干扰和噪声滤除。

解跳转发只对跳频信号进行解跳处理，不进行再生解调，因此属于非再生式处理转发

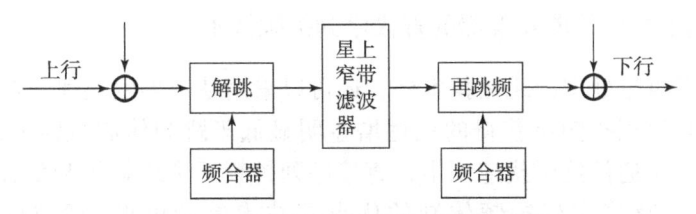

图 8-15  解跳转发处理转发器原理框图

器。解跳转发相对透明转发器在抗干扰性能上的改善是相当可观的,而且具有处理简单的优点,其缺点是无法实现多波束系统的星上交换。

**2. 解调转发**

在该方式中,星上处理器不仅要完成信号的解跳和再跳频,而且要完成解调和再调制的工作。对上行信号进行解调后,会产生一定的误码率,这些误码也会随着其他信号进行再调制和再跳频后送到下行信道中,如图 8-16 所示。

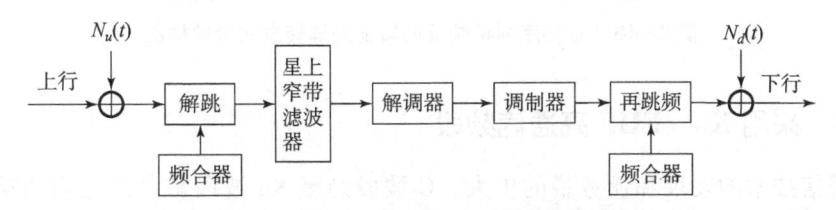

图 8-16  解调转发处理转发器原理框图

相对于解跳转发,解调转发增加了星上处理复杂度。解调转发的优点是由于其恢复数字信号,抗干扰性能有一定的提高,除此之外,解调转发还能够实现星上交换,便于系统同步、功率控制、校频和星上自主控制。

**3. 解码转发**

该方式在解调转发器中的解调和再调制之间加上了解码和再编码,如图 8-17 所示。

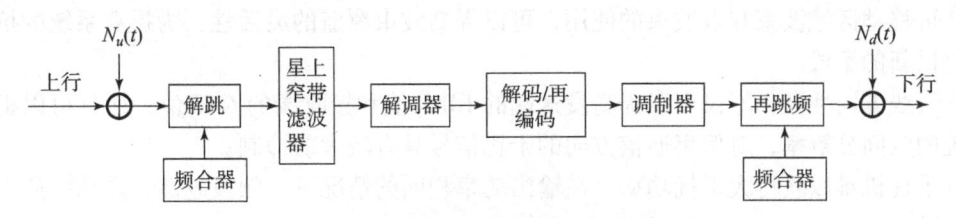

图 8-17  解码转发处理转发器原理框图

经过解码/再编码后,系统性能比前两种方式有较大的提高。但解码转发同样有不足之处:增加了复杂度,减少了灵活性,而且增加了不稳定因素。因此,采用何种转发器要根据指标需要进行选择。

#### 8.3.3.2 基于再生处理转发器的直接序列扩频技术

除了采用基于再生处理的跳频技术外，还可以采用基于再生处理的直接序列扩频或混合体制。由于直接序列扩频可获得的处理增益明显低于跳频体制且需要严格的上行功率控制，因此，在卫星通信抗干扰应用中，直接序列扩频不像跳频扩频那样被人们所推崇。但基于再生处理的直接序列扩频体制的优点是技术复杂度低于跳频扩频，星上实现简单。

同跳频扩频一样，对直接序列扩频信号的星上处理也有 3 种方式：解扩转发、解调转发和解码转发。图 8-18 给出了直接序列扩频解调转发处理转发器原理框图。

图 8-18 直接序列扩频解调转发处理转发器原理框图

### 8.3.4 采用 Ka、EHF 高通信频段

随着通信技术的发展和业务量的扩大，C 波段乃至 Ku 波段都已经相当拥挤，从抗干扰的角度和宽带业务的应用等方面综合考虑，高频率、高带宽是卫星通信发展的必然趋势。美军的 Ka 频段早在 20 世纪 90 年代就已经投入使用，目前正在向更高的 EHF 频段发展。

采用 Ka 频段或 EHF 频段的优势主要表现在以下几个方面：
①通信频率高，远离地面中继线路所用频段，不存在与地面网的干扰问题。
②天线增益高，可以向小口径终端提供较高速率的业务。
③可以获得宽的可用频带资源。例如，20~40 GHz 通信频段可以获得近 2 GHz 的可用跳频带宽，极大地提高了系统的抗干扰能力。
④可移动区域波束和点波束的使用，可以提高波束覆盖的灵活性，为提高系统的抗干扰能力提供新的手段。
⑤天线方向性强，不仅可以提高发送端的 EIRP 值和接收端的 $G/T$ 值，而且可以提高天线系统的空间分辨率，对偏离通信方向的干扰信号具有较大的抑制。
⑥干扰机难以获得大干扰功率，在输出功率相同的情况下，频段越高，高功率放大器实现就越困难。

## 8.4 卫星通信干扰的 STK 仿真

### 8.4.1 卫星通信干扰仿真

新建一个 STK 仿真场景，插入一颗静止轨道通信卫星 GEO，定点在西经 20°。GEO 卫星下插入一个发射机,发射机采用"Medium Transmitter Model",工作频率为 14.5 GHz,发射功率为 20 dBW,天线增益为 30 dB,如图 8 – 19 所示。

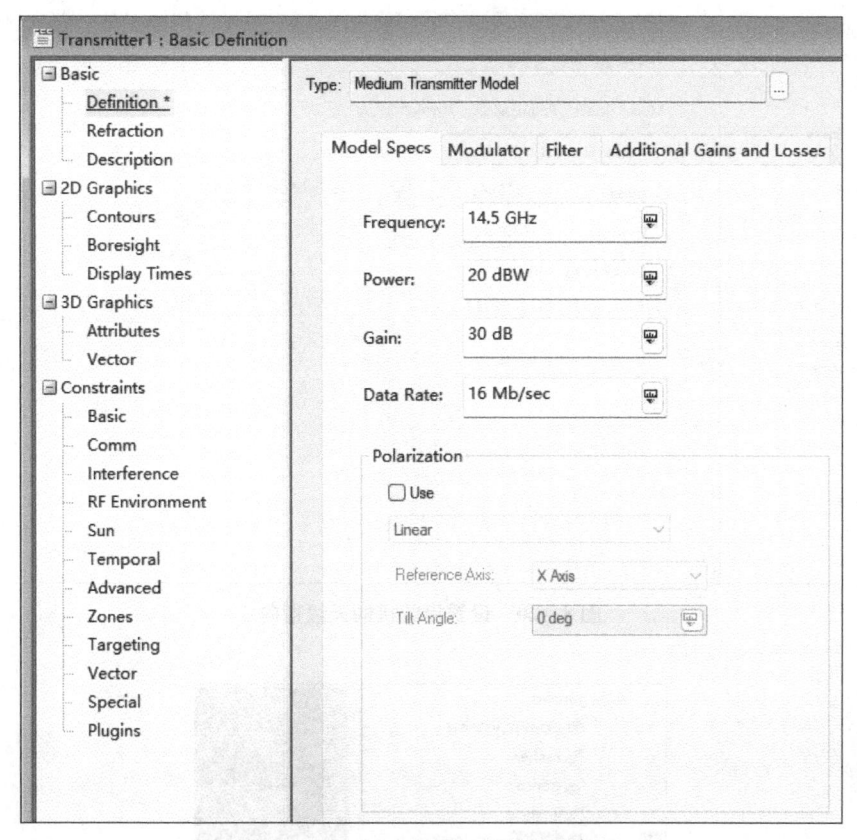

图 8 – 19 "Transmitter1"设置窗口

插入一个默认地面站,在下面插入一个接收机,设置接收机的类型为"Complex Receiver Model"。接收机的"Model Specs"采用默认选择;设置接收机天线的指向,单击"Orientation"选项卡,设置方位角和仰角分别为 113.75°和 17.35°,如图 8 – 20 所示。

地球站的方位角和仰角参数值与通信卫星定点经度以及地球站的经纬度有关。选择地面站,右击,选择"Access…",如图 8 – 21 所示。在"Access"窗口中选择 GEO 卫星,单击"Compute",计算二者之间的可见性。单击"Reports"→"AER…",在弹出的"Report"窗口中,显示了地球站与卫星的方位角 Azimuth、仰角 Elevation、距离 Range,如图 8 – 22 所示。根据显示的方位角和仰角设置地球站天线指向。

插入一个 Aircraft 仿真无人机站,命名为"ganrao",在二维场景中按照 4.4.2.2 节所述方法设置飞行轨迹,轨迹围绕着前面插入的地球站,如图 8 – 23 所示。在干扰站下插入一个发射机,选择 GEO 下的发射机,右击,选择"Copy",如图 8 – 24 (a) 所示;选中"ganrao"站,右击,选择"Paste",如图 8 – 24 (b) 所示。修改发射机的发射功率为 30 dBW,天线增益为 20 dB,其他保持不变。

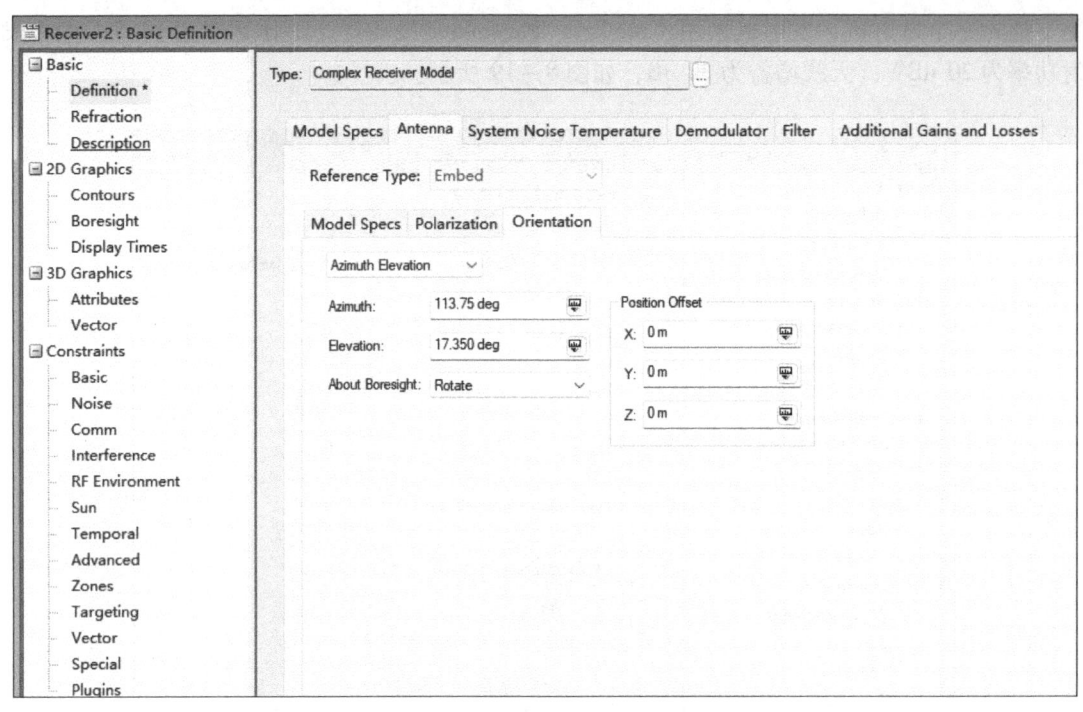

图 8-20　设置接收机的天线指向

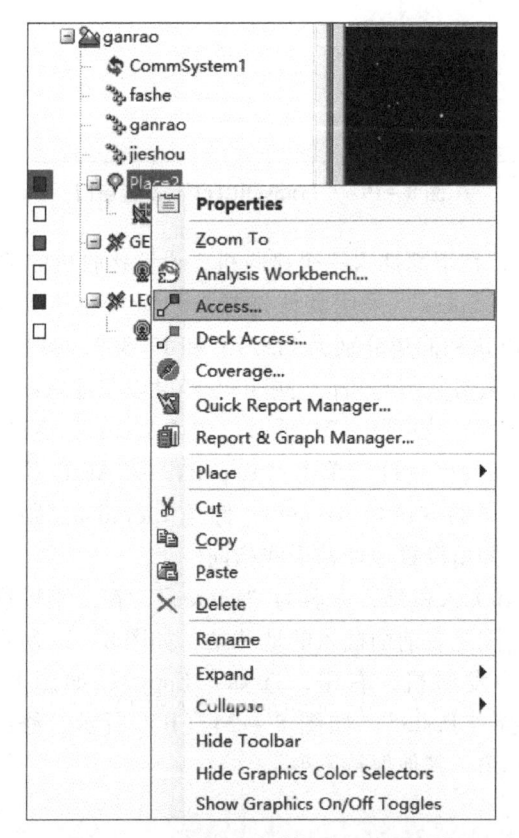

图 8-21　查看地球站与卫星的可见性

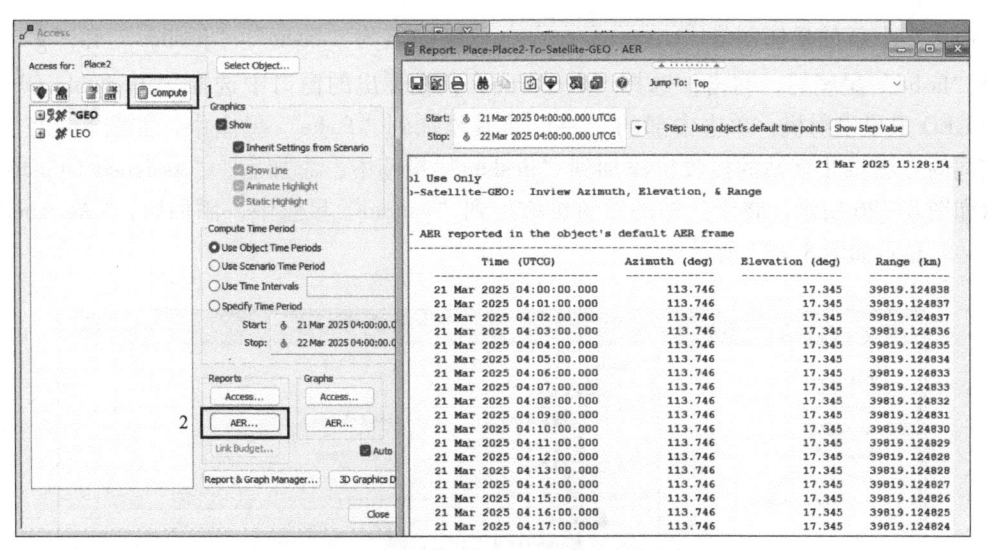

图 8-22　查看地球站与卫星的方位角和仰角

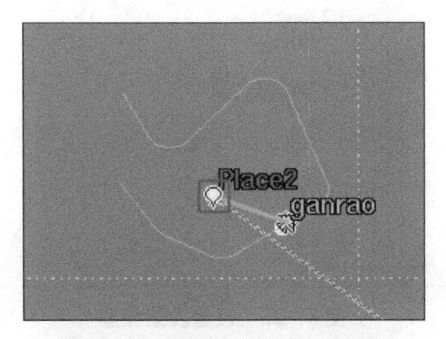

图 8-23　飞行轨迹设置示意图

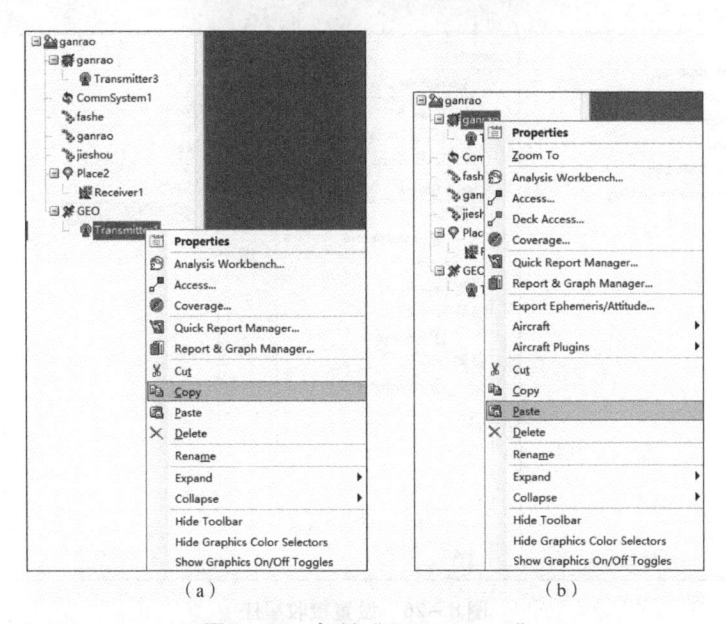

(a)　　　　　　　　　　　　(b)

图 8-24　复制"Transmitter1"

插入三个新的星座对象 Constellation，分别命名为"fashe""jieshou"和"ganrao"。选择"fashe"星座后，右击，选择"Properties"，在弹出的窗口中选择"Available Objects"下的 GEO 卫星发射机，单击中部的"→"将其添加到"fashe"星座中，如图 8-25 所示。用相同的方法将北京站的接收机添加到"jieshou"星座中，添加后，"Assigned Objects"的显示如图 8-26 所示。将干扰站的发射机添加到"ganrao"星座中，添加后，"Assigned Objects"的显示如图 8-27 所示。

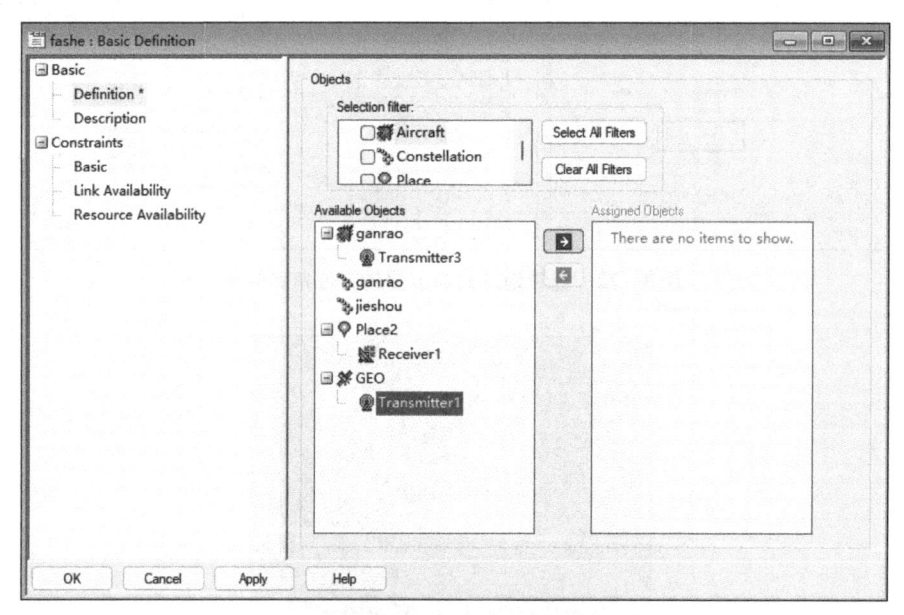

图 8-25　设置发射星座

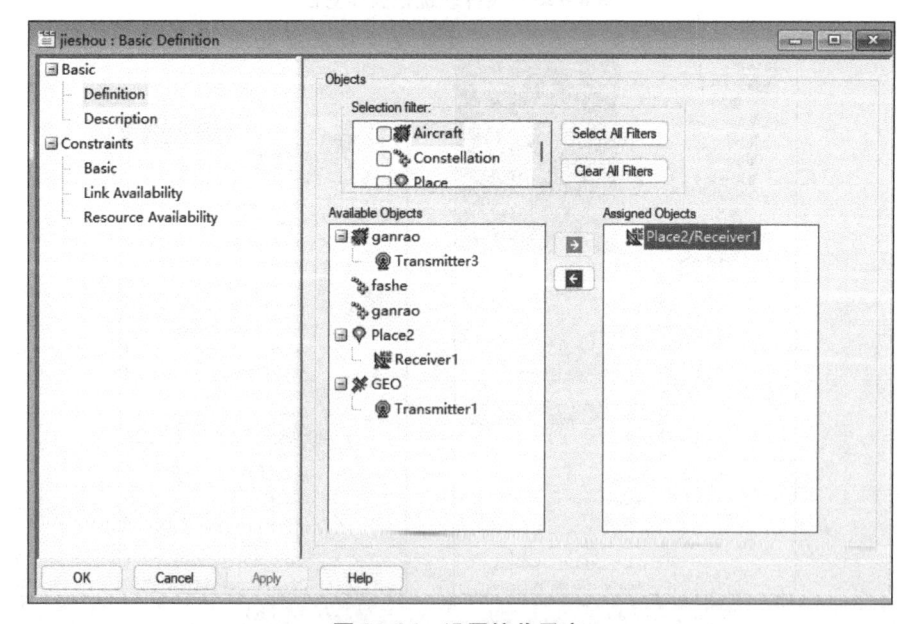

图 8-26　设置接收星座

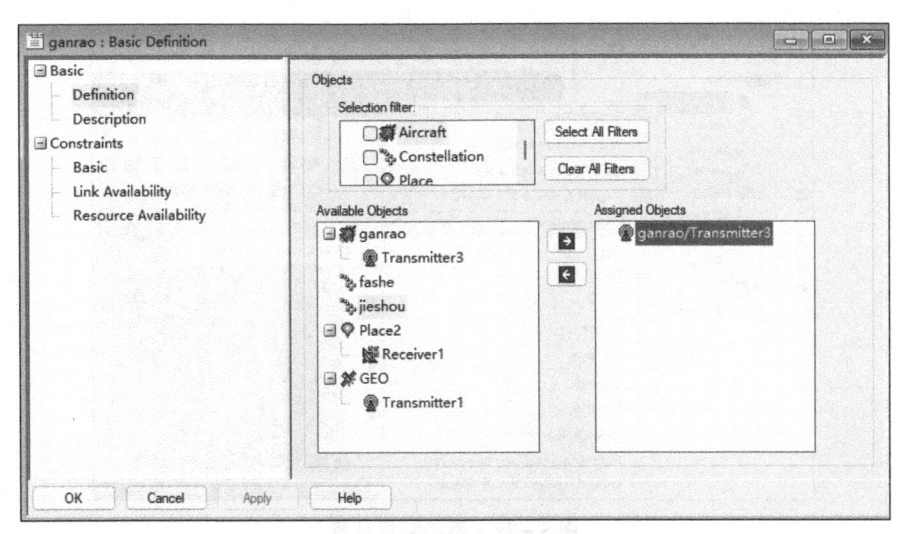

图 8-27 设置干扰星座

添加新对象——通信系统 Comm System，右击，弹出属性窗口。如果在"Insert STK Objects"下的"Select An Object To Be Inserted"下没有"Comm System"，则单击"Edit Preferences…"添加该对象，具体操作参照 1.4.3.4 节。选择"Basic"→"Transmit"后，选中左侧的"Available Constellations"下的"fashe"，单击右侧的箭头，将其添加至"Assigned Constellations"，如图 8-28 所示。选择"Basic"→"Receive"后，选中左侧的"Available Constellations"下的"receive"，单击右侧的箭头，将其添加至"Assigned Constellations"。选择"Basic"→"Interference"后，选中左侧的"Available Constellations"下的"ganrao"，单击右侧的箭头，将其添加至"Assigned Constellations"。

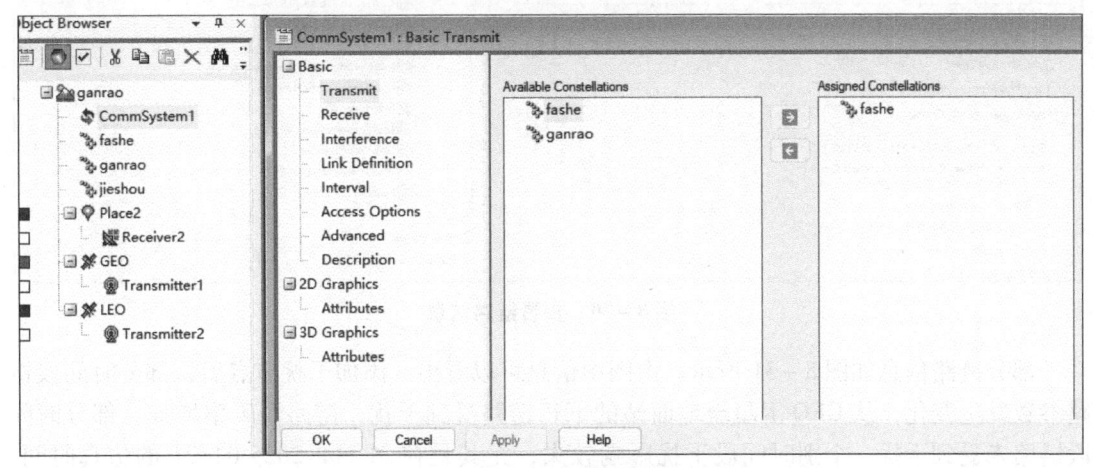

图 8-28 设置通信系统

选择"CommSystem1"，右击，选择"CommSystem"→"Compute Data"，进行数据计算，如图 8-29 所示。

选择"CommSystem1"，右击，选择"Report & Graph Manager…"，弹出窗口，如图 8-30 所示。选择"Installed Styles"→"Link Information"，单击"Generate…"按钮，查看干扰前后的链路信息，包括发射功率、天线增益、载噪比等。

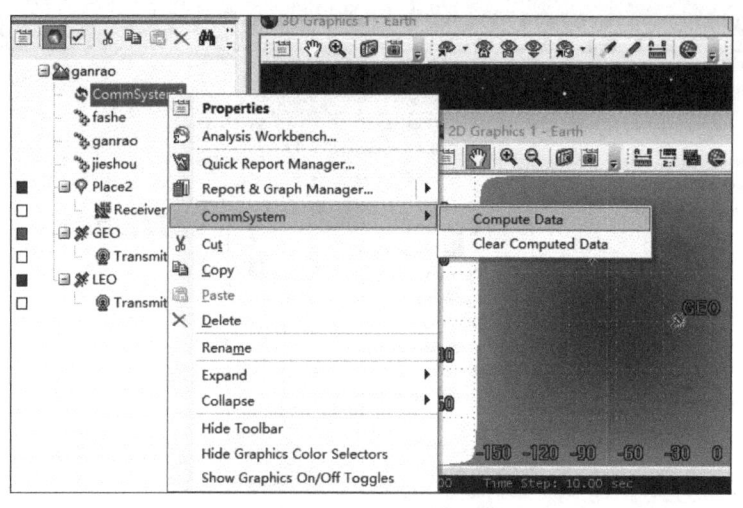

图 8-29 系统数据计算

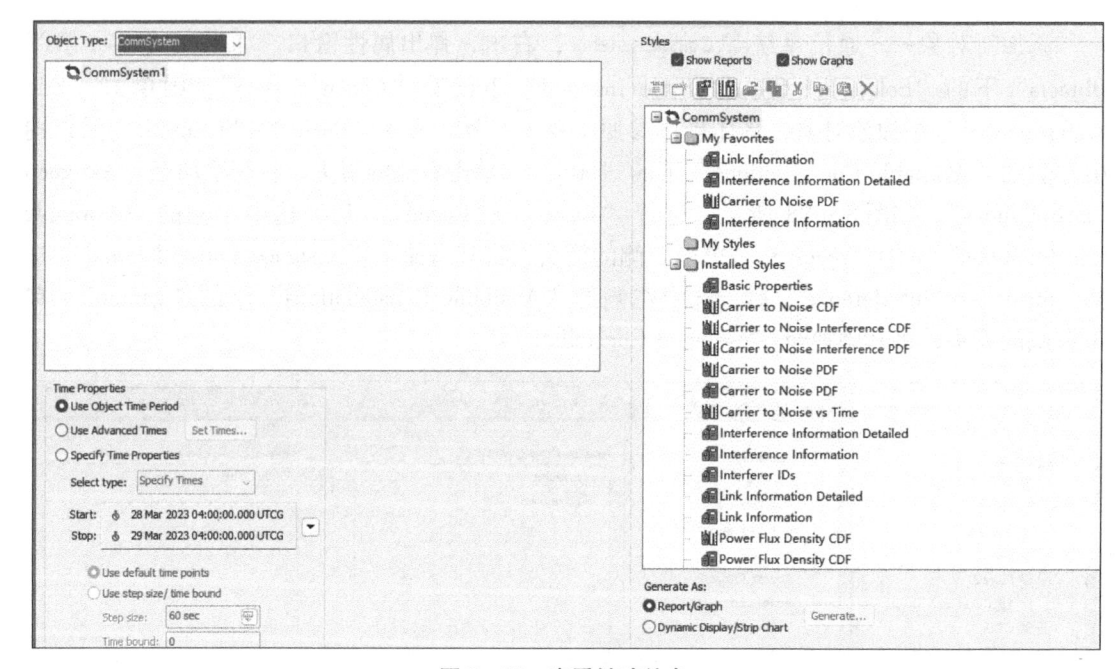

图 8-30 查看链路信息

部分链路信息如图 8-31 所示。由图中信息可以看出，添加干扰节点后，部分时间段链路参数发生变化，从 GEO 卫星至地面站的下行链路受到干扰，链路误码率增加。部分时间段链路未受到干扰，个别时间段干扰影响较大，尤其是在 21 Mar 2025 04:21 的仿真时间，干扰最为明显，误比特率达到了 0.455，严重影响通信效果。

### 8.4.2 卫星通信抗干扰措施的仿真

#### 8.4.2.1 采用信道编码改善误比特率的仿真

下行链路受到干扰后，误比特率增加，可以在原有基础上采用一定的信道编码方式，从

| Time (UTCG) | C/N (dB) | C/(N+I) (dB) | Eb/No (dB) | Eb/(No+Io) (dB) | BER | BER+I | C/I (dB) |
|---|---|---|---|---|---|---|---|
| 21 Mar 2025 04:00:00.000 | 6.2636 | 5.0605 | 9.2739 | 8.0708 | 1.948512e-05 | 1.708628e-04 | 11.2230 |
| 21 Mar 2025 04:01:00.000 | 6.2636 | 4.7384 | 9.2739 | 7.7487 | 1.948512e-05 | 2.791982e-04 | 10.0233 |
| 21 Mar 2025 04:02:00.000 | 6.2636 | 4.2833 | 9.2739 | 7.2936 | 1.948512e-05 | 5.285576e-04 | 8.6463 |
| 21 Mar 2025 04:03:00.000 | 6.2636 | 3.6219 | 9.2739 | 6.6319 | 1.948512e-05 | 1.204017e-03 | 7.0343 |
| 21 Mar 2025 04:04:00.000 | 6.2636 | 2.6925 | 9.2739 | 5.7028 | 1.948512e-05 | 3.197365e-03 | 5.2062 |
| 21 Mar 2025 04:05:00.000 | 6.2636 | 2.5345 | 9.2739 | 5.5448 | 1.948512e-05 | 3.707051e-03 | 4.9282 |
| 21 Mar 2025 04:06:00.000 | 6.2636 | 3.2065 | 9.2739 | 6.2168 | 1.948512e-05 | 1.907622e-03 | 6.1705 |
| 21 Mar 2025 04:07:00.000 | 6.2636 | 3.8326 | 9.2739 | 6.8429 | 1.948512e-05 | 9.377186e-04 | 7.5115 |
| 21 Mar 2025 04:08:00.000 | 6.2636 | 4.3424 | 9.2739 | 7.3527 | 1.948512e-05 | 4.881914e-04 | 8.8098 |
| 21 Mar 2025 04:09:00.000 | 6.2636 | 4.7359 | 9.2739 | 7.7462 | 1.948512e-05 | 2.802419e-04 | 10.0148 |
| 21 Mar 2025 04:10:00.000 | 6.2636 | 5.0121 | 9.2739 | 8.0121 | 1.948512e-05 | 1.873556e-04 | 10.9851 |
| 21 Mar 2025 04:11:00.000 | 6.2636 | 6.2636 | 9.2739 | 9.2739 | 1.948512e-05 | 1.948512e-05 | 3000.0000 |
| 21 Mar 2025 04:12:00.000 | 6.2636 | 6.2636 | 9.2739 | 9.2739 | 1.948512e-05 | 1.948512e-05 | 3000.0000 |
| 21 Mar 2025 04:13:00.000 | 6.2636 | 6.2636 | 9.2739 | 9.2739 | 1.948512e-05 | 1.948512e-05 | 3000.0000 |
| 21 Mar 2025 04:14:00.000 | 6.2636 | 6.2636 | 9.2739 | 9.2739 | 1.948512e-05 | 1.948512e-05 | 3000.0000 |
| 21 Mar 2025 04:15:00.000 | 6.2636 | 6.2636 | 9.2739 | 9.2739 | 1.948512e-05 | 1.948512e-05 | 3000.0000 |
| 21 Mar 2025 04:16:00.000 | 6.2636 | 6.2636 | 9.2739 | 9.2739 | 1.948512e-05 | 1.948512e-05 | 2536.0359 |
| 21 Mar 2025 04:17:00.000 | 6.2636 | 6.2636 | 9.2739 | 9.2739 | 1.948512e-05 | 1.948512e-05 | 1519.2587 |
| 21 Mar 2025 04:18:00.000 | 6.2636 | 6.2636 | 9.2739 | 9.2739 | 1.948512e-05 | 1.948512e-05 | 775.8129 |
| 21 Mar 2025 04:19:00.000 | 6.2636 | 6.2636 | 9.2739 | 9.2739 | 1.948512e-05 | 1.948512e-05 | 313.0576 |
| 21 Mar 2025 04:20:00.000 | 6.2636 | 6.2132 | 9.2739 | 9.2132 | 1.948512e-05 | 2.205547e-05 | 24.7733 |
| 21 Mar 2025 04:21:00.000 | 6.2636 | -24.9612 | 9.2739 | -21.9509 | 1.948512e-05 | 4.550263e-01 | -24.9579 |
| 21 Mar 2025 04:22:00.000 | 6.2636 | 6.2636 | 9.2739 | 9.2739 | 1.948512e-05 | 1.948512e-05 | 415.8527 |
| 21 Mar 2025 04:23:00.000 | 6.2636 | 6.2636 | 9.2739 | 9.2739 | 1.948512e-05 | 1.948512e-05 | 1503.1057 |
| 21 Mar 2025 04:24:00.000 | 6.2636 | 6.2636 | 9.2739 | 9.2739 | 1.948512e-05 | 1.948512e-05 | 3000.0000 |
| 21 Mar 2025 04:25:00.000 | 6.2636 | 6.2636 | 9.2739 | 9.2739 | 1.948512e-05 | 1.948512e-05 | 3000.0000 |
| 21 Mar 2025 04:26:00.000 | 6.2636 | 6.2636 | 9.2739 | 9.2739 | 1.948512e-05 | 1.948512e-05 | 3000.0000 |
| 21 Mar 2025 04:27:00.000 | 6.2636 | 2.0728 | 9.2739 | 5.0831 | 1.948512e-05 | 5.557594e-03 | 4.1559 |
| 21 Mar 2025 04:28:00.000 | 6.2636 | 2.2991 | 9.2739 | 5.3094 | 1.948512e-05 | 4.579409e-03 | 4.5276 |
| 21 Mar 2025 04:29:00.000 | 6.2636 | 2.4206 | 9.2739 | 5.4309 | 1.948512e-05 | 4.111646e-03 | 4.7324 |
| 21 Mar 2025 04:30:00.000 | 6.2636 | 2.8738 | 9.2739 | 5.8841 | 1.948512e-05 | 2.681866e-03 | 5.5351 |
| 21 Mar 2025 04:31:00.000 | 6.2636 | 3.4527 | 9.2739 | 6.4730 | 1.948512e-05 | 1.459088e-03 | 6.6720 |
| 21 Mar 2025 04:32:00.000 | 6.2636 | 6.2636 | 9.2739 | 9.2739 | 1.948512e-05 | 1.948512e-05 | 3000.0000 |
| 21 Mar 2025 04:33:00.000 | 6.2636 | 6.26 | 9.2739 | 9.2739 | 1.948512e-05 | 1.948512e-05 | 3000.0000 |

图 8-31  部分链路信息

而改善通信效果。在 8.4.1 节中，GEO 卫星下的发射机采用系统默认的 BPSK 调制方式，未采用信道编码方式。误比特率增加，首先可以考虑采用信道编码方式，设置发射机采用卷积码的编码方式，具体操作参见 7.4 节。如图 8-32 所示，选择"BPSK-Conv-4-3-8"。重新计算数据后，查看链路信息，如图 8-33 所示。由图中能够看出，链路的通信质量明显提升，链路的误比特率明显改善。但是 21 Mar 2025 04:21 的仿真时间段，由于受干扰影响严重，即使采用信道编码方式，误比特率虽然有改善，但是仍较大。

#### 8.4.2.2 采用 CDMA 方式抗干扰仿真

由于采用卷积码后仍然存在部分时间段误比特率较大的问题，可以采用扩频技术对抗干扰。选中 GEO 下的发射机，右击，选择 "Properties"，在弹出的窗口中勾选 CDMA Spreading 下的 "Use"，设置 Chips/

图 8-32  选择调制方式和信道编码方式

| Time (UTCG) | C/N (dB) | C/(N+I) (dB) | Eb/No (dB) | Eb/(No+Io) (dB) | BER | BER+I | C/I (dB) |
| --- | --- | --- | --- | --- | --- | --- | --- |
| 21 Mar 2025 04:00:00.000 | 5.0142 | 4.0819 | 9.2739 | 8.3416 | 1.000000e-30 | 1.000000e-30 | 11.2218 |
| 21 Mar 2025 04:01:00.000 | 5.0142 | 3.8228 | 9.2739 | 8.0825 | 1.000000e-30 | 1.000000e-30 | 10.0222 |
| 21 Mar 2025 04:02:00.000 | 5.0142 | 3.4505 | 9.2739 | 7.7102 | 1.000000e-30 | 1.000000e-30 | 8.6452 |
| 21 Mar 2025 04:03:00.000 | 5.0142 | 2.8971 | 9.2739 | 7.1568 | 1.000000e-30 | 1.000000e-30 | 7.0332 |
| 21 Mar 2025 04:04:00.000 | 5.0142 | 2.0985 | 9.2739 | 6.3582 | 1.000000e-30 | 1.000000e-30 | 5.2055 |
| 21 Mar 2025 04:05:00.000 | 5.0142 | 1.9604 | 9.2739 | 6.2201 | 1.000000e-30 | 1.000000e-30 | 4.9277 |
| 21 Mar 2025 04:06:00.000 | 5.0142 | 2.5434 | 9.2739 | 6.8031 | 1.000000e-30 | 1.000000e-30 | 6.1697 |
| 21 Mar 2025 04:07:00.000 | 5.0142 | 3.0752 | 9.2739 | 7.3349 | 1.000000e-30 | 1.000000e-30 | 7.5106 |
| 21 Mar 2025 04:08:00.000 | 5.0142 | 3.4993 | 9.2739 | 7.7590 | 1.000000e-30 | 1.000000e-30 | 8.8088 |
| 21 Mar 2025 04:09:00.000 | 5.0142 | 3.8208 | 9.2739 | 8.0805 | 1.000000e-30 | 1.000000e-30 | 10.0138 |
| 21 Mar 2025 04:10:00.000 | 5.0142 | 4.0350 | 9.2739 | 8.2947 | 1.000000e-30 | 1.000000e-30 | 10.9845 |
| 21 Mar 2025 04:11:00.000 | 5.0142 | 5.0142 | 9.2739 | 9.2739 | 1.000000e-30 | 1.000000e-30 | 3000.0000 |
| 21 Mar 2025 04:12:00.000 | 5.0142 | 5.0142 | 9.2739 | 9.2739 | 1.000000e-30 | 1.000000e-30 | 3000.0000 |
| 21 Mar 2025 04:13:00.000 | 5.0142 | 5.0142 | 9.2739 | 9.2739 | 1.000000e-30 | 1.000000e-30 | 3000.0000 |
| 21 Mar 2025 04:14:00.000 | 5.0142 | 5.0142 | 9.2739 | 9.2739 | 1.000000e-30 | 1.000000e-30 | 3000.0000 |
| 21 Mar 2025 04:15:00.000 | 5.0142 | 5.0142 | 9.2739 | 9.2739 | 1.000000e-30 | 1.000000e-30 | 3000.0000 |
| 21 Mar 2025 04:16:00.000 | 5.0142 | 5.0142 | 9.2739 | 9.2739 | 1.000000e-30 | 1.000000e-30 | 2536.0358 |
| 21 Mar 2025 04:17:00.000 | 5.0142 | 5.0142 | 9.2739 | 9.2739 | 1.000000e-30 | 1.000000e-30 | 1519.2585 |
| 21 Mar 2025 04:18:00.000 | 5.0142 | 5.0142 | 9.2739 | 9.2739 | 1.000000e-30 | 1.000000e-30 | 775.8127 |
| 21 Mar 2025 04:19:00.000 | 5.0142 | 5.0142 | 9.2739 | 9.2739 | 1.000000e-30 | 1.000000e-30 | 313.0568 |
| 21 Mar 2025 04:20:00.000 | 5.0142 | 4.9686 | 9.2739 | 9.2283 | 1.000000e-30 | 1.000000e-30 | 24.7732 |
| 21 Mar 2025 04:21:00.000 | 5.0142 | -24.9627 | 9.2739 | -20.7030 | 1.000000e-30 | 9.306636e-03 | -24.9584 |
| 21 Mar 2025 04:22:00.000 | 5.0142 | 5.0142 | 9.2739 | 9.2739 | 1.000000e-30 | 1.000000e-30 | 415.8526 |
| 21 Mar 2025 04:23:00.000 | 5.0142 | 5.0142 | 9.2739 | 9.2739 | 1.000000e-30 | 1.000000e-30 | 1503.1055 |
| 21 Mar 2025 04:24:00.000 | 5.0142 | 5.0142 | 9.2739 | 9.2739 | 1.000000e-30 | 1.000000e-30 | 3000.0000 |
| 21 Mar 2025 04:25:00.000 | 5.0142 | 5.0142 | 9.2739 | 9.2739 | 1.000000e-30 | 1.000000e-30 | 3000.0000 |
| 21 Mar 2025 04:26:00.000 | 5.0142 | 5.0142 | 9.2739 | 9.2739 | 1.000000e-30 | 1.000000e-30 | 3000.0000 |
| 21 Mar 2025 04:27:00.000 | 5.0142 | 1.5535 | 9.2739 | 5.8132 | 1.000000e-30 | 1.000000e-30 | 4.1558 |
| 21 Mar 2025 04:28:00.000 | 5.0142 | 1.7537 | 9.2739 | 6.0134 | 1.000000e-30 | 1.000000e-30 | 4.5275 |
| 21 Mar 2025 04:29:00.000 | 5.0142 | 1.8606 | 9.2739 | 6.1203 | 1.000000e-30 | 1.000000e-30 | 4.7321 |
| 21 Mar 2025 04:30:00.000 | 5.0142 | 2.2563 | 9.2739 | 6.5160 | 1.000000e-30 | 1.000000e-30 | 5.5346 |
| 21 Mar 2025 04:31:00.000 | 5.0142 | 2.7539 | 9.2739 | 7.0136 | 1.000000e-30 | 1.000000e-30 | 6.6713 |
| 21 Mar 2025 04:32:00.000 | 5.0142 | 5.0142 | 9.2739 | 9.2739 | 1.000000e-30 | 1.000000e-30 | 3000.0000 |
| 21 Mar 2025 04:33:00.000 | 5.0142 | 5.0142 | 9.2739 | 9.2739 | 1.000000e-30 | 1.000000e-30 | 3000.0000 |

图 8−33　采用卷积码后的部分链路信息

Bit 为 1 023，单击"Apply"按钮，如图 8−34 所示。重新计算数据后，查看链路信息，如图 8−35 所示。由图中数据能够看出，受干扰的链路参数全部正常，误比特率完全满足要求，但是系统占用带宽大，载噪比 $C/N$ 较之前下降。

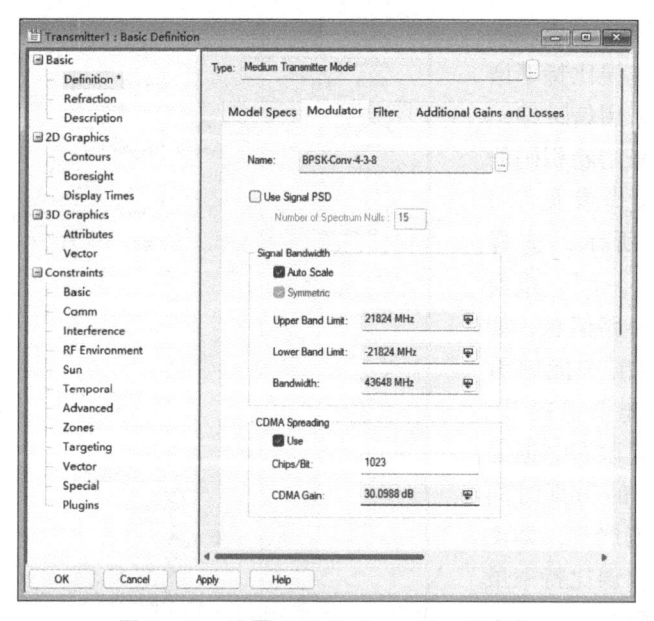

图 8−34　设置 CDMA Spreading 及参数

## 8.5　卫星通信干扰仿真实例

### 8.5.1　仿真任务实例

打开 Chapter7 场景，修改仿真场景名称，仿真星地链路，建立发射、接收、干扰的通信

| Time (UTCG) | C/N (dB) | C/(N+I) (dB) | Eb/No (dB) | Eb/(No+Io) (dB) | BER | BER+I | C/I (dB) |
|---|---|---|---|---|---|---|---|
| 21 Mar 2025 04:00:00.000 | -24.9858 | -24.9868 | 9.2739 | 9.2729 | 1.000000e-30 | 1.000000e-30 | 11.2218 |
| 21 Mar 2025 04:01:00.000 | -24.9858 | -24.9871 | 9.2739 | 9.2726 | 1.000000e-30 | 1.000000e-30 | 10.0222 |
| 21 Mar 2025 04:02:00.000 | -24.9858 | -24.9876 | 9.2739 | 9.2721 | 1.000000e-30 | 1.000000e-30 | 8.6452 |
| 21 Mar 2025 04:03:00.000 | -24.9858 | -24.9885 | 9.2739 | 9.2712 | 1.000000e-30 | 1.000000e-30 | 7.0332 |
| 21 Mar 2025 04:04:00.000 | -24.9858 | -24.9899 | 9.2739 | 9.2698 | 1.000000e-30 | 1.000000e-30 | 5.2055 |
| 21 Mar 2025 04:05:00.000 | -24.9858 | -24.9902 | 9.2739 | 9.2695 | 1.000000e-30 | 1.000000e-30 | 4.9277 |
| 21 Mar 2025 04:06:00.000 | -24.9858 | -24.9891 | 9.2739 | 9.2706 | 1.000000e-30 | 1.000000e-30 | 6.1697 |
| 21 Mar 2025 04:07:00.000 | -24.9858 | -24.9882 | 9.2739 | 9.2715 | 1.000000e-30 | 1.000000e-30 | 7.5106 |
| 21 Mar 2025 04:08:00.000 | -24.9858 | -24.9876 | 9.2739 | 9.2721 | 1.000000e-30 | 1.000000e-30 | 8.8088 |
| 21 Mar 2025 04:09:00.000 | -24.9858 | -24.9871 | 9.2739 | 9.2726 | 1.000000e-30 | 1.000000e-30 | 10.0138 |
| 21 Mar 2025 04:10:00.000 | -24.9858 | -24.9869 | 9.2739 | 9.2728 | 1.000000e-30 | 1.000000e-30 | 10.9845 |
| 21 Mar 2025 04:11:00.000 | -24.9858 | -24.9858 | 9.2739 | 9.2739 | 1.000000e-30 | 1.000000e-30 | 3000.0000 |
| 21 Mar 2025 04:12:00.000 | -24.9858 | -24.9858 | 9.2739 | 9.2739 | 1.000000e-30 | 1.000000e-30 | 3000.0000 |
| 21 Mar 2025 04:13:00.000 | -24.9858 | -24.9858 | 9.2739 | 9.2739 | 1.000000e-30 | 1.000000e-30 | 3000.0000 |
| 21 Mar 2025 04:14:00.000 | -24.9858 | -24.9858 | 9.2739 | 9.2739 | 1.000000e-30 | 1.000000e-30 | 3000.0000 |
| 21 Mar 2025 04:15:00.000 | -24.9858 | -24.9858 | 9.2739 | 9.2739 | 1.000000e-30 | 1.000000e-30 | 3000.0000 |
| 21 Mar 2025 04:16:00.000 | -24.9858 | -24.9858 | 9.2739 | 9.2739 | 1.000000e-30 | 1.000000e-30 | 2536.0358 |
| 21 Mar 2025 04:17:00.000 | -24.9858 | -24.9858 | 9.2739 | 9.2739 | 1.000000e-30 | 1.000000e-30 | 1519.2585 |
| 21 Mar 2025 04:18:00.000 | -24.9858 | -24.9858 | 9.2739 | 9.2739 | 1.000000e-30 | 1.000000e-30 | 775.8127 |
| 21 Mar 2025 04:19:00.000 | -24.9858 | -24.9858 | 9.2739 | 9.2739 | 1.000000e-30 | 1.000000e-30 | 313.0568 |
| 21 Mar 2025 04:20:00.000 | -24.9858 | -24.9858 | 9.2739 | 9.2739 | 1.000000e-30 | 1.000000e-30 | 24.7732 |
| 21 Mar 2025 04:21:00.000 | -24.9858 | -27.9824 | 9.2739 | 6.2773 | 1.000000e-30 | 1.000000e-30 | -24.9584 |
| 21 Mar 2025 04:22:00.000 | -24.9858 | -24.9858 | 9.2739 | 9.2739 | 1.000000e-30 | 1.000000e-30 | 415.8526 |
| 21 Mar 2025 04:23:00.000 | -24.9858 | -24.9858 | 9.2739 | 9.2739 | 1.000000e-30 | 1.000000e-30 | 1503.1055 |
| 21 Mar 2025 04:24:00.000 | -24.9858 | -24.9858 | 9.2739 | 9.2739 | 1.000000e-30 | 1.000000e-30 | 3000.0000 |
| 21 Mar 2025 04:25:00.000 | -24.9858 | -24.9858 | 9.2739 | 9.2739 | 1.000000e-30 | 1.000000e-30 | 3000.0000 |
| 21 Mar 2025 04:26:00.000 | -24.9858 | -24.9858 | 9.2739 | 9.2739 | 1.000000e-30 | 1.000000e-30 | 3000.0000 |
| 21 Mar 2025 04:27:00.000 | -24.9858 | -24.9910 | 9.2739 | 9.2686 | 1.000000e-30 | 1.000000e-30 | 4.1558 |
| 21 Mar 2025 04:28:00.000 | -24.9858 | -24.9906 | 9.2739 | 9.2691 | 1.000000e-30 | 1.000000e-30 | 4.5275 |
| 21 Mar 2025 04:29:00.000 | -24.9858 | -24.9904 | 9.2739 | 9.2693 | 1.000000e-30 | 1.000000e-30 | 4.7321 |
| 21 Mar 2025 04:30:00.000 | -24.9858 | -24.9896 | 9.2739 | 9.2701 | 1.000000e-30 | 1.000000e-30 | 5.5346 |
| 21 Mar 2025 04:31:00.000 | -24.9858 | -24.9887 | 9.2739 | 9.2710 | 1.000000e-30 | 1.000000e-30 | 6.6713 |
| 21 Mar 2025 04:32:00.000 | -24.9858 | -24.9858 | 9.2739 | 9.2739 | 1.000000e-30 | 1.000000e-30 | 3000.0000 |
| 21 Mar 2025 04:33:00.000 | -24.9858 | -24.9858 | 9.2739 | 9.2739 | 1.000000e-30 | 1.000000e-30 | 3000.0000 |

图 8-35 采用 CDMA 后的部分链路信息显示

系统；仿真空基干扰，仿真分析飞行器对星地链路的干扰情况；采取 CDMA 方式后，分析抗干扰情况。能根据需要开展地基、空基和天基等干扰，初步开展抗干扰措施的相关参数设置及抗干扰效果分析。

### 8.5.2 仿真基本过程

①打开"Chapter7"场景，将场景名称修改为"Chapter8"；

②修改 GEO 卫星下发射机的工作频率为 12 GHz，EIRP 为 45 dBW，Data Rate 为 5 Mb/s；

③在 Wenchang 下插入接收机，类型选择"Complex Receiver Model"，Antenna to LNA line 为 1 dB，LNA 为 10 dB，LNA to Receiver Line 为 1 dB；

④天线类型选择 Parabolic；修改天线口径为 1.2 m，效率为 60%；设置天线的方位角 Azimuth 为 254.7°、仰角 Elevation 为 29°；

⑤复制 GEO 的发射机到飞行器下，修改 EIRP 为 35 dBW；

⑥添加三个星座，分别命名为 Transmit、Receive 和 Interference，将 GEO 卫星的发射机、Wenchang 的接收机和飞行器的发射机分别添加至星座中；

⑦插入通信系统对象，并将 Transmit、Receive 和 Interference 星座分别添加到系统的 Transmit、Receive 和 Interference，并设置 Reference Bandwidth 为 1 MHz；

⑧选择 CommSystem1，计算数据 Compute Data，并分析受干扰情况；

⑨将 GEO 下的发射机采用 CDMA 方式，设置为 4 095 Chips/Bit；

⑩重新计算并分析抗干扰情况，保存该场景。

## 8.6 本章资源

### 8.6.1 本章思维导图

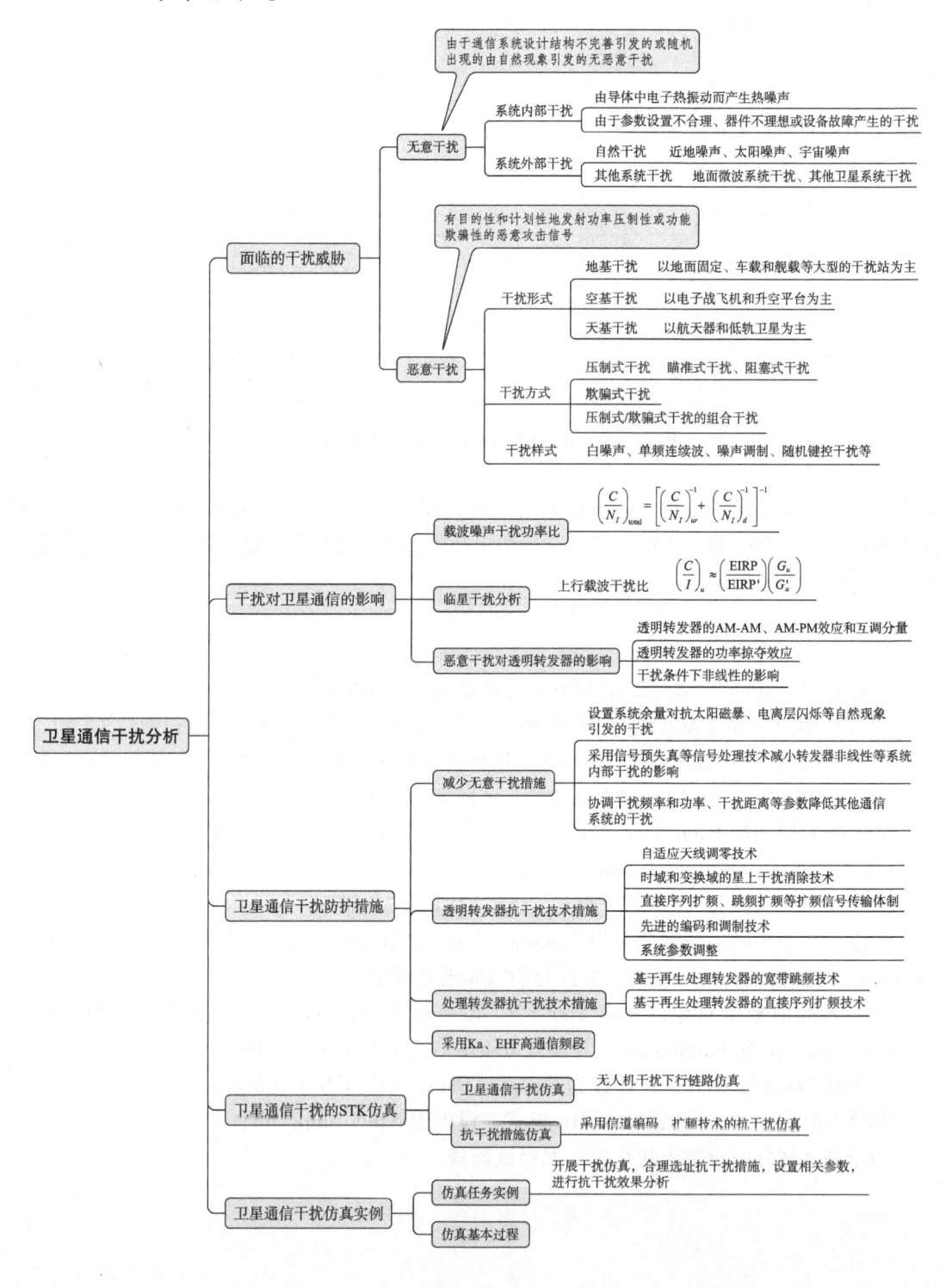

```
卫星通信干扰分析
├── 面临的干扰威胁
│   ├── 无意干扰 ── 由于通信系统设计结构不完善引发的或随机
│   │              出现的由自然现象引发的无恶意干扰
│   │   ├── 系统内部干扰
│   │   │    ├── 由导体中电子热振动而产生热噪声
│   │   │    └── 由于参数设置不合理、器件不理想或设备故障产生的干扰
│   │   └── 系统外部干扰
│   │        ├── 自然干扰    近地噪声、太阳噪声、宇宙噪声
│   │        └── 其他系统干扰  地面微波系统干扰、其他卫星系统干扰
│   └── 恶意干扰 ── 有目的性和计划性地发射功率压制性或功能
│                   欺骗性的恶意攻击信号
│       ├── 干扰形式
│       │   ├── 地基干扰  以地面固定、车载和舰载等大型的干扰站为主
│       │   ├── 空基干扰  以电子战飞机和升空平台为主
│       │   └── 天基干扰  以航天器和低轨卫星为主
│       ├── 干扰方式
│       │   ├── 压制式干扰  瞄准式干扰、阻塞式干扰
│       │   ├── 欺骗式干扰
│       │   └── 压制式/欺骗式干扰的组合干扰
│       └── 干扰样式  白噪声、单频连续波、噪声调制、随机键控干扰等
├── 干扰对卫星通信的影响
│   ├── 载波噪声干扰功率比  $\left(\dfrac{C}{N_I}\right)_{\text{total}} = \left[\left(\dfrac{C}{N_I}\right)_u^{-1} + \left(\dfrac{C}{N_I}\right)_d^{-1}\right]^{-1}$
│   ├── 临星干扰分析  上行载波干扰比 $\left(\dfrac{C}{I}\right)_u \approx \left(\dfrac{\text{EIRP}}{\text{EIRP}'}\right)\left(\dfrac{G_u}{G'_u}\right)$
│   └── 恶意干扰对透明转发器的影响
│       ├── 透明转发器的AM-AM、AM-PM效应和互调分量
│       ├── 透明转发器的功率掠夺效应
│       └── 干扰条件下非线性的影响
├── 卫星通信干扰防护措施
│   ├── 减少无意干扰措施
│   │   ├── 设置系统余量对抗太阳磁暴、电离层闪烁等自然现象引发的干扰
│   │   ├── 采用信号预失真等信号处理技术减小转发器非线性等系统内部干扰的影响
│   │   └── 协调干扰频率和功率、干扰距离等参数降低其他通信系统的干扰
│   ├── 透明转发器抗干扰技术措施
│   │   ├── 自适应天线调零技术
│   │   ├── 时域和变换域的星上干扰消除技术
│   │   ├── 直接序列扩频、跳频扩频等扩频信号传输体制
│   │   ├── 先进的编码和调制技术
│   │   └── 系统参数调整
│   ├── 处理转发器抗干扰技术措施
│   │   ├── 基于再生处理转发器的宽带跳频技术
│   │   └── 基于再生处理转发器的直接序列扩频技术
│   └── 采用Ka、EHF高通信频段
├── 卫星通信干扰的STK仿真
│   ├── 卫星通信干扰仿真  无人机干扰下行链路仿真
│   └── 抗干扰措施仿真    采用信道编码、扩频技术的抗干扰仿真
└── 卫星通信干扰仿真实例  开展干扰仿真，合理选址抗干扰措施，设置相关参数，
                          进行抗干扰效果分析
    ├── 仿真任务实例
    └── 仿真基本过程
```

## 8.6.2 本章数字资源

| 本章课件 | 练习题课件 | 仿真实例操作视频 | 仿真实例程序 |

## 习 题

1. 卫星通信面临的干扰威胁有哪些？
2. 干扰对卫星通信有什么影响？
3. 直接序列扩频的优点有哪些？
4. 卫星通信抗干扰措施有哪些？
5. 卫星通信面临的恶意干扰形式有哪些？简要说明其特点。
6. 哪种干扰方式对卫星通信系统影响最大？为什么？
7. 简要分析透明转发器的功率掠夺效应。
8. 简要分析对抗无意干扰和恶意干扰措施的区别。
9. 透明转发器的抗干扰措施主要有哪些？
10. 处理转发器的抗干扰措施主要有哪些？
11. 简要分析透明转发器抗干扰措施和处理转发器抗干扰措施的区别。
12. 试阐述采用高频段能够提高卫星通信抗干扰能力的原因。
13. 如何利用 STK 开展对卫星链路的干扰仿真？

# 第 9 章
# 卫星激光通信

随着信息和空间技术的发展，各种宽带业务不断涌现，信息传输量呈指数级增长。卫星激光通信技术采用频谱资源更加丰富的光波取代传统微波作为信息传输载体，成为解决卫星微波通信带宽瓶颈、缓减卫星频谱资源紧张的有效手段。卫星激光通信技术具有传输速率快、抗干扰能力强、安全保密性高等优势，且终端体积小、质量小、功耗低，能够应用于星座星间组网、星地高速通信等多种场景，成为未来卫星通信链路的发展趋势之一，引发业界研究热潮。

本章首先介绍卫星激光通信的概念、特点、发展历程及组成，梳理卫星激光通信中用到的光学组件，分析卫星激光通信主要关键技术，包括光调制、光接收技术以及瞄准、捕获和跟踪技术等，然后结合 STK 开展卫星激光通信的仿真，设计卫星激光通信仿真实例。

## 9.1 基本情况

### 9.1.1 卫星激光通信的概念与特点

卫星激光通信是一种利用激光作为信息载体（载波）实现卫星通信的技术手段。可以分为星间、星地、星空等多种类型。

目前，卫星激光通信链路主要包括静止轨道 GEO 卫星之间、低轨道 LEO 卫星之间、GEO 卫星和 LEO 卫星之间、GEO 卫星到地面、LEO 卫星到地面等。卫星激光通信系统主要由信源、电光调制模块、光发射天线、空间光信道、光接收天线以及信号处理模块等部分组成，图 9-1 给出了其原理框图。与光纤通信技术相比，其主要区别在于空间光信道，由于卫星激光通信系统通信距离远，容易受到卫星振动等因素的影响，需要采用精确的瞄准、捕获和跟踪（Pointing Acquisition and Tracking，PAT）控制及光放大、功率控制等技术。

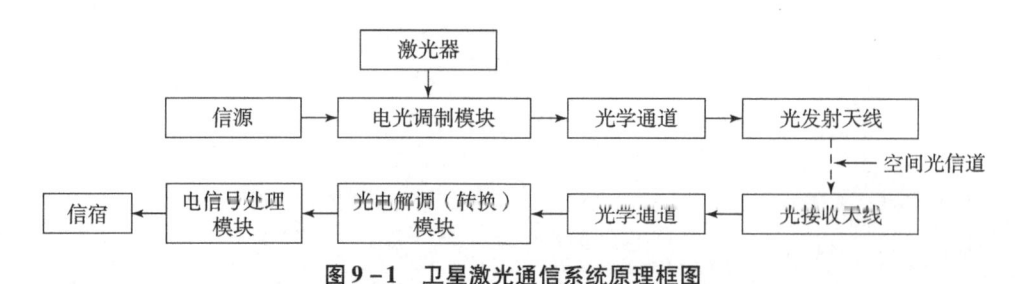

**图 9-1 卫星激光通信系统原理框图**

在卫星通信中，使用激光与使用微波相比，具有以下优点：

① 激光频率高,便于获得更高的数据传输速率。
② 激光的方向性强,能大大增加接收端的信号能量密度,为减少系统的重量和功耗提供了条件。
③ 激光的抗电磁干扰能力强。
④ 使用激光通信不需要申请无线信号频率使用许可。

由于卫星激光通信需要高精度的 PAT 技术完成建链,系统更为复杂,并且卫星所处的空间环境要求光学器件具备更高的可靠性,这些都给实现卫星激光通信带来了一定的困难。近年来,随着光电子、精密制造等技术的发展,卫星激光通信成为研究热点,并逐步走向实用。

### 9.1.2 卫星激光通信的发展

20 世纪 70 年代,以美、欧、日为代表的国家和地区就开始对卫星激光通信技术展开理论研究和关键技术攻关。研究内容涉及激光在大气中的传输特性、大气湍流对激光信号传输的影响、高精度跟瞄技术等。

20 世纪 90 年代以来,美国国家航空航天局(National Aeronautics and Space Administration,NASA)、欧洲航天局(European Space Agency,ESA)、日本宇宙航空研究开发机构(Japan Aerospace Exploration Agency,JAXA)等空间研究机构,开始卫星激光通信在轨技术验证。它们制定了多项星地、星间及深空激光通信技术发展和演示验证计划,研制了不同系列的激光通信终端。

欧洲航天局(ESA)的半导体激光星间链路实验(Semiconductor Laser Intersatellite Link Experiment,SILEX)计划是早期卫星激光通信试验的代表。SILEX 计划的两个激光通信终端分别搭载在法国近地轨道对地观测卫星斯波特 – 4(SPOT – 4)和地球静止轨道的欧洲通信卫星阿特米斯(ARTEMIS)上,如图 9 – 2 所示。SPOT – 4 卫星于 1998 年成功发射入轨,ARTEMIS 卫星在 2001 年发射。2001 年 11 月,ARTEMIS 卫星成功同距离 40 000 km 外的 SPOT – 4 之间建立激光链路,回传 SPOT – 4 的侦察图片,成为人类历史上首次在太空建立的激光通信链路,实现了返向数据速率 50 Mb/s,前向数据速率 2 Mb/s。

图 9 – 2 SILEX 卫星激光通信实验

在 SILEX 计划的基础上，ESA 合约单位 Tesat 公司开发了基于相干光通信的激光通信终端，使用波长 1 064 nm 的钇铝石榴石晶体（Nd:YAG）固体激光器作为光源，采用二进制相移键控（BPSK）调制和相干零差检测方式，最大调制速率可达 8 Gb/s，质量不超过 30 kg。在德国航天局的支持下，搭载该终端的美国近场红外试验卫星（NFIRE，2007 年 4 月发射入轨）和德国 X 频段陆地合成孔径雷达卫星（TerraSAR - X，2007 年 6 月发射入轨），于 2008 年进行了星间激光通信试验，数据速率达到 5.8 Gb/s，最远通信距离可达 6 000 km。之后，该终端的升级版搭载到了欧洲数据中继系统（European Data Relay System，EDRS）卫星上（图 9 - 3）。2016 年 1 月，EDRS 的首个激光通信中继节点 EDRS-A，作为载荷搭载在欧洲商业通信卫星 Eutelsat9B 上进入地球静止轨道，其星间激光传输数据速率最高为 1.8 Gb/s，通信距离可达 45 000 km。EDRS 的第二个节点卫星 EDRS-C 已于 2019 年 8 月发射入轨，预计 2025 年第三颗卫星 EDRS-D 发射后，EDRS 将扩展成为全球覆盖系统。

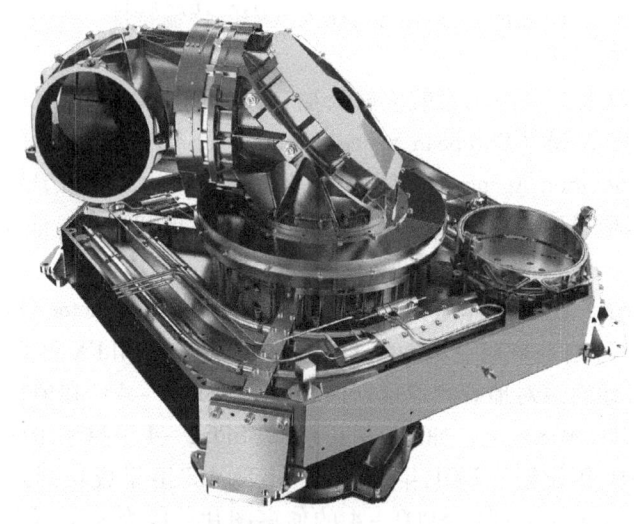

图 9 - 3　欧洲数据中继系统（EDRS）搭载的激光通信载荷

美国前期卫星激光通信试验的重点是星地通信。2001 年，依托麻省理工学院的激光通信终端，"同步轨道轻量技术试验"（GeoLITE）项目成功进行了 GEO 卫星与地面之间的激光通信试验，数据传输速率大于 1 Gb/s。2013 年，美国成功进行了"月球激光通信演示验证"（LLCD）项目，完成月地距离双向光通信试验，实现下行传输数据速率 622 Mb/s，上行传输数据速率 20 Mb/s。2021 年，NASA 开始开展激光通信中继演示验证（Laser Communications Relay Demonstration，LCRD）计划，目的是验证空间激光通信链路与网络技术，是建立美国下一代跟踪与数据中继卫星（Tracking and Data Relay Satellites，TDRS）激光通信与网络的重要参照。美国太空探索技术公司（SpaceX）正在建设的"星链"（Starlink）低轨卫星星座也采用激光星间链路。除此之外，美国还在推动实现星地通信的太字节红外传输（TeraByte InfraRed Delivery，TBIRD）计划、深空光通信（Deep Space Optical Communications，DSOC）计划等卫星激光通信试验项目。

日本在 1995 年 6 月利用 ETS - Ⅵ卫星上的光通信终端（Laser Communication Equipment，LCE）首次成功进行了星地光通信试验，数据传输速率为 1.024 Mb/s，传输距离为 32 000 km。2005 年，日本的 OICETS（Optical Inter - orbit Communications Engineering Test Satellite）低轨

卫星成功与欧洲的 ARTEMIS 卫星建立了星间光通信链路。2006 年 3 月，OICETS 卫星成功与地面站进行了星地激光通信试验。2020 年 11 月，搭载有星间光通信系统载荷的日本数据中继卫星系统 -1（Japanese Data Relay System，JDRS-1）发射升空，星间激光链路传输速率可达 1.8 Gb/s。

我国从 20 世纪 90 年代开始发展卫星激光通信技术，经历了从概念研究到空间试验的过程。中国航天科技集团公司、哈尔滨工业大学、长春理工大学、电子科技大学、中国科学院、中国电子科技集团公司等多家科研单位都开展了卫星激光通信技术研究。从 2011 年起，海洋二号、墨子号、天宫二号、实践十三、实践二十等多颗卫星纷纷搭载激光通信终端进行技术验证，验证了 LEO 对地、GEO 对地、空间站对地等不同轨道对地激光通信性能，涉及非相干和相干（BPSK、DPSK、QPSK）多种激光通信体制。航天科工集团"行云"星座成功验证了不同轨位星间激光通信，天地一体化信息网络任务拟以激光通信为链路，实现多轨位、多体制、多速率、多链路融合的一体化立体激光通信网络。

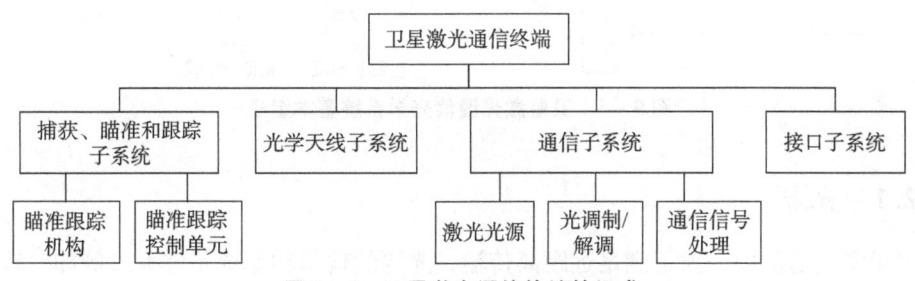

### 9.1.3 卫星激光通信终端的组成

卫星激光通信系统主要由一对激光通信终端组成。卫星激光通信终端是光、机、电以及卫星平台技术的综合体。如图 9-4 所示，从功能上划分，卫星激光通信终端主要包括 PAT 子系统、光学天线子系统、通信子系统和接口子系统等部分。

图 9-4 卫星激光通信终端的组成

捕获、瞄准和跟踪（PAT）子系统主要包括瞄准跟踪机构和瞄准跟踪控制单元。瞄准跟踪机构包括电磁转镜、转台、轴承（轴系）、角编码器、驱动电动机、支撑架等设备。瞄准跟踪控制单元主要包括粗瞄检测器、精瞄检测器和捕获跟踪控制电路。

光学天线子系统主要包括光学主天线、粗捕获光路、精捕获光路和通信光路，主要完成光信号的准直、发射、接收、相干混频等功能。

通信子系统主要由激光光源、光调制/解调和通信信号处理等部分组成，主要完成高码率的电信号调制与驱动、光信号发射、高灵敏度的光信号检测解调与基带再生等功能。

卫星激光通信终端通过接口子系统从卫星平台获取建立激光链路的指令和相关参数、待发送的电信号、遥测参数，将接收恢复后的电信号回传，并接入电源、热控等平台公共系统。

按照是否直接参与处理光信号，卫星激光通信终端的部件又可以分为光学组件和非光学组件两类。其中，光学组件所构成的光学系统是卫星激光通信终端的主体部分，主要作用是在发送端产生光信号，并将光信号有效地发送到接收机，然后在接收端接收发射机传来的光信号，并完成光信号解调。

本章后续将介绍卫星激光通信终端中所涉及的主要光学组件、激光通信技术和 PAT 技术。

## 9.2 卫星激光通信光学组件

卫星激光通信光学系统可以分为发射光学子系统和接收光学子系统，如图 9-5 所示。发射光学子系统主要由激光器、光调制器、精瞄镜及发射光学天线等组成；接收光学子系统主要由接收光学天线、光检测器、分光镜及滤光元件等组成。下面介绍其中主要的光学组件。

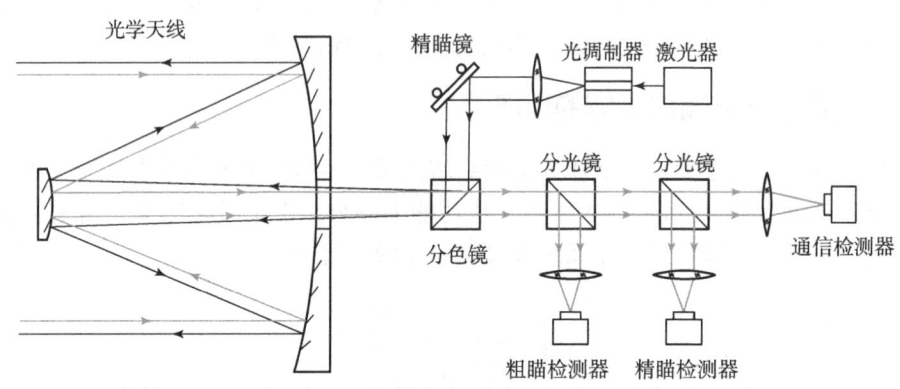

图 9-5 卫星激光通信光学系统基本组成

### 9.2.1 光源

在卫星激光通信中，为了满足远距离传输，光源的输出功率要足够大。例如，轨道卫星间的距离一般为几千千米至几万千米，传输过程中，信号衰减将高达 $10^9$ 量级，如果在低轨卫星上发射 1 W 的光信号，到达地球静止轨道上的卫星将衰减到 1 nW。所以，要建立可靠的星间激光通信链路，必须要求光源的功率足够大。除此之外，卫星激光通信还要求激光器线宽窄、相干性好，并且具有易调制、调制速率高、寿命长的特性。下面介绍卫星激光通信中常用的光源类型。

**1. 半导体激光器**

半导体激光器体积小，具有较高的转换效率、结构简单、可直接调制等优点，因此成为卫星激光通信光源的重要候选。早期验证的星间和星地卫星激光通信多采用工作波长 800 nm 左右的半导体激光器，该波段的技术相对成熟、器件性能可靠、成本较低，但激光器及检测器带宽有限。目前，越来越多的卫星激光通信系统采用 1 550 nm 波段的半导体激光器，可以充分利用 1 550 nm 激光高带宽组件，并可以应用地面光纤通信成熟技术，数据传输速率可达数十吉比特级。另外，半导体激光器的输出功率和调制速率之间通常是矛盾的，为此，可在 1 550 nm 半导体激光器后加光放大器，对已调制的信号进行放大，从而获得高速率大功率激光输出。

## 2. Nd:YAG 固体激光器

钇铝石榴石晶体（Nd:YAG）固体激光器的工作波长为 1 064 nm，属四能级系统，具有量子效率高、受激辐射截面大的优点，而且钇铝石榴石晶体具有较高的热导率，易于散热，因此 Nd:YAG 激光器不仅可以单次脉冲运转，还可用于高重复频率或连续运转。目前，Nd:YAG 连续激光器的最大输出功率已达千瓦级。Nd:YAG 激光器的输出功率比较高，因此它要求使用高功率的调制器来保证波形质量。

## 3. $CO_2$ 激光器

$CO_2$ 激光器是一种气体激光器，其工作波长分别为 10.6 μm 和 9.6 μm。这种激光器工作于单模模式，具有很高的光频稳定度（$10^{-12}$）。其发出的光束不仅具有很好的大气透过性，能实现远距离的大气传输，而且具有很好的相干性。$CO_2$ 激光器因其能量转换效率高、光束质量好、功率范围大、能连续输出又能脉冲输出、运行费用低等众多优点而成为气体激光器中重要的、用途广泛的激光器。随着光电子技术的不断发展，新技术和新结构的不断出现，体积更小、功率更高、光束质量更好、成本更低的各种类型 $CO_2$ 激光器正在开发之中。$CO_2$ 激光器在星－地相干光通信系统中具有重要的应用价值。

## 4. 光纤激光器

由于光纤激光器具有散热效果好、结构紧凑、调谐范围宽等特点，目前已在光通信、光传感及很多其他领域得到了广泛应用。如果在激光腔中增加一些选频器件，仅仅只让一个纵模起振，就可以实现单频激光输出。单频光纤激光器光谱线宽很窄，具有很好的时间相干性，特别适用于相干型的通信或传感系统。光纤激光器按照谐振腔结构，总体可分为线形腔、环形腔和复合腔。复合腔结构是由线形腔、环形腔和其他一些结构复合而成的。

### 9.2.2 调制器

调制器利用电光、声光、磁光等物理效应使其输出光的强度、相位等参数随信号而变。下面介绍两种常用调制器：电光相位调制器和电吸收调制器。

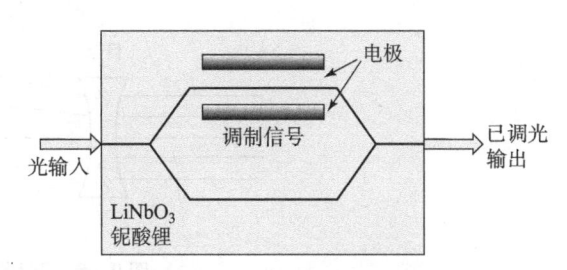

#### 1. 电光相位调制器

电光相位调制器也称为马赫－曾德尔（M－Z型）调制器，是利用铌酸锂晶体的电光效应制成的，如图 9－6 所示。利用该效应，当把电压加到晶体上的时候，晶体的折射率会发生变化，从而通过晶体的光波相位产生改变。调制器是由一个 Y 型分路器、两个相位调制器和一个 Y 型合路器组成的。

图 9－6 电光相位调制器

输入光信号被 Y 型分路器分成完全相同的两部分，两个部分之一受到相位调制，然后两部分再由 Y 型合路器耦合起来。按照信号之间的相位差，两路信号在 Y 型合路器的输出产生相消和相长干涉，再输出就得到了"通"和"断"的信号。

**2. 电吸收调制器**

电吸收调制器是很有应用前景的调制器，不仅具有低的驱动电压和低的调制啁啾，而且还可以与半导体激光器单片集成，如图9-7所示。通常情况下，电吸收调制器对发送波长是透明的，一旦加上反向偏压，吸收波长向长波长移动，从而可以产生光吸收。利用这种效应，在调制区加上0 V到负压之间的调制信号，就能对半导体激光器产生的光输出进行强度调制。

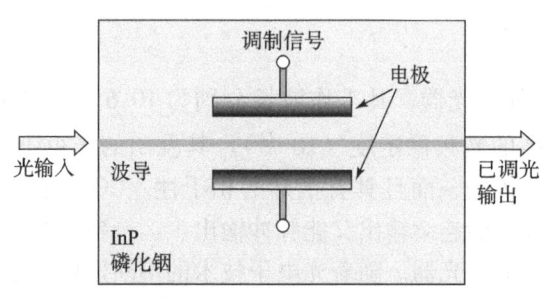

图9-7 电吸收调制器

### 9.2.3 光学天线

卫星激光通信系统中，光学天线的设计是关键技术之一。在发射端，光学天线要实现精确的光束控制，产生优质的传输和对准光束；在接收端，光学天线负责收集接收到的光信号，并汇聚到检测器上。光学天线既要完成发射功能，也要实现接收功能。卫星激光通信系统的光学天线通常采用天文望远系统结构，可以分为透射式光学天线和反射式光学天线两类。常用的反射式光学天线包括同轴反射式和离轴反射式两种。

**1. 透射式光学天线**

透射式光学天线由一组透镜构成，按照基础结构，可以分为伽利略型和开普勒型两种。

（1）伽利略型

伽利略型光学天线的基本原理如图9-8所示，天线由正光焦度的物镜和负光焦度的目镜组成。系统结构简单，可以避免反射面产生的光能量损失，并且两镜具有共虚焦点，可避免采用正透镜汇聚而引起的强光效应和对目镜的破坏。

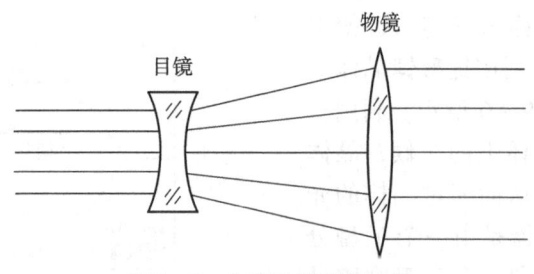

图9-8 伽利略型光学天线

（2）开普勒型

开普勒型光学天线的基本原理如图9-9所示，由具有正光焦度的物镜和目镜组成。其中，两镜中间存在聚焦点，可以通过放置小孔光阑，使光束中高斯型光强分布的峰值部分通过，从而消除杂散光。不过，透镜汇聚引起的强光效应可能对光学系统造成破坏。

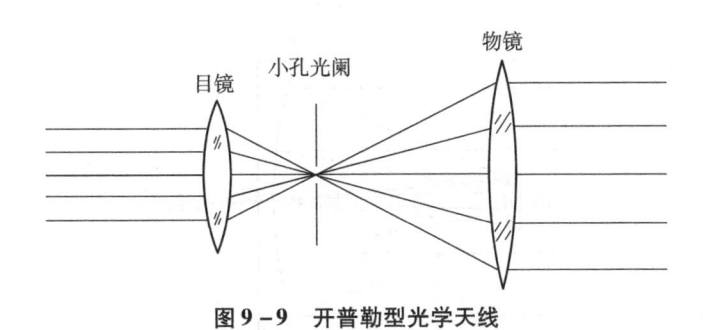

图 9-9　开普勒型光学天线

透射式光学天线的优点是制作简单，缺点是口径不能太大，大口径物镜的制造工艺和玻璃熔炼较困难，并且装配后其面型的精度也难以保证。

**2. 同轴反射式光学天线**

同轴反射式光学天线主要有格里高利型、牛顿型和卡塞格伦型三种形式。
（1）格里高利型

格里高利型光学天线于1663年由英国物理学家和天文学家格里高利发明。如图9-10所示，它由抛物面主镜、位于主镜焦点之外的旋转椭球面次镜和透镜构成，其抛物面主镜焦点和椭球面次镜的一个焦点重合，成像于主镜前方的远侧焦点处。该天线不存在球差，但是轴向尺寸过大。

（2）牛顿型

牛顿型光学天线如图9-11所示，由抛物面主镜、与光轴成45°夹角的平面反射次镜和准直透镜组成。该天线的像平面被引出光路，因此便于在光路中安置滤光片、光电检测器和光阑等组件。该天线的主要问题是彗差比较严重。

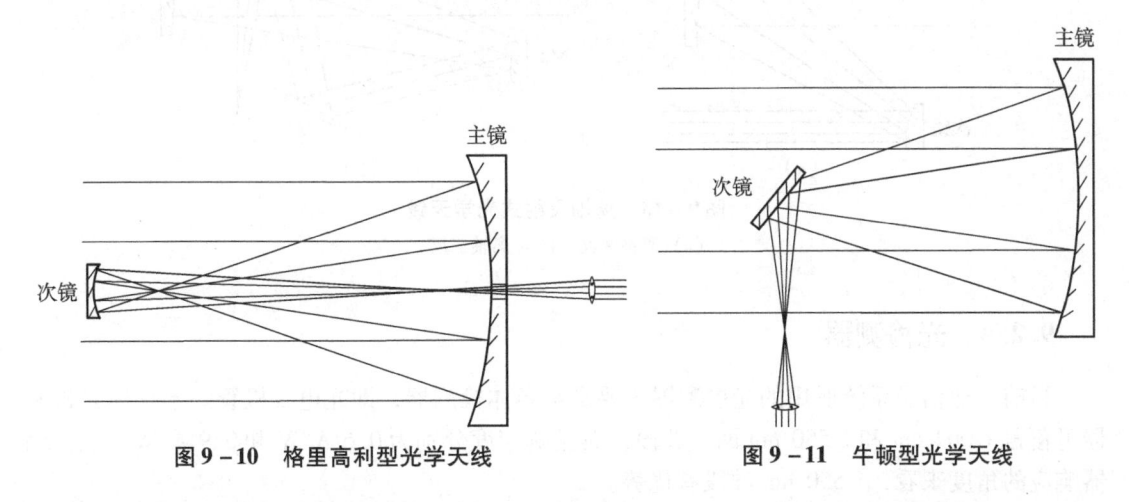

图 9-10　格里高利型光学天线　　　　图 9-11　牛顿型光学天线

（3）卡塞格伦型光学天线

卡塞格伦型光学天线如图9-12所示，由焦点重合的抛物面主镜和双曲面次镜组成，这两个非球面的焦点重合。该天线的优点是像质好、结构简单并且加工制造工艺成熟。经过长时间的发展，还产生了许多改进形式，在卫星激光通信系统中应用较多。

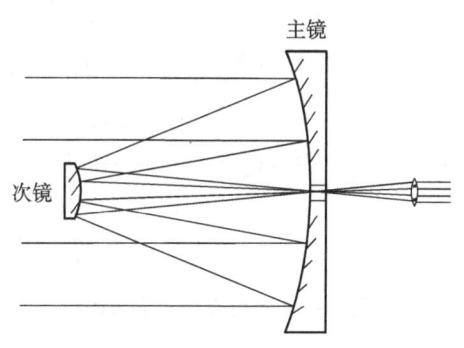

图 9 – 12　卡塞格伦型光学天线

卡塞格伦型光学天线最大的缺点是存在中心遮拦，不仅会大幅降低发射效率，还会损失一部分接收的能量。

**3. 离轴反射式光学天线**

离轴反射式光学天线由抛物镜和平面折叠镜组成，主要可分为离轴两反和离轴三反两种，基本原理如图 9 – 13 所示。离轴反射结构由于没有次镜遮挡，收发效率很高，中心视场像质好，并且抛物镜对于中心视场有聚焦作用，从而没有色差，对不同波段的实用性都很强。但是三反结构装调和加工都比较困难。

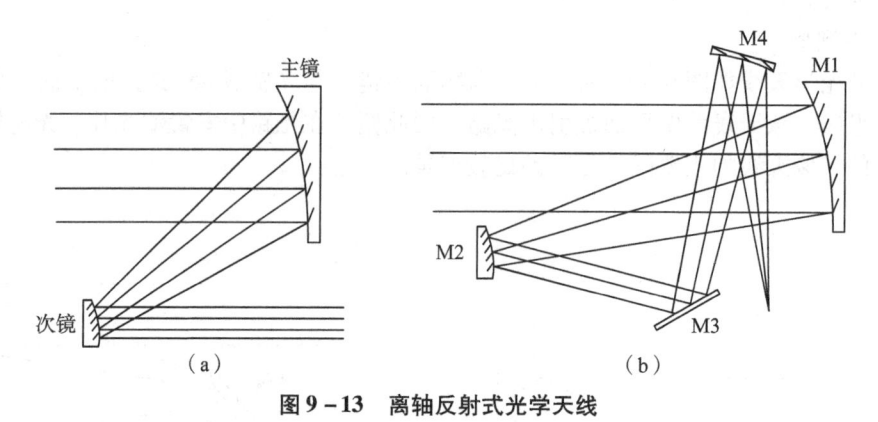

图 9 – 13　离轴反射式光学天线
（a）离轴两反；（b）离轴三反

### 9.2.4　光检测器

目前，通信子系统所用的光检测器主要是半导体检测器，即光电二极管。半导体光检测器可覆盖 1 064 nm 和 1 550 nm 两个波段，典型响应度分别为 0.6 A/W 和 0.9 A/W。从检测器响应的角度来看，1 550 nm 波段有优势。

在 PAT 技术中用来实现目标捕获和跟瞄的光检测器件大致有三种，即 PSD（Position Sensitive Devices）、QD（Quadrant Detector）和 CCD（Charge – Coupled Device）。在这些检测

器之中，最简单、最常用的是 QD。

对于深空激光通信地面站，超导纳米线阵列是目前单光子探测技术的研究热点。例如美国 LLCD 和 DSOC 项目均采用超导纳米线阵列单光子探测。此外，对于实现超高灵敏度接收，还可以采用相位敏感放大（Phase Sensitive Amplification，PSA）技术实现理论极限噪声系数 0 dB 的光放大，后端不需要单光子检测器，使用常规光电检测器即可。

## 9.3 激光通信技术

### 9.3.1 光的调制

把信息加到激光上，使激光光波的某些特性按电信号而变化的过程就是光的调制。激光光波可以被调制的参数包括强度（幅度）、相位、频率等。其中强度调制和相位调制在卫星激光通信中较为常用。

光的调制既可以通过信息流直接控制光源的驱动电流来改变输出光功率，也可以使用光源外部专门的调制机制来实现。这两种调制方式分别称为直接调制和间接调制，也称为内调制和外调制。

如图 9-14 所示，直接调制方法是把要传送的信息转变为驱动电流信号注入半导体光源，利用光源的输出光功率随注入电流的变化而变化的特点，使输出的光信号在时间上随电信号变化。直接调制实现相对简单，是一种基础调制方式，仅能够完成强度调制。

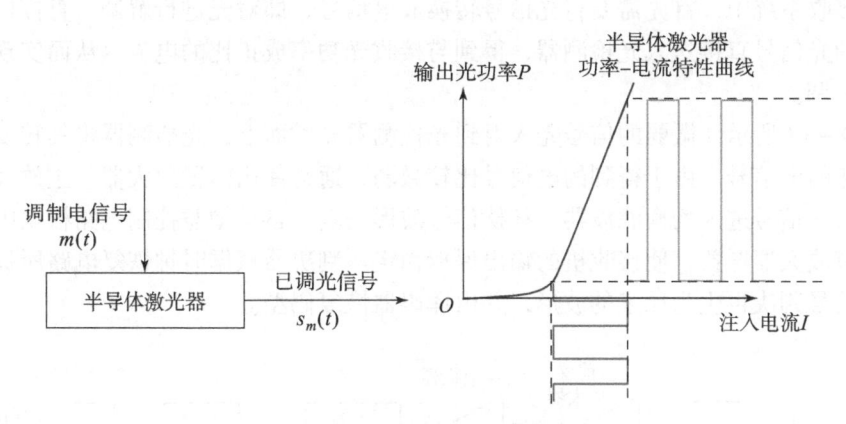

图 9-14 激光器直接调制原理

间接调制方法是通过外部调制器来完成光源参数的调制过程，如图 9-15 所示。其既适用于半导体光源，也适用于其他类型的光源。虽然引入调制器增加了系统复杂度，但是外部调制能避免产生额外的光谱展宽，而且不仅适用于强度调制，还可以实现相位调制。

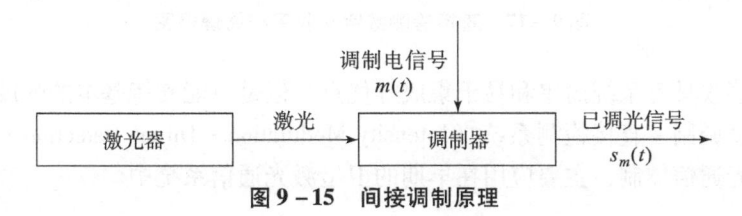

图 9-15 间接调制原理

基于外部调制器，还可以完成高阶光调制。高阶调制技术可以使1个符号携带多位信息，由于符号速率往往受限于系统光谱宽度，因此在有限的光谱宽度上可以获得更高的传输速率。在卫星激光通信中，QPSK 就是一种典型的高阶调制。QPSK 可以采用如图 9-16 所示的 IQ 调制来实现。其中，I 表示 In-phase，是同相或实部，Q 表示 Quadrature，是正交相位或虚部。输入信号被平分为两路，每一路都通过一个 M-Z 型相位调制器（分别记为 MZM1 和 MZM2）。其中一路信号经过 90°移相后与另一路相加，通过干涉效应，得到的信号再结合后形成 QPSK 信号。卫星激光通信系统工作时，受震动、高低温、太空辐射等因素影响，以及卫星平台资源限制，要应用高阶调制技术，还需要应用窄线宽/高稳光源、高稳抗辐照调制/解调、星上高效信号处理等技术。

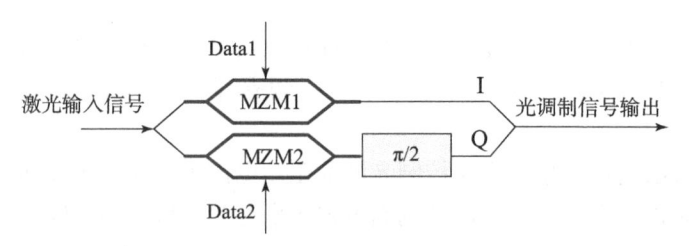

图 9-16　QPSK 信号的 IQ 调制原理

### 9.3.2　直接检测接收

在光接收系统中，首先需要将光信号转换成电信号，即对光进行解调。直接检测解调就是将收到的光信号直接送入光检测器，得到与接收光功率成正比的电流，从而实现强度调制光信号的解调。

如图 9-17 所示，微弱的信号光入射到光检测器光敏面上，光检测器将其转变为随光信号功率变化的电信号。由于得到的电信号比较微弱，通常使用前置放大器、主放大器两级放大。放大后的信号进入均衡滤波器，补偿信号波形失真。自动增益控制电路根据电信号的功率反馈调节放大器增益，使接收机的输出保持稳定。判决器根据时钟恢复电路所提取的定时信息，把信号判决再生为原来的波形，并由译码器恢复码型。

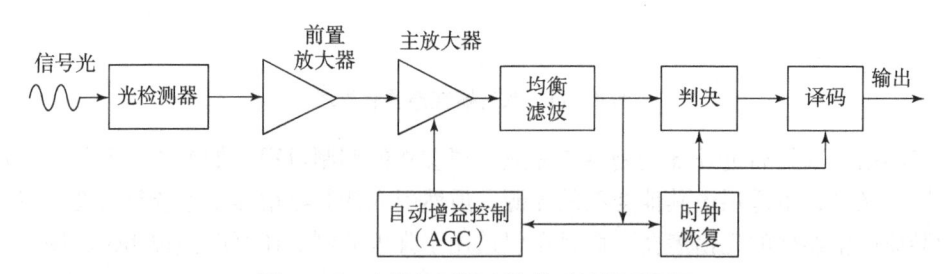

图 9-17　直接检测数字接收系统原理框图

直接检测接收具有系统简单和易于集成等优点，但是只能支持基本的强度调制，并且灵敏度不高。强度调制-直接检测系统（Intensity Modulation-Direct Detection，IM/DD）作为一种传统的激光通信体制，主要应用在早期的卫星激光通信系统中。

### 9.3.3 相干检测接收

相干检测接收是指首先将光学天线接收到的光信号与一个本振光信号进行相干混合,然后由检测器进行探测,再由放大和信号处理电路恢复出原始基带信号。相干检测接收的基本原理如图 9-18 所示。

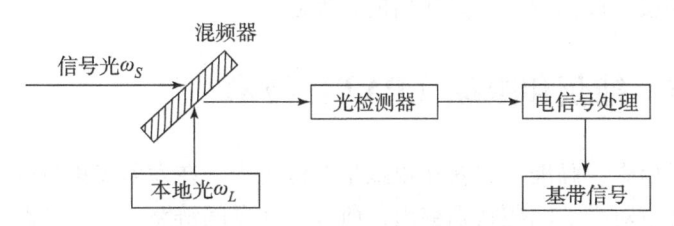

**图 9-18 相干光检测接收原理框图**

信号光场 $E_S$ 与本振光场 $E_L$ 可表示为:

$$E_S = A_S \exp[-j(\omega_S t + \varphi_S)] \tag{9.1}$$

$$E_L = A_L \exp[-j(\omega_L t + \varphi_L)] \tag{9.2}$$

式中,$A$、$\omega$、$\varphi$ 分别表示光信号的振幅、频率与相位。

在满足相干条件的情况下,信号光与本振光通过光混频器进行耦合,光信号的功率正比于电场强度的平方,可得:

$$P = k|E_S + E_L|^2 \tag{9.3}$$

从而信号光与本振光混频后,光功率可表示为:

$$P(t) = P_S + P_L + 2\sqrt{P_S P_L} \cos[\omega_{IF} t + (\varphi_S - \varphi_L)] \tag{9.4}$$

式中,$P_S = kA_S^2$,为信号光功率;$P_L = kA_L^2$,为本振光功率;$\omega_{IF} = \omega_S - \omega_L$,为信号光与本振光的频率差,是中频。

从式(9.4)中可以看出,中频信号功率分量带有信号光的幅度、频率或相位信息,在发射端,无论采取什么调制方式,都可以从中频功率分量反映出来。所以,相干光接收方式是适用于所有调制方式的通信体制。

根据本振光与信号光的频率是否相同,可以将相干检测进一步分为零差检测和外差检测。若 $\omega_S = \omega_L$,$\omega_{IF} = 0$,则称为零差检测;若 $\omega_{IF} \neq 0$,称为外差检测。

相干混频后的光信号进入响应度为 $R$ 的光检测器后,得到光电流,去除对信号解调没有作用的直流部分后,交流部分的振幅为:

$$I_P(t) = 2R\sqrt{P_S P_L} \tag{9.5}$$

而如果采用直接检测接收,光电流功率为:

$$I_{DD} = RP_S \tag{9.6}$$

一般来说,本振光功率远大于信号光功率,因此相干零差检测可以大幅提高接收灵敏度。零差检测要求本振光和接收光频率完全相同,因此实现难度较高。外差检测方式不需要相位锁定,实现相对简单,但是在相同的通信速率下,外差检测方式的信噪比比零差检测方式的低 3 dB。

卫星激光通信中,信号放大只能在收发两端完成,中途进行光中继放大不可能实施,因此采用相干检测接收提高接收灵敏度成为提高传输距离和传输容量的有效途径。

虽然同直接检测接收相比，相干检测接收额外增加一套本振光路，需要配备窄线宽的本振激光器以及光混频器等新的光器件，还涉及相位锁定、模式匹配等问题，技术实现复杂，但是相干检测引入严格的空间模式匹配，能够有效地抑制杂散光，可不借助滤光片直接工作在近太阳视场，而且光锁相环可补偿因卫星高速运动带来的多普勒频移，再加上高灵敏度特性，使得相干检测接收成为卫星激光通信的发展趋势。

## 9.4 瞄准、捕获和跟踪（PAT）技术

在卫星激光通信中，瞄准、捕获和跟踪是关键技术。在发射光束发散角很小、传输距离很长的情况下，光束对准的问题特别突出，所以，在星间链路、星地链路等长距离卫星激光通信系统中，PAT成为整个系统设计的重要方面。例如，从高度为 22 000 km 的卫星上向地面发出一个光束，光束的发散角为 50 $\mu$rad，则光束到达地面时，覆盖范围仅为 1 km，表示该光束发射时必须精确对准地面上的接收机，对准误差不能超过 25 $\mu$rad。

### 9.4.1 PAT 系统基本结构与工作过程

在卫星激光通信系统中，瞄准（pointing）是指控制激光通信终端的发射光束（或接收朝向）对准某一方向，主要涉及预瞄准和超前瞄准两方面；捕获（acquisition）是指激光通信终端在光路开环的状态下，通过扫描补偿不确定区域，实现光信号的准确、有效送达；跟踪（tracking）是指两个激光通信终端完成捕获后，为补偿相对运动、平台振动和其他干扰，保持两终端光束精确对准的过程。

比较典型的 PAT 子系统包括粗瞄模块、精瞄模块和提前瞄准模块三部分，如图 9 – 19 所示。粗瞄模块包括光学天线转台、粗瞄控制器和粗瞄检测器，主要用于捕获和粗跟踪。精瞄模块包括精瞄镜、精瞄控制器和精瞄检测器。精瞄模块主要用于补偿粗瞄模块的瞄准误差及跟踪过程中星上振动的干扰。提前瞄准模块包括提前瞄准镜、提前瞄准控制器和提前瞄准检测器，主要用于补偿通信过程中在光束弛豫时间内所发生的卫星间的附加移动。提前瞄准检测器与精瞄检测器可以共用，也可以分离。

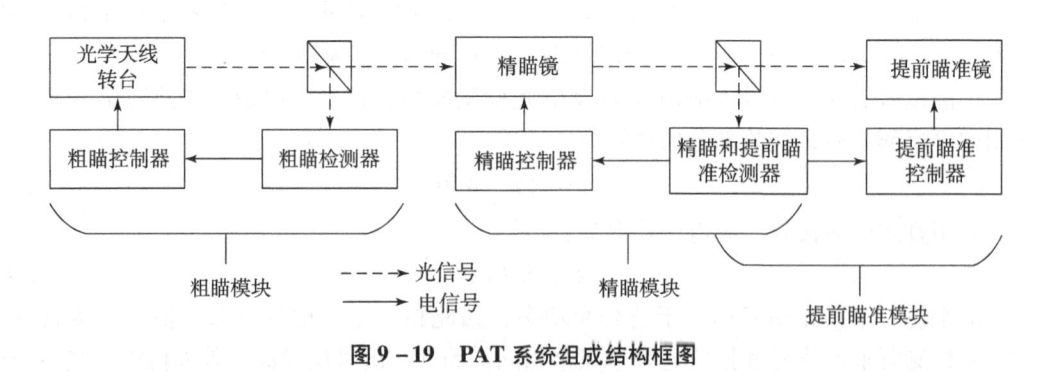

图 9 – 19 PAT 系统组成结构框图

下面简要介绍 PAT 典型工作流程。

首先是预瞄准过程，根据星历表轨道预报和姿态参数等计算出两终端的大致指向。预瞄

准不可避免地会存在一定的指向误差，产生一个不确定区域（Field of Uncertainty，FOU），终端需要在不确定区域内进行光束发送或接收视场的搜索，这就是捕获过程。

在捕获阶段，激光通信终端通过 PAT 控制系统驱动信标光按照一定方式扫描通信对端的 FOU，此时通信对端天线处于凝视等待状态。当通信对端被信标光照射到时，其粗瞄检测器上探测到信标光，然后检测器根据光斑位置给出误差信号，驱动捕获跟踪机构校正其天线指向，启动反馈信号光。激光通信终端探测到通信对端的反馈信号光，停止信标光，同时启动信号光，然后同样根据检测器上的光斑位置给出误差信号，驱动捕获跟踪机构调整其天线指向，将信号光发射到通信对端方向。此时两个激光通信终端都可以收到对方发来的光信号，从而实现光闭环，捕获结束。

为克服平台振动、相对运动和其他干扰带来的影响，根据测得的角度偏差和轨道姿态数据实时控制粗瞄准、精瞄准和提前瞄准模块，保持链路中两终端的对准状态。其中一个终端稳定跟踪上对方终端后，由于两终端相距很远且相对运动速度大，在光束的传播时间内，两终端相对运动的角度不能忽略，因此，在瞄准过程中，需采用超前瞄准来进行对发射光束的超前校正，以补偿相对运动引起的对准偏差，超前瞄准应该偏转的超前角可以根据星历表和运动速度等计算。

### 9.4.2 捕获扫描技术

在卫星激光通信中，根据是否采用激光束作为引导，有多种捕获方案，例如采用星体作为信标进行捕获，以及采用"信标光+星敏感器"捕获方案、"信标光+扫描"捕获方案等。其中，"信标光+扫描"方案使用最为广泛，通过采用比通信用信号光更宽的信标光对目标可能存在的区域（FOU）进行扫描或凝视（不确定区域小于信标光束散角时），来检测目标的回光信号，从而建立光链路。下面主要讨论该方案。

两卫星激光通信终端之间光链路的建立可通过不同的捕获模式来实现，需要通信双方互相配合、协同工作，通常一方为主动方，另一方为被动方。根据主动方光束发散角、被动方捕获检测器视场角和不确定区域之间的大小关系，捕获方式分为以下几种。

第一种是凝视/凝视方式。这种方式要求主动方的光束发散角和被动方捕获检测器视场角都大于不确定区域，在这种情况下，捕获过程可立即完成，捕获所需时间非常短。

第二种是凝视/扫描方式。当主动方光束发散角小于不确定区域而被动方捕获检测器视场大于不确定区域时，可采用此种方式。此时主动方利用光束在不确定区域内对被动方进行扫描捕获，被动方的捕获检测器对准主动方光束可能到达的方向凝视等待。

第三种是扫描/扫描方式。就是主动方的光束发散角和被动方捕获检测器视场角都小于不确定区域，因此通信双方都要在不确定区域内进行扫描，以捕获对方建立光链路。这种方式捕获时间较长，一般较少采用。

在直接采用信号光进行捕获的时候，其光束发散角一般情况下都是小于不确定区域的，而视场大于不确定区域的捕获检测器比较容易获得，因此这种凝视/扫描捕获方式应用最为广泛。

扫描方式有矩形扫描、螺旋扫描、矩形螺旋扫描、玫瑰扫描和李萨如扫描等，其中常用的扫描方式为矩形扫描、螺旋扫描和矩形螺旋扫描，如图 9-20 所示。

矩形扫描也称光栅扫描、弓形扫描等，就是对不确定区域进行逐行扫描，能够非常理想

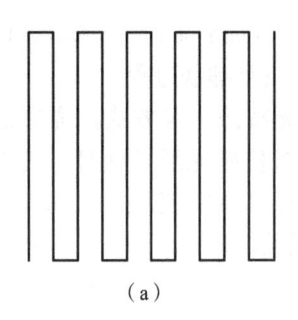

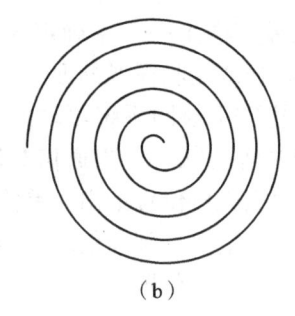

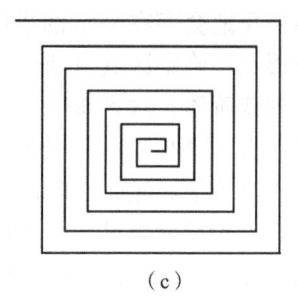

图 9-20 捕获扫描方式示意图

(a) 矩形扫描；(b) 螺旋扫描；(c) 矩形螺旋扫描

地对不确定区域进行覆盖，并且易于设计实现，但是它并不是从目标出现概率高的位置开始扫描的，而是对整个不确定区域同等看待，导致捕获效率低，而且对于圆形的不确定区域，矩形扫描在四周会增加额外的扫描时间。

螺旋扫描就是根据螺旋线的轨迹对不确定区域进行扫描，从目标出现概率最高的中心位置开始扫描，捕获效率高，并且扫描形状符合圆形的不确定区域，是应用最为广泛的一种扫描方式。缺点在于为了实现对不确定区域的完全覆盖，扫描间隔重叠度较大，从而损耗了一些扫描时间。

矩形螺旋扫描兼顾了矩形扫描覆盖理想和螺旋扫描捕获效率高的优点，但仍具有矩形扫描在四周增加额外扫描时间的缺点。

### 9.4.3 跟踪技术

在完成瞄准和捕获后，需要解决的问题就是将对面终端发射出的光束保持在检测器的视域范围内，需要将接收端光阑相对于入射光保持正确定向，这一过程即为跟踪过程。

跟踪过程是通过调整光学组件对探测到的即时瞄准角度误差进行补偿实现的。在信号光束被成功捕获之后，其光场应聚焦到捕获阵列的中心，而这一中心将被校准到位置误差传感器上。当聚焦光束偏离中心时，光检测器将产生误差信号。空间跟踪就是根据即时产生的误差信号对瞄准跟踪机构进行连续的重新调整而实现的。

跟踪系统通常对方位角和俯仰角两个方向分别进行闭环控制，位置传感器得到方位角和俯仰角两个角方向上的误差信号，通过这些误差信号对瞄准装置进行控制。一般采用分立的伺服环路对方位角和俯仰角分别进行控制。典型的环路控制函数采用低通积分滤波形式，以使误差信号平滑化。滤波器带宽必须足够宽，以使跟踪环路能够跟随预期的信号光束移动，同时还要使环路内的噪声最小化。根据卫星链路的不同情况和工作模式，光束跟踪可分为单向跟踪（链路光束开环）或双向跟踪（链路光束闭环）两种方式。

**1. 单向跟踪**

在卫星激光通信过程中，一个光终端按照预定输入的轨道参数调节跟瞄装置；另外一个终端按照实际测得的瞄准角度误差，通过控制系统对误差进行补偿。在单向跟踪过程中，要求对卫星轨道和姿态定位的计算非常精确。在精确定位的情况下，对跟瞄装置的控制精度要求较低，甚至只采用粗跟踪就可以达到跟踪精度的要求。但是由于空间环境、系统结果和轨道参数等复杂因素的影响，精确计算轨道参数难以达到。目前，部分星地激光链路采用了单向跟踪方式，但是其跟瞄精度和链路稳定性较差，受卫星平台性能限制较大，阻碍了通信数据率的提高和通信误码率的降低。

**2. 双向跟踪**

当卫星的轨道参数和姿态定位的精度较低，无法准确预测时，需要使用双向跟踪方式。双向光束跟踪是两个终端同时补偿接收到的瞄准角度误差，这种方法对光束偏差探测和粗精瞄准控制的要求相当高。实际在轨试验中，对轨道参数和姿态定位计算的随机影响因素较多，精确地定位几乎不能实现。所以，在卫星激光通信中，为了提高通信数据率和光通信的可靠性，采用双向跟踪方法是发展趋势。

## 9.5 卫星激光通信的 STK 仿真

STK 仿真软件能够提供的卫星激光通信方面的仿真比较少，选择光学天线后，可以开展简单的仿真。

新建 STK 场景后，通过弹出的"Insert STK Objects"窗口插入一个地球站。在地球站后插入"Attached Object"中的"Transmitter"。选择"Transmitter"，右击，选择"Properties"，在弹出的属性窗口中选择"Basic"→"Definition"，单击"Type"后的"…"按钮，弹出"Select Model"窗口，选择"Laser Transmitter Model"，如图 9-21 所示。

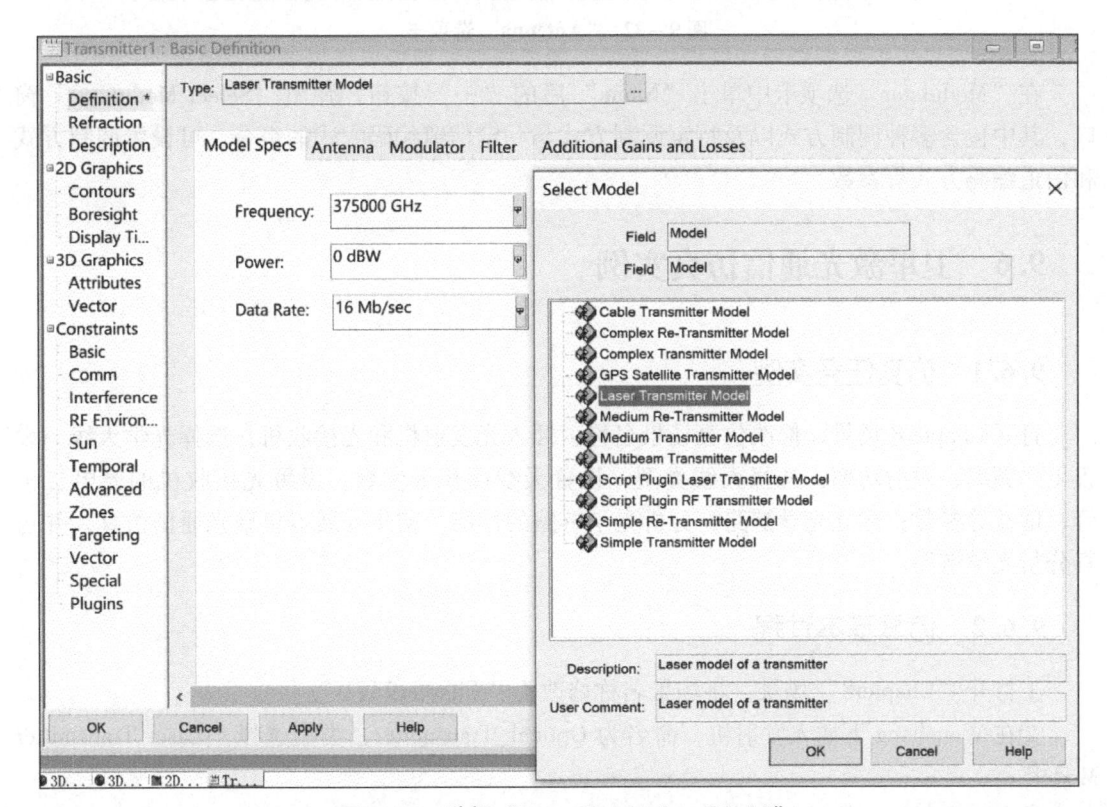

图 9-21 选择"Laser Transmitter Model"

在"Model Specs"选项卡中可以设置"Frequency""Power""Gain""Data Rate"等内容。

在"Antenna"选项卡中可以设置天线类型。单击"Type"后的"…"按钮，可以选择相应的类型，如图 9-22 所示。设置"Design Frequency"，可以勾选"Compute Gain"，设置"Area"和"Efficiency"，计算光学天线增益。

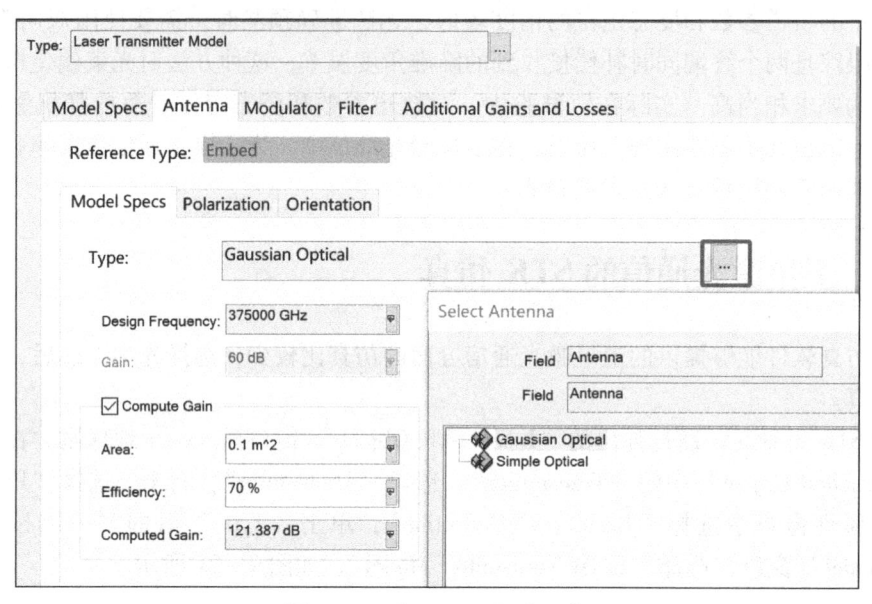

图 9-22 "Antenna"选项卡

在"Modulator"选项卡中单击"Name"后的"…"按钮，弹出"Select Modulator"窗口，其中包含多种调制方式以及特定调制方式与一定信道编码方式的组合，可设置调制方式和信道编码方式等参数。

## 9.6 卫星激光通信仿真实例

### 9.6.1 仿真任务实例

打开 Chapter8 场景，修改仿真场景名称，插入光发射机和光接收机，选择光学天线，设置工作频率、发射功率，选择天线类型，设置天线面积等参数；设置光接收机的光电二极管、增益等参数；建立光学链路，分析光学链路的性能。初步开展卫星激光通信仿真，并仿真分析光学链路。

### 9.6.2 仿真基本过程

①打开"Chapter8"场景，将场景名称修改为"Chapter9"；

②在 Wenchang 下插入发射机，命名为 Optical_Transmitter，类型选择"Laser Transmitter Model"；

③激光发射机工作波长为 1 550 nm，设置发射机的工作频率为 193 THz，发射功率为 2 W，Data Rate 为 10 Gb/s；

④设置天线类型，选择"Simple Optical"，设置天线面积为 0.16 m²，天线效率为 70%；

⑤在 GEO 下插入接收机，命名为 Optical_Recevier，选择"Laser Transmitter Model"；

⑥选择 APD Photodetector，设置相关参数：Gain 为 20 dB，Efficency 为 70%，Dark Current 为 1e-9A（1 nA），Noise Figure 为 3 dB，Noise 为 290 K，Load Impedance 为 1e4（10 kΩ）；

⑦设置天线类型，选择"Simple Optical"，天线增益为 110 dB；

⑧插入链路对象，命名为 WG，将 Wenchang 的光发射机、GEO 光接收机添加至链路中；

⑨查看光学链路 WG 的载噪比报告，保存场景。

## 9.7 本章资源

### 9.7.1 本章思维导图

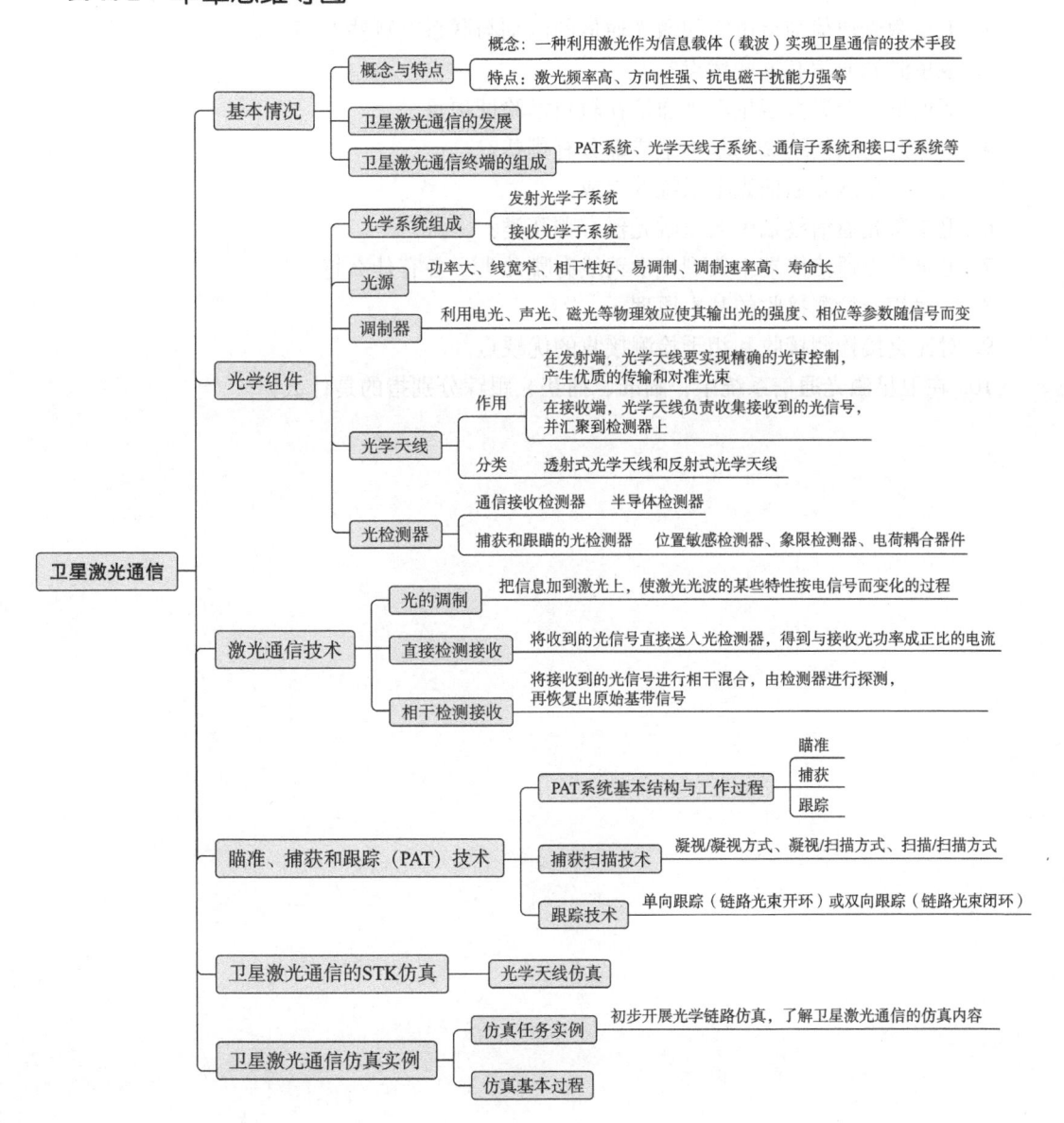

### 9.7.2 本章数字资源

本章课件　　　　练习题课件　　　　仿真实例操作视频　　　　仿真实例程序

## 习　　题

1. 卫星激光通信与自由空间激光通信的区别与联系有哪些？
2. 卫星激光通信有哪些优点？
3. 请列举三个典型卫星激光通信在轨技术验证项目。
4. 卫星激光通信终端的基本组成部分有哪些？
5. 简述卫星激光通信光学系统的组成。
6. 卫星激光通信终端中典型激光器有哪几类？
7. 卫星激光通信终端中典型光学天线有哪几类？各有什么特点？
8. 简述相干检测接收的基本原理。
9. 对比直接检测接收和相干检测接收的优缺点。
10. 在卫星激光通信系统中，瞄准、捕获、跟踪分别指的是什么？

# 第10章
# 卫星移动通信

社会的发展大大推动了移动通信业务的发展，人们对移动通信服务的依赖程度越来越高，同时要求也越来越高。20世纪80年代以来，全球的移动通信用户数以50%~60%的速率逐年增长，但是地球上仍有许多地面移动通信无法覆盖的区域，如空中、海上以及很多人烟稀少的地方。单纯依靠地面移动通信系统已然无法满足需求，发展卫星移动通信事业非常有必要。卫星通信具有覆盖面积大的优势，只需要三颗地球静止轨道通信卫星，便可完成除南北两极之外所有地区的移动通信服务，可以满足人们近距离和洲际通信的需求。如果采用中低轨道通信卫星，可以通过多颗卫星组成卫星移动通信系统实现全球覆盖，从而为全球用户提供移动通信服务。由于卫星通信的优点、成熟的技术、广泛的需求，卫星移动通信得到快速发展，并继续呈现出高速发展的态势。

本章阐述了卫星移动通信的基本概念、分类、特点及系统组成，介绍了ACeS系统、瑟拉亚、天通一号等静止轨道卫星移动通信系统，铱星、全球星等低轨卫星移动通信系统，Odyssey、ICO等中轨道卫星移动通信系统，并利用STK开展了卫星移动通信系统的仿真，设计卫星移动通信系统仿真实例。

## 10.1 基本情况

### 10.1.1 卫星移动通信简介

卫星移动通信是指通过人造地球卫星转接实现移动用户间或移动用户与固定用户间的相互通信。卫星移动通信能够为用户提供广覆盖、高质量的语音、短消息、传真和数据等服务。卫星移动通信充分发挥了卫星通信的优势和特点，不仅可以向人口密集的城市等地区提供移动通信，也可以向人口稀少的山区、海岛等地区提供移动通信，具有重要的军用和民用价值。

卫星移动通信系统从不同的角度有不同的分类。按卫星波束覆盖区域，可分为区域卫星移动通信系统和全球卫星移动通信系统。按服务对象，它可分为陆地卫星移动通信系统、航海卫星移动通信系统和航空卫星移动通信系统。按信息传输能力，可分为宽带系统和窄带系统，宽带系统一般工作于C、Ku、Ka等频段，地球站采用动中通技术，利用机械或电调方式，让用户地球站的天线始终对准卫星；窄带系统一般工作于UHF、L、S等频段，采用全向天线或定向天线，可以支持小型化的手持终端。按卫星运行的轨道，可分为静止轨道（GEO）卫星移动通信系统、中轨道（MEO）卫星移动通信系统与低轨道（LEO）卫星移动通信系统。

目前实现卫星移动通信服务的技术主要有两种：一种是借助GEO和大型可展开多波束

天线技术来实现全球性的移动通信；另外一种是借助 LEO 来实现全球性的移动通信。

GEO 与 LEO 两种卫星移动通信系统由于卫星轨道高度不同，卫星数量与质量方面存在较大的差异，两种系统有着不同的特点，见表 10 – 1。在传输性能上，GEO 的单跳传输时延可以达到 270 ms，实时性较差，并且传输过程中的传播损耗会很大，而 LEO 的传输时延为十毫秒量级，有很好的实时性，并且传输过程所产生的损耗小。在系统性能上，GEO 的系统建设相对来说较为简单，卫星相对地球静止，地面上的天线对星容易，不需要一些复杂的跟踪控制系统，而且单颗通信卫星覆盖范围大、过顶时间长，能够有效开展业务。而 LEO 系统复杂度较高，卫星与地面的相对运动速度快，需要完善的跟踪控制系统，需要多颗卫星组成星座，才能够实现提供全球移动通信服务的目的。在成本费用方面，GEO 的使用寿命较长，日常维护费用较低，有很高的性价比。LEO 系统中，每颗卫星造价低，发射方便且风险小，但是卫星数量多，系统研制、维护费用均有一定的复杂性，并且总体费用高于 GEO。总体而言，两种卫星移动通信系统各有其优势与不足，在使用时需要结合实际充分考虑，若要实现人口密集区域的移动通信服务，可以优先考虑使用 GEO 卫星移动通信系统，若要建立无缝覆盖的移动通信系统，可以考虑使用 LEO 卫星移动通信系统。

表 10 – 1　GEO 与 LEO 卫星移动通信系统的区别

| 卫星类型 | 代表系统 | 数量 | 质量 | 功率 | 时延 | 天线 | 建设周期 | 复杂度 | 过顶通信时间 |
|---|---|---|---|---|---|---|---|---|---|
| GEO 卫星 | 海事卫星、天通一号等 | 少 | 大 | 低 | 200 ms 级 | 大型 | 短 | 低 | 24 h |
| LEO 卫星 | 铱星、全球星等 | 多 | 相对小 | 高 | 10 ms 级 | 无须大型 | 长 | 高 | 十几分钟 |

### 10.1.2　卫星移动通信的特点

卫星移动通信相对于地面移动通信而言保持了卫星通信的一些优点，如通信容量大，卫星的容量目前最高超过 300 Gb/s，能为几万路语音及几百个视频信道提供服务；通信距离远，一颗静止轨道通信卫星为地面两点提供服务的最大通信距离约 18 000 km；传输质量高，由于卫星通信电波一般在大气层以外的宇宙空间传播，不像短波通信容易受到电离层的影响，受自然和环境的因素影响较小，因此信道条件比较好，传输质量高，卫星通信正常运转率达 99.8% 以上等。

卫星移动通信最大的特点是利用卫星通信的多址技术，为全球用户提供大范围、远距离的漫游和机动灵活的移动通信服务，是地面移动通信的有效补充，具有以下特点：

① 为实现全球覆盖，需要采用多种卫星系统。卫星移动通信能覆盖目前地面移动通信难以覆盖到的区域，如广阔的海洋、沙漠，覆盖区域内所有地球站均能进行相互通信。对于 GEO 系统，三颗卫星可以覆盖除南北两极之外的区域。要实现全球覆盖，可以采用中轨道和低轨道卫星，近年来 LEO 系统发展迅速。

② 卫星移动通信覆盖区域及大小与卫星的轨道倾角、轨道高度及卫星的数量有关，需要根据覆盖要求合理选择不同类型的卫星轨道。

③ 卫星移动通信用户多样，移动载体可以是飞行器、地面移动装备、海上移动载体和移

动单兵。移动用户在移动载体上集成了卫星通信系统，可实现载体在移动中的不间断通信，可实现"动中通"。

④卫星天线波束能够适应地面覆盖区域的变化保持指向，移动用户终端的天线波束能够随用户的移动而保持对卫星的指向，或者采用全方向性的天线波束。

⑤由于移动用户终端的 EIRP 有限，卫星转发器及星上天线需要专门设计，并采用多点波束技术和大功率技术来满足系统要求。

⑥由于移动用户的运动，当移动终端与卫星转发器间的链路受到阻挡时，会产生"阴影"效应，造成通信中断。卫星移动通信中，需要移动用户终端能够多星共视。

⑦移动终端的体积、功耗、重量需要进一步小型化，尤其是手持终端的要求更为严格。

⑧多颗卫星构成的卫星星座系统，需要建立星间通信链路，采用星上处理、星上交换等技术，或者需要建立具有交换和处理能力的信关站。

## 10.1.3 卫星移动通信系统组成

卫星移动通信系统一般包括空间段、地面段及用户段，如图 10-1 所示。空间段一般由多颗卫星组成，可以是地球静止轨道 GEO 通信卫星、中轨道 MEO 通信卫星或者低轨道 LEO 通信卫星，在用户与信关站之间起到中继作用。地面段主要包括信关站（Gateway）、卫星控制中心（Satellite Control Center，SCC）、网络控制中心（Network Control Center，NCC）等，信关站通过公共交换电话网（Public Switched Telephone Network，PSTN）与电信运营商互联。用户段主要由用户终端组成，包括移动终端及手持终端，可以是手持、便携、机载、船载、车载等。

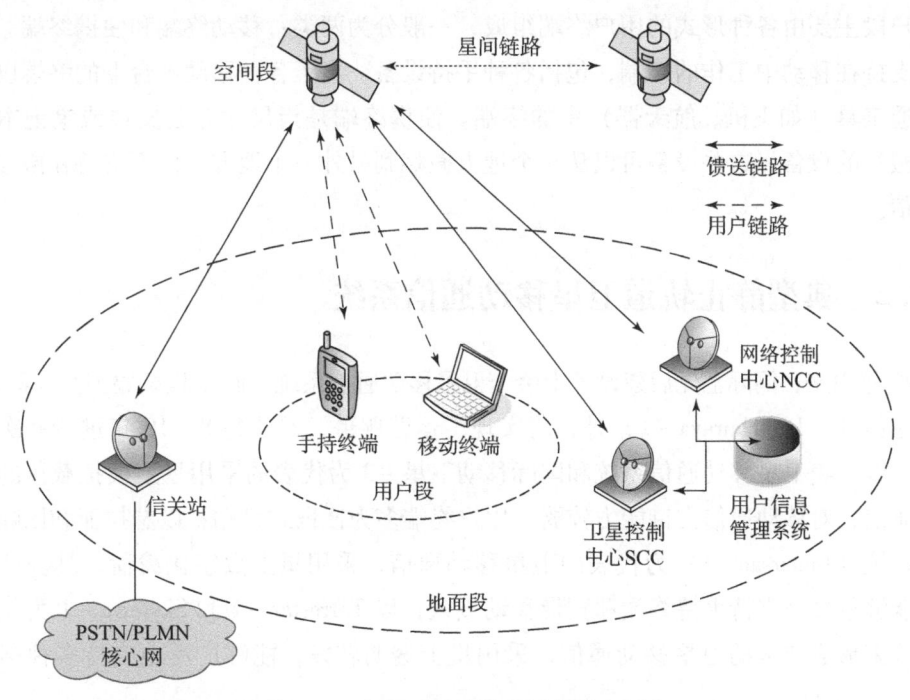

图 10-1 卫星移动通信系统的基本组成

空间段提供用户到用户或者用户到信关站之间的连接，由一颗或者多颗卫星构成，这些卫星可以具有不同的轨道参数，也可以分布在不同高度的轨道上。根据卫星移动通信系统的具体要求，空间段可以采用具有透明转发能力或者具有再处理能力的平台。卫星轨道参数通常是在系统设计之初根据指定覆盖区域的服务质量要求来确定的，可以采用多种设计方法，主要由轨道类型和星上有效载荷所采用的技术决定。作为空中的中继器，空间段中的卫星主要是接收上行信号并且传输到下行链路中，完成信号的放大、干扰抑制和频率变化等功能。在非静止轨道卫星通信系统中，同一地区的不同网络可以在不同的时间分享卫星资源，不同地区的不同网络也可以分享卫星资源。除了进行通信中继，空间段还可以进行资源管理和地址路由，也能通过星间链路实现空天网络的一体化。对于空间段智能化的探索，实现更多的功能是未来卫星移动通信领域的一个重要研究方向。

地面段的信关站是卫星移动通信系统的重要组成部分，是地面通信网络和卫星网络连接的固定接入点，完成卫星信号的接收和发送、协议转换、流量控制等功能，是地面网和卫星网用户之间通信的主体。一般情况下，一个信关站可以与指定的卫星点波束关联，多个信关站也可能位于单颗卫星的同一点波束中，因此信关站允许用户终端在特定的覆盖区域内接入地面网络。网络控制中心有时设置在具有重要地位的信关站内，有时独立成站，负责集中管理和协调信关站的工作，处理用户登记、身份确认、计费和其他的网络管理功能。对于简单的系统，用户数和卫星数少则无须复杂的网络控制中心，可以采用信关站处理系统的相关管理功能。卫星控制中心负责监视卫星的性能，控制通信卫星的轨道位置、姿态等，具体包括测距、分析轨道、模拟动态卫星、生成指令、支持在轨测试等功能。

用户段主要由各种形式的用户终端组成，一般分为两类：移动终端和便携终端。移动终端是指支持在移动中工作的终端，包括各种手持设备、置于各种移动平台上的终端以及置于各种交通工具（如飞机、航天器）中的终端。便携终端是指尺寸与公文包或笔记本电脑相当的可搬移的设备，这些设备可以从一个地方搬移到另外一个地方，但不支持在搬移过程中进行通信。

## 10.2 典型静止轨道卫星移动通信系统

1995 年以来，国际上先后建设了十余个卫星移动通信系统，除工程试验卫星 – 8（ETS – Ⅷ）和瑟拉亚 – 1（Thuraya – 1）外，均实现了运营服务，平均每 8 ~ 10 年进行一次技术更新换代。以北美卫星移动通信系统和国际移动卫星 – 3 为代表的采用星上模拟载荷的早期卫星移动通信，对移动通信支持能力较弱，用户终端多为便携式终端；以瑟拉亚和国际卫星移动通信系统（Inmarsat – 4）为代表的卫星移动通信，采用星上数字化载荷，具备处理交换能力，能够较好地支持手持终端和宽带移动接入；以 Terrestar – 1 和 Skyterra – 1 为代表的采用地基波束形成技术的卫星移动通信，采用星上透明转发，能够广泛地支持多种移动数据业务。

## 10.2.1　ACeS 系统

亚洲蜂窝卫星系统（Asian Cellular Satellite，ACeS）是印度尼西亚等国建立起来的覆盖东亚、东南亚和南亚的区域卫星移动通信系统，能够向亚洲地区的用户提供双模（卫星 – GSM）的语音、传真、低速数据、因特网服务以及全球漫游等业务。该系统由印尼、泰国和菲律宾的三家公司的国际财团开发，投资 10 亿美元。该系统的覆盖面积超过了 1 100 万平方英里①，覆盖区国家的总人口约为 30 亿，其中大多数尚未建立通信联系。第一颗卫星 Garuda – 1 由俄罗斯的质子火箭于 2000 年 2 月 12 日发射升空，定点在东经 123°的 GEO 轨道上，位于加里曼丹（即婆罗洲）上空。

ACeS 系统包括静止轨道通信卫星、卫星控制站（Satellite Control Facility，SCF）、网络控制中心（Network Control Center，NCC）、信关站和用户终端等部分，如图 10 – 2 所示。

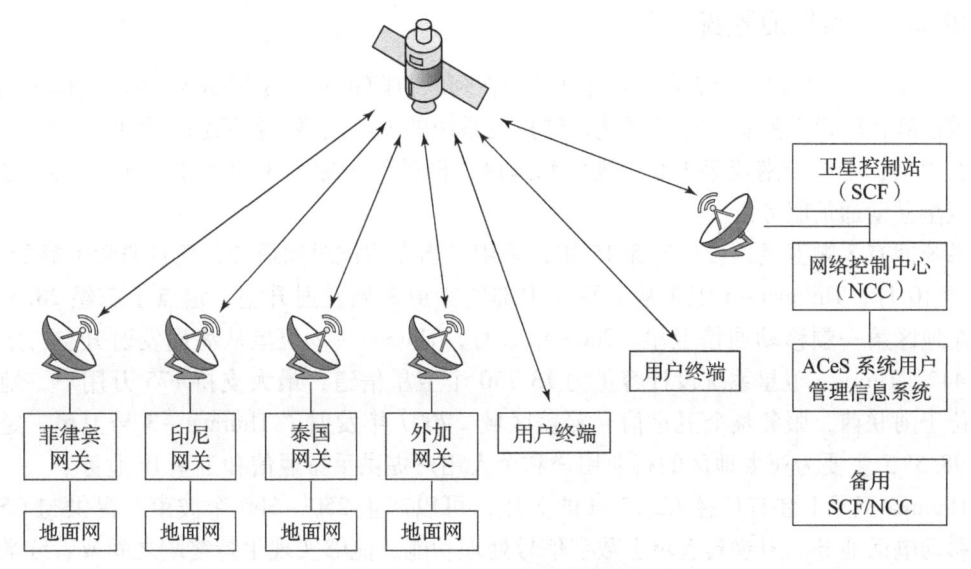

图 10 – 2　ACeS 系统示意图

ACeS 系统包括两颗 Garuda 卫星，卫星装有两副 12 m 口径的 L 频段天线，每副天线包括 88 个馈源的平面馈源阵，用 2 个复杂的波束形成网络控制各个馈源辐射信号的幅度和相位，形成 140 个通信点波束和 8 个可控点波束。还有一副 3 m 口径的 C 频段天线用于信关站和网络控制中心之间的通信。

卫星控制站位于印度尼西亚的 Batam 岛，用于管理、控制和监视卫星的各种硬件、软件和其他设施。

网络控制中心管理卫星有效载荷资源，管理和控制 ACeS 整个网络的运行。

信关站提供 ACeS 系统和地面网络之间的接口，使得用户能够呼叫世界上其他地方的其他网络的用户。

用户终端包括手持终端和固定终端。典型的手持终端是 ACeSRC190，支持用户在运动

---

① 1 英里 = 1 609 m。

中通信，可在 ACeS 卫星模式和 GSM900 模式之间自由切换。固定终端有 ACeS FR-190，可以在偏远地区提供方便的连接。

ACeS 系统是一个覆盖中国、菲律宾、泰国和印尼等亚太地区的区域性卫星移动通信系统，能提供的业务包括：

①高质量的数字编码语音、传真、数据和 DTMF（Dual Tone Multi Frequency）信令业务。

②标准的 GSM 业务。

③专用的高渗透报警业务。

④漫游服务。ACeS 用户和地面蜂窝用户可以分别到对方的服务区漫游，而且使用同一个电话号码。

⑤可以提供短消息、语音邮件、存储转发传真、高功率寻呼等业务。

### 10.2.2 瑟拉亚系统

瑟拉亚（Thuraya）系统是一个由总部设在阿联酋阿布扎比的 Thuraya 卫星通信公司建立的区域性静止轨道卫星移动通信系统，瑟拉亚系统的卫星网络包括欧洲、北非、中非、南非大部、中东、中亚和南亚等 110 个国家和地区，涵盖约全球 1/3 的区域，可以为 23 亿人口提供卫星移动通信服务。

系统拥有 3 颗卫星，设计寿命 15 年，采用了当今测试时间最长，而且非常可靠的技术。2000 年 10 月，Thuraya-1 卫星从太平洋中部的赤道海域发射升空，定点于东经 28.5°，这是中东地区第一颗移动通信卫星。2003 年 6 月，Thuraya-2 卫星从海面发射升空，定点于东经 44°。Thuraya 卫星系统设计容量为 13 750 个卫星信道，最大支持 175 万用户，地面关口站位于阿联酋，服务整个卫星信号覆盖区域。2007 年发射了 Thuraya-3 号卫星，定点于东经 98.5°，主要为亚太地区的行业用户和个人用户提供手持通信和卫星 IP 业务。

Thuraya 卫星上装有口径 12.25 m 的天线，可以产生 250~300 个波束，提供与 GSM 兼容的移动电话业务。卫星具有星上数字信号处理功能，能够实现手持终端之间或者终端与地面通信网之间呼叫的路由功能，便于公共馈电链路覆盖和点波束之间的互联，以高效利用馈电链路带宽。卫星通过数字波束成形技术能够重新配置波束覆盖，扩大波束或者形成新的波束，可以实现热点地区的最优化覆盖。

Thuraya 系统通过一个同时融合了 GSM、GPS 和大覆盖范围的卫星网络，向用户提供通信服务，在覆盖范围内的移动用户之间可以实现单跳通信。卫星与用户间工作在 L 频段，上行链路的工作频率为 1 626.5~1 660.5 MHz，下行链路的工作频率为 1 525~1 559 MHz。卫星与信关站间工作在 C 频段，上行链路的工作频率为 6.425~6.725 GHz，下行链路的工作频率为 3.4~3.625 GHz。

Thuraya 系统的双模（GSM 和卫星）手持终端，融合了陆地和卫星移动通信两种服务，用户可以在两种网络之间漫游而不会使通信中断。系统可以提供的业务包括：

①语音：卫星语音通话功能、语音留言信箱服务等。

②传真：ITU-T G3 标准传真。

③数据：作为调制解调器，连接 PC 进行数据传送，速率为 2.4/4.8/9.6 kb/s。

④短信：增值的 GSM 短信息服务。

⑤定位：内置 GPS，提供卫星定位导航、距离和方向服务，定位精度为 100 m。

### 10.2.3 天通一号系统

我国建设了以天通一号 01 星、02 星、03 星为代表的静止轨道卫星移动通信系统，为解决个人移动通信、小型终端高速数据传输等问题提供了有效手段，大大提高了我国卫星移动通信能力。

2016 年 8 月 6 日，天通一号 01 星成功发射，标志着我国进入卫星移动通信的手机时代，填补了国内空白。天通一号 01 星基于东方红四号平台研制，工作于地球静止轨道，用户链路工作于 S 频段，卫星拥有多个国土点波束，通过百余个 S 频段收发共用点波束覆盖我国领土、领海及周边地区。卫星采用星上透明转发，通过信关站实现两跳通信，同时支持 5 000 路语音信道，可为 30 万用户提供语音、短消息、传真和数据等服务，通信速率约 9.6~384 kb/s。

2020 年 11 月 12 日，中国在西昌卫星发射中心用长征三号乙运载火箭成功将天通一号 02 星送入预定轨道。2021 年 1 月 20 日，中国成功将天通一号 03 星发射升空，卫星顺利进入预定轨道。

天通一号卫星移动通信系统是中国自主研制建设的卫星移动通信系统，如图 10-3 所示。系统为中国及周边、中东、非洲等相关地区，以及太平洋、印度洋大部分海域用户，提供全天候、全天时、稳定可靠的语音、短消息和数据等移动通信服务。天通一号卫星移动系统支持的用户终端包括手持机、车辆、飞机、船舶等各类移动用户，涉及个人通信、海洋运输、远洋渔业、航空救援、旅游科考等各个领域。

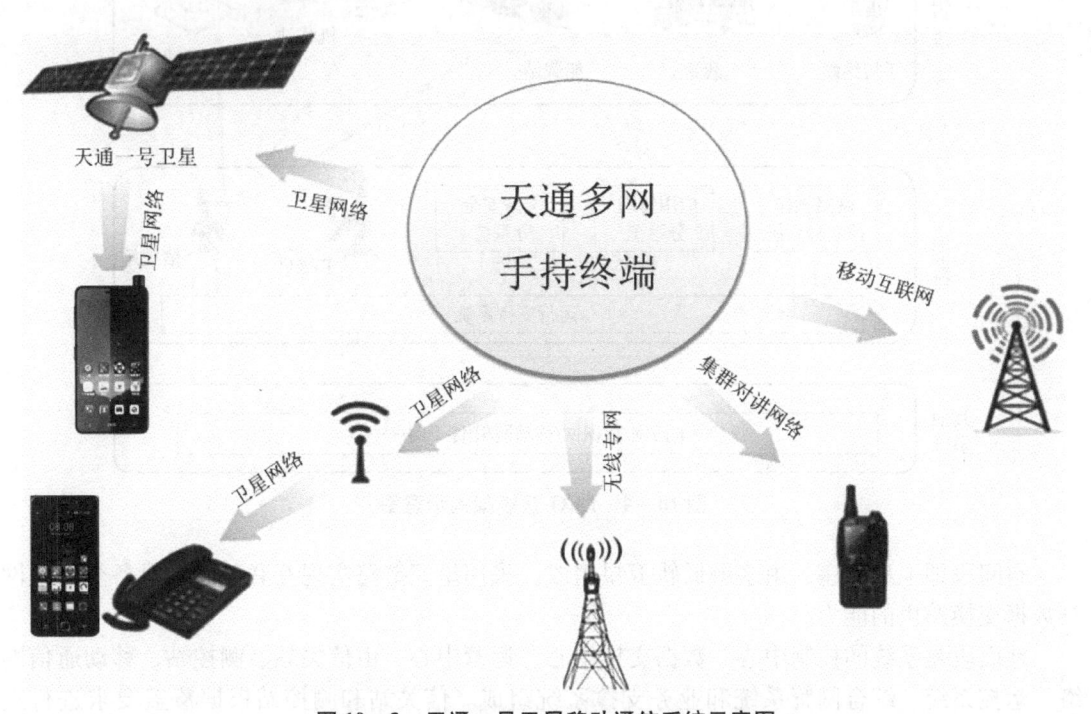

图 10-3 天通一号卫星移动通信系统示意图

卫星系统运营由中国电信负责,通过信关站与地面通信网融合,利用动态资源管理与分配技术,实现资源的高效管理。经过一系列的测试和试运营,中国电信于 2018 年 5 月正式面向商用市场开通"1740"卫星电话号段,填补了国内自主卫星移动通信系统空白。2018 年 7 月,应急管理部、工业和信息化部联合印发《关于加强灾害事故应急通信保障工作的意见》,明确支持各级应急管理部门及应急救援队伍配备和使用天通一号卫星电话,为灾害事故处置提供有效的通信支持。

## 10.3 典型低轨卫星移动通信系统

低轨卫星移动通信系统是 20 世纪 80 年代后期提出的一种新构思,基本思路是利用位于 500~1 500 km 高度范围的多颗卫星构成卫星星座,从而组成全球(或区域)卫星移动通信系统。卫星可以采用倾斜轨道或极轨道或两者并用,一般为圆轨道。低轨道卫星移动通信系统主要包括空间段、地面段和用户段,如图 10-4 所示。

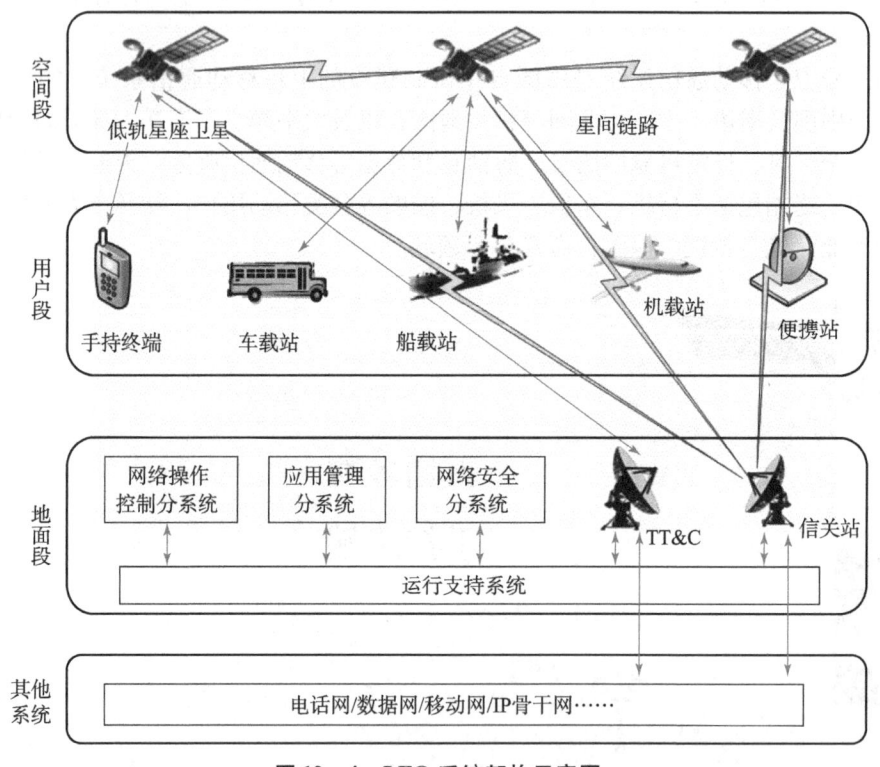

图 10-4 LEO 系统架构示意图

空间段即卫星星座,由多颗低轨卫星组成,采用星间链路实现互联互通,具备全球组网与数据交换路由的能力。

地面段是系统的控制中心、数据交换中心、运营中心,由信关站、测控站、移动通信网络、运控系统、综合网管系统和业务支撑系统组成。信关站和测控站根据覆盖要求进行选址,在全球分布式部署,其余网络设备采用集中式部署方式,同时满足电信运营可靠性需求。

用户段由各类用户终端组成,包括手持终端、车载站、舰载站、机载站等。

目前,典型系统有铱星系统(Iridium)、全球星系统(Globalstar)和轨道通信系统(Orbcomm)等。

### 10.3.1 铱星系统

20世纪80年代末由Motorola提出铱星(Iridium)系统,可实现全球数字化个人通信的低轨道全球个人卫星移动通信系统。铱星系统原计划采用77颗卫星,在7个极地圆轨道上围绕地球运行,其形状类似于铱原子的77个电子绕原子核运动,因此系统取名为铱星系统。后来系统进行了改进,改为66颗卫星在6个极地圆轨道上运行。铱星系统的星座采用近极轨道,轨道倾角为86.4°,轨道平面间隔27°,轨道高度约为780 km,每个轨道平面上均匀分布11颗卫星及1颗备用星。

铱星系统采用了星上处理、星上交换和星间链路技术,因而系统的性能非常先进,但是也增加了系统的复杂度,提高了系统的投资费用。系统中,卫星与卫星之间通过星间链路实现互联互通,卫星与同一轨道平面内相邻的前后两颗卫星建立星间链路,与左右相邻轨道上的卫星建立轨道间链路。

星间链路工作在Ka频段,频率范围约为23.18~23.38 GHz;卫星与地球站之间的链路也采用Ka频段,上行链路的频率范围约为29.1~29.3 GHz,下行链路的频率范围约为19.4~19.6 GHz;卫星与用户终端的链路采用L频段,频率范围约为1 616~1 626.5 MHz,如图10-5所示。

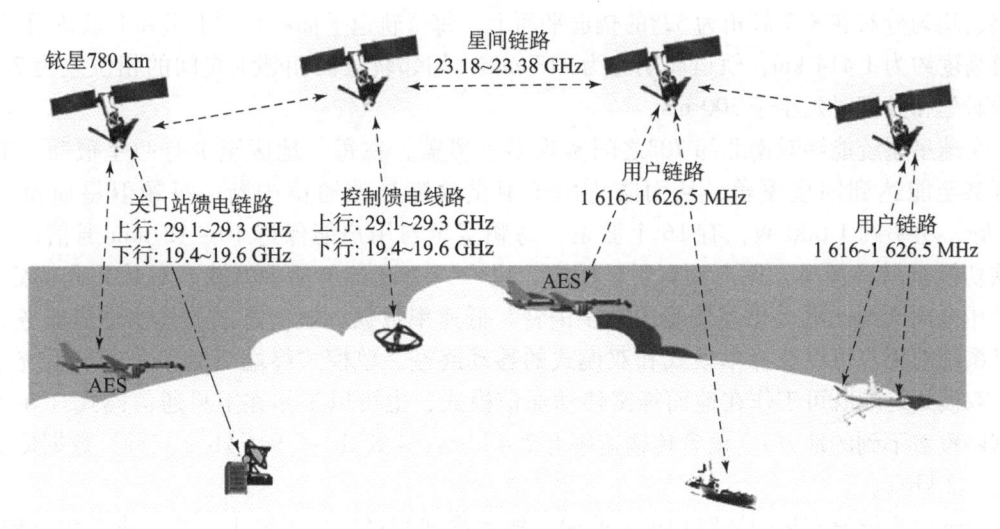

**图10-5 铱星网络示意图**

铱星系统每颗卫星可提供48个点波束,采用蜂窝结构划分,单颗卫星投射的多波束在地球表面上共形成48个蜂窝小区。在最小仰角8.2°的情况下,每个小区直径约为600 km,每颗卫星的覆盖区直径约为4 700 km,星座对全球地面形成无缝蜂窝覆盖,每颗卫星的一个点波束支持80个信道,单颗卫星可提供3 840个信道。系统采用七小区频率再用方式,可提高频谱资源利用率,任意两个小区之间间隔两个缓冲小区后,可以使用相同频率,使得每条信道在全球范围内都可复用200次。

铱星系统于 1998 年 11 月开始商业运行，中国在 1999 年开始运行铱星业务。铱星系统主要为商务旅行者、航空用户、海事用户、边远地区以及紧急救援等提供语音、传真、数据、定位、寻呼等业务服务。

2000 年 3 月，铱公司宣告破产，停止一切业务，此时系统用户仅有 6 万左右。2000 年年底，美国国防部支持的新铱星公司出资收购铱星系统，重新开始运营。铱星系统是目前唯一使用了系统内星间链路（ISL）的卫星移动通信系统，具有星间路由寻址功能。每颗卫星有 4 条星间链路，星间链路速率高达 25 Mb/s。由于采用了星间链路，铱星系统内用户之间的通信可完全通过铱星系统而不与地面公网有任何联系，从而实现了铱星系统的 5W 功能，即任何人（Whoever）可以在任何地方（Wherever）于任何时候（Whenever）和任何他人（Whomever）采用任何方式（Whatever）通信。铱星系统用户与地面网用户之间通信，则要经过系统内的关口站。铱星系统开创了全球个人通信的新时代，被认为是现代通信的一个里程碑，其最大特点是通信终端手持化和个人通信全球化。

### 10.3.2 全球星系统

全球星（Globalstar）系统是由美国 Loral 公司和 Qualcomm 公司于 1991 年提出的一种 LEO 卫星移动通信系统。全球星系统作为地面蜂窝移动通信系统和其他移动通信系统的补充，主要思想是将地面基站放到卫星上。

全球星系统利用 48 颗绕地球运行的低轨道卫星，在全球（除南北两极）范围内向用户提供无缝覆盖的语音、传真、数据、短信息、定位等卫星移动通信业务。卫星采用倾斜轨道星座，均匀分布在 8 个倾角为 52°的轨道平面上，每个轨道平面有 6 颗卫星和 1 颗备用卫星，轨道高度约为 1 414 km，轨道周期约为 113 min，相邻轨道面相邻卫星间的相位差为 7.5°，传输时延和处理时延小于 300 ms。

全球星系统能够对南北纬 70°之间实现多重覆盖，在每一地区至少有两星覆盖，有些地区甚至能达到四星覆盖，从而防止由于卫星故障导致通信中断。每颗卫星质量约有 426 kg，功率约 1 000 W，有 16 个波束，每颗卫星与用户能保持 10~12 min 通信，然后经软切换至另一颗星，用户没有明显感觉。用户终端设备包括手持式、车载式和固定式。它采用全向天线，可提供高质量的数字语音、低速率数据、短信息以及其他增值业务。全球星系统的用户可以选择单模式和双模式的移动终端。单模式终端只能在全球星系统中使用，双模式终端既可工作在地面蜂窝移动通信模式，也可以工作在卫星通信模式（在地面蜂窝网覆盖不到的地方）。语音传输速率有 2.4 kb/s、4.8 kb/s、9.6 kb/s 三种，数据传输速率为 7.2 kb/s。

全球星系统没有星间链路和星上处理，技术难度相对铱星系统小一些，成本相对较低，系统用户通过卫星链路接入地面公用网，在地面网的支持下实现全球卫星移动通信。全球星系统中，卫星与关口站之间的链路工作在 C 频段，上行链路的工作频率为 5.091~5.25 GHz，下行链路的工作频率为 6.875~7.055 GHz。卫星与用户之间上行链路工作在 L 频段，频率为 1 610~1 626.5 MHz；下行链路工作在 S 频段，频率为 2.483 3~2.5 GHz。

全球星系统于 1996 年 11 月获得了美国联邦通信委员会颁发的运营证书，1999 年 11 月完成了由 48 颗卫星组成的卫星星座，2000 年 1 月在美国正式开始提供卫星电话业务。2000 年 5 月，全球星系统开始在中国地区提供服务，为石油、天然气、水利、科考、运输、海上作业、公安边防等行业和部门提供移动通信保障。

## 10.4 典型中轨卫星移动通信系统

中轨道卫星（MEO）离地球高度为 10 000 km 左右。轨道高度的降低可减弱静止轨道卫星通信的缺点，可为用户提供体积、重量、功率较小的移动终端设备。用较少数目的中轨道卫星即可构成全球覆盖的卫星移动通信系统。中轨卫星移动通信卫星一般采用网状星座，卫星运行轨道为倾斜轨道，典型的有 Odyssey 系统和 ICO（Intermediate Circular Orbit）系统。

### 10.4.1 Odyssey 系统

Odyssey 系统是由 TRW 空间技术集团公司推出的中轨道卫星通信系统，可作为陆地蜂窝移动通信系统的补充和扩展，支持动态、可靠、自动、用户透明的服务。系统初期计划发射 6 颗卫星提供基本服务，待 12 颗卫星发射完毕后，可实现全球双重覆盖，通过终端的分集接收能够进一步提高通信质量。

系统的空间段由 12 颗卫星组成，分布在高度为 10 354 km，倾角为 55°的 3 个轨道平面上，卫星设计寿命为 12～15 年。倾斜轨道的优势是卫星在多数时间里在多纬度地区均能提供高仰角，系统平均仰角为 55°，最小仰角为 26°。卫星间没有星间链路，卫星采用透明转发器，不具备星上处理能力，每颗卫星有 37 个点波束，形成一个预覆盖的成形波束。Odyssey 系统采用中轨道，仰角较高，双重覆盖可进行分集接收，因此可靠性和可用性都较高。系统采用 CDMA 技术，抗干扰性能和保密性较好。

系统的地面段包括卫星管理中心、地球站、信关站和地面网络等。系统主要的用户终端是手持机，采用双模式工作，可以同时在地面蜂窝移动通信系统和 Odyssey 系统中使用，可以自动切换。手持机的发射功率约 0.5 W，采用 4 800 b/s 语音编码。

Odyssey 系统工作在 L、S、Ka 频段。卫星和地面站工作在 Ka 频段，上行链路的工作频率为 29.5～29.84 GHz，下行链路的工作频率为 19.7～20.0 GHz；卫星和用户终端的下行链路工作在 L 频段，工作频率为 1 610～1 626.5 MHz，上行链路工作在 S 频段，工作频率为 2.483～2.5 GHz。

### 10.4.2 ICO 系统

ICO 系统是国际移动卫星通信组织制定的"Project – 21"计划。ICO 系统的目的是利用卫星向全球用户提供手机卫星移动通信，实现与地面公网相连通的数字语音、寻呼、传真、数据以及定位等多种业务。2001 年，ICO 成功发射第一颗卫星，2003 年，公司收到 FCC 批准在美国地区使用 2 GHz 的许可证，但是至今未真正组网运营。

ICO 系统利用中轨道卫星星座，通过手持终端向移动用户提供全球个人移动通信业务。ICO 系统空间段由 12 颗卫星均匀分布在高度为 10 390 km 的两个正交中圆轨道平面上，每个轨道平面上有 5 颗卫星和 1 颗备用星，卫星间没有星间链路。卫星轨道为倾斜圆轨道，倾角分别为 45°和 135°。地球站最小仰角为 10°时，ICO 系统能够覆盖全球，通常情况下，用户至少有两颗卫星覆盖，甚至可以达到四颗。ICO 系统中卫星拥有两副口径为 2 m 的天线，采用数字波束形成技术，每颗卫星有 163 个点波束，至少能支持 4 500 个语音信号，采用 TD-

MA 多址技术。

用户终端包括手持机、车载站、航空站、海事站等终端，以及半固定站和固定站等。手持机为双模式，可以自动选择或者用户选择卫星或地面操作模式，手机的平均发射功率不超过 0.25 W，要低于地面蜂窝移动通信系统的平均发射功率。

1999 年 8 月，ICO 公司融资失败，申请破产保护。1999 年 11 月，美国 Teledesic 公司和印度 Subhash Chandra 公司向 ICO 公司注资 12 亿美元。ICO 公司于 2000 年 5 月宣布走出破产保护，更名为 New ICO，与 Teledesic 公司合并为 ICO – Teledesic 控股公司。ICO – Teledesic 公司于 2001 年和 Ellipso 公司达成合作协议，在卫星传输语音、数据业务领域进行合作。

## 10.5 卫星移动通信系统的 STK 仿真

### 10.5.1 典型移动通信卫星仿真

典型移动通信卫星，如铱星、天通一号等可以通过卫星数据库直接插入。如要仿真铱星，在"Name or ID"编辑框中输入"Iridium"，单击左下方的"Search"按钮，右侧的"Results"以列表的形式显示搜索到的铱星，如图 10-6 所示。选择要插入的卫星，在列表下方的"Insert Options"下勾选"Auto Select Color"，生成的铱星会根据卫星轨道的不同而自动设置不同的颜色进行显示。

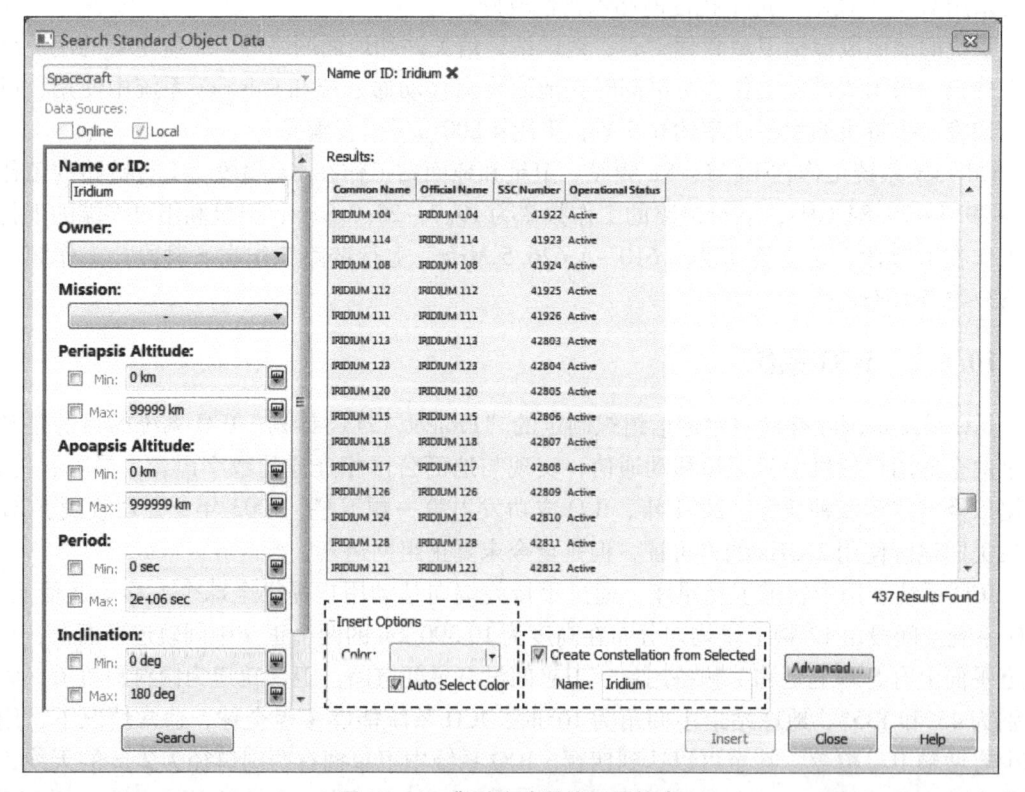

图 10-6 典型移动通信卫星仿真

卫星移动通信系统尤其是低轨卫星移动通信系统，一般由多颗卫星组成星座，从而实现全球或区域覆盖。STK 仿真可以实现将移动通信卫星组成星座，在图 10-6 中，勾选右下方的"Create Constellation from Selected"，会把选择的卫星组成星座，在下方输入星座名称，如"Iridium"，则插入卫星后会自动生成"Iridium"星座。左侧"Object Browser"会显示插入的卫星以及生成的星座。

选择"Iridium"星座，右击，选择"Properties"，会弹出属性窗口，如图 10-7 所示。在窗口中会显示"Available Objects"和"Assigned Objects"。选择"Available Objects"中的某颗卫星后，单击中间的"→"按钮可以将这颗卫星添加到星座中。选择"Assigned Objects"中的某颗卫星后，单击中间的"←"按钮可以将星座中的这颗卫星删除。

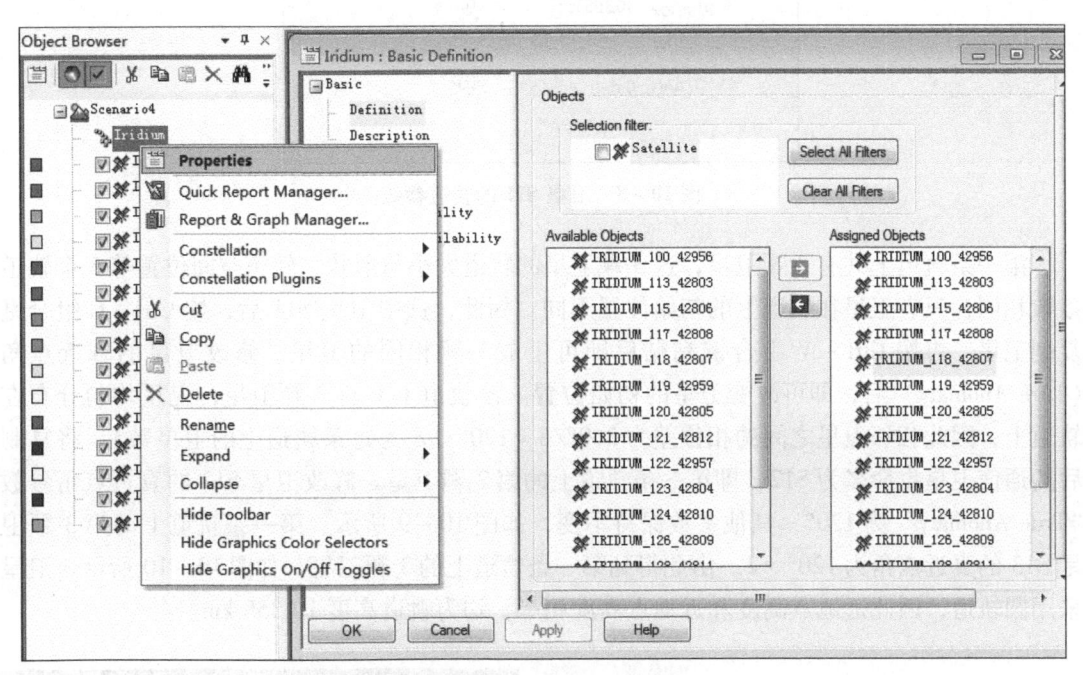

图 10-7　铱星星座的设置

### 10.5.2　卫星移动通信系统仿真

卫星移动通信系统可以通过数据库插入，还可以分别插入系统中的卫星。中、低轨道卫星移动通信系统一般由多颗轨道高度、倾角相同的卫星组成卫星星座，如铱星、全球星等。星座中每个轨道面有相同的倾角和相同数量的卫星，同一条轨道上的卫星具有相同的升交点赤经，但是卫星在轨道上的位置不同。同一条轨道上卫星的位置通过真近点角进行设置。

假设某中圆轨道卫星移动通信系统由 9 颗轨道高度约为 10 355 km，轨道倾角为 45°的卫星组成。假设卫星分布在 3 条轨道上，每条轨道上有 3 颗卫星，第一条轨道上的第一颗卫星的升交点赤经和真近点角均为 0°，新建仿真场景后，通过轨道生成向导插入第一颗通信卫星 S11（第一个数字表示轨道号，第二个数字表示轨道上卫星的编号），卫星轨道类型"Type"选择"Circular"。卫星 S11 是第一条轨道上的第 1 颗卫星，设置轨道参数：轨道倾角为 45°、轨道高度为 10 355 km、RAAN 为 0°，如图 10-8 所示。

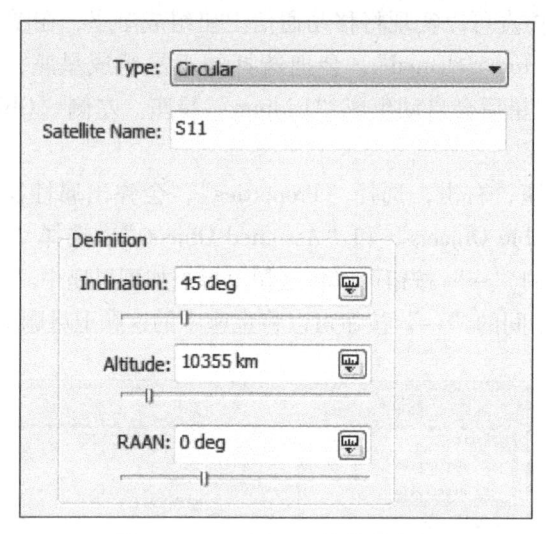

图 10-8　卫星 S11 的轨道参数

第一条轨道上共有 3 颗卫星，这 3 颗卫星的轨道大小与形状、轨道空间位置等 5 个轨道参数相同，只有卫星在轨道上的初始位置不同。因此，选中卫星 S11 后，按 Ctrl + C 组合键复制卫星，再按 Ctrl + V 组合键粘贴后即可生成一颗相同的卫星。修改卫星的真近点角（Ture Anomaly）后，即可改变卫星的初始位置。该轨道上共有 3 颗卫星，卫星均匀分布在轨道上，因此相邻卫星之间的相位差为 360°/$S$ = 120°（$S$ 为每条轨道上的卫星数）。将复制后的通信卫星重命名为 S12，即第一条轨道上的第 2 颗卫星。修改卫星 S12 的真近点角参数"True Anomaly"为 120°，其他参数保持不变，如图 10-9 所示。第一条轨道上的第 3 颗卫星 S13 的真近点角为 120°×2，由此得到第一条轨道上的 3 颗卫星，如图 10-10 所示。卫星采用圆轨道，因此远地点高度和近地点高度相等，均为轨道高度 10 355 km。

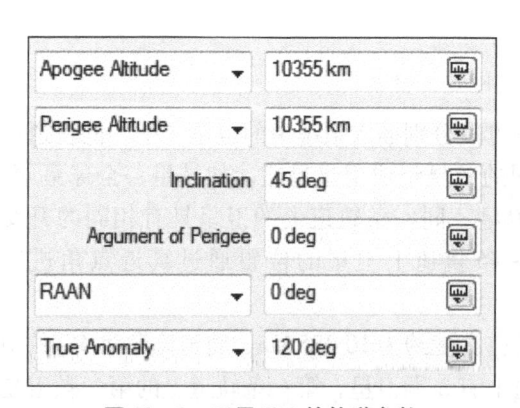

图 10-9　卫星 S12 的轨道参数 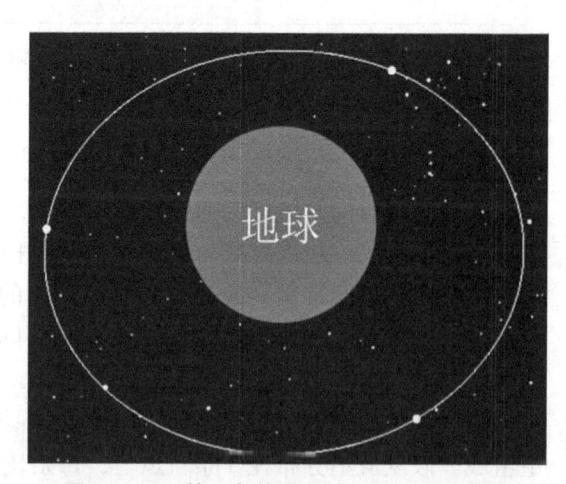　　　　图 10-10　第一条轨道上的三颗卫星示意图

相邻轨道面的升交点经度差为 360°/P，其中，P 为星座中的轨道数。该例子中共有 3 条轨道平面，相邻轨道面的升交点经度差为 360°/3 = 120°。因此，对于第二条轨道上的卫星而言，轨道高度、偏心率、倾角等参数不变，升交点赤经（RAAN）为 120°。假设第二条轨道上的第一颗卫星 S21 与第一条轨道上的第一颗卫星 S11 的相位差为 40°，则第二条轨道上的第一颗卫星 S21 的轨道参数如图 10 – 11 所示。同一轨道面内相邻卫星间的相位差为 120°，第二条轨道上的其他卫星前 5 个参数与卫星 S21 的相同，真近点角分别为 40° + 120 × ($i$ – 1)，其中，$i$ 为该轨道上的第几颗卫星。由此得到第二条轨道上其他卫星的参数。复制卫星 S21 后，重命名为 S22 和 S23，修改这两颗卫星的参数。

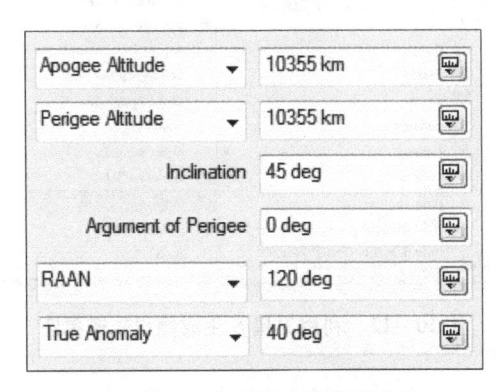

图 10 – 11　卫星 S21 的轨道参数

通过上面的方法分别仿真第三条轨道上的 3 颗卫星 S31、S32、S33 的参数，从而实现对该中圆卫星移动通信系统的仿真。上面的例子中，卫星移动通信系统的仿真是通过修改每颗卫星的参数来实现的，有的卫星移动通信系统中卫星数目较多，达到几十颗甚至上百颗，仿真每一颗卫星非常烦琐，工作量很大。

### 10.5.3　卫星移动通信系统快速仿真

对于卫星数目较多的卫星星座，STK 提供了一种快速仿真方法，可以实现对卫星移动通信系统的快速仿真。

以仿真由 9 颗轨道高度为 10 355 km，轨道倾角为 43°的卫星组成的星座为例来介绍卫星移动通信系统的快速仿真方法。

新建 STK 场景后，利用轨道生成向导"Orbit Wizard"新建一颗高度为 10 355 km，倾角为 43°的卫星 S，利用这颗卫星可以快速仿真一个倾斜轨道星座，实现对该卫星移动通信系统的仿真。

选择卫星 S，右击，选择"Satellite"后，在右侧列表中选择"Walker…"，如图 10 – 12 所示。Walker Delta 是一种常用的倾斜轨道星座设计方法，利用 STK 可以快速生成 Walker 星座。选择"Walker…"后，会弹出如图 10 – 13 所示的窗口。

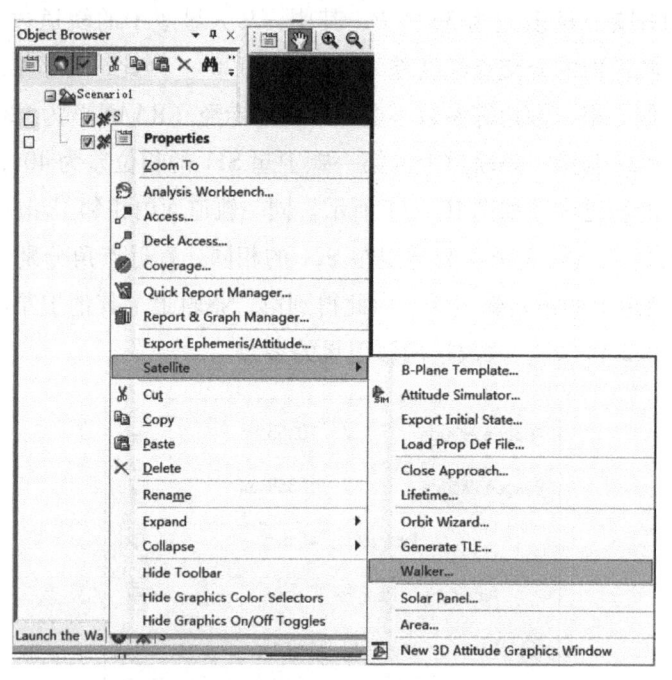

图 10－12　利用卫星 S 生成倾斜轨道星座

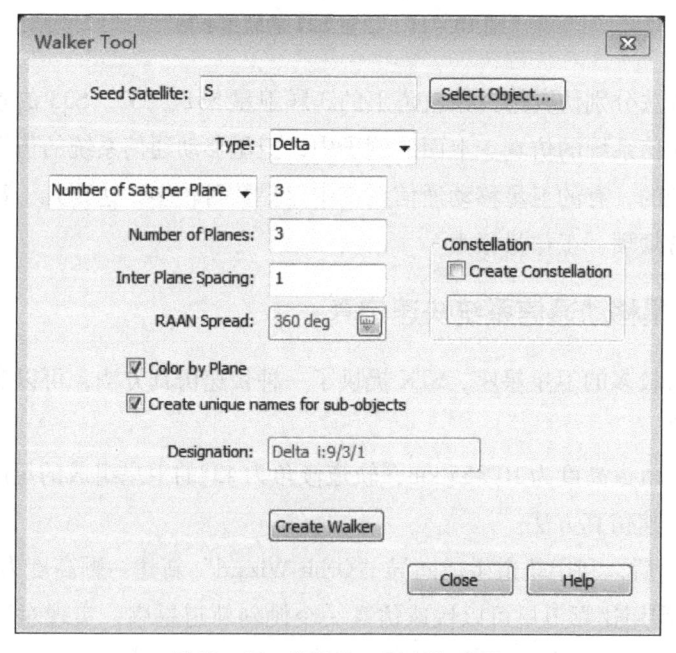

图 10－13　"Walker Tool" 窗口

在"Walker Tool"窗口中可以修改作为"种子"卫星的具体卫星，可以单击右侧的"Select Object…"，会弹出如图 10－14 所示的窗口。在"Select Object"窗口中，会显示能够作为"种子"卫星的卫星，可以根据需要选择相应的卫星，这里选择 S 作为"种子"卫星。

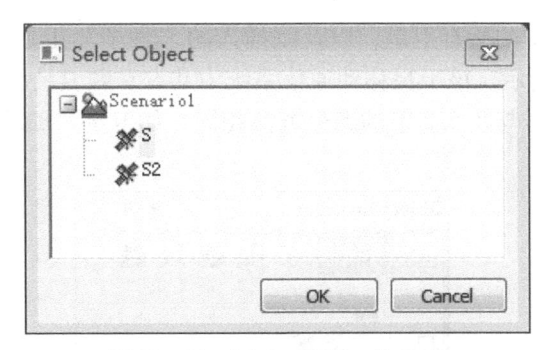

图 10-14 "Select Object"窗口

在"Walker Tool"窗口中可以选择两种方式：一是卫星总数"Total Number of Sats"，另一种是每轨道上的卫星数目"Number of Sats per Plane"。

选择"Number of Sats per Plane"后，在对应的框中输入星座中每条轨道上的卫星数目 $S$；在"Number of Planes"后对应的框中输入轨道数 $P$；在"Inter Plane Spacing"后对应的框中输入轨道间的相位因子 $F$，如图 10-15 所示。相位因子 $F$ 决定了相邻轨道相邻卫星间的相位差。Walker 星座中，相邻轨道相邻卫星的相位差为 $360°/N \times F$，式中，$N$ 为星座中的卫星数目。

该星座共有 3 条轨道，每条轨道上有 3 颗卫星，相位因子为 1。相位因子 $F=1$，则相邻轨道相邻卫星的相位差为 $40°$。单击"Create Walker"选项后，产生一个由 9 颗卫星组成的倾斜轨道卫星星座，在三维场景和二维场景中，不同的轨道通过不同的颜色显示，如图 10-15 所示。

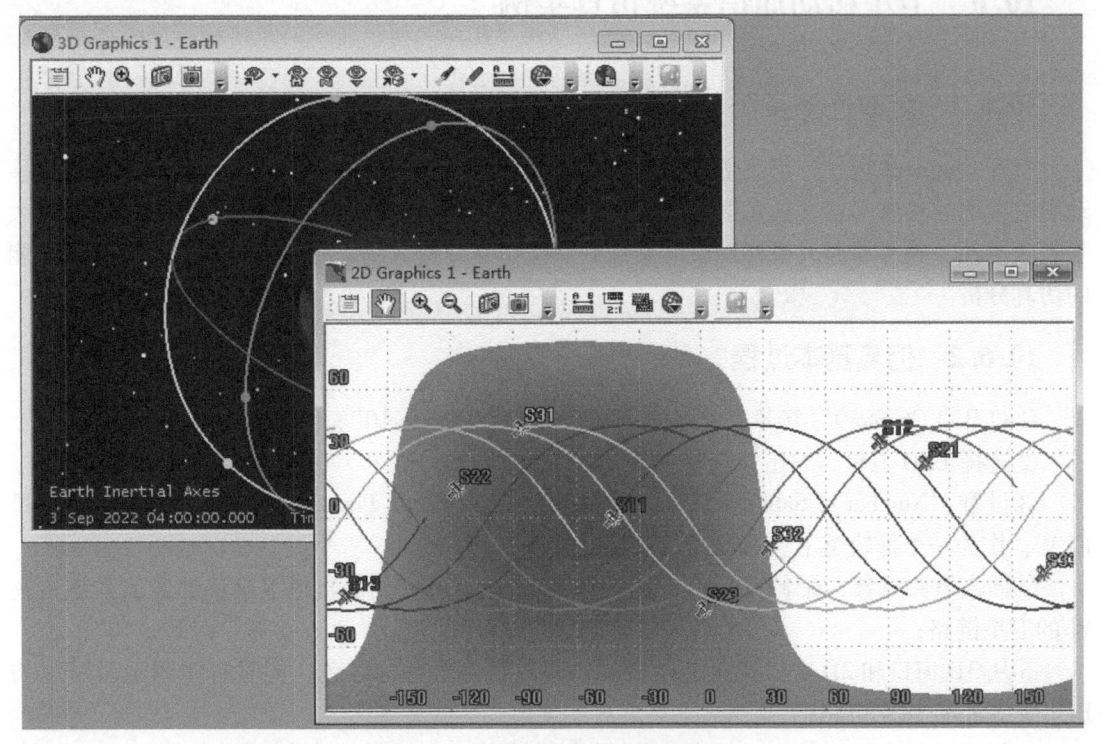

图 10-15 倾斜轨道卫星星座示例

左侧窗口显示星座中的所有卫星,以及刚插入的"种子"卫星 S 和之前插入的另一颗卫星 S2,如图 10-16 所示。该卫星移动通信系统中共有 9 颗卫星,有 3 条轨道,每条轨道上 3 颗卫星。卫星的编号与 8.5.2 节的编号方法相同,如卫星"S32"表示第 3 条轨道上的第二颗卫星。

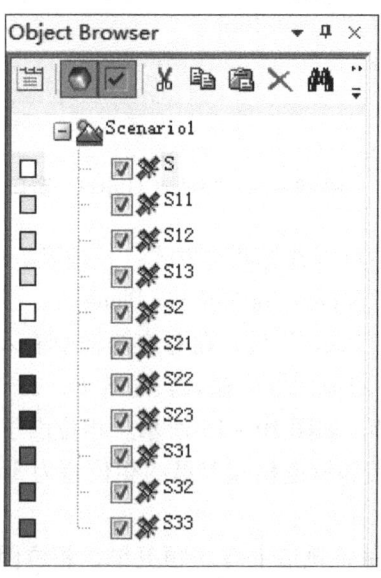

图 10-16 场景中卫星列表

## 10.6 卫星移动通信系统仿真实例

### 10.6.1 仿真任务实例

打开 Chapter9 场景,修改仿真场景名称,利用快速仿真方法建立一个倾斜轨道的卫星移动通信系统的星座;建立从发射机到接收机的卫星移动通信链路,仿真分析链路的雨衰和大气吸收损耗。熟练掌握卫星移动通信系统的星座仿真分析方法,开展卫星移动通信链路性能的仿真分析。

### 10.6.2 仿真基本过程

①打开"Chapter9"场景,将场景名称修改为"Chapter10";
②选择 LEO 卫星,右击,选择"Satellite"→"Walker…";
③设置"Number of Sats per Plane"为 4 颗,"Number of Planes"为 9 个,并生成卫星星座 W,作为一个低轨道卫星移动通信系统的星座;
④插入链路对象,命名为 BW1,建立从 Beijing_Station 到低轨道卫星移动通信系统星座 W 的卫星链路;
⑤从 3D 窗口和 2D 窗口观察链路情况,修改链路颜色为红色,同时有多颗卫星可以与 Beijing_Station 建立链路;
⑥新建链路 BW2,从 Beijing_Station 的发射机到 LEO 卫星的接收机;

⑦新建报告项，命名为"Atmos Loss1"，分析大气吸收损耗（第2章中的仿真任务实例中要设置"Atmospheric Absorption"）；

⑧新建图表项，命名为"Rain Loss1"，分析星地链路的雨衰情况（第2章中的仿真任务实例中要设置"Rain Model"），保存该场景。

## 10.7 本章资源

### 10.7.1 本章思维导图

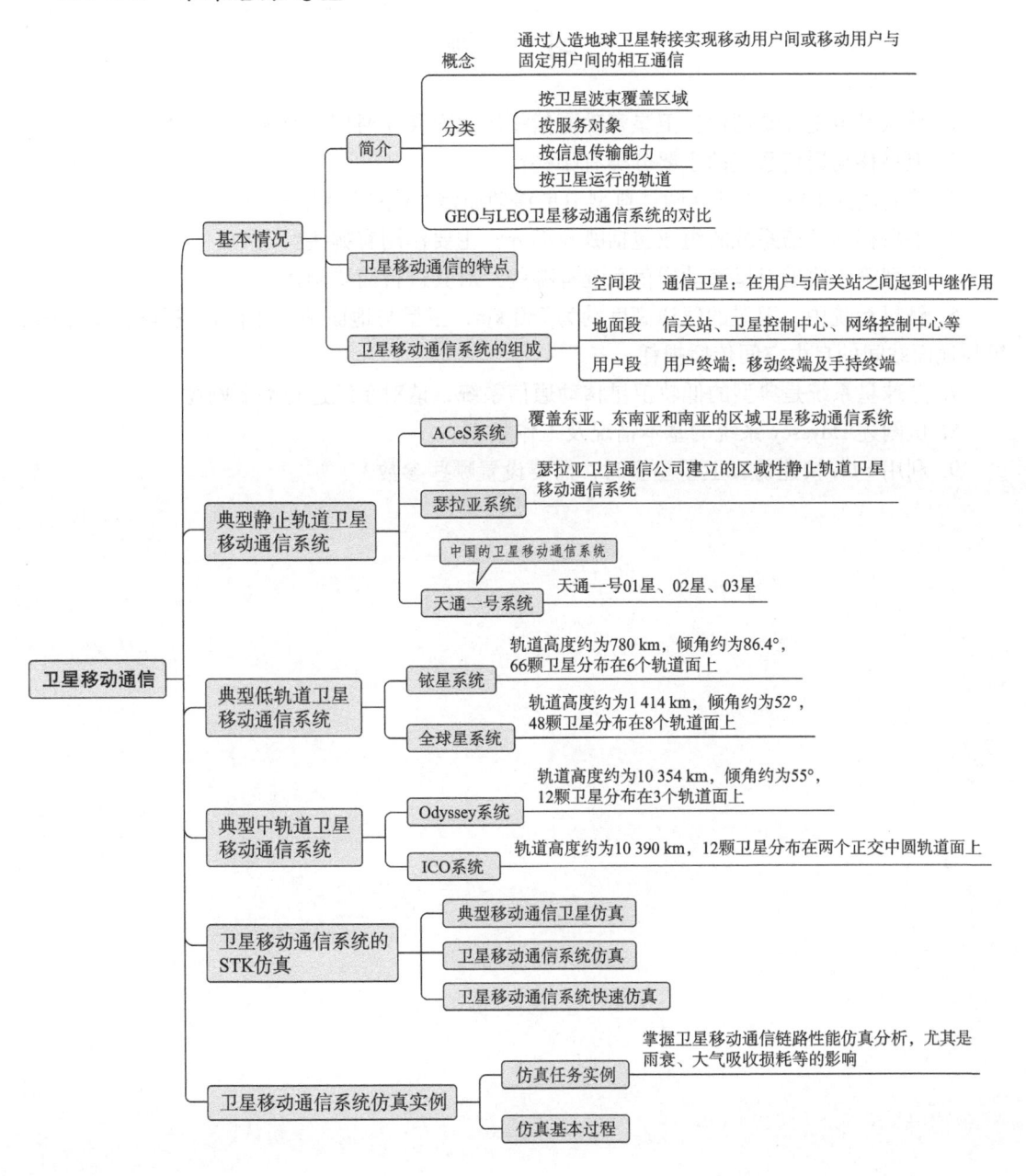

```
卫星移动通信
├── 基本情况
│   ├── 简介
│   │   ├── 概念——通过人造地球卫星转接实现移动用户间或移动用户与固定用户间的相互通信
│   │   ├── 分类
│   │   │   ├── 按卫星波束覆盖区域
│   │   │   ├── 按服务对象
│   │   │   ├── 按信息传输能力
│   │   │   └── 按卫星运行的轨道
│   │   └── GEO与LEO卫星移动通信系统的对比
│   ├── 卫星移动通信的特点
│   └── 卫星移动通信系统的组成
│       ├── 空间段——通信卫星：在用户与信关站之间起到中继作用
│       ├── 地面段——信关站、卫星控制中心、网络控制中心等
│       └── 用户段——用户终端：移动终端及手持终端
├── 典型静止轨道卫星移动通信系统
│   ├── ACeS系统——覆盖东亚、东南亚和南亚的区域卫星移动通信系统
│   ├── 瑟拉亚系统——瑟拉亚卫星通信公司建立的区域性静止轨道卫星移动通信系统
│   └── 天通一号系统——中国的卫星移动通信系统——天通一号01星、02星、03星
├── 典型低轨道卫星移动通信系统
│   ├── 铱星系统——轨道高度约为780 km，倾角约为86.4°，66颗卫星分布在6个轨道面上
│   └── 全球星系统——轨道高度约为1 414 km，倾角约为52°，48颗卫星分布在8个轨道面上
├── 典型中轨道卫星移动通信系统
│   ├── Odyssey系统——轨道高度约为10 354 km，倾角约为55°，12颗卫星分布在3个轨道面上
│   └── ICO系统——轨道高度约为10 390 km，12颗卫星分布在两个正交中圆轨道面上
├── 卫星移动通信系统的STK仿真
│   ├── 典型移动通信卫星仿真
│   ├── 卫星移动通信系统仿真
│   └── 卫星移动通信系统快速仿真
└── 卫星移动通信系统仿真实例
    ├── 仿真任务实例——掌握卫星移动通信链路性能仿真分析，尤其是雨衰、大气吸收损耗等的影响
    └── 仿真基本过程
```

## 10.7.2 本章数字资源

| 本章课件 | 练习题课件 | 仿真实例操作视频 | 仿真实例程序 |

# 习 题

1. 什么是卫星移动通信？卫星移动通信相比地面移动通信，有哪些特点？
2. 卫星移动通信系统的主要分类有哪些？
3. 简要阐述 GEO 和 LEO 两种典型卫星移动通信系统的区别。
4. 卫星移动通信系统的组成包括哪几部分？主要作用有哪些？
5. 典型静止轨道卫星移动通信系统有哪些？对其进行简要阐述。
6. 铱星系统中，卫星的轨道高度约为 780 km，卫星与地面站工作在 Ka 频段，试计算卫星与地面站间的自由空间传播损耗。
7. 全球星系统是典型的低轨卫星移动通信系统，请对系统进行简要阐述。
8. 试阐述 Odyssey 系统的基本情况及工作频率。
9. 利用 STK 快速仿真卫星星座时，需要设置哪些参数？

# 第 11 章
# 卫星互联网

随着人类社会对信息需求的不断增长，对互联网的依赖性不断提高，宽带互联网业务已经逐步取代传统低速语音和数据通信，成为通信网络中的主要业务。互联网业务也自然地成为卫星通信当前迅速发展的应用领域，卫星互联网的概念应运而生。目前，由于传统的地面通信骨干网络在海洋、沙漠及山区偏远地区等苛刻环境下架设难度大且运营成本高，地球上超过70%的地理空间未能实现互联网覆盖，在互联网渗透率低的区域部署传统的通信骨干网络存在现实障碍。卫星互联网利用卫星通信覆盖优势，极大地拓展了互联网服务边界，可提供全球范围的互联网无缝连接。卫星互联网将与新一代地面移动通信系统、人工智能、物联网等深度融合，形成空天地一体化网络体系，成为未来网络重要的发展方向。

本章阐述卫星互联网的基本概念、架构、分类、关键技术，介绍"星链"系统、"一网"系统、"柯伊伯"系统等典型卫星互联网系统，并利用 STK 开展了卫星互联网星座仿真，设计卫星互联网星座仿真实例。

## 11.1 基本情况

### 11.1.1 卫星互联网的概念

互联网（Internet）又称网际网络、因特网，是网络与网络连成的庞大网络。它以传输控制协议（Transmission Control Protocol，TCP）/网际协议（Internet Protocol，IP）为核心协议，链接全世界几十亿设备，其中包括交换机、路由器等网络设备及多种类型服务器、计算机和终端，形成逻辑上的单一巨大国际网络，可满足全球信息实时共享的需求。从通信网络技术角度来说，互联网强调的是采用 TCP/IP 协议族的计算机网络。

卫星互联网是卫星通信与互联网相结合的产物，一方面，卫星通信能够有效弥补地面网络在偏远地区、海洋、高空等特殊环境下的覆盖盲区，面向航空、航海、环境监测、军事通信等应用领域提供全域通信能力；另一方面，互联网应用的广泛性促使卫星通信引入互联网业务来顺应技术发展和用户使用需求。

从概念上讲，卫星互联网基于卫星通信系统，以 IP 协议为核心网络服务平台，以互联网应用为网络服务对象，是互联网的一个组成部分，并能够独立运行的网络系统。按照卫星所处的轨道高度，卫星互联网又可以分为低轨卫星互联网和高（中）轨卫星互联网。

这里要说明的是，卫星通信支持互联网应用，并不是近年来才出现的新课题、新应用。从 20 世纪 90 年代互联网逐步普及以来，卫星通信界就围绕如何支持互联网业务不断开展研究。针对高（中）轨卫星通信的 TCP 加速技术、IP 路由优化技术、IP 服务质量保障技术、超文本传输协议（Hyper Text Transfer Protocol，HTTP）增强技术均已有较为成熟的解决方案。尽管过去业界并没有提出"卫星互联网"的概念，但事实上是支持的。高（中）轨卫星通信网络支持互联网融合技术成熟，早已实际应用，只不过使用高（中）轨卫星通信接入互联网需要专门的卫星通信终端，成本较为高昂，难以被广大普通民众所接受。近几年关于卫星互联网的概念，其实是从全球低轨宽带通信星座快速发展的角度提出的。低轨卫星互联网利用一定规模的低轨通信星座支持互联网应用，向地面和空中终端提供宽带互联网接入等通信服务，具有覆盖广、时延低、宽带大、成本低等特点，成为当前卫星互联网发展的热点方向。因此，本章重点从低轨卫星互联网的角度进行介绍。

卫星互联网是实现网络信息地域连续覆盖的有效手段，战略意义重大。卫星轨道及频段资源属于稀缺资源。地球近地轨道预计可容纳约 6 万颗卫星，预计到 2029 年，地球近地轨道将部署约 57 000 颗低轨道卫星，可用卫星空间将所剩无几。此外，低轨道卫星主要采用的 Ku 及 Ka 通信频段资源也逐渐趋于饱和状态。空间轨道和频段资源作为能够满足通信卫星正常运行的先决条件，已经成为各国争相抢夺的重点资源。

### 11.1.2　卫星互联网系统组成

卫星互联网的系统架构与卫星移动通信系统类似，通常由空间段、地面段和用户段三大部分组成。

空间段主要指由低轨卫星星座构成的信息中继网络，这些卫星之间通常通过星间链路实现互联。

用户段包括各类陆海空天通信终端，如手持机、便携站以及机载、船载和车载等移动通信设备。

地面段则涵盖卫星测控中心及配套测控网络、系统控制中心、各类信关站。其中，卫星测控中心负责卫星轨道和姿态的监测、调整与管理，系统控制中心处理用户注册、认证、计费及网络管理功能，而信关站则负责呼叫处理、信号交换及与地面通信网络的对接。

此外，卫星互联网通常需要与地面互联网、移动通信网或其他专用网络协同工作。用户数据通过卫星中继传输，经馈电链路连接至地面信关站，最终接入地面通信网络。在典型的工作流程中，用户终端开机后首先进行注册申请，注册成功后，若用户发起通信请求，则通过控制信道申请建立连接。系统接受请求后，会向终端分配相应的通信资源，包括卫星和信关站标识、上下行波束号、时隙、频率或码字等信息。终端收到资源分配指令后，即可建立通信链路。由于用户终端和卫星均可能处于移动状态，通信过程中可能涉及星间或波束间切换以维持连接。通信结束后，终端释放信道资源，系统回收分配的时隙、频率等网络资源，以供后续使用。

### 11.1.3　卫星互联网分类

**1. 按照天地组网结构分类**

从天地组网结构的角度，卫星互联网可以分为"天星地网""天网地站"和"天网地网"三种模式。

天星地网：卫星之间没有星间链路，卫星之间不组网，而是通过星地链路与由地面网络连接的全球分布地球站组网。它是传统全球覆盖的卫星通信网主要采用的方式。

天网地站：每颗卫星都具有星上交换或路由处理能力，卫星之间有星间链路。其特点是用星间组网的方式构成独立的空间网络，整个系统可以不依赖地面网络独立运行。

天网地网：兼有天星地网与天网地站的特点，既有卫星组网，也有地面网络支持，它是空间和地面两张网络相互配合，共同构成天地一体化信息网络。目前来看，其是未来卫星互联网的发展趋势。

**2. 按照通信服务分类**

根据卫星链路承担的通信功能，卫星互联网可以分为以下两大类：一类是为用户或用户群提供互联网的高速接入；另一类是作为骨干传输网络，连接不同地理区域的互联网营运商。

利用卫星通信系统覆盖范围广的特性，可以将广阔地理范围内离散分布的单个用户或用户群（可能通过局域网连接）接入 Internet 骨干网中。

卫星系统作为骨干传输网络时，不同地理范围的互联网服务提供商（Internet Service Provider，ISP）通过卫星宽带通信系统提供的高速传输链路进行互连，完成远距离 ISP 之间的信息及时交互。

**3. 按照星座层级分类**

根据卫星星座层级的不同，卫星组网主要有单层卫星网络和多层卫星网络两种形式。

单层卫星网络主要是指由一层卫星星座组成的卫星网络。单层卫星网络主要包括静止轨道卫星网络和其他高度卫星网络两大类。不同轨道高度的卫星各自有其优缺点。低轨道卫星数量需求大，运动速度快，星间链路建立困难，星间拓扑变化复杂；高轨道卫星轨道高度较高，时延高且易受干扰；中轨道卫星则介于两者之间。

随着卫星互联网的发展，单层卫星网络已难以满足系统设计需求，具有星间链路的立体化多层卫星网络覆盖性能更好，有更好的覆盖仰角和覆盖重数，成为卫星通信领域的研究热点。

多层卫星网络的典型代表是双层卫星网络。双层卫星网络一般由低、中轨道卫星网络组成。低轨道卫星主要负责与小型移动终端、地面站等通信；中轨道卫星作为低轨道卫星的中继，并同时负责地面站与大型终端的通信。

在高、中、低轨道卫星构成的多层卫星网络中，中轨道与中轨道、低轨道与低轨道、高轨道与中轨道、中轨道与低轨道之间都可以建立星间链路。低轨道卫星主要为地面移动终端提供实时接入服务，中轨道卫星主要负责完成全球覆盖，高轨道卫星主要作为路由算法的中枢。

### 11.1.4 传输协议体系结构

卫星互联网实现天基卫星和地基互联网的互联互通，所构建的网络是一个结构复杂的庞大异构网络，势必要构建合适的传输协议体系结构。传统地面互联网以 TCP/IP 协议族为核心，卫星互联网要完成与地面互联网的互通，不可避免地要考虑 TCP/IP 协议体系结构。针对卫星通信网络拓扑动态、计算资源受限等特点，业界还提出了适用于卫星互联网的其他协议体系结构，包括空间数据系统咨询委员会（Consultative Committee for Space Data Systems，

CCSDS）协议体系结构、时延/中断容忍网络（Delay/Disruption Tolerant Network，DTN）协议体系结构和信息中心网络（Information-Centric Networking，ICN）协议体系结构等。

#### 11.1.4.1 TCP/IP 体系结构

现在地面互联网广泛采用的 TCP/IP 协议体系结构包括四层：应用层、传输层、网络层和网络接口层。

**1. 应用层**

应用层是 TCP/IP 的顶层。尽管部分应用层协议确实包含一些内部子层，但 TCP/IP 并没有进一步细分应用层。应用层基本上结合了 OSI 参考模型的显示层和应用层功能。应用层分为两类：直接向用户提供服务的用户协议和提供常用系统功能的协议。

**2. 传输层**

传输层主要为应用程序提供端到端的通信服务。目前，传输层协议主要有 TCP 和用户数据报协议（User Datagram Protocol，UDP）。TCP 是一种面向连接的传输服务，可保障端到端数据传输的可靠性、重新排序和流量控制过程；UDP 是一种无连接的"数据报"传输服务。

**3. 网络层**

网络层采用的主要通信协议是 IP。该层的主要任务是将发送端没有关联的数据包随机发送到任一网络上，这些数据包独立到达接收端，每个数据包之间没有关联。因此，这些数据包在到达接收端时可能出现乱序，如果对数据包到达接收端的顺序有要求，则需要在传输层进行数据包顺序控制。

**4. 网络接口层**

网络接口层主要是指通信主机主动构建的用于连接互联网的通信协议，便于通信主机在其直接连接的网络信道上进行广播。由于网络接口层并没有具体的规定，所以这一层的实现方式主要由使用的协议决定。

TCP/IP 适用于网络链路较短、网络环境较为稳定的场景，该协议具有良好的端到端能力、高层协议功能及协议标准化能力。但 TCP/IP 协议在地面网络中使用的握手、重传、超时等机制并不适用于卫星互联网络，数据传输效率比较低，需要针对卫星网络进行适应性改造。

#### 11.1.4.2 CCSDS 体系结构

CCSDS（国际空间数据咨询委员会）于 1982 年由世界主要卫星空间机构联合成立，主要讨论空间数据系统发展和运行中的常见问题。目前，该委员会由 11 个成员机构、28 个观察员机构和超过 140 个工业伙伴组成。

自成立以来，CCSDS 一直在积极制定空间数据和信息传输系统的标准建议书，用于实现空间合作机构的互用性和交叉支持，促使多机构航天合作得以实施。

为了更好地适应卫星空间环境，20 世纪 80 年代，CCSDS 提出了分组遥测、遥控协议，高级在轨系统标准，遥测技术（Telemetry，TM）同步和信道编码，遥测指令（Telecommand，TC）同步与信道编码协议。后来，CCSDS 在 TCP/IP 协议的基础上，进行协议的机制修改和扩充，制定了空间通信协议规范（Space Communication Protocol Specification，SCPS）。SCPS 协议族实现了空间通信网络高效可靠的数据传输。CCSDS 空间通信协议参考模型如图 11-1 所示。

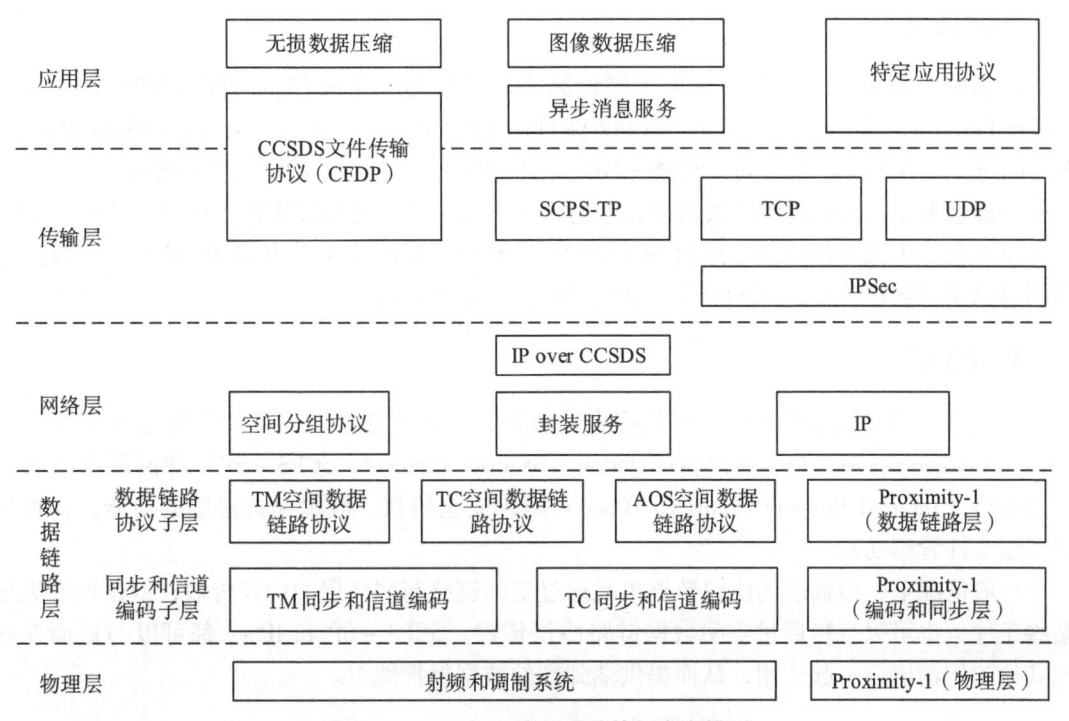

图 11-1　CCSDS 空间通信协议参考模型

### 1. 物理层

CCSDS 对物理层有一个综合标准，称为射频和调制系统，用于航天器和地球站之间的空间链路。Proximity-1 空间链路协议是一个跨层协议，同时包含接近数据链路层和物理层的协议。

### 2. 数据链路层

CCSDS 为数据链路层定义了两个子层：数据链路子层与同步和信道编码子层。数据链路协议子层规定了在点到点空间链路上，使用传输帧（Transfer Frames，TF）承载上层数据单元的方法。同步和信道编码子层规定了帧的同步和信道编码方式。

CCSDS 提供了 4 种数据链路子层协议，分别是空间数据链路协议 TM、空间数据链路协议 TC、高级在轨系统（Advanced Orbiting System，AOS）空间数据链路协议和 Proximity-1 空间链路协议的数据链路层部分。这些协议提供了通过单个空间链路发送数据的能力。TM 协议、TC 协议和 AOS 协议能够支持使用空间数据链路安全（Space Data Link Security，SDLS）协议保护用户数据，同时，数据链路安全性协议可以为 TM 传输帧、AOS 传输帧和

TC 传输帧提供认证、机密性保护等安全服务。

CCSDS 为同步和信道编码子层制定了三个标准，分别是 TM 同步和信道编码、TC 同步和信道编码、Proximity-1 空间链路协议的编码和同步层。TM 同步和信道编码用于 TM 或 AOS 空间数据链路协议，TC 同步和信道编码用于 TC 空间数据链路协议，Proximity-1 空间链路协议的编码和同步层用于适配 Proximity-1 协议数据链路层。

### 3. 网络层

网络层提供了星上子网和地面子网的路由转发功能，主要包括空间分组协议（Space Packet Protocol，SPP）和空间通信协议标准-网络协议（Space Communications Protocol Specification-Network Protocol，SCPS-NP）两种协议，主要用于网络层接口连接。

一般情况下，SPP 的协议数据单元应用程序不是由单独的协议实体生成和使用的，而是在卫星平台上生成并使用的。通过 SCPS-NP，地面互联网开发的 IPv4 和 IPv6 也可以通过空间链路实现数据传输，与 SPP 和 SCPS-NP 进行多路复用。

### 4. 传输层

传输层主要对数据传输过程中的可靠性负责，主要包括空间通信协议标准-安全协议（Space Communications Protocol Specification-Security Protocol，SCPS-SP）和网际网络协定安全规格（Internet Protocol Security，IPSec）两种安全协议，既提供传输层的功能，又提供应用层文件管理功能。

一般情况下，传输层的协议数据单元通过空间链路与网络层的协议传输，但是如果满足某些条件，也可以直接通过空间数据链路协议传输。SCPS-SP 和 IPSec 都可以与地面互联网其他的传输协议一起使用，从而提供端到端的数据保护能力。

### 5. 应用层

应用层针对不同的应用场景开发了以下几种协议：

①空间通信协议标准-文件协议（Space Communications Protocol Specification-File Protocol，SCPS-SF）异步消息服务（Asynchronous Message Service，AMS）；

②文件传输协议（CCSDS File Delivery Protocol，CFDP）；

③无损图像压缩、无损数据压缩协议。

#### 11.1.4.3 DTN 体系结构

美国国家航空航天局（National Aeronautics and Space Administration，NASA）提出的延迟容忍网络（Delay Tolerant Networking，DTN）协议，为空间网络通信提供了一种新的解决方案。

与传统的 TCP 改进协议相比，DTN 协议具有优越的吞吐性能，在面对高动态、高时延、高误码、频繁链路切换等问题时，作为空间网络的组网协议，DTN 协议更有优势，其通过为空间网络分配标识，来实现空间节点与地面节点的互联互通。

DTN 协议概念最早起源于 1998 年美国国家航空航天局喷气推进实验室的星际互联网研究项目。随后在 2002 年，该项目组成立 DTN 协议研究小组，并相继提出 RFC4838、RFC5050、

RFC6257 等 DTN 协议标准。2014 年，IETF 组织成立工作组进行修订 DTN 协议等工作。

DTN 协议栈示意图如图 11-2 所示。DTN 协议在传统 OSI 模型的应用层下插入束（Bundle）层和会聚层；同时，DTN 协议通过束层和不同的会聚层协议，支持不同类型的低层网络的互联互通。DTN 协议使用逐跳转发的数据传输模式来保证数据传输的可靠性，该协议中不需要在发送端与接收端之间建立持续通信通道，也不需要匹配信息保管传递机制。同时，为了解决空间网络通信中的链路中断问题，DTN 协议采用存储转发的工作方式。这种工作方式下，当空间网络通信中缺少直接的传输路径时，中间节点会把数据暂时存储起来，等待下次传输的机会。

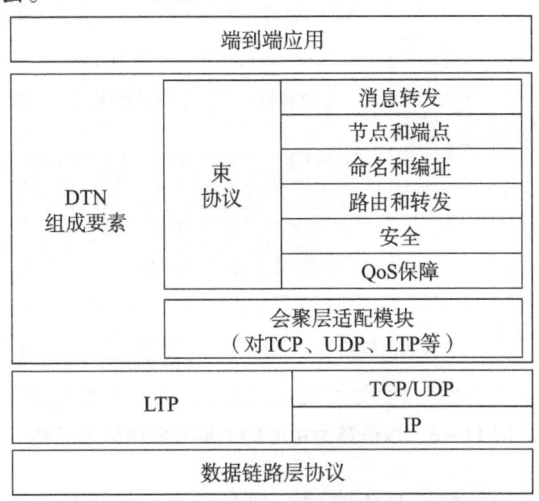

图 11-2　基于 DTN 的空间网络体系结构

束层是 DTN 协议栈中最重要的协议系统之一，主要负责应用层数据承载、路由数据转发等功能。束层使用束作为传输单元，在发送文件时，首先根据通信系统设置的束大小，将需要传输的源文件分割成众多束，以束中的 EID 字段为数据计算路由。其中，EID 字段包括节点号与服务号，节点号用来区分不同的空间节点，服务号用来区分不同的服务。

### 11.1.4.4　ICN 体系结构

ICN 又称内容中心网络（Content-Centric Networking，CCN），作为新型网络体系架构，已获得到国内外研究者和研究机构的广泛关注。ICN 将网络通信模式从以端为中心转变为以数据内容为中心，直接对内容进行统一标识并基于内容标识进行定位、路由和传输，使用网内缓存（In-network caching）系统加速内容分发，将网络打造成信息传输、存储和服务的一体化平台，并力图克服传统网络体系结构存在的可扩展性、安全性、移动性问题。

ICN 以其新颖的设计理念和良好的性能表现成为未来网络体系结构方面主流的研究方向之一，也为卫星互联网的发展提供了一种可供参考借鉴的设计思路。特别是 ICN 面向无连接、支持移动性等优势，迎合了移动互联网的动态拓扑特性。

以信息为中心的卫星互联网体系结构可以分为三层：业务层、内容层和传送层（图 11-3），网络中的业务数据被抽象成具有唯一标识的内容。基于内容名字，业务层调用内容层实现内容和服务的发布。传送层提供传输通道和电路，用于节点间消息传递；其可以建立在光纤、卫星通信等方式的传统链路协议之上，为方便网络过渡和异构网络融合，也应支持 IP 协议。

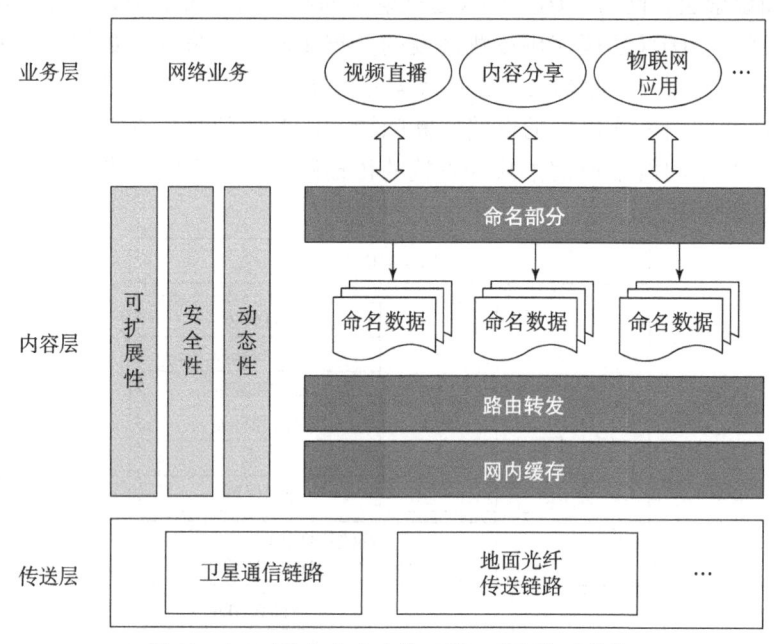

**图 11-3　以信息为中心的卫星互联网体系结构**

以信息为中心体系结构的核心是内容层，包含三个功能模块：内容命名、路由转发、网内缓存。内容命名关注名字的结构与功能。路由转发负责信息检索和转发。网内缓存基于名字缓存信息。内容层还充分考虑可扩展性、安全性、拓扑动态性等特性。

在内容层采用"发布-请求-响应"的内容获取模式。网络功能实体分为内容源（Provider）、内容请求者（用户）（Consumer）、内容路由器（Content Router，CR）三类。内容源负责内容的产生和发布，用户作为内容请求者直接以内容标识来请求内容，内容路由器负责根据内容标识找到并返回用户所请求的内容，并提供缓存能力。

支持的通信模式包括用户驱动和内容源驱动两种。用户驱动是指内容数据首先被发布到网络，然后才能被请求；内容源驱动是指用户先将包含信息名及位置的订阅发布到网络，内容根据路由中的订阅被推送给用户。

## 11.1.5　典型接入体制标准

传统的卫星通信网络接入体制来源于各开发厂商，归厂商私有，没有实现标准化，无法互通，每个卫星通信接入体制的用户数量不超过百万量级，难以形成规模优势。随着卫星互联网的发展，星地移动通信不断融合，形成产业合力。本节介绍欧洲电信标准化协会（European Telecommunications Standards Institute，ETSI）数字视频广播（Digital Video Broadcast，DVB）标准和第三代合作伙伴计划（3rd Generation Partnership Project，3GPP）5G 非地面网络（Non-Terrestrial Networks，NTN）两个主流标准。

#### 11.1.5.1　DVB 体制

DVB 是数字视频广播标准的总称，卫星数字视频广播（DVB－S）于 20 世纪 90 年代由 ETSI 制定，其演进版本 DVB－S2 于 2004 年发布。

2000 年通过的 DVB－RCS 标准具有里程碑意义，作为全球首个双向宽带卫星通信标准，其开放性特点使其被 SatNet、Alkatel 等众多厂商广泛采用。

2012 年问世的 DVB－RCS2 标准在前向链路上兼容了 DVB－S2 技术，显著提升了系统灵活性，同时强化了管理和控制功能。2014 年发布的 DVB－S2X 标准通过采用更小的滚降系数、增加更多编码调制方式、支持三信道绑定等技术手段，大幅提升了频谱利用效率。特别是其创新的甚低信噪比模式，使系统在 －10 dB 的恶劣环境下仍能保持可靠通信。

DVB 系统支持两种典型的部署场景：透明转发和再生处理。透明转发模式下，卫星仅作为信号中继节点，可采用星状或网状拓扑结构。星状拓扑中所有通信都需经过信关站转发，虽然实现简单，但是对信关站性能要求高且时延较大；网状拓扑则允许终端直接通信，有效降低了时延，但对终端性能要求更高。再生处理模式下，卫星搭载星载处理器，具备信号处理、交换和路由功能，能够实现更灵活的组网方式。欧洲的 AmerHis 系统就是典型代表，其上行采用 DVB－RCS 标准配合 Turbo 编码/QPSK 调制，下行采用 DVB－S 标准配合 RS 级联卷积编码/QPSK 调制。

#### 11.1.5.2　3GPP NTN 体制

3GPP 组织从 R14 阶段开始关注卫星通信与 5G 的融合，在 R15 阶段启动了 NTN 研究。3GPP 5G NTN 体制能够适配 3GPP 国际标准，可以充分复用地面移动网络及终端的成熟产业链，降低空间段研制部署的技术难度和成本，并且使系统具有面向未来 6G 移动通信时代的持续演进能力，展现出很强的发展潜力。

NTN 是 5G 技术向空、天、地一体化演进的重要方向，旨在通过卫星、高空平台（如无人机、平流层飞艇）等非地面设施，弥补传统地面网络覆盖不足的缺陷，实现全球无缝通信，而且能够为工业互联网、智慧城市等垂直领域提供高可靠、低时延的通信支持。

NTN 体制在标准中不断迭代和演进，Rel－15/16 初步定义了 NTN 的架构与接口，支持卫星接入 5G 核心网，但未解决高时延与移动性管理问题。Rel－17 重点研究透明载荷架构下的增强方案，包括时延补偿、移动性优化及物联网扩展应用。Rel－18 及后续版本将聚焦再生载荷架构与星地融合协议，推动 NTN 与地面网络的无缝协作。其中，R17 和 R18 标志着该技术从初步标准化到功能增强的重要里程碑。随着低轨卫星发射数量的激增和标准化工作的推进，NTN 技术逐渐从理论研究迈向商业化部署，成为 5G 乃至未来 6G 网络的重要组成部分。

NTN 主要采用 Ka 波段和 Ku 波段，结合毫米波技术提升传输速率，但需克服信号衰减与覆盖范围限制。物理层技术如大规模天线阵列（Massive MIMO）和波束赋形被用于增强信号稳定性。

在 NTN 中，根据卫星或高空平台在空间段的作用不同，网络架构可分为透明载荷架构和再生载荷架构两种。

(1) 透明载荷架构

在透明载荷架构中（图11-4），卫星或高空平台仅作为射频中继节点，只需要对接收信号进行射频滤波、变频和放大处理，且波形信号并不会发生改变。用户设备（User Equipment，UE）与卫星或高空平台之间的服务链路（service link）、卫星或高空平台与NTN网关之间的馈电链路（feeder link）均采用5G的Uu接口。NTN网关将新无线（New Radio，NR）Uu口信号转发至地面基站下一代基站（The Next Generation Node B，gNB）。不同的透传卫星可以连接相同的地面基站gNB，从而gNB可以视为拥有大量广域覆盖的不同波束或扇区。

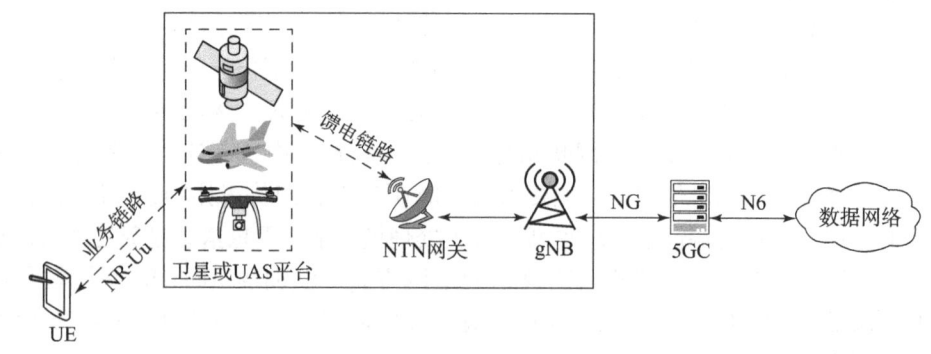

图11-4 NTN透明架载荷构

该架构UE与gNB之间所传输的数据只进行透传处理，从而可以兼容现有地面网络，但无法通过路由来建立卫星间链路（Inter Satellite Links，ISL），无法在卫星之间对数据包进行路由处理，传输时延较大。

(2) 再生载荷架构

在再生载荷架构（图11-5）中，卫星或高空平台完成信号再生处理，进行调制/解调、编码/解码、交换或路由等处理，并根据gNB的集中单元（Centralized Unit，CU）和分布单元（Distributed Unit，DU）是否分离，可在卫星或高空平台上实现部分或全部gNB功能。服务链路采用NR-Uu口，不同于透明转发架构，馈电链路采用卫星私有空口（Satellite Radio Interface，SRI）；NTN网关作为传输网络层节点，支持不同星载gNB连接相同的地面5G核心网。该架构可减少传输时延并提升网络灵活性，但对载荷设备的能力要求更高。

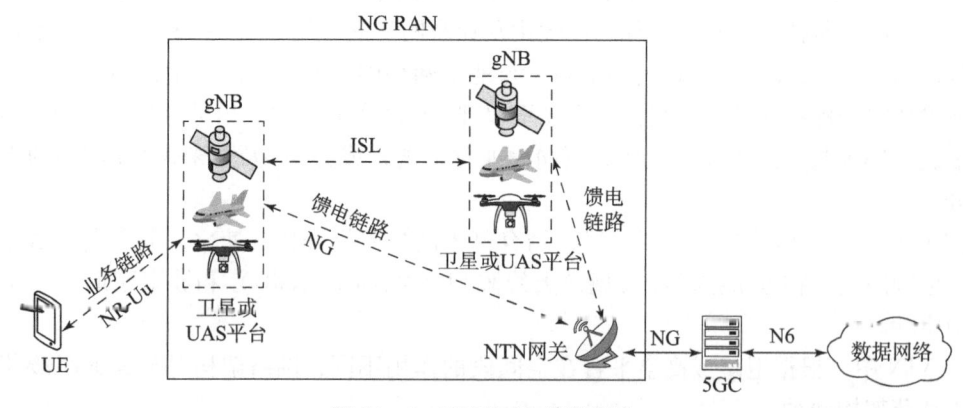

图11-5 NTN再生载荷架构

## 11.2 卫星互联网关键技术

相比地面网络，卫星互联网面临着更加复杂的信道环境，具有高动态、大时延、频繁切换等难点，给卫星互联网的实现和性能提升带来极大挑战，需要围绕无线传输、组网、通信计算融合等多个方面开展关键技术研究。本节主要介绍无线传输波形技术、跳波束技术、随机接入技术、卫星星座路由技术、通信与计算资源融合调度技术。

### 11.2.1 无线传输波形技术

在有限的功率和频谱资源条件下，传输波形是决定通信速率的关键技术。下面介绍正交频分复用（Orthogonal Frequency Division Multiplexing，OFDM）和正交时频空间（Orthogonal Time Frequency Space，OTFS）两种典型的波形。

#### 11.2.1.1 OFDM 波形

基于 3GPP 5G 新空口 NR 的卫星互联网无线传输波形采用循环前缀 – 正交频分复用（Cyclic Prefix – OFDM，CP – OFDM）和离散傅里叶变换 – 扩频正交频分复用（Discrete Fourier Transform – spread – OFDM，DFT – s – OFDM）。DFT – s – OFDM 和 CP – OFDM 波形由于子载波间的正交性，避免了频带间保护间隔的额外开销，频谱利用率可以达到 0.93。

和 DVB 系统使用的 TDMA 波形相比，5G 使用的 CP – OFDM 和 DFT – s – OFDM 波形支持以物理资源块（Physical Resource Block，PRB）为颗粒度的频域资源分配，从而能够在单位时间内包含更多用户，并且用户的业务量大小可以差异化，做到对频域资源的"见缝插针"式有效处理。即 OFDM 比 TDMA 在多用户的资源分配和调度上具有更好的灵活性。

此外，CP – OFDM 波形更易于终端实现。以下行为例，对于大带宽 500 MHz，TDMA 波形和 DFT – s – OFDM 波形需要终端直接接收 500 MHz 的带宽，这对于终端实现是个挑战；而 CP – OFDM 波形只需要终端接收其实际数据的发送带宽，有利于差异化终端类型的实现。

但是，OFDM 在高动态环境下也存在一些局限性，包括以下方面。

①多普勒频移敏感：LEO 卫星高速运动（如 7~8 km/s），导致子载波间干扰，传统频偏补偿算法复杂度高。

②多径效应：星地链路经过电离层、对流层等，时延扩展显著，OFDM 依赖循环前缀（CP），频谱效率降低。

③导频开销大：动态信道需频繁插入导频，占用本已紧张的卫星带宽。

因此，业界开始研究设计新型波形，OTFS 就是具有代表性的一种。

#### 11.2.1.2 OTFS 波形

OTFS 是一种二维调制技术，其将信号映射到时延 – 多普勒域，而非传统的时频域。OTFS 波形可利用二维逆辛有限傅里叶变换（Inverse Symplectic Finite Fourier Transform，ISFFT）将时延多普勒（Delay – Doppler，DD）域上的每个信息符号扩展到整个时频（Time – Frequency，TF）域平面上，使每一个传输符号都经历一个近似恒定的信道增益，具有良好的鲁棒性。相应地，利用辛有限傅里叶变换（Symplectic Finite Fourier Transform，SFFT）便可将时频域上的传输符号映射回时延 – 多普勒域上。

OTFS 核心优势如下。

①抗高动态能力：多普勒效应转化为固定相位偏移，实验显示，在 LEO 场景下，误码率（BER）比 OFDM 低 1~2 个数量级。

②多径能量利用：时延域分离多径分量，通过均衡合并提升信噪比（SNR），频谱效率提高 20%~30%。

③低导频开销：信道在时延–多普勒域变化缓慢，导频密度可降至 5% 以下。

OTFS 为卫星互联网提供了抗多普勒、抗多径的高效物理层解决方案，尤其适合低轨星座的高动态场景。

目前，将 OTFS 应用于未来星地通信场景仍存在检测算法复杂度大、硬件要求高、国际仍未对帧结构和协议栈进行统一标准化，以及服务多用户的多址方案仍未成熟等问题，需要进一步研究和解决。

### 11.2.2 跳波束技术

在卫星互联网中，单一波束卫星覆盖地面的大范围波束已不能满足地面用户对数据速率和连接密度日益增长的需求。与单一波束卫星相比，多波束卫星的窄波束集中了发射功率，并提高了信噪比，从而进一步提升了系统吞吐量。然而，传统的多波束卫星配备的是固定的波束和转发器，因此无法动态分配资源。在这种情况下，由于用户流量请求的非均匀性可能在不同时间段发生变化，会造成资源浪费。此外，卫星有限的有效载荷资源也限制了在同一卫星覆盖区域内同时为小区提供窄波束服务的能力。

解决这一问题的一个有前途的方案是实施跳波束技术，该技术使卫星能够在时间分集方式下用有限数量的波束为多个小区提供服务。通过多端口放大器和相控阵天线，可以控制卫星的波束方向、大小和形状。因此，卫星可以灵活地分配带宽和功率资源给各个波束。这种灵活性对于满足小区的服务质量要求，同时高效利用卫星上的有限通信和计算存储资源至关重要。图 11-6 所示为多星跳波束的示意图。

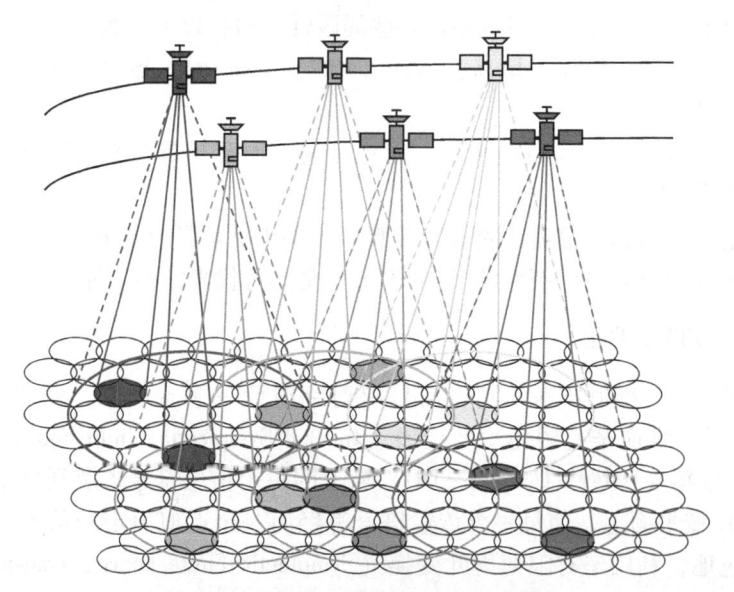

图 11-6 多星跳波束示意图（附彩插）

跳波束研究可以分为两类，包括星内跳波束策略和星间协作跳波束策略。有研究提出了交换匹配算法来减小流量请求和容量之间的差距。波束单元被动态地划分为多个具有可比负载的簇，然后在簇间干扰隔离的情况下制定了波束跳变策略。相比于单颗卫星的场景，星间跳波束设计不仅需要抑制星内干扰，还需要考虑星间干扰。为此，有研究通过星内跳波束和额外的星间干扰协调，发展了一种多星跳波束设计方法，其中，卫星与波束单元之间的服务关系由负载均衡方法确定。此外，提出了一种在双星协作场景下的增强启发式波束跳变方法，该方法有助于提高频谱效率。目前的跳波束研究虽然可以获得较高的业务满意度，但其波束方向图设计主要依赖瞬时传输需求，没有考虑潜在的星间切换和对地面网络的干扰。

### 11.2.3 随机接入技术

当前地面无线网络广泛采用固定分配的正交多址接入技术。固定分配正交多址接入技术由于具有技术成熟度高、信道利用效率高的优点，在长时连接型通信业务中表现出显著优势。但是卫星互联网具有终端数量庞大、卫星移动速度快、网络结构动态变化、星上资源受限以及星地传播时延长、路径损耗大等特点，固定分配正交多址接入技术在该环境下因频繁的信令交互而显得低效。

与传统固定分配的多址接入技术相比，随机接入技术可以有效地提高系统资源的利用率。然而，这种接入方式对于数据包碰撞具有较低的容忍性，特别是在信道负载增加时，系统的性能可能会急剧下降。为了解决这些问题，提出了一系列基于竞争解决的增强型随机接入技术，包括竞争解决分集时隙 ALOHA 技术、非规则重传时隙 ALOHA 技术、编码时隙 ALOHA 技术等。这些技术可以看作 NOMA 技术与随机接入技术的结合，其核心思想是利用串行干扰消除技术消除碰撞对系统性能造成的影响，从而达到提升系统信道利用率的目的。

此外，免授权随机接入因其简单的接入过程而受到广泛关注。免授权随机接入的核心思想是激活设备在发送前导序列后，无须等待基站的授权，便直接发送数据信号，从而可以显著降低大规模接入情况下的接入时延和信令开销。

根据 3GPP 的讨论结果，免授权接入过程分为两类：基于随机接入信道（Random Access Channel，RACH）的免授权接入和无 RACH 的两步免授权接入。

在基于 RACH 的免授权接入协议中，用户首先传输前导码序列，基站基于前导码序列进行激活设备检测和信道估计，并向用户发送相应信息，用户接收到来自基站的随机接入响应后，即可结束随机接入过程，并在剩余时隙内继续进行数据传输，无须再次获得基站授权。在无 RACH 的两步免授权接入协议中，设备采取"即到即发"传输方式。当没有数据到达时，设备处于休眠状态，一旦有数据需要传输，设备由休眠状态转变为激活状态，直接向基站传输短数据包。数据包中包含前导码序列和上行数据。在接收端，基站一旦检测到存在设备接入，则立刻检测前导码序列，以识别激活设备并估计其信道状态信息，便于后续根据信道估计结果进行数据检测。

目前关于免授权传输的研究，主要有资源定义、分配和选择、同步、UE 检测和数据检测、潜在冲突管理和可靠性增强、混合自适应重传技术、链路自适应和功率控制程序的细节与设计等方面。免授权随机接入的主要流程如图 11-7 所示。

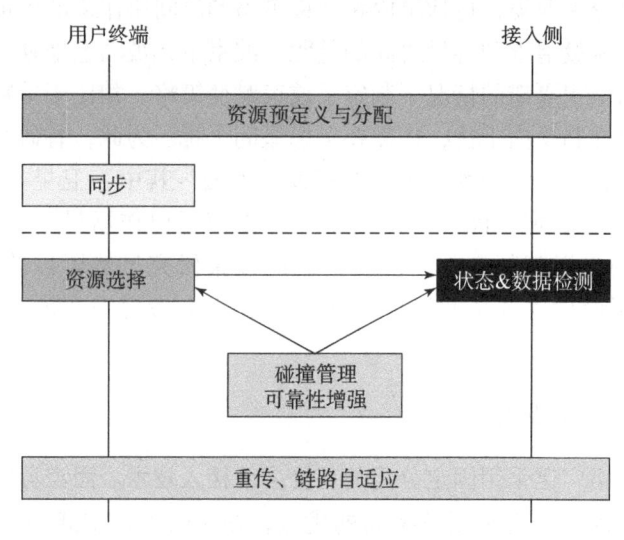

```
              用户终端                        接入侧
                ┌─────────────────────────────┐
                │      资源预定义与分配        │
                └─────────────────────────────┘
                ┌──────┐
                │ 同步 │
                └──────┘
   - - - - - - - - - - - - - - - - - - - - - - - - - - -
                ┌──────────┐              ┌──────────────┐
                │ 资源选择 │ ◄──────────► │ 状态&数据检测│
                └──────────┘              └──────────────┘
                         ┌──────────────┐
                         │  碰撞管理    │
                         │  可靠性增强  │
                         └──────────────┘
                ┌─────────────────────────────┐
                │      重传、链路自适应       │
                └─────────────────────────────┘
```

图 11-7　免授权随机接入过程

### 11.2.4　卫星星座路由技术

路由作为通信网络的核心关键技术，负责确定数据传输路径，直接影响着网络性能，也是卫星互联网需要解决的核心问题。

目前针对地面网络的路由技术已经相当成熟，IP 相关路由协议包括开放式短路径优先（Open Shortest Path First，OSPF）协议、路由信息协议（Routing Information Protocol，RIP）、中间系统到中间系统（Intermediate System to Intermediate System，IS-IS）协议、内部网关路由协议（Interior Gateway Routing Protocol，IGRP）以及增强型内部网关路由协议（Enhanced Interior Gateway Routing Protocol，EIGRP）等。但是这些协议大多需要在连接拓扑变化时交换网络拓扑信息，难以直接用于卫星网络，主要原因是卫星网络具有网络拓扑变化剧烈、路由表更新频繁、单星载荷受限、节点流量不均衡、卫星损坏概率大等，卫星网络的这些特点给卫星路由协议和算法设计带来巨大挑战。

针对卫星网络的动态时变特性和星上资源受限的运行环境，卫星网络路由技术的设计主要包括两个方面：将动态时变的卫星网络拓扑简化成静态网络拓扑，然后借鉴成熟的地面网络路由技术设计卫星网络路由算法；采用集中式组网架构将复杂的路由计算放在地面信关站，而卫星节点只负责转发。下面将分别介绍这两种路由技术。

#### 11.2.4.1　基于动态拓扑解耦的路由

卫星不断地沿着各自的轨道运转，导致整个卫星网络的拓扑结构快速而有规律地变化着。由于卫星网络节点的数目相对固定，利用这些周期和规律，日凌、轨道调整、姿态调整等计划性的链路通断等引起的拓扑变化也可以被预测。

结合卫星轨道数据和可预测的拓扑变化信息，可以先采用虚拟化策略来屏蔽拓扑动态性，然后针对静态的拓扑序列，借鉴成熟的地面网络路由技术来设计卫星网络的路由算法。常用的动态拓扑的解耦策略主要包括基于时间虚拟化的虚拟拓扑法和基于空间虚拟化的虚拟节点法。

**1. 基于时间虚拟化的虚拟拓扑法**

其基本思想是利用星座拓扑的周期性和可预测性来优化路由。该类方法将一个星座系统周期分成若干个时间片（图 11-8），每一个时间片都足够短，星间链路仅在时间片的分割点发生变化，从而可以认为在一个时隙内网络拓扑结构是固定不变的。每个时间片内的拓扑均可看作静态拓扑，称为虚拟拓扑或者"快照"，进而可以运用诸如 Dijkstra 最短路由算法来计算任意两颗卫星之间的最优路径。

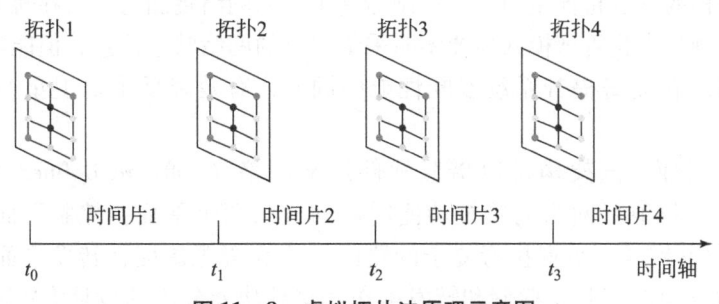

图 11-8 虚拟拓扑法原理示意图

虚拟拓扑法策略的优点是基础路由可以在地面预先计算后上传给卫星。卫星载荷只需要在时间片的分割点更新星载路由表，从而减少星上的计算开销。同时，星载路由表可以加入备用路径的选项，从而支持路由故障的快速恢复，加强稳定性。

尽管虚拟拓扑法可用于多层混合星座，但是随着卫星数目的增加，拓扑维持时间将缩短，而虚拟拓扑数目将增加，进而导致较大的拓扑管理和路由开销。

**2. 基于空间虚拟化的虚拟节点法**

虚拟节点方法通过空间区域划分来消除卫星移动性带来的拓扑变化。虚拟节点法的拓扑策略是从空间上将星座覆盖区域进行虚拟化，将地理区域划分为若干个小区，称为虚拟节点。这些虚拟节点具有固定的地理位置坐标和唯一的逻辑标识符。在系统运行过程中，每个虚拟节点会与当前覆盖该区域的物理卫星建立动态绑定关系，共享相同的逻辑地址空间。

当卫星沿轨道移动离开当前服务区域时，系统会自动将该虚拟节点的所有网络属性（包括逻辑地址、路由表项和链路状态信息）无缝转移给新进入覆盖区域的后续卫星。通过这种动态映射机制，虽然在物理层面卫星持续运动，但在逻辑层面网络拓扑保持完全静止。这种抽象使得我们可以直接应用传统的地面路由算法，在由虚拟节点构成的逻辑网络上计算最优传输路径。

虚拟节点的交接过程可能发生在两种场景下：一是同一轨道面内前后卫星之间的交接，这种情况下，虚拟节点间的拓扑关系完全保持不变；二是不同轨道面卫星间的交接，由于地球自转等因素，这种情况需要周期性地进行拓扑关系校正。这种基于地理区域的路由方案还能自然支持终端移动性管理，通过将终端设备与其所在区域的虚拟节点绑定，可以快速确定当前服务卫星。

相比时间虚拟化方法，空间虚拟化方案具有独特的优势：首先，逻辑拓扑完全静态，无须频繁更新路由信息；其次，计算复杂度低，特别适合资源受限的星载环境。但该方法也存在一定局限性：主要适用于构型规则的单层星座系统，对卫星天线的波束指向和覆盖稳定性要求较高，需要具备精确的地球固定覆盖能力。此外，跨轨道面的虚拟节点交接需要额外的拓扑维护机制来保证网络一致性。

### 11.2.4.2 集中式路由

集中式路由架构采用中心化控制的设计理念，通过部署地面中央控制器来统一管理全网路由策略。该架构的核心特征是由中央控制器基于全局网络视图为所有在轨卫星节点计算并下发路由表。这种集中化管理模式需要实时采集完整的网络状态信息，但能够实现网络资源的统一优化配置，在显著提升系统吞吐性能的同时，有效降低了对卫星节点计算能力的要求。

在具体实现层面，该架构可以借鉴软件定义网络（Software Defined Network，SDN）的先进设计思想，将卫星网络的管控功能明确划分为两个平面：控制平面，由地面部署的 SDN 控制器集群构成，负责执行复杂的路由计算和资源调度；转发平面，由在轨卫星组成，专注于数据包的接收、存储和转发操作。这种功能分离的设计大幅减轻了卫星载荷的处理负担。

系统运行时，分布在全球各地的信关站持续监测并收集卫星网络和地面网络的拓扑状态信息，通过专用控制通道将这些信息汇总至 SDN 控制器。控制器整合分析这些数据后，运用先进的路由算法为每颗卫星生成精确的时间戳路由表，包含主用路径和多个备用路径选项。这些路由表通过信关站定期上传至各卫星节点。在两次路由更新之间，卫星节点严格按照预定的时间片执行路由表切换。当检测到主用路径故障时，系统会自动切换到备用路径，确保业务连续性。同时，控制器会实时接收故障告警信息，重新计算受影响节点的路由策略并立即更新。

集中式架构具有多重优势：首先，中央控制器基于全局网络视图进行路由决策，能够实现真正的最优路径选择；其次，支持精细化的资源预留和 QoS 保障，满足不同业务的差异化需求；此外，通过集中管控可以大幅降低星上计算资源消耗。然而，在超大规模星座场景下，纯集中式架构可能面临控制信令传输延迟、拓扑更新滞后等扩展性问题。

为提升系统鲁棒性，现代卫星网络通常采用混合路由策略，在保持集中控制优势的同时，引入分布式路由机制。具体而言，允许卫星节点在特定情况下（如控制链路中断时）基于局部拓扑信息进行自主路由决策。这种混合架构既保留了集中式控制的全局优化能力，又通过分布式机制增强了系统的灵活性和可靠性，特别适合节点规模庞大、拓扑复杂的现代巨型星座系统。实践表明，该架构能有效平衡网络性能与实现复杂度，是当前卫星互联网路由技术的主流发展方向。

### 11.2.5 通信与计算资源融合调度技术

卫星互联网凭借其广域覆盖、灵活部署的特性，成为弥补地面网络不足的核心手段。然而，卫星的物理限制（如能源供应、计算能力、存储容量）以及动态拓扑（由高速移动的卫星轨道变化引起）给通信与计算资源的融合调度带来了显著挑战。如何在高动态、异构化的卫星网络环境中实现资源的高效协同，以支撑低时延、高可靠、高安全的业务需求，成为技术发展的关键方向。

卫星互联网的通信资源受限于星间链路带宽和星上硬件能力，计算资源则因卫星载荷的体积与功耗约束而相对匮乏。例如，低轨卫星需在高速移动中维持稳定的星间通信链路，同时处理海量物联网设备上传的实时数据。若依赖传统的地面数据中心集中处理，数据回传的延迟将显著影响业务时效性。此外，卫星网络拓扑的频繁变化导致路由算法复杂度激增，静态资源分配策略难以适应动态需求。这些问题共同催生了通信与计算资源融合调度技术的需求，其核心目标在于通过星上智能决策与分布式协同，实现资源利用效率的最大化。目前典型的应用场景包括任务卸载、信息时效性保障、能源效率优化等。

**1. 任务卸载**

任务卸载是卫星互联网中解决终端设备计算能力不足的核心技术。不同于地面边缘计算，卫星网络的卸载决策需综合考虑星间链路质量、星上计算负载及任务时效性。部分研究提出，将计算任务分割为子任务，通过星载边缘计算节点就近处理高实时性任务，而复杂任务则通过星间链路协同多颗卫星并行处理。这种方式既能减少数据回传至地面的延迟，又可缓解单颗卫星的计算压力。例如，星上边缘计算服务器可对遥感图像进行预处理，仅将关键信息传回地面，大幅降低传输带宽需求。同时，智能算法被引入动态调整卸载策略，例如，基于深度强化学习的框架能够实时感知网络状态，优化任务分配与资源调度，从而在动态环境中平衡时延与能耗。

**2. 信息时效性保障**

信息时效性是卫星互联网的另一关键指标，尤其在应急通信、环境监测等场景中，数据的新鲜度直接影响决策的有效性。卫星网络通过优化数据采集与处理链路来提升时效性。例如，在遥感应用中，星上实时处理技术可将原始数据在轨压缩或分析，直接生成可用结果并转发至地面站，避免原始数据长距离传输的延迟。此外，低轨卫星星座的密集部署为多星协同提供了可能，通过智能路由算法选择最短路径传输高优先级数据，进一步缩短端到端时延。

**3. 能源效率优化**

能源效率是卫星资源调度的核心约束之一。卫星依赖太阳能供电，能源供应具有间歇性，且星上计算负载与通信能耗需严格匹配。现有技术通过动态功耗管理优化能源分配，例如，在光照充足时提升计算能力，在阴影区降低非关键任务负载。同时，星间能量协同成为新兴研究方向，通过能量波束或无线能量中继技术，实现卫星间的能量互补，延长单星任务周期。此外，轻量化算法设计（如低复杂度路由协议、稀疏数据处理）也被用于减少计算与通信的能耗。

另外，智能优化算法的应用为卫星互联网资源调度提供了新思路。传统优化方法难以应对高动态网络环境，而深度强化学习等算法通过自主学习和在线决策，能够适应拓扑变化与业务波动。例如，基于多智能体协同的框架可让卫星节点自主协商资源分配策略，在局部信息有限的情况下实现全局效率优化。此外，数字孪生技术被用于构建卫星网络的虚拟映射，通过仿真预测资源需求并提前制定调度方案，从而降低实时决策的复杂度。

总之，卫星互联网的通信与计算资源融合调度技术正朝着智能化、分布式、高可靠的方向发展。未来，随着星上处理能力的提升与人工智能技术的深度融合，卫星将不仅作为数据传输中继，更能成为具备自主决策能力的智能节点。例如，通过星载 AI 模型实时分析气象数据并生成灾害预警，或通过星间区块链实现去中心化信任机制，进一步提升网络的安全性与协同效率。这一演进不仅将推动卫星互联网在民用领域的广泛应用，还为国防、深空探测等战略需求提供了坚实的技术支撑。

## 11.3 典型卫星互联网星座

当前全球范围内掀起了低轨卫星互联网星座建设热潮，多个国家和企业纷纷布局这一战略领域。本节将详细介绍美国 SpaceX 公司的"星链"系统、英国一网公司的"一网"系统以及美国亚马逊公司的"柯伊伯"系统等具有代表性的卫星互联网星座项目，并分析其技术特点和发展现状。

### 11.3.1 美国 SpaceX 公司的"星链"系统

"星链"是美国 SpaceX 公司于 2015 年提出的巨型低轨卫星互联网星座，将在低地球轨道部署 4.2 万颗卫星，提供全球覆盖的低时延天基宽带互联网服务，补充、拓展传统地面和卫星通信网络。

"星链"星座规划一代和二代系统，分别由约 1.2 万颗和 3 万颗卫星组成。其中，一代系统已获美国联邦通信委员会（FCC）批准，计划分两期部署 4 408 颗和 7 518 颗卫星，第一期于 2019 年 5 月启动部署，第二期暂被搁置，未部署卫星。二代系统中，有 7 500 颗卫星已获 FCC 批准，于 2022 年 12 月启动部署。"星链"星座规划情况见表 11-1。

表 11-1 "星链"星座规划情况

| 系统名称 | 壳层 | 轨道高度 /km | 轨道倾角 /(°) | 轨道面数量 | 每个轨道面卫星数量/颗 | 规划数量 /颗 |
|---|---|---|---|---|---|---|
| "星链"一代 | 1 | 550 | 53 | 72 | 22 | 1584 |
| | 2 | 570 | 70 | 36 | 20 | 720 |
| | 3 | 560 | 97.6 | 6 | 58 | 348 |
| | 4 | 540 | 53.2 | 72 | 22 | 1 584 |
| | 5 | 560 | 97.6 | 4 | 43 | 172 |
| "星链"二代（获 FCC 批准，部分所在壳层） | 6 | 525 | 53 | 28 | 120 | 3 360 |
| | 7 | 530 | 43 | 28 | 120 | 3 360 |
| | 8 | 535 | 33 | 28 | 120 | 3 360 |

**1. 空间段**

SpaceX 公司在"星链"卫星的研发过程中贯彻了工业化量产、精简设计和快速升级的技术路线，目前已成功开发出从 V0.9 到 V3.0 的多个卫星型号系列，其中，V2.0 和 V3.0

版本仍在持续优化中。

在卫星构型方面，第一代业务卫星（V1.0/V1.5）采用标准的单翼太阳能板设计，整体尺寸为 10 m×2.8 m，可提供约 6 kW 的电力供应。这种紧凑的设计使其能够通过"猎鹰9号"运载火箭实现单次 50~60 颗的高密度发射。而第二代卫星（V2.0mini/V2.0）则进行了全面升级，采用双翼太阳能板配置，尺寸扩大至 12.8 m×4.1 m，总展开面积达 105 $m^2$，发电能力提升至 23 kW，通信性能显著增强。值得注意的是，V2.0 标准版由于体积和重量增加，必须使用运载能力更强的"超重-星船"发射系统。

推进系统采用创新的氪/氩工质霍尔推进器，相比传统氙气推进剂，更具成本优势。卫星入轨后，通常以 20 颗编队，通过约 42 天的自主轨道爬升，到达预定工作轨道。在轨运行期间，配备的高精度星敏感器可实时确定卫星三维姿态，结合从美国太空监视网络获取的空间态势数据，自主避撞系统能够及时实施轨道规避机动，大幅提升星座运行安全性。

通信载荷配置方面，卫星装备了多套先进天线系统，包括 4 部 Ku 波段相控阵收发天线、2 部 Ka 波段抛物面天线，以及从 V2.0mini 开始新增的 E 波段相控阵天线。其中，相控阵天线采用电子波束赋形技术，在不改变物理指向的情况下即可快速调整波束方向，配合空间复用技术，单颗 V1.5 卫星可提供 17~23 Gb/s 的通信容量，而 V2.0mini 更提升至 80 Gb/s。特别值得一提的是，自 V1.5 版本起，所有卫星都配备了 4 套激光星间链路设备，支持轨道面内和面间的高速数据传输，为构建太空骨干网奠定基础。二代系统新增的 E 频段通信能力，进一步增强了与地面信关站的连接带宽。"星链"二代系统通信频率见表 11-2。

表 11-2 "星链"二代系统通信频率

| 链路类型 | 频段/GHz |
|---|---|
| 用户上行 | 12.75~13.25<br>14.0~14.5<br>28.35~29.1<br>29.5~30.0 |
| 用户下行 | 10.7~12.75<br>17.8~18.6<br>18.8~19.3<br>19.7-20.2 |
| 信关站上行 | 27.5~29.1<br>29.5~30.0<br>81.0~86.0 |
| 信关站下行 | 17.8~18.6<br>18.8~19.3<br>71.0~76.0 |
| 跟踪遥测控制（TT&C）上行 | 13.85~14.00 |
| 跟踪遥测控制（TT&C）下行 | 12.15~12.25<br>18.55~18.60 |

## 2. 地面段

"星链"系统的地面基础设施由三大核心部分组成：卫星管控中心、遥测跟踪站以及分布广泛的信关站网络。其中，卫星管控中心设立于 SpaceX 公司位于西雅图的卫星业务总部；两个主要遥测跟踪站分别部署在美国东西海岸，形成地理冗余；目前已在全球 20 多个国家建设了 150 个信关站，构建起完善的全球地面网络。

信关站采用模块化天线阵列配置，根据规模，分为两种类型：标准站，配置 8~12 面天线；大型站，配备 40~70 面天线。这些天线口径为 1.47 m 或 1.85 m，单链路最高支持 12.8 Gb/s 的传输速率。当与 550 km 轨道高度的卫星保持 40°仰角通信时，单个信关站可覆盖半径 800 km 的服务区域。2023 年年初，SpaceX 获得 FCC 临时许可，开始测试 E 频段（81~86 GHz 上行/71~76 GHz 下行）信关站技术，为第二代系统做准备。根据许可条件，测试阶段将在美国本土最多建设 51 个新站点，并遵循每 200 万平方千米不超过 19 个站点的密度限制。

这些信关站集成了多项新技术：
①采用新一代相控阵天线系统，通过实时波束赋形技术确保对高速运动卫星的精准跟踪，大幅提升链路稳定性；
②信号处理单元引入机器学习算法，具备自适应优化能力，可动态改善信号质量；
③实现毫秒级响应的动态波束控制，保持最佳通信状态；
④部署智能路由引擎，基于实时网络状态自动选择最优传输路径；
⑤配备自主运维系统，实现网络性能的自动监测和故障预警。

## 3. 用户段

目前，SpaceX 公司针对卫星互联网不同应用场景，迭代研发了型谱简洁的 Ku 频段终端，满足个人和企业的静中通和动中通等不同需求。静中通终端包括标准版和高性能版，动中通终端包括平板式高性能版和机载版。

### 11.3.2 英国一网公司的"一网"系统

"一网"星座由英国一网公司于 2012 年提出，计划分阶段建成由 7 000 余颗卫星组成的低轨互联网星座（表 11-3），一期在高度 1 200 km、倾角 87.9°的 18 个圆形轨道面部署 648 颗卫星（包括 588 颗业务星和 60 颗备份星），可提供全球范围无缝宽带服务，峰值速率为 500 Mb/s、延时约为 50 ms；二期将研发新一代卫星，完成其余卫星部署，提高星座通信容量。

表 11-3 "一网"星座建设规划

| 阶段 | 轨道高度 /km | 轨道倾角 /(°) | 轨道面数量 | 每个轨道面卫星数量/颗 | 规划数量 /颗 | 通信频段 |
| --- | --- | --- | --- | --- | --- | --- |
| 一期 | 1 200 | 87.9 | 18 | 36 | 648 | Ku/Ka |

续表

| 阶段 | 轨道高度/km | 轨道倾角/(°) | 轨道面数量 | 每个轨道面卫星数量/颗 | 规划数量/颗 | 通信频段 |
|---|---|---|---|---|---|---|
| 二期 | 1 200 | 87.9 | 36 | 49 | 1764 | Ku/Ka |
| | | 40 | 32 | 72 | 2304 | Ku/Ka |
| | | 55 | 32 | 72 | 2304 | Ku/Ka |

"一网"星座系统在建设初期采用了独特的近极地轨道设计方案，通过精心规划的轨道参数和卫星分布，以最小规模的卫星数量实现了全球范围内的连续覆盖服务。在后续发展阶段，系统将通过补充发射卫星来逐步提升整体网络容量和服务质量。

该系统采用简化的透明转发架构设计，将复杂的网络处理功能集中部署于全球分布的地面信关站，卫星平台仅需完成基本的信号中继功能。这种架构设计具有多重优势：首先，卫星无须配备复杂的星上路由和交换设备，显著减小了卫星平台的质量和功耗需求；其次，通过取消星间链路设计，进一步简化了卫星载荷配置，使系统整体技术复杂度得到有效控制。

在具体工作流程方面，当用户终端发起服务请求时，该请求首先通过 Ku 频段上行链路传输至服务卫星；卫星将接收到的信号直接通过 Ka 频段下行链路转发至最近的地面信关站；信关站完成与互联网服务器的连接及数据交互后，返回数据经由相同路径反向传输，最终通过卫星的 Ku 频段天线送达用户终端。这种简洁高效的工作机制确保了系统运行的可靠性，同时降低了建设和运营成本。

**1. 空间段**

"一网"卫星系统的研发工作由一网公司与空客集团合资成立的一网星座公司负责，采用跨国协同生产模式：卫星的总体设计和装配工艺验证在法国图卢兹的研发中心完成，而批量生产则设在美国佛罗里达州的制造基地进行。

第一代卫星采用轻量化设计，发射质量控制在 147.5 kg。其有效载荷系统包含：两套遥测天线，用于状态监测；两组 Ku 频段天线，可形成 16 个固定椭圆波束，实现 $\phi 1\,080$ km 的服务覆盖，单星总通信容量达 7.2 Gb/s；两组 Ka 频段天线，用于信关站连接，支持波束动态调整。能源系统采用太阳能电池板与锂离子电池组合，推进系统使用氙气电推力器，设计寿命为 5 年。寿命终止时，卫星将通过自主离轨机动坠入大气层销毁。由于低轨特性，单颗卫星对地服务时长约 2.5 min，需多星协同实现连续服务。

特别值得注意的是，系统采用了创新的"渐进俯仰"技术专利：当卫星飞越赤道区域时，通过姿态调整使固定 Ku 波束的覆盖区产生纬度偏移，并动态调节发射功率，有效避免了对地球静止轨道卫星的射频干扰。

正在研发的第二代卫星将配备革命性的软件定义载荷，支持波束动态重构、功率自适应调整等先进功能。2023 年 5 月发射的 JoeySat 试验星已开始验证数字再生处理、可编程多波束阵列等关键技术，同时开展 5G 回传、空间环境适应性等多项在轨实验，为系统升级奠定基础。

## 2. 地面段

"一网"卫星系统的地面基础设施采用三层次架构设计,包括卫星运行控制中心(SOC)、卫星网络接入站(SNP)以及全球网络运营中心(GNOC)。该系统采用双冗余测控站布局,分别设在美国弗吉尼亚和英国伦敦两地,形成互为备份的可靠架构。全球网络运营中枢设在伦敦总部,负责统一调度分布在世界各地的信关站节点。按照规划,系统将在全球范围内部署44个信关站,每个站点配备14~27套通信天线设备,标准天线口径为3.4 m,实际配置会根据区域业务量和服务需求进行优化调整。目前,该系统已在包括英国本土、北欧诸国、阿拉斯加、加拿大北部、格陵兰、冰岛以及北极圈在内的关键区域完成了地面站建设,初步构建起覆盖高纬度地区的服务网络。

## 3. 用户段

一网公司采取开放式产业合作模式,联合全球领先的技术供应商共同打造终端产品生态链。目前已与SatixFy、Kymeta、Intellian等多家专业通信设备制造商达成战略合作,针对各类应用场景研发差异化终端解决方案。产品线涵盖固定式、船用、车载、航空等不同安装形态,同时支持传统抛物面天线和新型相控阵天线两种技术路线,全面满足政府机构、电信运营商、商业企业以及海空军事等领域的多元化需求。

### 11.3.3 美国亚马逊公司的"柯伊伯"系统

"柯伊伯"(Kuiper)是美国亚马逊公司于2019年提出的低轨互联网星座,于2020年7月获FCC批准,计划在590 km、610 km、630 km轨道(表11-4),98个轨道面上部署3 236颗卫星,面向全球没有可靠网络连接的消费者、企业、政府、学校、医院等机构数十亿用户,提供经济高效的消费者和企业宽带服务、互联网端口、运营商级以太网、无线回程等业务。"柯伊伯"系统通过最大化频谱复用和效率,以相对少的卫星数量,实现南北纬56°之间重叠覆盖,并能灵活调整容量,以满足特定区域用户需求。

表11-4 "柯伊伯"星座总体规划

| 轨道高度/km | 轨道倾角/(°) | 轨道面数 | 每个轨道面卫星数/颗 | 卫星总数/颗 |
|---|---|---|---|---|
| 630 | 51.9 | 34 | 34 | 1 156 |
| 610 | 42 | 36 | 36 | 1 296 |
| 590 | 33 | 28 | 28 | 784 |

亚马逊公司2023年10月发射首批2颗"柯伊伯"原型卫星,2025年开始批量部署业务星,达到578颗后开始提供商业服务。在服务区域,前期覆盖北纬39°~56°、南纬39°~56°地区,后期逐步实现南北纬56°之间全覆盖。

### 1. 空间段

"柯伊伯"卫星配备了高度集成的先进通信载荷系统,集成了多类型天线阵列、智能调制解调设备和高效数据交换引擎。其用户通信链路采用创新的多波束相控阵天线设计,不仅具备30~45 dBi的可调增益范围和千兆级的峰值传输速率,还能实现波束方向的灵活调整与形态优化，通过同频多点波束技术为覆盖区内不同位置的用户提供专属服务。这些天线系统配合软件定义控制平台，可以根据实时用户需求动态调整容量分配策略，实现通信资源的智能调度。

**2. 地面段**

"柯伊伯"星座系统采用独特的空间架构设计，其卫星平台不配置星间链路，而是依托全球布设的地面信关站网络实现信号中继和数据处理。该系统与亚马逊云服务的 12 个专用地面站深度集成，共同构建起完整的通信管控体系，为用户提供高安全性的宽带接入服务。

**3. 用户段**

亚马逊针对多样化应用场景，推出了三款 Ka 波段相控阵用户终端产品系列。2023 年 3 月正式发布的这三款终端，充分借鉴了亚马逊在消费电子产品领域积累的大规模生产经验，通过优化工业设计和制造工艺实现成本控制。所有终端均搭载自主研发的"普罗米修斯"通信芯片，其数据处理性能媲美 5G 智能手机基带芯片，具备 1 Tb/s 级流量处理能力，支持端到端直连通信，可实现精准波束指向、链路自适应优化及安全传输等功能。

### 11.3.4　我国卫星互联网星座

近年来，我国低轨卫星产业迎来爆发式增长期。在"十二五"规划实施阶段，以航天科技集团和航天科工集团为首的国家队相继布局低轨星座系统，通过试验星的成功发射，验证了关键技术，积累了宝贵的工程经验。随着国家发展和改革委员会将卫星互联网正式列入新型基础设施建设范畴，这一领域已上升为国家战略层面重点工程。2021 年 4 月，为整合低轨卫星互联网领域发展资源，我国成立中国卫星网络集团有限公司，我国卫星互联网发展开启新篇章。在政府引导基金、社会资本等多渠道资金支持下，我国卫星互联网产业正加速迈向商业化运营阶段，积极参与全球空间轨道资源的战略竞争。下面介绍 GW 和千帆两个典型星座。

**1. GW 星座**

GW 星座由中国卫星网络集团有限公司负责系统总体建设运营，主要提供宽带互联网服务，覆盖通信、导航、遥感等应用场景。计划发射 12 992 颗卫星，包含 GW – A59 和 GW – A2 两个子星座，预计 2035 年完成全部发射。GW 星座采用多层轨道设计，兼顾低延迟与广覆盖需求，其中，GW – A59 星座包含 6 090 颗卫星，部署在 500 km 以下的极低轨道；GW – A2 星座包含 6 912 颗卫星，部署在 1 145 km 的近地轨道。

**2. 千帆星座**

千帆星座又称"G60 星链计划"，是由上海垣信卫星科技有限公司投资建设、上海市政府资助支持，覆盖全球的宽带通信卫星星座。初期规划 1 296 颗卫星，远期计划规模超过 1 万颗。初期采用分阶段建设，一期由 648 颗低轨通信卫星组成，计划 2025 年完成布署；二期由 648 颗卫星组成，计划 2027 年完成布署。千帆星座采用平板式高通量宽带通信卫星，具有成本低、功耗小、覆盖广、时延低等优势，可以提供大带宽、低时延、高质量、高安全性、全球覆盖的卫星互联网服务。截至 2025 年 4 月，在轨卫星数量已超过 90 颗。

## 11.4 卫星互联网星座的 STK 仿真

新建一个 STK 仿真场景，通过星座快速方法仿真星链星座一期的 1 584 颗卫星，具体操作参见 10.5.3 节。插入一颗低轨道卫星 s，轨道高度约 550 km，轨道倾角约 53°，取消显示该卫星的星下点轨迹。在卫星下插入一个传感器 Sensor，采用默认设置。选择该卫星，右击，选择"Satellite"→"Walker…"，输入星链星座一期卫星的参数，"Number of Sats per Plane"为 22，"Number of Planes"为 72，"Inter Plane Spacing"为 45，如图 11-9 所示。勾选右侧"Constellation"下的"Create Constellation"，并输入名称"Starlink"，单击下方的"Create Walker"按钮，创建星链星座，如图 11-10 所示。

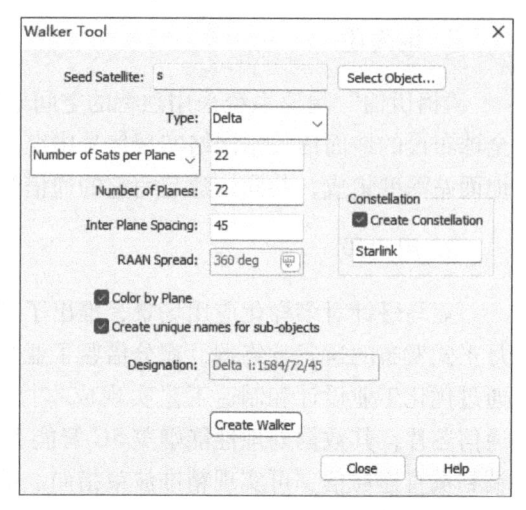

图 11-9 "Walker Tool"窗口

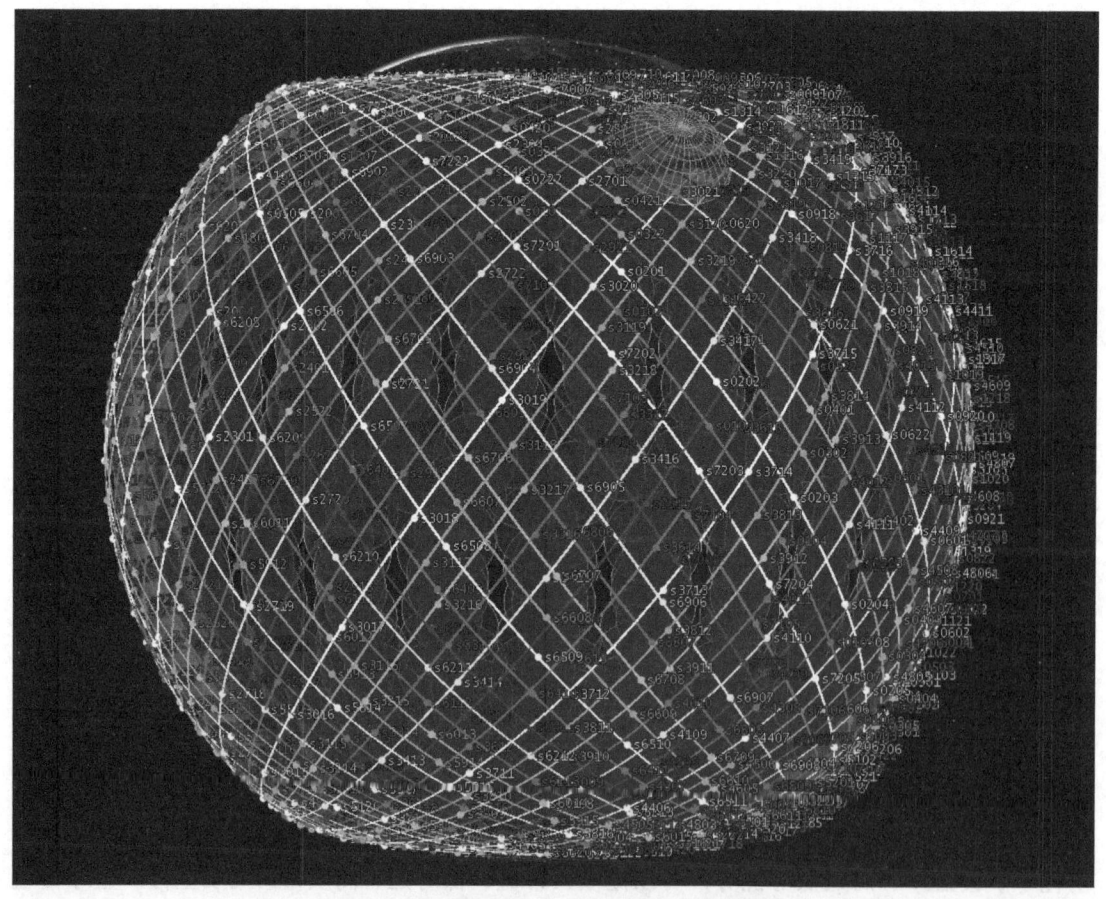

图 11-10 星链星座一期示意图（附彩插）

插入默认地球站,在地球站下插入传感器 Sensor。选中传感器,右击,选择"Properties",采用默认的"Simple Conic",设置"Cone Half Angle"为 65°。选择"Constraints"→"Basic",设定约束条件:天线最小仰角为 25°,最远距离为 1 000 km,如图 11-11 所示。设置好约束条件后,地球站的 Sensor 如图 11-10 中的绿色部分所示。

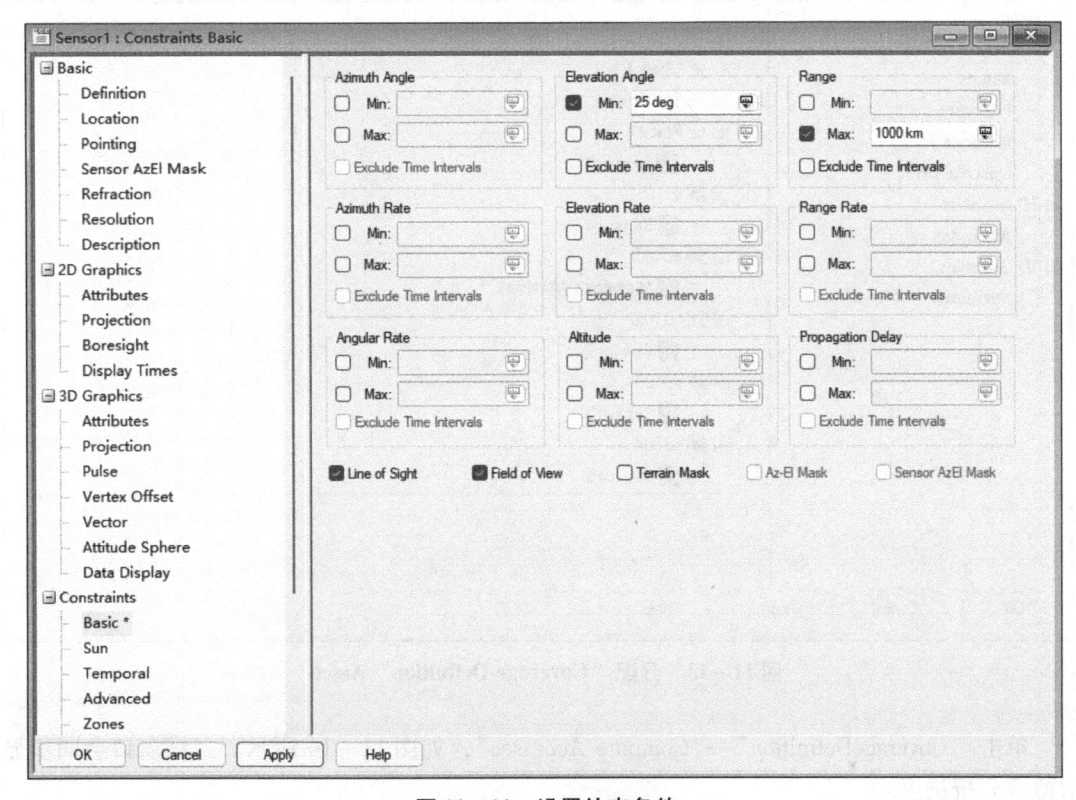

图 11-11 设置约束条件

插入一个新对象 Coverage Definition,修改属性,选择"Grid Area of Internet"→"Type"为"Global",如图 11-12 所示。

图 11-12 设置"Coverage Definition"的 Grid 参数

打开"CoverageDefinition"窗口,在 Assets 中选择 10 颗卫星的传感器,如图 11-13 所示。

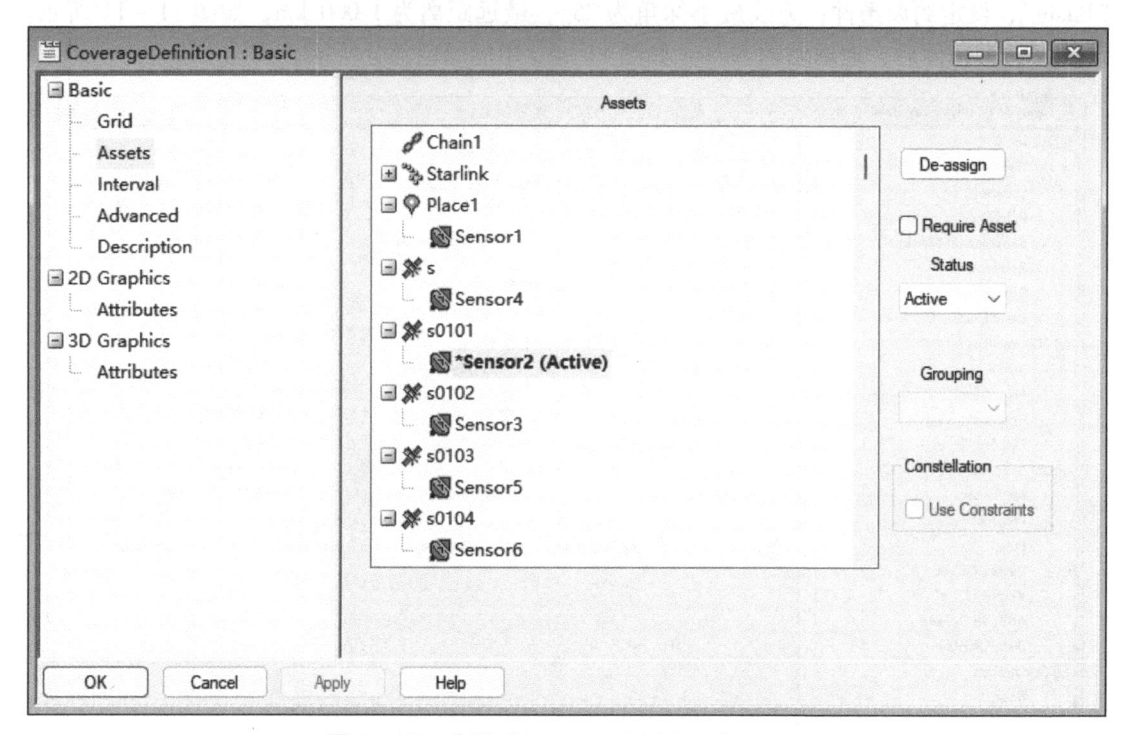

图 11-13  分配"Coverage Definition" Assets

单击"CoverageDefinition"→"Compute Accesses",如图 11-14 所示。二维窗口会同步显示覆盖分析进度。

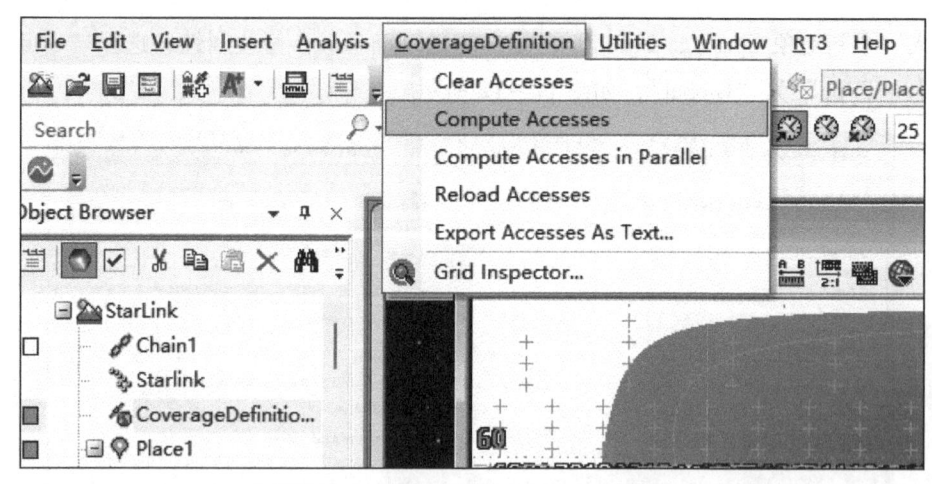

图 11-14  选择"Compute Accesses"

单击菜单栏中的"Analysis",打开"Report & Graph Manager"窗口,选择"Installed Styles"→"Coverage By Latitude"和"Percent Coverage",如图 11-15 所示。

图 11－15　选择"Coverage By Latitude"

单击"Generate…"按钮，得到卫星对不同纬度的覆盖情况以及不同的覆盖率，如图 11－16 所示。由图中可以看出，系统能够覆盖南北纬大约 72°的范围，在此范围内可以实现 100% 覆盖。

## 11.5　卫星互联网星座仿真实例

### 11.5.1　仿真任务实例

由于"星链"系统卫星数目太多，本章仿真实例新建仿真场景，插入"星链"系统部分卫星和船载站，设置约束条件，分析星座覆盖情况；建立星地链路，分析星座对船载站的覆盖和覆盖重数。掌握复杂卫星互联网星座的仿真及覆盖性能分析。

### 11.5.2　仿真基本过程

①打开"Chapter1"场景，将场景名称修改为"Chapter11"；
②重命名 Satellite1 为 1，修改卫星轨道参数，设置轨道高度为 550 km，轨道倾角为

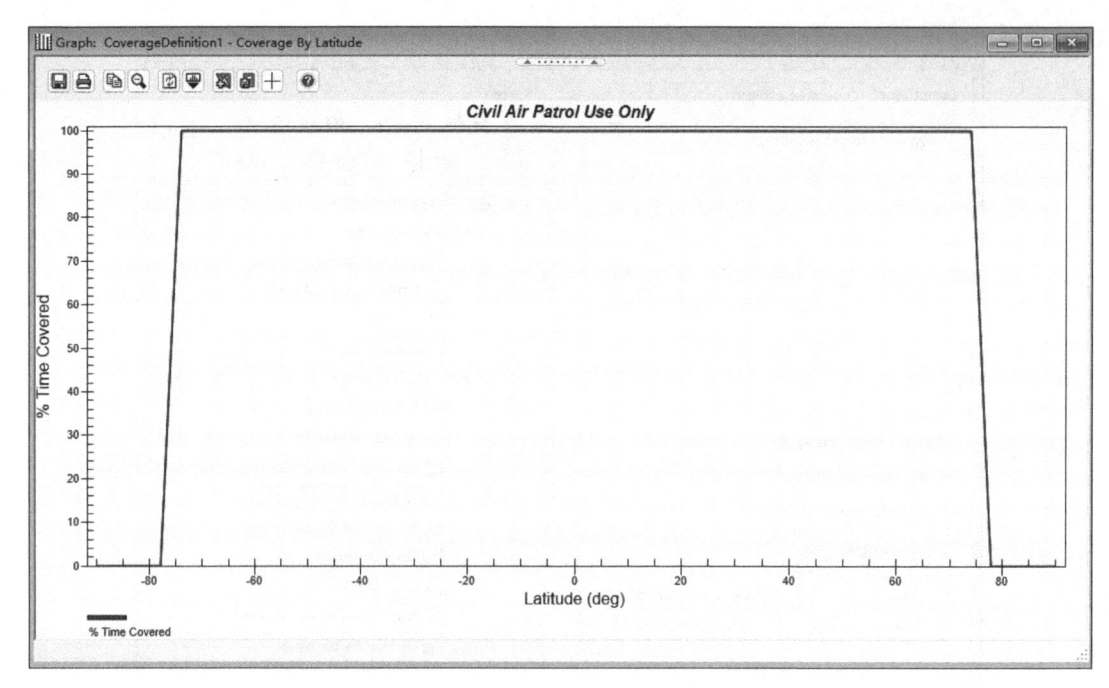

图 11-16 "Coverage By Latitude" 示意图

53°，取消星下点轨迹，在卫星下插入传感器；

③选择卫星，右击，选择"Satellite"→"Walker…"，通过快捷方式仿真星链星座一期壳层 1 的 1 584 颗卫星，由于卫星数目众多，仿真用时较长，仿真视频中只演示 72 个轨道面的 216 颗卫星；

④设置 72 个轨道面，每个轨道上 3 颗卫星（实际仿真设置为 22 颗卫星），相位因子为 45，勾选"Create Constellation"，名称为"Starlink_Part"；

⑤插入船载站，设置航迹起始点为（45°N，15°W），中止点为（75°N，4°W），在 2D 窗口中插入一个过渡点，添加 Sensor，设置"Cone Half Angle"为 60°，天线最小仰角为 20°，最远距离为 1 200 km；

⑥插入 Coverage Definition，修改属性，将"Grid Area of Interest"改为"Global"，将"Lat/Lon"改为 3°，Assets 分配所有对象；

⑦选择 Coverage Definition，右击，选择"Compute Access"，计算覆盖数据后，通过"Coverage By Latitude"分析星座的覆盖情况；

⑧插入链路对象，建立从船载站到星座的星地链路；

⑨通过"Complete Chain Access"，查看链路的可见情况（针对仿真的 216 颗卫星，并非"星链"系统的全部卫星）；

⑩通过"Number of Accesses"，查看舰船与星链星座的可见卫星数（针对仿真的 216 颗卫星，并非"星链"系统的全部卫星），保存该场景。

## 11.6 本章资源

### 11.6.1 本章思维导图

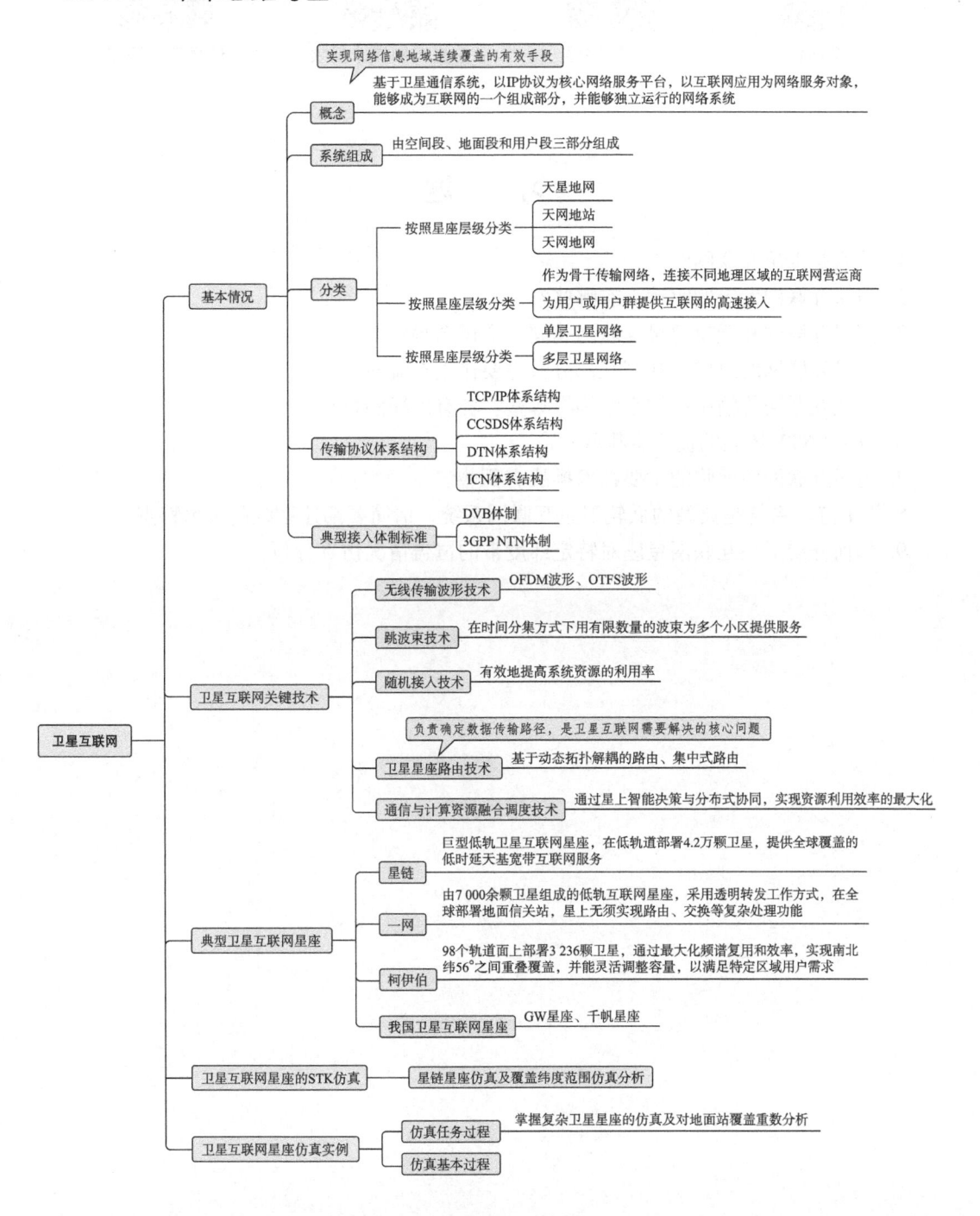

```
卫星互联网
├── 基本情况
│   ├── 概念
│   │   ├── 实现网络信息地域连续覆盖的有效手段
│   │   └── 基于卫星通信系统，以IP协议为核心网络服务平台，以互联网应用为网络服务对象，
│   │       能够成为互联网的一个组成部分，并能够独立运行的网络系统
│   ├── 系统组成 —— 由空间段、地面段和用户段三部分组成
│   ├── 分类
│   │   ├── 按照星座层级分类
│   │   │   ├── 天星地网
│   │   │   ├── 天网地站
│   │   │   └── 天网地网
│   │   ├── 按照星座层级分类
│   │   │   ├── 作为骨干传输网络，连接不同地理区域的互联网营运商
│   │   │   └── 为用户或用户群提供互联网的高速接入
│   │   └── 按照星座层级分类
│   │       ├── 单层卫星网络
│   │       └── 多层卫星网络
│   ├── 传输协议体系结构
│   │   ├── TCP/IP体系结构
│   │   ├── CCSDS体系结构
│   │   ├── DTN体系结构
│   │   └── ICN体系结构
│   └── 典型接入体制标准
│       ├── DVB体制
│       └── 3GPP NTN体制
├── 卫星互联网关键技术
│   ├── 无线传输波形技术 —— OFDM波形、OTFS波形
│   ├── 跳波束技术 —— 在时间分集方式下用有限数量的波束为多个小区提供服务
│   ├── 随机接入技术 —— 有效地提高系统资源的利用率
│   ├── 卫星星座路由技术
│   │   ├── 负责确定数据传输路径，是卫星互联网需要解决的核心问题
│   │   └── 基于动态拓扑解耦的路由、集中式路由
│   └── 通信与计算资源融合调度技术 —— 通过星上智能决策与分布式协同，实现资源利用效率的最大化
├── 典型卫星互联网星座
│   ├── 星链 —— 巨型低轨卫星互联网星座，在低轨道部署4.2万颗卫星，提供全球覆盖的
│   │         低时延天基宽带互联网服务
│   ├── 一网 —— 由7 000余颗卫星组成的低轨互联网星座，采用透明转发工作方式，在全
│   │         球部署地面信关站，星上无须实现路由、交换等复杂处理功能
│   ├── 柯伊伯 —— 98个轨道面上部署3 236颗卫星，通过最大化频谱复用和效率，实现南北
│   │           纬56°之间重叠覆盖，并能灵活调整容量，以满足特定区域用户需求
│   └── 我国卫星互联网星座 —— GW星座、千帆星座
├── 卫星互联网星座的STK仿真 —— 星链星座仿真及覆盖纬度范围仿真分析
└── 卫星互联网星座仿真实例
    ├── 仿真任务过程 —— 掌握复杂卫星星座的仿真及对地面站覆盖重数分析
    └── 仿真基本过程
```

## 11.6.2 本章数字资源

本章课件　　　练习题课件　　　仿真实例操作视频　　　仿真实例程序

# 习　　题

1. 什么是卫星互联网?
2. 卫星互联网发展的驱动力有哪些?
3. 卫星互联网和低轨卫星互联网是同一个概念吗?
4. 卫星互联网的组成包括哪几部分? 主要作用有哪些?
5. 卫星互联网传输协议体系结构有哪些? 各有怎样的特点?
6. 3GPP NTN 体制的优势有哪些?
7. 卫星互联网中面临的主要技术挑战有哪些?
8. "星链"系统是典型的低轨卫星互联网系统,请简要阐述系统的技术特点。
9. 如何开展卫星互联网星座对特定纬度带的覆盖情况仿真分析?

# 第 12 章
# 深空通信

随着人类对宇宙奥秘探索的不断追求，从月球到火星，从土星环到银河系等，深空探测已成为未来人类科技发展的方向之一。深空通信不仅是实现星际探测任务数据回传的"生命线"，更是推动人类文明走出太阳系、走向宇宙的关键支撑。深空通信作为空间通信的延伸与深化，与传统卫星通信相比，面临更为严苛的挑战，电波要传输更远的距离、要穿越众多星际介质、要遭受更为复杂的空间环境等。深空通信作为获取地外天体科学数据的唯一通道，其灵敏度直接影响人类对宇宙生命的探索。深空通信的每一比特数据都可能改写人类对宇宙的认知。

本章主要阐述深空通信的基本概念、主要任务、系统组成，研究典型深空探测任务及通信情况，分析深空通信采取的措施，探讨深空通信的主要技术，介绍利用 STK 仿真软件构建月球探测器并仿真分析其与地球站的通信情况，设计深空通信仿真实例。

## 12.1 基本情况

### 12.1.1 深空通信的基本概念

以空间飞行器或通信转发器为对象的通信统称为空间通信。空间通信分为近空通信和深空通信，深空通信是相对于近空通信而言的。深空通信通过无线电波或光信号实现地球与月球、火星、小行星乃至太阳系外天体之间远距离信息传输。

深空通信是指地球上的实体与离开地球卫星轨道进入太阳系甚至更远空间的航天器之间的通信。深空通信的距离可达几百万千米到几千万千米，乃至是几十亿千米以上，可以将遥远宇宙中的信息传输回地球。深空通信通过构建航天器与地球站之间的通信链路，为深空探测提供通信保障。

从地球站到航天器的链路为上行链路，主要任务是向航天器传送跟踪和指令信息。地球站向航天器发送的指令、软件更新等控制信息均通过上行链路传输，这些信息数据量小但可靠性要求高，可实施对航天器的控制与引导。

从航天器到地球站的链路为下行链路，主要任务是回传航天器在深空获取的信息。航天器向地球回传的科学数据、工程数据和图像数据等均通过下行链路传输，这些信息数据量大。科学数据主要是航天器传感器获取的探测对象信息数据；工程数据主要是航天器上仪器、仪表和系统的状态信息数据；图像数据主要是航天器获得的探测对象图像数据信息。图像数据的信息量比较大，传输航天器获取的行星图像需要较快的速率。此外，航天器对遥控信号的应答也通过下行链路回传。

随着深空探测任务的不断发展,未来深空探测的信息不仅包括数据、图像等,还将有视频信息,对数据传输速率的要求将更高。此外,深空探测对深空通信还有其他更高的要求,如更远的通信距离、与多个航天器的同时通信等。

### 12.1.2 深空通信的系统组成

深空通信系统的主要组成包括空间段和地面段两个重要部分,如图 12-1 所示,部分系统还包括中继网络部分。

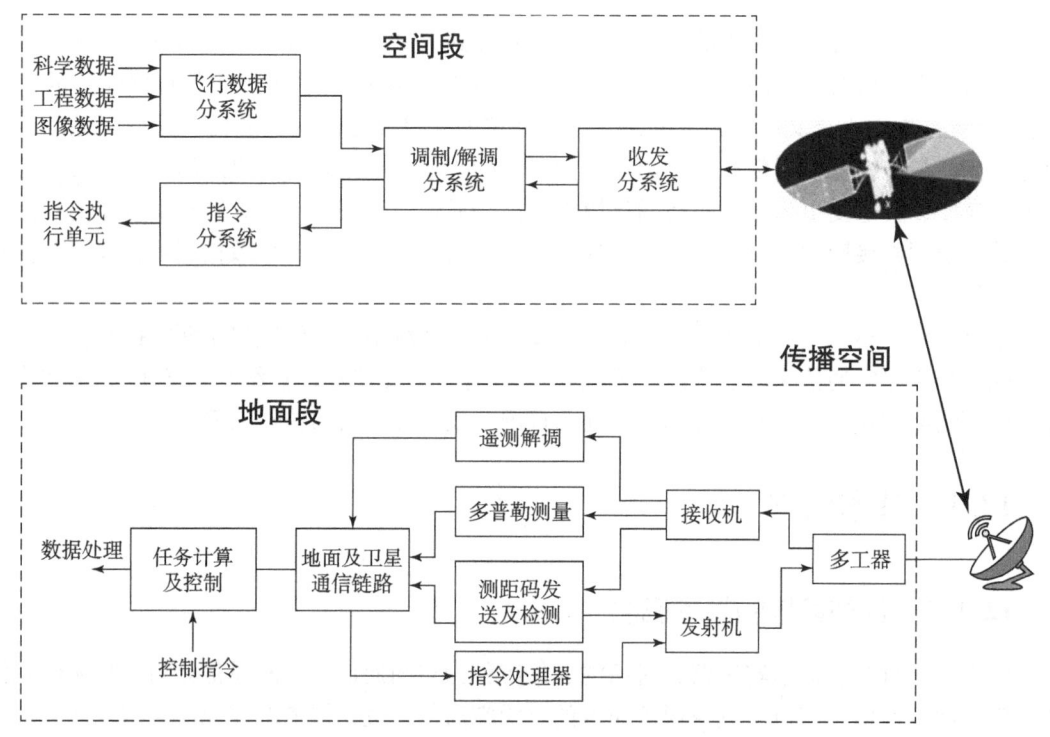

图 12-1 深空通信系统组成示意图

空间段主要是航天器上的通信设备,包括飞行数据分系统、指令分系统、调制/解调分系统、收发分系统和天线等。飞行数据分系统主要用于获取科学数据、工程数据和图像数据等信息;指令分系统主要将地面的控制信息发送到航天器,令其在规定的时间内执行规定的动作;调制/解调分系统根据信息传输的不同需求,采用不同的调制/解调方式;收发分系统完成射频信号的接收和发射,未来深空通信中将采用激光通信,该系统能实现激光信号的接收与发射;航天器上的高增益定向天线一般采用碳纤维抛物面结构,天线增益较高,实现能量定向聚焦。例如"伽利略"号木星探测器采用口径约 5 m 的高增益伞状抛物面天线。

地面段主要包括任务计算及控制、地面及卫星通信链路、测控设备、收发设备和天线等。任务计算及控制部分主要完成任务的分析计算、飞行控制等;地面及卫星通信链路主要是到达深空站的传输线路;测控设备主要获取航天器的位置、速度等信息,监视航天器的飞行轨迹并对其导航,实现对航天器的跟踪、遥测和遥控等;收发设备主要接收来自航天器的微弱信号,并将地面信号发射至航天器;地面段的天线一般采用大口径抛物面天线,如我国的佳木斯深空站采用66 m的大口径天线，接收灵敏度高，能够实现远距离通信。部分深空站采用天线阵列，获得较高的天线增益。

深空通信中继网络是实现超远距离星际通信的重要手段。对于中继卫星的部署，优先考虑拉格朗日点，如我国的"鹊桥号"中继卫星部署在地月第二拉格朗日点L2的Halo轨道，通过定期进行轨道修正来维持稳定位置，实现月球探测器与地球站的中继传输。

### 12.1.3 深空通信的主要特点

#### 1. 巨大的链路损耗

深空探测时，航天器与地球的距离可达数亿至数十亿千米，见表12-1。而自由空间传播损耗与传输距离的平方有关，深空通信链路的自由空间传播损耗比地球静止轨道卫星链路的损耗高几十甚至上百分贝。如火星探测任务中，航天器距离地球最远约4亿千米，工作在X波段时，自由空间传播损耗约280 dB，比地球静止轨道卫星在X频段时的损耗多约81 dB，信号非常微弱，导致接收信号的载噪比极低。

表12-1 太阳系天体到地球的距离、损耗和时延

| 天体 | 距地球最远距离/($\times 10^6$ km) | 增加损耗/dB | 最大时延 | 距地球最近距离/($\times 10^6$ km) | 增加损耗/dB | 最小时延 |
| --- | --- | --- | --- | --- | --- | --- |
| 月球 | 0.405 5 | 21.03 | 1.35 s | 0.363 3 | 20.75 | 1.211 s |
| 水星 | 221.9 | 75.797 | 12.378 min | 101.1 | 68.969 | 5.617 mim |
| 金星 | 261.0 | 77.207 | 14.5 min | 39.6 | 60.829 | 2.2 min |
| 火星 | 401.3 | 80.943 | 22.294 min | 59.6 | 64.345 | 3.31 min |
| 木星 | 968 | 88.591 | 53.78 min | 593.7 | 84.345 | 32.983 min |
| 土星 | 1 659.1 | 93.271 | 92.172 min | 1199.7 | 90.459 | 86.661 min |
| 天王星 | 3155.1 | 98.854 | 175.283 min | 2 591.9 | 97.146 | 143.994 min |
| 海王星 | 4 694.1 | 102.305 | 260.783 min | 4 304.9 | 101.55 | 239.161 min |
| 冥王星 | 7 535.1 | 156.416 | 418.617 min | 4 297.9 | 101.537 | 238.772 min |

#### 2. 长时延约束

无线电波以光速传播，深空通信距离遥远，导致长时延约束。地月通信时延最大约1.3 s，地火单向时延约3~22 min，长时延导致对航天器的实时控制很难实现。航天器需具备高度的自主决策能力，要求系统具备一定的自主故障处理能力。

#### 3. 非对称传输需求

深空通信中，下行链路的数据量远高于上行链路，航天器获取的大量科学数据、图像数据等信息需要通过下行链路回传至地球，而上行链路仅需发送控制指令等。下行链路的信息

量巨大，对数据传输速率要求高；而上行链路的指令等信息数据量小，传输速率要求较低，但是对传输可靠性要求较高。

**4. 复杂信道环境**

深空通信的信道环境更为复杂，一方面，要考虑宇宙中众多天体的遮挡，另一方面，要考虑宇宙电磁环境的影响。深空探测器与地球距离越远，中间的天体越多，越容易遮挡无线电信号。"嫦娥四号"在开展月球背面探测时，因月体遮挡而无法直连地球，必须依赖中继卫星搭建通信链路。"天问"探测器在与地球进行通信的过程中，也不可避免会受到其他天体遮挡。深空通信同样需克服太阳日凌中断、等离子体闪烁效应及宇宙射线等复杂空间环境的影响，容易产生突发误码。

## 12.2 深空探测及通信

深空是地球大气极限以外很远的空间，包括太阳系以外的空间。空间数据系统咨询委员会（CCSDS）认为距离地球 $2 \times 10^6$ km 以外的空间为深空。通常情况下，深空指月球和月球以外的宇宙空间。月球探测作为深空探测的第一步，是目前开展次数最多的深空探测。目前主要对火星、木星、土星、金星、水星等天体进行深空探测，通过深空通信系统回传大量数据。

### 12.2.1 月球探测及地月通信

#### 12.2.1.1 "嫦娥"系列月球探测及地月通信

我国月球探测器以"嫦娥"命名，从"嫦娥一号"到"嫦娥六号"，实现了我国对月球的探测工作。"嫦娥"系列探测器的通信系统是实现月球探测的重要组成部分。经过多年的发展，我国已具备较为完善的地月通信能力。探测器通过搭载的通信载荷建立与地球站的通信链路，从而实现数据传输。探测器通过与地球站或中继卫星的配合，实现对遥控指令的发送和数据的回传。

**1. "嫦娥一号"**

2007 年 10 月 24 日发射的"嫦娥一号"（Chang'e 1）是中国首次月球探测任务的核心卫星。"嫦娥一号"主要获取月球表面三维影像，探测月表化学元素与物质分布、月壤厚度以及地月空间环境等。

在轨运行期间，"嫦娥一号"运用搭载的定向天线，通过与地球站大口径天线配合，实现了距离地球 38 万千米的可靠通信，传回了大量科学探测数据。

**2. "嫦娥二号"**

2010 年 10 月 1 日发射的"嫦娥二号"（Chang'e 2），是中国探月计划中的第二颗绕月人造卫星。"嫦娥二号"为后续实施探月二期工程的"落"和"回"以及开展火星探测任务奠定了坚实基础。

"嫦娥二号"的通信能力相比"嫦娥一号"有了显著提升，实现了更高效的数据传输和更稳定的通信链路。"嫦娥二号"首次在轨试验了 X 频段测控体制，能够提高测控精度和数据传输速率。"嫦娥二号"使用 LDPC 编码，相比卷积编码，能提高编码增益，显著提升了数据传输的可靠性和抗干扰能力。

**3. "嫦娥三号"**

2013 年 12 月 2 日发射的"嫦娥三号"（Chang'e 3），是中国探月工程二期发射的月球探测器，由着陆器和巡视器（"玉兔号"月球车）组成。"嫦娥三号"首次实现了中国地外天体软着陆和巡视探测。

"嫦娥三号"的着陆器通过 X 频段与地面站通信，而巡视器可以将数据直接传回地面，或通过着陆器中转。"嫦娥三号"通过 UHF 频段的月面通信和 X 频段的对地通信，实现了着陆器与巡视器之间的高效数据传输以及与地球的稳定通信。

**4. "嫦娥四号"**

2018 年 12 月 8 日发射的"嫦娥四号"（Chang'e 4），是人类第一个着陆月球背面的探测器。"嫦娥四号"主要开展月表地形地貌与地质构造、矿物组成和化学成分、月球内部结构、地月空间与月表环境等探测活动；对月球背面，尤其是太阳系内已知最大的陨石坑进行探测；尝试月球背面的中继通信试验。

月球背面因潮汐锁定而无法直连地球，"嫦娥四号"需依赖中继星实现信号中转。"嫦娥四号"的中继卫星命名为"鹊桥"，卫星在绕地月 L2 晕（Halo）轨道上运行，架起地球与月球探测器间的"桥梁"，如图 12-2 所示。"鹊桥"是全球首颗地月 L2 点中继卫星，采用 Halo 轨道维持稳定通信链路，解决了月背探测器与地球通信中断的难题。"鹊桥"中继卫星要提供月球背面的"嫦娥四号"着陆器、巡视器与地面站之间的前向/返向的中继通信。

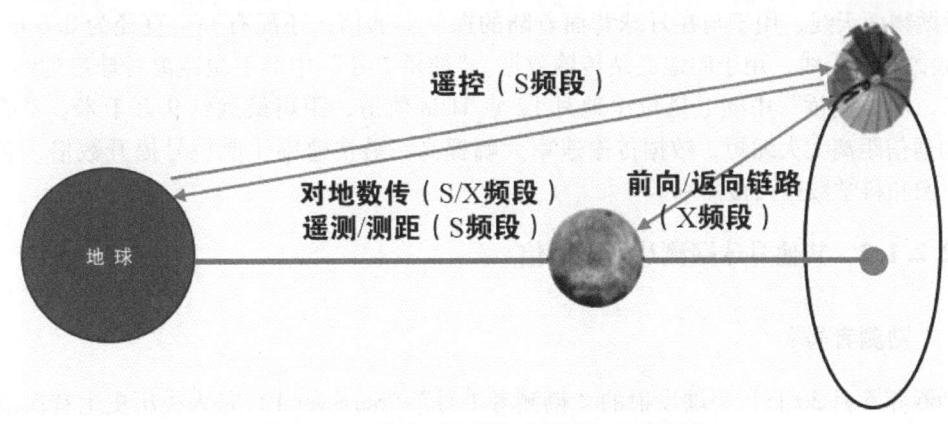

图 12-2 地球、月球及"鹊桥"号示意图

"鹊桥"中继卫星能够提供地月通信中继服务，在地球、月球、中继星之间建立通信链路，主要包括对月前向链路、对月返向链路以及对地数传链路。这三条链路能够实现"鹊桥"与"嫦娥四号"探测器的双向通信，以及与地面的双向通信。对月的前向/返向链路主要工作于 X 频段，遥测遥控链路工作于 S 频段，对地数传链路工作于 S/X 频段。"鹊桥"中继卫星拥有一副口径 4.2 m 的星上可展开天线，具有较高的天线增益，采用自适应编码技

术，确保复杂深空环境下的信号稳定。

**5. "嫦娥五号"**

2020年11月24日发射的"嫦娥五号"（Chang'e-5），是中国首个实施无人月面取样返回的月球探测器。"嫦娥五号"任务取回1 731 g月球样品，实现了地外天体无人自主起飞、月球轨道无人交会对接等目标。"嫦娥五号"首次实现地外天体采样返回，但采样、起飞、交会对接等动作需地面全程监控，稍有差池就可能导致任务失败。由于地月通信时延较大，在月面起飞、交会对接等关键阶段，"嫦娥五号"可通过预设程序自主调整通信策略，减少对地面指令的依赖。

"嫦娥五号"获取的科学数据，通过RS码和卷积码的级联码、高效压缩算法，提高传输可靠性，利用X频段等实现数据快速回传。"嫦娥五号"利用天线组阵技术，通过信号联合处理提升接收灵敏度，解决了超远距离信号弱的问题。

**6. "嫦娥六号"**

2024年5月3日发射的"嫦娥六号"（Chang'e 6），作为"嫦娥五号"的备份，开展月面自动采样并由返回器携带月壤最终返回地球。"嫦娥六号"着陆区为月球背面南极-艾特肯盆地。"嫦娥六号"主要进行形貌探测和地质背景勘察等工作，发现并采集不同地域、不同时期的月球背面样品约1 935.3 g。

"嫦娥六号"在月球背面着陆，无法与地球直接通信，需通过"鹊桥"中继卫星构建数据传输链路。"嫦娥六号"通过"鹊桥二号"实现双向中继通信，通过前向链路将地面指令通过"鹊桥"卫星传到探测器，通过返向链路将探测器获取的科学数据等通过"鹊桥"卫星回传至地球，通信链路较为复杂。

"鹊桥二号"中继卫星于2024年3月20日发射升空，卫星上装载一个直径为4.2 m的X波段抛物面天线，用于与在月球背面着陆的探测器通信，还配有一个直径为0.6 m的S/Ka双频抛物面天线，用于向地面站传输数据。"鹊桥二号"中继卫星距离月球最远约为1.6万千米，而"鹊桥"中继卫星位于地月L2点Halo轨道，距离最远约9万千米。"鹊桥二号"的通信距离大大缩短，数据传输速率大幅提高，最快速率比鹊桥号提升数倍，满足更高清图像和科学数据回传需求。

### 12.2.1.2 其他月球探测及地月通信

**1. "勘测者号"**

1966年5月30日，美国发射的"勘测者1号"（Surveyor 1）是人类历史上首次成功实现月球软着陆的无人探测器。主要进行月面软着陆试验，获取月表图像、磁场强度、辐射强度及温度等数据，传回大量月表高清图像，为"阿波罗号"飞船载人登月选择着陆点提供关键数据支持。

探测器着陆后，立即启动图像回传功能，通信链路稳定性受地月距离和探测器姿态的影响。受限于当时技术条件，探测器上的天线口径较小，依赖地面站大型抛物面天线接收信号，数据传输速率仍然较低，单张图像传输耗时约数分钟至数十分钟。尽管如此，探测器利用深空通信系统向地球传回上万张照片，极大地丰富了人类对月球的认识。

**2. "阿波罗"登月**

1969年7月，"阿波罗11号"（Apollo 11）完成了首次载人登月，阿姆斯特朗和奥尔德林成为首次踏上月球的人类。"阿波罗11号"成功实现人类登月并安全返回，验证载人深空探测任务的技术可行性，通信系统的可靠性直接决定了任务的生死存亡。

"阿波罗"飞船使用S波段（2～4 GHz）进行主要通信，该波段受宇宙噪声和太阳活动影响较小，适合远距离传输。飞船传感器采集温度、压力等数据，通过PCM编码后，调制到S波段载波，再通过小口径天线发送。地面控制中心生成的指令经过编码加密后，由地面深空网天线发射，飞船上的S波段应答器接收地面指令并返回数据。

遥测、语音、电视信号和科学数据等信息经整合后，通过抛物面天线定向发送。地月间数据传输带宽受限，需同时传输语音、遥测和视频等。在通信过程中，不同信息采用不同的优先级，视频信号在登陆等关键阶段暂停传输，从而确保其他信息的有效传输。同时，采用数据压缩技术，牺牲动态画面细节，从而降低码率。地月距离约为38万千米，信号单向传输延迟约1.28 s，地面控制中心无法实时操控登月舱，需依赖宇航员自主决策。

**3. "蓝色幽灵号"**

2025年1月15日，美国萤火虫太空公司研制的"蓝色幽灵号"月球着陆器发射升空。尝试在月球危海的拉特雷耶山（Mons Latreille）附近着陆。2025年2月13日，"蓝色幽灵号"月球着陆器成功进入月球轨道，并开始传回月球视觉影像。3月2日，"蓝色幽灵号"在月球表面成功着陆。

"蓝色幽灵号"月球着陆器支持月面与地球的实时数据传输，着陆后约40 min传回首张高清月表图像，显示推进器细节与周围风化层，验证高速通信链路稳定性。其通信设备具备抗辐射设计，可在月球高辐射环境下稳定运行，并耐受极端温差。

### 12.2.2 火星探测及地火通信

#### 12.2.2.1 "天问"火星探测及地火通信

2020年7月23日发射的"天问一号"（Tianwen 1）是中国首颗火星探测器。2021年2月10日，"天问一号"与火星交会，成功实施捕获制动进入环绕火星轨道。2021年5月15日，成功实现软着陆在火星表面。2021年5月22日，"祝融号"火星车成功驶上火星表面，开始巡视探测。

"天问一号"首次实现通过一次任务完成火星环绕、着陆和巡视三大目标。"天问一号"对火星的表面形貌、土壤特性、物质成分、水冰、大气、电离层、磁场等开展科学探测，实现了中国在深空探测领域的技术跨越。

"天问一号"探测器由环绕器、着陆器和巡视器组成。环绕器要完成的主要科学探测任务包括五大方面：火星大气电离层分析及行星际环境探测；火星表面和地下水冰探测；火星土壤类型分布和结构探测；火星地形地貌特征及其变化探测；火星表面物质成分的调查和分析。

"天问一号"环绕器先开展对火观测,特别是对预选着陆区进行详细勘测。之后着陆器与环绕器分离,利用降落伞和反推火箭在火星表面着陆,并开展为期 90 个火星日的巡视探测任务。巡视器主要是"祝融号"火星车,完成火星巡视区形貌和地质构造探测,火星巡视区土壤结构探测和水冰探查,火星巡视区表面元素、矿物和岩石类型探查,以及火星巡视区大气物理特征与表面环境探测。

"天问"探测器到达火星后,与地球最远距离可达 4 亿千米,遥远的距离带来巨大的挑战,包括自由空间传播损耗大、时延长等。环绕器采用高增益定向天线,承担地球与火星车间的中继通信任务,保障高分辨率影像和科学数据的回传。环绕器使用大口径天线对地回传数据,下行链路传输速率为 30 kb/s ~ 2 Mb/s,近火点的传输速率略高于远火点的传输速率。"天问一号"的通信系统通过高增益天线、高效编码调制及动态速率调整,克服了火星探测的极端通信环境,实现了数亿千米级稳定的数据传输,较好地应对长距离传输中的信号干扰和误码。"祝融号"上配有全向天线和定向天线,支持低速率直连地球或通过环绕器中继回传数据。

火星探测器同样会受到日凌现象干扰,太阳发出的强烈电磁波会对无线电通信产生干扰。当太阳运行到地球和火星之间时,将出现日凌干扰现象,"天问一号"将无法跟地面建立联系。日凌期间,探测器与地面通信中断;日凌现象结束,"天问一号"探测器与地球之间的通信恢复正常。

### 12.2.2.2 "好奇号"火星探测及地火通信

2011 年 11 月发射的"好奇号"火星探测器是美国第七个火星着陆探测器,于 2012 年 8 月成功登陆火星表面。"好奇号"首次采用核动力驱动,主要探寻火星上的生命元素,探测火星气候及地质,探测盖尔撞击坑内的环境是否曾经能够支持生命,探测火星上的水等。

"好奇号"探测器可以与地面通信设备直接建立通信链路,完成数据收发和轨道测量;也可以通过在轨飞行的轨道器进行中继通信,完成与环绕器或火星表面探测器的数据收发等。承担中继任务的轨道器均配置了 UHF 收发信机、中继转发设备和高性能对地通信设备,主要用于"好奇号"与火星轨道器之间的中继数据交互,进而由轨道器将数据转发至地面。2020 年,NASA 发布"好奇号"火星探测器拍摄的火星照片,由 1 000 多张照片合成,像素超过 18 亿,数据量超过 2 Gb,如图 12 - 3 所示。由图中可以看到"好奇号"附近火星的大概地貌特征。"好奇号"与地球的直接数据传输速率大约 8 Kb/s,而与轨道器的传输速率能达到 2 Mb/s。

图 12 - 3 "好奇号"拍摄的其侧面火星区域

地面站通过位于美国加州、西班牙马德里和澳大利亚堪培拉的三个深空站能够延长地火通信时间。同时，深空站采用大口径天线接收"好奇号"发回的信号，利用天线组阵技术能够极大地提高接收信号的信噪比，更快速地接收"好奇号"向地球回传的大量数据。

### 12.2.3 其他深空探测及通信

#### 12.2.3.1 "伽利略号"木星探测及地木通信

1989年10月18日，从"亚特兰蒂斯号"航天飞机上发射的"伽利略号"木星探测器是美国国家航空航天局第一个直接专用探测木星的航天器，1995年12月进入环木星轨道。"伽利略号"探测器绕木星飞行了34圈，观测结果大大增进了人们对木星的了解。"伽利略号"探测器在2003年9月21日坠毁于木星，结束其近14年的太空探索生涯。

"伽利略号"探测器由木星轨道器和再入器两部分组成，在到达木星前约150天时，两者分离，轨道器环绕木星运行探测；再入器深入木星大气层考察。轨道器装有一个直径约5 m的高增益通信天线，用S和X波段与地球通信。轨道器上还装有很多精密的探测仪器，主要包括CCD摄像机、近红外绘图分光计、紫外分光计、高能粒子检测仪、等离子体检测仪、尘埃粒子检测仪和重离子计数器等。再入器上有大气结构检测仪、氦分量检测仪、测云计、纯流量辐射计以及光和射电检测仪等探测仪器，经轨道器实现与地球的中继通信。

地球和木星间的最近距离约为6亿千米，最远距离约为10亿千米，遥远的距离导致更大的信号衰减和时延，地木通信信号更加微弱。"伽利略号"探测器在发射不久，直径约5 m的主天线故障，在采用多种措施和技术后，其下行链路的传输速率约134 kb/s，上行链路的速率约32 b/s，发回包括上万张照片在内的数万兆位数据。

#### 12.2.3.2 "卡西尼－惠更斯号"土星探测及地土通信

"卡西尼－惠更斯号"是美国国家航空航天局、欧洲航天局和意大利航天局的一个合作项目，探测器环绕土星飞行，对土星及其大气、光环、卫星和磁场进行深入考察。"卡西尼－惠更斯号"探测器在经过约35亿千米的漫长太空旅行，于2004年7月进入环绕土星转动的轨道，开始对土星进行科学考察。2017年9月15日，探测器燃料将尽，科学家利用深空通信系统向其发出指令，控制其向土星坠毁。

土星到地球最近的距离约12亿千米，最远时将近17亿千米，遥远的距离对地土通信提出更高的要求，信号极其微弱，传输时延可达几十分钟。"卡西尼－惠更斯号"搭载了直径约4 m的高增益抛物面天线，可工作于X波段和Ka波段，实现探测器从土星到地球的深空通信，其上行链路的速率约500 b/s，下行链路的速率可达14 kb/s。"卡西尼－惠更斯号"在长达十余年的时间内，向地球传回地球大量科学数据，包含超过45万张图像、土星大气成分分析、土星环结构数据以及多颗卫星的探测结果等。

## 12.3 深空通信的措施与技术

### 12.3.1 深空通信的措施

深空通信时，探测器通常距离地球较远，自由空间传播损耗非常大，导致信号的载噪比小，传输速率较低。深空通信的下行链路对传输速率要求较高，巨大的损耗可以通过采用多种不同的措施来弥补，从而尽可能提升载噪比，在不降低可靠性要求的前提下提高传输速率。结合第6章卫星链路的载噪比分析可知，要提升载噪比，可以通过增加天线增益、增大发射功率、高增益编码、数据压缩等措施来实现。

### 12.3.1.1 增大天线口径

**1. 增大地球站天线口径**

深空通信时，深空站接收到来自探测器的微弱信号，可以通过增加天线增益来提升载噪比。由天线增益的计算公式 $G = \left(\dfrac{\pi D f}{c}\right)^2 \eta$ 可知，可以通过增大地球站天线口径来实现天线增益。美国早期探月时，采用26 m天线，随着探测目标变远，天线口径一直在扩大，目前单副天线口径最大约为70 m。假若深空站工作于X频段（8.4 GHz），天线效率约为0.5时，不同口径天线增益见表12-2。深空站采用的70 m天线与10 m天线相比，可增加的天线增益约为16.9 dB。受到天线重力、风负荷加大、热变形等因素的影响，继续增大地球站天线口径难度较大，而且天线增益增加幅度较小。热变形、阵风变形和重力下垂变形等因素会随天线口径的加大而加剧，从而导致天线效率下降。

表12-2 不同口径地球站天线增益

| 天线口径/m | 10 | 26 | 34 | 64 | 70 |
|---|---|---|---|---|---|
| 天线增益/dB | 55.9 | 64.2 | 66.5 | 72 | 72.8 |

**2. 增加探测器天线口径**

深空通信中也可以通过增大探测器的天线口径来增加其天线增益，从而提升载噪比，进而提高探测器发射端的有效全向辐射功率 EIRP 或接收系统品质因数 $G/T$。美国早期探测月球时使用的天线口径为 0.6~1.5 m，"旅行者号"探测外行星时采用口径约 3.7 m 的天线，"伽利略号"探测器的天线口径约为 4.8 m。由于受到火箭整流罩尺寸、发射费用以及探测器本身等因素的限制，探测器采用大口径天线时，一般做成可展开式，技术难度大，而且容易出现故障。如"伽利略号"探测器，其近 5 m 的主天线因限位销没有拔出，导致天线展开失败，极大地影响了探测器与地球间的数据传输。

### 12.3.1.2 提高工作频率

天线增益不仅与天线口径有关，还与工作频率有关，通过提高工作频率，同样能增加天线增益。当收发双方都采用定向天线时，提高载波频率和增加天线口径等效。但是，由于天线反射面加工精度与理想旋转抛物面的均方误差及工作波长有关，天线的加工、安装和调整难度随频率提高而加大；同时，电磁波穿过地球大气层时的降雨损耗和大气吸收损耗随频率升高而增加。在地球表面建设深空站，由于大气损耗、雨衰等因素的影响，目前而言，载波频率提高至 Ka 频段基本已达极限。"旅行者 2 号"探测海王星时已使用了 X 频段，与相同条件下 S 频段的载噪比相比，得到了 11.32 dB 的改善。

#### 12.3.1.3 降低噪声功率

信号载噪比是载波功率与噪声功率的比值。对于载噪比的提升，一方面，可以通过增大天线口径来获得较高的天线增益，或者通过提高工作频率等方法来提高载波功率；另一方面，可以通过降低噪声功率来提升。噪声功率与噪声温度有关，可以使用低温制冷技术降低噪声温度，进而降低噪声功率。深空站采用噪声极低的受激辐射微波放大器，并将其与馈电系统一同放入液氦中制冷，可使接收系统噪声温度从 150 K 降低至约 6.5 K，从而减小噪声功率，使载噪比提升约 14 dB 收益。

#### 12.3.1.4 高增益编码

对于一个采用特定调制、编码技术的通信系统，达到某个给定误比特率 BER 所需达到的 $E_b/n_0$ 称为门限 $E_b/n_0$。在一定的误码率或误比特率的条件下，采用某种信道编码方式后，相对于没有采用信道编码的系统所获得的信噪比减少的分贝数称为编码的编码增益。采用高增益的信道编码，可以在不改变误比特率的前提下降低对 $E_b/n_0$ 的要求，如图 12-4 所示。深空通信信道与无记忆的高斯信道非常相似，因此，深空通信的信道是信道编码理论适用的信道模型。

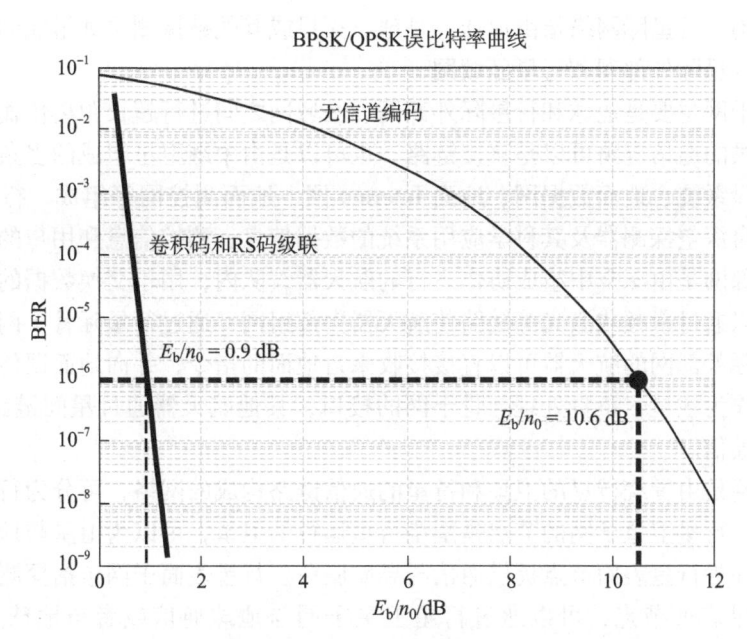

**图 12-4 特定调制方式下误比特率与 $E_b/n_0$ 的关系曲线**

深空通信中比较成熟的编码方式包括线性分组码、循环码、卷积码和交织编码。Turbo 码和 LDPC 码可以较大地提高编码增益，是深空通信中常用的编码方式。理论上，Turbo 码的性能指标已经非常接近香农理论极限，大约能得到 11 dB 的编码增益。

深空通信中还采用级联码以及编码和调制相结合的编码调制方式。级联码采用两个独立的编码，分别是外码和内码。数据首先送入外编码器，外编码器的输出信号再输入内编码器。深空通信中常用的级联码有 RS 码（外码）+ 卷积码（内码）、LDPC（外码）+ Turbo 码

(内码)。"伽利略号"木星探测器采用 RS 码和卷积码的级联码,编码增益能达到约 9.6 dB,从而提升接收信号的载噪比。

### 12.3.1.5 数据压缩

深空通信中功率受限,高效的传输数据非常必要,可以通过采用数据压缩的方法对回传的数据进行压缩处理,消除部分冗余,提高信息的传输性能。数据压缩分为无损压缩和有损压缩。无损压缩中,压缩后的数据与压缩前的数据相比,有用的信息未损失。而有损压缩在压缩数据时,将一些无关紧要的数据压缩掉,允许一定的精度损失;压缩后的数据,其有用信息虽然有所损失,但在允许和可控的范围内。深空探测时,探测器需获取地外天体尤其是探测外行星的图像和数据,投资巨大,应尽量获取珍贵的原始图像细节和数据,一般采用无损压缩方法。"旅行者号"探测海王星时,采用了 2.5 倍的无损压缩方法。

## 12.3.2 深空通信技术

### 12.3.2.1 行星际网络

行星际网络(Inter Planetary Network,IPN)是为实现太阳系内深空探测及星际通信而设计的网络架构。行星际网络指由地球、月球、火星或其他被探测星球组成的网络,包括行星际骨干网、行星际外部网和行星区域网。

行星际骨干网主要是地球和行星际外部网、区域网之间进行超长距离传输的数据通信链路。骨干网提供的通信链路可以是直接链路,也可以是由中继卫星组成的多条链路。骨干网主要由中继卫星系统、地面数据网、地面 Internet 网、地面测控网等组成。行星际骨干网主要负责传送来自深空探测器及其科学应用系统的数据信息、测控信息和用户的指令等。

行星际外部网是由深空中组成协作飞行的航天器编队内,用于交换数据的星间链路所构成的网络。可以通过射频或激光等链路使航天器内部组网,通过行星际骨干网与地球进行信息传输。行星际外部网的航天器可以直接接收来自地面的指令,并向地面回传数据,也可以由某一航天器作为主星,负责处理与骨干网的接口,其他航天器通过星间链路与主星相连,实现与地球的通信。

行星区域网是由围绕行星的卫星和行星的通信链路构成的网络,可分为行星卫星子网和行星表面子网。行星卫星子网的节点是围绕行星运行的卫星,可以为卫星与地球之间提供数据中继服务,并为行星表面节点提供通信与导航服务。行星表面子网包括探测行星的探测器和漫游器等行星表面节点,可以通过行星卫星子网与地球通信或者与地球直接建立通信链路。

行星际网络通过整合地球、轨道卫星、中继卫星和行星表面节点等,构建覆盖太阳系的网络体系,为深空探测器提供稳定数据传输通道,支持科学数据回传与指令传输,实现地球与其他天体间的通信。行星际网络的主要应用包括以下方面:

①对时间不敏感的科学探测数据传输。实现将从地外天体获取的大量科学探测数据,通过布设在空间的通信节点进行数据的交互通信。

②时间敏感的科学探测数据以及大量的本地视频和音频数据的传输。将在探测天体本地获取的具有实时传输需求的数据,传输到行星本地的节点、地球乃至在太空的航天员,确保

各个通信单元之间保持实时的通信联系。

③任务姿态遥测数据传输。将处在任务飞行或行星表面活动中的航天器状态和健康状况报告传输到地面的任务控制中心或者其他节点上,确保对航天器状态的连续掌握。

④指令控制和数据注入。通过网络可以实现任务指挥控制中心或其他节点甚至在轨航天员对在轨或在行星表面活动的探测器的连续控制以及上行数据注入。

行星际网络的发展是人类从地球互联迈向星际互联的关键环节,能够在多网络的星际环境中获得端到端的通信能力。行星际网络的环境特殊,未来发展中需要结合行星际网络的特点采取有针对性的方法,从而实现深空远距离通信。

①长时延下的可靠传输。深空探测中,随着技术的不断发展,探测距离越来越远,距离地球达到几十亿千米,甚至更远,通信距离过长造成文件传输时延大,如地球与冥王星探测器的传输时延长达约 420 min,实时交互受限。可采用存储 – 转发机制应对分钟级甚至小时级通信延迟,确保数据可靠传输。

②断续通信下的信息传输。在行星际网络中无法保证端到端链路持续有效,行星自转、天体遮挡及太阳辐射干扰导致通信链路不稳定。由于受地球自转的影响,甚至不能保证一个地面站能够持续接收到下行信号。需要在地面建设深空网,深空网由分布在不同位置的多个地面站组成,保证能够尽可能多地接收信号。在行星际网络中,探测器与卫星的移动导致网络结构频繁变化,路由优化复杂,可以动态调整通信路径,以应对行星运动造成的信号遮挡。

③低信噪比下的信息传输。深空通信中传播损耗大,接收信号非常微弱,而任何通信系统的信号传输都会受到噪声的影响,导致深空通信中载波功率与噪声功率之比非常小。在给定发送速率、编码方式和调制方式下,误码率与信噪比有关。行星际网络中,可以采用超大功率天线和自适应波束成形技术等方式增强信号强度,克服远距离导致的低信噪比,实现高效信息传输。

#### 12.3.2.2 天线组阵技术

天线组阵技术利用分布在不同地点的多个天线组成天线阵列,接收来自同一深空探测器的信号,利用信号的相干性和噪声的不相关性,对各个天线接收的信号进行处理和合成,从而保证接收信号达到所需的信噪比。

天线组阵技术能够得到更大的等效天线口径,能够超过现有的最大天线口径,实现更高的资源使用;能够使接收信号的信噪比更高,从而获得更高的数据接收速率;提供了更高的系统可用性、维护的灵活性和工作的可靠性,一个阵元素天线的失效只会使系统性能下降,不会导致整个系统瘫痪;天线组阵可以采用更小口径的天线来降低成本,小口径天线有利于实现批量化、自动化制造,成本低;可以提高系统的可操作性和计划的灵活性,新增加的天线单元对正在执行任务的设备不会有任何影响;还可以根据不同任务的需求,设计不同的组阵方案和工作安排。

天线组阵技术可以采用多种不同方案,如全频谱合成、复信号合成、符号流合成、基带合成以及载波组阵等。这些方案在接收机信号处理的不同阶段对来自多个天线的信号进行合成,从而使不同方案的合成效果不同。

天线阵在合成来自多副天线的信号时,为了使加权相加的信号得到最高的信噪比,需要对每副天线接收的信号进行延迟和相位调整。当来自各天线信号的信噪比足够大时，所有天线的接收信号都具有较强的相关性，可以直接利用相关获得的相位和延迟偏移来对齐信号。当来自各天线信号的信噪比较低时，通常需要采用一定的方法来利用所有可能的信号。

SUMPLE 算法是一种比较典型的天线组阵算法，能够在各天线间实现相关，原理框图如图 12-5 所示。该算法中，天线阵的相关通过使用天线信号的简单成对相关来实现。SUMPLE 算法将每个天线信号与其余天线信号之和相关，而不是将天线阵的每个天线信号与一个参考天线信号以成对方式相关。这种方式可以将相关硬件的硬件数减少为 $N$ 个（$N$ 为天线组阵中的天线个数），使相关后数据处理过程得到简化。另外，天线组阵完成相关后，每次相关将信噪比提高 $N-1$ 倍，这在天线阵合成弱信号时至关重要。

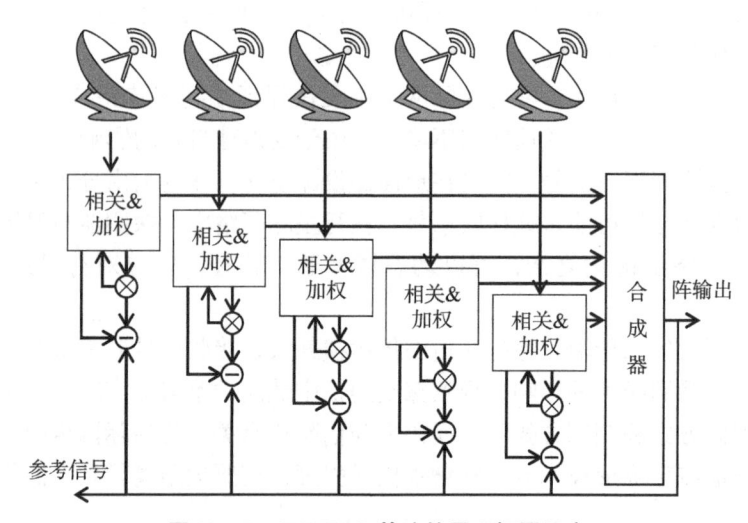

图 12-5 SUMPLE 算法的原理框图示意

"伽利略号"在进行木星探测任务时，由于高增益，天线失效，只能采用低增益 S 频段天线发送数据，地面通过采用天线组阵技术有效提高了接收信号的信噪比。利用大口径天线组成的天线组阵，接收来自"伽利略号"探测器的信号，通过天线组阵技术大大提高信息传输速率，使返回数据增加了 3 倍。

未来深空探测任务对通信链路提出了更大的容量、更高的接收灵敏度、更强的可操作性等要求，天线组阵技术将朝着大型天线阵、上行链路组阵和软件合成器等方向发展。

#### 12.3.2.3 深空光通信技术

深空光通信技术是以激光为载体，在深空探测器与地面站之间及探测器与探测器之间进行信息传输的技术。用于通信的激光波长范围为 532~1 550 nm，对应的频率范围为 $1.9 \times 10^{14} \sim 5.6 \times 10^{14}$ Hz，激光的频率比射频信号高 4~5 个数量级。极高的频率使激光具有更好的方向性和更为丰富的带宽资源。深空光通信将会获得比射频通信更高的传输速率，而且具有链路终端体积小、质量小、功耗低、抗干扰能力强、保密性好等优点。

以美国的"旅行者号"探测器为例，通信系统工作于 X 频段，发射功率为 20 W，天线口径为 3.7 m，地面站天线口径为 70 m，低噪声接收器的工作温度接近 0 K，木星到地球的信息传输速率约为 100 Kb/s。海王星探测任务中，利用深空网天线和天线组阵技术，海王星到地球站的信息传输速率约为 10 Kb/s。即使采用 Ka 频段，传输速率也能比 X 频段约提高 6 dB。射频通信技术很难满足未来行星探测中上吉比特每秒的信息传输速率要求。比较射频通信与光通信技术，单从波束质量考虑，口径 0.1 m 的光学天线对应的光波能量密度是口径 3.7 m 的 X 波段天线对应能量密度的 $10^6$ 倍，综合考虑多种因素的影响，激光通信速率将会比 X 频段约能提高 60 dB，在编码、调制等条件相同的情况下，可以极大地提高信息传输速率。

由于深空通信的距离很远，需要比地球轨道通信链路更大的光学孔径、更高的功率和更高的接收机灵敏度；在深空距离上，瞄准和跟踪窄波束信号也非常困难；深空探测任务还需要应付不同的工作条件和轨道约束等。深空激光通信链路的建立更为困难，需要解决深空捕获、跟踪与瞄准技术、激光通信链路中的关键组件设计、激光在大气中的传输特性和大气链路可用性、大口径接收技术、高功率高重频激光器技术、阵列望远镜技术、强背景条件下微弱信号探测技术等。

深空任务的多样性带来了数据量的增加，深空探测器将向小型化、轻量化方向发展，深空光通信技术的研究越发迫切。未来深空探测任务中，深空光通信技术是解决高速率信息传输必需的关键技术，未来深空光通信将会成为信息传输的主角。

## 12.4 深空通信的 STK 仿真

### 12.4.1 月球探测仿真

新建 STK 场景后，命名为"Moon"，一天仿真时间内，探测器绕月球运行过程中无法实现环绕地球的效果，修改起止时间间隔约 30 天，单击"OK"按钮，如图 12-6 所示。

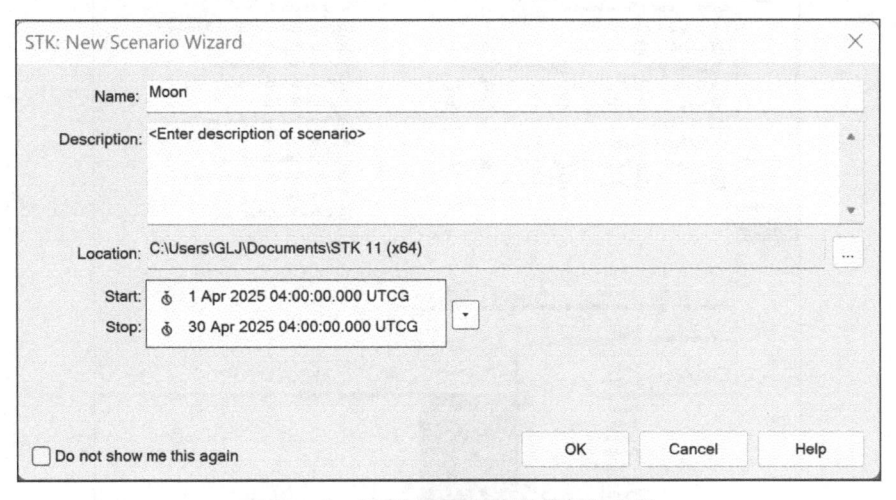

图 12-6 月球探测器仿真场景初始设置

关闭自动弹出的"Insert STK Objects"窗口。选择菜单栏中的"View"→"Planetary Options"，单击工具栏中的"New"下拉按钮，不同的天体选项如图 12-7 所示。

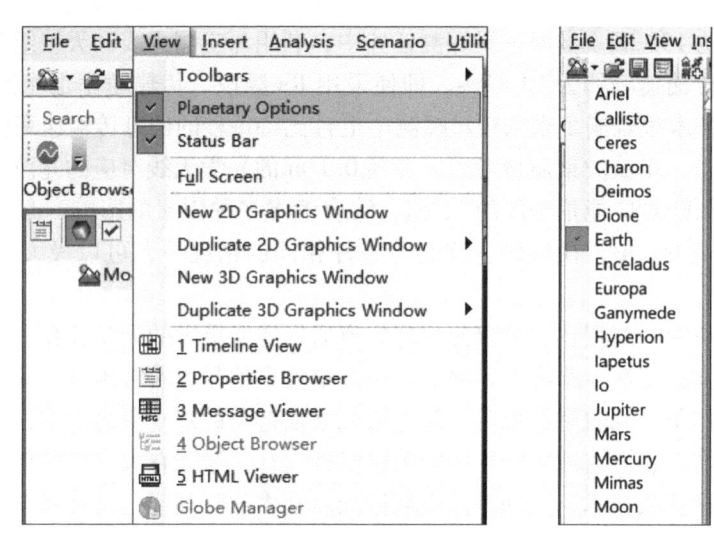

图 12-7 天体选项

选择"Insert"→"New",弹出"Insert STK Objects"窗口,在窗口中选择 Satellite 对象后,修改下方的"Central Body"为"Moon",如图 12-8 所示。在"Select A Method"中选择"Orbit Wizard",单击"Insert"按钮,弹出"Orbit Wizard"窗口,插入月球探测器,如图 12-9 所示。"Type"选择"Circular","Satellite Name"为"Probe","Inclination"修改为 85°,"Altitude"改为 200 km,单击"Apply"按钮。

图 12-8 修改"Central Body"

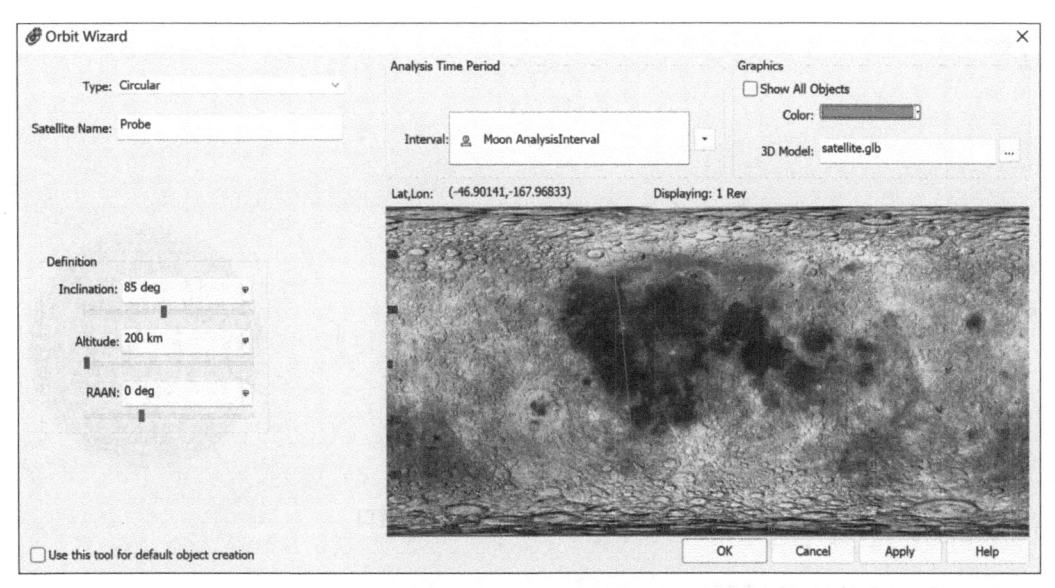

图 12-9　修改月球探测器的参数

在场景中已经成功插入月球探测器，但是在地球的视角看不到该卫星。按住鼠标右键，向下拖动鼠标会放大，向上拖动鼠标会缩小。为了更加清楚地显示地球、月球及探测器，将 3D 窗口的背景颜色修改为白色，如图 12-10 所示。也可以添加地球的经度线和纬度线。向上拖动鼠标缩小显示地球，直至出现月球及卫星，如图 12-11 所示。

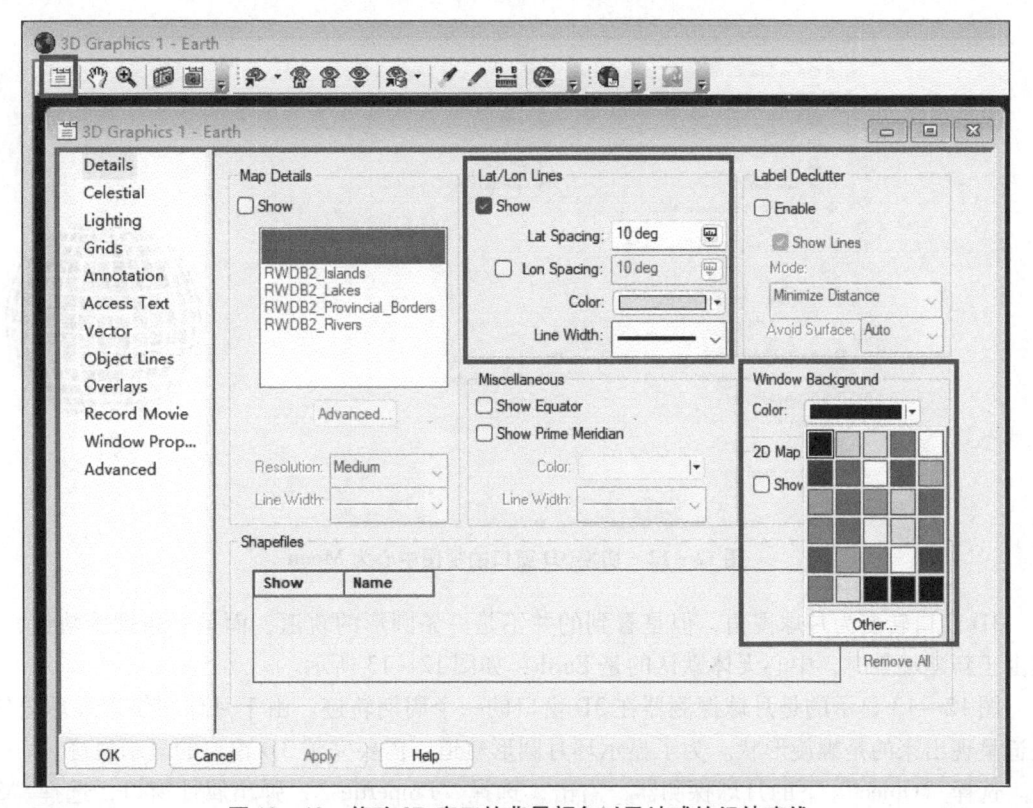

图 12-10　修改 3D 窗口的背景颜色以及地球的经纬度线

图 12-11　月球探测器的 3D 窗口

### 12.4.2　完善仿真视图

可以通过将 3D 窗口的视角切换到 Moon，更直接地显示月球探测器。选择 3D 窗口后，单击"View From/To"，如图 12-12 所示，弹出"View From/To：3D Graphics 1-Earth"窗口，单击"To Position"下的"Moon"，单击"OK"按钮。

图 12-12　切换 3D 窗口的视图中心为 Moon

3D 窗口转变为月球视角，但是看到的并不是一条圆形的轨道，而是一条螺旋轨道，这是由于新建场景时，中心天体默认的是 Earth，如图 12-13 所示。

图 12-13 显示的是月球探测器在 3D 窗口的一个周期轨迹。由于月球在绕着地球公转，轨道呈现出来的是螺旋形状。为了显示环月圆形轨道，需要完善 3D 窗口的显示轨迹。

选择"Object"下的月球探测器，右击，选择"Properties"，弹出属性窗口，选择"3D

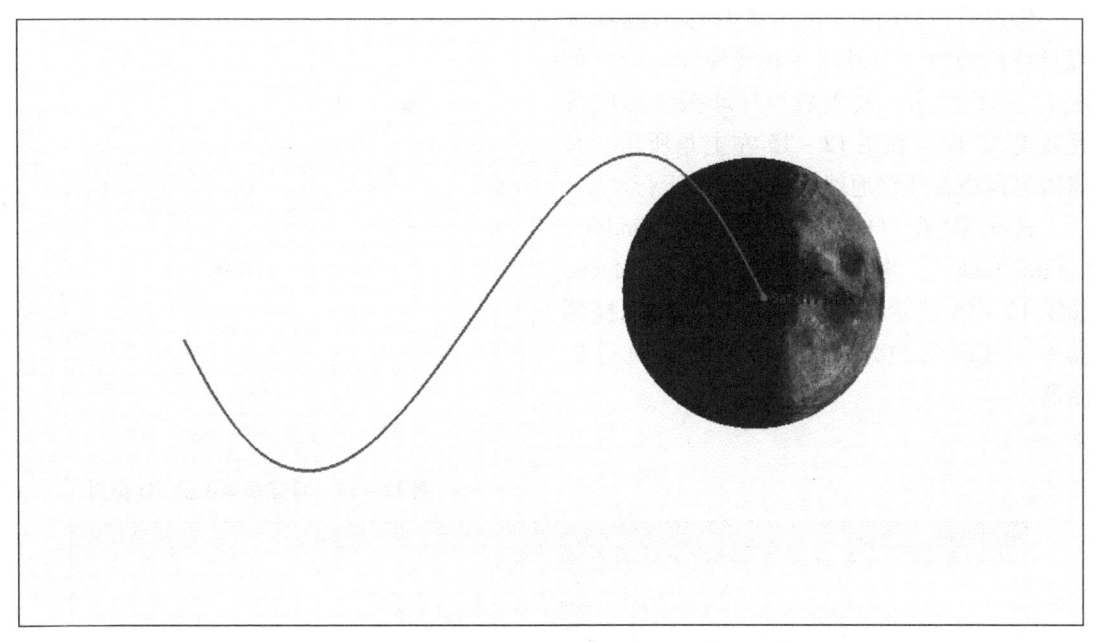

图 12-13  3D 窗口下的月球探测器

Graphics"→"Pass" 如图 12-14 所示。将"Orbit Track"下的"Lead Type"由"One Pass"修改为"All"。

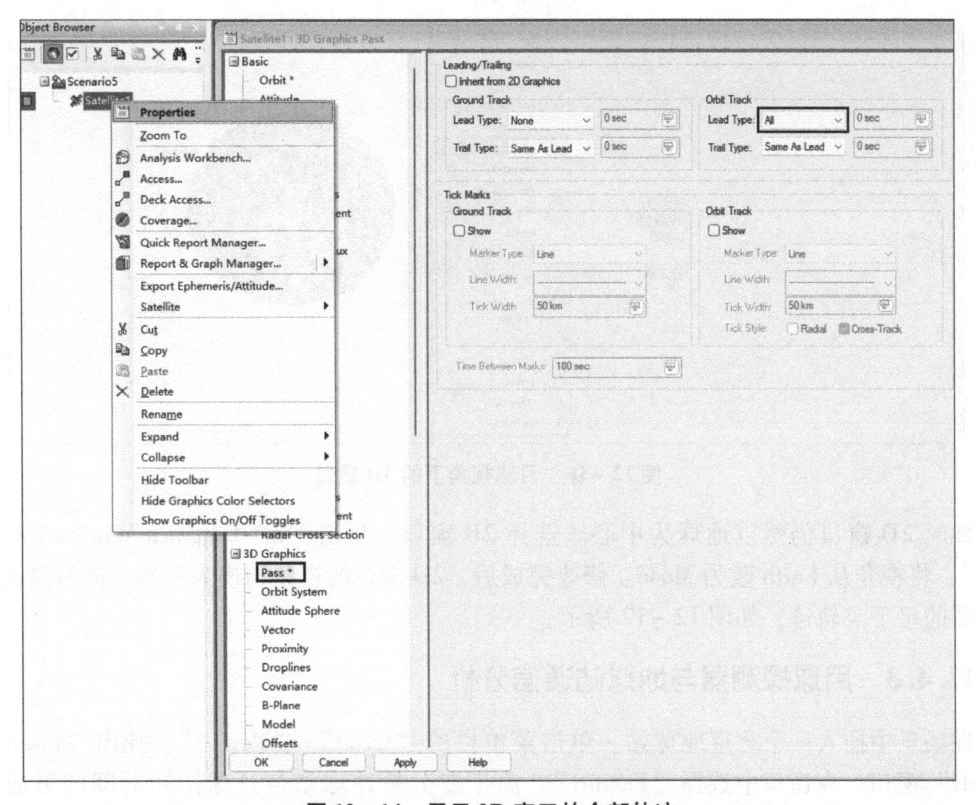

图 12-14  显示 3D 窗口的全部轨迹

修改后，3D 窗口显示了月球探测器环绕月球的同时，与月球一起绕地球运行，如图 12-15 所示。放大后，月球探测器的环月轨道 3D 窗口如图 12-15 左上角所示。月球探测器绕着环绕地球的螺旋轨道运行。

选择 3D 窗口的 "3D Graphics Window's Central Body"，将视角从 Earth 改为 Moon，如图 12-16 所示。3D 窗口显示的月球探测器为一颗倾角约为 85°的环月圆形轨道探测器。

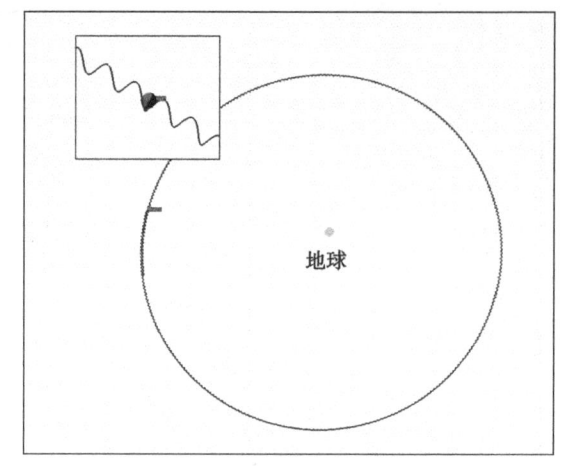

图 12-15　月球视角下的 3D 窗口

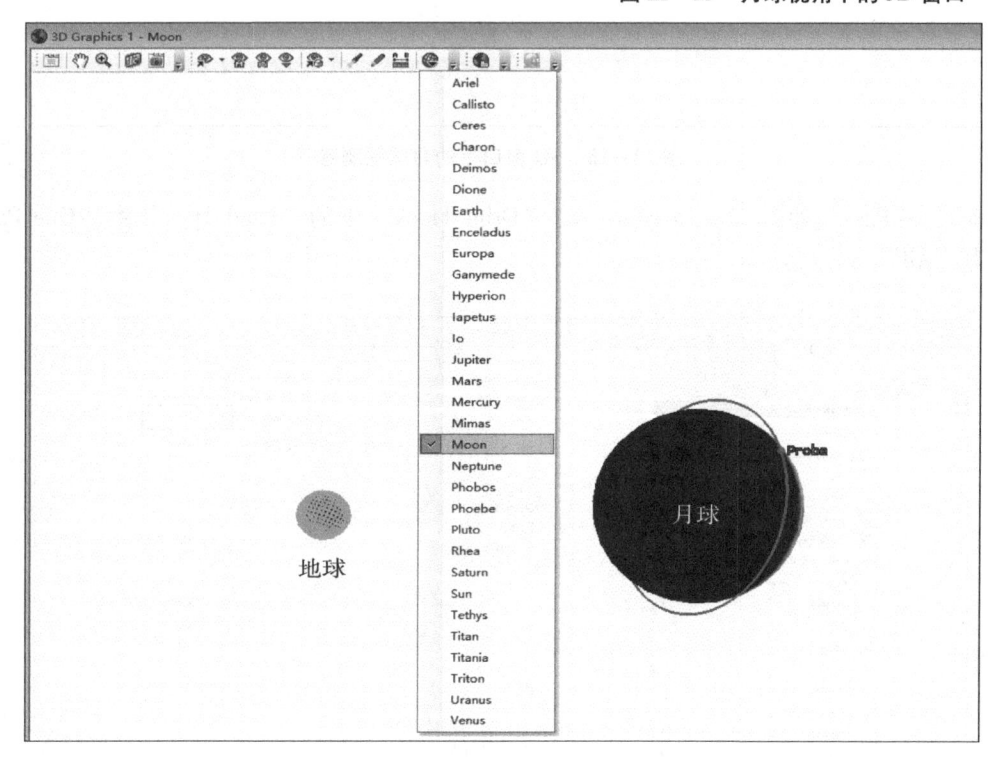

图 12-16　月球视角下的 3D 窗口

此时 2D 窗口仍然以地球为中心。选择 2D 窗口，单击 "2D Graphics Window's Central Body"，将视角从 Earth 改为 Moon。修改完成后，2D 窗口的视角切换为月球，同时显示月球探测器的星下点轨迹，如图 12-17 所示。

### 12.4.3　月球探测器与地球站通信分析

在场景中插入一个北京地球站。单击菜单栏的 "Insert"→"New…"，弹出 "Insert STK Objects" 窗口，在窗口中选择 "Facility"。由于要分析地球站与月球探测器间的可通信情况，因此，在 "Central Body" 下选择 "Earth"，此时插入的地面站在地球上，否则将在月

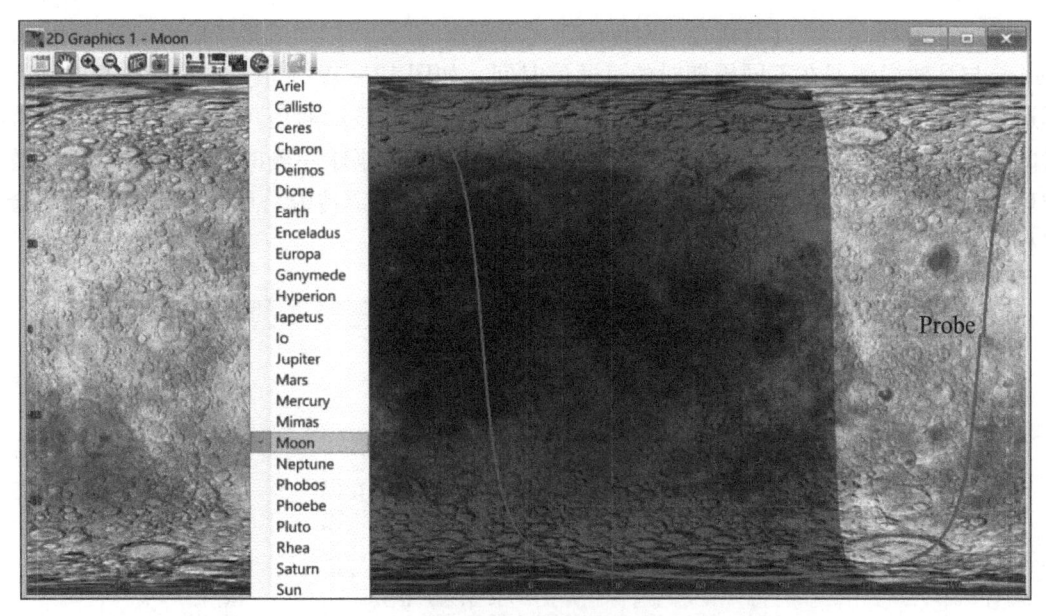

图 12-17　切换 2D 窗口的视图中心为 Moon

球表面插入地面站。在右侧"Select A Method"窗口中显示了各种插入方法，选择"From Standard Object Database"，单击"Insert…"按钮，弹出"Search Standard Object Data"窗口，在"Name"下输入要插入对象的名称，如"Beijing"，单击左下方的"Search"按钮，即可显示搜索结果。选择 Beijing_Station 后，单击右下侧的"Insert"按钮，则在场景中插入一个地球站。详细操作步骤可参见地球站仿真的相关内容。

选择 Beijing_Station，右击，单击"Access…"，弹出"Access"窗口。在"Access"窗口中选择"Probe"，单击右上方的"Compute"按钮，即可计算出 Beijing_Station 与 Probe 的通信可见情况，如图 12-18 所示。

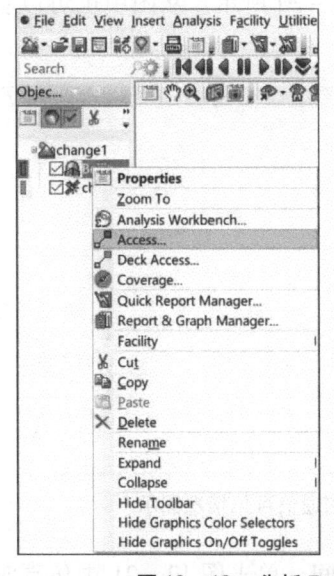

图 12-18　分析 Beijing_Station 与月球探测器的通信可见情况

单击"Access"窗口下侧的"Reports"→"Access…",可以通过报告的形式显示 Beijing_Station 与月球探测器在不同周期时的可通信时间,如图 12 – 19 所示。在不同仿真时间和不同运行周期,仿真得到的可通信时间会各不相同。报告可显示通信可见的起止时间和持续时间等相关信息。由于天体的遮挡,当探测器到达背对地球一侧时,通信中断。要增加地球站与探测器的可通信时间,可以通过中继卫星进行中继传输,后续在仿真实例中会开展相关分析。

图 12 – 19　Beijing_Station 与月球探测器的部分通信可见情况报告

单击"Access"窗口下侧的"Graphs"→"Access…",可通过图的形式显示 Beijing_Station 与月球探测器在仿真时间内的可通信时间,如图 12 – 20 所示。从图中也可以看出地月间通信为断续通信,通信时间有长有短。

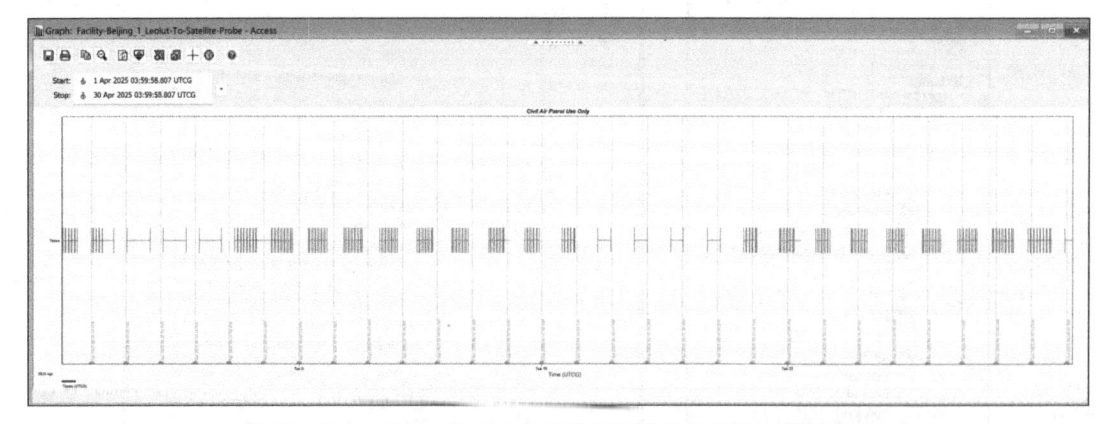

图 12 – 20　Beijing_Station 与月球探测器的通信可见情况图示

由于仿真周期较长,可根据需要选择合适的起止时间。单击图 12 – 21 中仿真时间右侧的下拉按钮，选择"Start time"，可以设置需要的日期。同样，选择"Stop Time"，可以设置截止日期。本例分别选择"Set to Today"和"Set to Tomorrow"，仿真图显示一天时间内 Beijing_Station 与月球探测器的通信可见情况，如图 12-21 所示。

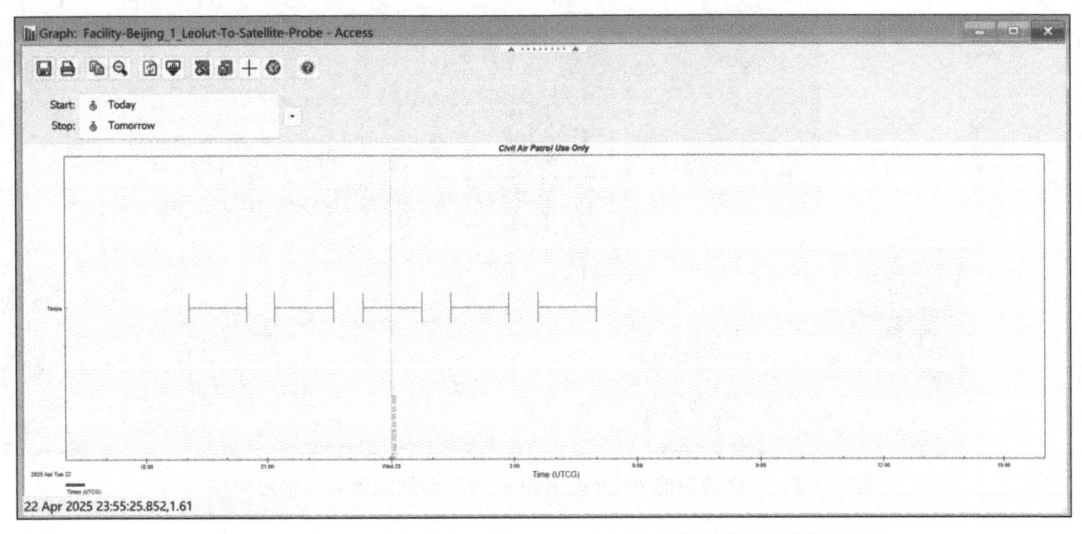

图 12-21　一天时间内 Beijing_Station 与月球的通信可见情况图示

仿真分析 Beijing_Station 与月球探测器的通信可见情况后，其 3D 窗口显示如图 12-22 所示。当探测器与 Beijing_Station 可见时，二者之间有通信链路（图 12-22（a））；由于天体的遮挡，当月球探测器与 Beijing_Station 不可见时，二者之间无通信链路（图 12-22（b）），导致通信中断。

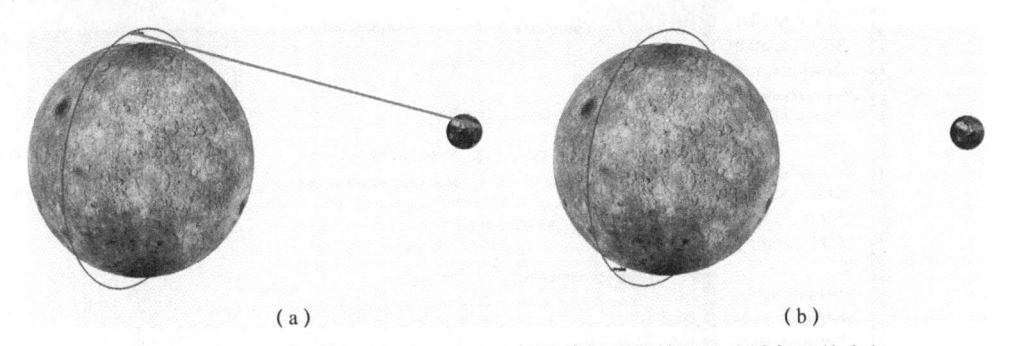

图 12-22　3D 窗口的 Beijing_Station 与月球探测器的通信连续与通信中断

2D 窗口会显示月球探测器与 Beijing_Station 通信可见时的所有星下点轨迹，如图 12-23 所示。由于仿真周期较长，导致星下点轨迹显示很密集，但是能够直观看出由于天体遮挡导致的通信中断区域。

可通过修改仿真周期，来减少星下点轨迹。选择场景后，右击，选择"Properties"→"Basic"→"Time"，修改"Analysis Period"，如图 12-24 所示。

当周期修改为 2 天后，星下点轨迹明显减少，如图 12-25 所示，图中时刻探测器与 Beijing_Station 间通信中断。图 12-25 中高亮显示的星下点轨迹表示月球探测器与 Beijing_Station 通信可见，虚线显示的星下点轨迹表示月球探测器当前运行周期的星下点轨迹。

月球探测器与 Beijing_Station 间的通信由于受到月球以及地球等天体遮挡等因素的影响，

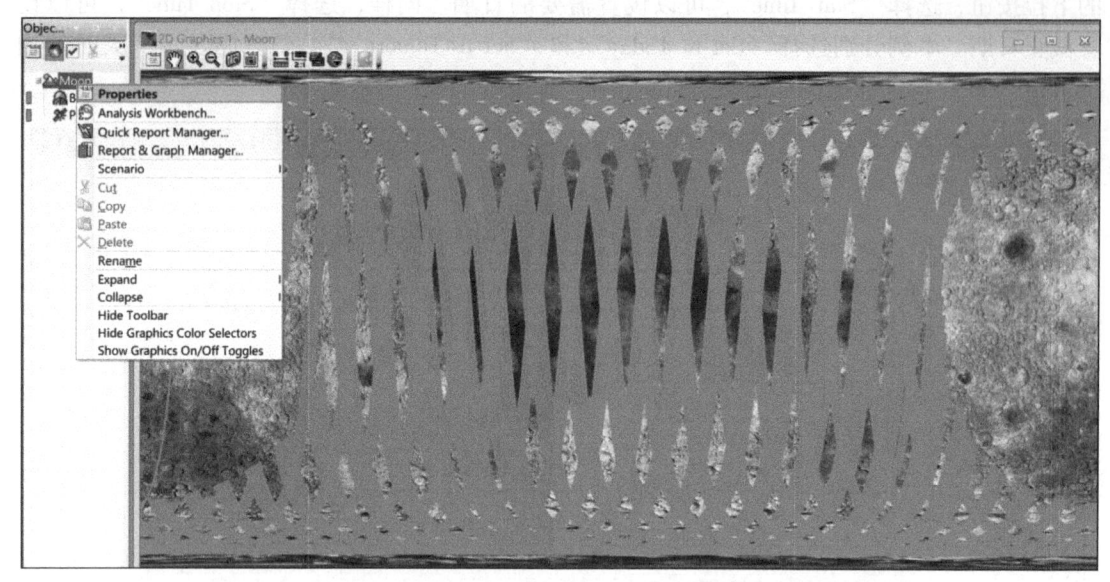

图 12 – 23  2D 窗口的 Beijing_Station 与月球探测器的通信可见性

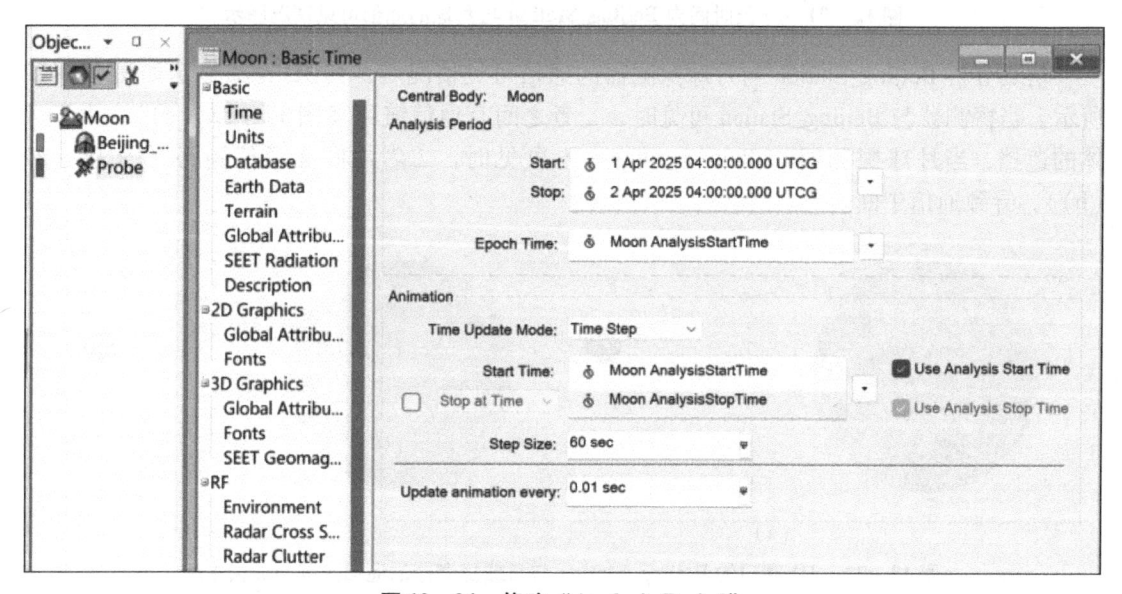

图 12 – 24  修改 "Analysis Period"

导致通信时断时续。要解决地球遮挡导致的通信中断问题，可以在地球设置多个地面站；要解决由于月球遮挡导致的通信中断问题，可以借助中继卫星实现通信中继。

## 12.5 深空通信仿真实例

### 12.5.1 仿真任务实例

该仿真任务实例在提供的仿真场景基础上添加新的地球站和月球探测器，探讨月球探测

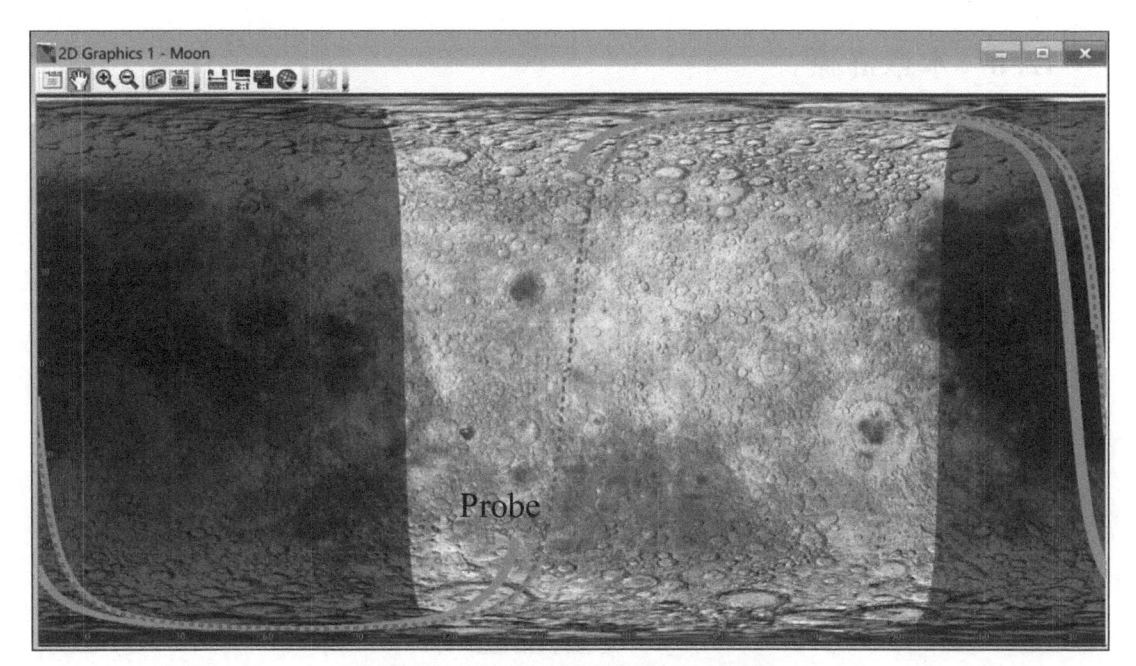

图 12-25 修改后的星下点轨迹（附彩插）

器与地球站间增加可通信时间的方法。分析地球上多处设置地球站对地月通信时间的影响；利用提供场景中已有的中继卫星，分析中继卫星对月球探测器和地球站间通信时间的影响，初步开展深空通信的仿真与分析。

### 12.5.2 仿真基本过程

①打开提供的仿真场景"Chapter12-0"，将场景名称修改为"Chapter12"；

②插入一颗 LEO 卫星，"Central Body"为 Moon，命名为 Orbiter，卫星轨道高度为 500 km，倾角为 85°，偏心率为 0；

③新建 2D 窗口显示月球二维场景，取消显示星下点轨迹；

④通过数据库插入 Beijing_Station，"Central Body"为 Earth，分析 Beijing_Station 与 Orbiter 间的可通信时间；

⑤插入 Place 对象，"Central Body"为 Earth，命名为 Argentina，设置位置参数（38°S, 70°W）；

⑥对比分析 Orbiter 与 Beijing_Station 及 Argentina 的可通信时间；

⑦查看 Orbiter 与 Beijing_Station 以及与两个地球站的 Daily Coverage 情况；

⑧插入一个月球站，"Central Body"为 Moon，命名为 lander，位于月球背面东经 170°，南纬 45°附近；

⑨分析 lander 与 Beijing_Station 的可见性；

⑩插入链路对象，利用场景提供的中继卫星 zhongji 建立中继链路，实现从 Beijing_Station 经 zhongji 卫星到 lander 的中继链路；

⑪在 3D 场景查看中继链路；

⑫分析通过中继卫星搭建从 lander 到地球站的链路持续时间，保存场景。

## 12.6 本章资源

### 12.6.1 本章思维导图

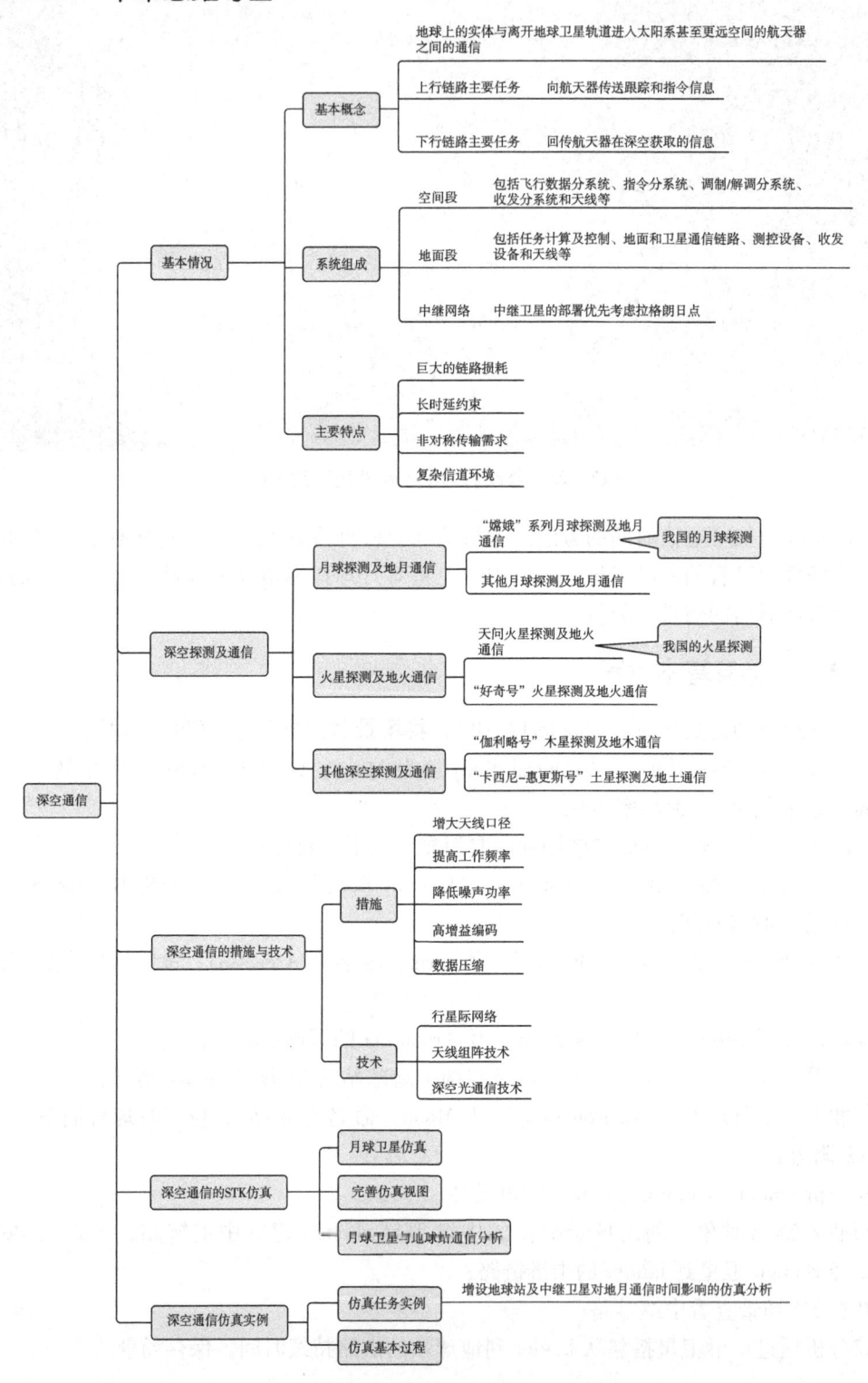

```
深空通信
├── 基本情况
│   ├── 基本概念
│   │   ├── 地球上的实体与离开地球卫星轨道进入太阳系甚至更远空间的航天器之间的通信
│   │   ├── 上行链路主要任务 —— 向航天器传送跟踪和指令信息
│   │   └── 下行链路主要任务 —— 回传航天器在深空获取的信息
│   ├── 系统组成
│   │   ├── 空间段 —— 包括飞行数据分系统、指令分系统、调制/解调分系统、收发分系统和天线等
│   │   ├── 地面段 —— 包括任务计算及控制、地面和卫星通信链路、测控设备、收发设备和天线等
│   │   └── 中继网络 —— 中继卫星的部署优先考虑拉格朗日点
│   └── 主要特点
│       ├── 巨大的链路损耗
│       ├── 长时延约束
│       ├── 非对称传输需求
│       └── 复杂信道环境
├── 深空探测及通信
│   ├── 月球探测及地月通信
│   │   ├── "嫦娥"系列月球探测及地月通信 —— 我国的月球探测
│   │   └── 其他月球探测及地月通信
│   ├── 火星探测及地火通信
│   │   ├── 天问火星探测及地火通信 —— 我国的火星探测
│   │   └── "好奇号"火星探测及地火通信
│   └── 其他深空探测及通信
│       ├── "伽利略号"木星探测及地木通信
│       └── "卡西尼-惠更斯号"土星探测及地土通信
├── 深空通信的措施与技术
│   ├── 措施
│   │   ├── 增大天线口径
│   │   ├── 提高工作频率
│   │   ├── 降低噪声功率
│   │   ├── 高增益编码
│   │   └── 数据压缩
│   └── 技术
│       ├── 行星际网络
│       ├── 天线组阵技术
│       └── 深空光通信技术
├── 深空通信的STK仿真
│   ├── 月球卫星仿真
│   ├── 完善仿真视图
│   └── 月球卫星与地球站通信分析
└── 深空通信仿真实例
    ├── 仿真任务实例 —— 增设地球站及中继卫星对地月通信时间影响的仿真分析
    └── 仿真基本过程
```

## 12.6.2 本章数字资源

| 本章课件 | 练习题课件 | 仿真实例操作视频 | 基础仿真场景程序 | 仿真实例程序 |

# 习 题

1. 什么是深空通信？主要任务有哪些？
2. 简要阐述深空通信系统的组成及作用。
3. 深空通信有什么特点？
4. 我国的深空探测器有哪些？
5. 月球探测任务有哪些？查阅资料，了解地月通信情况。
6. 查阅资料，了解目前的深空探测有哪些，并了解深空通信方式如何。
7. 深空通信中，可以采用哪些措施来提高传输速率？
8. 深空通信技术有哪些？未来发展趋势如何？
9. 假设某行星探测器的发射功率为 20 W，天线口径为 0.6 m，工作频率约为 7 GHz，天线效率为 0.5，等效噪声温度为 150 K，地球站天线口径为 26 m，探测器与地球的距离约为 9 亿千米，试计算探测器接收信号的载噪比。
10. 试利用 STK 软件仿真分析火星探测器与地球站的通信时间及地火链路性能。

# 参 考 文 献

[1] 张洪太，王敏，崔万照. 卫星通信技术 [M]. 北京：北京理工大学出版社，2018.
[2] 朱立东，吴延勇，等. 卫星通信导论（第 5 版）[M]. 北京：电子工业出版社，2023.
[3] 徐雷，等. 卫星通信技术与系统 [M]. 哈尔滨：哈尔滨工业大学出版社，2019.
[4] 王海涛，等. 卫星应用技术 [M]. 北京：北京理工大学出版社，2018.
[5] 王丽娜，王兵. 卫星通信系统 [M]. 北京：国防工业出版社，2014.
[6] 闵士权，等. 天地一体化信息网络 [M]. 北京：电子工业出版社，2020，
[7] 续欣，等. 卫星通信网络 [M]. 北京：电子工业出版社，2018，
[8] 李晖，王萍，陈敏，等. 卫星通信与卫星网络 [M]. 西安：西安电子科技大学出版社，2018.
[9] 朱立东，等. 卫星通信系统及应用 [M]. 北京：科学出版社，2020.
[10] 雒明世，冯建利. 卫星通信 [M]. 北京：清华大学出版社，2020.
[11] 夏克文，等. 卫星通信 [M]. 西安：西安电子科技大学出版社，2018.
[12] 吕海寰，蔡剑铭，甘仲民，等. 卫星通信系统（修订本）[M]. 北京：人民邮电出版社，1999.
[13] 张雅声，等. 掌握和精通卫星工具箱 STK [M]. 北京：国防工业出版社，2011.
[14] 丁溯泉，等. STK 使用技巧及载人航天工程应用 [M]. 北京：国防工业出版社，2016.
[15] 高丽娟，等. 卫星通信与 STK 仿真学习指导 [M]. 北京：北京航空航天大学出版社，2024.
[16] Louis J. Ippolito Jr. 卫星通信系统工程（第 2 版）[M]. 顾有林，译. 北京：国防工业出版社，2021.
[17] 郭庆，王振永，顾学迈. 卫星通信系统 [M]. 北京：电子工业出版社，2010.
[18] 刁华飞，等. 掌握与精通 STK（专业篇）[M]. 北京：北京航空航天大学出版社，2021.
[19] 熊磊，陈霞，徐少毅. 无线通信原理与技术 [M]. 北京：清华大学出版社，2024.
[20] 陈修继，万继响. 每束多馈源天线的设计特点研究 [J]. 中国空间科学技术，2017，37（04）：49-55.
[21] 陈修继，万继响. 通信卫星多波束天线的发展现状及建议 [J]. 空间电子技术，2016，13（02）：54-60.
[22] 向海生，杨宇宸，卢晓鹏，等. 基于罗特曼透镜的宽带多波束天线系统 [J]. 雷达科学与技术，2017，15（01）：81-84，88.

[23] 桂盛，姚申茂. 罗特曼透镜馈电的多波束阵列系统设计［J］. 舰船电子对抗，2014，37（04）：102-104，107.

[24] Rotman W, Turner R. Wide-angle microwave lens for line source applications［J］. IEEE Transactions on Antennas & Propagation，2003，11（6）：623-632.

[25] Musa L, Smith M S. Microstrip port design and sidewall absorption for printed rotman lenses［J］. IEEE Proceedings H（Microwaves, Antennas and Propagation），1989，136（1）：53-58.

[26] Kim J, Cho C S, Barnes F S. Dielectric Slab Rotman Lens for Microwave/Millimeter-Wave Applications［J］. IEEE Transactions on Microwave Theory and Techniques，2005，53（8）：2622-2627.

[27] 牛德鹏，羊锦仁，张光甫，等. 基于光学变换的平面龙勃透镜天线［J］. 太赫兹科学与电子信息学报，2016，14（03）：390-395.

[28] 林飞，祝彬，陈萱. 美国宽带全球卫星通信系统［J］. 中国航天，2013（12）：14-17.

[29] 崔川安，刘露露. 美军的宽带全球卫星通信系统［J］. 数字通信世界，2012（9）：50-52.

[30] Kris Osborn. Air Force Charts Wideband Global Satellite future［DB/OL］.（2017-01-31）［2025-05-02］. http：//defense syste-ms. com/articles/satellite. aspx.

[31] 倪娟，佟阳，黄国策. 美军MUOS系统及关键技术分析［J］. 电讯技术，2012，52（11）：1850-1856.

[32] 张春磊. 美军"移动用户目标系统"与"特高频后继"卫星性能对比分析［J］. 国际太空，2015（4）：46-50.

[33] 贺超，张北江，张有志. 卫星通信系列讲座之十受保护的美国军事卫星通信系统［J］. 数字通信世界，2008（2）：86-90.

[34] 袁飞，文志信，王松松. 美军EHF卫星通信系统［J］. 国防科技，2010，31（6）：27-31.

[35] 吉雯龙，于小红. 国外中继卫星系统发展与应用分析［J］. 四川兵工学报，2014（10）：118-120.

[36] 王秉钧，王少勇. 卫星通信系统［M］. 北京：机械工业出版社，2010.

[37] 张杭，等. 数字通信技术［M］. 北京：人民邮电出版社，2008.

[38] 樊昌信，曹丽娜. 通信原理（第七版）［M］. 北京：国防工业出版社，2019.

[39] 甘良才，杨桂文，茹国宝. 卫星通信系统［M］. 武汉：武汉大学出版社，2002.

[40] 刘国果，荣昆壁. 卫星通信［M］. 西安：西安电子科技大学出版社，2004.

[41] 吴诗其，李兴. 卫星通信导论［M］. 北京：电子工业出版社，2006.

[42] 汪春霆，等. 卫星通信系统［M］. 北京：国防工业出版社，2012.

[43] 孙学康，张政. 微波与卫星通信［M］. 北京：人民邮电出版社，2006.

[44] 陈振国，杨鸿文. 卫星通信系统与技术［M］. 北京：邮电大学出版社，2003.

[45] 王俊峰，等. 空间信息网络组网技术［M］. 北京：科学出版社，2014.

[46] 寇明延，赵然. 现代航空通信技术［M］. 北京：国防工业出版社，2011.

[47] 孙学康，张政. 微波与卫星通信 [M]. 北京：人民邮电出版社，2003.

[48] 张建飞. 航天测量船卫星通信地球站技术 [M]. 北京：人民邮电出版社，2018.

[49] 顾中舜，童咏章，等. 卫星通信地球站实用规程 [M]. 北京：国防工业出版社，2016.

[50] 宗鹏. 卫星地球站设备与网络系统 [M]. 北京：国防工业出版社，2015.

[51] 吴承洲，苏泳涛，刘剑锋，等. 面向卫星移动通信的系统级仿真平台设计与实现 [J]. 通信技术，2020，53（4）：890 – 897.

[52] 李殷乔，熊玮，孙治国. 中国高轨移动通信卫星系统发展的机遇与挑战 [J]. 国际太空，2020（4）：36 – 41.

[53] 杨廷卿，林善亮. 卫星移动通信系统组成及应用的探讨 [J]. 通讯世界，2020，27（1）：120 – 121.

[54] 翟华. 融合5G的卫星移动通信系统 [J]. 空间电子技术，2020，17（5）：71 – 76.

[55] 朱立东. 国外军事卫星通信发展及新技术综述 [J]. 无线电通信技术，2016，42（5）：1 – 5.

[56] Giordani M, Zorzi M. Satellite Communication at Millimeter Waves: a Key Enabler of the 6G Era [C]. 2020 International Conference on Computing, Networking and Communications (ICNC). USA: IEEE Press, 2020: 2322 – 2325.

[57] Lutz E, Werner, Jahn A. Satellite Systems for Personal and Broad Communications [M]. Berlin: Springer, 2000.

[58] Sterling D E, Harlelid E. The Iridium system a revolutionary satellite communications system developed with innovative applications of technology [C]. Proceedings of IEEE Military Satellite Communications Conference. McLean, America: IEEE Press, 1991: 436 – 440.

[59] ORBCOMM files for voluntary chapter 11 protection as part of business restructuring [EB/OL]. (2000 – 09 – 15) [2025 – 04 – 20]. http://www.prnewswire.com/news – releases/orbcomm – files – for – voluntary – chapter – 11 – protection – as – part – of – busin – ess – restructuring – 73284737.html.

[60] Smith D, Hendrickson R. Mission control for the 48 – satellite Globalstar conconstellation [J]. Proceeding of MILCOM'95, 1995（2）：663 – 670.

[61] Andrew D S, Paul S. Utilizing the Globalstar Network for Satellite Communications in Low Earth Orbit [C]. 54th AIAA Aerospace Sciences Meeting, 2016: 1 – 8.

[62] Selding P B. OneWeb's powerful partners in their own words [EB/OL]. (2015 – 06 – 26) [2025 – 03 – 12]. http://spacenews.com/onewebs – partners – in – their – own – words.

[63] Selding P B. LeoSat awaits verdict on constellation's feasibility [EB/OL]. (2015 – 06 – 04) [2025 – 08 – 23]. http://spacenews.com/leosat – expects – awaits – verdict – on – constellations – feasibility.

[64] Selding P B. Intelsat asks FCC to block SpaceX experimental satellite [EB/OL]. (2015 – 07 – 22) [2025 – 03 – 23]. http://spacenews.com/intelsat – asks – fcc – to – block – spacex – experimental – satellite – launch.

[65] 陈静. 虹云工程首星 [J]. 卫星应用，2019（3）：77.

[66] 田野. 基于鸿雁星座首发星的导航信息增强系统 [C]. 第十一届中国卫星导航年会论文集, 2020: 90-94.

[67] 吕子平, 梁鹏, 陈正君. 卫星移动通信发展现状及趋势 [J]. 卫星应用, 2016 (01): 48-55.

[68] 谭庆贵, 李小军, 胡渝, 等. 卫星相干光通信原理与技术 [M]. 北京: 北京理工大学出版社, 2019.

[69] 马晶, 谭立英, 于思源. 卫星通信技术 [M]. 北京: 国防工业出版社, 2015.

[70] 于思源. 卫星光通信瞄准捕获跟踪技术 [M]. 北京: 科学出版社, 2016.

[71] 高铎瑞, 谢状, 马榕, 等. 卫星激光通信发展现状与趋势分析 [J]. 光子学报, 2021, (4): 9-29.

[72] 鄢永耀. 空间激光通信光学天线及粗跟踪技术研究 [D]. 北京: 中国科学院大学, 2016.

[73] CCSDS. Overview of Space Communications Protocols [R]. CCSDS 130.0-G-3, 2014.7.

[74] Xylomenos G, Ververidis C N, Siris V A, et al. A survey of information-centric networking research [J]. Communications Surveys & Tutorials, IEEE, 2014, 16 (2): 1024-1049.

[75] 陈龙, 李炯, 高丽娟. 以信息为中心的天地一体化网络协议体系结构: 优势与挑战 [C]. 2019 年中国航天大会论文集, 北京: 中国宇航出版社, 2019: 1124-1131.

[76] 吴帅. 软件定义卫星网络关键技术研究 [D]. 北京: 国防科技大学, 2020.

[77] 朱立东, 李成杰, 刘轶伦, 杨颖. 卫星通信干扰干扰感知及智能抗干扰技术 [M]. 北京: 人民邮电出版社, 2023.

[78] 张邦宁, 魏安全, 郭道省. 通信抗干扰技术 [M]. 北京: 机械工业出版社, 2007.

[79] 姚富强. 通信抗干扰工程与实践 (第二版) [M]. 北京: 电子工业出版社, 2012.

[80] Chen X, Xu Z, Shang L. Satellite Internet of Things: challenges, solutions, and development trends [J]. Frontiers of Information Technology & Electronic Engineering, 2023, 24 (7): 935-944.

[81] Chen Y, Ma X, Wu C. The concept, technical architecture, applications and impacts of satellite internet: A systematic literature review [J]. Heliyon, 2024.

[82] Centenaro M, Costa C E, Granelli F, et al. A survey on technologies, standards and open challenges in satellite IoT [J]. IEEE Communications Surveys & Tutorials, 2021, 23 (3): 1693-1720.

[83] Centenaro M, Costa C E, Granelli F, et al. A survey on technologies, standards and open challenges in satellite IoT [J]. IEEE Communications Surveys & Tutorials, 2021, 23 (3): 1693-1720.

[84] 申志伟, 张尼, 王翔, 等. 卫星互联网 [M]. 北京: 电子工业出版社: 2021.

[85] 汪春霆, 和新阳, 张学庆, 等. 卫星互联网技术 [M]. 北京: 人民邮电出版社: 2024.

[86] 陈山枝, 孙韶辉, 康绍莉, 等. 星地融合移动通信系统与关键技术 [M]. 北京: 人民邮电出版社: 2024.

[87] 孙晨华,庞策. 低轨卫星互联网体系和技术体制研究发展路线思考 [J]. 无线电通信技术, 2021, 47 (05): 521-527.

[88] 张更新,王运峰,丁晓进,等. 卫星互联网若干关键技术研究 [J]. 通信学报, 2021, 42 (08): 1-14.

[89] 倪少杰,岳洋,左勇,等. 卫星网络路由技术现状及展望 [J]. 电子与信息学报, 2023, 45 (02): 383-395.

[90] 张路,王雪,芒戈,等. 3GPP 5G NTN 接入网最新技术进展和发展趋势 [J]. 天地一体化信息网络, 2024, 5 (03): 86-95.

[91] 刘科,何磊. "星链"潜在军事应用能力分析研究 [J]. 战术导弹技术, 2024, (03): 148-153.

[92] 张静,张珣. 对 OneWeb 卫星星座系统发展的思考 [J]. 中国无线电, 2025, (03): 40-43+54.

[93] 李喆,孙冀伟,尚炜,等. 国外主要低轨互联网卫星星座进展及启示 [J]. 中国航天, 2020, (07): 48-51.

[94] 于志坚. 深空测控通信系统 [M]. 北京: 国防工业出版社, 2009.

[95] 徐瑞,朱圣英,崔平远,等. 深空探测技术概论 [M]. 北京: 高等教育出版社, 2021.

[96] 周贤伟,尹志忠,王建萍,等. 深空通信 [M]. 北京: 国防工业出版社, 2009.

[97] Jim Taylor. 深空通信 [M]. 李赞,程承,译. 北京: 清华大学出版社, 2023.

[98] 吴伟仁,董光亮,李海涛,等. 深空测控通信系统工程与技术 [M]. 北京: 科学出版社, 2013.

[99] 李海涛,等. 深空测控通信系统设计原理与方法 [M]. 北京: 清华大学出版社, 2014.

[100] 董光亮,李国民,雷厉,等. 中国深空网: 系统设计与关键技术 [M]. 北京: 清华大学出版社, 2016.

[101] 侯建文,阳光,满超,等. 深空探测——月球探测 [M]. 北京: 国防工业出版社, 2016.

[102] 侯建文,阳光,周杰,等. 深空探测——火星探测 [M]. 北京: 国防工业出版社, 2016.

# 彩 插

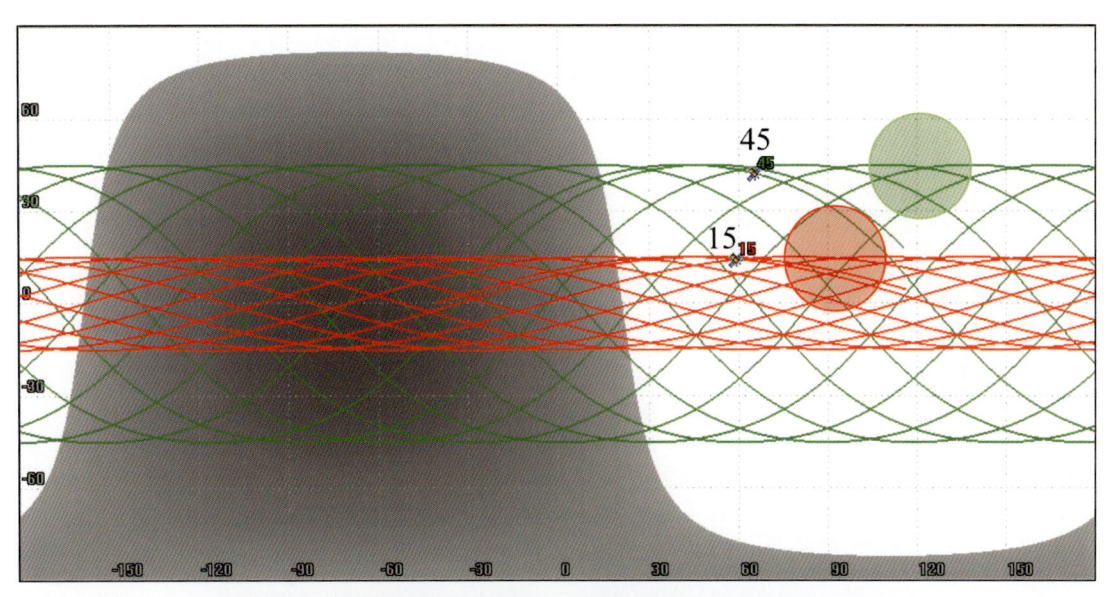

图 3-11 其他轨道参数相同时，不同轨道倾角卫星的星下点轨迹

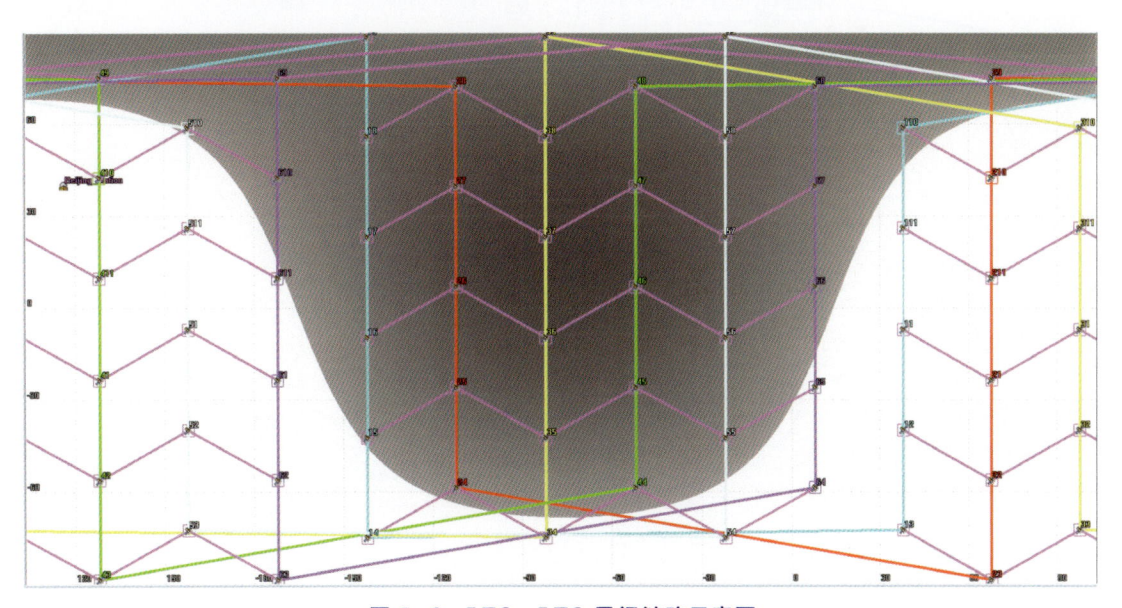

图 6-3 LEO-LEO 星间链路示意图

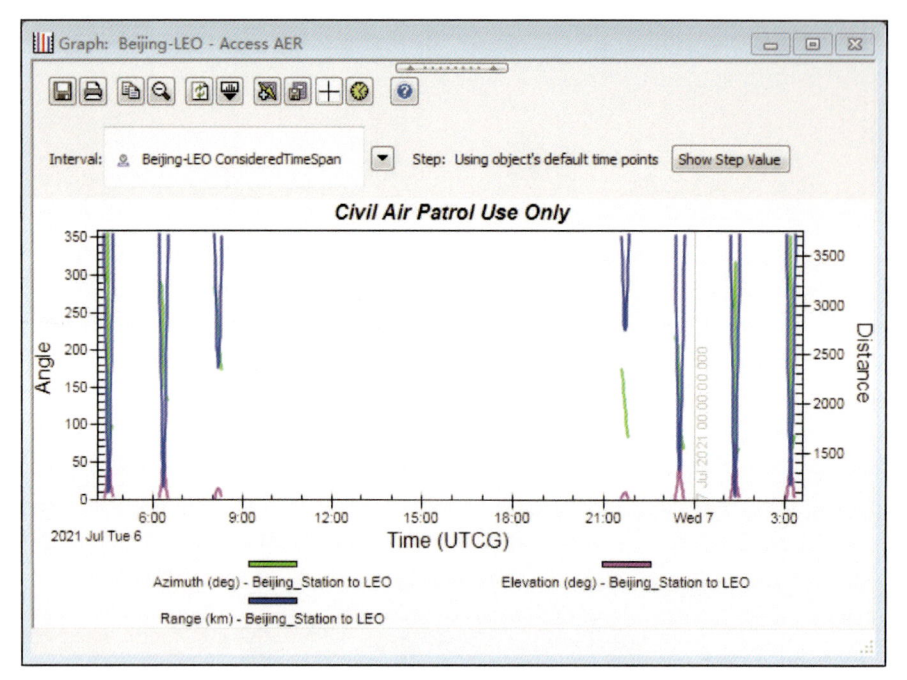

图 6-23　链路 Beijing - LEO 的 AER 图

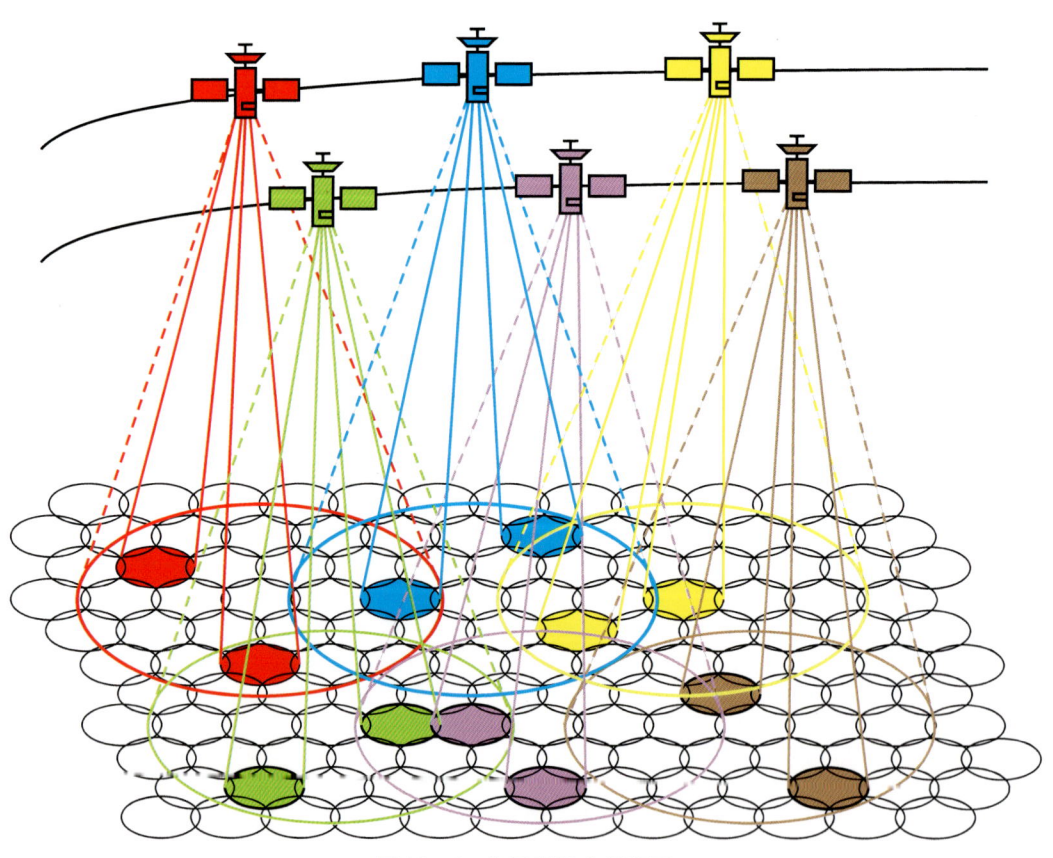

图 11-6　多星跳波束示意图

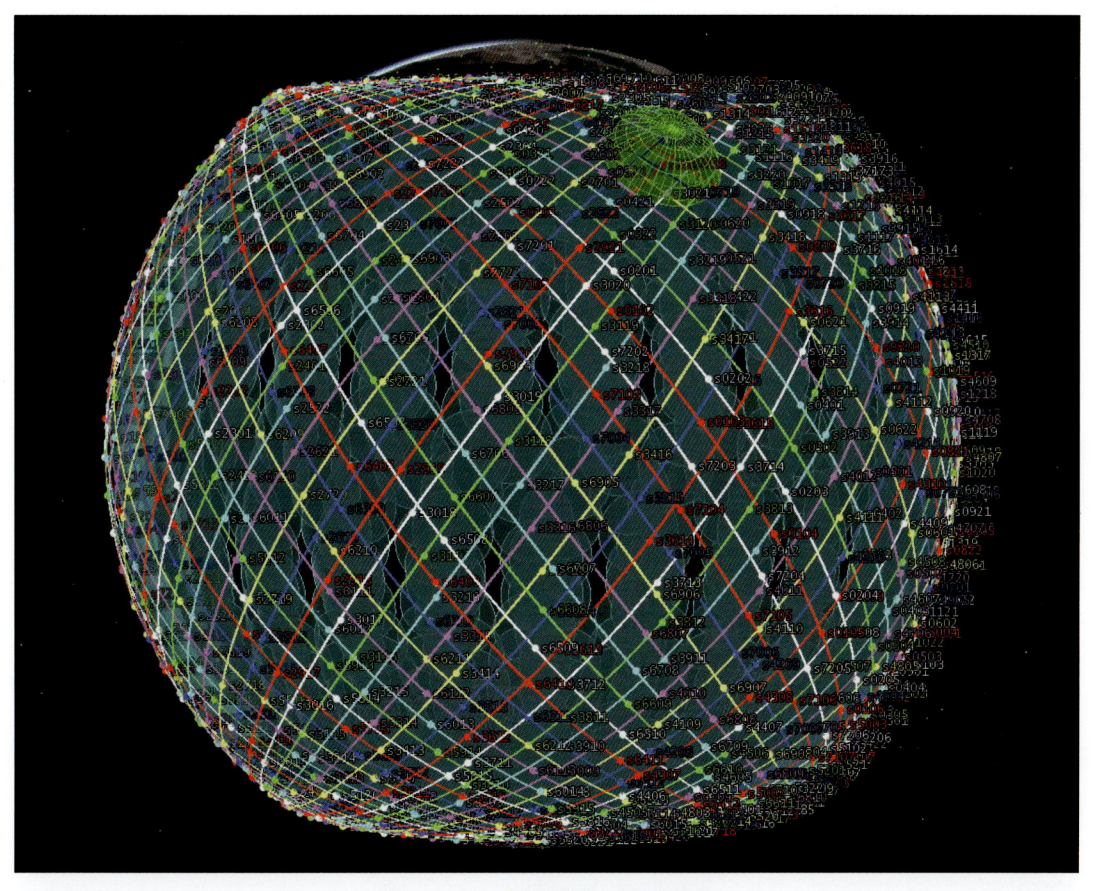

图 11 – 10　星链星座一期示意图

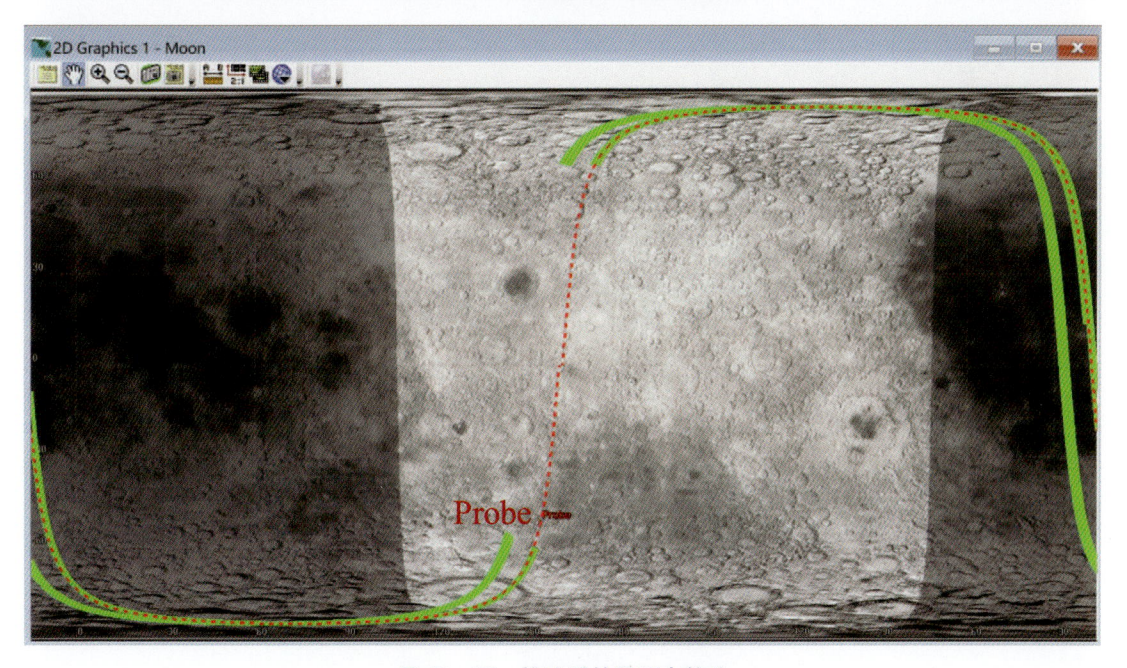

图 12 – 25　修改后的星下点轨迹